高职高专“十三五”规划教材

机械加工综合实训
（高级）

主编　罗　清

北京航空航天大学出版社

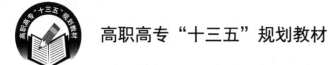

内容简介

本书是以《职业技能鉴定标准》为依据，结合高职教育的特点，按照高级工技能等级标准编写的。全书内容共分五部分：第一部分为钳工，介绍了部件装配基础知识及综合技能训练；第二部分为车削，介绍了高级车工综合技能训练；第三部分为铣削，介绍了高级铣工综合技能训练；第四部分为数控车削，介绍了宏程序加工方程曲线的应用及零件加工范例；第五部分为数控铣削，介绍了三维建模数字化设计与制造及竞赛零件加工编程实例。

本书的特点是将五个工种的内容进行整合，突破以往教材的单一模式。全书突出了学与训、训与练的结合，以及加工技术与加工工艺的结合。

本书既可作为高等职业院校机械制造类专业的教材，也可作为成人教育及职业技能鉴定的辅导用书。

图书在版编目(CIP)数据

机械加工综合实训 ：高级 / 罗清主编. -- 北京 ：北京航空航天大学出版社，2017.8

ISBN 978-7-5124-2441-8

Ⅰ. ①机… Ⅱ. ①罗… Ⅲ. ①金属切削—高等职业教育—教材 Ⅳ. ①TG506

中国版本图书馆 CIP 数据核字(2017)第 114159 号

机械加工综合实训(高级)

主编 罗 清

责任编辑 冯 颖

*

北京航空航天大学出版社出版发行

北京市海淀区学院路 37 号(邮编 100191) http://www.buaapress.com.cn

发行部电话：(010)82317024 传真：(010)82328026

读者信箱：goodtextbook@126.com 邮购电话：(010)82316936

涿州市新华印刷有限公司印装 各地书店经销

*

开本：787×1 092 1/16 印张：23.75 字数：623 千字

2017 年 8 月第 1 版 2023 年 1 月第 5 次印刷 印数：8 001～10 000 册

ISBN 978-7-5124-2441-8 定价：69.00 元

前　言

《机械加工综合实训》分为初级、中级和高级，共三册。本套教材以《职业技能鉴定标准》为依据，结合高职教育的特点，以培养复合型技能人才为方向，将钳工、车工、铣工、数控车、数控铣五个工种的加工技术、工艺理论、技能训练融为一体。编者根据多年来的实践经验，对机械加工操作技能的内容进行整合，以实用为原则，突出技能操作训练，拓宽知识层面，立足于求新，形成全新的实训教材模式。

本书是《机械加工综合实训(高级)》，内容分为五部分：第一部分为钳工，介绍了部件装配基础知识及综合技能训练；第二部分为车削，介绍了复杂零件的车削，如细长轴、薄壁工件、深孔加工等综合技能训练；第三部分为铣削，介绍了复杂连接面加工、球面加工、高精度孔系与复杂单孔加工、螺旋面加工等；第四部分为数控车削，介绍了宏程序加工方程曲线的应用及零件加工范例；第五部分为数控铣削，介绍了三维建模数字化设计与制造及各类大赛零件加工的工艺路线和编程实例。

针对高等职业教育"突出实际技能操作培养"的要求，在编写本书时，重点突出与操作技能相关的必备专业知识。在内容上以企业要求和提升能力为本位，强调师生互动和学生自主学习，突出职业院校生产实训教学的特点；将《职业技能鉴定标准》引入教学实训，使操作训练与职业技能鉴定标准相结合，达到岗前培训和就业的要求。

本书最鲜明的特点是将五个工种的内容进行整合，突破以往教材的单一模式。技能训练内容来自于教学一线，突出了学与训、训与练的结合，以及加工技术与加工工艺的结合，具有较强的实用性和可操作性。

本书的编写理念为：以培训高级职业技能机械加工操作的能力为目标，培养岗位适应性较强的机械加工操作技能人员。

本书既可作为高等职业院校机械制造类专业的教材，也可作为成人教育及职业技能鉴定的辅导用书。

本书由四川航天职业技术学院罗清任主编；由顾启涛、杜海涛、吴向春、郑经伟、谭飞、刘增华、卓红任副主编；姚蓉、章红梅、张馨允、刘君凯、张怀全参编。

由于编者水平有限，书中错误和不当之处在所难免，恳请广大读者批评指正。

编　者

2017 年 6 月

前 言

目　录

第一部分　钳　工

课题一　部件装配基础知识

教学要求

技能目标

◆ 了解机械装配的基本知识。

◆ 掌握连接件的装配和调整方法。

◆ 掌握传动机构的装配和调整方法。

重　点

◆ 掌握链接件的装配和调整方法。

难　点

◆ 正确地进行链接装配。

1.1.1　装配工艺概述

1. 装配基本概念

装配是按照规定的技术要求，将若干个零件组装成部件或将若干个零件和部件组装成产品的过程；也就是把已经加工好，并经检验合格的单个零件，通过各种形式，依次将零部件连接或固定在一起，使之成为部件或产品的过程。

(1) 装配过程

装配过程分为：组件装配、部件装配、总装装配。整个装配过程要按次序进行，如图 1-1-1 所示。

装配是机器制造过程中的最后阶段，装配工作的好坏，对产品质量和使用性能起着决定性的作用。

虽然某些零件的加工精度不是很高，但经过仔细的修配、精确的调整后，仍可装配出性能良好的产品来。

研究装配工艺，选择合适的装配方法，制订合理的装配工艺过程，不仅保证产品质量，也能提高生产效率，降低制造成本。

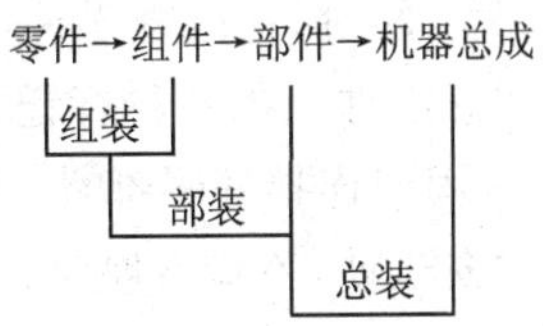

图 1-1-1　装配过程

因此，装配过程是保证产品达到各项技术要求的关键。

(2) 装配精度

装配精度是装配工艺的质量指标。装配精度的高低不仅影响机器或部件的工作性能，也影响它们的使用寿命。

装配精度包括：

① 零部件间的位置尺寸精度(零部件间的距离精度)。

② 零部件间的位置精度(平行度、垂直度、同轴度和各种跳动)。

③ 零部件间的相对运动精度(机器中有相对运动的零部件间在运动方向和运动位置上的精度)。

④ 零部件间的配合精度(配合面间达到规定的间隙或过盈要求)。

⑤ 零部件间的接触精度(配合表面、接触表面和连接表面达到规定的接触面大小和接触点分布的情况)。

(3) 装配方法

1) 互换装配法

互换装配法适用于产品的成批生产和流水线生产。它要求任何一个零件不再经过修配,装上去就能满足应有的技术要求。因此,对零件加工精度要求较高,主要依靠先进的工艺装备来保证零件公差的一致性。

2) 分组装配法

分组装配法是将零件的制造公差要求适当放宽,装配前按比较严格的公差范围将零件分成几组,然后,将对应的各组配合件进行装配,以达到要求的装配精度。用分组装配法可提高装配精度。分组装配以后的零件要分别做好标记以免装配时搞错。

3) 调整装配法

装配时,调整一个或几个零件的位置,以消除零件间的积累误差来达到装配要求,如:用不同尺寸的可换垫片、衬套、可调节螺钉、镶条等进行调整。这种方法操作比较方便,也能达到较高的装配精度,在大批生产和单件生产中都可采用。但这种方法往往使部件的刚性降低,有时会使机器各部分的位置精度降低。调整得不好,会影响机器的性能和使用寿命。所以,要认真仔细地进行调整。

4) 修配装配法

当装配精度要求较高、采取完全互换不够经济时,常用修整某配合零件的方法来达到规定的装配精度。这种方法虽然使装配工作复杂并增加了选配时间,但不需要采用高精度的设备来保证零件的加工精度,节省机器加工的时间,从而使产品成本降低。因此,修配法常用在成批生产精度高的产品或单件、小批生产中。

(4) 装配的基本要求

① 装配时,应检查零件与装配有关的形状和尺寸精度是否合格,检查有无变形、损坏等,并应注意零件上的各种标记,防止错装。

② 固定连接的零部件,不允许有间隙。活动的零件,能在正常的间隙下,灵活均匀地朝规定的方向运动,不应有跳动。

③ 各运动部件或零件的接触表面,必须保证有足够的润滑,若有油路则必须畅通。

④ 各种管道和密封部位,装配后不得有渗漏现象。

⑤ 试车前,应检查各个部件连接的可靠性和运动的灵活性,各操纵手柄是否灵活,手柄位置是否在合适的位置上;试车前,从低速到高速,或从低压到高压逐步进行。

2. 产品装配的工艺过程

装配的三要素:定位、支承、夹紧。

装配夹具指在装配过程中用来对零件施加外力,使其获得可靠定位的工艺装备。

(1) 装配前的准备工作

① 研究和熟悉产品装配图及有关的技术资料。了解产品的结构、各零件的作用、相互关

系及连接方法。

② 确定装配方法。

③ 划分装配单元，确定装配顺序。

④ 选择准备装配时所需的工具、量具和辅具等。

⑤ 制作装配工艺卡片。

(2) 装配过程

装配遵循的原则是：先下后上，先内后外，先难后易，先精密后一般。装配时参照设计图纸，可分为组件装配、部件装配、总装装配等工序。

① 组件装配：它是从设计图纸的一个部件里分出来的，通常由几个零件连接成为一个单独的构件，一般称为装配的基本单元。

② 部件装配：以设计图纸的一个部件为单位，将这个部件的所有零件都装配齐全，使之成为一个整体的结构，也就是将组件、零件连接成部件的过程。部件装配后，应根据工作要求进行调整和试验，合格后，才可进入总装配。

③ 总装装配：把零件、组件和部件装配成最终产品的过程叫作总装装配。

(3) 调整、精度检验和试车

① 调整就是调节零件或机构部件的相互位置、配合间隙、结合松紧等，目的是使机构或机器工作协调（性能）。

② 精度检验就是用检测工具，对产品的工作精度、几何精度进行检验，直至达到技术要求为止。

③ 试车包括机构或机器运转的灵活性、平稳性、密封性、温度、转速、功率和机床的切割性能等方面。

(4) 喷漆、防护、扫尾、装箱等

① 喷漆是为了防止不加工面锈蚀和使产品外表美观。

② 涂油是使产品工作表面和零件的已加工表面不生锈。

③ 扫尾是前期工作的检查确认，使之最终完整，符合要求。

④ 装箱是产品的保管，待发运。

3. 拆卸工作的要求

① 机器拆卸工作，应按其结构的不同，预先考虑操作顺序，以免先后倒置，或贪图省事猛拆猛敲，造成零件的损伤或变形。

② 拆卸的顺序，应与装配的顺序相反。

③ 拆卸时，使用的工具必须保证对合格零件不会发生损伤，严禁用手锤直接在零件的工作表面上敲击。

④ 拆卸时，零件的旋松方向必须辨别清楚。

⑤ 拆下的零部件必须有次序、有规则地放好，并按原来的结构套在一起，配合件上做记号，以免搞乱。对丝杠、长轴类零件必须正确放置，防止变形。

1.1.2　常用零件的装配形式

常用零件的装配形式有：螺纹连接装配、过盈连接装配、键连接装配及销连接装配等。

1. 螺纹连接装配

螺纹连接是利用螺纹零件，将两个以上零件刚性连接起来而构成的一种可拆连接。螺纹连接具有结构简单、连接可靠、装拆方便等优点,所以在固定连接中应用广泛。螺纹连接可分为普通螺纹连接和特殊螺纹连接两大类,由螺栓、双头螺柱或螺钉构成的连接称为普通螺纹连接(见图 1-1-2),除此以外的螺纹连接称为特殊螺纹连接。下面主要介绍常用普通螺纹连接。

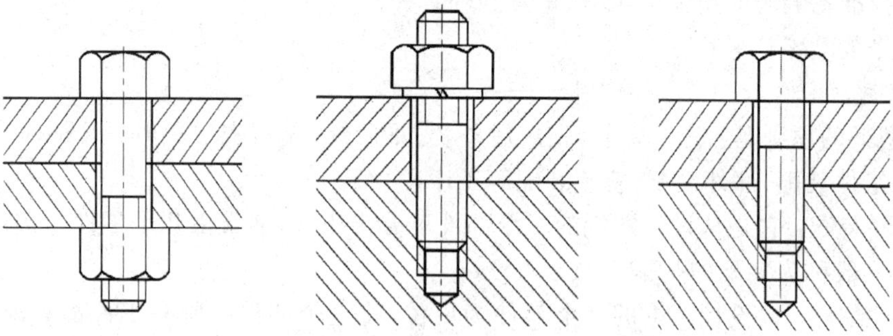

(a) 螺栓连接　(b) 螺柱连接　(c) 螺钉连接

图 1-1-2　普通螺纹连接

(1) 螺纹连接的基本类型

一般螺纹连接时采用紧固连接,其目的是增强连接的刚性、紧密性和防松能力。常用螺纹连接类型见表 1-1-1。

表 1-1-1　螺纹连接的基本类型

连接图	名　称		作　用
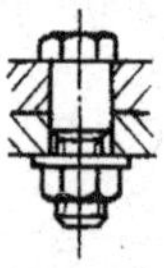	螺栓连接		结构简单,装拆方便,适用于被连接件厚度不大且能够从两面进行装配的场合
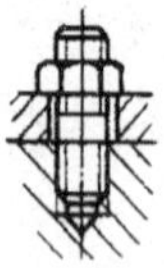	双头螺柱连接		将螺柱上螺纹较短的一端旋入并紧定在被连接件之一的螺纹孔中,不再拆下,把被连接件用螺母夹紧。适用于被连接件之一因较厚而不宜制作通孔,以及需经常拆卸的场合
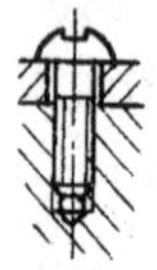	螺钉连接	半圆头螺钉	多为小尺寸螺钉,螺钉头上有一字形或十字形槽,便于用螺纹旋具装卸。一般不用螺母,直接用螺钉拧入工件螺纹中。适用于被连接件之一因较厚而不宜制作通孔,且不需经常装拆的场合,因多次装拆会使螺纹孔磨损
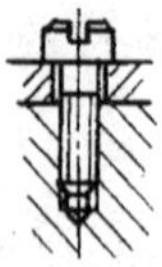		圆柱头螺钉	
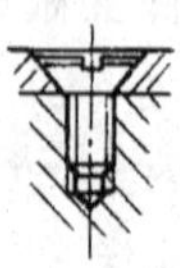		沉头螺钉	

1) 螺栓连接

螺栓连接用于两被连接件允许钻成通孔的情况。

特点：螺栓穿过被连接件上的光孔并用螺母拧紧，无须在被连接件上切制螺纹。所用的紧固件有：螺栓、垫圈和螺母。

2）双头螺柱连接

双头螺柱连接件由双头螺柱、螺母和弹簧垫圈组成。螺柱的两头均加工有螺纹，一端旋入被连接件，称为旋入端；拧螺母的一端称为紧固端。

当被连接件较厚或为了结构紧凑而必须采用盲孔时，螺栓连接不适用，可采用双头螺柱连接。可以多次装拆而不损坏被连接件，适用于一薄一厚的两零件连接。

特点和应用：座端旋入并紧定在被连接件之一的螺纹孔中，用于受结构限制而不能用螺栓或需经常拆装的场合。

3）螺钉连接

螺钉常用于受力不大的连接和定位，一般连接适用于一薄一厚的两零件连接，其中厚的零件上加工螺孔，薄的零件上加工光孔，且适用于受力较小、不经常拆卸的地方。

特点和应用：不用螺母，而且能有光整的外表面，应用于与双头螺柱连接相似，但不宜用于时常装拆的连接，以免损坏连接件的螺纹孔。

连接螺钉由头部和螺钉杆组成。螺钉头部有沉头、盘头、内六角圆柱头等多种形状。紧定螺钉前端的形状有锥端、平端和长圆柱端等。

常见螺钉类型如图 1－1－3 所示。

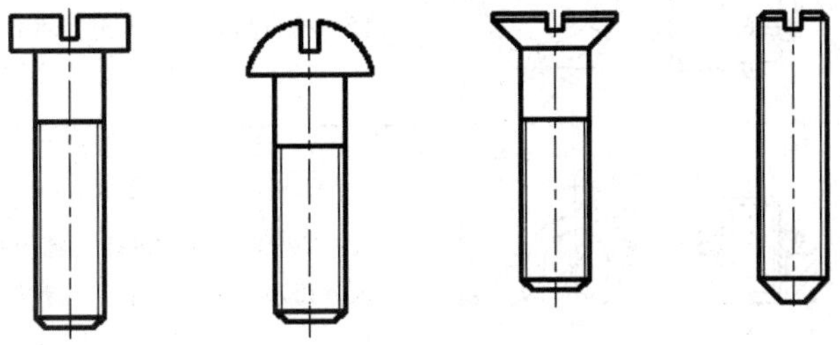

(a) 圆柱头螺钉　(b) 半圆头螺钉　(c) 沉头螺钉　(d) 紧定螺钉

图 1－1－3　常见螺钉类型

(2) 螺纹连接的预紧与防松

1）螺纹连接的预紧

螺纹连接在装配时一般都必须拧紧，使连接件在承受工作载荷之前预先受到力的作用，这个预加作用力称为预紧力。

预紧的目的是增加螺钉头、螺母、垫片和连接件之间的摩擦力，使连接牢固可靠，防止受载后被连接件间出现缝隙或发生相对位移。

适当加大预紧力有利于连接的可靠性和紧密性。但是，过大的预紧力会导致螺纹连接件的损坏，因此对重要的螺纹连接，为了保证连接达到所需要的预紧力，又不使螺纹连接件过载，在装配时必须很好地控制拧紧力矩。工程上常用测力矩扳手或定力矩扳手来控制预紧力的大小。

2）螺纹连接的防松

一般的螺纹连接都有自锁性，在受静载荷和工作温度变化不大时，不会自行松脱。但在冲击、振动或变载荷作用下，以及工作温度变化较大时，螺纹连接就有可能会松。为了保证连接可靠，必须采用防松的方法。螺纹的防松，就是防止螺母与螺杆间的相对运动。常用的螺纹连接的几种防松形式见表 1－1－2。

表 1-1-2　螺纹连接的几种防松形式

类　型		结　构	特点及应用
附加摩擦力防松装置	双螺母防松	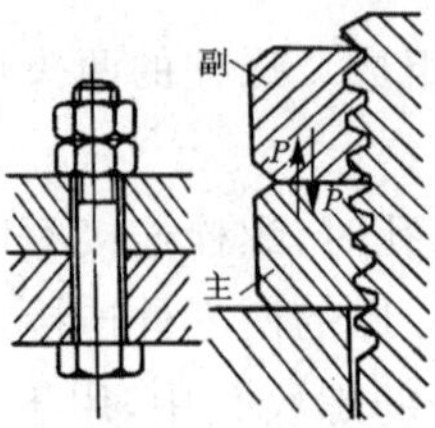	这种装置使用主、副两个螺母,先将主螺母拧紧至预定位置,然后再拧紧副螺母。两螺母间螺栓受力伸长,而使螺纹接触面上产生压力及附加摩擦力,阻止主螺母回松。这种方法会增加被连接件的重量和占有空间,在高速和振动时使用不够可靠
	弹簧垫圈防松	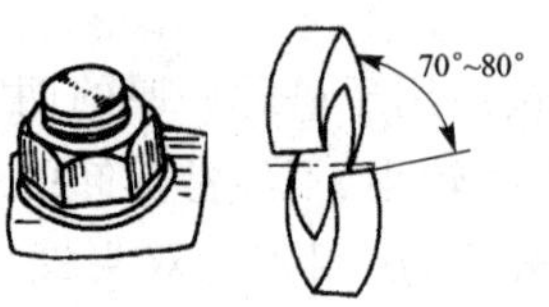	弹簧垫圈放在螺母下面。拧紧螺母时使垫圈受压,由于垫圈的弹性作用顶住螺母,使螺栓产生轴向张紧力,从而在螺牙间产生附加摩擦力,同时借弹簧垫圈斜口的楔角抵住螺母和支承面,防止螺母回松。 这种防松装置容易刮伤螺母和被连接件表面,同时由于弹力不均,螺母可能会斜。但由于它的结构简单和防松可靠,所以应用比较普遍
机械方法防松装置	开口销螺母防松	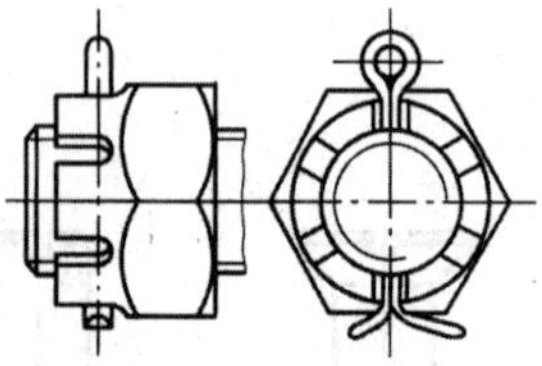	在螺栓上钻孔,穿入开口销,把螺母直接锁紧在螺栓上,这种方法防松可靠,但螺杆上销孔位置不易与螺母最佳锁紧位置的槽口吻合。多用于受冲击、振动的地方
	圆螺母止动垫圈防松	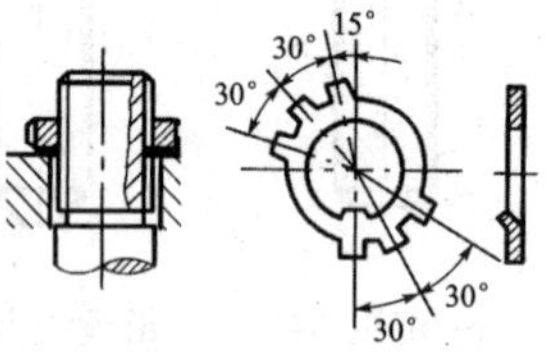	装配时,先将垫圈内翅插入螺栓槽中,拧紧螺母,再把外翅弯入螺母缺口内。用于受力不大的螺母防松处
	带耳止动垫圈防松	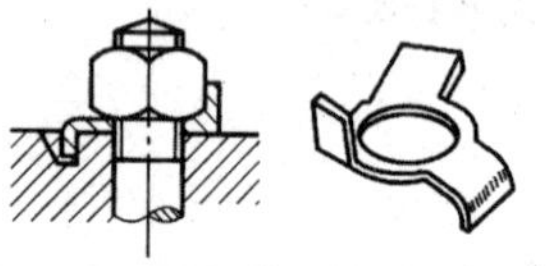	先将垫圈一耳边向下弯折,使之与被连接件一边贴紧,当拧紧螺母后,再将垫圈的另一耳边向上弯折与螺母的边缘贴紧而起到防松作用。这种方法防松可靠,但只能用于连接部分可容纳弯耳的场合
	串接钢丝防松	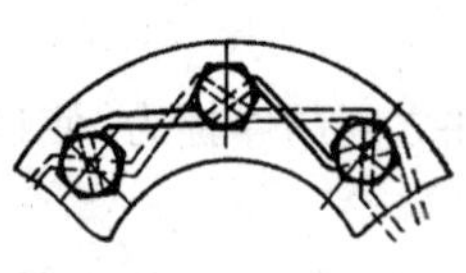	用钢丝连续穿过一组螺钉头部或螺母的径向小孔,以钢丝的牵制作用来防止回松,当有松动趋势时,金属丝更加拉紧。它适用于较紧凑的成组螺纹连接。装配时应注意钢丝的穿绕方向。如果钢丝穿绕方向错误,螺钉仍可回松
其他防松装置	点铆法防松	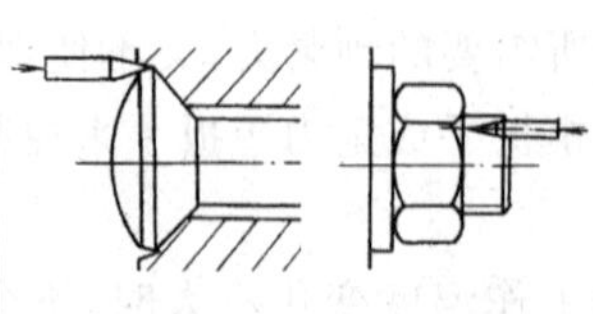	装配时,先将螺钉或螺母被拧紧,然后用样冲在端面、侧面和钉头冲点来防止回松。这种方法防松比较可靠,但拆卸后的连接零件不能再用。 左侧图为在螺钉上点铆或螺母侧面点铆
	胶接法防松	—	一般采用厌氧胶粘剂,涂于螺纹旋合表面,拧紧后,胶粘剂能自行固化从而达到防松的目的

(3) 螺纹连接件的装配

1) 螺纹连接的装配技术要求

螺纹连接的装配技术要求：一要保证有一定的拧紧力矩，二要有可靠的防松装置，三要保证螺纹连接的配合精度。

① 螺栓不应有外斜或弯曲现象，螺母应与被连接件接触良好。

② 被连接件平面要有一定的紧固力，受力均匀，连接牢固。

③ 拧紧力矩或预紧力的大小要根据装配要求确定，一般紧固螺纹连接无预紧力要求，可由装配者按经验控制。

2) 单个螺栓的装配

① 清理螺栓、螺母或螺钉与连接表面之间的杂物，如碎切屑、毛刺等。

② 在连接螺纹部分涂上润滑油。

③ 进行装配：将螺栓穿入螺栓孔中，螺母拧在螺栓上，用扳手将螺母拧紧。

3) 成组螺栓连接的装配

紧固成组的多个螺栓，装配时应先将全部螺栓拧上螺母，然后根据螺栓的布置情况按一定的顺序拧紧。为使成组螺栓达到均匀紧固的要求，不得一次将螺母完全拧紧，必须分成几次，并每次按顺序拧紧到同一程度，直至完全紧固；否则会使螺栓松紧不一致，甚至使被连接件变形。螺母紧固后，螺栓末端应露出螺母外 1.5～5 个螺距。

① 在拧紧呈长方形分布的成组螺栓时，应从中间螺栓开始，依次向两边对称地逐个拧紧，如图 1-1-4(a)所示。

② 在拧紧呈圆形或方形分布的成组螺栓螺母时，必须对称地进行，如图 1-1-4(b)所示。

③ 若有定位销，则应从靠近定位销的螺栓(螺钉)开始，如图 1-1-4(c)所示。

外六角螺栓尺寸大小与拧紧工具尺寸大小比例约为 1∶1.5，如 M10 的螺栓用 16 mm 规格的呆扳手、套筒；M16 的螺栓用 24 mm 规格的呆扳手、套筒。

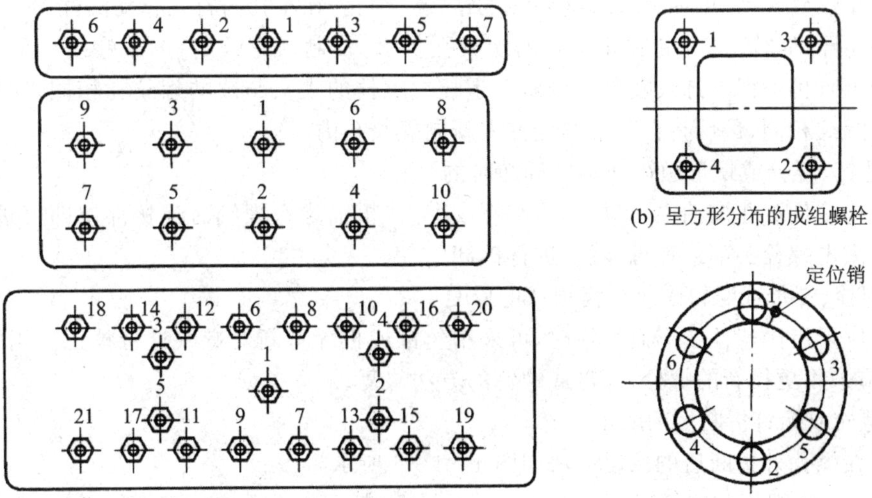

(a) 呈长方形分布的成组螺栓

(b) 呈方形分布的成组螺栓

(c) 有定位销的成组螺栓

图 1-1-4 拧紧成组螺栓的顺序

4) 双头螺柱的装配

将连接部分的毛刺或其他杂物清理干净，在螺纹连接部分涂润滑油。

① 双螺母拧紧法：如图 1-1-5(a)所示，将两个螺母相互锁紧在双头螺柱上，将螺柱的另一端拧入螺纹内，然后扳动上面的一个螺母，即可将双头螺柱拧紧在螺纹孔内。

② 长螺母拧紧法：如图 1-1-5(b)所示，将长螺母旋入双头螺柱上，再将止动螺钉拧入长螺母中，并顶在螺柱端面，然后扳动长螺母，即可将双头螺柱拧入螺孔，最后再将止动螺钉拧松，松开长螺母即可。

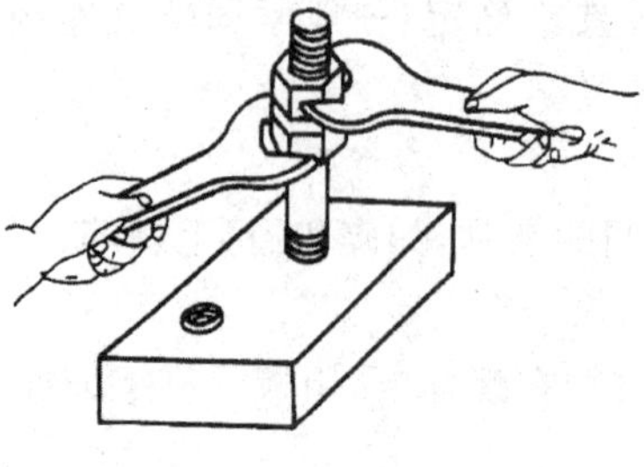

(a) 双螺母拧紧

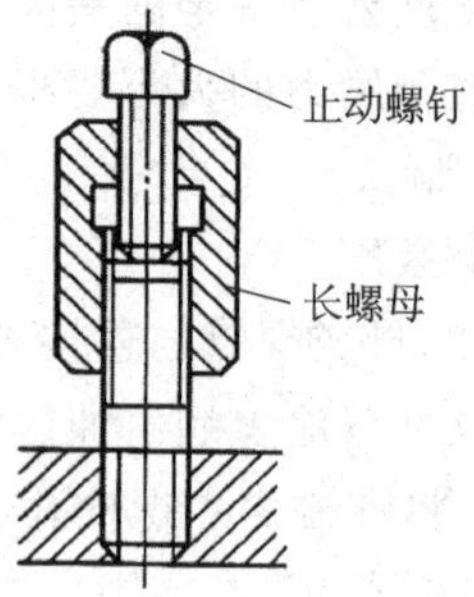

(b) 长螺母拧紧

图 1-1-5 拧紧双头螺柱方法

注意事项

- 双头螺柱在装配时，必须保证轴心线与机体表面垂直，配合面加注润滑油。
- 对于有拧紧力矩要求的螺纹连接，必须采用测力矩扳手拧紧。

(4) 螺纹连接的修复

1) 螺纹连接配合过松修复

① 镶螺纹套修复。将损坏的螺孔扩大到镶套的外径尺寸，并用丝锥攻制出新螺纹，用机械加工的方法加工出具有内外螺纹的螺纹套。螺纹套内的螺纹应与原螺纹孔的螺纹相同。为防止螺套转动，可在螺纹套的外径处钻铰一小孔，在小孔内打入止动圆柱销。

② 配制台阶形螺栓。首先将损坏的螺纹孔扩大，攻制新螺纹(一般新螺纹比原螺纹尺寸大一级即可)，再根据新螺纹孔制作台阶形螺栓。螺栓的大头与攻的螺纹孔相同，螺栓的小头和原螺栓螺纹相同，最后将台阶形螺栓拧入新制螺纹孔内。

2) 螺钉、螺栓或螺母因锈蚀难以拆卸时的修复

可将连接件放在煤油中，将煤油滴在螺纹上，待煤油渗入螺纹时连接部位即可进行拆卸；或用锤子敲击螺栓头部或螺母，然后进行拆卸。

3) 螺栓、螺母或螺钉螺纹牙齿损坏的修复

当螺纹牙齿因塑性变形而损坏时，可采用丝锥或板牙重新对螺纹进行校正。当螺纹牙齿脱扣时，应采用更换新的螺栓、螺母或螺钉的方法修复。

4) 螺栓或螺钉折断后的取出

螺栓在螺孔外折断后的取出方法如图 1-1-6 所示。

方法一：将螺栓两侧用锉刀锉出两个平行平面，然后用扳手夹住两平行平面，旋转扳手带动螺栓旋出，如图 1-1-6(a)所示。

方法二：在螺栓断裂处用锯弓在径向锯削一条窄槽，然后用一字旋具插入窄槽旋出折断螺钉。此法只适用于较小直径的螺钉，如图 1-1-6(b)所示。

方法三：在螺栓断裂处焊一螺母，然后用扳手扳动螺母即可将断裂螺杆旋出，如图 1-1-6

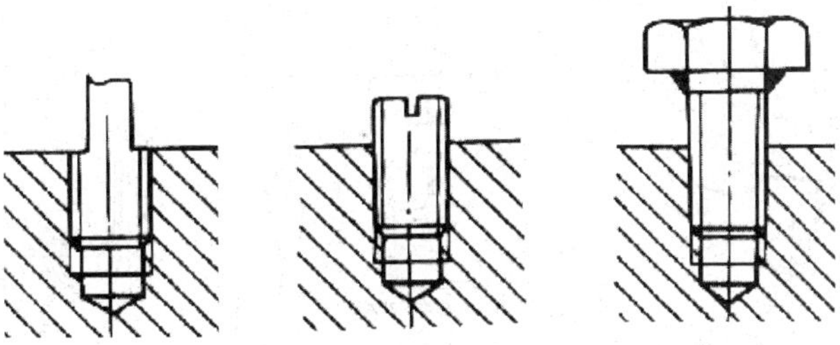

图 1-1-6 螺栓在螺孔外折断后的取出方法

(c)所示。

螺栓在螺孔内折断后的取出方法：选用直径略小于螺孔直径的钻头，将断裂在螺纹孔内的螺杆钻掉，取出，然后用同样尺寸的丝锥攻制新螺纹。

2. 过盈连接装配

过盈连接是依靠包容件(孔)和被包容件(轴)配合后的过盈值，来达到紧固连接的目的。过盈连接一般属于机械零件之间的不可拆卸的固定连接。过盈连接装配后，由于材料的弹性，在包容件和被包容件的结合面间产生压力和摩擦力来传递转矩、轴向力或两者复合载荷，如图 1-1-4 所示。这种连接结构简单，同轴度高，并能承受冲击载荷，但对结合面加工精度要求较高，装配不便。

过盈连接的配合面多为圆柱面和圆锥面。在装配过程中常采用压入法、温差法。

(1) 过盈连接的装配技术要求

过盈连接的装配技术要求如下：

① 配合件要有较高的形位精度与较小的表面粗糙度值，并保证配合时有足够的、准确的过盈量。

② 装配时，擦净配合表面并涂上机油，压入过程应连续，速度要稳定，不宜太快，一般以 2～4 mm/s 为宜，并可准确地控制压入行程。

③ 细长件或薄壁零件，装配前应注意检查过盈量和形位公差，装配时最好沿垂直方向压入，以免变形。

(2) 圆柱面过盈连接的装配

相配合的孔口和轴端应用 3°～5°的倒角，以便于装配。根据过盈量的不同，采用不同的装配方法。

1) 压入法

当过盈量较小时，可采用常温下的压入法装配。操作时利用人工锤击或压力机将被包容件压入包容件。压入法及设备如图 1-1-7 所示。不同压入法的比较见表 1-1-3。

2) 热胀法

热胀法即利用金属材料热胀冷缩的物理特性，将包容件(孔)加热胀大，再将常温状态的被包容件(轴)压入，达到过盈连接。加热温度和加热方法的选择应根据过盈量及套件尺寸的大小来确定。常用的加热装置有沸水槽、蒸气加热槽、热油槽、电阻炉、红外线辐射加热箱和感应加热器等。零件加热到预定温度后，应取出立即装配，并一次装配到预定位置，中间不得停顿。热装后一般应让其自然冷却，不应骤冷。

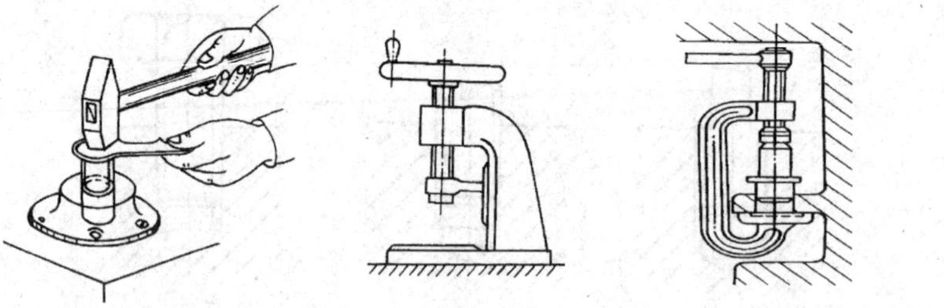

(a) 手锤敲击压入　(b) 螺旋压力机压入　(c) 专用螺旋的C形夹头压入

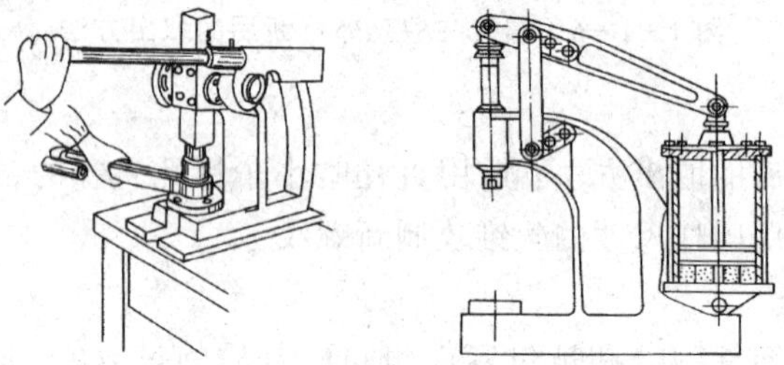

(d) 齿条压力机压入　(e) 气动杠杆压力机压入

图 1-1-7　压入法及设备

表 1-1-3　不同压入法的比较

压入法	设备和工具	装配工艺要点	特　点	应用范围
敲击压入	手锤或重物敲击	1. 压入过程应保持连续,不宜太快。通常取 2～4 mm/s,不宜超过 10 mm/s,并需准确压入行程。 2. 薄壁或配合面较长的连接件,最好垂直压入,以防变形。 3. 对于细长薄壁件,应特别注意其过盈量和形位偏差。 4. 配合面应涂润滑油。 5. 压入配合后,被包容件的内孔尺寸须严格要求,可预先加大或装配后重新加工	简便,但导向性不容易控制,易于出现歪斜	适用于配合要求低、长度短的零件装配,如销短轴等,多用于单件生产
工具压入	螺旋式、杠杆式、气动式压入工具		导向性比冲击压入好,生产效率较高	适用与小尺寸连接件的装配,如套筒和一般要求的滚动抽承等。多用于中小批量生产
压力机压入	齿条式、螺旋式、杠杆式、气动压力机或液压机		压力范围为(1～1000)×10 kN 配合夹具使用,可提高导正性	适用与中、轻型静配合的连接件,如齿圈、轮毂等。成批生产时广泛使用

3) 冷缩法

冷缩法即利用热胀冷缩的特性,将轴冷却,轴颈缩小后装入常温的孔中。常用的方法是采用干冰冷缩和液氮冷缩。零件冷透取出后应立即装入包容件内。若零件表面有厚霜,则不得继续装配,必须清理干净后重新冷却。

冷装的优点是被包容件的冷却时间比包容件的加热时间短,其表面不会因加热氮化而使组织变化,而且较小的被包容件比较大的包容件易于操作,但比热装费用高。

(3) 圆锥面过盈连接的装配

圆锥面过盈连接是利用轴和孔产生相对轴向位移，互相压紧而获得的过盈连接。它的特点是压合距离短，拆装方便，拆装时配合面不易擦伤，可用于多次装拆的场合，但其配合表面的加工困难。

常用的装配方法有两种：

① 螺母压紧圆锥面过盈连接。这种连接多用于轴端，如图 1－1－8 所示。拧紧螺母可使配合面压紧形成过盈连接。结合面的锥度小时，所需轴向力小，但不易拆卸；锥度大时，拆卸方便，但所需轴向力大。常用的锥度为 1∶30～1∶8。

② 液压拆装的圆锥面过盈连接。这种连接是利用高压油装配。装配时用高压油泵将油由包容件或被包容件上的油孔和油槽压入配合面间，使包容件内径胀大，被包容件外径缩小，同时施加一定的轴向力，使孔轴相互压紧。当压紧到预定的轴向位置后，排出高压油，即可形成过盈连接，如图 1－1－9 所示。同样，这种连接也可利用高压油拆卸。利用液压装卸过盈连接，既不需要很大的轴向力，也不会操作配合表面，多用于承载较大且需多次拆装的场合，尤其适用于大型零件。

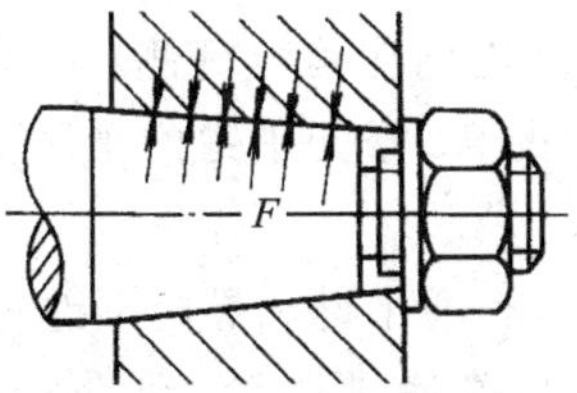

图 1－1－8　螺母压紧的圆锥面过盈连接

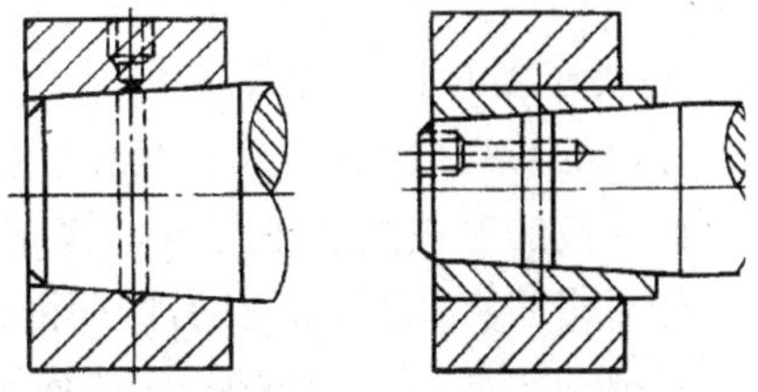

(a) 包容件　(b) 被包容件

图 1－1－9　液压拆装的圆锥面过盈连接

3. 键连接装配

键是标准零件，通常用于连接轴和轴上旋转零件与摆零件，起周向固定零件的作用以传递旋转运动或扭矩；而导向平键盘、滑键、花键还可以用作轴上移动的导向装置。它具有结构简单、工作可靠、拆装方便等优点，因此在机械连接中应用广泛。根据结构特点和用途的不同，可大致分为松键连接、紧键连接两大类。键连接的具体分类如图 1－1－10 所示。

- 键连接
  - 松键连接
    - 平键
      - 普通平键
      - 导向平键和滑键
    - 半圆键
    - 花键
  - 紧键连接
    - 楔键
    - 切向键

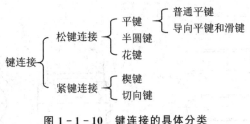

图 1－1－10　键连接的具体分类

(1) 松键连接

松键连接是靠键的侧面来传递扭矩的，对轴上零件做周向固定，能保证轴与轴上零件的同轴度，对中性好，不能承受轴向力，在高速精密连接中应用较多。松键连接所采用的键有普通平键、导向平键及半圆键三种。

1) 松键连接的装配要求

➢ 应保证键与键槽的配合符合要求,键与轴槽和轮毂槽的配合性质一般取决于机构的工作性质和要求。键可以固定在轴或轮毂上,而与另一相配件能相对滑动,也可以同时固定在轴和轮毂上,并以键的极限尺寸为基准,改变轴槽、轮毂槽的极限尺寸来满足不同的配合要求。键与键槽的配合见表 1-1-4。

表 1-1-4　松键连接时键与键槽的配合

配合性质	宽度 b 的极限偏差			适用范围
	键	轴槽	轮毂槽	
较松键连接(间隙配合)	h9	H9	D9	导向平键
一般键连接(过渡配合)		N9	Js9	键和轴槽、轮毂槽配合
较紧键连接(过渡配合)		P9	P9	较紧的连接,如平键、半圆键

➢ 键与键槽应有较小的表面粗糙度值。

➢ 键装入键槽中应与槽底贴紧,长度方向与键槽有 0.1 mm 的间隙,键的顶面与轮毂键槽底部有 0.3~0.5 mm 的间隙。

2) 松键连接的装配要点

➢ 清理键与键槽毛刺;检验其加工精度,对重要的键在装配前应检查键侧直线度、键槽与轴心线的对称度和平行度。修配平键与键槽宽度的配合;修配平键的半圆头,使键头与轴槽间有 0.1 mm 左右的间隙。

➢ 用键的头部与轴槽试配,应能使键较紧地嵌在键槽中(普通平键和导向平键)。

➢ 在配合面上加润滑油,用铜棒将键敲入槽中,使键与槽底部贴紧,允许长度方向有 0.1 mm 的间隙。

➢ 安装配件(齿轮、带轮等),装配后,键顶面与配件槽底面应留 0.3~0.5 mm 的间隙;键侧面与配件槽侧面配合应符合装配要求,若配合过紧难以装入,则应及时拆下,根据接触印痕,修整键槽两侧面。装配后,套件在轴上不允许有圆周方向的摆动。

松键连接的类型、配合要求及应用见表 1-1-5。

表 1-1-5　松键连接的类型、配合要求及应用

类　型	配合要求	应　用
普通平键连接	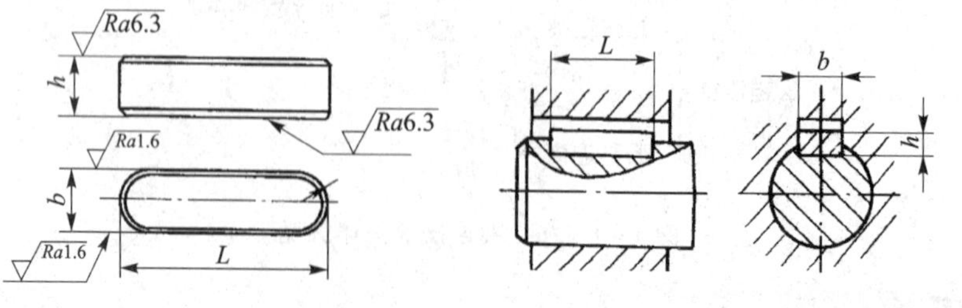 键与轴槽采用 H9/h9 或 N9/h9 配合,键与轮毂采用 Js9/h9 或 P9/h9 配合,即键在轴和轮毂上均固定	这种键应用广泛,常用于高精度、传递重载荷、冲击及双向扭矩的场合

续表 1－1－5

类　型	配合要求	应　用
导向平键连接	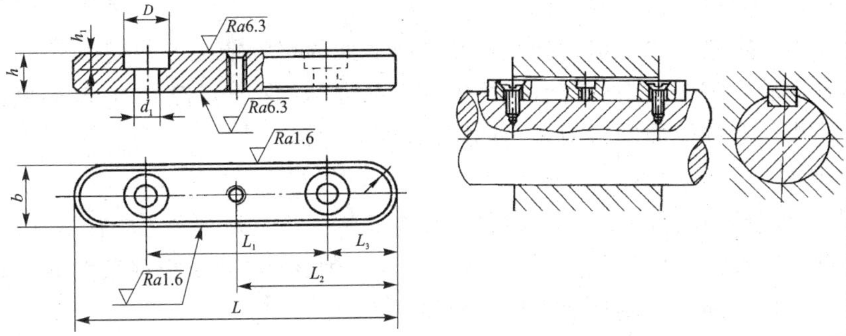 键与轴槽采用 H9/h9 配合，并用螺钉固定在轴上，键与轮毂采用 D10/h9 配合，轴上零件能做轴向移动	这种键常用于轴上零件轴向移动量不大的场合，如变速箱中的滑移齿轮
半圆键连接	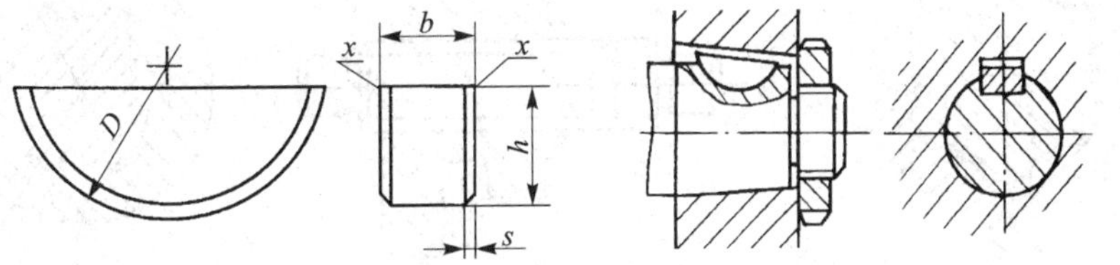 键在轴槽中能绕槽底圆弧曲率半径摆动，采用 G9/h9 配合，键与轮毂槽采用 Js9/h9 配合	这种键因键槽较深，使轴的强度降低，一般用于轻载，常用于轴的锥形端部

（2）紧键连接

紧键连接主要指楔键连接，楔键有普通楔键和钩头楔键两种，如图 1－1－11 所示。楔键上、下表面是工作面，键的上表面与毂槽的底面各有 1∶100 的斜度，键侧与键槽间有一定的间隙。

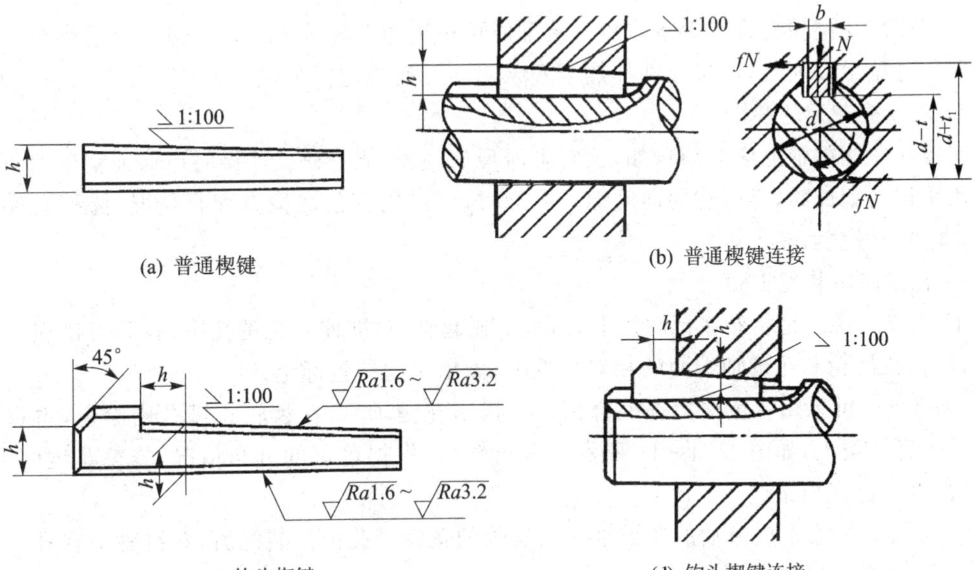

(a) 普通楔键　(b) 普通楔键连接

(c) 钩头楔键　(d) 钩头楔键连接

图 1－1－11　楔键与楔键连接

装配时需将键打入而形成紧键连接,靠楔紧作用来传递扭矩并承受单方向的轴向力,但这会使轴上零件与轴的配合产生偏心和歪斜,多用于对中性要求不高、转速较低的场合。钩头楔键用于不能从另一端将键打出的场合。

装配楔键时,一定要用涂色法检查键与轮毂槽底面的接触情况。若接触不良,则应对轮毂槽进行修磨,合格后,在配合面加滑润油,用铜棒轻轻敲入,保证套件周向、轴向紧固可靠。对于钩头楔键,钩头与套件端面间应留一定的距离,以便拆卸。

(3)花键连接

花键由花键轴与毂孔上的多个键齿组成,如图 1-1-12 所示。它具有承载能力高、传递扭矩大、同轴度高和导向性好等优点,但制造成本高。因此,它适用于载荷大和同轴度要求高的传动机构中,在机床和汽车制造业中广泛应用。

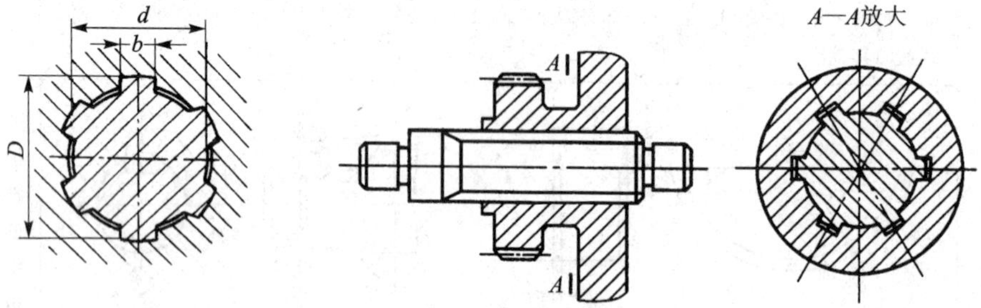

图 1-1-12　花　键

花键连接多数为间隙配合,轴孔装配后应能相对滑动。

花键按工作方式不同,分为静连接花键和动连接花键两种;按齿廓形状不同,可分为矩形花键、渐开线花键和三角形花键等三种,其中矩形花键加工方便,强度较高,易于对正,所以应用较广。

1)静连接花键的装配

花键孔与花键轴允许有少量过盈。装配时可用铜棒轻轻敲入,但不得过紧,否则会拉伤配合表面。过盈量较大时,可将套件加热至 80~100 ℃后再进行装配。

2)动连接花键的装配

花键孔在花键轴上应滑动自如,没有阻滞现象,但不能过松。连接时应保证精确的间隙配合。用手摆动套件时,不应有周向间隙。装配时,应采用涂色法检查配合情况,修整套件与花键轴,加注润滑油后装入。

3)花键连接装配步骤

① 试装。将齿轮装夹在台虎钳上,两手平托起轴,对准伸入花键孔中,找到齿槽误差最小的位置后,在齿轮和花键轴端面的相对位置上,做出装配位置标记。

② 修整。可采用着色法检查配合情况。拔出花键轴后,在齿轮花键孔内涂色,再将花键轴用锤子轻轻敲入,如图 1-1-13 所示。退出轴后,根据色斑的分布情况,修整花键两侧,反复数次,直到合格为止。

③ 装配。把涂上机械油的花键轴装入齿轮的花键槽孔内。装配后,花键轴应在孔中沿轴向滑动自如,转动轴时,不应感觉到有较大的间隙。

4. 销连接装配

销主要用于定位,也可以用于连接零件,还可作为安全装置中的过载保险元件。

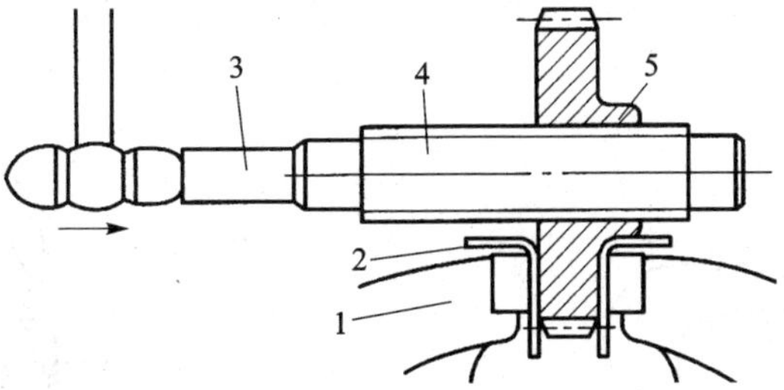

1—台虎钳；2—软钳口铁；3—纯铜棒；4—花键轴；5—齿轮

图 1-1-13　敲入花键轴

表 1-1-6　几种常用销及其应用范围

种　类	结构形式	应用范围
普通圆柱销 GB/T 119.1.1—2000		直径公差有 u8、m6、h8、和 h11 四种，以满足不同使用要求。主要用于定位，也可用于连接
普通圆锥销 GB/T 117—2000	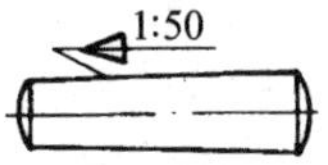	主要用于定位，也可用于固定零件，传递动力。多用于经常拆卸的场合
直槽销 GB/T 13829.1.1—2004		全长具有平行槽，端部有导杆和倒角两种，销与孔壁间压力分布较均匀。多用于有严重振动和冲击载荷的场合
销轴 GB/T 882—1986		开口销锁定，拆卸方便，用于铰接
开口销 GB/T 91.1—2000	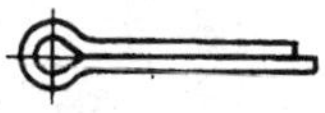	工作可靠，拆卸方便。多用于锁定其他紧固件（如槽形螺母、销轴等）

（1）圆柱销的装配

圆柱销依靠少量过盈固定在孔中，以保证连接或定位的紧固性和准确性。圆柱销不宜多次装配，一经拆卸失去过盈就必须调换。

装配圆柱销时，为保证被连接的两个零件销孔的同轴度要求，两个被连接的销孔应同时钻铰，并使孔壁表面粗糙度为 $Ra\,1.6$ 或更小。装配时，圆柱销表面上涂上机械油，用铜棒垫在圆柱销端面上，将圆柱销打入孔中。对于装配精度要求高、不能用锤子或铜棒打入的定位销，可用C形夹头把圆柱销压入孔中，这样能避免圆柱销变形或工件位置的相互移动，如图 1-1-14 所示。

（2）圆锥销的装配

圆锥销以小端直径和长度表示其规格，标准圆锥销具有 1∶50 的锥度，靠过盈与铰制孔结合，主要用于定位。定位精度比圆柱销高，在横向力作用下可保证自锁，但受力不及圆柱销均匀。由于圆锥销安装方便，并可多次拆装而不降低连接质量，一般多用于经常拆装的场合。装配时，被连接的两个零件的销孔必须同时钻铰。钻孔时应按圆锥销的小端直径选用钻头；铰孔的孔径大小以销子能插入孔中 80%的长度为宜，一般用试装法测定，如图 1-1-15 所示。当用铜棒敲入时,圆锥销的大端可稍露出或平于被连接件表面。圆锥销的小端应平于或缩进被连接件表面。

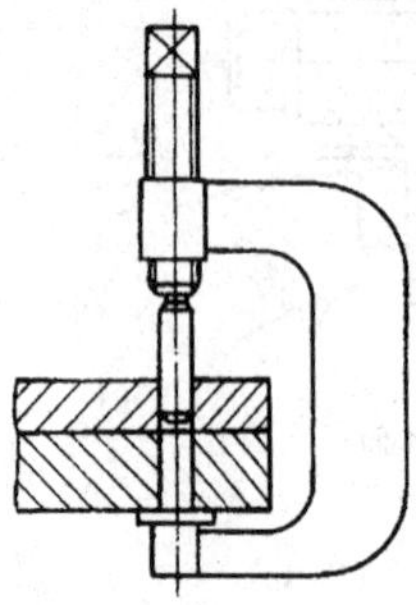
图1-1-14 用C形夹头装配圆柱销

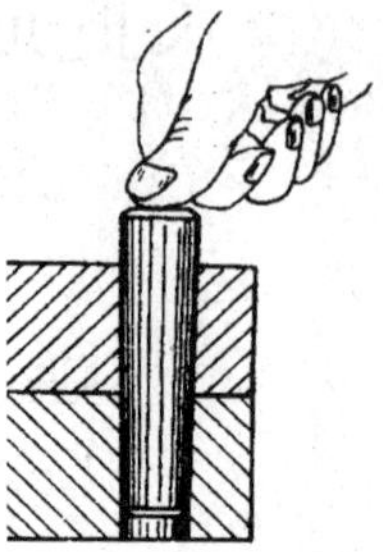
图1-1-15 试装圆锥销

思考与练习

1. 普通螺纹连接的基本类型有哪些?各适用于什么场合?
2. 对螺纹连接装配的技术要求有哪些?
3. 螺纹连接常用的防松方法有哪些?
4. 什么叫键连接?根据键的结构和用途不同,键连接可分为哪几大类?
5. 简述松键连接和紧键连接的装配要点。
6. 简述花键连接的装配要点。
7. 简述圆柱销、圆锥销的装配要点。
8. 什么是过盈连接?常用的过盈连接的装配方法有哪些?各适用于什么场合?

课题二 综合技能训练

教学要求

技能目标

◆ 能按操作步骤正确地完成各工序的加工内容,达到图样规定的精度要求。进一步巩固基础训练,掌握钳工操作的技能与技巧,提高锉配技能,提高零件的制作精度。

重 点

◆ 钳工安全文明生产内容及安全操作规程。

◆ 掌握钳工装配技巧。

难 点

◆ 正确完成工件加工及装配,并保证其满足规定的精度要求。

1.2.1 制作划规

【工艺分析】

从划规装配图(见图1-2-1)和划规零件图(见图1-2-2)可知,从划规的零件制作到划规的装配,其精度要求不高。

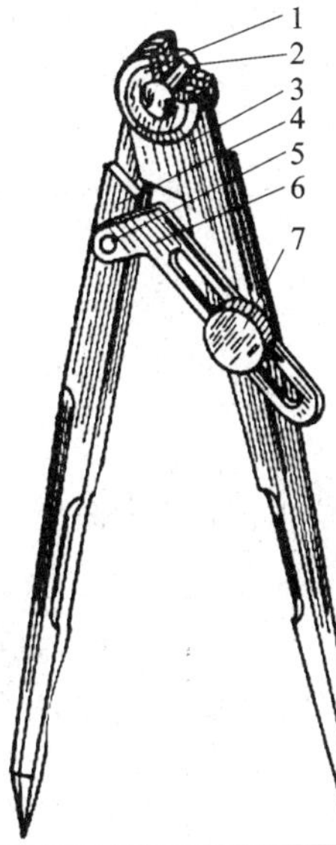

技术要求：

1. 活动部位配合为 H8/f7；
2. 铆钉头、垫圈、*R*9应圆滑；
3. 划规开合时应松紧适中；
4. 两划规脚并合时间隙＜0.1 mm；两面120°角配合间隙≤0.06 mm；
5. 两划规脚倒角位置正确匀称；
6. 活动连接板锁紧时，两划规脚无串动；
7. 两划规脚长短一致，脚尖倒圆一致；
8. 划规脚尖淬火 HRC50~55。

件号	名称	材料	数量	备注
7	紧固螺钉	45 钢	1	
6	活动连板	Q235	1	
5	半回头铆钉	Q235	1	$\phi3\times12$
4	左划规脚	45 钢	1	
3	右划规脚	45 钢	1	
2	半圆头铆钉	A3	1	$\phi5\times20$
1	垫片	35 钢	2	

技术等级	名称	工时
高级	划规	30 h

图 1-2-1　划规装配图

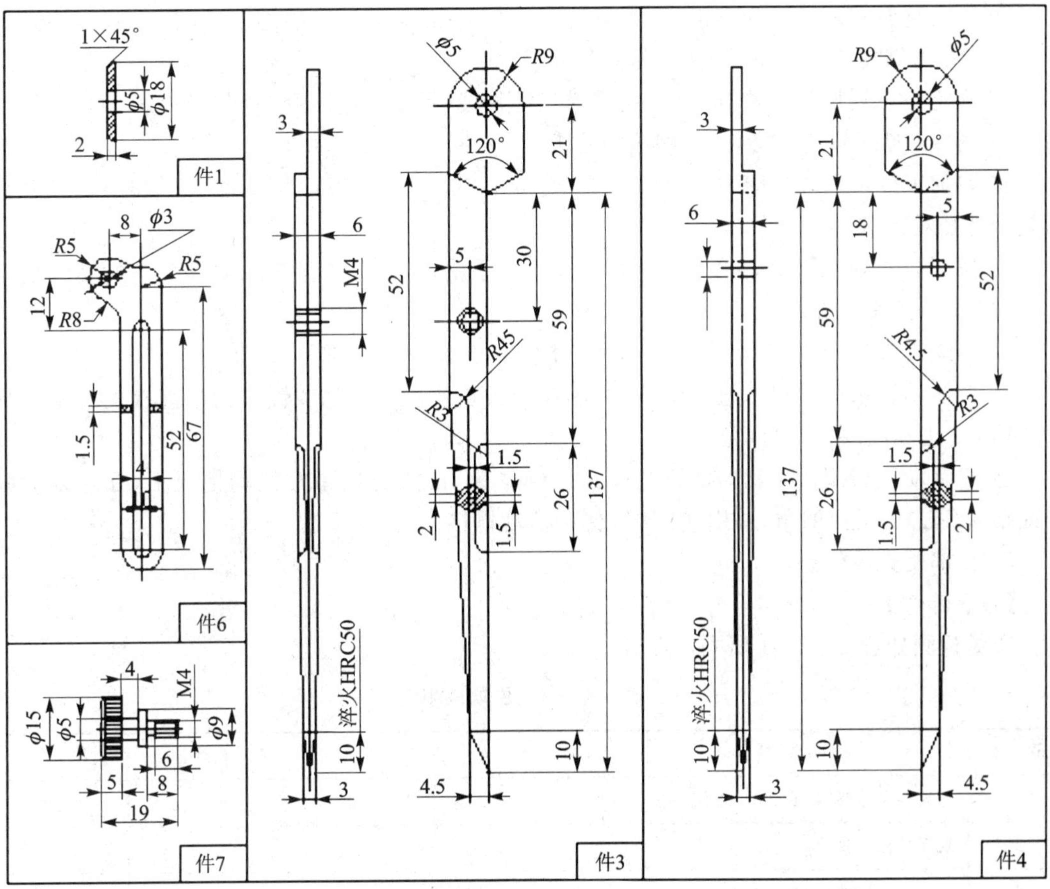

图 1-2-2　划规零件图

在制作过程中要注意:

➢ 保持两划规脚与 6 mm 平面平直,无翘曲;9 mm 宽的内侧平面保证与 6 mm 平面垂直。

➢ 锉 120°角及(3±0.03) mm 平面,达到 3 mm 平面平行度 ≤0.01 mm,且 120°角交线必须在内侧面上。

➢ 铆接后保证左、右两划规脚长短一致,划规脚尖倒圆一致,转动至松紧适度,配合间隙达到技术要求。

【加工步骤】

① 检查尺寸,并矫直两划规脚毛坯,使之放在平板上后基本贴平,无翘曲。

② 锉两划规脚 6 mm 厚的外平面,达到平直。

③ 锉两划规脚 9 mm 宽的内侧平面,保证与外平面垂直(其位置应保证宽度方向尺寸的余量)。

④ 分别以平面和内侧面为基准划 3 mm 及内、外 120 °角加工线。

⑤ 锉 120°角及(3±0.03) mm 平面,达到 3 mm 平面平行度 ≤0.01 mm(允许刮削修整),120°角交线必须在内侧面上,并留有 0.2～0.3 mm 用作锉配修整余量(加工时要注意 30 mm 尺寸余量)。

⑥ 两划规脚 120°角配合修锉,达到配合间隙<0.06 mm。

⑦ 以内侧面和 120°角交线为基准,划 ϕ5 孔位线(ϕ5 中心线应在内侧面的延长线上)。

⑧ 两划规脚并合夹紧同钻、铰 ϕ5 孔,并作 0.5 ×45°倒角。

⑨ 以内侧面和外平面为基准,分别划 9 mm、18 mm 及 6 mm 的加工线,后用 M5 螺钉、螺母将垫片和两划规脚合并旋紧,按线做外形粗锉。

⑩ 确定一只划规脚为右划规脚,按同样尺寸划线,钻 ϕ3.3 孔(孔口倒角)攻丝 M4。

⑪ 用 ϕ5 铆钉铆接,达到活动铆接的要求。

⑫ 精加工外形尺寸,达到(9±0.03) mm、(6±0.03) mm,表面粗糙度 $Ra \leqslant 3.2\ \mu m$,并根据垫圈外径对锉 R9 圆头。

⑬ 按图在两划规脚上划出外侧倒角线及侧捏手槽位置线,并按要求对锉。各棱交线要清晰,内圆弧要求平滑光洁。

⑭ 划规脚尖锉削成型,淬火硬度达到 HRC50,并将表面全部打光。

⑮ 按活动连板图样尺寸进行划线(可制作样板划线),并按划线锉准活动连板的尺寸和形状及钻 ϕ3 孔,最后用砂布打光。

⑯ 将活动连板用 M4 紧固螺钉紧固在正确位置,在两划规脚并拢的情况下,在左划规脚上配钻 ϕ3 孔,正反面倒角,并用 ϕ3 铆钉作为活动铆接。

⑰ 全部复查及修整。

【质量检测】

质量检测如表 1-2-1 所列。

表 1-2-1 质量检测

序 号	检测内容	配 分	评分标准	检测记录	扣 分
1	划规脚尺寸要求 9±0.03 (2 组)	6	超差 0.01 扣 1 分		
2	划规脚尺寸要求 6±0.03 (2 组)	6	超差 0.01 扣 1 分		
3	120°配合角间隙 0.06 (2 处)	16	超差不得分		

续表 1-2-1

序　号	检测内容	配　分	评分标准	检测记录	扣　分
4	两划规脚拼合间隙 0.08	8	超差不得分		
5	$R9$ 圆头圆滑正确	6	不正确不得分		
6	$\phi5$ 铆接松紧适宜，铆合头完整（2 处）	8	不合适不得分		
7	$\phi3$ 铆接松紧适宜，铆合头完整（2 处）	6	不合适不得分		
8	活动连板尺寸，形状好（2 处）	6	不合适不得分		
9	两划规脚倒角对称正确（8 处）	16	不对称不得分		
10	划规脚尖倒角对称正确（2 处）	6	不对称不得分		
11	粗糙度 $Ra \leqslant 3.2\ \mu m$（8 处）	16	降级不得分		
12	文明生产与安全生产	扣分	违者每次扣 5 分		
13	工具使用正确	扣分	损坏每只扣 5 分		
14	工时定额 30 h	扣分	负额每 30 min 扣 5 分		

注意事项

- 锉削 120°面与 3 mm 面的垂直度误差方向时，以控制在小于 90°范围内为好，且成清角，以便于达到配合要求。
- 为保证铆接后两划规脚转动松紧适度，铆合面必须平直光洁，平行度误差必须控制在最小范围内。
- 钻 $\phi5$ 铆孔时，必须两划规脚配合正确，且在可靠夹紧情况下，同时钻在两划规脚内侧面延长线上，否则将使并合间隙达不到要求，这时也不能再做修整加工。
- 在加工外侧角与内侧捏手槽时，必须一起划线，锉两划规脚时应经常拼拢检查是否大小、长短一样，否则会影响划规外形质量。
- 在加工活动连板时，由于厚度尺寸小，应先加工内形长槽后再加工外形轮廓，钻孔时必须夹牢，避免造成工伤和折断钻头。
- 由于活动连板加工时有尺寸、形状的误差，为使装配后位置正确，可将 M4 螺钉孔（或 $\phi3$ 铆钉孔）的位置用试装配钻方法确定。

1.2.2　分度板装配

按照分度板装配图（见图 1-2-3）、分度板零件图Ⅰ（见图 1-2-4）与图Ⅱ（见图 1-2-5）进行分度板的加工及装配。

【工艺分析】

阅读图纸，分析工件加工难点，从图中可知分度板装配图是以孔为基准的。在加工分度板零件时，尺寸$55^{\ 0}_{-0.074}$ mm、$50^{\ 0}_{-0.062}$ mm、$30^{\ 0}_{-0.033}$ mm 一定要对称孔，使孔的边缘到外形边距的尺寸分别控制在$27.5^{\ 0}_{-0.037}$ mm、$25^{\ 0}_{-0.031}$ mm、$15^{\ 0}_{-0.0165}$ mm，垂直度$\leqslant$0.04 mm。

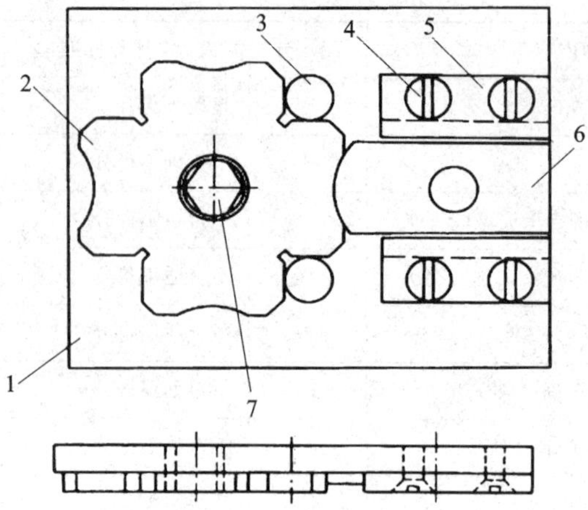

技术要求：

1. 未注公差按IT12~IT14规定；

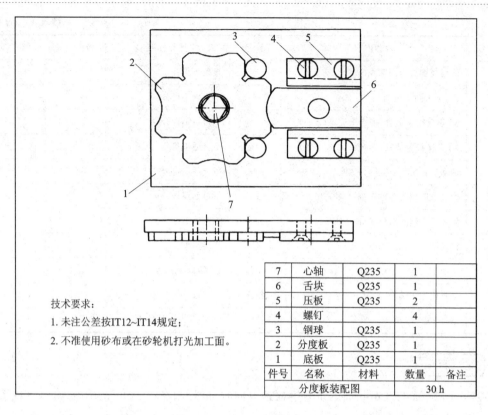

2. 不准使用砂布或在砂轮机打光加工面。

件号	名称	材料	数量	备注
7	心轴	Q235	1	
6	舌块	Q235	1	
5	压板	Q235	2	
4	螺钉		4	
3	钢球	Q235	1	
2	分度板	Q235	1	
1	底板	Q235	1	
分度板装配图			30 h	

图 1-2-3　分度板装配图

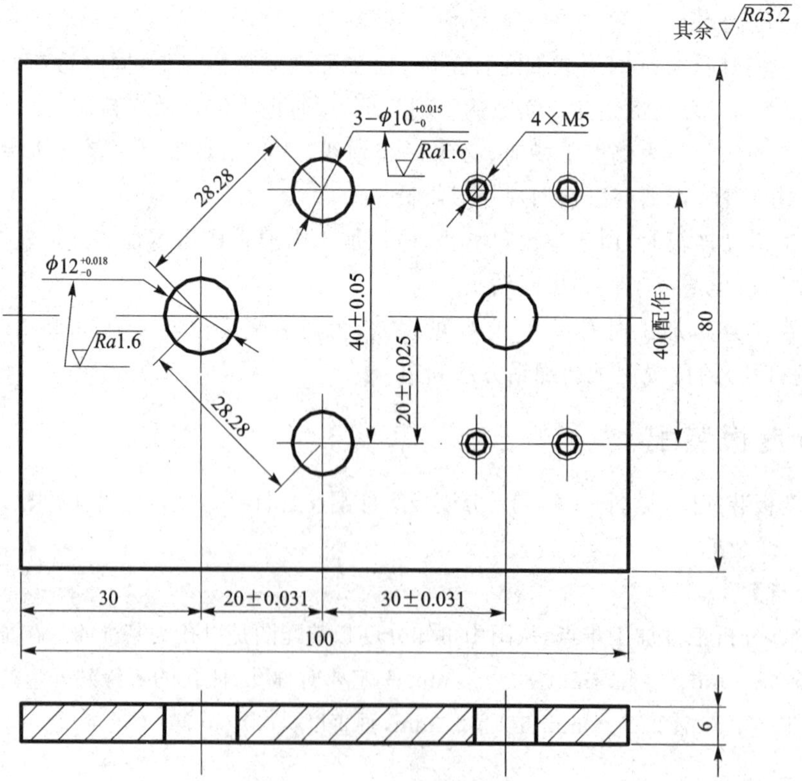

图 1-2-4　分度板零件图I

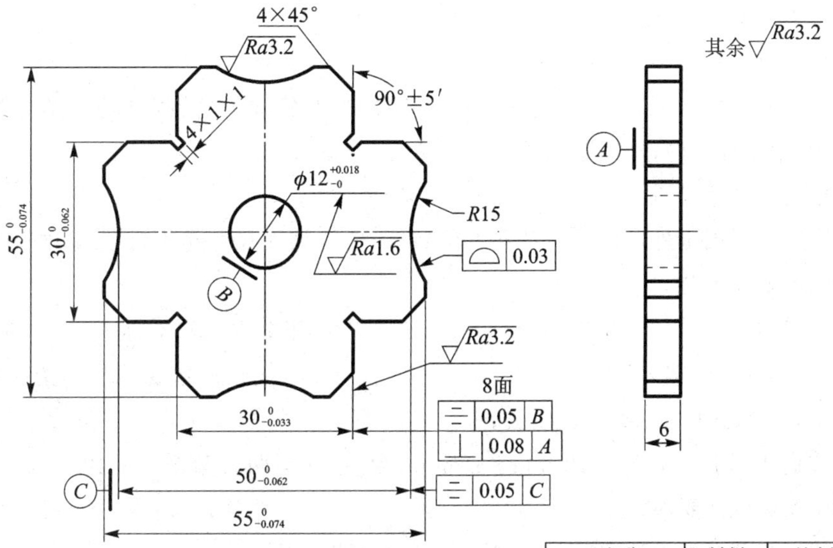

名称	材料	比例
分度板	Q235	1:1

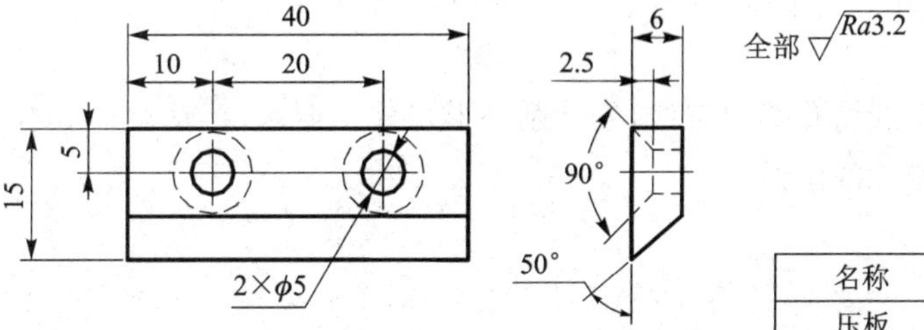

名称	材料	比例
压板	Q235	1:1

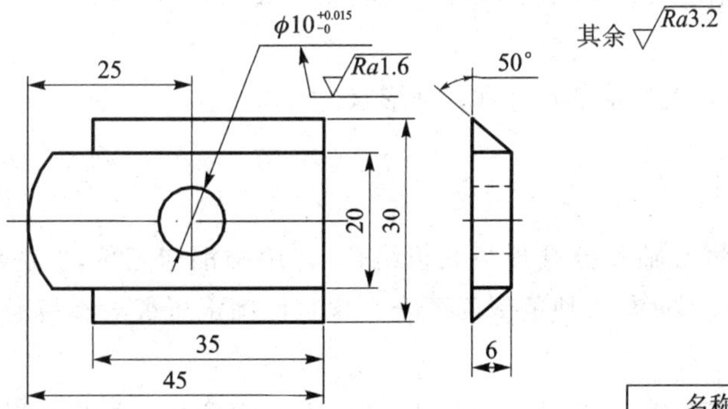

名称	材料	比例
舌块	Q235	1:1

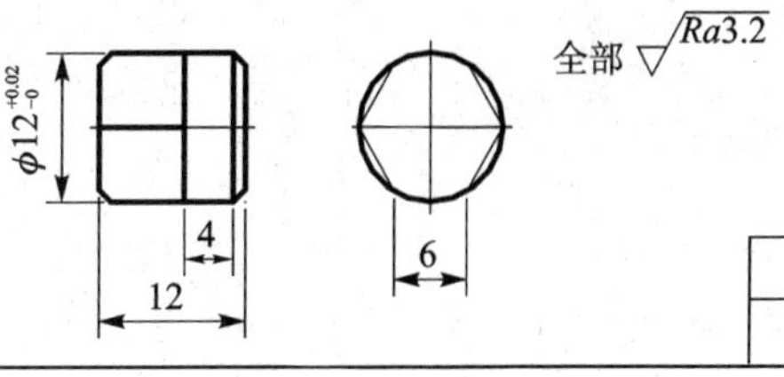

名称	材料	比例
心轴	Q235	1:1

图 1-2-5　分度板零件图Ⅱ

在装配时调整配合间隙,将分度板旋转 4 次,使舌块 $R15$ 与分度板的配合达到技术要求。

【加工步骤】

1) 底　板

锉削外形达到尺寸、形位公差要求;按零件图划出各孔的位置线并检查是否符合要求;划孔 $\phi12$ 和 $\phi10$ 中心线,并打样冲眼;钻孔 $2\times\phi12$。

2) 分度板

① 按零件图划出外形加工线及孔的位置线,要求划线尺寸精度准确,以便锉削时有清晰的加工界线,精修余量均匀。

② 钻、铰孔 $\phi\,12^{+0.018}_{-0}$,粗糙度 $Ra1.6$ μm,保证与外形相对位置对称。

③ 以孔为基准,锉削尺寸 $55^{+0}_{-0.074}$ mm×$55^{+0}_{-0.074}$ mm,使孔的边缘到外形边距的尺寸控制在 $21.5^{+0}_{-0.03}$ mm,垂直度≤0.04 mm。

④ 按划线锯下一个直角 12 mm×12 mm,粗、精锉削两直角至尺寸 $42.5^{+0}_{-0.037}$ mm,保证垂直度 90°±5′和对称度要求。

⑤ 按加工凸台的方法,依次加工其余直角至图纸要求。

⑥ 锉削 4×45°倒角 8 处至要求,并用锯弓锯出 4 处 1 mm×1 mm 的消气孔。

⑦ 内 $R15$ 与舌块配作,并控制尺寸 $50^{+0}_{-0.062}$ mm 及对称度要求。

3) 压　板

按图纸要求划加工线及孔的位置线,先锉削外形尺寸至要求,再钻 $2\times\phi5$ 两个通孔及圆锥孔,注意 60°斜面与圆锥孔的位置。

4) 舌　块

锉削加工外形至尺寸要求,注意 60°斜面要左右对称,不要夹伤。钻、铰孔 $\phi\,12^{+0.018}_{-0}$ 至图纸要求,并控制与外形的位置精度要求;$R15$ 外轮廓与分度板内 $R15$ 锉配合面。

5) 心　轴

粗、精锉外形,控制好四面棱形的尺寸和几何形状。

分度板装配方法

分度板装配前,应先将心轴和分度板与底板组合,并用两钢球定位,然后将舌块与分度板 $R15$ 相配合,将左右两压板斜面与舌块的斜面配合。这时可确定压板与底板上的螺纹孔进行配钻,并攻螺纹孔 4×M5。

最后调整配合间隙,紧固螺钉,将分度板旋转 4 次,检查舌块 $R15$ 与分度板的配合情况。局部锉配达到技术要求。

【质量检测】

质量检测如表 1-2-2 所列。

表 1-2-2　质量检测

序　号	项目与技术要求		配　分	评分标准	实测记录	得　分
主要项目	件 1 尺寸精度	40 ± 0.05	2	超差不得分		
		$\phi\,12^{+0.018}_{-0}$	2	超差不得分		
		$\phi\,10^{+0.015}_{-0}$(3 处)	6	超差不得分		
	件 2 尺寸精度	$30^{+0}_{-0.033}$(2 处)	8	超差不得分		
		$50^{+0}_{-0.062}$(2 处)	4	超差不得分		
		$90^\circ\pm5'$	8	超差不得分		
主要项目	件 2 面轮廓度	0.03	8	超差不得分		
	件 2 与件 6 配合间隙	0.05(4 处)	8	超差不得分		
	件 2 与件 3 配合间隙	0.05(8 处)	16	超差不得分		
	件 5 与件 6 配合间隙	0.05(2 处)	4	超差不得分		
	件 7 与件 2 和件 1 配合间隙	0.05	4	超差不得分		
一般项目	件 2 对称公差	0.05(8 处)	8	超差不得分		
	件 2 表面粗糙度	$Ra\,3.2$(12 处)	10	超差不得分		
	件 2 ϕ12 孔精度	$\phi\,12^{+0.018}_{-0}$	2	超差不得分		
	件 1 表面粗糙度	$Ra\,1.6$	4	超差不得分		
	件 2 表面粗糙度	$Ra\,1.6$	2	超差不得分		
	件 6 平行度公差	0.03	2	超差不得分		
	件 6 ϕ10 孔精度	$\varphi\,10^{+0.015}_{-0}$	2	超差不得分		
	件 6 表面粗糙度	$Ra\,1.6$	42	超差不得分		
其他	安全文明生产			扣分不超过 10 分		
	工时			根据情况扣分		

1.2.3　变位组合体

按照变位组合体装配图(见图 1-2-6)和零件图(见图 1-2-7、图 1-2-8)进行加工与装配。

【工艺分析】

该组合体由五个零件修锉装配后组合成图 1-2-7 和图 1-2-8 所示的两种装配图,配合精度较高,加工时间 8 h。按图 1-2-7 状态交检共有 12 处配合面,那么就有 24 个锉削平面,加上外形尺寸的平面和图 1-2-8 零件的锉削面共有 41 个加工面和 9 个孔。假如每个面的加工时间为 11 min,41 个加工面需要的时间是 451 min,剩余的 29 min 可用于划线、钻、铰孔的工序。因此,钳工技能考试的时间是非常紧张的。

为了保证锉削的速度和精度,一是锉削过程中注意粗、精锉分开,先用 250 或 300 的粗锉刀粗锉至距离划线线条 0.1～0.2 mm,再改用细锉刀进行细锉,以保证表面粗糙度符合要求;二是注意测量基准一致,有些间接尺寸的测量需用尺寸链计算方法得出。粗锉时可用游标卡尺或数显游标卡尺测量,以节约时间。精锉时用外径千分尺测量尺寸,注意其测量点要合适,并采用透光法经常用刀口尺靠在修锉面检测平面度。

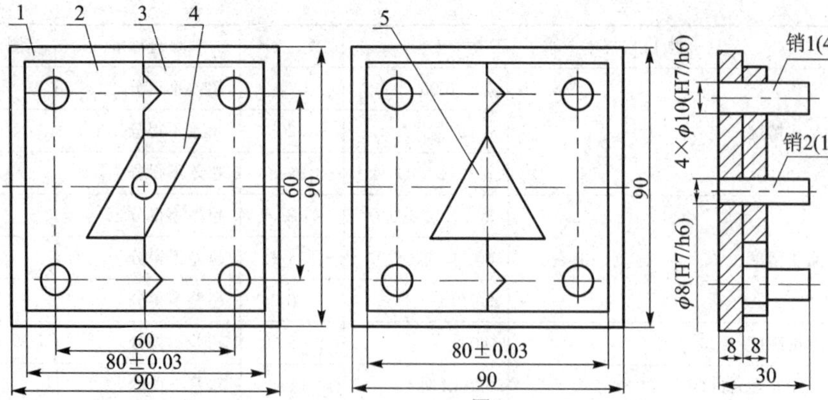

图1　　图2

技术要求:

1. 考核前自制 30 mm 轴心,φ8h6 一件和 φ10H6 四件,随工件交验。
2. 交工件时按图 1 装配,所有竞赛标记朝外,交件状态装配间隙检测完成后,分别按两组图形装配检测装配间隙,装配时用手力组装到位,否则按无配合计算。
3. 全部销轴与孔的间隙≥0.05 mm 视为无配合。
4. 配合间隙检测:各相关间隙不大于 0.04 mm。
   ① 图 1:交件状态 12 处装配间隙检测完成后,平行块分别旋转、上下翻转 180°,检测16 处间隙:将平行块上竞赛标记朝外,左右板互换及上下翻转 180° 检测间隙 24 处(共计 52 处)。
   ② 图 2:组装三角块检测配合间隙 11 处,将三角块旋转 2 次检测配合间隙。

序号	名称	数量	图号	备注
7	销 2	1		自备
6	销 1	1		自备
5	三角形	2		
4	平行块	1		
3	右板	4		
2	左板	4		
1	底板			
变位组合体				8 h

图 1-2-6　变位组合体装配图

【加工步骤】

1) 加工左、右板

① 先锉削直角边,使其四边达到平行与垂直。

② 划出孔位线,并留出 0.2 mm 的余量,利用顶尖在平口钳上找出中心孔的位置,通过钻、扩、铰孔加工 φ10 的孔。

③ 将左右板上下重叠,利用 φ10 定位销定位,并用 60 mm 的两块将左右板按钳口方向平移 60 mm,将其另外一孔通过钻、扩、铰孔,加工出 φ10 的孔。

④ 利用这两孔为基准将左右板外形尺寸锉削达到图纸尺寸及要求。

⑤ 利用正弦规按图样要求,对左、右板进行划线并加工完成达到图样要求。

2) 加工底板

① 按照图样要求对底板中心孔位置进行划线。

② 通过钻、扩、铰孔加工出 φ8 孔,达到图样要求。

③ 以底板 φ8 中心孔为基准,加工出底板外形尺寸。

3) 加工平行四边形

① 按照图样要求划出平行四边形毛坯中心孔、孔位线。通过钻、扩、铰孔加工出 φ8 中心孔。

② 利用 φ8 孔为基准,加工出平行四边形外形尺寸线,达到图样要求。

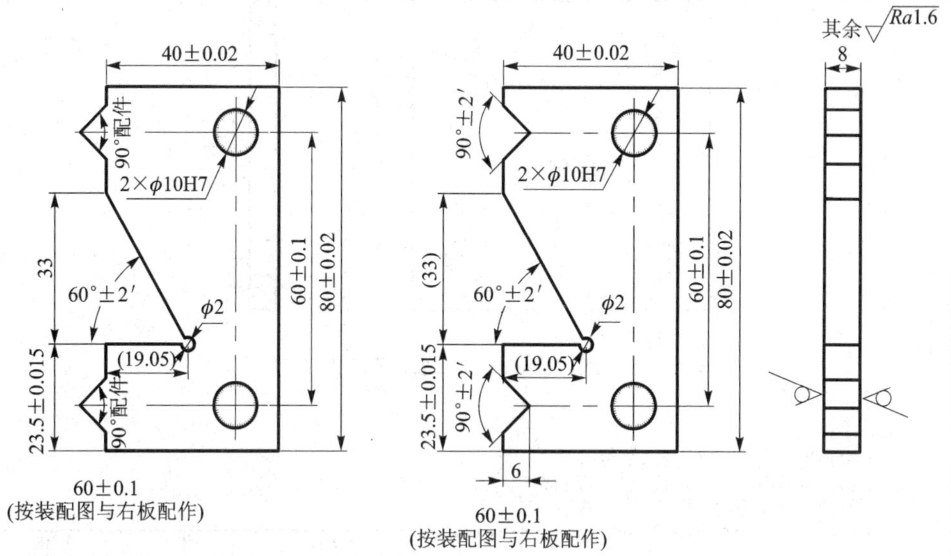

左板　　右板

技术要求：
1. 不得使用钻模或二类工具进行加工；
2. 不得使用砂布、油石等抛光工具及材工；
3. 不得留飞边及毛刺，倒角不大于0.3×45°；
4. 未注线性尺寸公差按GB/T 1804—m—2000执行。

名称	材料	比例
左、右板	45钢	1:1

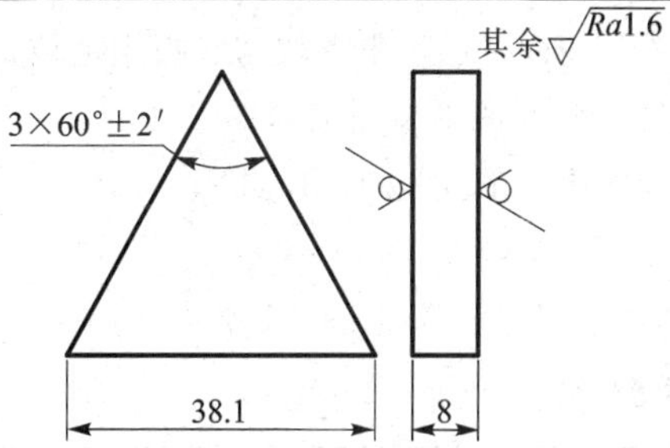

技术要求：
1. 不得使用钻模或二类工具进行加工；
2. 不得使用砂布、油石等抛光工具及材料进行加工；
3. 不得留飞边及毛刺，倒角不大于0.3×45°；
4. 未注线性尺寸公差按GB/T 1804—m—2000执行。

名称	材料	比例
三角块	45钢	1:1

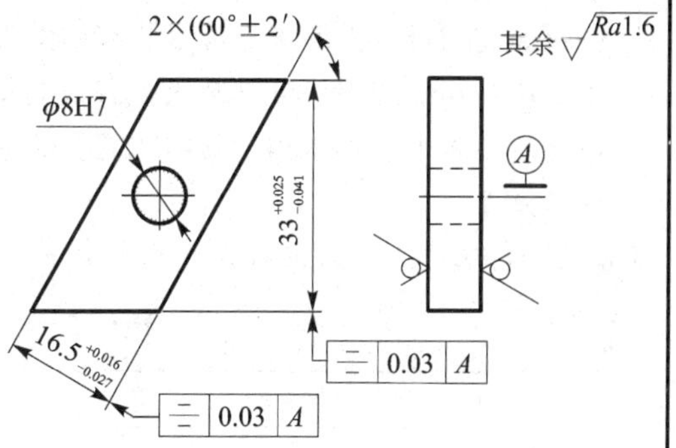

技术要求：
1. 不得使用钻模或二类工具进行加工；
2. 不得使用砂布、油石等抛光工具及材料进行加工；
3. 不得留飞边及毛刺，倒角不大于0.3×45°；
4. 未注线性尺寸公差按GB/T 1804—m—2000执行。

名称	材料	比例
平形块	45钢	1:1

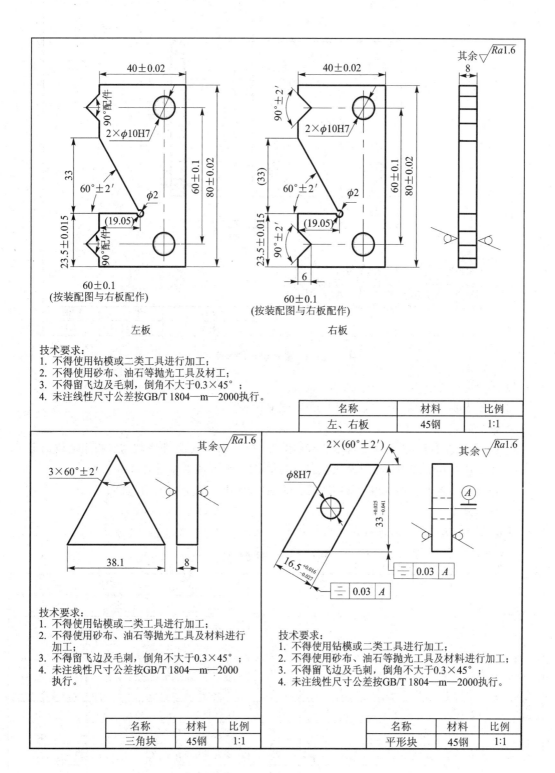

图 1－2－7　变位组合体零件图I

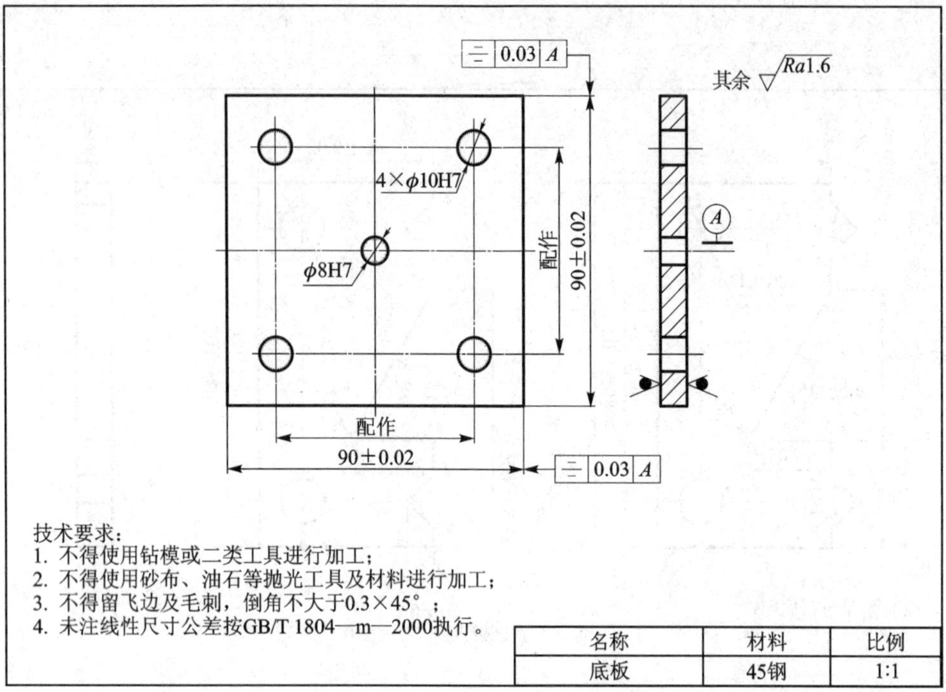

⌯ 0.03 A
其余 Ra1.6
4×ϕ10H7
ϕ8H7
配作
90±0.02
A
配作
90±0.02
⌯ 0.03 A
技术要求:
1. 不得使用钻模或二类工具进行加工;
2. 不得使用砂布、油石等抛光工具及材料进行加工;
3. 不得留飞边及毛刺,倒角不大于0.3×45°;
4. 未注线性尺寸公差按GB/T 1804—m—2000执行。
名称 材料 比例
底板 45钢 1:1

图 1-2-8　变位组合体零件图Ⅱ

4) 三角块

用正弦规划出三角块外形线并加工完成,达到图样要求。

5) 装配加工

① 将底板、左右板、平形块零件组装成如图 1-2-7 所示位置,平形块与底板用定位销定位。

② 将 2 块 5 mm 的垫块分别装入左右板的左右两侧,并用平口钳夹紧。

③ 通过左右板上已加工出的 ϕ10H7 孔,配钻、铰底板上的 4×ϕ10H7 孔。

【质量检测】

质量检测如表 1-2-3 所列。

表 1-2-3　质量检测

工　件	项目与技术要求	配　分	评分标准	检测结果	得　分
装配图一	80±0.03 (4 处)	2	一处超差扣 0.5 分		
	配合间隙<0.04 (52 处)	20.8	一处超差扣 0.4 分		
装配图二	80±0.03 (4 处)	2	一处超差扣 0.5 分		
	配合间隙<0.04 (48 处)	19.2	一处超差扣 0.4 分		
底　板	90±0.02 (2 处)	2	一处超差扣 1 分		
	ϕ8H7	1	超差不得分		
	ϕ10H7 (4 处)	4	一处超差扣 1 分		
	孔 Ra1.6 (4 处)	2.5	一处超差扣 0.5 分		
	面 Ra1.6 (4 处)	1.2	一处超差扣 0.5 分		
	对称度 0.03 (2 处)	2	一处超差扣 1 分		

续表 1-2-3

工　件	项目与技术要求	配　分	评分标准	检测结果	得　分
左　板	80±0.02	1	超差不得分		
	40±0.02	1	超差不得分		
	23.5±0.015	1.6	超差不得分		
	60±0.1 (3 处)	3	一处超差扣 1 分		
	ϕ10H7 (2 处)	2	一处超差扣 1 分		
	孔 Ra1.6 (2 处)	2	一处超差扣 0.5 分		
	面 Ra1.6 (13 处)	3	一处超差扣 0.3 分		
右　板	90°±2′(2 处)	2	一处超差扣 1 分		
	80±0.02	1	超差不得分		
	40±0.02	1	超差不得分		
	23.5±0.015	1.6	超差不得分		
	60±0.1	1	超差不得分		
	6(2 处)	2	一处超差扣 1 分		
	ϕ10H7	2	一处超差扣 1 分		
	孔 Ra1.6 (2 处)	2	一处超差扣 0.5 分		
	面 Ra1.6 (10 处)	3	一处超差扣 0.3 分		
平行块	$16.5^{-0.016}_{-0.027}$	2	超差不得分		
	$33^{-0.025}_{-0.041}$	2	超差不得分		
	对称度 0.03 (2 处)	4	一处超差扣 2 分		
	60°±2′ (2 处)	1	一处超差扣 0.5 分		
	面 Ra1.6 (4 处)	1.2	一处超差扣 0.3 分		
	ϕ8H7	1	超差不得分		
	孔 Ra1.6	0.5	超差不得分		
三角块	60°±2′ (3 处)	1.5	一处超差扣 0.5 分		
	面 Ra1.6 (3 处)	0.9	一处超差扣 0.3 分		
其　他	安全文明实训操作	每次违规扣分 5 分			

1.2.4　六方组合体

按照图 1-2-9、图 1-2-10 所示的要求完成六方组合体。

【工艺分析】

在完成本套六方组合体时，为了控制配合间隙 $5^{+0.04}_{-0}$ mm、平行度≤0.02 mm 等技术要求，除了保证各零件的加工精度外，装配连接的顺序也非常重要。

零件加工中，锉削六方块是关键，必须保证等边长和等角度，各边与侧面垂直，并以此零件为基准件配锉凹板镶配部分。

装配连接应按如下顺序进行：① 加工螺纹孔；② 用螺钉连接后再加工销钉孔 4×ϕ6H7；③ 用螺钉、销钉连接凹板、底板后，加工 ϕ10H7 销钉孔(注意：六方块、底板配钻、铰)；④ 装上 ϕ10 销钉完成全部连接。

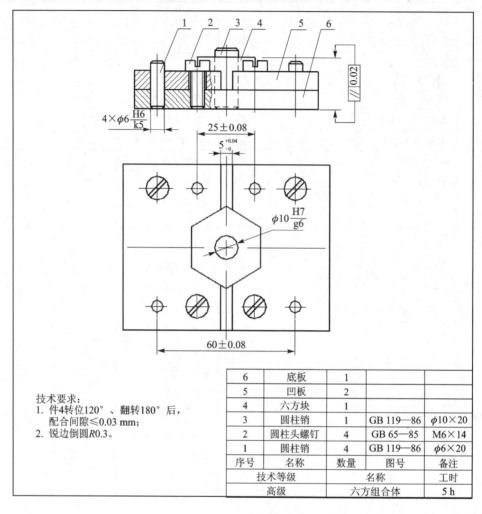

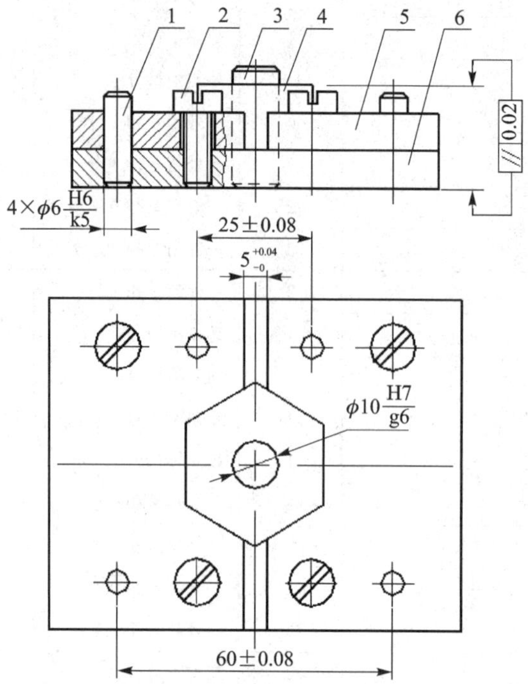

技术要求：
1. 件4转位120°、翻转180°后，配合间隙≤0.03 mm；
2. 锐边倒圆R0.3。

6	底板	1		
5	凹板	2		
4	六方块	1		
3	圆柱销	1	GB 119—86	φ10×20
2	圆柱头螺钉	4	GB 65—85	M6×14
1	圆柱销	4	GB 119—86	φ6×20
序号	名称	数量	图号	备注
技术等级		名称		工时
高级		六方组合体		5 h

图1-2-9　六方组合体装配图

【加工步骤】

1）六方块

① 利用V形铁，按图样要求划出六方块中心孔位。

② 以中心线为基准，依次划出六方块外形尺寸并加工，达到图样要求。

2）左、右凹板

① 加工左、右凹板外形尺寸37.5 mm×70 mm×8 mm，保证相邻两边垂直度、平行度。

② 按图样要求，划出左、右凹板中心线，以中心线为基准分别划出螺纹孔和销孔中心线。

③ 按图样要求对左、右凹板进行锯割、锉削加工，利用万能角度尺保证凹槽开口成60°角，通过与件4锉配出六方块凹槽深度、边长，保证其对称度。

3）底　板

① 按图样要求对底板中心孔、螺纹孔、销定位孔位置进行划线。

② 以底板中心孔位基准加工出底板外形尺寸(80±0.02) mm×70 mm×0.02 mm，达到图样

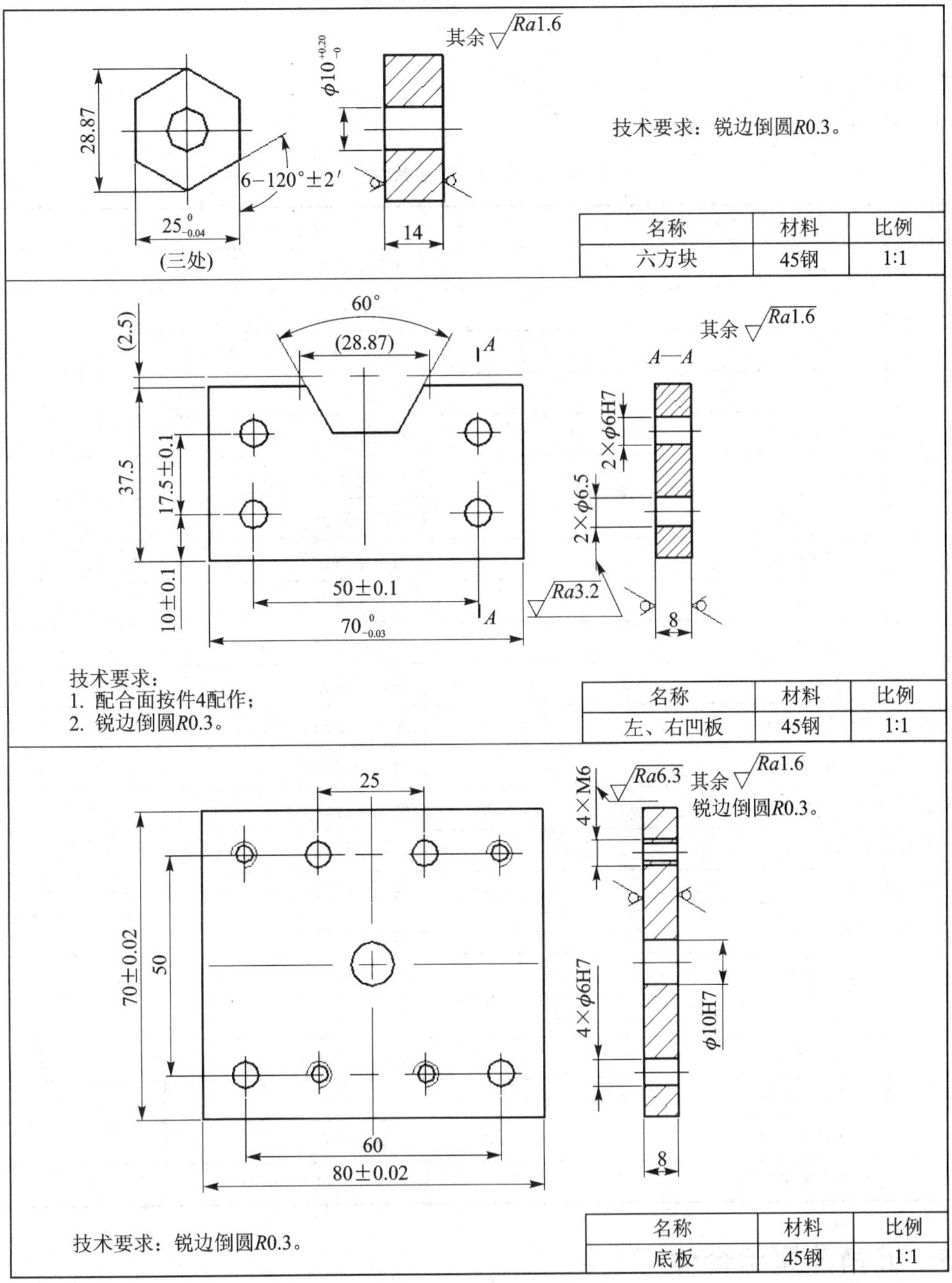

图 1-2-10　六方组合体零件图

要求。

4）装配加工

① 将件 4、件 5、件 6 组合重叠，按图样要求用 $\phi5.8$ 钻头对件 6 钻螺纹底孔，再用 $\phi6.5$ 钻头对件 5 进行扩孔加工。

② 使用 M6 丝锥将件 6 攻螺纹，加工出螺纹孔，用 M6 螺钉定位螺纹孔。

③ 选用 $\phi5.9$ 钻头加工件 5、件 6 销孔底孔，再用 $\phi6$ 铰刀铰孔。

④ 将件 4、件 5、件 6 用螺钉、销钉连接后，用 $\phi9.8$ 钻头钻底孔，再用 $\phi10$ 铰刀铰孔加工定位

销孔。使用 ϕ10 圆柱销进行定位。

⑤ 去毛刺交检。

【质量检测】

质量检测如表 1-2-4 所列。

表 1-2-4 质量检测

工 件	项目与技术要求	配 分	评分标准	得 分
件 6：底板	80±0.02	3	超差不得分	
	70±0.02	3	超差不得分	
	ϕ10H7	2	超差不得分	
	4×ϕ6H7	2	超差不得分	
	4×M6	2	超差不得分	
	Ra1.6	4	超差一处扣 0.5 分	
件 5：凹板	$70^{+0}_{-0.03}$ (2 件)	6	超差不得分	
	50±0.1 (2 件)	5	超差不得分	
	10±0.1 (2 件)	2	超差不得分	
	17.5±0.1 (2 件)	2	超差不得分	
	2×ϕ6H7 (2 件)	2	超差不得分	
	Ra1.6 (2 件)	6	超差一处扣 0.5 分	
件 4：六方块	120°±2′ (6 处)	6	超差不得分	
	$25^{+0}_{-0.02}$ (3 处)	12	超差不得分	
	ϕ10H7	2	超差不得分	
	Ra1.6	3	超差一处扣 0.5 分	
装配	完成全部装配	5	超差不得分	
	25±0.08	2	超差不得分	
	60±0.08	2	超差不得分	
	$5^{+0.04}_{-0}$	6	超差不得分	
	平行度≤0.02	5		
	配合间隙≤0.03	18	超差不得分	
	安全文明实训		违章每次扣 1～10 分	

1.2.5 五角燕尾组合件

按照图 1-2-11 和图 1-2-12 所示的要求完成五角燕尾组合件的加工与装配。

【工艺分析】

该五角燕尾组合件的装配图由件 1～件 4、圆柱销、螺钉组合而成。其配合形式分五角体配合和燕尾配合。第一次检测按装配图组合后，五角体转位 5 次；第二次检测，中间燕尾凸板翻转后检测各配合间隙，五角体再转位 5 次。因此配合间隙比封闭配合更小，精度要求更高。

凸件在整个配合中居于主要地位，分为正五角体凸件、燕尾凸件。加工凸件的关键在于要控制好正五角体、孔以及燕尾的对中心加工误差。基于这一点，要求如下：

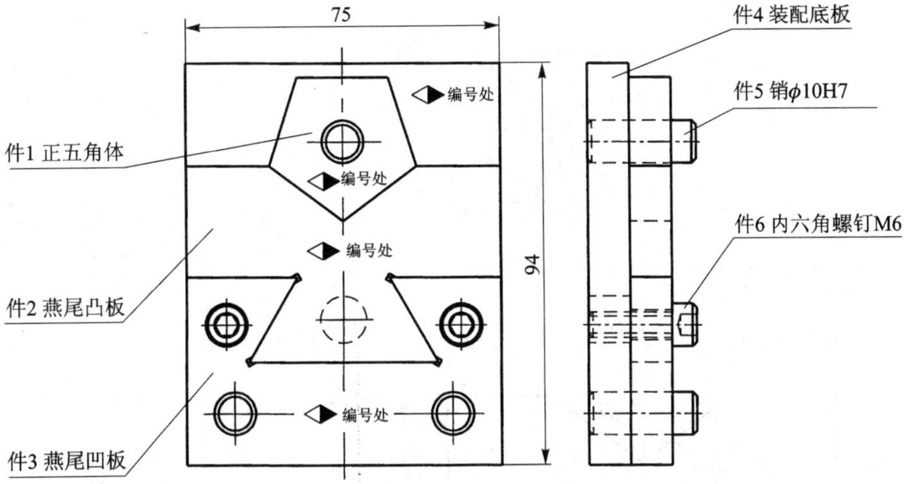

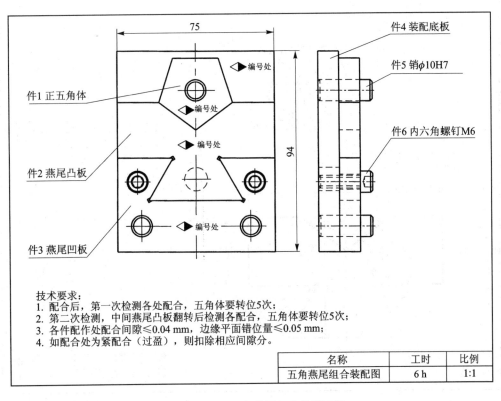

技术要求：
1. 配合后，第一次检测各处配合，五角体要转位5次；
2. 第二次检测，中间燕尾凸板翻转后检测各配合，五角体要转位5次；
3. 各件配作处配合间隙≤0.04 mm，边缘平面错位量≤0.05 mm；
4. 如配合处为紧配合（过盈），则扣除相应间隙分。

名称	工时	比例
五角燕尾组合装配图	6 h	1:1

图 1-2-11　五角燕尾组合件装配图

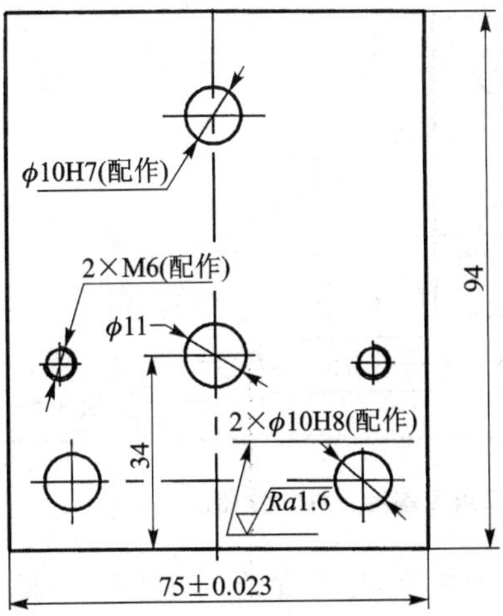

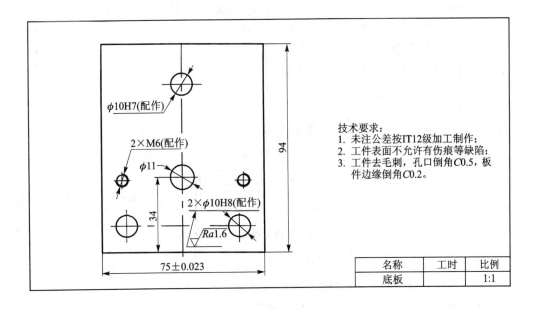

技术要求：
1. 未注公差按IT12级加工制作；
2. 工件表面不允许有伤痕等缺陷；
3. 工件去毛刺，孔口倒角C0.5，板件边缘倒角C0.2。

名称	工时	比例
底板		1:1

图 1-2-12　五角燕尾组合件零件图Ⅰ

➢ 正五角体必须保证 5 条边长尺寸和 5 个内角 5×(108°±2′)基本一致，并保证 5 个面的平面度及垂直度，防止喇叭口的产生。内角尺寸容易做到保证一致，而边长尺寸的准确性是直接影响镶配件间隙大小和换向配合质量的重要因素。由于五边形的内角均为钝角，

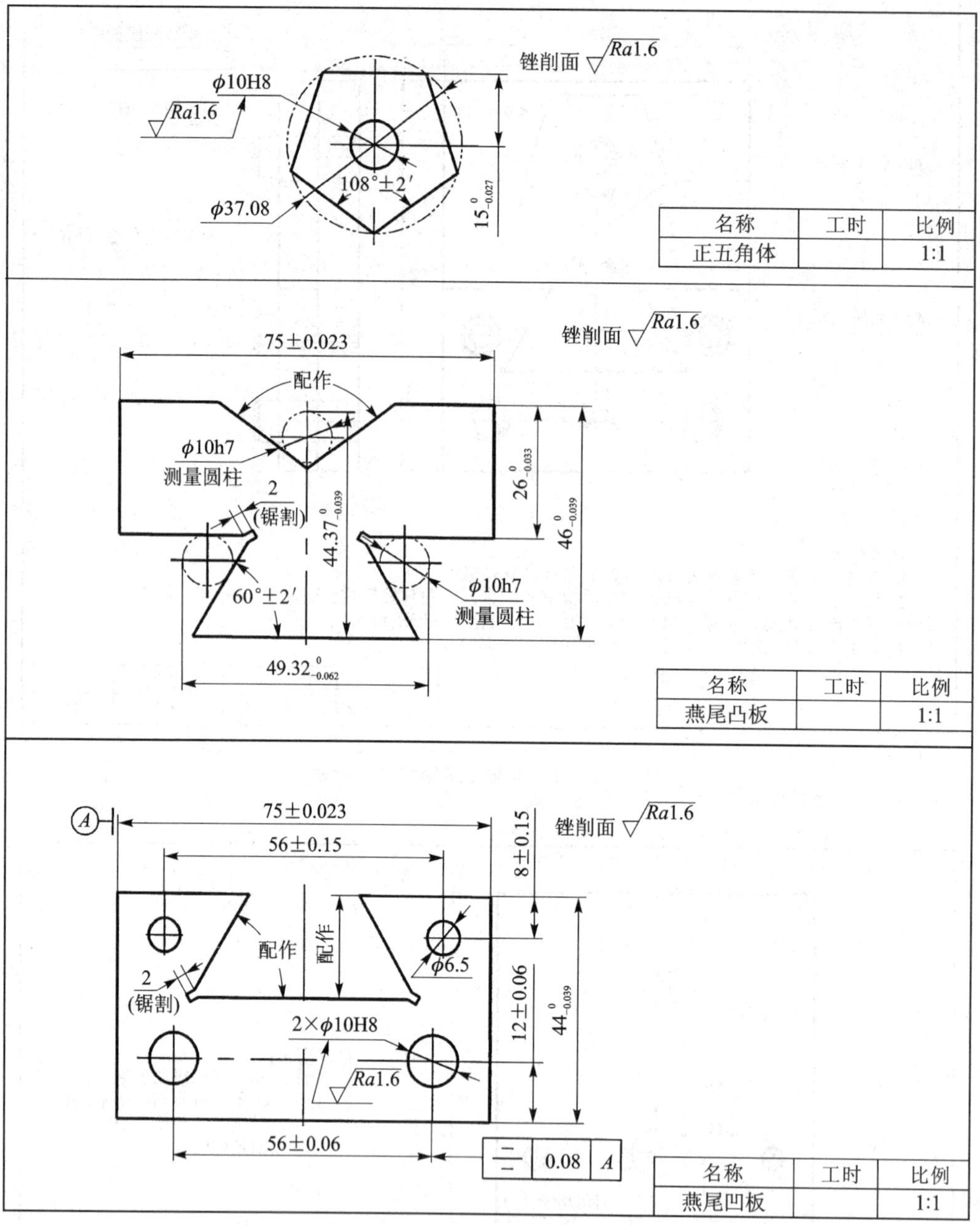

图 1-2-13　五角燕尾组合件零件图Ⅱ

用常规的游标卡尺或千分尺无法找到测量面,这是保证正五边形的加工尺寸的难点。因此必须采用合理的工艺方法和相对准确的测量手段。

- 燕尾凸板充分利用外形来逐项控制,从而达到对称,这是此题的重点所在。用 φ10 圆柱芯棒测量燕尾中心距,控制两圆柱棒外径之间的尺寸在$49.32^{\pm 0}_{-0.062}$ mm 范围内。
- 凹板加工时,按正常燕尾凹板的加工方法,保证配合后与凸板斜面的平面度、间隙要求,且边缘平面错位量≤0.05 mm。

【加工步骤】

1）加工正五角体

① 将 ϕ37.08 的棒料装夹在三爪卡盘上，通过钻、扩铰成 ϕ8 的孔。

② 将 ϕ8 的芯轴穿过 ϕ37.08 的棒料中心，固定好后，将芯轴装夹在分度头上划出五角体。

③ 粗、精锉五角体，注意控制尺寸$15_{-0.027}^{+0}$ mm 用正弦规打表，控制五角体的各平面，用万能角度尺控制 108°±2′，达到图样要求。

2）加工燕尾凸板

① 先锉削燕尾凸板，使其四边达到平行与垂直，并控制(75±0.023) mm，$46_{-0.039}^{+0}$ mm 尺寸。

② 划出与五角体配合处的 V 形线和燕尾，达到图样要求。

③ 用手锯将 V 形和燕尾上多余材料锯下，注意保留有 0.5 mm 的加工余量。

④ 通过粗、精锉去 V 形和燕尾上多余余量，并用 ϕ10 的检验棒，控制燕尾尺寸$49.32_{-0.042}^{+0}$ mm 和 V 形槽尺寸$44.37_{-0.032}^{+0}$ mm，并用正弦规打表控制燕尾与 V 形槽平面，达到图样要求。

3）加工燕尾凹板

① 锉削燕尾凹板四边达到平行与垂直。

② 划出燕尾凹板上的孔位置线并留有 0.2 mm 的余量。

③ 将平口钳左侧装上挡板，并用 52 mm 的量块放入平口钳左侧，将燕尾凹板夹持，用顶尖在平口钳上找正孔位，固定平口钳，通过钻、扩、铰加工 ϕ8 的孔。

④ 取出 53 mm 量块，将燕尾凹板平行推入平口钳左侧挡板处，钻、扩、铰出第二个 ϕ8 的孔。

⑤ 用步骤③、④的方法加工出(56±0.15) mm 孔距的孔。

⑥ 利用四孔位基准，将燕尾凹板外形尺寸锉削至图样要求。

⑦ 划出燕尾槽图形，用打排孔和锯割将燕尾槽多余余料拿出，并保留有加工余量。

⑧ 粗、精锉燕尾槽，并用燕尾凸板锉配，使燕尾凹板达到图样要求。

4）底　板

按图样要求对底板进行锉削，使其四边达到平行与垂直，控制(75±0.023) mm 尺寸。

5）装　配

① 将件 1、件 2、件 3、件 4 零件进行组装，如图 1－2－11 所示位置，放入平口钳左侧挡板为基准后，将一块 9 mm 的垫块镶入五角体上端，使其件 1、件 2、件 3 与件 4 等高，然后将平口钳夹紧。

② 用钻、扩、铰加工方法，通过件 1、件 2 与件 3 上的 4×ϕ8 孔，扩、铰、加工出 ϕ11 孔、3×ϕ10 孔和 2×M6 的螺纹孔。

③ 去毛刺，交检。

【质量检测】

质量检测如表 1－2－5 所列。

表 1－2－5　五角燕尾组合件质量检测

名　称	检测项目		配　分	评分标准	实测记录	得　分
正五角体	1	108°±2′(5 处)	7.5	超差不得分		
	2	$15_{-0.027}^{+0}$(5 处)	7.5	超差不得分		
	3	ϕ10H8	1	超差不得分		
	4	锉削面 Ra1.6	2	超差不得分		

续表 1-2-5

名　称	检测项目		配　分	评分标准	实测记录	得　分
燕尾凸板	5	75±0.023	2	超差不得分		
	6	$46^{+0}_{-0.039}$	2	超差不得分		
	7	$49.32^{+0}_{-0.062}$	2	超差不得分		
	8	$26^{+0}_{-0.033}$	2	超差不得分		
	9	$44.37^{+0}_{-0.039}$	2	超差不得分		
	10	60°±2′(2 处)	4	超差不得分		
	11	锉削面 *Ra*1.6	4	超差不得分		
燕尾凹板	12	75±0.023	2	超差不得分		
	13	$44^{+0}_{-0.039}$	2	超差不得分		
	14	56±0.15	2	超差不得分		
	15	8±0.15(2 处)	2	超差不得分		
	16	52±0.06	2	超差不得分		
	17	12±0.06(2 处)	2	超差不得分		
	18	对称度≤0.08	2	超差不得分		
	19	ϕ10H8(2 处)	2	超差不得分		
	20	锉削面 *Ra*1.6	3	超差不得分		
底板	21	75±0.023	2	超差不得分		
	22	ϕ10H8(3 处)	3	超差不得分		
	23	M6(2 处)	2	超差不得分		
	24	锉削面 *Ra*1.6	1	超差不得分		
配合	25	第一次检测配合间隙(15 处)	15	超差不得分		
	26	边缘平面错位量 0.05(5 处)	5	超差不得分		
	27	第二次检测配合间隙(15 处)	15	超差不得分		
	28	边缘平面错位量 0.05(5 处)	2	超差不得分		
其他	安全文明生产		扣分	扣分不超过 10 分		
	工时定额 8 h		扣分	根据情况扣分		

1.2.6　三角圆弧套锉配

图 1-2-14 所示为三角圆弧套锉配图，材料为 45 钢，坯料尺寸件 1 为 8×ϕ73，件 2 为 8×8×ϕ80。通过划线、锯割、锉削、钻削、铰削等钳工加工，把坯件加工成三角圆弧套，达到规定的要求，保证配合精度。

【工艺分析】

1) 结构分析

三角圆弧套锉配由件 1 芯件、件 2 圆套、件 3 检验棒组成。件 1 是一个三角形芯件，三个角为 3×ϕ $12^{+0}_{-0.02}$圆弧，中间是一个直径 ϕ16H7 的孔，三个边的侧面中间各有一个直径 ϕ6H10 的孔，三角形角度为 60°±2′。件 2 为直径 ϕ60、厚度 8 mm 的盘形结构。

技术要求：以件 1 为基准，配作件 2，配合互换间隙：平面≤0.06 mm，曲面≤0.08 mm。

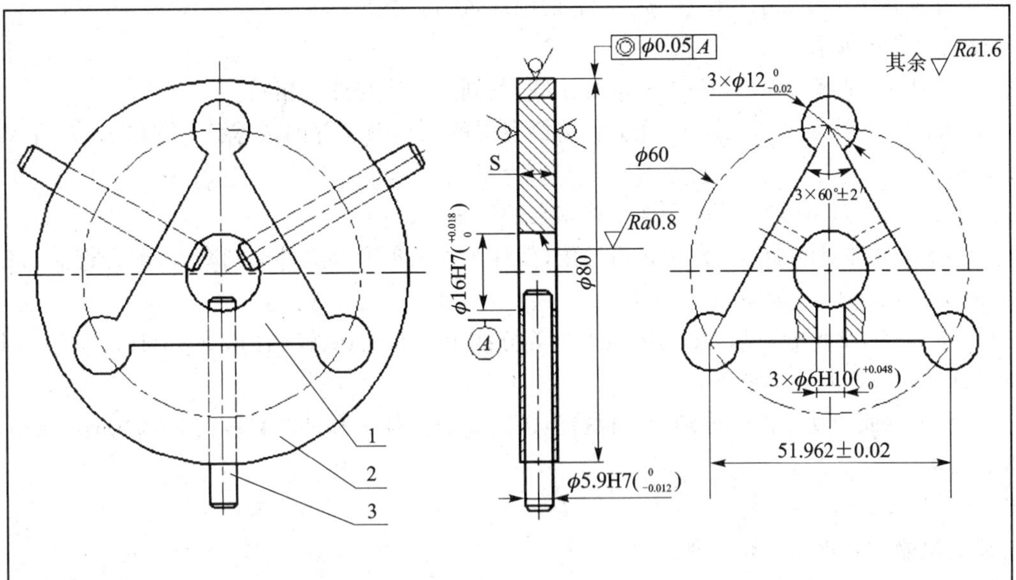

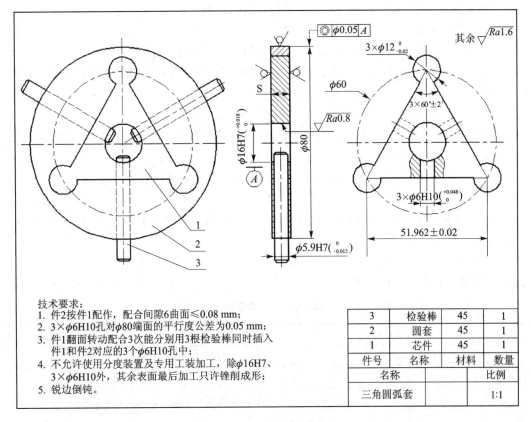

技术要求：
1. 件2按件1配作，配合间隙6曲面≤0.08 mm；
2. 3×ϕ6H10孔对ϕ80端面的平行度公差为0.05 mm；
3. 件1翻面转动配合3次能分别用3根检验棒同时插入件1和件2对应的3个ϕ6H10孔中；
4. 不允许使用分度装置及专用工装加工，除ϕ16H7、3×ϕ6H10外，其余表面最后加工只许锉削成形；
5. 锐边倒钝。

3	检验棒	45	1
2	圆套	45	1
1	芯件	45	1
件号	名称	材料	数量
名称			比例
三角圆弧套			1:1

图 1-2-14 三角圆弧套锉配图

为了保证配合互换间隙，要保证基准件对称度，通常情况件 1 比件 2 容易加工，所以选择件 1 为基准件，符合技术要求。

2）拟订零件加工工序

检验毛坯→选择划线基准并修整→在件 1 上划线→钻孔、倒角、铰孔→锉削件 1、测量检验、修正→件 2 上划线→钻孔、去除余料→锉配→测量检验。

3）加工精度控制措施

工艺路线安排是否合理，将直接影响零件加工质量的好坏。首先是毛坯检验——选择划线基准并修整是关键一步，这关系到划线的准确性，划线后就要确定件 1 的加工、检验基准，选择直径 ϕ16H7 的铰孔作为测量基准，因为精加工的孔用作测量基准，误差最小。以铰孔的轴线为基准保证件 1 上的三角形等角度、等高度、等边长，然后以件 1 为基准加工件 2。

【加工步骤】

1）件 1 加工步骤：

① 将件 1 靠在方箱上，用高度划线尺划出 ϕ73 的中心线；用圆规划出 ϕ60 的圆；再将 ϕ60 的圆分成 120°三等分，注意控制 3×(51.96±0.02) mm 的尺寸线。将划线连成三角形，在其三角形的尖部用圆规划出 $3\times\phi\ 12^{0}_{-0.02}$ 的圆。

② 将件 1 夹持在平口虎钳上，在立钻上钻、铰出三角形中间孔 $\phi 16H7(^{+0.018}_{0})$。

③ 在立钻上夹持 ϕ4 的钻头，进行钻排孔，使其三角形在 ϕ73 的圆上，用錾子将三角形錾下。

④ 粗、精锉三角形，并用正弦规、杠杆表和万能角度尺进行测量，保证三角形 3×(60°±2′)角度尺寸要求，并控制 3×(51.96±0.02) mm 尺寸。

⑤ 用 R 规 $R6$,粗、精锉出 $3\times\phi 12^{0}_{-0.02}$ 的圆球,达到图纸要求。

2) 件 2 加工步骤:

① 划出件 2 圆套 $\phi 80$ mm×8 mm 加工线,其划线方法与件 1 相同。

② 将件 2 夹持在平口虎钳上,用立钻将圆套内的三角形尖部的圆球孔 $3\times\phi 12^{0}_{-0.02}$ 钻、铰达尺寸要求。

③ 将圆套内三角形钻排孔,用錾子将多余的料錾下。

④ 用粗、精锉对圆套内三角形进行锉配,使件 1 外三角形放进件 2 圆套内,配合直面间隙≤0.06 mm,曲面间隙≤0.08 mm。

⑤ 件 1 和件 2 配合好后,在其侧面 120°等分线上一起配钻、铰侧面 $3\times\phi 6H10(^{+0.048}_{-0.})$,并能达到翻面转动 6 次互换不能落位。

⑥ 件 1 翻面转动 3 次能分别用 3 根检验棒同时插入件 1 和件 2 对应的 $3\times\phi 6H10$ 孔中,达到配合要求。

【质量检测】

质量检测如表 1-2-6 所列。

表 1-2-6 质量检测

序 号	项目与技术要求	配 分	评分标准	实测记录	得 分
1	$\phi 16H7^{+0.018}_{0}$	10	用 $\phi 10H7$ 塞规检验,超差不得分		
2	$\phi 12^{0}_{-0.02}$ (3 处)	6	每处超差扣 3 分		
3	51.96±0.02 (3 处)	12	每处 3 分,超差 0.01 扣 1 分,超差 0.02 不得分		
4	60°±2′ (3 处)	12	每处 3 分,超差 2′扣 1 分,超差 4′不得分		
5	$\phi 6H10$ (3 处)	3	用塞规检验,每处超差扣 1.5 分		
6	平行度≤0.05 (6 处)	6	每处超差扣 1 分		
7	对称度 0.10 (6 处)	6	每处超差扣 1 分		
8	翻面转动(6 次)	9	翻面转动后不能落位,每次扣 1.5 分		
9	件Ⅰ与件Ⅱ配合直面间隙≤0.06,曲面间隙≤0.08 (各 3 处)	15	以最佳的一次配合进行检验,每处超差扣 2.5 分		
10	同轴度 $\phi 0.05$	3	超差不得分		
11	$Ra1.6$	1	超差不得分		
12	$Ra1.6$ (12 处)	6	每处超差扣 0.5 分		
13	外观	6	有压痕、损伤、畸形每处扣 2 分,径向孔偏出两端面,每处扣 1 分		
14	安全文明生产	5	每次违规扣 5 分		

第二部分　车　削

课题一　车削典型零件和复杂零件

教学要求

- ◆ 掌握在车床上使用花盘加工复杂零件的方法。
- ◆ 掌握在车床上车削细长轴的方法。
- ◆ 掌握在车床上车削薄壁零件的方法。

2.1.1　使用花盘和角铁装夹、车削复杂零件

在车削中，有时会遇到一些外形较复杂、形状不规则的零件或精度高、加工难度大的（如细长轴、薄壁、深孔）工件，如图 2－1－1 所示。

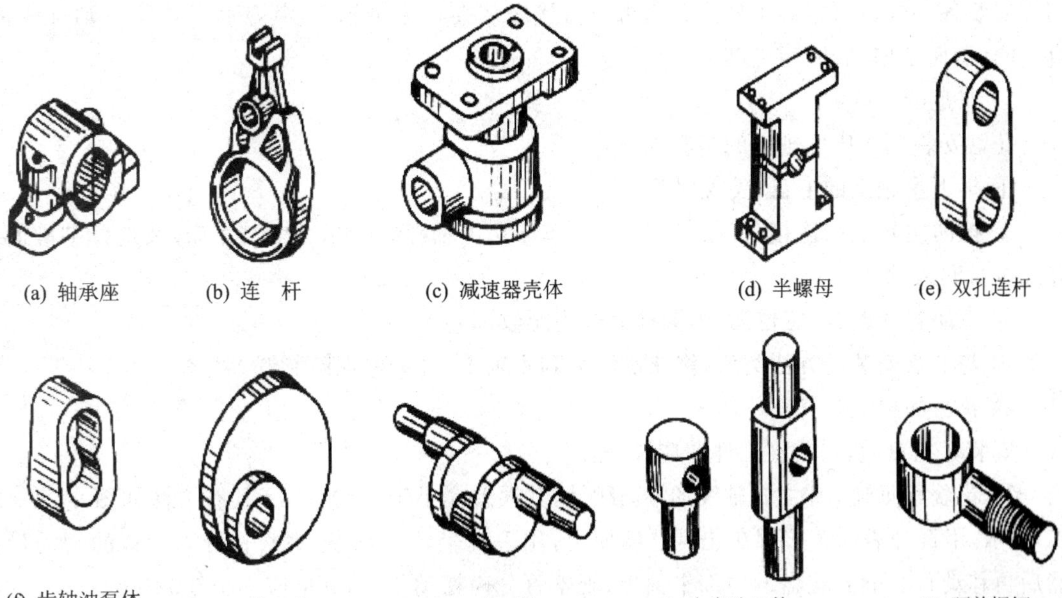

(a) 轴承座　(b) 连　杆　(c) 减速器壳体　(d) 半螺母　(e) 双孔连杆

(f) 齿轴油泵体　(g) 偏工件　(h) 曲　轴　(i) 十字孔工件　(j) 环首螺钉

图 2－1－1　较复杂零件

这些外形奇特的工件，通常需要用相应的车床附件或专用车床夹具来加工。当数量较少时，一般不设计专用夹具，而使用花盘、角铁等一些常用的车床附件（如图 2－1－2 所示）来加工，既能保证加工质量，又能降低生产成本。

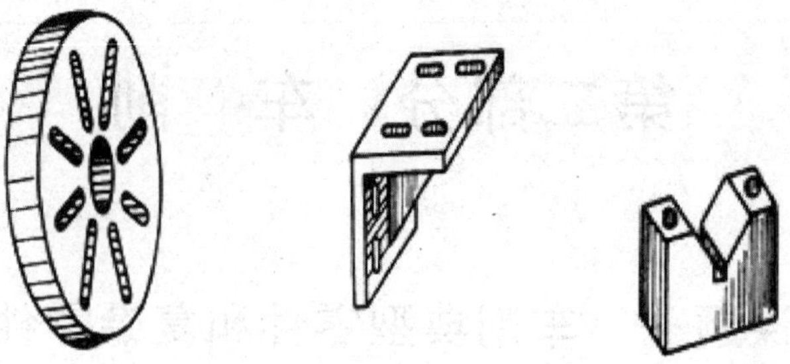

(a) 花 盘　　(b) 角 铁　　(c) V形架

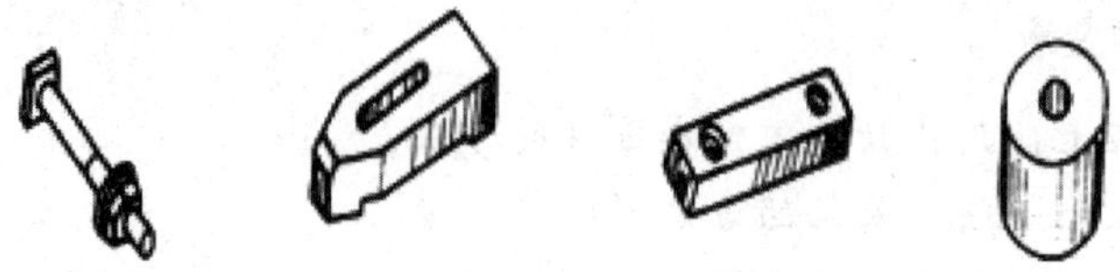

(d) 方头螺钉　　(e) 压 板　　(f) 平垫铁　　(g) 平稳块

图 2-1-2　常用的车床附件

1. 在花盘上装夹、车削工件

(1) 花盘简介

花盘是使用铸铁制作的大圆盘,盘面上有很多长短不同呈辐射状分布的通槽或 T 形槽,用于安装各种螺钉来紧固工件。花盘可以直接安装在车床主轴上,其盘面必须与主轴轴线垂直,并且盘面平整,表面粗糙度 Ra 不大于 1.6 μm。

1) 花盘的安装

花盘安装到车床主轴上的步骤如下:

① 拆下主轴上的卡盘,妥善保管。

② 擦净主轴上的连接盘(如 CA6140 型车床)、主轴螺纹(如 C620 型车床)及定位基准面,并加少量润滑油。

③ 擦净花盘配合、定位面(内圆柱面或内螺纹面)。

④ 与卡盘安装的方法类似,将花盘安装到主轴上,并装好保险装置。

2) 花盘的检查与修整

安装好花盘后,在装夹工件前应检查:

① 花盘盘面对车床主轴轴线的端面跳动,其误差应小于 0.02 mm。检查方法如图 2-1-3(a)所示,用百分表测头接触在花盘外端面上,用手轻轻转动花盘,观察百分表指针的摆动量;然后再移动百分表到花盘的中部平面上,观察百分表摆动量 Δ,其值应小于 0.02 mm。

② 花盘盘面的平面度误差应小于 0.02 mm(允许中间凹)。检查方法如图 2-1-3(b)所示,将百分表固定在刀架上,使其测头接触花盘外端,花盘不动,移动中滑板,从花盘的一端移动至另一端(通过花盘的中心),观察其指针的摆动量 Δ,其值应小于 0.02 mm。

如果安装后的花盘经检查仍不符合要求,则可对花盘端面精车一刀,车削时应紧固床鞍以避免让刀,并保证精车后的端面平整。

(2) 工件在花盘上的装夹

当工件外形复杂,并要求工件的被加工表面与基准面垂直时,可安装在花盘上加工。由于

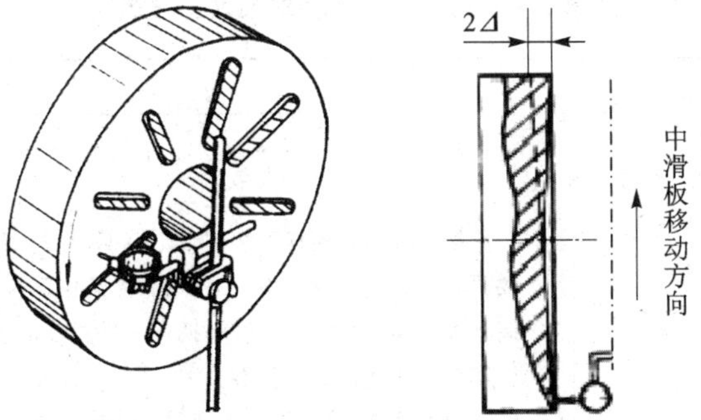

(a) 检查方法(一)　　(b) 检查方法(二)

图 2-1-3　用百分表检查花盘平面

在花盘上安装的工件，重量一般都偏向一边，因此，必须在花盘偏重的对面装上适当的平衡铁。平衡铁安装好后，把主轴放在空挡的位置，用手转动卡盘，观察花盘能否在任意位置上停下来。如果能在任意位置停下来，则表明花盘上的工件已被调整平衡，否则需要重新调整平衡铁的位置和增减平衡铁的重量。

现使用花盘装夹、车削如图 2-1-4 所示连杆零件上两个孔。

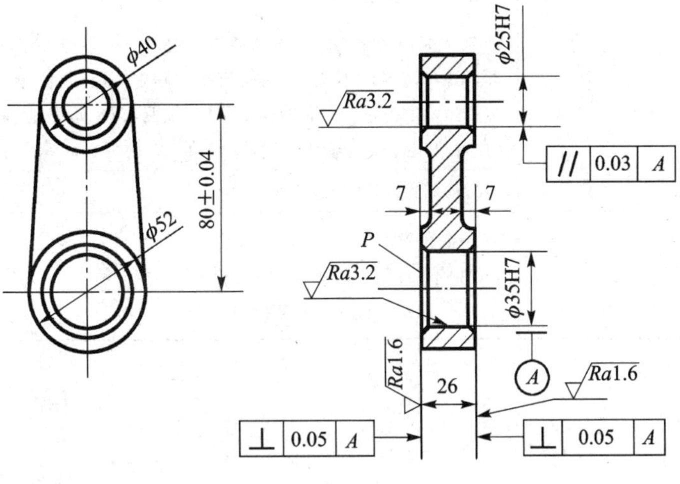

图 2-1-4　双孔连杆

【工艺分析】

双孔连杆主要有四个表面要加工：前、后两平面，上、下两内孔。假设两个平面已精加工，现在要车削两个内孔。由于两孔中心距有一定要求，两孔轴线要相互平行且与基准平面垂直，两孔本身也有一定的尺寸要求，因此必须要求花盘本身的形状公差是工件相关公差值的 1/2～1/3，要有一定的测量手段以保证两孔中心距的公差。车削第二孔时，关键问题在于保证两孔距公差，为此要求采用适当的装夹方法和测量方法。

【加工步骤】

双孔连杆车削加工步骤见表 2-1-1。

表 2-1-1　双孔连杆车削加工步骤

操作步骤	加工内容
1. 车削基准孔 ϕ35H7 的装夹步骤(见图 2-1-5)	① 选择前后两平面中的一个合适平面作为定位基准面,将其贴平在花盘盘面上。 ② V 形架轻轻靠在连杆下端圆弧形表面,并初步固定在花盘上。 ③ 按预先划好的线找正连杆第一孔,然后用压板压紧工件。 ④ 调整 V 形架,使其 V 形槽轻抵近工件圆弧形表面,并锁紧 V 形架。 ⑤ 用螺钉压紧连杆另一孔端。 ⑥ 加适当配重铁,将主轴箱手柄置于空挡位置,以手转动花盘,使之能在任何位置都处于平衡状态。 ⑦ 用手转动花盘,如果旋转自由,且无碰撞现象,则可开始车孔
2. 加工基准孔 ϕ35H7	车削基准孔 ϕ35H7
3. 车削基准孔 ϕ25H7 的装夹步骤(见图 2-1-6)	① 在主轴锥孔内安装一根直径为 D 的专用心轴,并找正心轴圆跳动(包括径向、端面的)。 ② 在花盘上安装一个定位套,其外径 d 与已加工好的第一个孔呈较小的间隙配合,如图 2-1-7 所示。 ③ 用千分尺测量出定位套与心轴之间的距离 M(多测几遍,取其平均值)。再计算出中心距 $L=M-\frac{D}{2}-\frac{d}{2}$。 ④ 若测量出的中心距 L 与工件图样要求的中心距不相符,则可微松定位套螺母,用铜棒轻敲定位套,以调整两孔实际中心距,再测量 M,并计算 L,直至符合图样要求为止。中心距校正好后,锁紧螺母,取下心轴,并将连杆已加工好的第一孔套在定位套上,并校正好第二孔的中心,夹紧工件,即可加工第二孔
4. 加工基准孔 ϕ25H7	车削基准孔 ϕ25H7
5. 检验	① 中心距检测。 ② 两平面对基准孔轴线垂直度检测。 ③ 两孔轴线平行度误差的检测

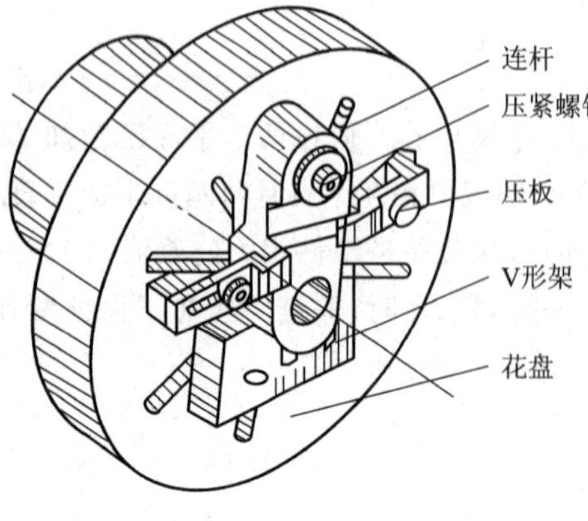

图 2-1-5　第 1 次装夹工件

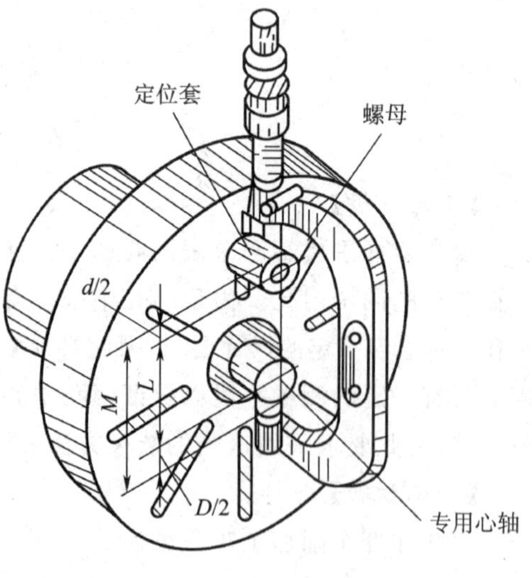

图 2-1-6　用定位套校正中心距

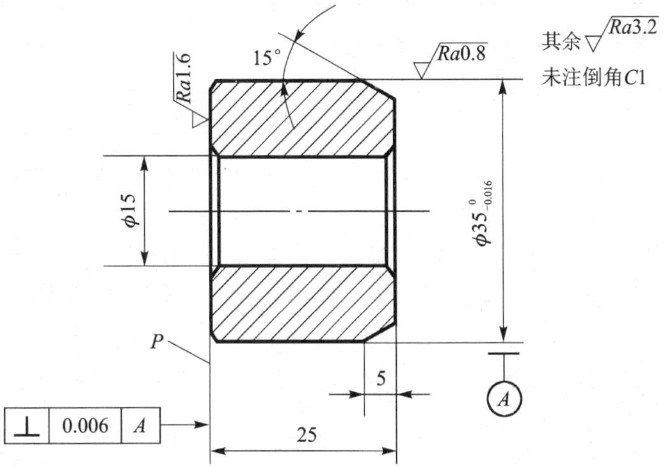

图 2-1-7　定位套

注意事项

双孔连杆车削注意事项：

- 车削内孔前，一定要认真检查花盘上所有压板、螺钉的紧固情况，然后将床鞍移动到车削工件的最终位置，用手转动花盘，检查工件、附件是否与小滑板前端或刀架碰撞，以免发生事故。
- 压板螺钉应靠近工件安装，垫块的高低应与工件厚度一致。
- 车削时，切削用量选择不宜过大，主轴转速不宜过高，否则车床容易产生振动，既影响车孔精度，又会因转速高，离心力过大，导致事故发生。

2. 在角铁上装夹工件

（1）角　铁

角铁也是用铸铁制成的车床附件，通常有两个互相垂直的表面。在角铁上有长短不同的通孔，用来安装连接螺钉。由于工件形状、大小不同，角铁除有内角铁和外角铁之分外，还可做成不同的形状（如图 2-1-8 所示），以适应不同的加工要求。

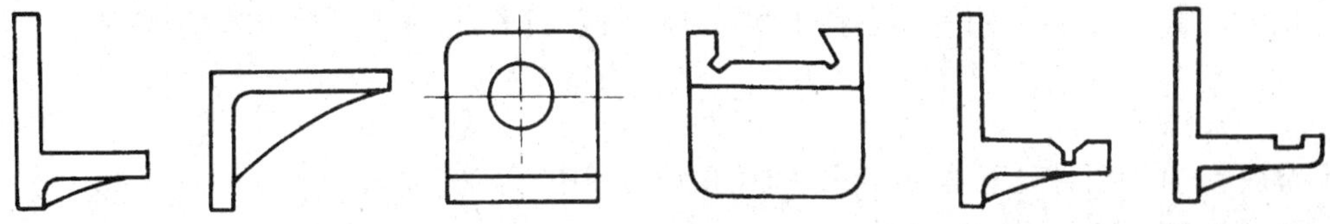

(a) 内角铁　(b) 外角铁　(c) 带圆孔角铁　(d) 带燕尾角铁　(e) 带V形槽角铁　(f) 带凹槽角铁

图 2-1-8　按形状区分的各种角铁

角铁应具有一定的刚性和强度，以减小装夹变形。为此，除了在结构上增加一些肋、肋板之外，还应在铸造后进行时效处理。角铁的工作表面和定位基准面必须经过磨削或精刮研，以确保接触性能良好、角度准确。通常角铁与花盘一起配合使用。当工件外形复杂，并要求工件的被加工表面与基准面平行时，可将工件安装在角铁上加工。

角铁安装在花盘上后,首先用百分表检查角铁的工作平面与主轴轴线的平行度。检查时,先将百分表装在中滑板或床鞍上,使测量头与角铁工作平面轻轻接触,然后慢慢移动床鞍,观察百分表的摆动值,其最大值与最小值之差即为平行度误差。

如果测得的结果超出工件公差的 1/2,则当工件数量较少时,可在角铁与花盘的接触平面间垫上合适的铜皮或薄纸加以调整;当工件数量较多时,则应重新修刮角铁,直至使测得的结果符合要求为止。

角铁安装在花盘上必须牢固、可靠。角铁与花盘之间至少要有一个螺栓通过两者的螺栓孔进行直接紧固。可在角铁旁安装一个定位块,确保角铁装夹稳固,如图 2-1-9 所示。

安装角铁时,应注意操作安全。为防止安装时角铁滑落碰坏床面或伤人,可事先在角铁位置下方安装一块矩形压板(如图 2-1-10 所示),使装夹或校正角铁时既省力又安全。

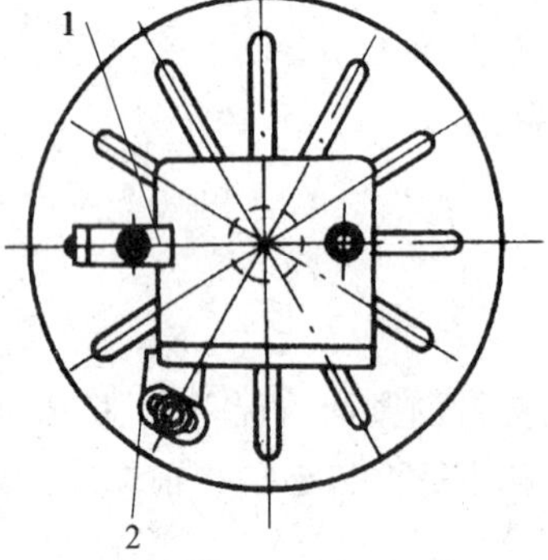

1—压板;2—定位块

图 2-1-9　角铁的装夹要求

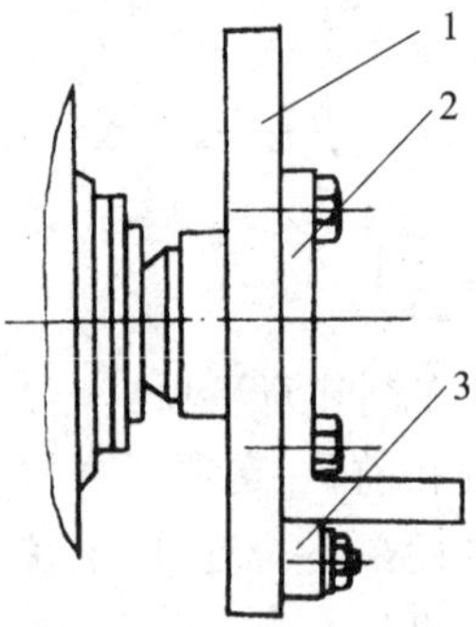

1—花盘;2—角铁;3—压板

图 2-1-10　在角铁位置下安装压板

(2) 工件在角铁上的装夹方法

被加工表面的旋转轴线与基面相互平行(或相交),外形较复杂的工件,可以装夹在花盘、角铁(或不成 90°的角铁)上加工。最常见的是在角铁上加工轴承座、减速器壳体等零件。

测量角铁工作平面至主轴轴线的距离时:若按划线找正工件的方法,则其尺寸精度只能达到 0.2 mm,对于位置精度要求高的工件,用划线找正的方法满足不了要求;若改用百分表或量块校正,则其尺寸公差可控制在 0.01 mm 以内。

如图 2-1-11 所示,用专用心轴 1 和量块 2 组合测量时,其值可按下式计算:

$$H = h + \frac{D}{2}$$

式中:H——工件孔中心至角铁工作平面的距离,即中心高(mm);

h——量块尺寸(mm);

D——专用心轴直径的实际尺寸(mm)。

角铁工作平面至主轴轴线的高度尺寸公差,可取工件中心高公差的$\frac{1}{3} \sim \frac{1}{2}$。

(3) 特殊形式的角铁

1) 角度角铁

在实际生产中,有时还会遇到工件的被加工表面的轴线与主要定位基准面成一定的角度的情况,因而必须制造一块相应的角度角铁(见图 2-1-12),使工件装夹时,被加工表面中心与车床主轴中心重合。当被加工表面的轴线与工件的主要定位基准面夹角为 α 时，应选择角度是 $90°-\alpha$ 的角铁。

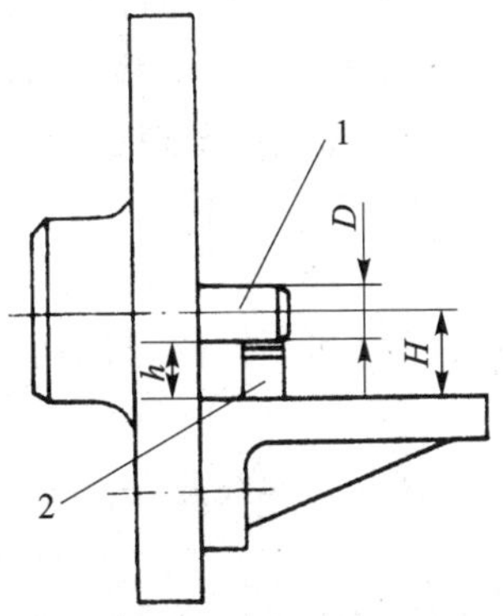

1—专用心轴；2—量块

图 2-1-11　角铁工作平面至主轴轴线距离的测量

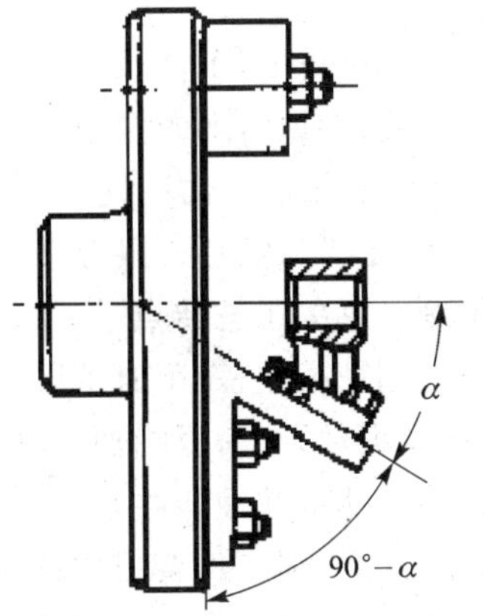

图 2-1-12　在角度角铁上安装斜形支架

2）微型角铁

对于小型复杂工件，如十字向零件、环首螺钉等，它们的体积均很小，质量也轻，而且基准面到加工表面中心的距离不大，若还用前述的花盘、角铁加工，不仅加工不方便，而且效率也很低。若采用图 2-1-13 所示的微型角铁加工，则不仅方便，而且可高速车削，效率也高。微型角铁的柄部做成莫氏圆锥，与主轴锥孔直接配合，其前端做成圆柱体，并在其上加工出一个角铁平面，角铁平面与主轴轴线平行，工件就可以装夹在这个小平面上进行加工。

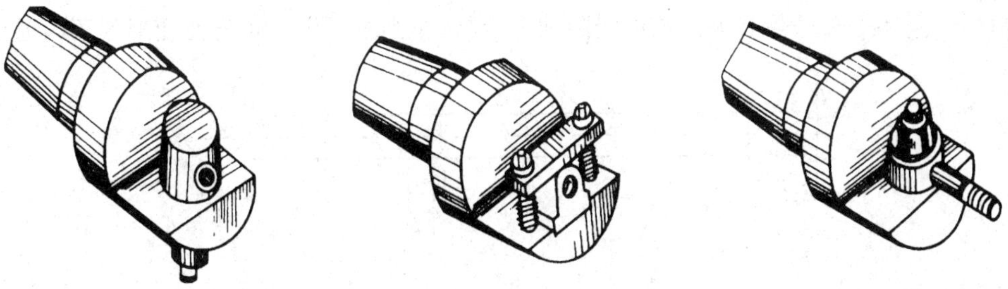

(a) 加工十字孔　　(b) 加工螺纹　　(c) 加工环首螺钉

图 2-1-13　微型角铁的应用

注意事项

- 在花盘、角铁上加工轴孔，关键问题是要确保被加工孔的轴线与主轴轴线重合，为此，装夹工件时要保证找正精度。
- 在花盘、角铁上加工工件时，要特别注意安全。因为工件形状不规则，且有螺栓、角铁等露在外面，一不小心就会发生工伤事故，所以要求工件、角铁安装牢固、可靠，要校好平衡，车削时转速不宜太高。
- 夹紧工件时要防止变形，应使夹紧力的方向与主要定位基准面垂直，以增加工件加工时的刚性。

➢ 机床主轴间隙不得过大,导轨必须平直,以保证工件的形状位置精度。

2.1.2 车削细长轴

在机械加工过程中,工件长度与直径之比大于25($L/d>25$)的轴类零件称为细长轴。在切削力、重力和顶尖顶紧力的作用下,横置的细长轴很容易产生弯曲甚至失稳,因此,车削细长轴时必须改善细长轴的受力问题。解决办法:采用反向进给车削,选用合理的刀具几何参数、切削用量、拉紧装置和轴套式跟刀架等。

1. 车削细长轴的工艺特点

➢ 细长轴刚性很差,车削时若装夹不当,则很容易因切削力和重力的作用而发生弯曲变形,产生振动,从而影响加工精度和表面粗糙度。

➢ 细长轴的热扩散性能差,在切削热的作用下,会产生相当大的线膨胀。如果轴的两端为固定支承,则工件会因伸长而顶弯。

➢ 由于轴较长,一次走刀时间长,刀具磨损大,从而会影响零件的几何形状精度。

➢ 车削细长轴时,由于使用跟刀架,若支承工件的两个支承块对零件压力不适当,则会影响加工精度。若压力过小或不接触,则不起作用,不能提高零件的刚度。若压力过大,则零件被压向车刀,切削深度增加,车出的直径就小,跟刀架继续移动后,支承块支承在小直径外圆处,支承块与工件脱离,切削力使工件向外让开,切削深度减小,车出的直径变大,之后跟刀架又跟到大直径圆上,又把工件压向车刀,使车出的直径变小,这样连续有规律地变化,就会把细长的工件车成"竹节"形,从而造成机床、工件、刀具工艺系统的刚性不良,给切削加工带来困难,不易获得良好的表面粗糙度和几何精度。

2. 车削细长轴产生弯曲变形的原因

在车床上车削细长轴的装夹方式主要使用一夹一顶或两顶尖安装。如图2-1-14所示,通过对普通车床一夹一顶装夹方式的实际加工分析,车削细长轴产生弯曲变形的原因如下。

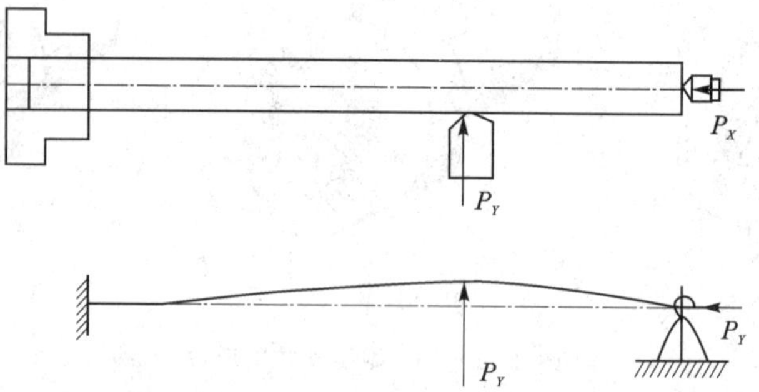

图2-1-14 一夹一顶装夹方式及受力分析

(1) 切削力导致变形

在车削过程中,产生的切削力可以分解为轴向切削力 P_X、径向切削力 P_Y 及切向切削力 P_Z。不同的切削力对车削细长轴时产生弯曲变形的影响是不同的。

径向切削力 P_Y 的影响:径向切削力是垂直作用在通过细长轴轴线水平面内的,由于细长轴的刚性较差,径向切削力将会把细长轴顶弯,使其在水平面内发生弯曲变形。

轴向切削力 P_X 的影响:轴向切削力是平行作用在细长轴轴线方向上的,它对工件形成一个弯矩。对于一般的车削加工,轴向切削力对工件弯曲变形的影响并不大,可以忽略。但是由于细长轴的刚性较差，其稳定性也较差，当轴向切削力超过一定数值时，将会把细长轴压弯而发生纵向弯曲变形。

(2) 切削热产生的影响

车床加工工件时产生的切削热，会引起工件热变形伸长。由于在车削过程中，卡盘和尾架顶尖都是固定不动的，因此两者之间的距离也固定不变。这样，细长轴受热后的轴向伸长量受到限制，导致细长轴受到轴向挤压而产生弯曲变形。

由此可以看出，提高细长轴的加工精度问题，实质上就是控制工艺系统的受力及受热变形问题。

3. 细长轴的安装

在细长轴加工过程中，为提高加工精度，应根据不同的生产条件采取不同的措施。

(1) 双顶尖装夹

采用双顶尖装夹，工件定位准确，容易保证同轴度；但采用该方法装夹细长轴，其刚性较差，细长轴弯曲变形较大，而且容易产生振动。因此只适用于长径比不大、加工余量较小、同轴度要求较高、多台阶轴类零件的加工。

(2) 一夹一顶装夹

采用一夹一顶的装夹方式时，如果顶尖顶得太紧，则可能将细长轴顶弯，或者阻碍车削时细长轴的受热伸长，导致细长轴受到轴向挤压而产生弯曲变形。另外，卡爪夹紧面与顶尖孔可能不同轴，装夹后会产生过定位，也能导致细长轴产生弯曲变形，所以当采用一夹一顶装夹方式时，顶尖必须采用弹性活顶尖，使细长轴受热后可以自由伸长，减少其受热弯曲变形；还可以在卡爪与细长轴之间垫入一个开口钢丝圈，以减小卡爪与细长轴的轴向接触长度，消除安装时的过定位，减小弯曲变形，以保证细长轴的加工精度。一夹一顶装夹的改进方式如图 2-1-15 所示。

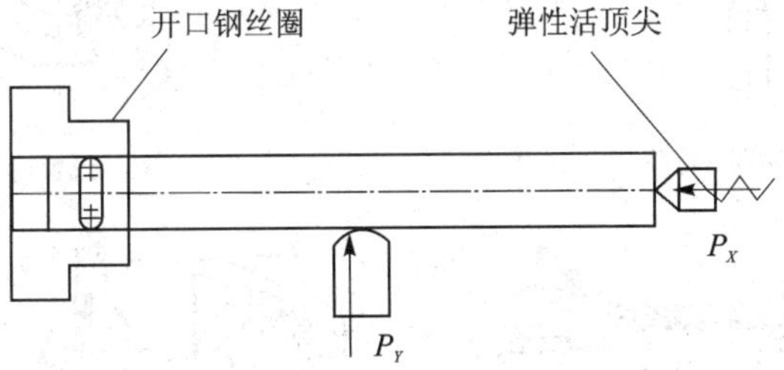

图 2-1-15 一夹一顶装夹的改进方式

(3) 使用中心架支细长轴

在加工长轴类零件时，用中心架与轴外圆表面接触支承，相当于在细长轴上增加了一个支承，增加了细长轴的刚度，可有效减小径向切削力对细长轴的影响。

1) 中心架支承在细长轴中间

一般在车削细长轴时，用中心架来增加工件的刚性，当工件可以进行分段切削时，中心架支承在工件中间，如图 2-1-16 所示。在工件装上中心架之前，必须在毛坯中部车出一段支承中心架支承爪的沟槽，沟槽的表面粗糙值及圆柱度误差要小，否则会影响工件的精度。调整中心架时，必须先通过调整螺钉调整好下面两个支承爪，再用紧固螺钉紧固，然后把上盖盖好并固定，最后调整好上面的一个支承爪，并用紧固螺钉紧固。注意：在支承爪与工件接触处经常加润滑油。为提高工件精度，车削前应将工件轴线调整到与机床主轴回转中心同轴。车削完一端后，将工件调头装夹，再车另一端至尺寸要求。

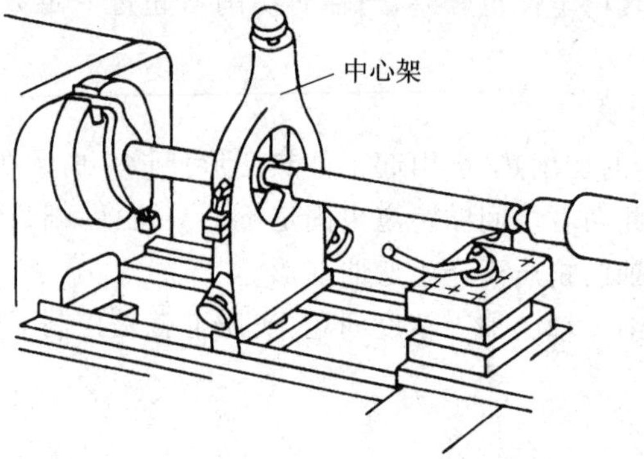

图 2-1-16　用中心架支承细长轴进行车削

在细长轴中间车削一条沟槽也是比较困难的。当被车削的细长轴中间无沟槽,或中段不需加工沟槽的细长轴时,可采用过渡套筒和中心架支承细长轴。

2) 用过渡套筒支承细长轴

用过渡套筒支承细长轴的方法如图 2-1-17 所示。中心架支承爪 4 与过渡套筒的外表面接触,过渡套筒的两端各装有 3 个调整螺钉 3,用这些螺钉夹住毛坯工件,并调整套筒外圆的轴线与车床主轴轴线重合,即可车削。

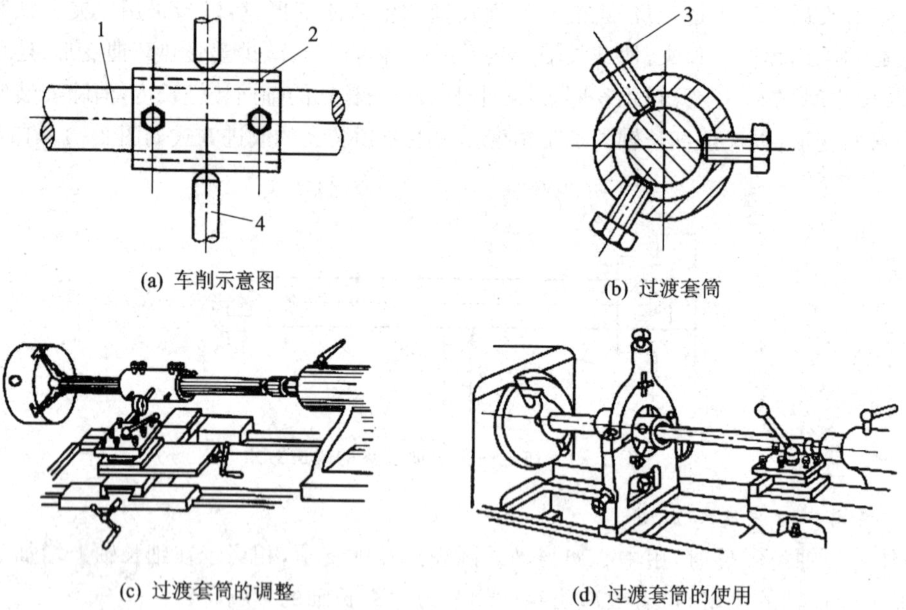

1—工件;2—过渡套筒;3—调整螺钉;4—中心架支承爪

图 2-1-17　用过渡套筒支承细长轴的方法

过渡套筒的内孔比被加工工件外径大 20 mm 左右,外径的圆度误差应在 0.02 mm 以内,过渡套筒两端各装有 3～4 个调整螺钉,用于夹持工件和调整工件的中心。使用时,调整这些螺钉,并用百分表找正,使过渡套筒外圆的轴线与主轴轴线重合(见图 2-1-17(c)),然后装上中心架,使 3 个支承爪与过渡套筒外圆轻轻接触,并能使工件均匀转动,这样即可车削,如图 2-1-17(d) 所示。

车完一端后，撤去过渡套筒，调头装夹工件，调整好中心架支承爪与已加工表面接触的压力，再车另一端。

(4) 用跟刀架支承细长轴

跟刀架是车床附件的一种，跟刀架安装在车床大拖板上，并随车刀的进给而移动，抵消径向切削力，提高工件的刚度，减小变形，从而提高细长轴的形状精度并减小表面粗糙度，如图 2－1－18 所示。对不适宜调头车削的细长轴，不能用中心架支承，而要用跟刀架支承进行车削。

跟刀架有两个支承爪和三个支承爪之分。从跟刀架的设计原理看，只需两个支承爪就可以了，因为车刀对工件的切削抗力 F 使工件贴在跟刀架的两个支承爪上。但实际使用时，工件本身受到的重力会使工件不可避免地产生弯曲。因此，车削时工件往往因离心力的作用瞬时离开支承爪，又瞬时接触支承爪而产生振动。如果采用 3 个支承爪的跟刀架支承工件，一面由车床抵住，使工件上下、左右都不能移动，车削时就非常稳定，不易产生振动。

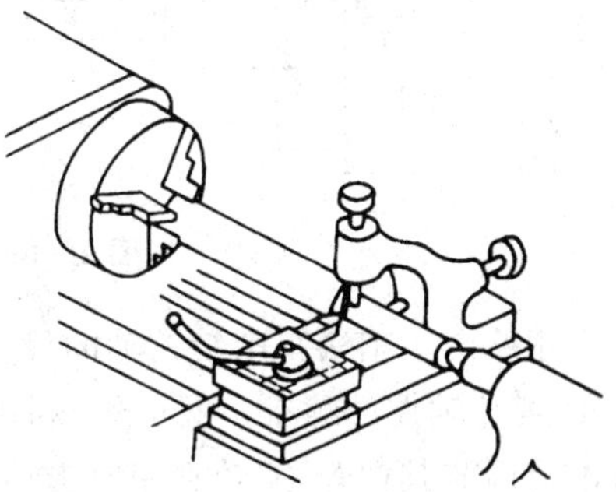

图 2－1－18　用跟刀架或中心架支承细长轴进行车削

1) 跟刀架支承爪的调整

① 在工件的已加工表面上，调整支承爪与车刀的相对支承位置，一般是让支承爪位于车刀的后面，两者轴向距离应小于 10 mm。

② 应先调整后支承爪，调整时，应综合运用手感、耳听、目测等方法控制支承爪，使它轻微接触到外圆即可。再依次调整下支承爪和上支承爪，要求各支承爪都与工件保持相同的合理间隙，使工件可自由转动。

2) 跟刀架支承爪的修正

车削时，发现跟刀架支承爪与工件有如图 2－1－19 所示的不良接触状态时，必须对支承爪进行修整。修整可在车床上进行，先将跟刀架固定在床鞍上，再将有可调刀杆的内孔车刀装在卡盘上，调整支承爪的位置，然后使主轴(车刀)转动用床鞍做纵向进给车削支承爪的支承面，使 3 个支承面构成圆的直径基本等于工件支承处轴颈的直径。

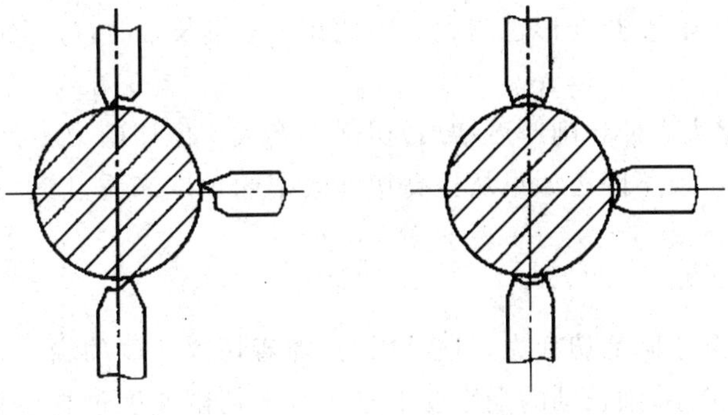

(a) 支承爪与工件表面点接触　　(b) 支承爪与工件表面部分接触

图 2－1－19　跟刀架支承爪与工件的不良接触状态

(5) 采用反向切削法车削细长轴

反向切削法是指在细长轴的车削过程中,车刀由主轴卡盘向尾架方向进给,如图 2-1-20 所示,这样在加工过程中产生的轴向切削力使细长轴受拉,消除了轴向切削力引起的弯曲变形。

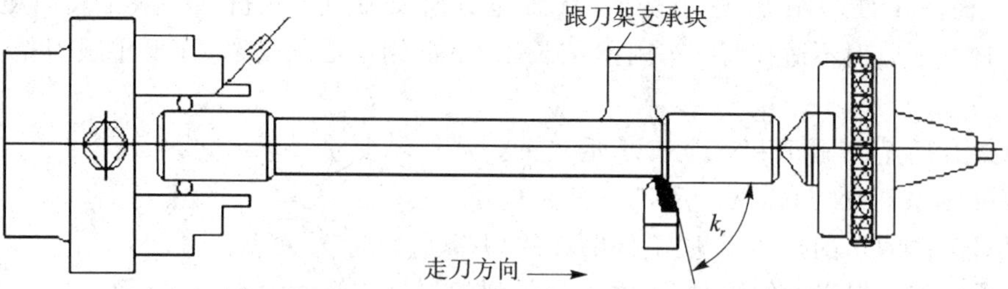

图 2-1-20　反向走刀车削法示意图

采用反向车削法车削细长轴的优势如下:

① 细长轴左端缠有一圈钢丝,利用三爪自定心卡盘夹紧,减小接触面积,使工件在卡盘内能自由地调节其位置,避免夹紧时形成弯曲力矩,在切削过程中发生的变形也不会因卡盘夹死而产生内应力。

② 采用弹性的尾架顶尖,可以有效地补偿刀具至尾架一段的工件的受压变形和热伸长量,避免工件产生压弯变形。

③ 采用三个支承块跟刀架,可以提高工件刚性和轴线的稳定性,避免形成"竹节"形。

④ 改变走刀方向,使床鞍由主轴箱向尾座移动,使工件受拉,不易产生弹性弯曲变形。

4. 合理控制切削用量

切削用量的选择是否合理,对切削过程中产生的切削力的大小、切削热的多少是不同的。因此对车削细长轴时引起的变形也不同。粗车和半粗车细长轴切削用量的选择原则是:尽可能减小径向切削分力,减少切削热。车削细长轴时,若长径比和材料韧性大,则应选用较小的切削用量,即多走刀,切深小,以减少振动,增加刚性。

(1) 切削深度 a_p

在工艺系统刚度确定的前提下,随着切削深度的增大,车削时产生的切削力、切削热随之增大,引起细长轴的受力、受热变形也增大。因此在车削细长轴时,应尽量减小切削深度。

(2) 进给量 f

车削时,进给量增大会使切削厚度增加,切削力增大。但切削力不是按正比增大,因此细长轴的受力变形系数有所下降。如果从提高切削效率的角度来看,增大进给量比增大切削深度有利。

(3) 切削速度 v_c

提高切削速度有利于降低切削力。这是因为,随着切削速度的增大,切削温度提高,刀具与工件之间的摩擦力减小,细长轴的受力变形减小。但切削速度过高容易使细长轴在离心力作用下出现弯曲,破坏切削过程的平稳性,所以切削速度应严格控制。对长径比较大的工件,切削速度要适当降低。

车削细长轴切削用量选择比车削普通轴要小,表 2-1-2 所列为硬质合金车刀粗车时的切削用量选择参考值。

表 2-1-2　硬质合金车刀粗车细长轴时的切削用量选择参考值

工件直径/mm	20	25	30	35	40
工件长度/mm	1000～2000	1000～2500	1000～3000	1000～3500	1000～4000
进给量 $f/(mm \cdot r^{-1})$	0.3～0.4	0.35～0.4	0.4～0.45	0.4	0.4
切削深度 a_p/mm	1.5～3	1.5～3	2～3	2～3	2.5～3
切削速度 $v_c/(m \cdot min^{-1})$	40～80	40～80	50～100	50～100	50～100

注：硬质合金车刀粗车 ϕ20～40 mm、长 1000～1500 mm 的细长轴时，可选：f=0.15～0.25 mm/r；a_p=0.2～0.5 mm；v_c=60～100 m/min。

5. 选择合理的刀具角度

为了减小车削细长轴产生的弯曲变形，要求车削时产生的切削力越小越好，而在刀具的几何角度中，前角、主偏角和刃倾角对切削力的影响最大。细长轴车刀必须保证如下要求：切削力小，减小径向分力，切削温度低，刀刃锋利，排屑流畅，刀具寿命长。由车削钢料得知：前角 γ_0 增加 10°，径向分力 F_r 可以减小 30%；主偏角 k_r 增大 10°，径向分力 F_r 可以减小 10%以上；刃倾角 λ_s 取负值时，径向分力 F_r 也有所减小。

（1）前角 γ_0

车刀的前角大小直接影响切削力、切削温度和切削功率。增大前角，可以使被切削金属层的塑性变形程度减小，切削力明显减小。因此，在细长轴车削中，在保证车刀有足够强度的前提下，尽量使刀具的前角增大，前角一般取 γ_0=15°～30°。车刀前刀面应磨有 R1.5～3 mm 的圆弧断屑槽，屑槽宽 B=3.5～4 mm。为减小背向力，应选择较小的刀尖圆弧半径（r<0.3 mm），倒棱的宽度也应较小，一般为 $b=0.5f$ 的倒棱，使径向分力减小，出屑流畅，卷屑性能好，切削温度低，因此能防止或减小细长轴的弯曲变形和振动。

（2）主偏角 k_r

车刀主偏角是影响径向力的主要因素，其大小影响 3 个切削分力的大小和比例关系。随着主偏角的增大，径向切削力明显减小，在不影响刀具强度的情况下应尽量增大主偏角。主偏角 k_r=90°（装刀时装成 85°～88°），配磨副偏角 k'_r=8°～100°。刀尖圆弧半径为 0.15～0.2 mm，有利于减小径向分力。

（3）刃倾角 λ_s

车刀的倾角影响车削过程中切屑的流向、刀尖的强度及 3 个切削分力的比例关系。随着刃倾角的增大，径向切削力明显减小，但轴向切削力和切向切削力却有所增大。刃倾角在 −10°～+10°范围内，3 个切削分力的比例关系比较合理。在车削细长轴时，常采用正刃倾角（+3°～+10°），以使切屑流向待加工表面。

在日常的加工过程中，通过采用合适的装夹方式和先进的加工方法，选择合理的刀具角度和切削用量等措施，保证细长轴的刚性，尽可能减小车削时产生的受力、受热变形较大的问题，是解决细长轴变形问题的关键。

6. 技能训练

加工图 2-1-21 所示的细长轴，加工步骤见表 2-1-3。毛坯：ϕ24×1000 mm 棒料，材料为 45 钢。

【加工步骤】

车削细长轴加工步骤如表 2-1-3 所列。

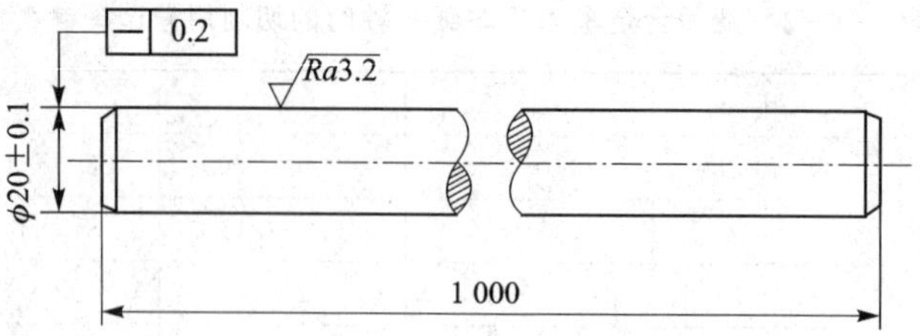

图 2-1-21 细长轴

表 2-1-3 车削细长轴加工步骤

操作步骤	加工内容
1. 装夹工件	① 将前顶尖装入主轴锥孔中,若采用三爪自定心卡盘装夹前顶尖,则按逆时针方向扳转小滑板30°,将前顶尖车准确。 ② 将后顶尖装入尾座套筒孔中,使后顶尖与前顶尖对准。 ③ 根据工件长度,调整尾座距离并紧固。 ④ 用鸡心夹头或平行对分夹头在两顶尖间装夹工件,并锁紧尾座套筒
2. 粗车外圆	① 粗车外圆至 ϕ20.5,长 950 mm,测量两端直径,通过调整尾座的横向偏移量校正工件的锥度。调整方法如下:车出工件右端直径大,左端直径小,尾座应向操作者方向移动;若车出工件右端直径小,左端直径大,尾座移动方向则相反。 ② 为节省找正的时间,往往先将工件中间车凹(车凹部分外径不能小于图样要求)。然后车削两端外圆,并测量找正即可。 ③ 粗车时应避免刀尖碰工件外层硬皮而损坏。粗车应控制尺寸
3. 精车外圆	① 精车外圆至 $\phi20\pm0.1$,长 950 mm,倒角 $C1$。 ② 调头装夹工件。粗、精车外圆至 $\phi20\pm0.1$,注意外圆接刀痕迹。倒角 $C1$。 ③ 检查质量合格后取下工件

注意事项

- 车削细长轴时,浇注切削液要充足,防止工件热变形。粗车时应选择好第一次进刀量,必须保证将工件毛坯一次进刀车圆,以免影响跟刀架的正常工作,使工件的圆度超差。
- 细长轴取料要直,否则增加车削困难。
- 车削完毕的细长轴,必须吊起来,以防弯曲。

2.1.3 车削薄壁零件

薄壁零件即薄壳零件,是较难加工的零件,这类零件的壁厚与它的径向、轴向尺寸相差悬殊,一般为几十倍甚至上百倍,所以这类零件的刚性较弱,给车削加工带来一定的困难。本小节就薄壁零件车削加工中常出现的问题、解决办法,以及薄壁零件的车削加工工艺技巧、实例进行探讨。

1. 薄壁零件的加工特点及种类

(1) 薄壁零件的特点

1) 夹紧变形

由于薄壁零件的刚度低,在夹紧力作用下容易变形,待工件变形恢复后将直接影响到尺寸精度和形状精度。

2）振动变形

车削过程中，薄壁零件在切削力的径向分力作用下，容易产生振动和变形，这将对工件的尺寸精度、形状和位置精度以及表面粗糙度产生影响。

3）热变形

因为工件较薄，切削热引起的工件受热严重，加之加工条件的变化，使切削时工件受热膨胀变形规律复杂，尺寸精度难以控制，特别对于线膨胀系数较大的金属薄壁零件，影响更为显著。

4）测量变形

对于精密的薄壁零件，在测量时如果测量压力过大也会导致工件变形，从而引起测量误差。

(2) 薄壁零件的种类及加工要求

薄壁零件的种类很多，在车削加工中常见的薄壁零件有以下 3 种类型。

1）轴套薄壁零件

这类零件内、外圆的直径差很小，轴向尺寸大于径向尺寸，一般对孔的圆度、圆柱度、各圆柱表面的同轴度、孔轴线的直线度等都有严格的要求，如图 2-1-22 所示。

图 2-1-22 轴套薄壁零件

2）环类薄壁零件

这类零件内、外圆的直径差很小，径向尺寸大于轴向尺寸，端面面积小，一般与套类薄壁件的要求基本相同，但有时有 1 个或 2 个端面对孔轴线的垂直度有严格的要求，如图 2-1-23 所示。

3）盘类薄壁零件

这类零件大都呈薄壳形状，内、外圆直径相差很小，轴向尺寸也很小，径向尺寸大于轴向尺寸，一般都有较大的端面面积，这类薄壁零件除了对圆柱面的圆度和同轴度有要求外，一般对端面的平面度和端面对孔轴线的垂直度有严格的要求，如图 2-1-24 所示。

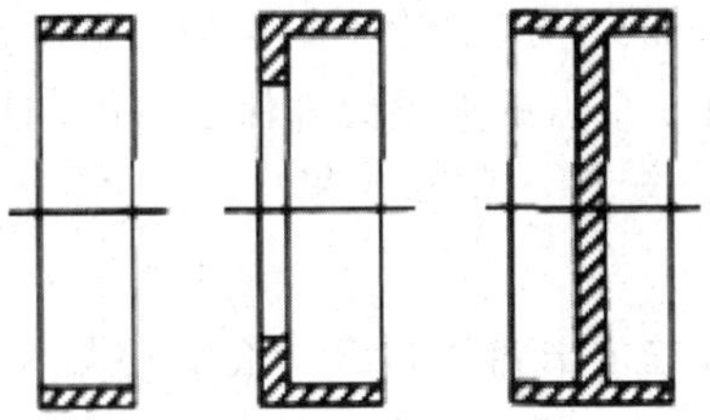

图 2-1-23 环类薄壁零件

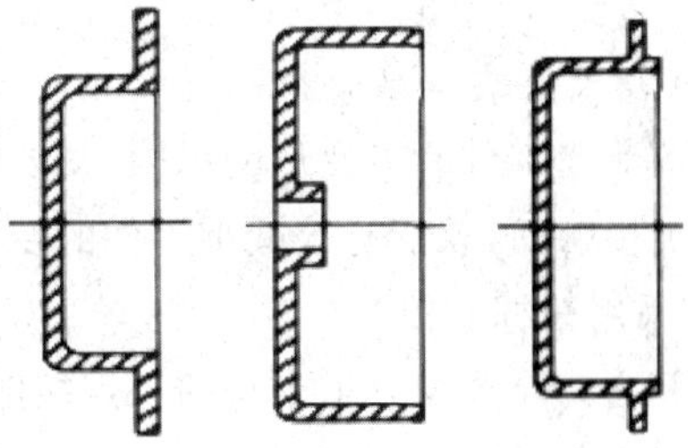

图 2-1-24 盘类薄壁零件

(3) 薄壁零件加工问题分析

车削不同的薄壁零件时，会遇到不同的问题。要解决这些问题，就必须根据其不同的特点，找出薄弱环节，选用改进的工艺路线和装卡方法来保证达到加工要求。

① 工件装卡不当产生变形。用三爪卡盘夹紧薄壁外圆,车削完成卸下后,被卡爪夹紧部分会因弹性变形而胀大,导致零件呈多角形。为了减小变形,使用前先车削扇形软卡爪内孔及内端面,并符合零件定位外圆尺寸的 $\phi0.05$,且保持内孔与端面垂直,同时采用外加开口套筒或改用特殊软爪等措施来增大接触面积,使夹紧力均匀分布。

② 相对位置调整不准,产生壁厚不均。工件、夹具、刀具与机床主轴旋转中心的相对位置调整不准,引起工件几何形状变化和壁厚不均匀。

③ 有些薄壁零件的壁厚均匀性要求很高,但其尺寸精度要求却不高。这类工件若采用刚性定位,则误差较大,壁厚极易超差。可采取以下措施:

- 缩小工件基准尺寸的公差,成批产品需保证批差为 0.03 mm。
- 采用弹性定心元件,如塑性涨胎等。
- 利用夹具定位元件作初定位,按百分表找正后再夹紧工件。

④ 刀具的选用会影响零件的精度和表面粗糙度。精车薄壁零件孔时,刀杆的刚度要高,修光刃不宜过长(一般取 0.2～0.5 mm),刀具刃口要锋利,同时注意冷却润滑,否则影响加工表面粗糙度;精车深孔薄壁零件时,要注意刀具的磨损情况,特别是车削高强度材料的薄壁时,往往由于刀具逐渐磨损而使工件孔径出现锥度。

2. 防止和减小薄壁零件变形的方法

图 2-1-25 所示为用三爪卡盘夹紧薄壁零件的变形过程。图 2-1-25(d)所示为在夹紧变形的情况下,分几次走刀并逐次减小吃刀深度后车出的内孔,保证了内孔的圆度,但壁厚不均匀。图 2-1-22(e)所示为从三爪卡盘中取出薄壁套,夹紧力消失后薄壁套外圆恢复为圆形,而内孔则变成了棱圆。棱圆的特点是虽然看上去不像圆形,但各处的直径尺寸相同,棱圆的孔会影响其和轴的装配。下面针对以上可能产生的问题,介绍减小变形的方法。

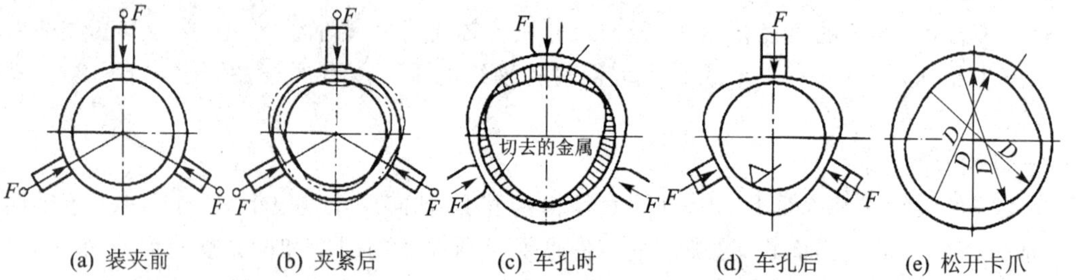

图 2-1-25 三爪卡盘夹紧薄壁零件的变形过程

(1) 增大装夹接触面积

针对薄壁零件装夹变形的原因,只要将零件上的每一个点的夹紧力都保持均衡,即增大零件的装夹接触面,就能有效减小零件的变形量。

1) 采用开缝套筒

用开缝套筒改变三爪卡盘的三点接触为整圆抱紧,三爪卡盘夹持开缝套筒使其变形并均匀地抱紧薄壁零件后,再车削内孔。在可能的条件下,开缝套筒的壁厚可以厚一点。注意:在夹持开缝套筒时要使开口在两夹爪的中间位置,如图 2-1-26(a)所示。

2) 采用弧形软爪

改装卡盘的三爪,在通用的三爪上焊接弧形软爪(如图 2-1-26(b)所示),增大夹持面积,使夹紧力均匀分布在工件上,可以有效减少薄壁套的夹紧变形。保证软卡爪内弧与薄壁工件外径相等，并保证软卡爪具有足够的刚度。

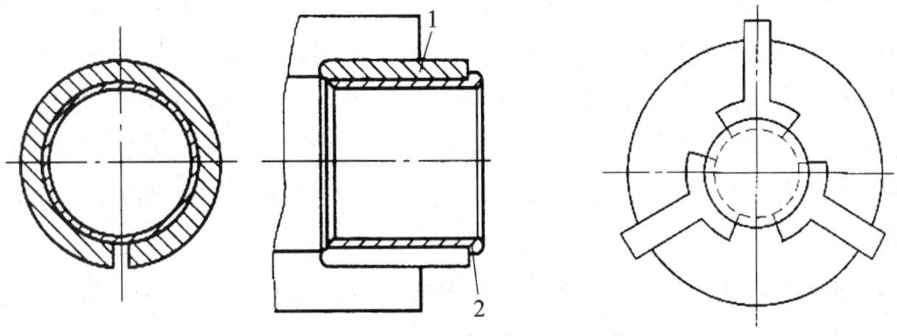

(a) 采用开缝套筒　　(b) 采用弧形软爪

1—开缝套筒；2—弧形软爪

图 2－1－26　增大装夹接触面积

（2）采用轴向夹紧夹具

车削薄壁套类工件时，由于其轴向刚度高，不容易产生轴向变形，故应尽量不使用径向夹紧，而使用轴向夹紧的方法，如图 2－1－27 所示。轴向夹紧力的正应力约为径向夹紧力的 1/6，零件的变形很小。

在大批量生产中非常适合采用这种方法。

（3）增加辅助支承面或工艺肋

工件装夹时，在夹紧力的作用线上增加辅助支承或工艺肋，可有效防止工件的夹紧变形。如图 2－1－27 所示，在工件的夹紧部位特制工艺肋，使夹紧力作用在工艺肋上，加强薄壁零件在车削时的刚性，以减小因夹紧力引起的变形。

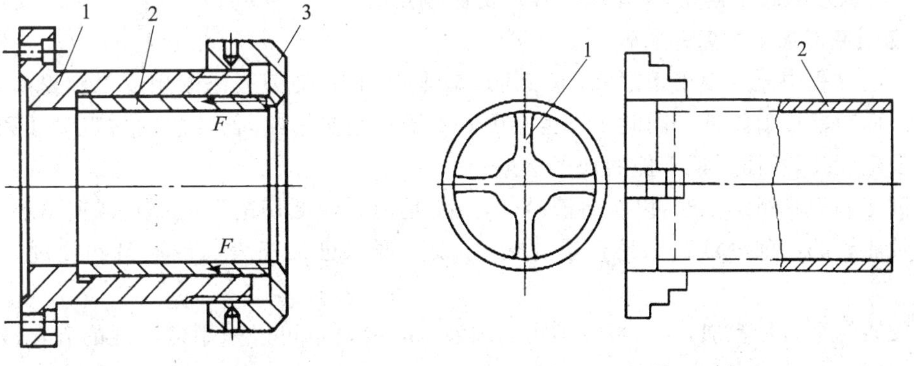

1—夹具体；2—薄壁工件；3—压盖　　1—工件；2—卡爪

(a) 夹具装夹　　(b) 三爪装夹

图 2－1－27　薄壁套的轴向夹紧方法

（4）采用心轴夹紧或一次装夹

当车薄壁套的外圆时，有效防止薄壁套变形的方法是采用心轴定位，使夹紧力沿着刚性较好的轴线方向分布。如果薄壁套有阶梯孔，则心轴也相应做成阶梯心轴，以防止夹装变形。

对于长度和直径均较小的薄壁工件，在结构尺寸不大的情况下，可采用一次装夹车削的方法。

3. 切削用量的适当选取

薄壁零件车削时产生的变形是多方面的。装夹工件时的夹紧力，切削工件时的切削力，工件阻遏刀具切削时产生的弹性变形和塑性变形，均会使切削区温度升高而产生热变形。

切削力的大小与切削用量密切相关，在实践中发现：背吃刀量和进给量同时增大，切削力增大，变形增大，对车削薄壁零件极为不利；减小背吃刀量，增大进给量，切削力虽然有所下降，但工件表面残余面积增大，表面粗糙度值增大，使装夹不好的薄壁零件的内应力增加，同样也会导致零件的变形。

因此，粗加工时，背吃刀量和进给量可以取大些；精加工时，背吃刀量一般为0.2～0.5 mm，进给量一般为0.1～0.2 mm/r，甚至更小，切削速度为6～120 m/min，精车时可用较高的切削速度，但不宜过高。合理选用三要素就能减小切削力，从而降低变形量。

4. 刀具几何角度的合理选用

在薄壁零件的车削中，合理的刀具几何角度对切削力的大小、车削中产生的热变形、工件表面的微观质量都是至关重要的。

刀具前角的大小，决定着切削变形的大小与刀具的锋利程度。前角大，则切削变形和摩擦力小，同时切削力也小，但若前角过大，则刀具强度就会减弱，刀具的散热情况就差，磨损就会相应加快。所以，一般车削钢件材料的薄壁零件时，用高速钢刀具则前角取6°～30°，用硬质合金刀具则前角取5°～20°。

刀具的后角大，摩擦力小，切削力也相应减小，但后角过大也会使刀具强度减弱。在车削薄壁零件时。用高速钢车刀，刀具的后角取6°～12°，用硬质合金刀具，后角取4°～12°，精车时取较大的后角，粗车时取较小的后角。

主偏角在30°～90°范围内，车薄壁零件的内外圆时一般取较大的主偏角。副偏角取8°～15°，精车时取较大的副偏角，粗车时取较小的副偏角。

5. 切削液对加工质量的影响

在车削过程中充分使用切削液，不仅可以减小切削力，使刀具的耐用度得到提高，而且可使工件表面粗糙度值降低。同时工件也会因其不受切削热影响，而使它的加工尺寸和几何精度不再发生变化，从而保证零件的加工质量。

用高速钢刀具粗加工时，以水溶液冷却，主要是为了降低切削温度；中、低速精加工时，选用润滑性能好的切削液或高浓度的乳化液，主要是改善已加工表面的质量和提高刀具使用寿命。

用硬质合金刀具粗加工时，可以不用切削液。必要时也可以采用低浓度的乳化液或水溶液，但必须是连续地、充分地浇注。精加工时，采用的切削液与粗加工时基本上相同，但应适当提高其润滑性能。

6. 薄壁零件的车削加工工艺技巧

薄壁零件的几何形状和技术要求各不相同，车削薄壁零件时，要根据他们的特点和要求选择合理的工艺方案，这是保证薄壁零件加工质量的关键，同时要从防止变形和保证精度的角度出发去编排工艺。

薄壁零件的车削一般应把粗车和精车加工分开进行，粗车后进行热处理。有些零件形状复杂、精度要求高，需在粗车和精车之间增加半精车工序，使粗加工产生的变形逐渐得到修正，几何形状和尺寸精度逐步得到提高。当使用同一基准、一次装卡完成工件半精车与精车加工时，可在精车前松开工件，并把它稍微转动一下，使它恢复到自由状态，再把工件夹紧进行精车，同样能达到修正变形的目的。同时使用夹具时应减小工件夹紧与车削时的变形，以保证薄壁零件的加工质量。只有合理地安排工艺顺序，精心操作，才能保证工件的加工质量。

下面介绍 2 种薄壁零件的加工实例。

（1）薄壁套筒零件

加工如图 2－1－28 所示的薄壁套筒零件，小批量生产，材料为 2A12（硬铝），外圆 $\phi 45^{+0}_{-0.025}$，与孔径 $\phi 40^{+0.025}_{-0}$ 的同轴度要求为 0.03 mm，两端面平行度为 0.025 mm。如果此零件一次加工完成，则变形很大，所以这里采用分步骤加工，详见表 2－1－4。

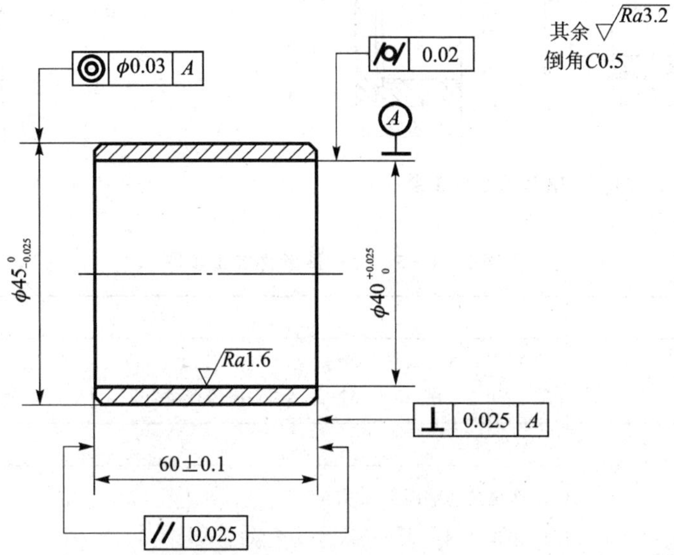

图 2－1－28 薄壁套筒零件尺寸图

表 2－1－4 车削薄壁套筒加工步骤

操作步骤	加工内容
1. 粗车	① 棒料装夹于三爪定心卡盘中夹紧，车一端面。 ② 用 ϕ38 钻头钻孔。 ③ 粗车内孔成 ϕ39，车外圆成 $\phi 44.5^{+0}_{-0.03}$。 ④ 切断长 60.5 mm
2. 热处理及车工装	① 粗车完成后，转热处理时效。 ② 之后装夹于软三爪定心卡盘中，车一端面总长 60. 15 mm。 ③ 加工工装（见图 2－1－29）
3. 精车孔及外圆	① 把零件车完端面的一面装入工装内孔中，用压帽压紧，使镗孔刀车端面与压帽接平，总长（60±0.1）mm。 ② 精车内孔至 $\phi 40^{+0.025}_{-0}$。 ③ 车一心轴，其外圆与零件内孔配合。 ④ 精车外圆 $\phi 45^{+0}_{-0.025}$，保证公差与各项要求。 ⑤ 倒角 0.5×45°

(2) 环类薄壁零件

如图 2-1-30 所示,材料为 2A12(硬铝),两端的跳动 0.01 mm,数量 5 件。这类零件很薄,容易变形,分步加工步骤见表 2-1-5。

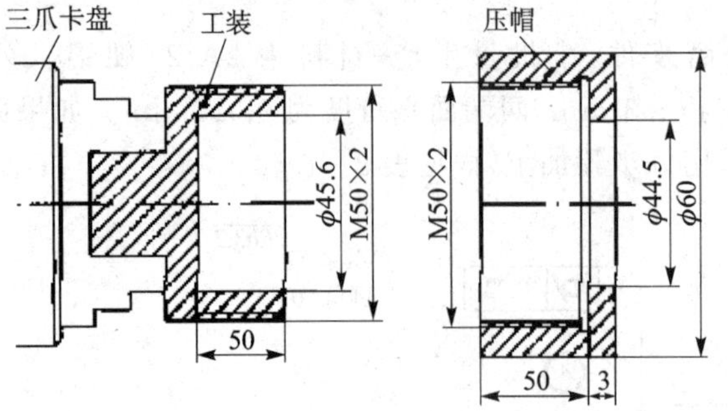

图 2-1-29 薄壁套筒零件工装图

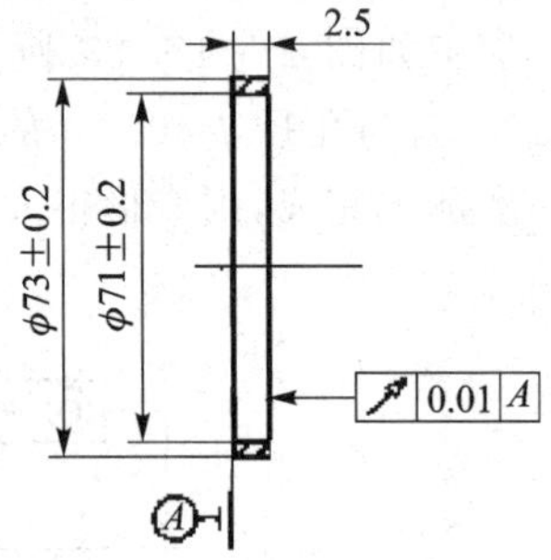

图 2-1-30 简单环类薄壁零件

表 2-1-5 环类薄壁件加工步骤

操作步骤	加工内容
1. 粗车	① 粗车外圆成 φ74,内孔成 φ70,全部长 40 mm。 ② 先切 5 个槽,均为 2.7 mm,切到槽的直径为 φ70.7
2. 热处理	时效处理
3. 精车孔、外圆及检验	① 车槽的两端面至 2.5 mm。 ② 精车外圆至 φ72.9。 ③ 精车内孔至 φ71.1 后,零件镗掉下来。 ④ 到平板上检验,两端没有变形

2.1.4 车深孔工件

1. 深孔加工相关专业知识

在机械加工中,当加工零件内孔长度(L)与直径(D)之比 $L/D \geqslant 5$ 时,称为深孔加工。深孔又分为一般深孔($L/D>5\sim20$)、中等深孔($L/D>20\sim30$)、超深孔($L/D>30\sim100$)三类。L/D 的比值越大,说明加工越困难。在车床上加工深孔,可分为钻深孔和车深孔两部分内容。深孔加工是一种难度较大的加工工艺。

(1) 深孔加工的特点

① 在钻削深孔的过程中,钻头容易引偏,造成孔轴线的歪斜。

② 钻孔与扩孔时,刀具在纵深部位,切削液很难顺利进入切削区域,散热条件差,从而导致切削温度升高,加剧刀具磨损,降低刀具的耐用度。

③ 加工深孔时,刀杆受内孔限制,刀杆一般细而长,刚性差,强度低,在车削时会产生振动和"让刀"现象,使零件易产生波纹和锥度,使圆柱度误差增大等,严重影响零件的加工质量。

④ 加工中产生的切屑排除困难而堵塞在孔内,致使已加工表面被划伤,同时还可能引起刀具崩刃甚至折断。

⑤ 很难观察深孔内的加工情况,加工质量难以控制,同时也往往影响生产效率。

⑥ 深孔加工必须使用一些特殊刀具(深孔钻、深孔镗刀等)以及特殊的附件,对冷却润滑

液流量、压力都提出了较高的要求。

(2) 深孔加工的关键技术

深孔加工技术难度较大,而且孔径越小,孔深越深,孔的精度越高,表面粗糙度值越小,加工难度也就越大。因此,深孔加工的主要关键技术是深孔钻的几何形状和冷却排屑问题。

2. 深孔加工的方法

(1) 用深孔麻花钻

如图 2-1-31 所示为新槽形深孔麻花钻,它可以在普通车床上一次进给加工深孔。在结构上,通过加大螺旋角,增大钻心厚度(可达 0.4d),改善刃沟槽形(刃沟槽宽为 0.1d),选用合理的几何角度(如顶角 $2k_r=130°\sim140°$,$\alpha_0=8°\sim12°$)和修磨钻心处等形式,较好地解决了排屑、导向、刚度等深孔加工时的关键技术。

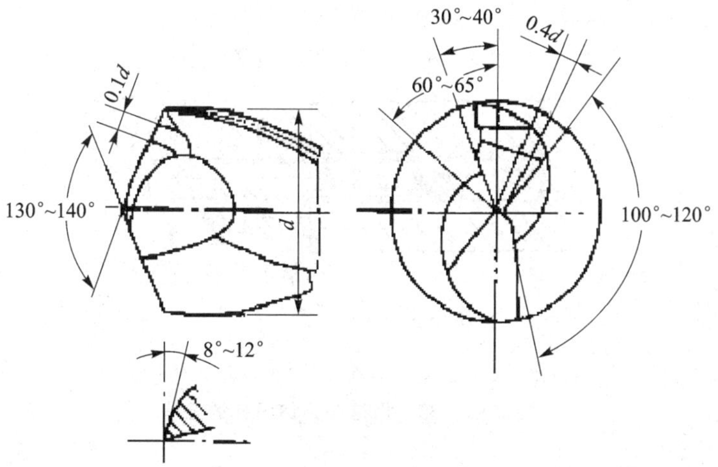

图 2-1-31 深孔麻花钻

(2) 用枪孔钻和外排屑

在加工直径 $\phi3\sim\phi20$ 的深孔时,一般使用枪孔钻。枪孔钻的结构和几何形状如图 2-1-32(a) 所示。枪钻由刀头、刀体、夹持柄部三部分组成,其材料是用高速钢或硬质合金刀头与无缝钢管的刀柄焊接制成,刀柄上压有 V 形槽,是排出切屑的通道。主切削刃与垂直轴线的平面相交 30°,与副刀刃相交 20°。刀尖偏于 $D/4$ 处,切削时工件中心形成一个定心尖,以保持孔的直线性。前端的腰形孔 2 是切削液的出口处。切削液的压力一般为 0.35~0.9 MPa。

如图 2-1-32 所示,用枪孔钻钻深孔时,枪孔钻的棱边 1 和 3 承受切削力,并作为钻孔时的导向部分。高压切削液由空心导杆经腰形孔 2 进入深孔的切削区域,切屑就被切削液从 V 形槽的切屑出口 6 冲刷出去。由于枪孔钻是单刃,其钻尖偏离枪孔钻中心一个偏心距 e,所以刀柄刚进入工件时会产生扭动,因此必须使用导向套 4。

枪孔钻加工深孔时,由于刀杆强度极差,选择切削用量时必须特别注意,尤其是走刀量应选得很小,在钻削碳钢时推荐的走刀量如表 2-1-6 所列。

切削速度根据被加工材料硬度来选择。切削速度不宜选得太小,否则生产率太低。

(3) 用喷吸钻和内排屑

钻削直径 $\phi20\sim\phi65$ 的深孔,当切削液的压力不太高时,可采用喷吸钻加工的方法。喷吸

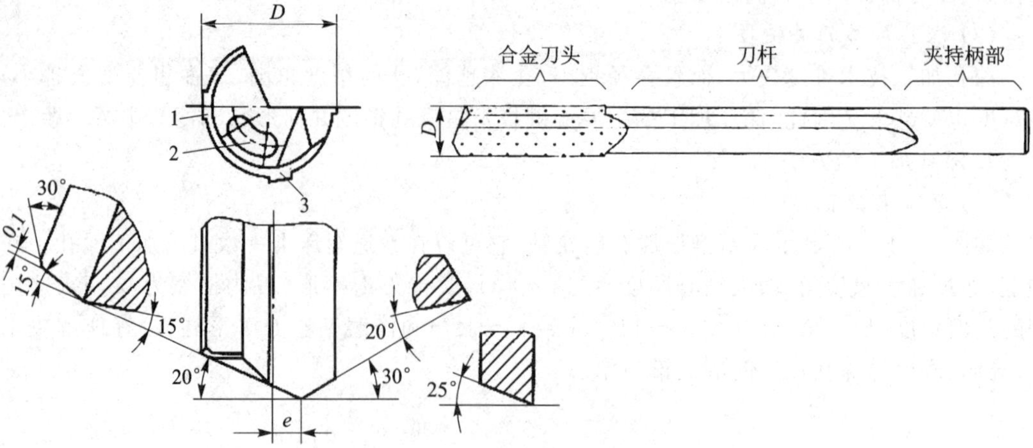

(a) 枪孔钻的结构与几何形状

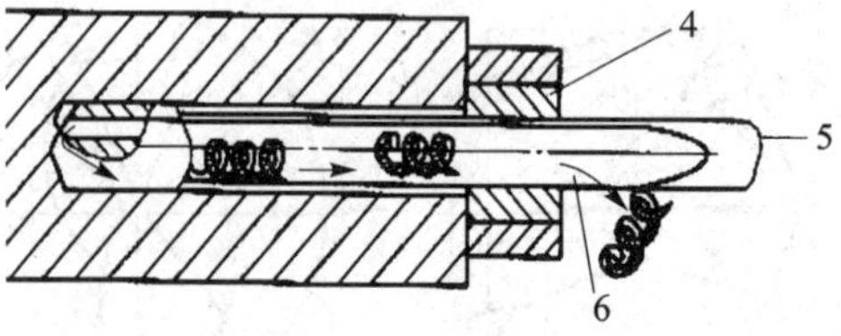

(b) 钻削方法

1、3—棱边;2—腰形孔;4—导向套;5—切削液进口;6—切削液出口

图 2-1-32 用枪孔钻钻深孔的方法

表 2-1-6 枪孔钻的走刀量

钻孔直径/mm	走刀量/(mm·r^{-1})
3～6.3	0.005～0.02
6.3～12.5	0.01～0.06
12.5～20	0.033～0.1

钻的结构如图 2-1-33(a)所示。它的切削刃 1 交错分布在喷吸钻头部的两边,颈部有喷射切削液的小孔 2,前端有两个喇叭形孔 3,切屑在由小孔 2 喷射出的高压切削液的压力作用下,从这两个喇叭形孔冲入并被吸进空心导杆,向外排出。

用喷吸钻加工深孔的工作原理如图 2-1-33 所示,喷吸钻头部 4 用多线矩形螺纹连接在外套管 6 上,外套管用弹簧夹头 7 装夹在刀柄 8 上,内套管 5 的尾部开有几个向后倾斜 30°的月牙孔 9。高压切削液从进口 A 进入管夹头中心后,大部分的切削液从内、外套管之间通过喷吸钻头部的小孔 2 进入切削区域;还有一部分切削液通过倾斜的月牙孔向后高速喷射,在内套管的前后产生很大的压力差。这样,钻出的切屑一方面由高压切削液从前向后经两个喇叭形孔冲入内套管中,另一方面受内套管内前后压力差的作用被吸出,在这两方面力量的作用下,切屑便可顺利地从排屑杆中排出。

采用此种排屑方法的深孔钻是利用切削液“喷”和“吸”的作用使切屑顺利排出的,故称为喷吸钻。喷吸钻加工深孔时,必须有一套附件,如安装在车床拖板的夹具中,利用大拖板的自动进给钻出深孔等。

使用喷吸钻和高压深孔钻加工时,要获得良好的效果,必须合理选择切削用量,并合理选择冷却液的流量和压力。加工 45 碳钢深孔的切削用量见表 2-1-7。

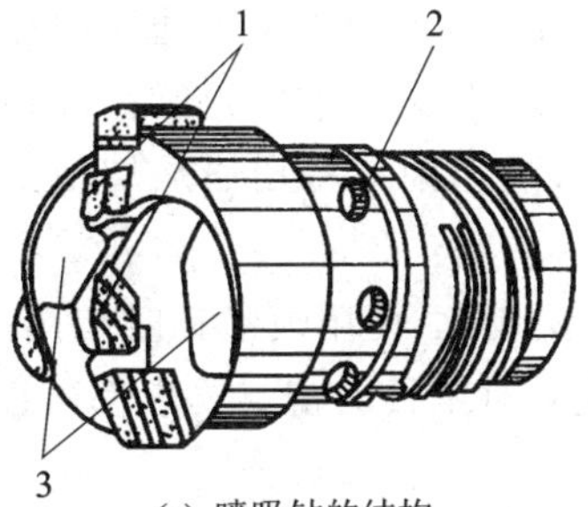

(a) 喷吸钻的结构

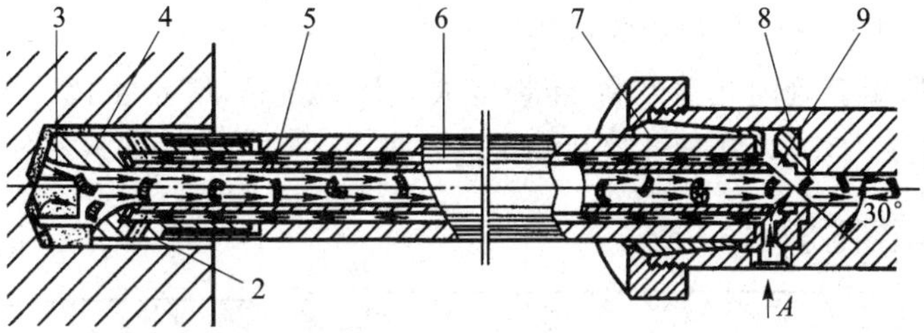

(b) 钻深孔的方法

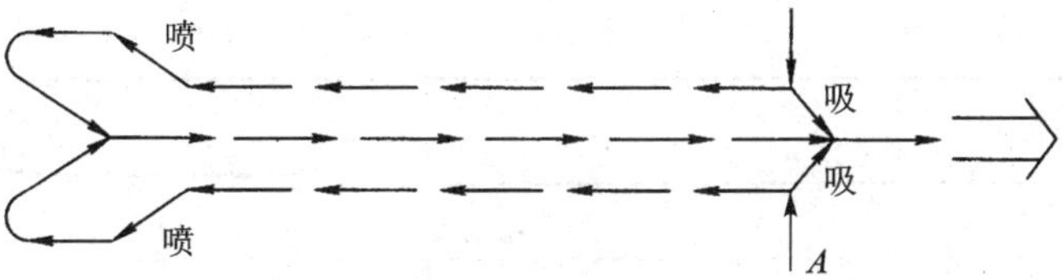

(c) 排屑示意图

1—切削刃；2—小孔；3—喇叭形孔；4—喷吸钻头部；5—内套管；6—外套管；7—弹簧夹头；8—刀柄；9—月牙孔

图 2-1-33　用喷吸钻加工深孔的工作原理

表 2-1-7　枪孔钻的走刀量

钻孔直径/mm	切削速度/(m·min^{-1})	走刀量/(mm·r^{-1})
20～60	60～100	0.15～0.28

(4) 用高压内排屑钻

用高压内排屑钻加工深孔的工作原理如图 2-1-34 所示。

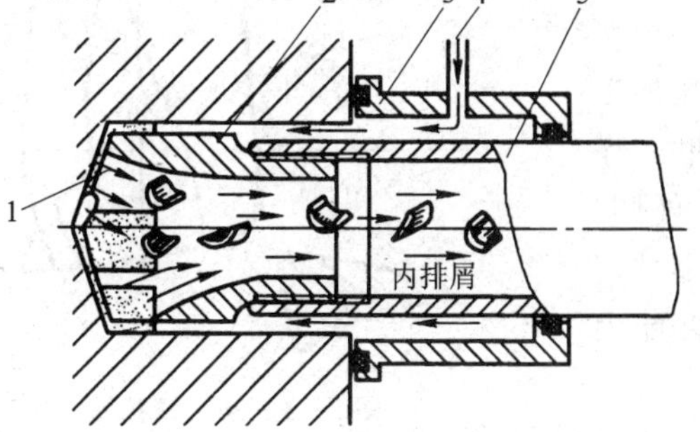

(a) 加工深孔

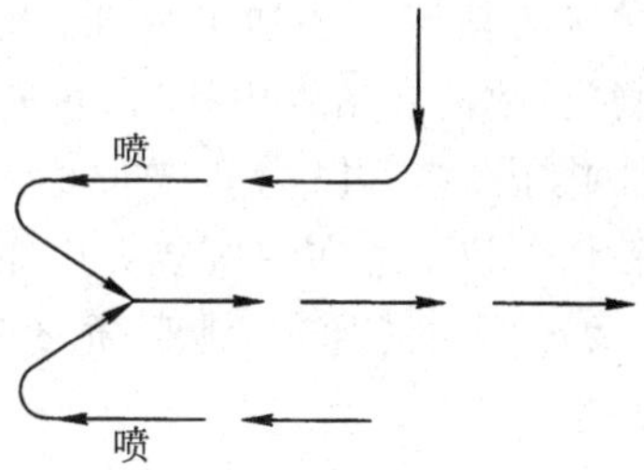

(b) 排屑示意图

1—喇叭形孔；2—深孔钻；3—封油头；4—切削液入口；5—外套管

图 2-1-34　用高压内排屑钻加工深孔的工作原理

高压大流量的切削液从切削液入口 4 经封油头 3 通过深孔钻 2 和深孔孔壁之间进入切削区域,切屑在高压切削液的冲刷下经喇叭形孔 1 从外套管 5 的中间排出。采用这种方法时,需要有较高压力(一般要求 1～3 MPa)的切削液将切屑从切削区域经外套管的内孔排出,因此称为高压内排屑。

与高压内排屑钻加工深孔的方法相比,使用喷吸钻时切削液的压力可低些,一般为 0.8～1.2 MPa,这样对冷却泵功率的消耗和对工具的密封要求都可以降低。因此,应尽可能采用较先进的喷吸钻来加工深孔。

3. 深孔加工方法探讨

(1) 加工图 2-1-35 所示的套管内孔

图 2-1-35 所示套管内孔精度高,粗糙度 Ra 为 3.2 μm,尺寸 $\phi\ 11^{+0.027}_{-0}$,长 150 mm。按照深度与直径之比 $L/D \geqslant 5$,其具备深孔加工的特点。

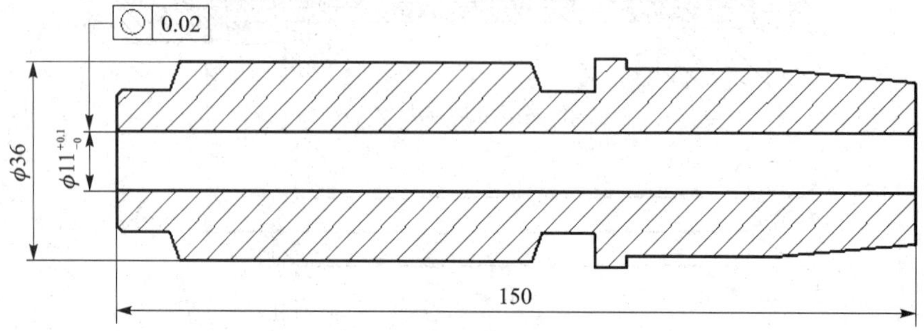

图 2-1-35 套管内孔尺寸图

对于一般孔径较小的深孔,由于受孔径尺寸的限制,不能采用一般的车孔方法,通常采用钻孔、扩孔、铰孔等方法进行孔的精加工。但由于 $\phi 11$ 的孔径一般没有标准铰刀,所以单件加工时,通常把标准麻花钻修磨后(见图 2-1-36)对孔精扩至图样要求。

(2) 加工图 2-1-37 所示的内孔

工件材料 9Cr18Mo,孔径 $\phi 6.87$,孔深 80 mm,内孔对外圆的同轴度要求 $\phi 0.02$。

按传统的钻镗方法加工内孔,由于内孔加工质量不稳定,故需在钻镗内孔后,再安排研磨工序补充加工内孔,然后以内孔定位磨削加工外圆。采用枪钻加工技术可在一次装夹中完成该零件内孔、外圆及环形槽的加工,满足质量要求,并能大幅度提高生产率。

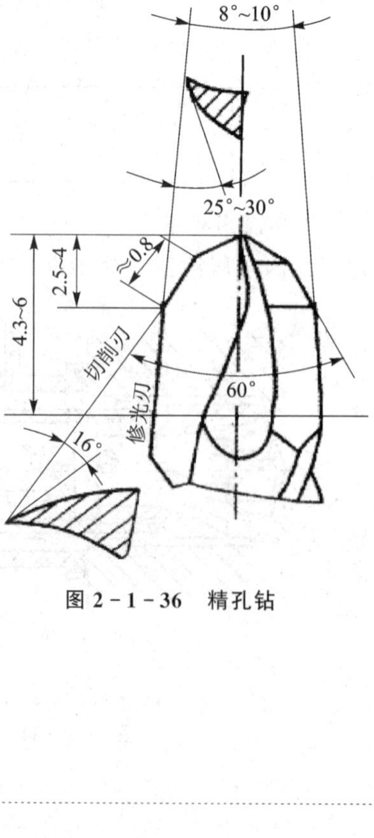

图 2-1-36 精孔钻

表 2-1-8 所列为钻镗孔与枪钻孔的主要参数对照。

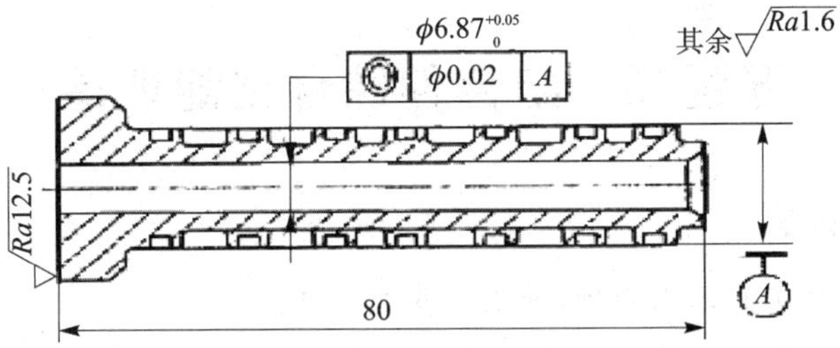

图 2-1-37 加工工件图

表 2-1-8 钻镗孔与枪钻钻孔的主要参数对照

名 称	钻镗孔	枪钻钻孔
加工方式	先钻孔再粗、精镗，两端接通	一次加工保证
排屑方式	钻孔时多次退刀排屑	高压乳化液直冲式排屑
表面粗糙度	Ra0.6～2 μm	Ra0.2～1 μm
直线度	0.05/100～0.1/100	0.035/100～0.06/100
钻头折断的处理	不易取出，处理困难	容易取出，无需处理
孔径尺寸	不能保证尺寸稳定，且孔有锥度	孔径尺寸稳定
加工效率	55 min/件	7 min/件

注意事项

- 一般情况下切削液选择 10%～12%浓度，如果加工的是超合金钢切削液应增加至 15%，溶液用混合体充分搅拌，然后倒入冷却箱，若切削液浓度过低，则刀具磨损加快；若切削液浓度过高，则影响加工排屑。
- 确保刀具安装孔中心是在机床主轴的旋转中心上并进行校正。将磁力表架固定在车床主轴上，芯棒安装在弹簧夹头上，若旋转机床主轴检测芯棒的读数差最大为 0.015，则该刀位可用于安装枪钻，否则机床需要调整。
- 通过观察切屑从孔口流出的状况就可真实地观测到工件钻孔过程是否正常。若切屑为针体锥状，则表示切削正常；若为大片切屑，说明进给量大，产生了较大的切削力，则刀具振动大，刀具易磨损；若切屑太小，说明进给量小，则工件在切削中会出现冷作硬化层，也会加速刀具磨损。
- 通过听切削回声和切屑流出的声音可得到很多加工信息。切削声稳定则加工正常，一旦声调改变就意味着刀具磨损或崩刃。
- 从孔内退回钻头时机床主轴轴反转，退刀时冷却液不要关闭，待枪钻完全退出后再关闭冷却液。

思考与练习

1. 在花盘上加工工件时，要保证质量且保证安全必须注意哪几点？
2. 在角铁上加工零件时，达不到垂直度和平行度要求是什么原因？怎样解决？
3. 在什么情况下使用中心架？在什么情况下使用跟刀架？
4. 车削细长轴有哪几个关键技术问题？怎样解决？
5. 深孔加工为什么特别困难？有哪几个关键技术问题？
6. 深孔钻的排屑方式有哪几种？请简要说明排屑原理。

课题二　组合件综合技能训练

教学要求

◆ 能对组合件加工作工艺分析,并确定基准零件。
◆ 掌握组合件车削加工工艺方案的编制要点。
◆ 具备车削内外圆锥、偏心、螺纹四件套的能力。

2.2.1　组合件车削相关知识

组合工件是由多个不同的工件经加工后,按图样组合(装配)达到一定的精度。它需要每个组件都符合加工要求,车削组合工件也是操作者技能的综合运用。

1. 组合件的加工要点

与单一零件的车削加工相比较,组合件的车削不仅要保证组合件中各零件的加工质量,而且需要保证各零件按规定组合装配后的技术要求。

(1) 车削组合件的关键技术

① 合理编制加工工艺方案。

② 正确选择和准确加工基准件。

③ 认真进行组合件的配车和配研。

(2) 制定组合工件加工工艺方案的要点

组合件的装配精度与组合各零件的加工精度密切相关,而组合件中的关键零件即基准件的加工精度尤为突出。为此,在制定组合件的加工工艺方案及进行组合件加工时,应注意以下要点:

① 分析组合件的装配关系,确定基准零件。

② 先车削基准件,然后根据装配关系的顺序依次车削组合工件中的其余工件。

③ 根据各工件的技术要求和结构特点,以及组合工件装配的技术要求,分别制定各工件的加工工艺、加工顺序。通常应先加工基准表面,后加工其他表面。

2. 车削基准工件的注意事项

➢ 对于影响组合工件配合精度的各个尺寸(径向尺寸和轴向尺寸),应尽量加工至两极限尺寸的中间值,且加工误差应控制在图样允许误差的 1/2;各表面的形位误差应尽可能小。

➢ 有锥体配合时,锥体的圆锥角误差要小,车刀中心高要装准,避免出现圆锥素线的直线度误差。

➢ 有偏心配合时,偏心部分的偏心方向应一致,加工误差应控制在图样允许误差的 1/2 以下,且偏心部分的轴线应与零件轴线平行。

➢ 有螺纹配合时,螺纹应采用车削方法进行加工,一般不允许使用板牙、丝锥加工,以防工件位移而影响工件的位置精度(保证同轴度要求)。对于螺纹的中径尺寸,外螺纹应控制在最小极限尺寸范围,内螺纹应控制在最大极限尺寸范围内,以使配合间隙尽量大些(最好以外螺纹与内螺纹进行配车)。

➢ 对非基准零件的车削,一是应按基准零件车削时的要求进行,二是要按已加工的基准零件及其他零件的实测结果相应调整，充分使用配车、配研、组合加工等手段以保证组合件的装配精度要求。

➢ 组合件中的每个零件的各加工表面应倒钝锐边，清除毛刺。

2.2.2 车削轴套三件组合件

根据要求加工图 2-2-1 所示的轴套三件组合件装配图。材料为 45 钢，棒料。件 1、件 2、件 3 零件图分别如图 2-2-2～图 2-2-4 所示。

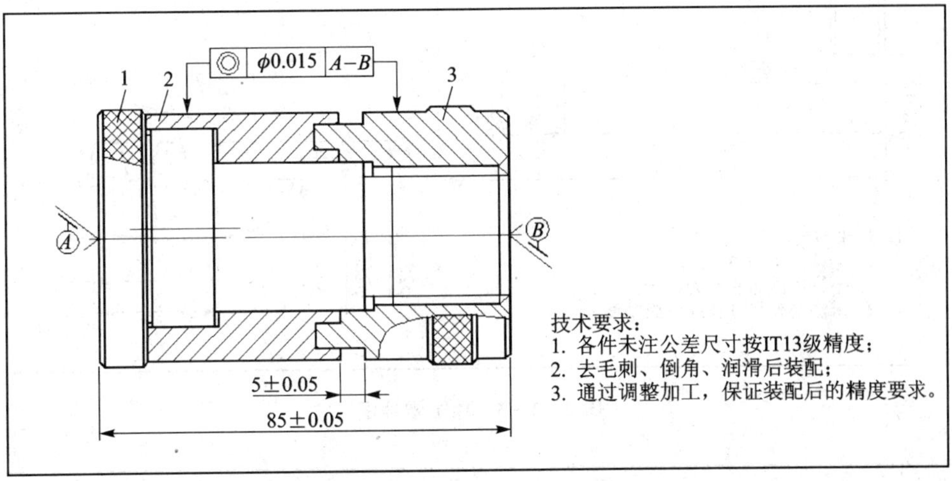

图 2-2-1 轴套三件组合件装配图

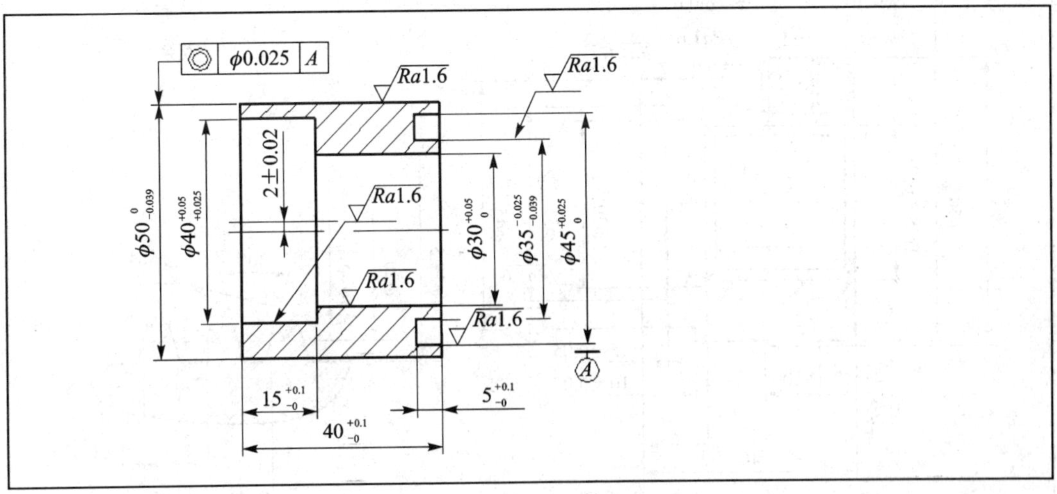

图 2-2-2 件 2 零件图

【工艺分析】

1) 图样分析

图 2-2-1 所示组合件由 3 个工件组成。件 2、件 3 装在件 1 上，件 2 与件 1 为偏心配合，件 3 与件 1 为内外圆及螺纹配合，件 2 与件 3 为内外圆配合。装配后，要求件 2、件 3 两端面轴向间隙为(5±0.05) mm，件 1、件 2 和件 3 三个工件的总长为(85±0.05) mm，件 2 工件上 $\phi\ 50^{\pm 0}_{-0.039}$ 外圆和件 3 工件上 $\phi\ 50^{\pm 0}_{-0.039}$ 外圆相对于件 1 两端中心孔轴线圆跳动为 0.015 mm。

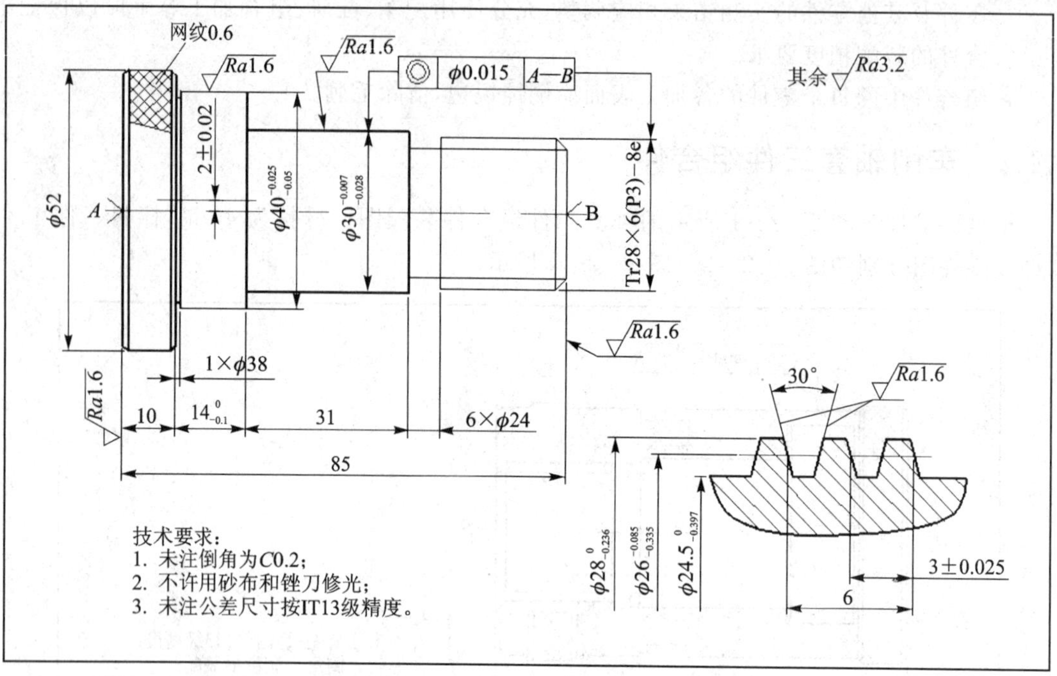

图 2-2-3　件 1 零件图

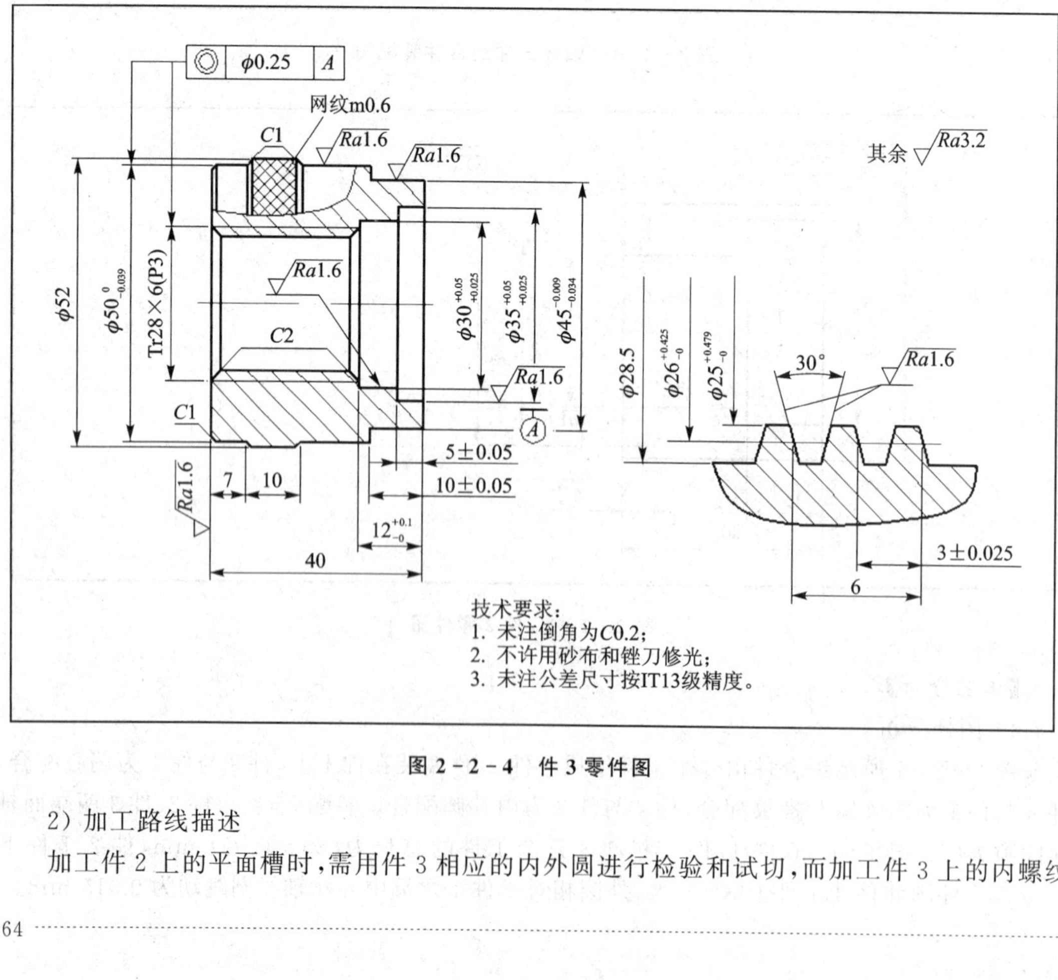

图 2-2-4　件 3 零件图

2）加工路线描述

加工件 2 上的平面槽时，需用件 3 相应的内外圆进行检验和试切，而加工件 3 上的内螺纹时，需用件 1 进行检验和试切。因此，应首先加工基准件 1，其次件 3，最后是件 2。

3）工艺分析

① 件 1 中 $\phi\ 30_{-0.028}^{-0.007}$ 的外圆与 Tr28×6(P3)外螺纹的中径、件 3 中 $\phi\ 35_{-0.025}^{-0.050}$ 的内孔与 Tr28×6(P3)内螺纹的中径均有较高的位置精度要求，因此，加工这两个工件的上述部位时，应在一次装夹中加工完成。

② 该组合工件装配后位置精度要求较高，而且精加工件 2 上的 $\phi\ 50_{-0.039}^{+0}$ 外圆时需用心轴装夹，否则不能在一次进给中完成加工，所以件 2 和件 3 上的 $\phi\ 50_{-0.039}^{+0}$ 外圆应留有一定余量，待组装后再进行精加工。

③ 要保证装配尺寸（5±0.05）mm 符合要求，必须将件 2 端面槽深度尺寸控制在（5±0.025）mm以内，并且将件 3 的长度尺寸(10±0.05）mm 控制在(10±0.025）mm 以内。

【工艺准备】

轴套三件组合件装配图工刀量具准备如表 2－2－1 所列。

表 2－2－1　轴套三件组合件装配图工刀量具准备

材　料	45 钢，尺寸为 ϕ55×90 mm 棒料一根，尺寸为 ϕ55×45 mm 棒料两根
设　备	CA6140 型车床(四爪单动卡盘）
刀具、刃具	90°外圆车刀、45°外圆车刀、90°左切车刀、切槽刀(刃宽 1 mm、5 mm 各一把）、平面切槽刀(刀刃宽 5 mm)、通孔车刀(加工 ϕ28 的孔)、不通孔车刀(加工 ϕ40 的孔)、Tr28×6(P3)内、外梯形螺纹车刀、m0.6 的网纹滚花刀；麻花钻(ϕ22 及 ϕ28)、B3 中心钻及钻夹头
量　具	千分尺 0.01 mm/(25～50 mm)、游标卡尺 0.02 mm/(0～150 mm)、游标深度尺 0.02 mm/(0～200 mm)、百分表 0.01 mm/(0～10 mm)及磁力表架、杠杆百分表 0.01 mm/(0～0.8 mm)及磁力表架、Tr28×6(P3)螺纹环规及螺纹塞规、样板
工具、辅具	前顶尖、回转顶尖、钻夹具、其他常用工具

【加工步骤】

① 件 1 加工步骤见表 2－2－2，工序简图见图 2－2－5。

表 2－2－2　件 1 加工步骤

工序步骤	加工内容
1. 钻中心孔	① 夹毛坯，校正、夹紧； ② 车平面(车平即可)； ③ 钻中心孔 B3/6.3
2. 调头钻中心孔	① 调头装夹工件； ② 车平面，保证总长 85 mm； ③ 钻中心孔 B3/6.3； ④ 车一定位台阶 ϕ53×5 mm
3. 粗车外圆和长度	① 一夹一顶装夹(夹定位台阶)，校正、夹紧； ② 粗车 $\phi\ 40_{-0.050}^{-0.025}$、$\phi\ 30_{-0.028}^{-0.007}$ 和 $\phi\ 28_{-0.236}^{+0}$ 三外圆至 ϕ46、ϕ32 和 ϕ30，长度均留 1 mm

续表 2-2-2

工序步骤	加工内容
4. 精车左端外圆及滚花	① 调头一夹一顶装夹,校正、夹紧; ② 粗、精车 $\phi 52_{-0.4}^{-0.3}$ 外圆至尺寸要求; ③ 滚 m0.6 网纹花,倒角 $C1$
5. 精车右端	① 调头,两顶尖装夹工件; ② 车 ϕ52 外圆内端面,保证长度 10 mm; ③ 精车 $\phi 30_{-0.028}^{-0.007}$ 和梯形螺纹外径 ϕ28 至尺寸要求,并保证长度尺寸 $14_{-0.1}^{+0}$ mm、31 mm 至尺寸要求(注意使长度尺寸的设计基准与测量基准重合); ④ 切退刀槽 6×ϕ24; ⑤ 倒角 $C2$; ⑥ 粗、精车 Tr28×6(P3)−8e 至图样要求; ⑦ 锐角倒钝、倒角 $C1$
6. 车偏心外圆	① 夹 $\phi 30_{-0.028}^{-0.007}$ 外圆(垫铜皮),用百分表校正偏心距(2±0.01) mm 的外圆; ② 精车 $\phi 40_{-0.050}^{-0.025}$ 外圆至尺寸要求 ; ③ 锐角倒钝

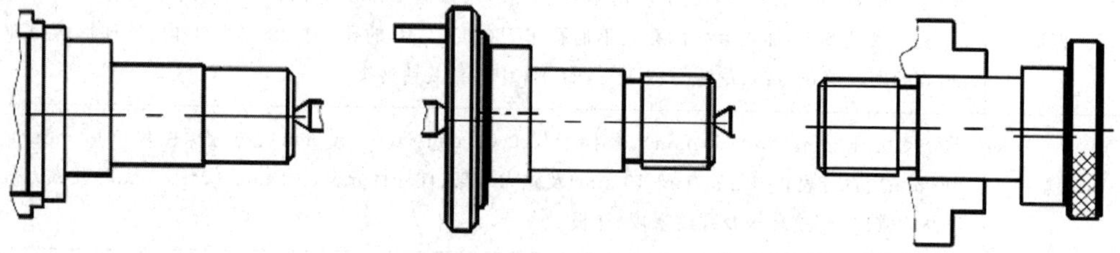

(a) 工序3　　(b) 工序5　　(c) 工序6

图 2-2-5　件 1 工序简图

② 件 3 加工步骤见表 2-2-3,工序简图见图 2-2-6。

表 2-2-3　件 3 加工步骤

工序步骤	加工内容
1. 粗车右端外圆	① 夹毛坯,校正、夹紧; ② 车平面(车平即可); ③ 粗车外圆 $\phi 50_{-0.039}^{+0}$ 至 ϕ52,长约 20 mm
2. 滚花、钻孔	① 调头夹 ϕ52 外圆,校正,夹紧; ② 车平面,总长留 1 mm 余量; ③ 车滚花外圆 $\phi 52_{-0.4}^{-0.3}$ 至尺寸要求; ④ 滚 m0.6 网纹花; ⑤ 钻 ϕ22 通孔,内孔预倒角 $C3$

续表 2－2－3

工序步骤	加工内容
3. 精车右端	① 调头，夹滚花外圆（垫铜皮），校正、夹紧； ② 车平面，保证总长 40 mm 至尺寸要求； ③ 粗车 $\phi 45_{-0.034}^{-0.009}$ 外圆，$\phi 30_{+0.025}^{+0.05}$ 和 $\phi 35_{+0.025}^{+0.05}$ 内孔，均留 2 mm 余量，长度留 1 mm 余量； ④ 精车内螺纹小径至尺寸要求，倒角 $C2$； ⑤ 粗、精车梯形内螺纹（用件 1 外螺纹配车）； ⑥ 精车 $\phi 45_{-0.034}^{-0.009}$ 外圆，$\phi 30_{+0.025}^{+0.05}$ 和 $\phi 35_{+0.025}^{+0.05}$ 内孔至尺寸要求，并保证长度尺寸 (10 ± 0.05) mm、$12_{-0}^{+0.1}$ mm、(5 ± 0.05) mm，锐角倒钝 （注意：加工 12 mm 内孔长度时，要防止内螺纹第一个牙侧倒，影响配合）
	① 调头，两顶尖装夹工件； ② 车 $\phi 52$ 外圆内端面，保证长度 10 mm； ③ 精车 $\phi 30_{-0.028}^{-0.007}$ 和梯形螺纹外径 $\phi 28$ 至尺寸要求，并保证长度尺寸 $14_{-0.1}^{+0}$ mm、31 mm至尺寸要求（注意使长度尺寸的设计基准与测量基准重合）； ④ 切退刀槽 $6\times\phi 24$； ⑤ 倒角 $C2$； ⑥ 粗、精车 Tr28×6(P3)－8e 至图样要求； ⑦ 锐角倒钝，倒角 $C1$
	① 夹 $\phi 30_{-0.028}^{-0.007}$ 外圆（垫铜皮），用百分表校正偏心距 (2 ± 0.01) mm 的外圆； ② 精车 $\phi 40_{-0.050}^{-0.025}$ 外圆至尺寸要求； ③ 锐角倒钝

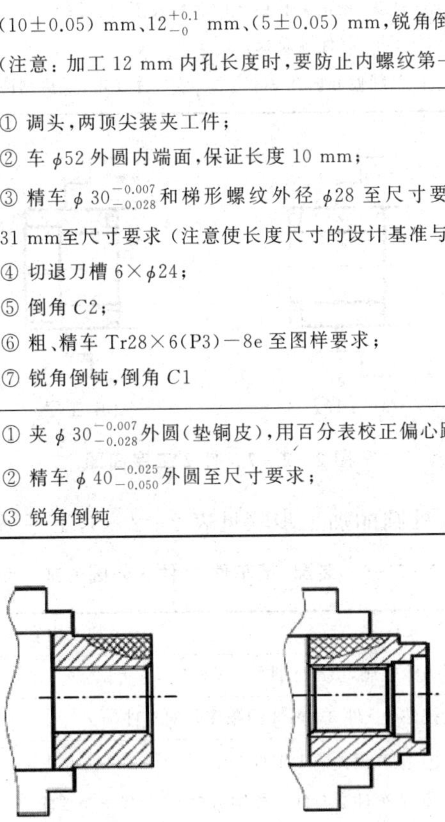

(a) 工序2　　(b) 工序3

图 2－2－6　件 3 工序简图

③ 件 2 加工步骤见表 2－2－4，工序简图见图 2－2－7。

表 2－2－4　件 2 加工步骤

工序步骤	加工内容
1. 粗车外圆、钻孔	① 夹毛坯，校正、夹紧； ② 车平面（车平即可）； ③ 粗车外圆 $\phi 50_{-0.039}^{+0}$ 至 $\phi 52$； ④ 钻 $\phi 28$ 通孔

续表 2-2-4

工序步骤	加工内容
2. 车端面槽、孔	① 调头夹 $\phi 52$ 外圆,校正,夹紧; ② 车平面,总长留 1 mm 余量; ③ 车毛坯外圆至 $\phi 52$(至接刀处)(为能保证下一步工序装夹、校正的准确,$\phi 52$ 外圆接刀质量要高); ④ 车端面槽,保证 $\phi 45^{+0.025}_{-0}$、$\phi 35^{-0.025}_{-0.050}$ 至图样要求; ⑤ 精车 $\phi 30^{+0.025}_{-0}$ 内孔至尺寸要求,锐角倒钝
3. 车偏心内孔	① 调头,校正偏心距 2±0.01,校正、夹紧; ② 车平面,保证总长; ③ 车削偏心内孔 $\phi 40^{+0.05}_{+0.025}$ 至尺寸要求,锐角倒钝

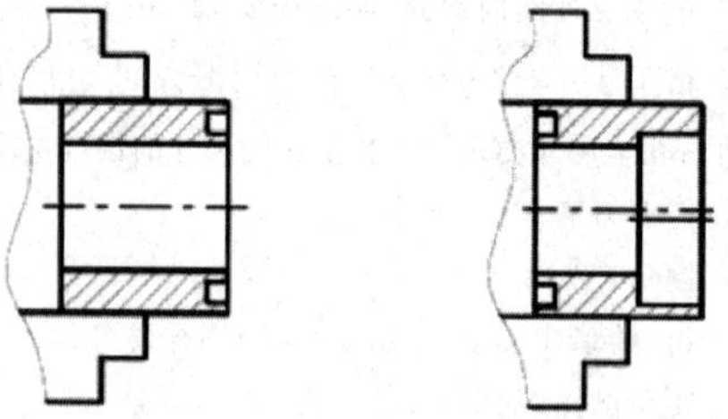

(a) 工序2　　(b) 工序3

图 2-2-7　件 2 工序简图

④ 装配,精车件 2、件 3 外圆的加工步骤见表 2-2-5,工序简图如图 2-2-8 所示。

表 2-2-5　装配,精车件 2、件 3 外圆的加工步骤

工序步骤	加工内容
1. 擦净工件	去除毛刺,擦净工件
2. 装配	按件 1→件 2→件 3 的顺序装配工件
3. 装配后车削外圆	① 用两顶尖装夹工件 ② 精车件 2 及件 3 外圆 $\phi 50^{+0}_{-0.039}$ 尺寸至要求 ③ 倒角 $C1$ (件 3 三处),锐角倒钝

注意事项

➢ 车削螺纹时,两条螺旋槽应统一进行粗车及精车。

➢ 各组合件配合部分一定要配车。

➢ 装配后,精车 $\phi 50^{+0}_{-0.039}$ 外圆,进刀深度不宜太深。

【质量检验】

本套组合件的件 1、件 2 及件 3 的基本尺寸、精度检验不再赘述,仅介绍装配后的尺寸和精度检验。对此组合件主要是检验件 2、件 3 装配在件 1 上后,件 2、件 3 外圆的圆跳动和端面距离。

装配后检验图如图 2-2-9 所示。

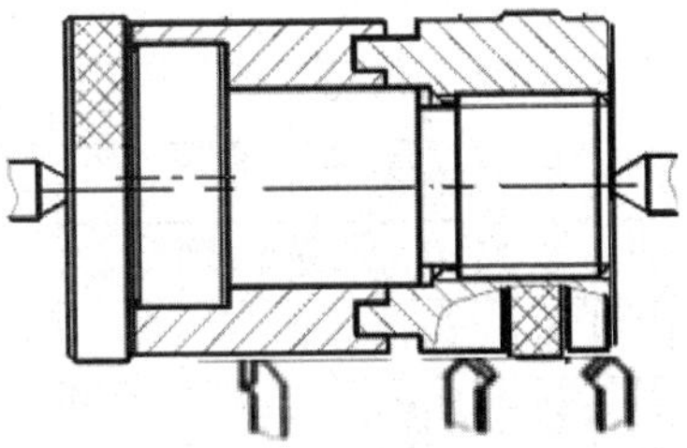

图 2-2-8　装配后车削工序简图

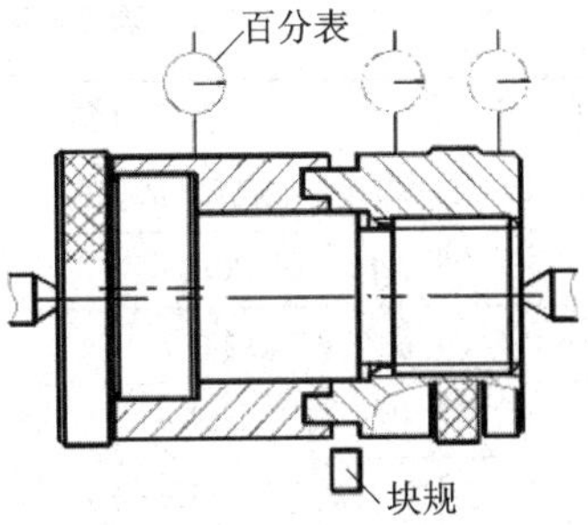

图 2-2-9　装配后检验图

三件装配后，以件 1 两端中心孔为基准（两顶尖装夹），使用百分表（垂直被检工件表面）或杠杆百分表检验圆跳动允差 0.015 mm。

三件装配后，使用块规检验件 2 与件 3 端面距离（5±0.05）mm。

评分标准见表 2-2-6～表 2-2-9。

表 2-2-6　件 1 评分标准（32 分）

项　目	序　号	考核内容	配　分	评分标准	得　分
外圆部分	1	$\phi\,40^{-0.025}_{-0.05}$、$Ra\,1.6$	2/1	超差、增值不得分	
	2	$\phi\,30^{-0.007}_{-0.028}$、$Ra\,1.6$	2/1	超差、增值不得分	
	3	滚花 ϕ52、网纹 m0.6	1/1	超差、不符合要求不得分	
梯形螺纹	4	外径 ϕ28、底径 $\phi\,24.5^{+0}_{-0.397}$	1/2	超差不得分	
	5	中径 $\phi\,26.5^{-0.085}_{-0.335}$ 两处	2/2	一处超差扣 2 分	
	6	四侧 $Ra\,1.6$	4	一侧增值扣 1 分	
	7	分头 3±0.025	2	超差 0.01 mm 扣 1 分	
	8	牙型、倒角、退刀槽	1/1/1	不符合要求不得分	
其他	9	长度 10、31 和$14^{+0}_{-0.1}$	1/1	超差不得分	
	10	总长 85、倒角 $C1$、锐角倒钝	1/1	超差、不符合要求不得分	
	11	偏心距 2±0.02	2	超差不得分	
	12	同轴度 ϕ0.015	2	超差 0.01 mm 扣 1 分	

表 2-2-7　件 2 评分标准（20 分）

项　目	序　号	考核内容	配　分	评分标准	得　分
外圆孔径	1	$\phi\,50^{+0}_{-0.039}$、$Ra\,1.6$	2/1	超差、增值不得分	
	2	孔 $\phi\,40^{+0.05}_{+0.025}$、$Ra\,1.6$	2/1	超差、增值不得分	
	3	孔 $\phi\,30^{+0.025}_{+0}$、$Ra\,1.6$	2/1	超差、增值不得分	
端槽长度其他	4	端面槽 $\phi\,45^{+0.025}_{-0}$、$\phi\,35^{-0.025}_{-0.05}$	2/2	超差不得分	
	5	长度$40^{+0.1}_{-0}$、$15^{+0.1}_{-0}$、$5^{+0.1}_{-0}$	2	一处超差扣 1 分	
	6	偏心距 2±0.02	2	超差不得分	
	7	同轴度 ϕ0.025	2	超差 0.01 mm 扣 1 分	
	8	锐角倒钝	1	不符合要求不得分	

表 2-2-8 件 3 评分标准(32 分)

项 目	序 号	考核内容	配 分	评分标准	得 分
外圆部分	1	$\phi 50^{+0}_{-0.039}$ 两处、$Ra1.6$	2/1	超差、增值不得分	
	2	$\phi 45^{-0.009}_{-0.034}$、$Ra1.6$	2/1	超差、增值不得分	
	3	滚花 $\phi 52$、网纹 m0.6	1/1	超差、不符合要求不得分	
	4	孔 $\phi 35^{+0.05}_{+0.025}$、$Ra1.6$	2/1	超差、增值不得分	
	5	孔 $\phi 30^{+0.05}_{+0.025}$、$Ra1.6$	2/1	超差、增值不得分	
梯形螺纹	6	大径 $\phi 28.5$、小径 $\phi 25^{+0.479}_{-0}$	1/1	超差不得分	
	7	中径 $\phi 26.5^{+0.425}_{-0}$ 两处	2	超差不得分(螺纹塞规)	
	8	牙型两侧 $Ra1.6$(四侧)	4	一侧增值扣 1 分	
	9	倒角 $C2$、牙型	1/1	不符合要求不得分	
	10	分头 3±0.025	2	超差 0.01 mm 扣 1 分	
其他	11	长度 40、10±0.05、7、10	2	超差不得分	
	12	孔长 12、5±0.05	1	超差、不符合要求不得分	
	13	同轴度 $\phi 0.025$	2	超差不得分	
	14	倒角 $C1$、锐角倒钝	2/1	超差 0.01 mm 扣 1 分	

表 2-2-9 组装配合后,有关装配尺寸精度评分标准(16 分)

项 目	序 号	考核内容	配 分	评分标准	得 分
装配	1	偏心配合	2	不符合要求不得分	
	2	螺纹配合	2	不符合要求不得分	
	3	端面槽配合	2	不符合要求不得分	
	4	件 2 与件 3 外圆的圆跳动 $\phi 0.015$	3/3	一处超差 0.01 mm 扣 1 分	
	5	组装后件 2 与件 3 端面距离 5±0.05	4	超差 0.01 mm 扣 2 分	

2.2.3 车削轴套四件组合件

根据要求加工图 2-2-10 所示的轴套四件组合件。

材料为 45 钢,棒料;偏心轴 $\phi 60\times130$ mm;偏心套与锥套共料,$\phi 60\times115$ mm;螺纹套,$\phi 60\times80$ mm。

锥套件 1 见图 2-2-11。

偏心套件 2 见图 2-2-12。

偏心轴件 3 见图 2-2-13。

螺纹套件 4 见图 2-2-14。

【工艺分析】

该组合件由四个零件组成,包括圆锥配合、梯形螺纹配合、偏心配合以及内、外圆配合,加工难度较大。由组合件装配图可知,确定偏心轴为基准零件,其外螺纹、外圆锥、偏心外圆为装配基准面,应先安排加工,再根据装配基准尺寸,加工各相应配合零件。

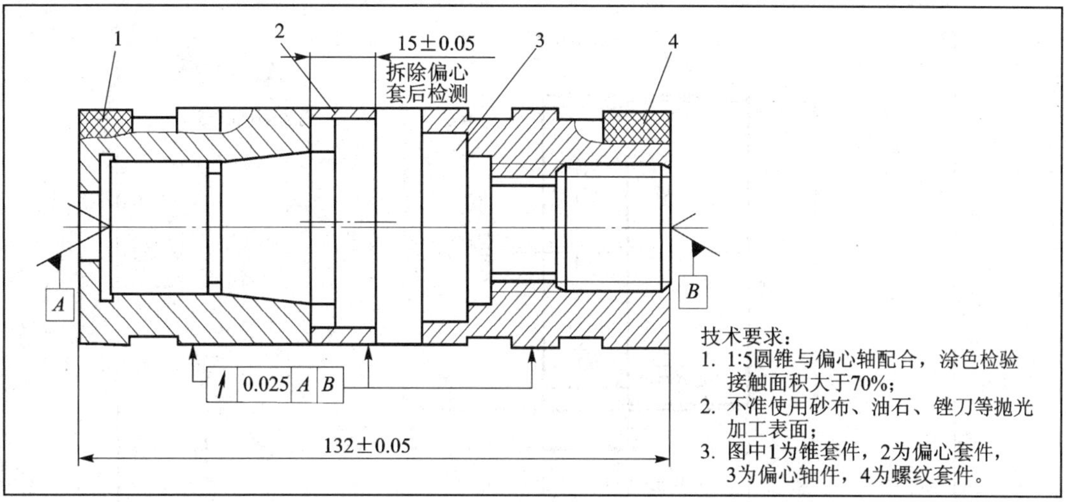

图 2-2-10 轴套四件组合件

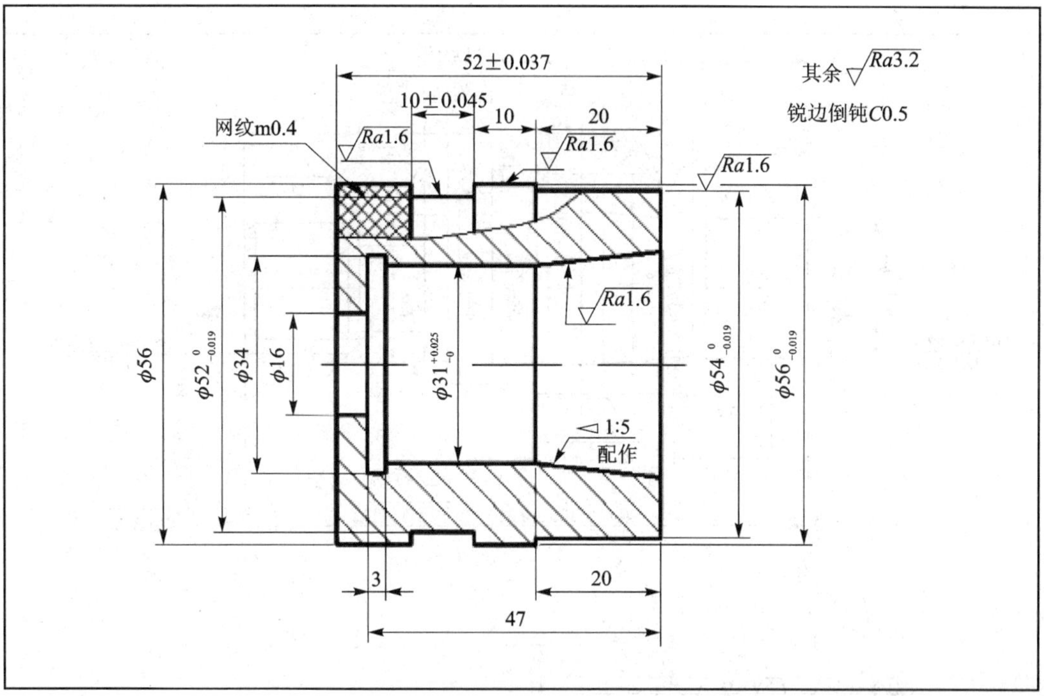

图 2-2-11 锥套件 1

组件加工顺序：偏心轴→锥套→偏心套→螺纹套。

① 锥套、偏心套、偏心轴组成的偏心配合是该组合件的主要难点。其中偏心套又是薄壁套，极易受切削力和切削热影响而发生变形，影响组合精度。

② 采用百分表调校小滑板角度，车 1∶5 内、外圆锥配合，确定偏心轴的外圆锥为装配基准，以外圆锥作为车削内圆锥的量具（塞规）；在调整小滑板角度时，尽可能使两组合件调整误差一致，以保证 70%以上的圆锥面接触。

③ 偏心轴与螺纹套之间有双线梯形螺纹配合和两组内、外圆配合。由于三组配合相互影

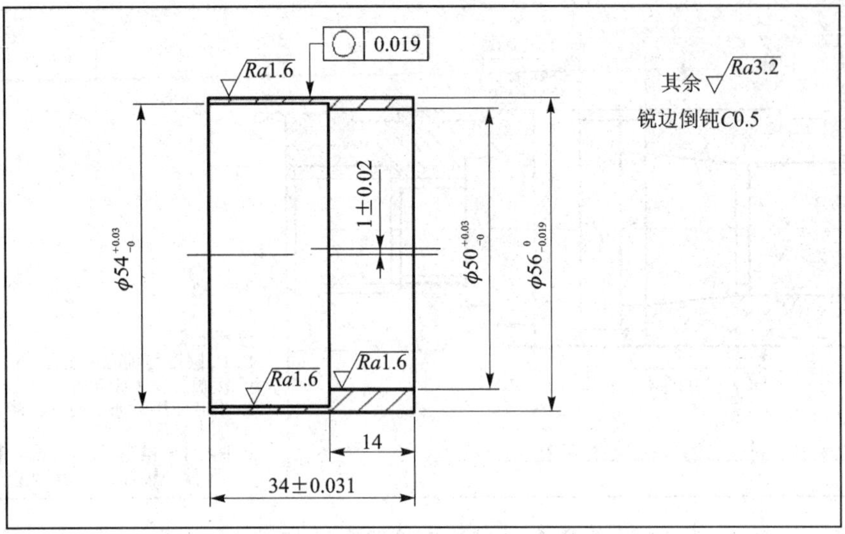

图 2-2-12 偏心套件 2

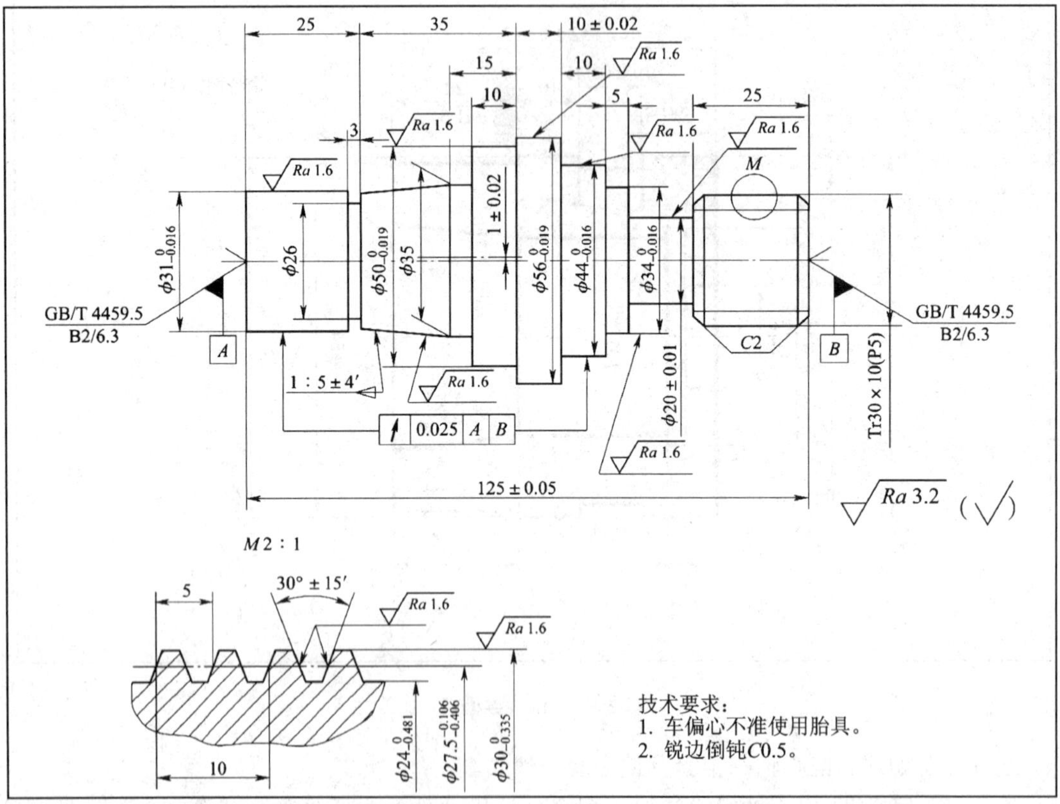

图 2-2-13 偏心轴件 3

响,因梯形内螺纹是以梯形外螺纹为基准配车的,故车外螺纹时应取较高精度,配车内螺纹时轴向窜动间隙控制在小于 0.1 mm 的范围内。两组内、外圆配合的尺寸公差应取最大和最小极限尺寸,如此控制各尺寸既能满足各尺寸的公差要求又能实现顺利组装。

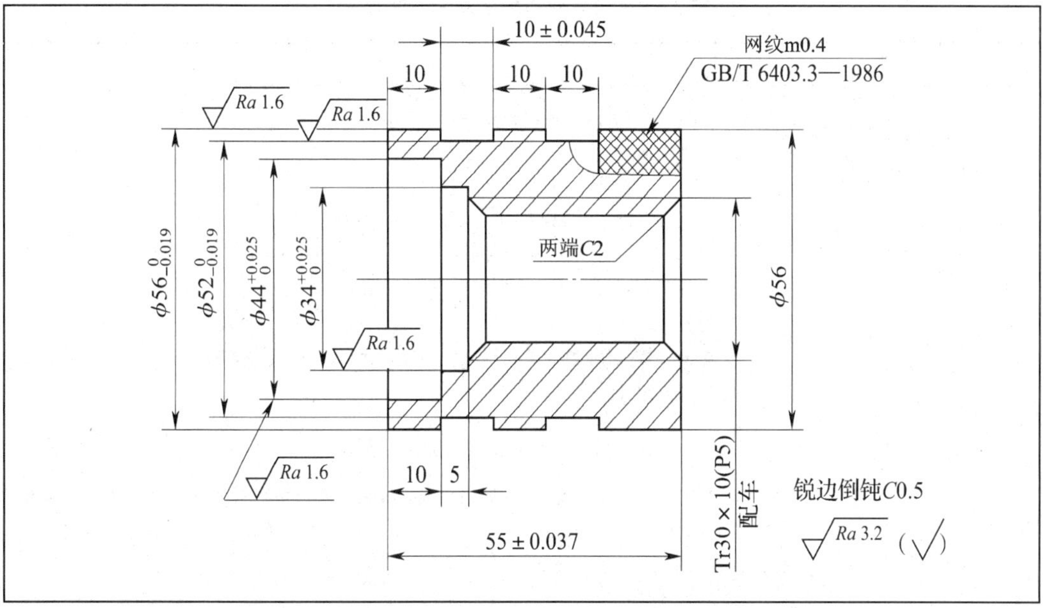

图 2-2-14 螺纹套件 4

④ 当偏心轴与锥套之间的圆锥组合以后,偏心套的长度尺寸被确定了。它不仅受制于偏心轴和锥套的外圆尺寸精度,而且受制于锥套的内圆锥与外圆尺寸 $\phi54$ 之间的位置以及偏心轴的偏心距精度,其中某一环节出现问题,就会影响组合精度或出现组合问题。因此,制定正确的加工工序和方法至关重要。

- 锥套应安排在一次装夹中车出,以减小或消除外圆 $\phi54$ 与内圆锥、内孔 $\phi31$ 的同轴度误差。
- 调校偏心套的偏心距时,偏心距误差尽可能与偏心轴相同。
- 参与偏心组合的各零件尺寸,除偏心距和圆锥按公差中间尺寸加工外,其余内、外尺寸均应分别按最大和最小极限尺寸加工。这样可通过获得较大配合间隙来弥补中心距尺寸误差、偏心套变形等所造成的难以组合问题。
- 偏心套是薄壁件,在车削中要严格控制切削温度;降低切削力和减小装夹应力;注意保持车刀锋利。

【工艺准备】

普通车床、三爪自定心卡盘、端面车刀、90°外圆粗、精车刀、切槽刀、梯形螺纹粗、精车刀、B2 中心钻、25～50 mm、50～75 mm 的外径千分尺、游标卡尺、磁性表座、0～10 mm 的百分表、偏心垫片、钻夹头、铜皮、三针量针、梯形螺纹对刀样板、角度尺、鸡心夹、顶尖、活动扳手等。

【加工步骤】

1) 偏心轴的车削

偏心轴的车削加工步骤见表 2-2-10。

操作提示见表 2-2-11。

工序简图见图 2-2-15。

表 2-2-10　偏心轴的车削加工步骤

工序步骤	加工内容
1. 车左端台阶外圆	① 三爪夹毛坯外圆,伸出长度约 100 mm; ② 车平端面; ③ 钻中心孔; ④ 车台阶外圆 ϕ56.5,长度尽长,用于调头时找正
2. 车右端台阶外圆、螺纹	① 工件调头,找正,车端面取总长,钻中心孔; ② 车各台阶外圆; ③ 切槽,槽深尺寸控制为梯形螺纹小径尺寸,以用于控制车螺纹时的小径尺寸; ④ 车梯形螺纹
3. 精车	① 工件两顶尖装夹,鸡心夹处包紫铜皮; ② 精车 $\phi36\times50$ mm 外圆(提供百分表校正小滑板角度基准); ③ 粗、精车外圆; ④ 粗、精车 1∶5 外圆锥; ⑤ 去毛刺
4. 精车双线梯形螺纹	① 调头,包紫铜皮,工件两顶尖装夹,采用小滑板轴向分线; ② 精切槽至尺寸要求; ③ 精车梯形螺纹外圆,倒角; ④ 精车梯形螺纹
5. 车偏心	① 包紫铜皮,卡爪夹持 $\phi\,44^{+0}_{-0.016}$ 外圆,用三爪自定心卡盘加垫片的方法调整校正偏心距; ② 车削偏心圆至尺寸要求; ③ 去毛刺

表 2-2-11　偏心轴的车削操作提示

工序步骤	操作提示
3. 精车	① 在精车圆锥的最后一刀时采用反摇小滑板的方法,以控制圆锥大端直径; ② 与组合有关的各台阶尺寸,有些未注长度公差,但为了组合尺寸的准确性,精车时应尽可能加工准确,以利于总组装修整; ③ 按最小极限尺寸半精车、精车参与配合的各外圆,精车台阶长度为最小极限尺寸; ④ 为保证组合尺寸精度(组装图中偏心轴的端面与螺纹套组合后端面是一个平面),应将偏心轴右端长度尺寸车成与螺纹套总长相同,即螺纹套的最大极限尺寸 55.037 mm
4. 精车双线梯形螺纹	① 梯形螺纹精车刀在装刀时,采用样板或角度尺对刀; ② 中径尺寸用三针测量法控制; ③ 各尺寸均按最小极限尺寸加工; ④ 车削时,加注充足的以润滑作用为主的切削液

续表 2-2-11

工序步骤	操作提示
5. 车偏心	① 偏心垫铁的宽度应与所夹持的台阶宽度、所包的铜皮宽度相等，以减小装夹误差； ② 校正偏心距尺寸前，首先应检查工件偏心部分的轴线是否与主轴轴线平行，分别在卡盘转 90°时，摇动大滑板，用百分表校正

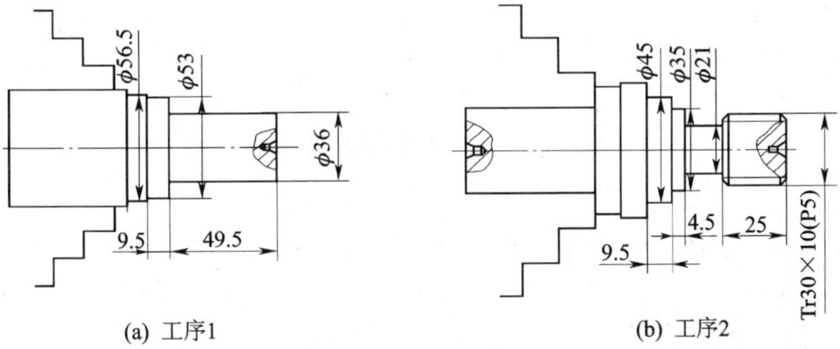

图 2-2-15　偏心轴车削工序简图

2）锥套的车削

锥套的车削加工步骤见表 2-2-12。

操作提示见表 2-2-13。

工序简图见图 2-2-16。

表 2-2-12　锥套的车削加工步骤

工序步骤	加工内容
1. 粗车	① 夹毛坯外圆，伸出长度约 65 mm，校正并夹紧，车平端面； ② 粗车至工序草图尺寸； ③ 滚花； ④ 切断，长度为 47.5 mm
2. 粗、精车工件内孔和外圆	① 调头包紫铜皮，夹持滚花部分，校正，车总长至最大极限尺寸； ② 钻孔 φ16，扩孔 φ30； ③ 粗、半精车内孔各尺寸； ④ 粗、精车外圆各尺寸； ⑤ 精车内孔、沟槽及内圆锥各尺寸至要求
3. 精车外沟槽	① 调头，夹 φ54 外圆（包铜皮），校正； ② 车槽至尺寸要求

表 2-2-13　锥套的车削操作提示

工序步骤	操作提示
1. 粗车	锥套与偏心套共料，车完锥套后应尚余毛坯料长 58 mm
2. 粗、精车工件内孔和外圆	圆锥校正误差应等于偏心轴圆锥的校正误差；用偏心轴外圆锥作塞规，检查圆锥接触面与尺寸

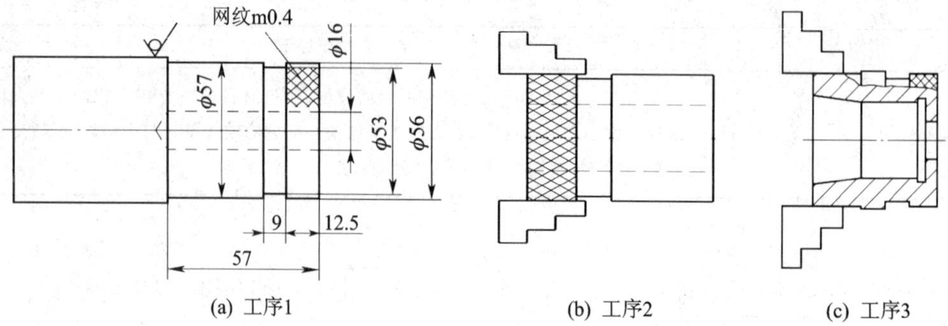

图 2-2-16　锥套车削工序简图

3）偏心套的车削

偏心套加工步骤见表 2-2-14。

操作提示见表 2-2-15。

工序简图见图 2-2-17。

表 2-2-14　偏心套的车削加工步骤

工序步骤	加工内容
1. 车夹持部位	① 夹持毛坯外圆； ② 车夹持部位
2. 粗、精车外圆和内孔	① 调头装夹； ② 粗车外圆、钻孔、扩孔至图 2-2-17 所示尺寸； ③ 精车外圆和孔 φ54 至尺寸； ④ 倒角，精车外圆和内孔后及时用内、外圆倒角尖刀倒角(含偏心内孔，如图 2-2-17(d)放大图所示)，以免毛刺影响组装(如调头装夹再倒角，则会造成夹持变形)
3. 车偏心孔	① 包紫铜皮，垫偏心垫铁，校正工件的偏心圆中心线，使其与主轴中心线平行，校正偏心距； ② 车削偏心内孔，将尺寸控制至最大极限尺寸； ③ 偏心孔倒角 ④ 切断

表 2-2-15　偏心套的车削操作提示

工序步骤	操作提示
2. 粗、精车外圆和内孔内	① 钻、扩孔时注意不要钻通，深度控制在 36 mm 为宜，可减小装夹变形； ② 工件外圆温度超过室温时，可用冷却液泵强行冲洗降温； ③ 内、外圆用大前角、大主偏角高速钢车刀，车刀应保持锋利，尽可能减小切削力
3. 车偏心孔	① 偏心套的总长公差 0.062 mm，可采用深度尺或小滑板在切断时控制； ② 切断时，用木棒接好，注意轻拿轻放，防止变形

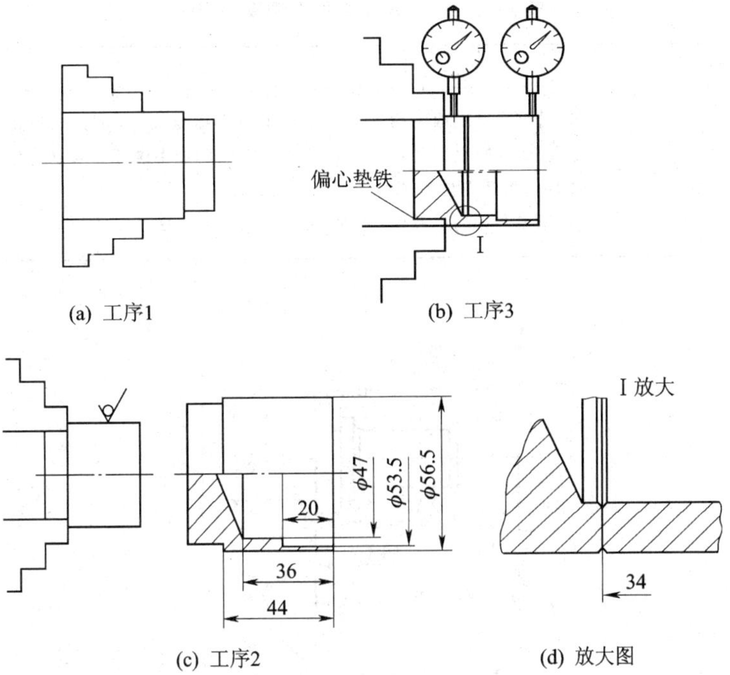

图 2-2-17　偏心套车削工序简图

4）螺纹套的车削

螺纹套加工步骤见表 2-2-16。

操作提示见表 2-2-17。

工序 2 简图如图 2-2-18 所示。

表 2-2-16　螺纹套的车削加工步骤

工序步骤	加工内容
1. 车右端	① 车端面、外圆车光滑，按内梯形螺纹钻底孔，入余量 1 mm； ② 车螺纹退刀槽
2. 粗、精车左端	① 调头装夹找正，车平端面； ② 粗车内、外圆； ③ 切槽； ④ 滚花； ⑤ 精车螺纹小径，两端倒角； ⑥ 半精车 ϕ56 外圆至 ϕ56.5； ⑦ 粗、精车内梯形螺纹； ⑧ 精车各内、外圆至尺寸； ⑨ 切断
3. 车偏心孔	① 调头，包紫铜皮，夹外圆，用百分表校正端面； ② 精车端面，将总长车至最大极限尺寸

表 2-2-17 螺纹套的车削操作提示

工序步骤	操作提示
工序 2： 粗、精车外圆和内孔内	① 车梯形螺纹前半精车 ϕ56 外圆，以防车内螺纹“扎刀”后再校正提供校正基准； ② 车螺纹时以底孔直径为进刀的对刀基准，用中滑板刻度控制对刀深度，采用小滑板轴向分线法车梯形螺纹； ③ 用偏心轴的螺杆作为塞规，综合检验内梯形螺纹尺寸

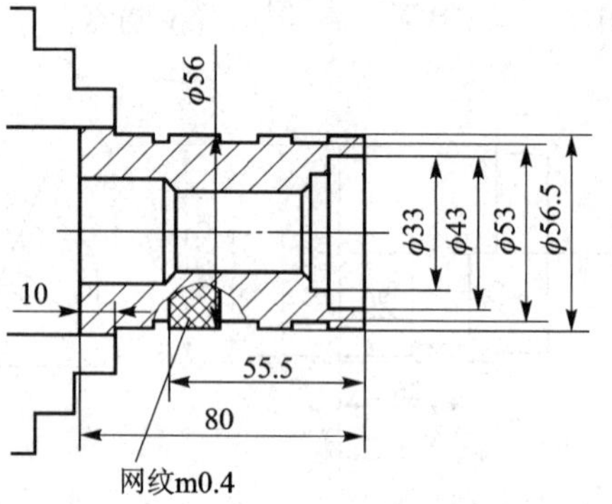

图 2-2-18 螺纹套车削工序 2 简图

【质量检验】

对总组装后的总长度尺寸公差、各组件的圆跳动公差以及某些局部长度尺寸进行检测，针对关联组件进行修整。

组合后圆跳动的检验如图 2-2-19 所示。

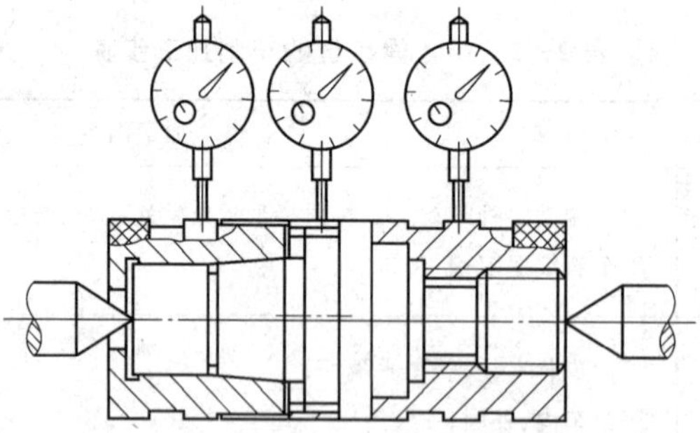

图 2-2-19 组合后圆跳动的检验

在加工过程中，锥套和螺纹套的总长均加工至最大极限尺寸，偏心轴参与组合的各长度尺寸公差也得到了控制，因此，总长(132±0.025) mm 应基本准确，如果超差也应是能修复的正超差，锥套与螺纹组合后两端的端面均可光刀。长度(15±0.025) mm 在车锥套的内圆锥时即得到控制。

2.2.4 车削蜗杆四件组合套

根据要求加工图 2-2-20 所示的蜗杆四件组合套。材料为 45 钢，棒料。件 1、件 2、件 3、件 4 零件图如图 2-2-21～图 2-2-24 所示。

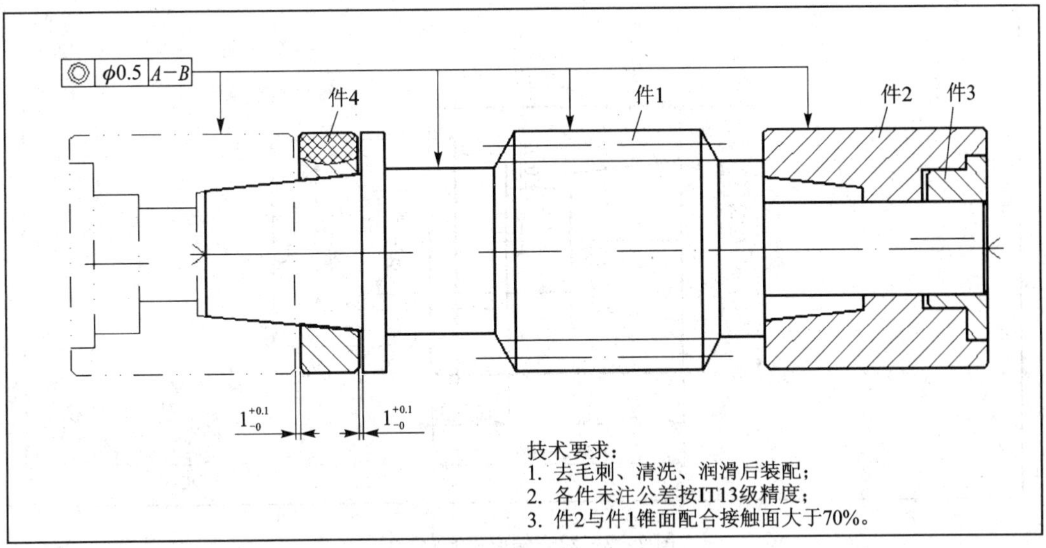

图 2－2－20　蜗杆四件组合套

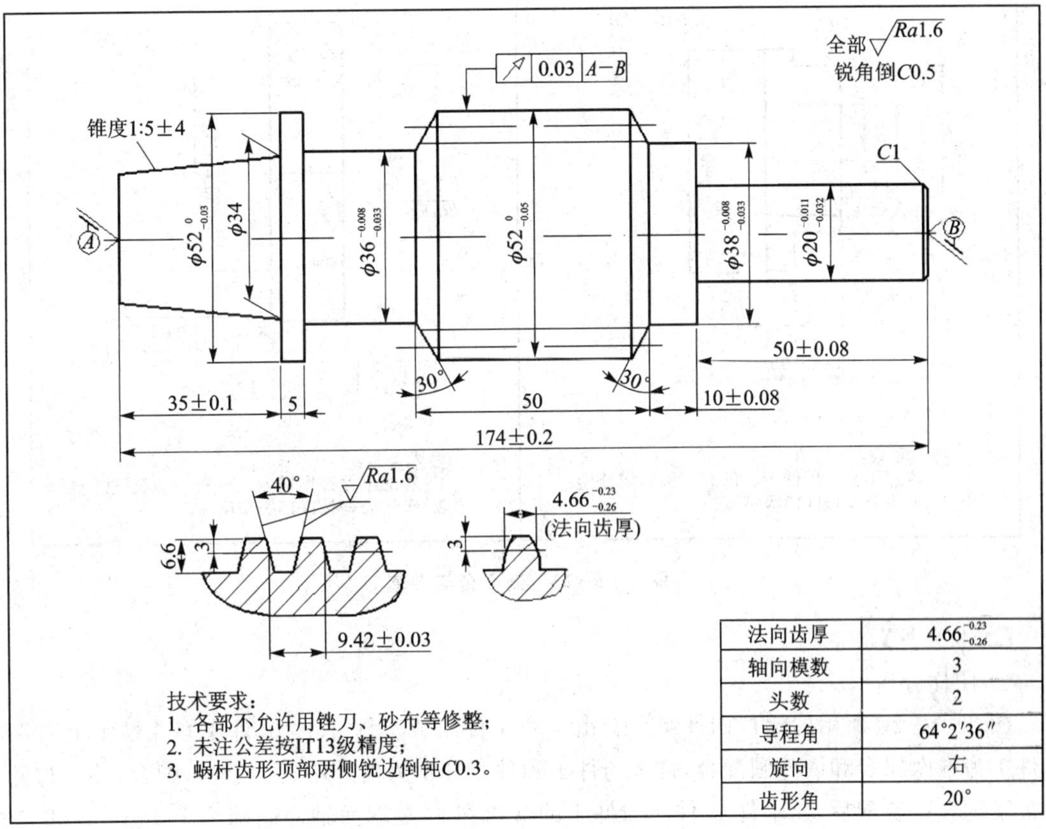

法向齿厚	$4.66^{-0.23}_{-0.26}$
轴向模数	3
头数	2
导程角	64°2′36″
旋向	右
齿形角	20°

图 2－2－21　蜗杆轴(件 1)

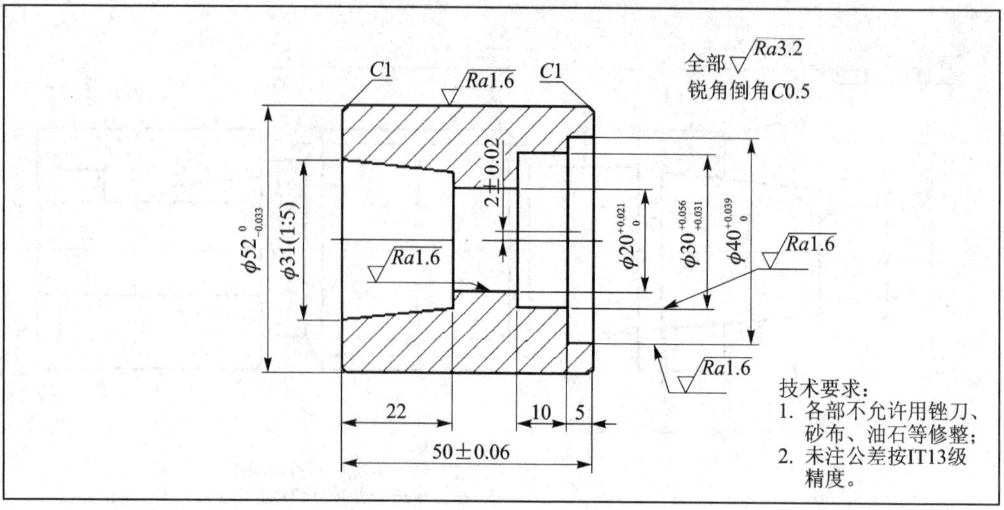

图 2-2-22 偏心锥套(件 2)

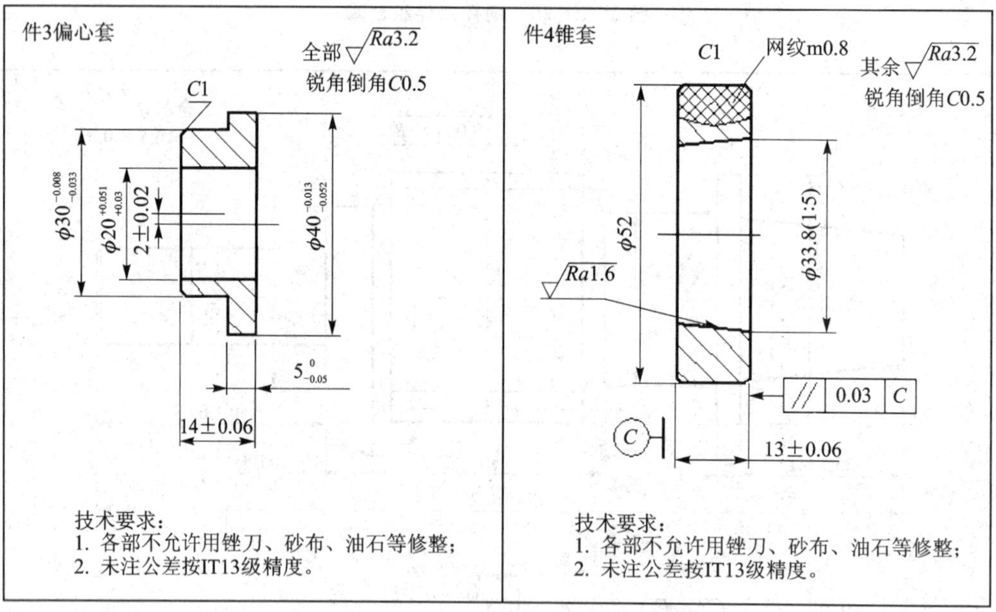

图 2-2-23 偏心套与锥套

【工艺分析】

1）图样分析

图 2-2-20 所示的蜗杆四件组合套由 4 个工件组成。件 2、件 3、件 4 装在件 1 上。件 2 与件 1 为锥度配合和内外圆配合，件 3 与件 1 和件 3 分别为内外圆配合、偏心配合，件 4 与件 1 为锥度配合。装配后，要求件 2、件 4 与件 1 的 $\phi52$ 外圆左端面轴向间隙为 $1^{+0.1}_{-0}$ mm；件 2 与件 3 偏心配合并装在件 1 上；件 2 的 $\phi52$ 外圆、件 1 槽底径及蜗杆外径相对于件 1 两端中心孔轴线径向圆跳动允差为 0.05 mm。

2）加工路线描述

加工件 2、件 4 内锥，需用件 1 外锥进行检验和试切；加工件 2 偏心内孔，需用件 3 偏心外圆进行检验和试切。因此，应首先加工基准件 1。其加工顺序：件 1→件 4→件 3→件 2。

3）工艺分析

① 件 1 材料为一根棒料；件 2、件 3 和件 4 材料合用一根棒料。

② 件 1 中的 $\phi 20^{-0.011}_{-0.032}$ 外圆、蜗杆、$\phi 36^{-0.008}_{-0.033}$ 槽底直径以及 1∶5 锥度均有较高的位置精度要求，因此，精车这些部位需要两顶尖装夹。

③ 该组合工件装配后位置精度要求较高，加工件 2 各部尺寸时，要严格校正后，再进行车削加工。要保证装配间隙，应严格控制件 4 的厚度尺寸在（13±0.04）mm 以及两端面的平行度允差在 0.03 mm。

【工艺准备】

蜗杆四件组合套车工刀量具准备见表 2－2－18。

表 2－2－18　蜗杆四件组合套车工刀量具准备

材　料	45 钢，ϕ55×90 mm 棒料一根，ϕ55×180 mm 棒料一根
设　备	CA6140 型车床（四爪单动卡盘）
刀具、刃具	90°外圆车刀、45°车刀、ϕ18×55 mm 内孔车刀、ϕ25×35 mm 内孔车刀、5×10 mm 切槽刀、蜗杆（轴向模数为 3、头数 2）车刀；网纹为 m0.8 的滚花刀、ϕ18 钻头中心钻 A3
量　具	游标卡尺 0.02 mm/（0～150 mm）、千分尺 0.01 mm/（0～25 mm）、千分尺 0.01 mm/（25～50 mm）、千分尺 0.01 mm/（50～75 mm）、内经百分表 0.01 mm/（18～35 mm）、内经百分表 0.01 mm/35～50 mm、0°～320°万能量角器（2′）、齿厚游标卡尺（0.02 mm）、百分表 0.01 mm/（0～10 mm）、磁力表架
工具、辅具	莫氏锥套、钻夹头，红丹粉，平板、V 形铁以及常用车床工具、夹具等

【加工步骤】

蜗杆轴（件 1）加工步骤见表 2－2－19。

表 2－2－19　蜗杆轴（件 1）加工步骤

工序步骤	加工内容
1. 钻中心孔	① 夹毛坯，校正、夹紧； ② 车平面（车平即可）； ③ 钻中心孔 B3/6.3
2. 调头钻中心孔，车定位台阶	① 调头装夹工件； ② 车平面，保证总长（174±0.2）mm； ③ 钻中心孔 B3/6.3； ④ 车定位台阶 ϕ40×8 mm
3. 粗车右端	① 一夹一顶装夹（夹定位台阶），校正、夹紧； ② 粗车 $\phi 38^{-0.008}_{-0.033}$、$\phi 20^{-0.011}_{-0.032}$ 外圆至 ϕ39、ϕ26，长度均留 1 mm； ③ 切槽，底径、宽度均留 2 mm 余量 ； ④ 粗车蜗杆外圆 ϕ52 至 ϕ53； ⑤ 倒角 30°两处； ⑥ 粗车蜗杆（留余量 0.6～0.8 mm）

续表 2-2-19

工序步骤	加工内容
4. 粗车左端	① 调头,一夹一顶装夹,校正、夹紧; ② 粗车 $\phi\ 52^{+0}_{-0.03}$ 外圆至 $\phi 53$,粗车锥体大端直径 $\phi 34$ 至 $\phi 36$,长度留 1 mm 余量
5. 精车右端	① 两顶尖装夹工件; ② 分别精车 $\phi\ 38^{-0.008}_{-0.033}$ 外圆、蜗杆 $\phi\ 52^{+0}_{-0.05}$ 外圆至尺寸要求; ③ 倒角 30°两处; ④ 精车蜗杆至尺寸要求; ⑤ 精车 $\phi\ 20^{-0.011}_{-0.032}$ 外圆至尺寸要求,并保证长度(50±0.08) mm、(10±0.08) mm、50 mm; ⑥ 锐角倒钝、倒角 $C1$ (注意:精车多头蜗杆时,各螺旋槽应分别精车,以保证分头精度)
6. 精车左端	① 调头,两顶尖装夹; ② 精车 $\phi\ 52^{+0}_{-0.03}$ 外圆、锥体大端直径 $\phi 34$、沟槽底径 $\phi\ 36^{-0.008}_{-0.033}$ 至尺寸要求; ③ 粗、精车 1∶5±4′锥度至尺寸要求,保证长度尺寸(35±0.1) mm、5 mm; ④ 锐角倒钝 (操作提示:有锥度配合时,车刀刀尖必须对准工件的旋转中心;机床各部间隙要调整好(尤其是小滑板间隙);用小滑板车削圆锥面时进给要均匀;锥面配合涂色检查接触面应控制在 70%以上)

锥套(件 4)加工步骤见表 2-2-20。

表 2-2-20　锥套(件 4)加工步骤

工序步骤	加工内容
1. 钻中心孔	① 夹 $\phi 55$ 毛坯外圆,校正、夹紧; ② 车平面(车平即可); ③ 钻中心孔 A3
2. 粗车外圆	① 调头一夹一项装夹; ② 粗车毛坯外圆至 $\phi 53$
3. 滚花、钻孔、切断	① 调头夹 $\phi 53$ 外圆; ② 车平面,钻 $\phi 18$ 通孔; ③ 车 $\phi\ 52^{-0.3}_{-0.4}$ 外圆至尺寸要求; ④ 滚 m0.8 网纹花; ⑤ 倒角 $C1$; ⑥ 切断件 4(留余量)
4. 精车	① 夹 $\phi 52$ 滚花外圆(垫铜皮),校正,夹紧; ② 车平面,保证件 4 总长(13±0.06) mm; ③ 粗、精车内锥至尺寸要求; ④ 倒角 $C1$,锐角倒钝

偏心套(件 3)加工步骤见表 2-2-21。

表 2-2-21 偏心套(件 3)加工步骤

工序步骤	加工内容
1. 车外圆、孔	① 夹 ϕ53 外圆,校正、夹紧; ② 车平面(车平即可); ③ 精车外圆 $\phi\ 40_{-0.052}^{-0.013}$ 和 $\phi\ 20_{+0.03}^{+0.051}$ 至尺寸要求,锐边倒钝
2. 车偏心外圆、切断	① 夹 ϕ53 外圆,校正偏心外圆,偏心距为(2±0.02) mm,夹紧; ② 粗、精车 $\phi\ 30_{-0.033}^{-0.008}$ 偏心外圆至尺寸要求,保证长度 9 mm($5_{-0.05}^{+0}$); ③ 切断件 3,保证总长(14±0.06) mm 尺寸; ④ 倒角 $C1$
3. 去毛刺	夹 $\phi\ 40_{-0.052}^{-0.013}$ 外圆(垫铜皮),校正,夹紧 ,锐角倒钝

偏心锥套(件 2)加工步骤见表 2-2-22。

表 2-2-22 偏心锥套(件 2)加工步骤

工序步骤	加工内容
1. 精车外圆	① 一夹一顶装,校正、夹紧; ② 精车外圆 $\phi\ 52_{-0.033}^{+0}$ 至尺寸要求; ③ 倒角 $C1$
2. 车孔及内锥	① 夹 $\phi\ 52_{-0.033}^{+0}$ 外圆(垫铜皮),校正,夹紧; ② 精车 $\phi\ 20_{-0}^{+0.021}$ 内孔至尺寸要求; ③ 粗、精车内锥至尺寸要求,保证长度 22 mm,锐角倒钝
3. 车孔	① 调头夹 $\phi\ 52_{-0.033}^{+0}$ 外圆(垫铜皮),校正,夹紧; ② 车平面,保证件 2 总长(50±0.06) mm; ③ 精车 $\phi\ 40_{-0}^{+0.039}$ 内孔至尺寸要求,保证内孔长度 5 mm,锐角倒钝
4. 车偏心孔	① 夹 $\phi\ 52_{-0.033}^{+0}$ 外圆(垫铜皮),校正偏心内孔,偏心距(2±0.02) mm,夹紧; ② 精车 $\phi\ 30_{+0.031}^{+0.056}$ 偏心内孔至尺寸要求,保证偏心内孔长 10 mm,锐角倒钝
5. 去毛刺	夹 $\phi\ 52_{-0.033}^{+0}$ 外圆(垫铜皮),校正,夹紧 ,锐角倒钝

装配加工步骤见表 2-2-23。

表 2-2-23 装配加工步骤

工序步骤	加工内容
1. 擦净工件	去除毛刺,擦净工件
2. 装配	按件 1→件 4→件 3→件 2 的顺序装配组合工件

注意事项

- 车削偏心工件时,不允许使用偏心套或偏心夹具等工具。
- 蜗杆粗、精车要分开加工,并保证精车时对工件的各项精度要求。

【质量检验】

1) 件 1 外锥的检验

件 1 外锥的检验基准素线较短,使用万能量角器检验时,基尺必须紧贴工件 $\phi\ 52_{-0.03}^{+0}$ 外圆表面,直角尺测量面必须通过外圆锥的中心,测量时微微移动基尺、调整直角尺,待被测量面与直角尺之间的间隙均匀时再读万能量角器的数值。

2) 件 2 内孔 $\phi\,30^{+0.056}_{+0.031}$偏心距的检验

将件 2 的 $\phi\,52^{+0}_{-0.033}$外圆放在 V 形铁中(V 形铁置于平板上),用杠杆百分表找到偏心孔 $\phi\,30^{+0.056}_{+0.031}$距平板的最小距离 H,将杠杆百分表的表针调零,与量块组尺寸 h 比较,得出 H 值,再将件 2 转 180°,采用同样的方法测得另一值,两值之差的 1/2 即为被测孔的实际偏心距。偏心孔实际偏心距检验(件 2)如图 2-2-24 所示。

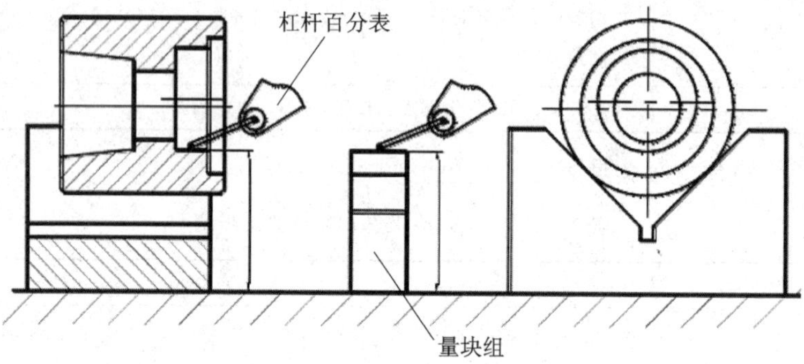

图 2-2-24 偏心孔实际偏心距检验(件 2)

3) 件 3 偏心外圆偏心距的检验

将件 3 的 $\phi\,40^{-0.013}_{-0.052}$外圆放在 V 形铁中(V 形铁置于平板上),并用限位挡铁挡工件,用 10 mm 量程的百分表测量工件偏心外圆,用手转动工件一周,百分表读数值的一半即为被测偏心外圆的实际偏心距。件 3 偏心外圆偏心距的检验如图 2-2-25 所示。

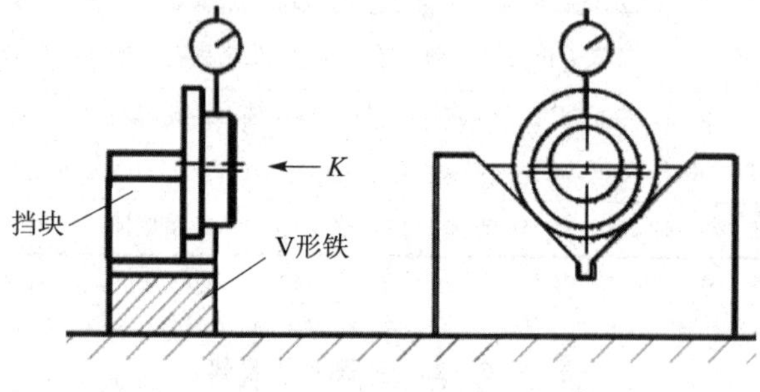

图 2-2-25 件 3 偏心外圆偏心距的检验

4) 装配后,圆跳动的检验

装配后,圆跳动的检验方法如图 2-2-26 所示。

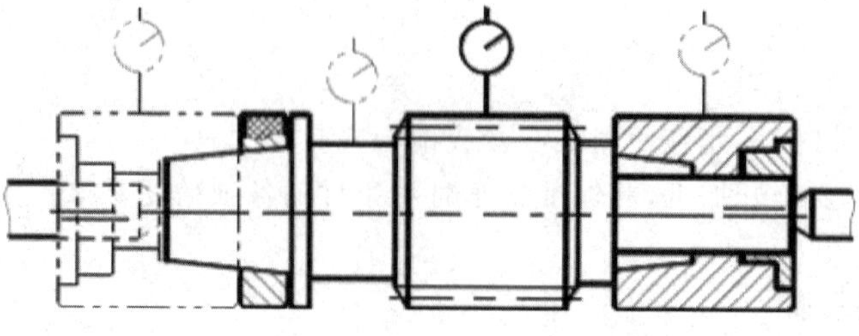

图 2-2-26 圆跳动检验方法

【评分标准】

蜗杆四件组合套的评分标准见表 2-2-24～表 2-2-28。

表 2-2-24　件 1 评分标准(46 分)

项　目	序　号	考核内容	配　分	评分标准	得　分
蜗杆锥度	1	$\phi 38_{-0.033}^{-0.008}$、$Ra$1.6	1/1	超差、增值不得分	
	2	$\phi 52_{-0.03}^{+0}$、Ra1.6	1/1	超差、增值不得分	
	3	$\phi 20_{-0.032}^{-0.011}$、$Ra$1.6	2/1	超差、增值不得分	
	4	槽底 $\phi 36_{-0.033}^{-0.008}$、$Ra$1.6	2/1	超差、增值不得分	
	5	$\phi 52_{-0.05}^{+0}$、Ra1.6	1/1	超差、增值不得分	
	6	法向齿厚$4.66_{-0.26}^{-0.23}$两处	3/3	一处超差扣 3 分	
	7	分精度 9.42±0.03	4	超差 0.01 mm 扣 1 分	
	8	齿深 6.6 两处	2/2	超差不得分	
	9	牙型四侧粗糙度 Ra1.6	4/4	一侧增值扣 2 分	
	10	牙型、倒角、去毛刺	2	一处不符合要求扣 0.5 分	
	11	锥 1∶5±4′、Ra1.6	2/1	超差、增值不得分	
其　他	12	长度 50±0.08、10±0.08	1/1	一处超差扣 1 分	
	13	长度 50、5、35±0.1	2/2	一处超差扣 2 分	
	14	总长 174±0.2、倒角 C1	1/1	一侧增值扣 1 分	
	15	锐角倒钝四处	2	一处不符合要求扣 0.5 分	
	16	圆跳动 0.03	1/1/1	超差不得分	

表 2-2-25　件 2 评分标准(19 分)

项　目	序　号	考核内容	配　分	评分标准	得　分
外圆孔径	1	$\phi 52_{-0.033}^{+0}$、Ra1.6	2/1	超差、增值不得分	
	2	孔 $\phi 40_{-0}^{+0.039}$、Ra1.6	1/1	超差、增值不得分	
	3	孔 $\phi 30_{+0.031}^{+0.056}$、$Ra$1.6	2/1	超差、增值不得分	
	4	孔 $\phi 20_{-0}^{+0.021}$、Ra1.6	1/1	超差、增值不得分	
锥面其他	5	偏心距 2±0.02	2	超差 0.01 mm 扣 1 分	
	6	锥度 1∶5±4′、Ra3.2	2/1	超差 2′扣 1 分、增值不得分	
	7	长度 22、10、5、倒角 C1	2	一处不符合要求扣 0.5 分	
	8	总长 50±0.06、锐角倒钝	2	一处超差扣 1 分	

表 2-2-26　件 3 评分标准(15 分)

项　目	序　号	考核内容	配　分	评分标准	得　分
外圆孔径	1	$\phi 40_{-0.052}^{-0.013}$、$Ra$1.6	1/1	超差、增值不得分	
	2	$\phi 30_{-0.033}^{-0.008}$、$Ra$1.6	2/1	超差、增值不得分	
	3	孔 $\phi 20_{+0.03}^{+0.051}$、Ra1.6	2/1	超差、增值不得分	

续表 2-2-26

项目	序号	考核内容	配分	评分标准	得分
其他	4	偏心距 2±0.02	2	超差 0.01 mm 扣 1 分	
	5	长度 $5^{\pm 0}_{-0.05}$、锐角倒钝	1/2	超差不得分	
	6	总长 14±0.06、倒角 $C1$	1/1	一处超差扣 1 分	

表 2-2-27　件 4 评分标准(10 分)

项目	序号	考核内容	配分	评分标准	得分
外圆孔径	1	滚花 ϕ52、网纹 m0.8	1/2	超差、不符合要求不得分	
	2	ϕ33.8 配车	1	超差不得分	
其他	3	内锥 1∶5、Ra1.6	2/1	超差 2′扣 1 分、增值不得分	
	4	总长 13±0.06	1	超差不得分	
	5	锐角倒钝两处、倒角 $C1$	1/1	不符合要求不得分	

表 2-2-28　组装配合后评分标准(10 分)

项目	序号	考核内容	配分	评分标准	得分
装配	1	配合端面间隙 $1^{+0.1}_{-0}$ 两处	2/2	一处超差 0.02 mm 扣 1 分	
	2	锥面、偏心配合	1/1	一处配合不符合要求扣 1 分	
	3	圆跳动 0.05 四处	1/1/1/1	一处超差扣 1 分	

思考与练习

分析、加工图 2-2-27～图 2-2-31 所示的轴套组合件。

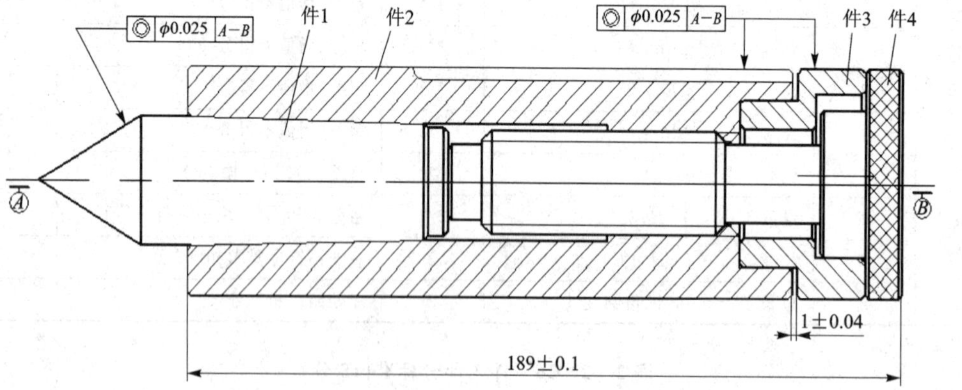

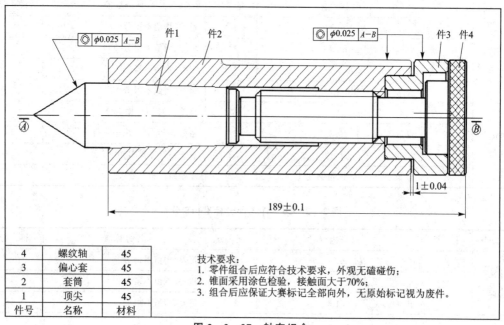

4	螺纹轴	45
3	偏心套	45
2	套筒	45
1	顶尖	45
件号	名称	材料

技术要求：
1. 零件组合后应符合技术要求，外观无磕碰伤；
2. 锥面采用涂色检验，接触面大于70%；
3. 组合后应保证大赛标记全部向外，无原始标记视为废件。

图 2-2-27　轴套组合

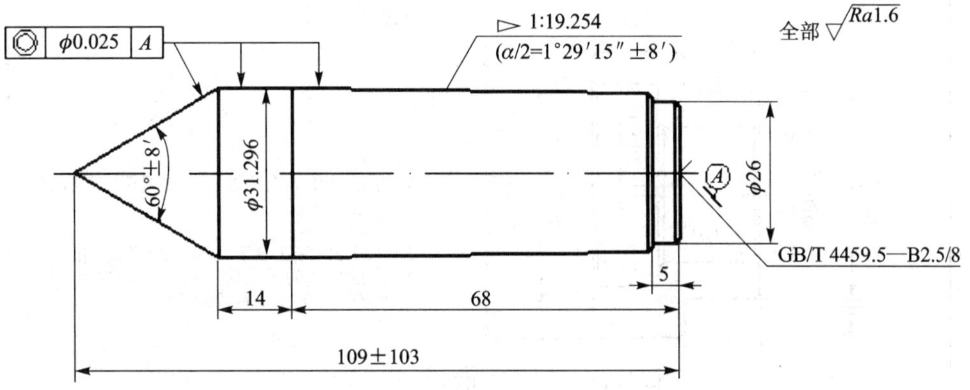

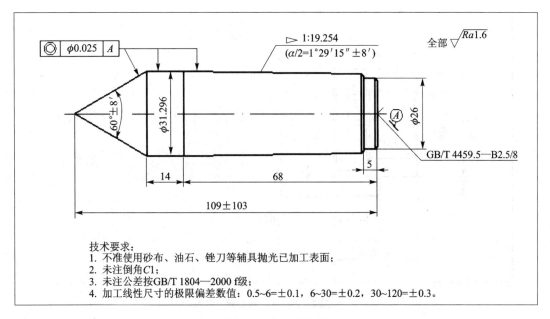

技术要求：
1. 不准使用砂布、油石、锉刀等辅具抛光已加工表面；
2. 未注倒角$C1$；
3. 未注公差按GB/T 1804—2000 f级；
4. 加工线性尺寸的极限偏差数值：0.5~6=±0.1，6~30=±0.2，30~120=±0.3。

图 2-2-28　顶　尖

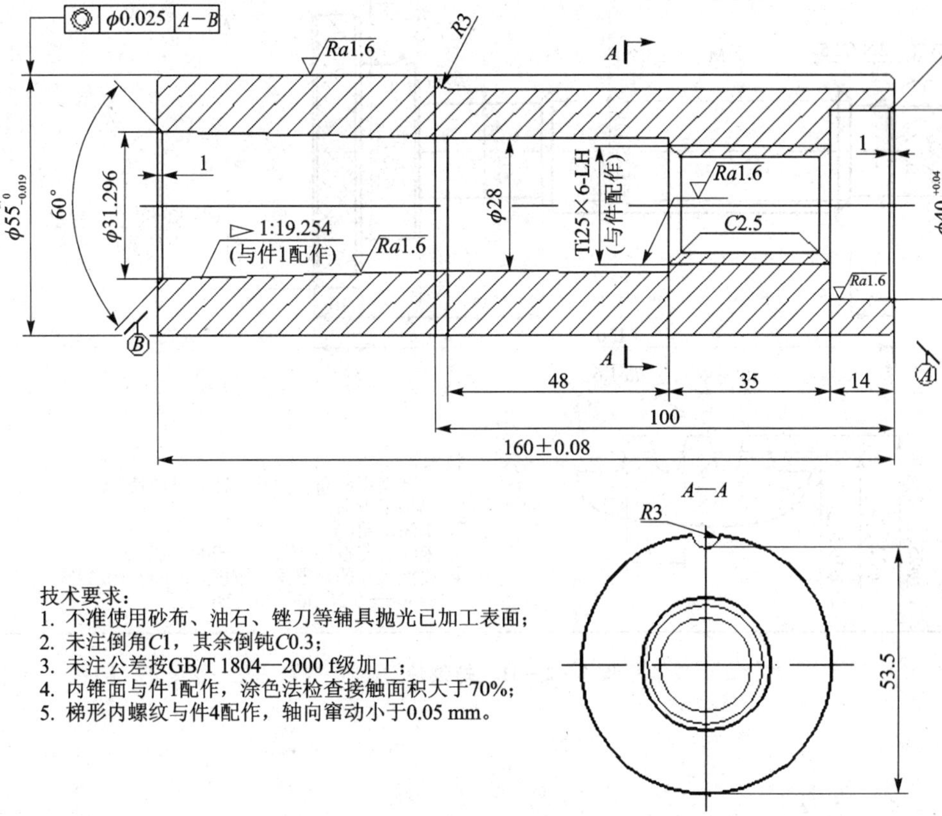

技术要求：
1. 不准使用砂布、油石、锉刀等辅具抛光已加工表面；
2. 未注倒角$C1$，其余倒钝$C0.3$；
3. 未注公差按GB/T 1804—2000 f级加工；
4. 内锥面与件1配作，涂色法检查接触面积大于70%；
5. 梯形内螺纹与件4配作，轴向窜动小于0.05 mm。

图 2-2-29　套　筒

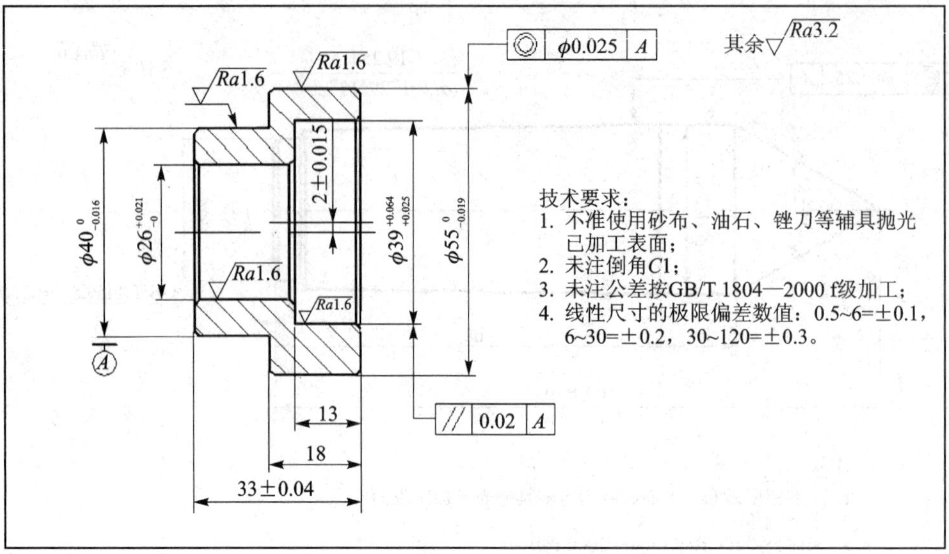

图 2－2－30 偏心套

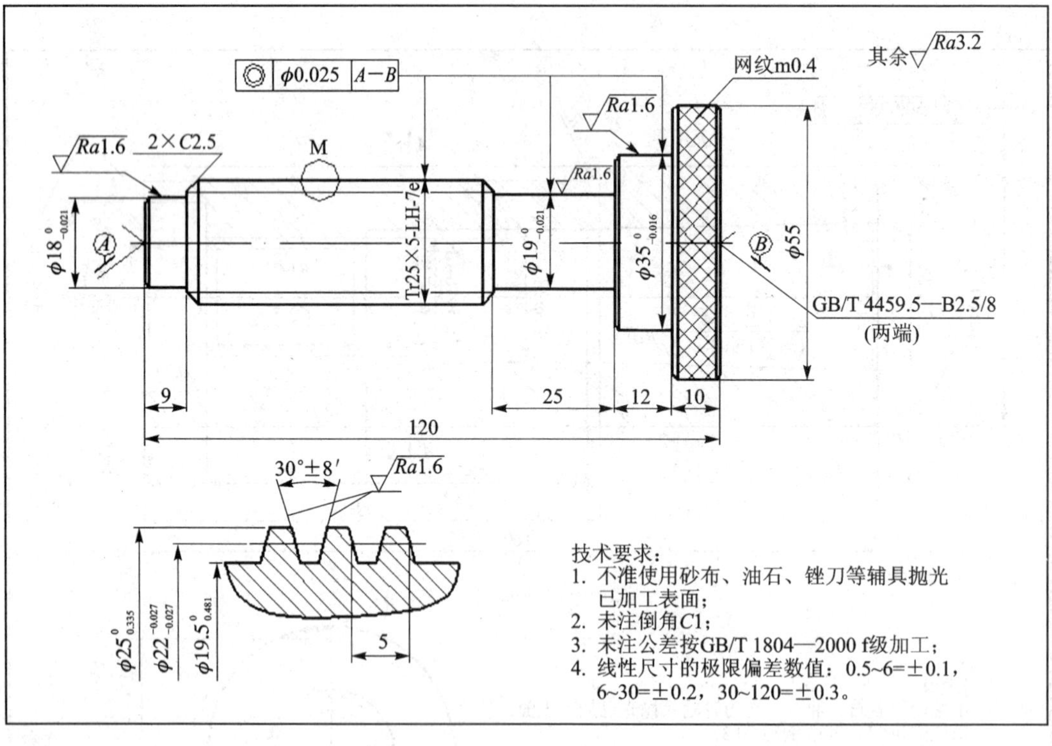

图 2－2－31 螺纹轴

第三部分　铣　削

课题一　高级铣工专业基础知识

教学要求

- ◆ 掌握常用铣床的验收和精度检验方法。
- ◆ 了解铣床精度超差的原因和对加工的影响。
- ◆ 掌握典型铣床常见故障的原因、分析以及一般故障的排除方法。
- ◆ 能合理使用铣床夹具，掌握常用可转位铣刀的使用方法。
- ◆ 了解铣工常用光学和精密量仪的结构和使用方法。

3.1.1　铣床精度的检验与分析

铣床是铣削加工的主要设备，铣床的精度直接影响铣削加工的质量和效率。在铣床的使用过程中，操作者除需要了解铣床的基本结构外，还必须了解铣床的主要精度对铣削加工质量的影响、主要精度的检验方法及其误差范围；同时还应掌握典型铣床常见故障的排除方法和维护保养方法。

1. 铣床验收和精度检验

铣床验收是新铣床首次启用和铣床大修后再次使用前的必要工作，包括铣床及其附件的验收、精度检验两项基本内容。

（1）新铣床的验收

新铣床的验收一般应按机床说明书和购销合同中约定的相关条款进行。

1）新铣床的开箱和验收安装顺序

① 新铣床开箱前应按照提供方的装箱说明书或物流运输单位提供的相关资料，了解铣床在箱内的安装位置、定位方式及包装拆卸方法等，然后再开箱。开箱工作应由安装工人操作（重要的设备还必须有供方技术人员在场），并由机床操作工人配合进行。

② 按照机床型号、机床说明书的附件单核对各种机床附件。若有随机购买的分度头或回转工作台等，则应另行按技术规范进行精度检验和验收。

③ 仔细检查机床运输过程中是否损坏。如有损坏则应及时做好记录，以便联系处理。

④ 按照说明书介绍的方法对机床进行初步的维护保养，清除机床各部分的防锈油和污物。清除时可用蘸有轻柴油或无害清洁液的油类物质擦洗，不能使用金属工具或其他损伤机床表面的油类物质等擦洗。

⑤ 按照机床固定的要求，就位后安装机床紧固螺栓。

⑥ 待螺栓地基干燥后，按机床润滑图或润滑油注油说明等技术文件要求，对机床的各孔、注油眼注入所要求的润滑油，对机床主轴变速箱和进给变速箱等部位的较大量的注油工作由机床润滑操作。

⑦ 按机床电气的接线要求和检查顺序,由机床电工接通机床电源并检查机床主轴的转向和进给运动方向。

⑧ 按机床水平调整要求,由机修钳工用金属直尺、水平仪调整机床的水平位置。调整时,工作台应处于纵向、横向和垂向的中间位置。纵向和横向的水平度在1000 mm长度内均不得超过0.04 mm。

⑨ 安装并检查机床各手柄 ,调节好机床各部位和各方向导轨镶条的间隙,使各手柄转动轻松,灵活可靠。

⑩ 对机床进行空运行试验,即主轴在最低转速运转,自动进给在最低转速度运行,运转数分钟后,适当地进行主轴变速操纵和进给速度变换运行,运行数分钟后,适当地运行主轴变速操纵和进给速度变换操纵,以检验铣床的进给传动系统和主轴传动系统是否正常,随后对三个方向的进给和快慢键变换进行试验性操作。

2) 机床几何精度的检验

新铣床几何精度的检验应严格按照验收精度标准和验收方法进行。铣床验收精度标准,包括验收项目公称、允差、检验方法及检验方法简图。

检验时,应按以下步骤进行:

① 阅读和熟悉验收精度标准中的检验方法,结合文字说明,看懂检验图。

② 按验收标准精度要求准备测量工具,对用于检测的工具和量具,如指示表、量块、塞尺等进行精度预检,必要时应经过量具检定后再使用。

③ 按检验方法规定,调整机床的检测位置。

④ 按检验方法规定,放置检测工具、量具。

⑤ 按检验方法规定,通过移动工作台、旋转主轴等方法进行检验测量。

⑥ 读取测量数据,进行计算,得出机床精度误差值。

⑦ 分析机床几何精度误差产生的原因,分别做出处理。若是安装问题,则应及时与机修工和安装工联系,重新调整床身等部位的安装精度。若是制造精度问题,则应做好验收记录,交有关部门处理。

⑧新机床的验收一般应由机修工和操作工配合进行,精、大、细设备还须要求供方的技术人员在场。

(2) 铣床大修后的验收

铣床使用达到规定的时限后应进行大修,并按规范调换已损坏的零件,对精度超差的部位进行调整和修复。在验收大修后的铣床时,可参照新铣床验收的方法进行验收,但应注意以下事项:

- 了解铣床的结构和机床大修时调换的主要零件和修复部位,以便在操纵前对这些零件和部位的工作状况和几何精度等进行重点验收。
- 由于大修的拆装工艺和新机床的拆装工艺有所不同,因此对能进行操纵检验的内容尽可能进行操作验收,如主轴变速操纵机构操纵、进给变速机构操纵、手动和机动进给等,以便在投入使用前及时发现问题。
- 机床大修后,精度等级有所下降,最初一两次仍可按新机床的标准进行验收,如果是几经大修的机床,则应根据大修规范精度标准进行验收。
- 大修后的机床,由于调换的零件与原零件的磨损程度不一致,故即使进行了调整也需要经过一段磨合期才能灵活自如运转。因此,不宜在验收时为使操纵轻松,而把间隙调整得过大，使零件处于不良的运动状态，从而造成早期过快磨损。

2. 铣床主轴精度的检验

铣床主轴精度的检验包括运动精度检验和位置精度检验，具体检验项目和检验方法介绍如下。

（1）主轴锥孔轴线的径向圆跳动

1）检验方法

向主轴锥孔中插入检验棒，如图 3－1－1 所示。固定指示表，使其测头触及检验棒表面，a 点靠近主轴端面，b 点距 a 点 300 mm，旋转主轴进行检验。为提高测量精度，可使检验棒按不同方位插入主轴重复进行检验。a、b 两处的误差分别计算。将多次测量的结果及其算术平均值作为主轴径向圆跳动误差。

2）允　差

a 处允差为 0.01 mm；b 处允差为 0.02 mm。

3）超　差

主轴锥孔轴线的径向圆跳动（见图 3－1－1）超差将造成刀杆和铣刀径向圆跳动及摆差增大，铣槽时槽宽超差和产生锥度，加工表面粗糙度值增大，直径和宽度较小的铣刀易折断。

超差产生的原因有：主轴轴承磨损、调整间隙过大；主轴磨损，紧固件松动，主轴锥孔精度差和拉毛；检测时，主轴锥孔与检验棒配合面之间有污物。

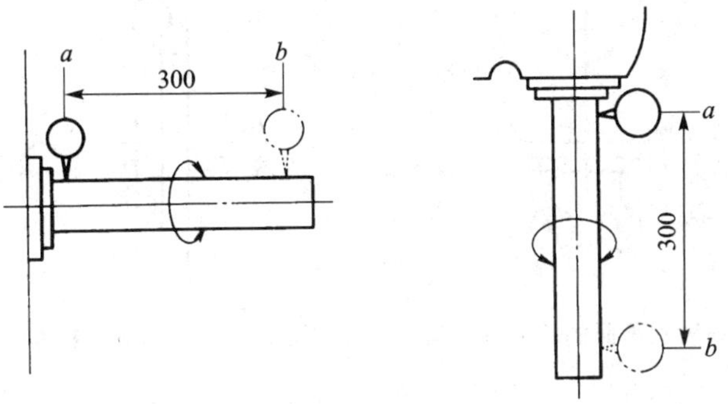

(a) 卧式铣床检验　　(b) 立式铣床检验

图 3－1－1　检验主轴锥孔轴线的径向圆跳动

（2）主轴的轴向窜动

1）检验方法

固定指示表，使测头触及插入主轴锥孔的专用检验棒的端面中心处，在中心处粘上一个钢球，旋转主轴（水平、垂直时）检验。将指示表读数的最大差值作为主轴轴向窜动误差，如图 3－1－2 所示。

2）允　差

允差 0.01 mm。

3）超　差

主轴的轴向窜动精度超差使铣削时产生振动，特别是在立式铣床上用面铣刀铣削时尤为明显。表面粗糙度值增大，尺寸不易控制，影响加工表面的平面度。

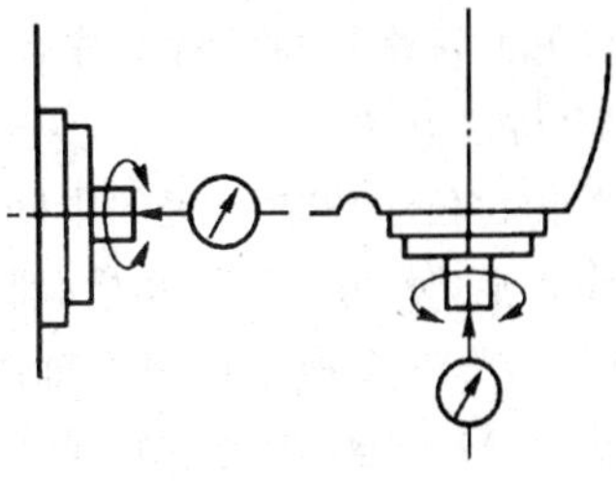

图 3－1－2　检验主轴的轴向窜动

超差产生的原因有：主轴轴承与主轴间隙过大，主轴或轴承磨损过大,检验棒端面精度差,指示表测头未触及检验棒端面中心处。

(3) 主轴轴肩支承面的端面圆跳动

1) 检验方法

固定指示表,使测头触及轴肩支承面端面 a、b 处,旋转主轴分别检验,将指示表读数的最大差值作为轴扁端面圆跳动误差,如图 3-1-3 所示。

2) 允　差

a、b 两处允差均为 0.02 mm。

3) 超　差

主轴轴肩支承面的端面圆跳动超差将使铣削时产生振动,特别是在立式铣床上用面铣刀铣削时尤为明显。表面粗糙度值增大,尺寸不易控制,影响加工表面的平面度。

超差产生的原因有:主轴轴承与主轴间隙过大,主轴或轴承磨损过大,检验棒端面精度差,指示表测头未触及检验棒端面中心处。

(4) 主轴定心轴颈的径向圆跳动

1) 检验方法

固定指示表,使测头触及定心轴颈表面,旋转主轴(水平、垂直)检验,将指示表读数的最大差值作为定心轴颈的径向圆跳动误差,如图 3-1-4 所示。

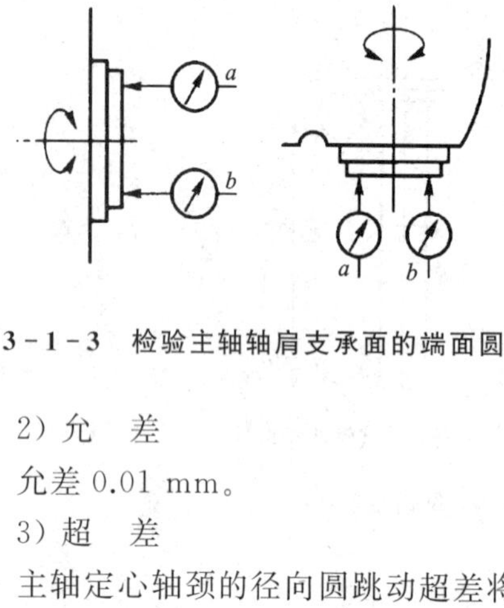

图 3-1-3　检验主轴轴肩支承面的端面圆跳动

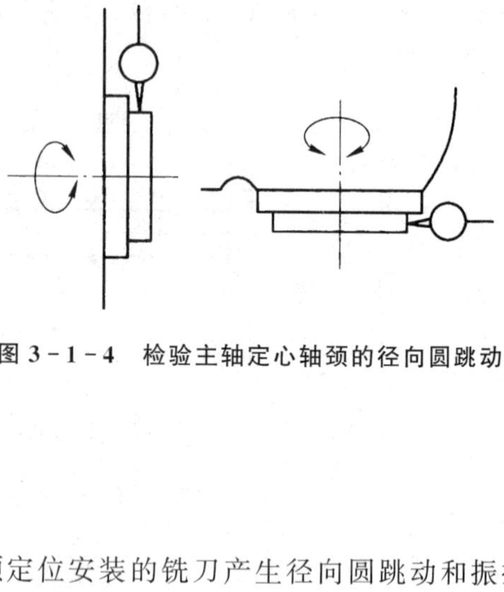

图 3-1-4　检验主轴定心轴颈的径向圆跳动

2) 允　差

允差 0.01 mm。

3) 超　差

主轴定心轴颈的径向圆跳动超差将使以此轴颈定位安装的铣刀产生径向圆跳动和振摆,影响刀具的使用寿命,影响工件加工表面的精度和表面粗糙度。

超差产生的原因有:主轴轴承间隙过大或轴承损坏等,主轴轴颈使用时间较长,磨损大,主轴制造精度差。

(5) 主轴旋转轴线对工作台横向移动的平行度(卧式铣床)

1) 检验方法

工作台位于纵向行程的中间位置,锁紧升降台。向主轴锥孔内插入检验棒,将指示表固定在工作台上,使其测头触及检验棒的表面,其中 a 处位于垂直测量位置,b 处位于水平测量位置,如图 3-1-5 所示。将主轴旋转 180°后进行重复测量。a、b 两处测量均通过移动横向工作台进行。a、b 两处误差分别计算,两次测量结果的代数和的一半作为平行度误差。

2) 允　差

a 处在 300 mm 长度上允差为 0.025 mm,检验棒伸出端只允许向下。b 处在 300 mm 测

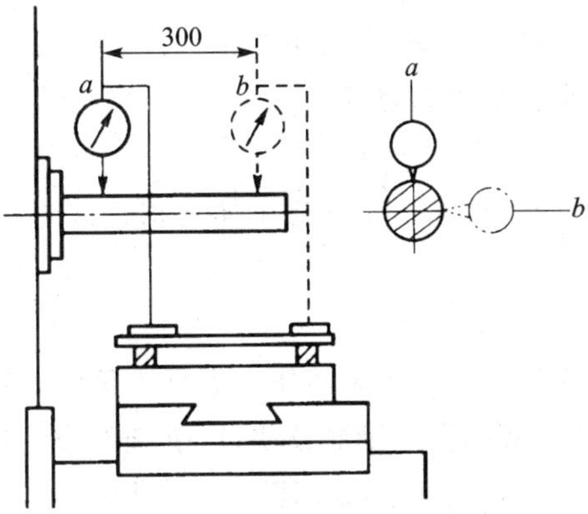

图 3-1-5 检验主轴旋转轴线对工作台横向移动的平行度

量长度上允差为 0.025 mm。

3) 超 差

主轴定心轴颈的径向圆跳动超差将使工件平行度易超差,工件垂直度易超差,工作台横向移动尺寸较难控制。

超差产生的原因有:工作台横向导轨磨损变形,横向导轨镶条松动,间隙调整不当;机床安装质量差,水平失准。

(6) 主轴旋转轴线对工作台中央基准 T 形槽的垂直度(卧式铣床)

1) 检验方法

工作台位于纵、横向行程的中间位置,锁紧工作台、床鞍和升降台。将专用滑板放在工作台上并紧靠 T 形槽直槽一侧,如图 3-1-6 所示。指示表安装在插入主轴锥孔中的专用检验棒上,使其测量头触及专用滑板检验面,记下读数,然后移动滑板至工作台的另一侧,旋转主轴进行检验。检验一次后,可改变检验棒插入主轴的位置,重复检验一次。两次测量结果的代数和的一半作为垂直度误差。

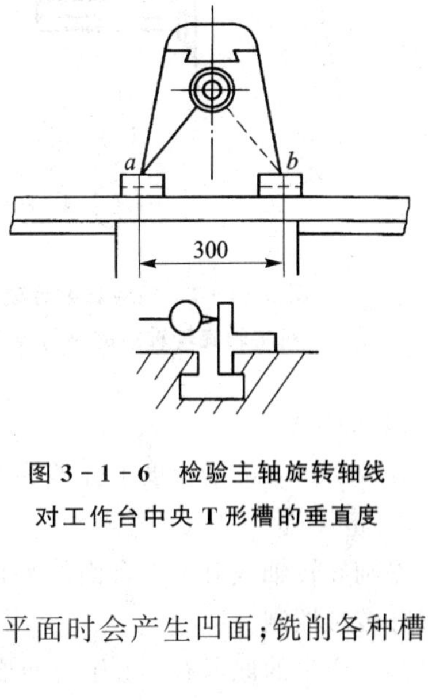

图 3-1-6 检验主轴旋转轴线对工作台中央 T 形槽的垂直度

2) 允 差

在 300 mm 长度上允差为 0.02 mm(300 mm 为指示表两测量点间的距离)。

3) 超 差

主轴旋转轴线对工作台 T 形槽的垂直度超差的影响:用 T 形槽直槽定位夹具的定位精度;用端铣法铣削平面时会产生凹面;铣削各种槽时,槽形会产生误差。

超差产生的原因有:万能铣床工作台回转刻度处 0 位未对准;T 形槽直槽部分侧面变形或拉毛,使滑板贴合时产生误差;检验时,指示表安装不稳固,产生测量误差。

(7) 悬梁导轨对主轴旋转轴线的平行度(卧式铣床)

1) 检验方法

锁紧悬梁,向主轴锥孔内插入检验棒。悬梁导轨上安装一个带指示表的专用支架,使指示表测头触及检验棒表面,*a* 点处于垂直测量位置,*b* 点处于水平测量位置。移动支架,分别在 *a*、*b* 处测量,将主轴转过 180°,重复检验一次,如图 3-1-7 所示。*a*、*b* 两处误差分别计算,将两次测量结果的代数和的一半作为平行度误差。

2)允　差

a 处在 300 mm 长度上允差为 0.02 mm(悬梁伸出端只许向下)。*b* 处在 300 mm 长度内允差为 0.02 mm。

3)超　差

悬梁导轨对主轴旋转轴线的平行度超差将影响刀杆支架的安装精度,使刀杆变形,影响铣刀安装精度和使用寿命;刀杆支架内支承轴磨损快,影响铣刀安装精度,铣削时易产生振动。

超差产生的原因有:悬梁变形,悬梁导轨间隙过大;锁紧机构失灵,机床水平失准,主轴锥孔精度差。

(8)主轴旋转轴线对工作台面的平行度(卧式铣床)

1)检验方法

工作台位于纵向行程的中间位置,锁紧升降台。向主轴锥孔中插入检验棒,将带有指示表的支架放在工作台面上,使指示表测头触及检验棒的表面,移动支架检验,如图 3-1-8 所示。将主轴旋转 180°,再重复检验一次。将两次测量结果代数和的一半作为平行度误差。

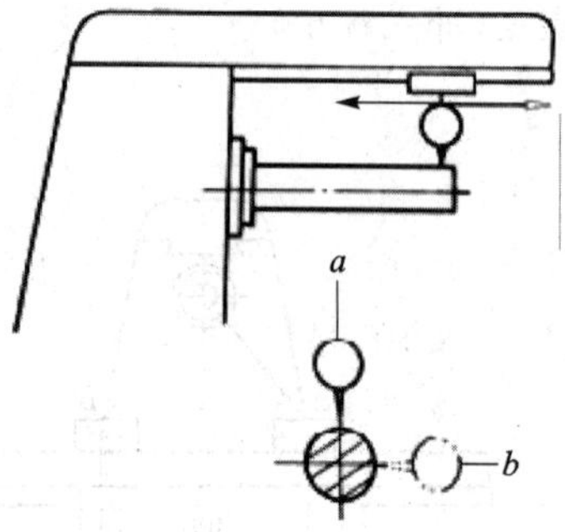

图 3-1-7　检验悬梁导轨对主轴旋转轴线的平行度

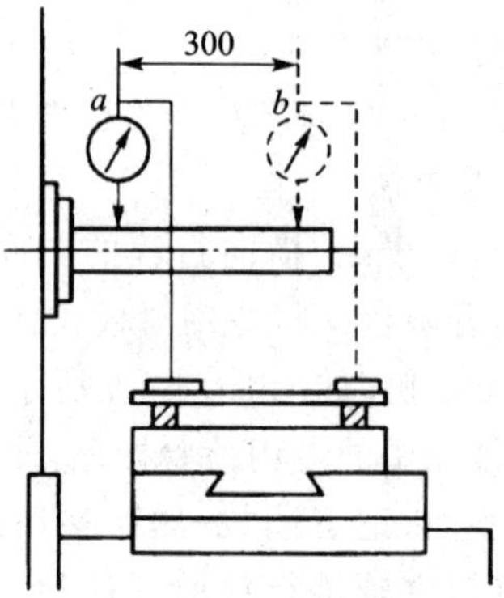

图 3-1-8　检验主轴旋转轴线对工作台面的平行度

2)允　差

在 300 mm 测量长度上允差为 0.025 mm(检验棒伸出端只许向下)。

3)超　差

主轴旋转轴线对工作台面的平行度超差将引起铣削加工面平行度、垂直度易超差,使加工中尺寸较难控制。

超差产生的原因有:工作台面变形或不平,升降台锁紧机构失灵;机床水平失准,主轴锥孔精度差。

(9)刀杆支架孔轴线对主轴旋转轴线的重合度(卧式铣床)

1)检验方法

将刀杆支架固定在悬梁上,锁紧悬梁,使刀杆支架距主轴端面 300 mm。向刀杆支架中插入检验棒,指示表安装在插入主轴锥孔中的专用检具上,使其测量头尽量靠近刀杆支架,并触及检验棒的表面，a 处距床身 300 mm，b 处距 a 处 1.5D（D 为刀杆支架的直径），旋转主轴，分别在 a、b 两处检验，如图 3－1－9 所示。a、b 两处的误差分别计算，将指示表读数的最大差值的一半作为重合度误差。

2）允　差

a 处允差为 0.03 mm（刀杆支架孔轴线只许低于主轴旋转轴线）。b 处允许差为 0.03 mm。

3）超　差

刀杆支架孔轴线对主轴旋转轴线的重合度超差将使铣刀安装精度差，易产生跳动和振摆；表面粗糙度值增大，平面平行度易超差。

超差产生的原因有：悬梁导轨磨损，悬梁变形；支架孔制造精度差或磨损大；机床水平失准，检验误差大。

(10) 主轴旋转轴线对工作台面的垂直度（立式铣床）

1）检验方法

用专用检具把指示表固定在立式铣床主轴上，分别在 a 向和 b 向放置用等高量块垫起的平尺，使指示表测头触及平尺检验面，旋转主轴进行检验，如图 3－1－10 所示。

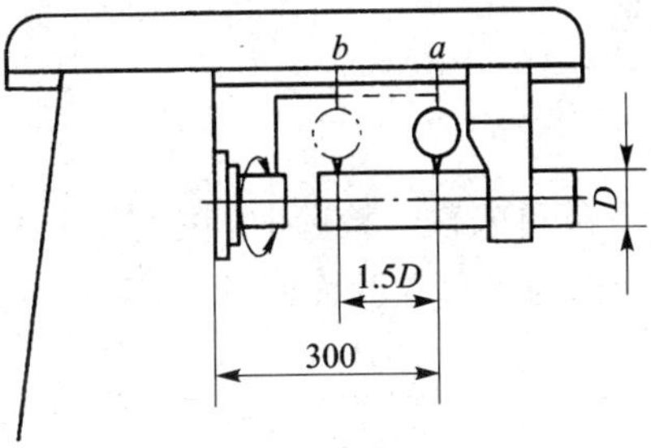

图 3－1－9　检验刀杆支架孔轴线对主轴旋转轴线的重合度

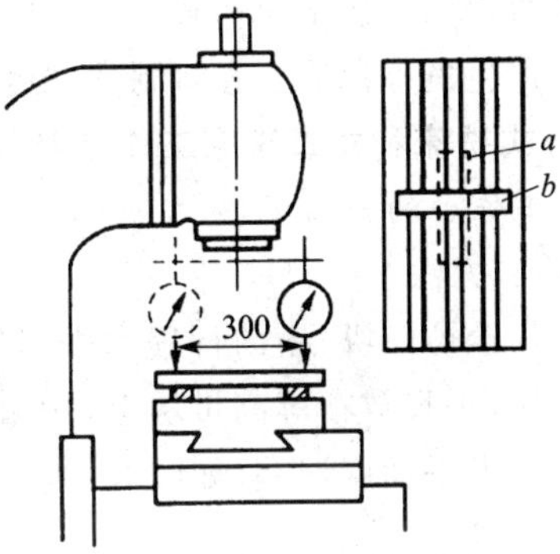

图 3－1－10　检验主轴旋转轴线对工作台的垂直度

2）允　差

a 向与 b 向在 300 mm 长度上允差均为 0.03 mm，工作台外侧只许向上偏。

3）超　差

主轴旋转轴线对工作台面的垂直度超差将使加工平面的平面度、平行度、垂直度易超差；钻孔或镗孔加工时，会使孔轴线歪斜或孔呈椭圆形；加工斜面时影响斜面夹角。

超差产生的原因有：立铣头刻度 0 位不准；铣床水平失准，机床变形；立铣头锁紧机构不好，或锁紧操作时未均匀锁紧，使立铣头倾斜；升降台导轨精度差。

(11) 主轴套筒移动对工作台面的垂直度（立式铣床）

1）检验方法

在工作台面上放置被等高量块垫起的平尺，在平尺检验面上放置直角尺，指示表通过专项检具固定在主轴上，使其测头分别沿 a 向和 b 向触及直角尺检测面，用手摇主轴套筒手轮，移动套筒进行检验，如图 3－1－11 所示。

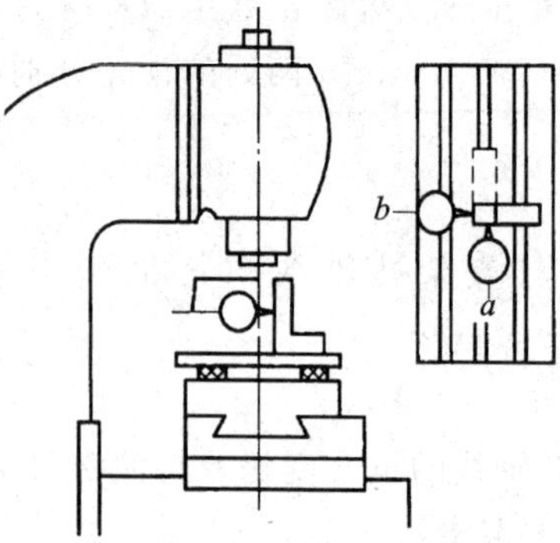

图 3-1-11　检验主轴套筒移动对工作台面的垂直度

2）允　差

在套筒移动的全部行程上，a 向与 b 向允差均为 0.015 mm。

3）超　差

主轴套筒移动对工作台面的垂直度超差将使以主轴进给加工孔时产生轴线歪斜；在深度上多次进给加工会产生较明显的接刀痕；利用移动主轴套筒找正工件时会产生找正误差；用侧刃铣削垂直面时会影响垂直度。

超差产生的原因有：套筒制造精度差或磨损大，升降台导轨精度差。

3. 卧式铣床和立式铣床工作台及位置精度的检验

(1) 工作台的平面度

1）检验方法

使工作台位于纵、横向行程的中间位置，锁紧升降台和床鞍。检验时，在工作台面上放两个等高量块，平尺放在等高量块上，用量块测量工作台面与平尺检验面间的距离，其最大、最小距离之差作为平面度误差，如图 3-1-12 所示。

2）允　差

在 1 000 mm 长度内允差为 0.04 mm。

3）超　差

工作台的平面度超差将使工件平面度差，加工尺寸不稳定，影响工件的位置精度；工作台面定位夹紧易使工件变形。

超差产生的原因有：工作台制造精度差，铣床水平失准。

(2) 工作台纵向和横向移动的垂直度

1）检验方法

将直角尺侧放在工作台面上，先用指示表找正直角尺检验面与横向或纵向平行，然后用指示表检验直角尺的另一检验面，读数的差值为垂直度误差，如图 3-1-13 所示。

2）允　差

在 300 mm 测量长度上允差为 0.02 mm。

3）超　差

工作台纵向和横向移动的垂直度超差影响加工面的垂直度。

超差产生的原因有：导轨磨损和制造精度差；万能卧式铣床回转盘 0 位不准；纵、横向镶条太松。

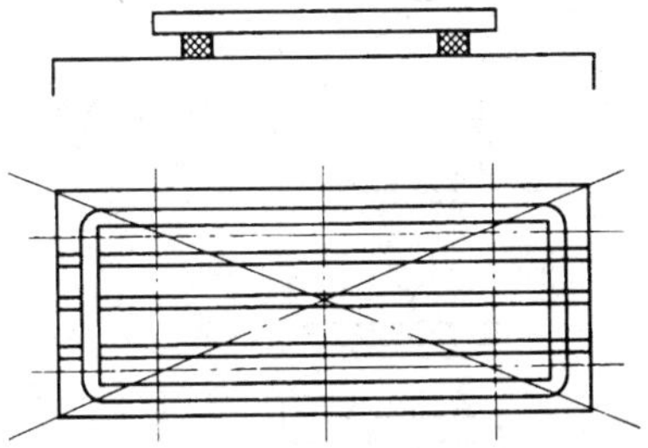

图 3-1-12 检验工作台面的平面度

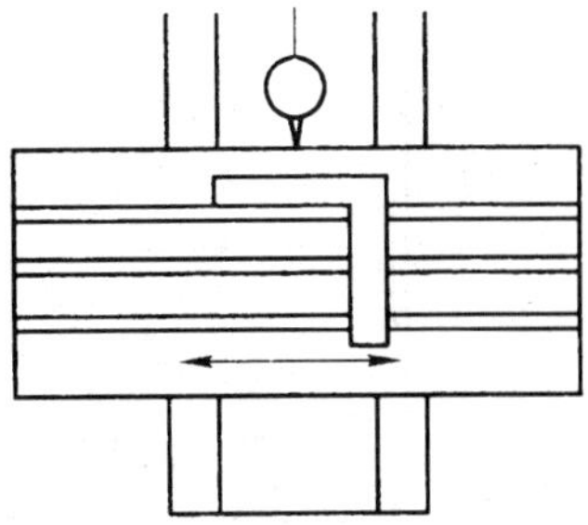

图 3-1-13 检验工作台纵向横向移动的垂直度

(3) 工作台纵向移动对工作台面的平行度

1) 检验方法

锁紧床鞍和升降台，将指示表固定在主轴上，使其测头触及平尺检验面，移动工作台检验，如图 3-1-14 所示。

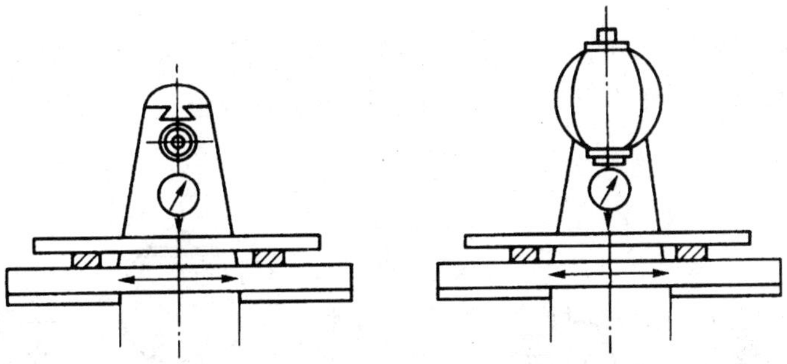

(a) 卧式铣床检验　(b) 立式铣床检验

图 3-1-14 检验工作台面纵向移动对工作台面的平行度

2) 允 差

在任意 300 mm 测量长度上允差为 0.025 mm，最大允差值为 0.050 mm。

3) 超 差

工作台纵向移动对工作台面的平行度超差将影响工件尺寸控制，工件的位置精度，加工尺寸不稳定；工作台面定位夹紧易使工件变形。

超差产生的原因有：工作台面磨损或制造精度差，工作台纵向导轨磨损，机床水平失准。

(4) 工作台横向移动对工作台面的平行度

1) 检验方法

测量用平尺放置、指示表装夹与工件台纵向移动对工作台面的平行度检验时相同，检验时应锁紧工作台和升降台，并使工作台沿横向移动进行检验，如图 3-1-15 所示。

2) 允 差

在工作台全部行程小于或等于 300 mm 时允差为 0.02 mm；大于 300 mm 时允差为 0.03 mm。

3) 超 差

工作台横向移动对工作台面的平行度超差将影响工件尺寸控制，影响加工平面的平行度与垂直度，在卧式铣床上加工孔时会使孔轴线歪斜。

超差产生的原因有：工作台面磨损或制造精度差，床鞍导轨磨损，卧式万能铣床的回转盘

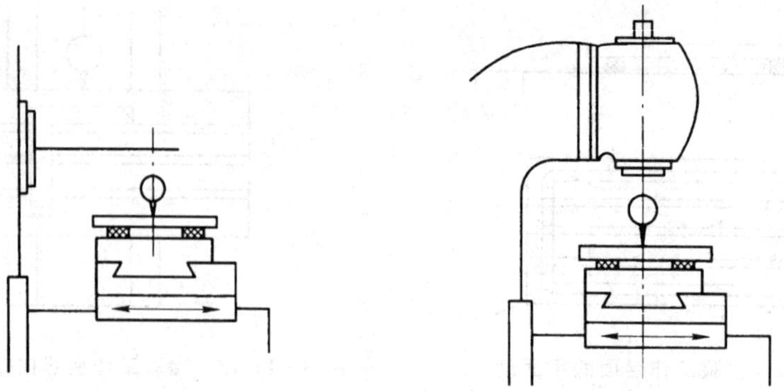

(a) 卧式铣床检验　　(b) 立式铣床检验

图 3-1-15　检验工作台面横向移动对工作台面的平行度

接合面精度差或贴合面之间有污物。

(5) 工作台中央T形槽侧面对工作台纵向移动的平行度

1) 检验方法

工作台位于横向行程的中间位置,锁紧床鞍、升降台,固定指示表,使其侧头触及与T形槽侧面贴合的量块,移动工作台检验,指示表读数的最大差值为平行度误差,如图3-1-16所示。

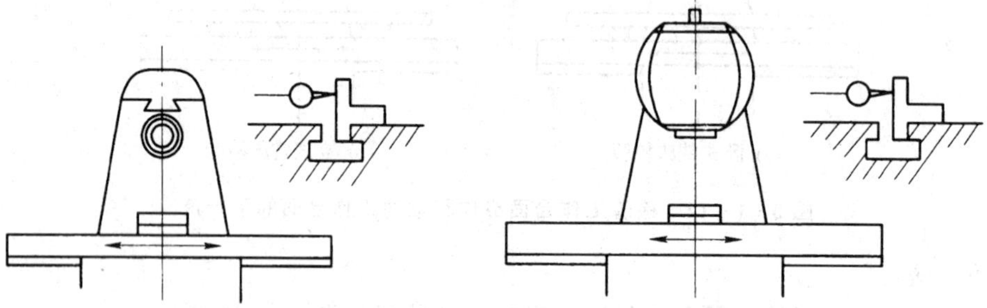

(a) 卧式铣床检验　　(b) 立式铣床检验

图 3-1-16　检验工作台中央T形槽侧面对工作台纵向移动的平行度

2) 允　差

在任意300 mm测量长度上允差为0.015 mm,最大允差为0.04 mm。

3) 超　差

工作台中央T形槽侧面对工作台纵向移动的平行度超差将影响夹具的定位精度,当直接用T形槽作为定位基准装夹工件时,会影响工件的尺寸和定位精度。

超差产生的原因有:T形槽侧面磨损或制造精度差,工作台变形或导轨磨损,机床水平失准。

(6) 升降台垂直移动直线度

1) 检验方法

工作台位于纵、横行程的中间位置,锁紧工作台和鞍床。将直角尺放在工作台面上,使直角尺检验面分别处于横向和纵向垂直面内,固定指示表,使其测头触及直角尺检验面,并移动升降台检验,如图3-1-17所示。横向和纵向垂直面误差分别计算。指示表读数的最大差值为直线度误差。

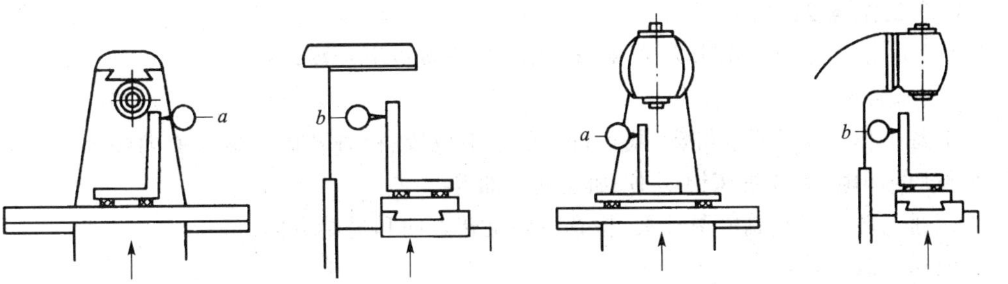

(a) 卧式铣床检验(一)　(b) 卧式铣床检验(二)　(c) 立式铣床检验(一)　(d) 立式铣床检验(二)

图 3-1-17 检验升降台垂直移动直线度

2）允 差

在 300 mm 测量长度上允差为 0.025 mm。

3）超 差

升降台垂直移动直线度超差影响工件平行度和垂直度，影响立式铣床孔加工的精度。

超差产生的原因有：工作台各导轨面累计误差大，垂直镶条太松，机床水平失准；机床工作台或床鞍锁紧机构失灵，产生检测误差。

(7) 工作台回转中心对主轴旋转中心及工作台中央 T 形槽的偏差(卧式万能铣床)

1）检验方法

工作台位于纵向行程的中间位置，锁紧升降台和床鞍。在主轴锥孔中插入检验棒，专用检具用 T 形槽定位，并固定在工作台面上，调整工作台，使检具的两平行检验面与检验棒对称，如图 3-1-18 所示。在两个测量点 a、b 处分别检验，a 处垂直于 T 形槽，b 处平行于 T 形槽。先将工作台顺时针转 30°，记下指示表读数；再将工作台逆时针转 60°检验。指示表在 a 处读数的最大差值是工作台回转中心对主轴旋转轴线的偏差，在 b 处读数的最大差值是工作台回转中心对中央 T 形槽的偏差。

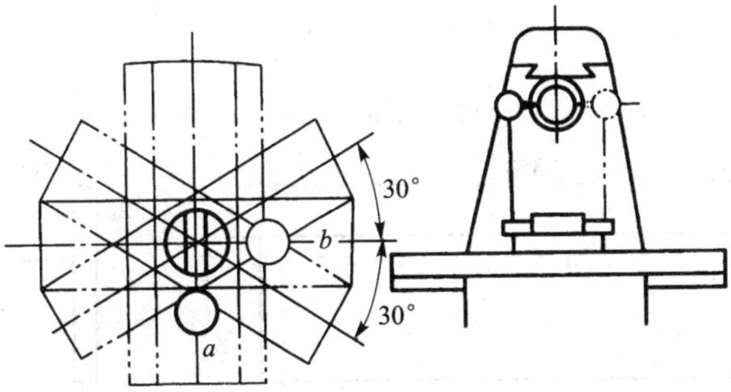

图 3-1-18 检验工作台回转中心对主轴旋转轴线及工作台中央 T 形槽的偏差

2）允 差

a 处允差为 0.05 mm，b 处允差为 0.08 mm。

3）超 差

工作台回转中心对主轴旋转中心及工作台中央 T 形槽的偏差超差将使扳转角度铣削工件的形状精度差；加工螺旋槽类工件时易影响槽的位置精度。

超差产生的原因有：机床工作台回转部分制造精度差，T 形槽磨损和制造精度差，纵向导轨磨损。

4. 铣床工作精度的检验

以 X6132 型万能卧式铣床为例,铣床调试、试铣按以下步骤进行。

(1) 铣床的调试

① 准备工作:包括清洁机床、找正机床的水平位置、检查各固定接合面的贴合程度、检查各滑动导轨的间隙、阅读机床说明书、加注润滑油等。

② 接通电源。打开总电源开关,检查主轴旋转方向和进给方向。

③ 低速空载运转:

➢ 主轴空载运转转速为 30 r/min。

➢ 空载运转时间为 30 min。

➢ 检查运转时主轴油窗有无润滑油滴出,若无油出现则应停机检查主轴箱润滑系统。

④ 主轴变速运转:

➢ 按 18 级转速由低到高逐级试运转。

➢ 检查变速机构是否达到操纵要求。

➢ 检查各级空运转时有无异常声音,停止制动时间是否在 0.5 s 之内。

➢ 主轴转速在 1 500 r/min 并运转 1 h 后,检查轴承温度应不超过 70 ℃。

⑤ 进给变速及进给:

➢ 检查和松开三个方向的锁紧手柄和螺钉。

➢ 用手动泵润滑纵向工作台内部。

➢ 先用手动进给检查工作台间隙。

➢ 变换进给速度,检查进给变速机构是否达到操纵要求,各方向进给手柄应达到开启、停止动作准确无误。

➢ 检查进给限位挡铁和极限螺钉,使用挡铁自动停止进给。

➢ 试行快速进给,检查启、停动作是否准确,工作台是否有拖行等故障。

(2) 铣床的试切

铣床试切削工件(如图 3-1-19 所示),具体步骤如下:

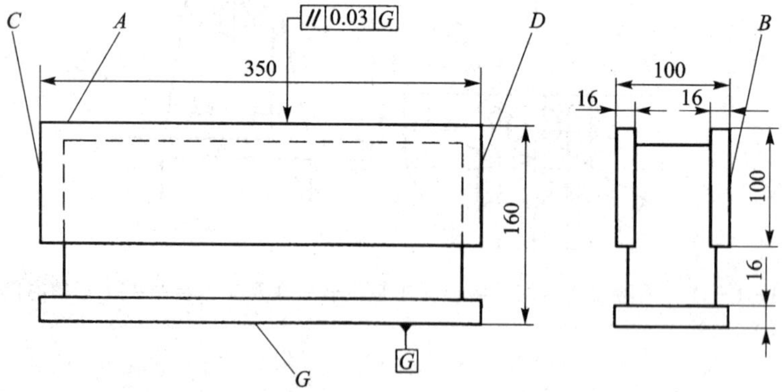

技术要求:
1. B面平面度允差为0.02 mm;
2. A面与G面平面度允差为0.03 mm;
3. C面、D面垂直于A面,C、D、A面垂直于B面,垂直度允差为0.02 mm。

图 3-1-19 试切削工件

① 选择安装铣刀。根据图样,选用 $d_0=100$ mm 套式面铣刀;用短刀杆安装铣刀,并找正

铣刀与主轴的同轴度。

② 装夹找正工件。G 面定位，B 面朝向面铣刀；用指示表找正 B 面与纵向进给方向平行，然后用压板压紧工件

③ 铣削加工。用铣刀端面齿刃铣削 B 面，吃刀量为 0.1 mm；用铣刀圆周齿刃分别铣削 A 面、C 面与 D 面，吃刀量均为 0.1 mm。

④ 精度检验。B 面平面度用刀口形直尺和量块检验，允差为 0.02 mm；A 面与 G 面平行度用指示表检验，允差为 0.03 mm；A、B、C、D 面之间的垂直度用直角尺或指示表检验，允差为 0.02 mm/100 mm。

3.1.2　升降台铣床常见故障及其排除方法

1. 铣床常见故障的种类

铣床常见故障分为电气故障和机械故障，其中：电气故障包括电动机故障、电气元器件故障和电气线路故障；机械故障包括主传动系统故障、进给传动系统故障、冷却系统故障、润滑系统故障等，具有液压传动系统的还包括液压传动系统故障。

(1) 电气故障

铣床的电气故障主要有主轴不能启动、主轴不能停止、主轴变速困难以及主轴在运转过程中停机、不能快速移动、无自动进给、快速移动不能及时停止、行程控制失灵等。

1) 电动机故障

电动机是铣床的主要动力设备，铣床的主轴电动机故障会导致主轴不能启动等故障；铣床的进给电动机故障会导致无进给运动等故障。

2) 电气元器件故障

铣床的电气元器件是电动机控制电路和其他控制电路的主要组成部分。电动机控制电路主要是低压电器。铣床常用的低压电器有控制电器和保护电器，其中：控制电器发生故障会丧失应有的功能，引发故障的类型是功能性故障；保护电器动作故障使得控制电路不能动作，称为保护性故障。

3) 电气线路故障

电气线路故障主要有断路和短路故障，断路故障是指应接通的线路断开了而产生的一系列故障；短路故障是指不应该接通的部位接通了而产生的一系列故障。例如，电动机主电路某一相断路，会造成控制电路断相引发电动机损毁等故障。

(2) 机械故障

铣床的机械故障主要分为主传动系统故障和进给传动系统故障，具体如下：

1) 功能和精度丧失故障

功能和精度丧失故障主要包括工件加工精度方面的故障，表现在加工精度不稳定、加工误差大、运动方向误差大和工件加工表面质量差。

2) 动作型故障

动作型故障主要包括机床各执行部件动作故障，如主轴不转动、变速机构不灵活和工作台移动爬行等。

3) 结构型故障

结构型故障主要包括主轴发热、主轴箱噪声大和切削时产生振动等。

4）使用型故障

使用型故障主要包括因使用和操作不当引起的故障。

5）维护和维护型故障

维护和维护型故障主要是指预防性维护不到位，不重视日常维护，机床维修精度和装配精度差，调试失误，经维修未根治故障而引发或仍潜在的故障。

2. 铣床常见故障的诊断方法

铣床常见故障的诊断主要采用经验实用诊断法。经验实用诊断法又称直观法、实用诊断技术，它是故障诊断最基本的方法。采用这种方法的操作人员与维修人员通过感官对故障发生时的各种光、声、味等异常现象的查看、测听、触摸、试闻，以及对相关人员的询问，可较快地分析出故障的原因和部位。使用这种方法时，要求作业人员具有丰富的实际经验，有多学科的知识和综合分析、判断能力，并能将实际经验和机床的工作原理结合起来，由表及里，由浅入深地对机床进行故障诊断。

经验实用诊断方法的使用说明见表 3-1-1。

表 3-1-1 经验实用诊断方法

诊断方法	使用方法
问	操作人员： ① 加工运行时的内容； ② 故障是突发性的，还是逐渐发展形成的； ③ 机床故障发生时操作者的处理方法，如是否按了停止按钮等； ④ 机床发生故障后是否保持现场，机床开动时有何异常现象、故障； ⑤ 操作过程中是否有明显的失误或工艺参数错误。 维修人员： ① 机床维护情况，如润滑油质量、润滑部位、次数和时间等使用方法； ② 点检部位与点检情况，特别是与故障相关的点检部位的点检情况； ③ 历史维修情况，是否发生类似与相关故障
看速度	① 观察主传动转速、转速变换、转向变换，以及切削时转速的稳定性； ② 观察主传动齿轮、带传动，是否有跳动、摆动； ③ 观察进给轴的快速运行、工作进给的速度变换、切削时进给速度的稳定性、换向、定位等动作的速度
看颜色	① 观察机床外表颜色变化，判断是否有温度过高造成过热的故障部位； ② 观察液压系统油箱液压油的颜色和油雾，判断液压油是否变质、温度是否过高； ③ 观察润滑油颜色，判断润滑油的清洁度以及是否变质； ④ 观察切削液的颜色，判断切削液是否变质； ⑤ 观察电气原件，如电线老化变色、热继电器触片老化变色等
看痕迹	① 观察导轨表面是否有拉伤刮毛等痕迹； ② 观察导轨防护装置是否有卡住拉伤等痕迹； ③ 观察薄壳、套类零件是否有裂纹； ④ 观察齿轮类零件齿面是否有撞击或过度磨损等痕迹； ⑤ 观察密封件是否有挤裂痕迹； ⑥ 观察配合面的接触斑点，如导轨镶条与导轨面的接触斑点，刀套锥柄与主轴内锥孔的接触痕迹等

续表 3-1-1

诊断方法	使用方法
看工件	① 观察工件表面的加工质量，若表面粗糙度值达不到要求，排除刀具、夹具和切削用量的影响后，应检查主轴部件、传动部件的传动间隙； ② 观察工件加工尺寸的稳定性，批量生产的合格百分比； ③ 观察工件表面的切削纹理以及振动波纹，检查机床的机械传动间隙，支承轴承、导轨和丝杠副的间隙，液压系统的爬行故障等
看变形	① 观察机床的传动轴、丝杠是否变形； ② 观察传动带、密封件是否变形； ③ 观察电气元件是否变形，如热继电器触片变形等； ④ 观察行程开关、接触开关等是否变形、移位； ⑤ 观察液压气动连接管路、电缆、电源线等是否变形、位移
看指示	① 观察电源指示是否正常； ② 观察润滑油标液面指示是否正常； ③ 观察液压系统油箱液位指示； ④ 观察切削液数量； ⑤ 观察气压、液压、电压等指示值
听	① 听异常摩擦声、异常冲击声、异常泄漏声； ② 听敲击有裂纹、已破损零件的振荡回声
触摸判断温度	① 判断触摸部位的温度范围； ② 用手指触摸不会造成烫伤的部位，判断温升情况； ③ 触摸有轴承支承的部位； ④ 触摸运转、移动等部件的固定部位，触摸有散热装置的部位
触摸振动与爬行	① 触摸振动采用比较触摸方法，即触摸固定无振动部位，然后与发现振动的部位进行比较，以判断振动幅度与频率； ② 触摸爬行应选择相对移动结合部位，如工作台的导轨结合面端面，可明显感觉移动的平稳程度、爬行的频次
触摸伤痕和波纹	① 触摸圆柱、圆锥表面，应沿轴向和径向分别触摸； ② 触摸平面应沿纵、横方向交叉触摸，注意棱角部位的触摸； ③ 触摸特型表面，如齿面、凸轮工作面等，应注意触摸型面的连续性，以及连接部位的圆滑程度，以发现损伤的部位和损伤程度； ④ 触摸时注意防止毛刺刮伤手指，发现伤痕和波纹应判断方向、部位和深度
触摸检查间隙	① 用塞尺检测，感觉配合部位的间隙； ② 用手转动、推动主轴、感觉主轴的装配间隙； ③ 用手转动、推动丝杠、齿轮等传动部件，感觉支承部位和传动机构的配合间隙
闻	① 电气元件烧毁的焦糊味、电气元件绝缘破损短路产生的异味； ② 机械零件剧烈摩擦产生的异味； ③ 切削液变质产生的异味、液压油变质产生的异味； ④ 转动密封件与转动零件剧烈摩擦产生的异味

3. 典型铣床常见故障的分析与排除

下面以 X5040 型铣床为例,介绍铣床常见故障的分析与排除方法,见表 3-1-2。

表 3-1-2 典型铣床常见故障的分析与排除

故障类型	故障原因	故障检修与排除
1. 用镗刀镗孔时,孔呈椭圆形	① 铣床主轴轴线与工作台面不垂直。 ② 铣床主轴轴线与床身立柱导轨不平行。 ③ 铣床主轴回转轴线有径向圆跳动	① 校正铣床主轴轴线与工作台面的垂直度。具体方法是把指示表座架吸附在主轴端上,转动主轴,调整升降台,使指示表测头与工作台面接触,观察指示表的读数,根据指示表读数的差值,可通过调整立铣头角度和升降台与立柱导轨之间的镶条,排除故障。若仍不能达到精度要求时,则需通过二级保养或大修来恢复其几何精度。 ② 先用上述方法校正铣床主轴轴线与工作台面的垂直度,然后在工作台面上放一测量圆柱,起动升降台进行上下移动,检测读数,再根据数值调整升降台与主轴轴线的平行度要求,若不符合平行度要求时,则需通过二级保养或大修来恢复其几何精度。 ③ 检查立铣头主轴回转精度和径向圆跳动是否超出 0.01 mm。若实测超差时,可调整主轴轴承上端的螺母来恢复精度。对主轴前端轴承精度超差或轴承发热烧坏或磨损严重时,则应更换新轴
2. 被加工表面在接刀处不平	① 铣床主轴轴线与床身导轨不平行。 ② 铣床主轴有轴向窜动,造成铣刀受力后主轴向上窜动。 ③ 立铣头回转盘刻度零位未对准。 ④ 刀具磨损或刀具本身摆差太大	① 调整工作台横向移动、工作台纵向移动及升降台各滑动导轨的镶条间隙,使各工作台导轨的精度得到相应的提高。若调整无效时,则需通过二级保养或大修来恢复其几何精度。 ② 调整主轴轴承的轴向间隙,使主轴无轴向窜动(允差 <0.01 mm)。 ③ 检查立铣头回转盘的刻度是否对准零位。 ④ 重新刃磨刀具或更换新铣刀
3. 被加工工件表面粗糙度值大	① 铣床主轴轴承因磨损严重或发热引起轴承精度超差。 ② 铣床主轴有轴向窜动和径向跳动。 ③ 刀具磨损或加工工艺参数不合理。 ④ 刀具磨损或刀具本身摆差太大	① 更换主轴轴承,并做好主轴润滑。 ② 调整主轴的轴向和径向精度在 0.01 mm 内。 ③ 合理选用刀具、铣削用量,经常刃磨刀具,避免产生积屑瘤。 ④ 重新刃磨刀具或更换新铣刀
4. 工件表面产生周期性或非周期性波纹	① 铣床主轴轴向间隙引起窜动,当受到切削力后铣床主轴运转不平稳。 ② 由于润滑不畅,引起机床导轨研伤,使工作台产生爬行。 ③ 由工艺系统原因引起的振动	① 适当调整铣床主轴的轴向间隙,使其保持在 0.01 mm以内,并注意主轴各部位的润滑。 ② 修刮已研伤的导轨,检修润滑油管道,保持润滑油畅通。 ③ 减少铣刀盘的不平衡量,改变铣床主轴转速和进给速度,调整工作台导轨镶条,增加工作台和各滑动表面之间的刚度

续表 3-1-2

故障类型	故障原因	故障检修与排除
5. 立铣头主轴有轴向窜动	① 由于主轴前端的双列短圆柱滚子轴承长期使用后磨损，产生轴向间隙。 ② 由于主轴的正反转动，引起主轴前端用以调整轴承间隙的锁紧螺母松动。 ③ 由于角接触球轴承损坏，产生间隙而引起窜动。 ④ 立铣头壳体前端控制主轴的法兰盘螺钉松动、断裂，引起主轴轴向窜动	① 更换双列短圆柱滚子轴承，并注意检查轴承的精度。 ② 重新调整和锁紧控制主轴轴承的锁紧螺母，使主轴的轴向窜动保持在 0.01 mm 允差以内，并检查锁紧螺母上的止退爪形垫圈是否损坏。 ③ 更换损坏的角接触球轴承。 ④ 重新旋紧立铣头壳体上的法兰盘螺钉，更换已断裂的螺钉
6. 铣床主轴高速旋转时温升过高	① 立铣头主轴端轴承的间隙调整过小，造成主轴本身旋转困难，甚至转不动。 ② 立铣头主轴润滑系统有故障，或根本无润滑油，造成立铣头主轴旋转时干摩擦而产生温升过高，严重时会使轴承烧坏，主轴不转	① 重新调整立铣头主轴端轴承的间隙，使之既符合精度要求又能运转自如。 ② 检查并调整立铣头主轴系统的润滑，使润滑油管路完整、畅通，并检查润滑油液是否符合要求，定期清洗滤油装置
7. 立铣头承受切削力后主轴让刀	① 立铣头主轴套筒锁紧机构未锁紧。 ② 立铣头主轴套筒锁紧机构失灵。 ③ 铣床主轴轴向和径向间隙过大	① 切削时，立铣头主轴套筒必须锁紧。 ② 修复立铣头主轴套筒的锁紧机构，并注意将锁紧手柄调整到合理位置。 ③ 调整并消除立铣头主轴轴向窜动
8. 立铣头空运转时，声音异常并有噪声	① 立铣头变速箱或主传动系统润滑不良或无油润滑。 ② 立铣头主轴与主传动系统齿轮啮合不良，或间隙过小引起顶齿。 ③ 立铣头主轴轴承或主轴变速箱中轴承磨损或损坏，造成声音异常或出现噪声	① 检修并调整主传动系统，包括变速箱内传动齿轮、滑移齿轮，必须有充分的润滑。经常检查油池内油液是否清洁、充足，注意滤油装置的清洁。 ② 仔细调整立铣头主轴与主传动锥齿轮的啮合间隙，并检查各自的锁紧螺母有无松动，止退爪形垫圈有无损坏，发现异常及时修复。 ③ 分析、仔细检查立铣头主轴空转时的异常噪声，如果是立铣头主轴发出的共振声或蜂鸣声，则应重新调整主轴轴承的间隙；如果是变速箱内传动轴发出的噪声，则应检查和清洗各传动轴的轴承，如果发现损坏，则应更换新轴承
9. 立铣头主轴变速失灵或动作缓慢	① 主轴变速箱变速滑移齿轮损坏，或与其啮合的传动齿轮同时损坏，造成变速时某一齿轮轴空转，而使变速失灵。 ② 滑移组合齿轮上连接销断裂，造成组合齿轮在滑移过程中互相脱开，而引起主轴变速失灵。 ③ 拨动滑移齿轮的拨叉断裂，引起拨叉前部有动作而拨动齿轮无动作。 ④ 移齿轮与啮合齿轮在啮合时端面长期撞击产生毛刺，使变速时齿轮不易啮合。 ⑤ 轴变速盘变速机构中的滑块脱落或断裂，引起拨叉无动作而变速失灵	① 拆下变速齿轮箱，检查并更换已损坏的变速齿轮或传动齿轮，同时检查传动轴是否弯曲，如损坏应更换。 ② 重新安装组合齿轮，并注意各连接尺寸的配合。 ③ 更换已断裂的拨叉。若无条件更换拨叉时，则可通过焊接方法进行修复，但须注意焊接变形和尺寸链的控制。 ④ 修去各啮合齿轮端面的毛刺，检查调整啮合齿轮间距。 ⑤ 更换变速盘中变速机构的滑块或松动严重的销轴

续表 3-1-2

故障类型	故障原因	故障排除与检修
10. 工件的两平行表面加工后不平行	① 工件装夹时基准未找对。 ② 工件装夹时有杂物或工作台上有毛刺。 ③ 工件装夹不牢,造成工件在承受切削力时移动,使被加工件表面不平行。 ④ 刀具选择不合理或刃口不锋利	① 找正工件被加工面的基准。 ② 清除夹具与工作台上的杂物,修去工作台上的毛刺。 ③ 重新装夹并夹牢工件。 ④ 合理选择刀具,并注意刃磨刀口使之锋利
11. 工件的两垂直表面加工后不垂直	① 工件的加工基准不准或有杂物垫在工件下面。 ② 工件装夹不牢或工作台上有毛刺,使得承受切削力后工件产生移动。 ③ 床身立柱导轨与升降台接触的镶条松动,造成机床本身精度变差。 ④ 工作台与横向床鞍的间隙过大,使得工件在切削时产生晃动。 ⑤ 机床本身几何精度超差	① 找正工件加工基准,清除夹具或台面上的杂物与毛刺。 ② 夹牢工件,修去工件上的毛刺。 ③ 调整床身立柱与升降台接触的镶条间隙,使其符合加工要求。若其磨损情况严重,则应通过二级保养或项修来恢复机床精度。 ④ 检查并消除工作台与横向床鞍的间隙,调整镶条,检查压板。 ⑤ 通过二级保养或大修,恢复机床的几何精度
12. 主传动电动机旋转而立铣头主轴不转动	① 主传动电动机与变速箱传动齿轮上的弹性联轴器损坏。 ② 主轴变速手柄未到位。 ③ 主轴变速箱内有任何一组啮合齿轮齿剥光,造成后面齿轮无动作。 ④ 由于润滑不良或无润滑,造成齿轮箱与铣床主轴的啮合齿轮剥光	① 更换弹性联轴器。 ② 将主轴变速手柄扳到位。 ③ 拆下齿轮箱,更换被剥光的传动齿轮。 ④ 卸下立铣头与主轴,更换因润滑不良而损坏的齿轮,并重新调整其润滑油路
13. 使用立铣头主轴手摇升降机构有时轻有时重的感觉,甚至产生刻度不准	① 立铣头主轴套筒有锈斑或毛刺,使套筒上下不灵活。 ② 立铣头主轴手摇机构中升降丝杠弯曲,使得手摇时有时轻时重的感觉。 ③ 立铣头主轴手摇机构中丝杠螺母长期使用后间隙增大,或固定螺钉松动甚至脱落,引起升降刻度不准	① 清除套筒上的锈蚀和毛刺,并增加其润滑。 ② 校正或更换已弯曲的丝杠。 ③ 更换丝杠螺母副,仔细旋紧各固定螺钉,消除间隙
14. 进给变速箱变速手柄定位不准或变速失灵	① 变速手柄轴上 18 挡变速轮的定位弹簧疲劳失效或断裂。 ② 定位销与定位轮中经常使用的几挡因磨损而使用间隙增大。 ③ 变速箱中圆柱曲线滑槽与拨叉滑块的间隙过大。 ④ 变速手柄轴与定位轮的销子断裂。 ⑤ 变速手柄轴与变速箱中圆柱曲线滑轮的连接平键与键槽磨损使间隙增大,或平键、定位销断裂,造成无变速	① 更换变速轮疲劳失效或断裂的定位弹簧。 ② 更换变速定位轮与定位销。但切不可采用焊补方法来修补磨损齿轮。因为该定位轮的齿有等分要求,并有相当高的硬度,而焊补方法会破坏齿的等分精度且使硬度下降,而更容易磨损。 ③ 拆下变速箱,修复圆柱曲线滑槽与拨叉滑块的配合间隙,或更换滑块。若其磨损严重,则应更换圆柱曲线轮。 ④ 更换定位轮与变速轴的连接锥销,并对锥孔进行复铰。 ⑤ 更换平键。若变速手柄轴上键槽磨损严重,则应修复或更换新轴

续表 3-1-2

故障类型	故障原因	故障排除与检修
15. 机床只有工作进给而无快速运行	① 控制箱上进给操纵手柄顶端拨动快速运行机构连杆的调整螺钉松动，造成拨动快速运行机构的距离不对。 ② 进给箱上拨动快速机构的拨叉断裂，或拨叉与连杆的销钉松动、脱落，引起连杆空行程，造成快速机构无动作。 ③ 进给箱中快速机构有故障，例如离合器的钢珠磨损、离合器斜面磨损等。 ④ 控制箱中快速曲柄连杆内的滚轮轴断裂，使得拨动快速时凸轮行程距离不对，造成只有工作进给但无快速运行	① 重新调整拨动快速机构的调整螺钉，并注意操纵手柄的轻重，然后将调整螺钉锁紧。 ② 更换断裂的拨叉，或重新修配脱落的销钉。 ③ 更换快速机构中磨损的零件，检修时注意其安全离合器的作用。 ④ 修配曲柄连轩中的滚轮轴，注意其配合间隙
16. 工作台纵向快速运动停止时，工作台仍运动一段距离	① 与工作台横向导轨长期使用后间隙增大，导轨中镶条已失去作用。 ② 工作台纵向镶条调整过松	① 重新修刮工作台纵向与横向工作台导轨，调整配合间隙，或采用修补方法将镶条加厚，重新配刮镶条并调整好与导轨之间的间隙。 ② 适当调整工作台纵向镶条与导轨的间隙
17. 机床工作进给只有单方向动作	该故障一般属于电气故障，主要是由于纵、横及垂向中任意方向有一电气限位开关故障而引起，或调整距离时不小心将限位开关压住而产生。	仔细检查纵、横及垂向三个方向中限位开关是否被人为压住。如果仍有问题，应请电工检修
18. 工作台纵向进给反空程量大，造成因有间隙而刻度不准	① 由于工作台丝杠与螺母长期使用后磨损，造成轴向间隙增大。 ② 纵向丝杠两端轴承的间隙过大，造成丝杠轴向间隙大。	① 对于 X5040 型铣床而言，需要更换丝杠螺母来消除轴向间隙，从而可排除工作台进给反空程量过大的故障；或者将丝杠修磨研磨重配螺母来解决。 ② 调整纵向丝杠两端轴承的间隙，注意控制丝杠轴向间隙在 0.01～0.03 mm 之内，从而可排除刻度不准的现象
19. 机床进给方位选择手柄位置不准，造成进给时出现其他方向带动现象	① 由于方位选择手柄与手柄轴长期使用后产生间隙，配合松动，键槽和平键相对磨损。 ② 控制箱内曲线滑槽轮定位弹簧疲劳失效或滚珠定位不到位。 ③ 控制方向离合器连杆的调整螺母斜与滑套松动，引起方位手柄与连杆的动作不匹配。 ④ 离合器本身磨损或有毛刺，造成动作不灵活，有梗阻现象。	① 修复手柄与轴的间隙配合，更换已磨损的平键。 ② 更换疲劳失效的弹簧及滚珠，检查和修复曲线滑槽内的滚轮是否脱落，与滑槽的配合是否合适。 ③ 调整离合器连杆的调整螺母与滑套的正确位置以及移动距离。其方法是先将工作台卸下，直接依照方位手柄位置来调整螺母与滑套的位置。但须注意各方向离合器相互之间的距离必须保持适当。 ④ 更换磨损的离合器。若有毛刺，则应去除，保证动作灵活，消除梗阻现象

续表 3-1-2

故障类型	故障原因	故障排除与检修
20. 工作台横向手摇沉重,甚至失灵	① 由于润滑不良,造成横向丝杠螺母副干摩擦,甚至咬死。 ② 横向丝杠顶部推力轴承因断油而损坏,或是轴肩与孔被切屑堵住而咬死。 ③ 横向工作台镶条与床身座导轨调整不当,或镶条大端螺钉失落,造成大端挤死。 ④ 横向工作台与床身平导轨因无油润滑而严重磨损。 ⑤ 横向工作台防护罩损坏,造成切屑将横向丝杠堵住,丝杠无法转动。 ⑥ 横向丝杠螺母副长期使用后,造成螺母内螺纹剃光,形成丝杠空转	① 疏通油杯及油路,增加润滑,减少丝杠螺母副的摩擦。 ② 更换磨损的轴承,修复轴肩与孔因干摩擦而产生的故障。 ③ 调整横向工作台与床身座导轨镶条的间隙,对于缺少的螺钉则应配齐,并重新修刮镶条与导轨的接触面。 ④ 修刮横向工作台与床身座平导轨。对于出现严重磨损的,则应通过二级保养进行修复。 ⑤ 配齐防护罩,注意对机床导轨、丝杠的清洁和保养。 ⑥ 对于牙形好的丝杠,可重配螺母,但须将丝杠精车,以保证螺距正确,或更换新横向丝杠螺母
21. 工作台升降手摇沉重,并有间歇性脱落出现	① 升降台与床身立柱导轨间隙调整不当。 ② 升降台与床身立柱导轨有起线、拉丝和磨损现象。 ③ 升降丝杠因润滑不良,引起丝杠螺母副干摩擦,甚至咬死。 ④ 辅助圆柱导轨刹紧机构未松开。 ⑤ 手摇机构内轴承因无润滑而损坏。 ⑥ 升降丝杠顶端锁紧螺母松动,造成丝杠轴向间隙而引起脱落	① 调整升降台与床身立柱导轨的间隙,包括压板配合间隙是否合适;导轨镶条调整是否正确,因镶条的过松与过紧,均会产生手摇过重的故障。 ② 修刮起线、划伤和严重磨损的导轨,并保持其润滑良好。 ③ 加强升降丝杠的润滑并保持清洁,对已咬死的丝杠螺母副则应更新。 ④ 手摇前,松开辅助圆柱导轨的刹紧装置,并检查立柱上活动压板是否松开。 ⑤ 更换手摇机构内损坏的轴承,保持其润滑良好。 ⑥ 调整并锁紧升降丝杠顶端的锁紧螺母,检查工作台升降时有无间隙出现
22. 机床切削时伴有剧烈振动	① 立铣头主轴系统松动。 ② 工件装夹不合理,引起切削时共振。 ③ 工作台系统导轨间隙过大,产生松动。 ④ 刀具选择不合理,或刃口不锋利。 ⑤ 机床垫块松动,基础不稳	① 检查并修复立铣头主轴系统的松动部位,使主轴的径向和轴向间隙符合要求。 ② 合理装夹工件,找正基准面,减少切削时共振。 ③ 调整工作台系统所有镶条与导轨的间隙,保证工作台系统处于良好的工作状态。 ④ 合理选用刀具,经常刃磨刀具,保持刃口锋利。 ⑤ 调整机床水平,保持机床的各项几何精度符合加工精度要求
23. 机床运转时润滑泵不出油	① 润滑泵电动机损坏或电路有故障。 ② 润滑油液不符合要求。 ③ 过滤器堵塞。 ④ 润滑管路有泄漏或管路堵塞、断裂。 ⑤ 润滑泵损坏	① 请电工检修或更换电动机。 ② 根据使用要求,添足油液或更换油液。 ③ 清洗过滤器、油池和齿轮箱。 ④ 检查并修复所有润滑管路,保证油路畅通。 ⑤ 更换损坏的润滑泵

续表 3-1-2

故障类型	故障原因	故障排除与检修
24. 进给变速箱柱塞泵失灵或润滑油大量外溢	① 柱塞泵内弹簧疲劳失效或断裂。 ② 泵内单向阀口密封不良。 ③ 推动柱塞泵的偏心机构失灵或错位。 ④ 进给变速箱润滑油液不够或润滑油太脏。 ⑤ 管路破裂	① 更换疲劳失效或断裂的弹簧。 ② 修复单向阀的密封面。其方法是采用钢珠重新敲打封油口,以增加封油面积。 ③ 修复偏心机构。 ④ 清洗油池,更换油液并加足油量。 ⑤ 更换并修复破裂的管路,保持油路畅通

3.1.3 铣床夹具的结构、定位和夹紧力分析

1. 铣床夹具的基本要求和结构特点

(1) 铣床夹具的基本要求

分析、改进或自制铣床夹具应符合以下基本要求:

- 保证被加工面相对基准面及刀具的正确位置。
- 保证工件拆卸方便、迅速。
- 保证工件夹紧合理、可靠。
- 保证刀具和量具能方便地接近工件被加工表面和检测部位。
- 保证夹具有足够的刚度,防止工件变形和加工过程中产生振动。
- 保证操作者使用安全。

(2) 铣床夹具的结构特点

1) 铣床夹具的基本结构

铣床夹具是在铣床上用以装夹工件(和引导刀具)的装置。铣床上所用夹具的基本特点是根据“六点定位原理”对工件起定位作用的,并根据铣削力的情况对工件起到夹紧作用。对要求比较完善的夹具,还应具有对刀装置等辅助装置。铣床夹具一般由以下部分组成:

定位件——在铣夹具中起定位作用的零部件。

夹紧件——在铣夹具中起夹紧作用的零部件。

夹具体——是铣夹具的主体,用以将铣夹具的各个元件和部件联合成一个整体,并通过夹具体使整个夹具固定在铣床工作台上。

对刀件——在铣夹具上起对刀作用的零部件,用以迅速得到铣床工作台及夹具与工件相对于刀具的正确位置。

分度件——在加工有圆周角度和等分要求的工件所用的铣夹具上起角度或等分作用的装置,常称对定装置。

其他元件和装置——由于加工工件的要求不同,夹具中有时还需要增加一些元件,如可调节辅助支承起辅助定位作用,夹具与机床之间的定位键起夹具定位作用等。

(3) 铣床夹具的特点分析

1) 通用夹具的特点

通用夹具主要有机用平口钳、三爪自定心卡盘、分度头以及回转工作台。通用夹具具有以下特点。

① 有适用于各种规格零件的夹具尺寸规格。例如机用平口钳的钳口宽度和张开角度可

按工件装夹的需要进行选择,分度头的中心高可用于加工不同直径的圆柱零件。

② 有适用于各种加工需要的使用调整部位。例如机用平口钳可在水平面内按工件加工的需要,回转一定的角度,可倾台虎钳按需要在垂直面和水平面内回转一定的角度;又如分度头可在垂直面内按加工需要仰起一定的角度,以使工件轴线与工作台面形成所需的角度;再如,使用可倾回转台,可使回转台台面与机床工作台成所需的角度。

③ 有适用于各种装夹要求的变换、复合或组合的特点。例如机用平口钳的钳口可以调换,通过不同形式的钳口,可以应用机用平口钳装夹圆柱体零件、斜面零件等;又如在回转工作台上,可以组装机用平口钳、直角铁和三爪自定心卡盘,进行工件夹具的组合等;再如在分度头的侧轴或主轴上安装交换齿轮轴,使分度头与工作台的丝杠进行连接以便实现分度头主轴旋转与工作台直线移动的复合,以满足加工螺旋槽的需要;分度头的主轴上可以安装三爪自定心卡盘,也可安装顶尖和拨盘,以适应各种圆柱体零件的装夹等。

2）专用夹具的特点

① 多件装夹。铣床的加工常采用多件装夹。图 3 - 1 - 20 所示为多件装夹气动铣床夹具。使用时,将工件置于滑动定位压块组 1 中,其轴向位置由可调整挡块 2 定位,压块由两根导柱 3 串成一组,两端由夹具体 4 侧面的两块摆动压板 5 压紧。转动气阀 6,气缸活塞杆 7 向下时,活塞杆经转动压板 8,挺杆 9、10 将工件定位夹紧。根据不同工件的要求,只要更换滑动定位压块组和调整挡块的高低,即可加工各种圆柱状工件的平面和槽。

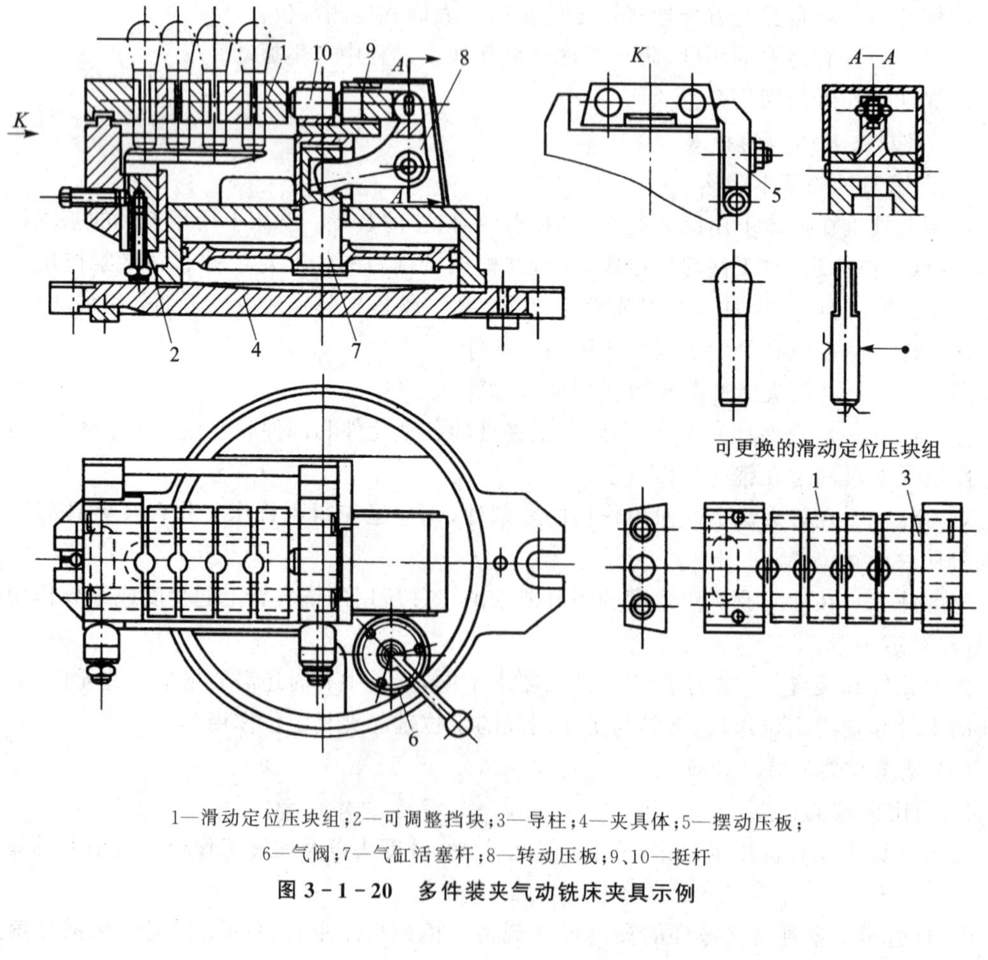

1—滑动定位压块组;2—可调整挡块;3—导柱;4—夹具体;5—摆动压板;
6—气阀;7—气缸活塞杆;8—转动压板;9、10—挺杆

图 3 - 1 - 20　多件装夹气动铣床夹具示例

② 联动夹紧。铣床专用夹具常应用联动夹紧机构。图 3－1－21(a)所示为广泛应用的浮动压板三点联动夹紧机构，组合的浮动压板 1 和摆杆 2，在拧紧螺母后，从两个方向均匀夹紧工件。图 3－1－21(b)所示为对向式多件联动夹紧机构，顺时针转动双面偏心轮 4 的轴，通过对向滑柱 3 和两侧压板 1 即产生两个大小相等，但比原始作用力大的对向夹紧力，同时将两个工件夹紧，为了补偿工件宽度的误差，偏心轮的转轴能在导轨 5 上浮动，工件加工完毕后，逆时针转动偏心轮轴，在弹簧 6 的作用下松夹工件。

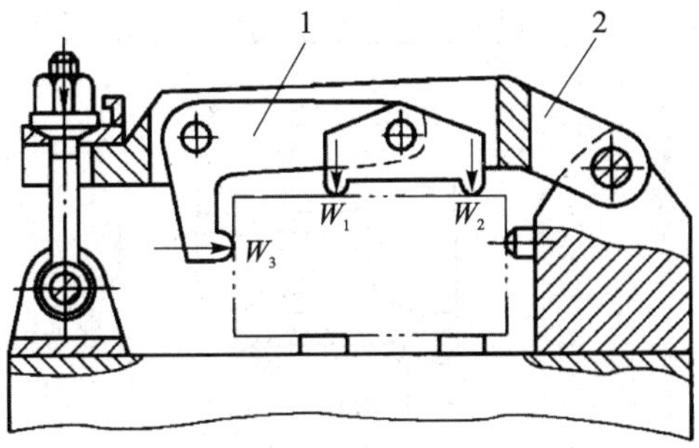

(a) 浮动压块三点联动夹紧机构

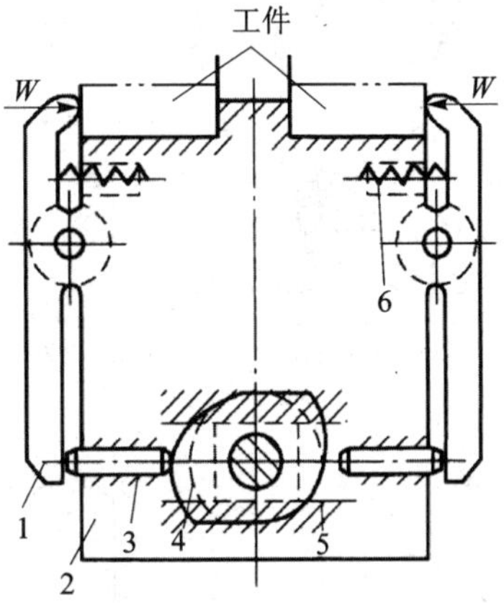

(b) 对向式多件联动夹紧机构

1—压板；2—摆杆；3—对向滑柱；4—偏心轮；5—导轨；6—弹簧

图 3－1－21　联动夹紧机构示例

③ 对刀装置。铣床专用夹具为了便于调整工件和刀具的相对位置，通常设置对刀装置，铣床夹具常用对刀装置的类型见表 3－1－3。

注意事项

使用对刀装置应注意以下几点：

- 使用组合刀具或复合刀具对刀，应根据工艺规定，只要有一把刀用对刀块，其余刀具或复合刀具的其余切削部分，由刀具组合调整的精度或复合刀具的制造精度保证。
- 对于粗精加工的调整，可使用厚度、直径不同的塞尺进行调整，粗加工采用较厚或直径较大的塞尺，精加工采用标准的塞尺调整。
- 对刀时对刀块对定位件的位置精度和对刀技巧，都会影响刀具与夹具的正确位置。为了提高调整精度，对刀时应一边转动刀具，以便抽动塞尺，直至感觉松紧适度为止。注意避免刀具直接与夹具上的对刀块接触。
- 对刀调整必须在夹具与机床的定位正确后进行。
- 对于精度较高的零件，首件对刀应留有一定余量，试加工后再进行精度的微调，以保证工件达到图样加工精度要求。

④ 对定装置。铣床夹具常用的分度和转位对定装置如图 3－1－22 所示，在加工使用过程中，必须注意定位的准确性和可靠性，以保证零件的加工精度。采用弹簧控制定位元件装置的对定元件，注意调整弹簧的弹力，以保证分度和转位的位置精度。采用液压和气动作为插销动力的对定装置，应注意控制定位插销的定位压力。

表 3-1-3　铣床夹具常用对刀装置的类型

基本类型	对刀装置简图	使用说明
高度对刀装置	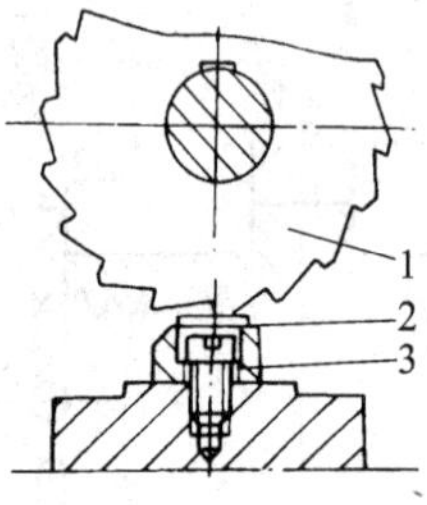 1—刀具;2—塞尺;3—对刀块	主要用于对加工平面,选用圆形对刀块
直角对刀装置	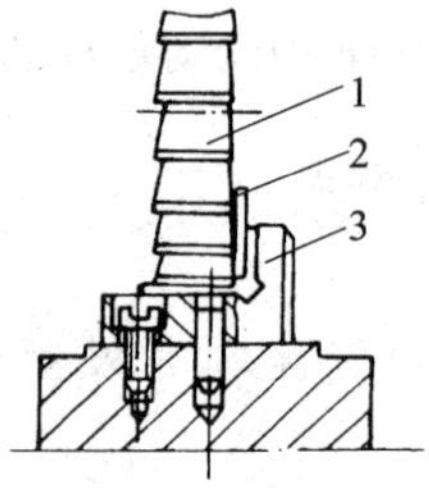 1—刀具;2—塞尺;3—对刀块	主要供盘状铣刀、圆柱铣刀和立铣刀铣槽或铣直角面时对刀用
成型对刀装置	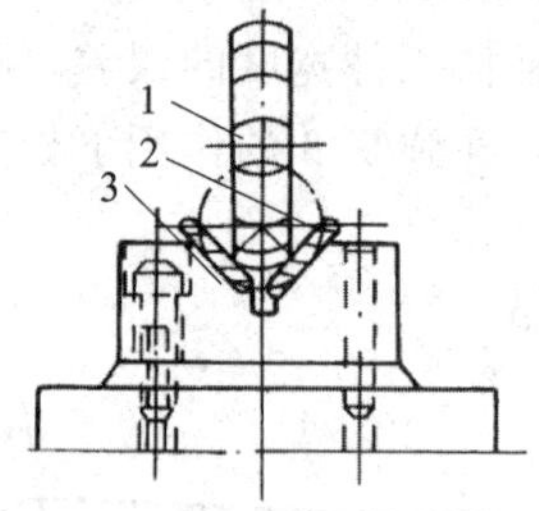 1—刀具;2—塞尺;3—对刀块	主要用于加工成型槽
	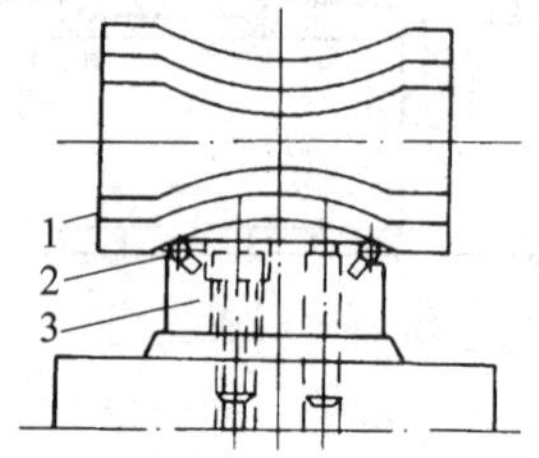 1—刀具;2—塞尺;3—对刀块	主要用于加工成型面
组合刀具对定装置	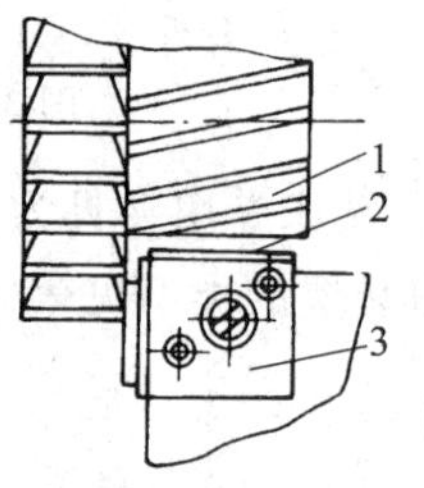 1—刀具;2—塞尺;3—对刀块	主要供组合铣刀用

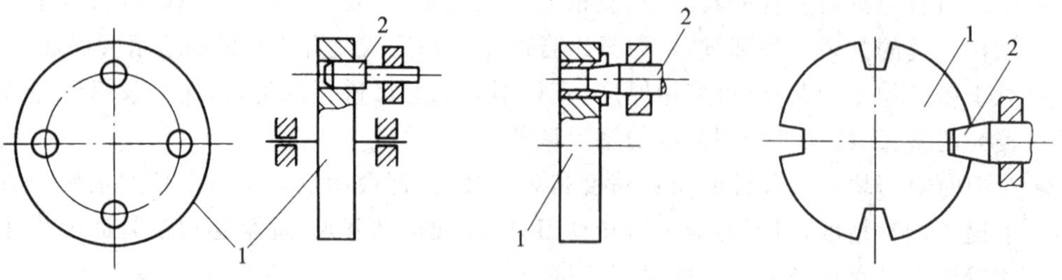

(a) 定位销定位　　(b) 定位套与定位销定位　　(c) 定位楔定位

1—分度盘;2—定位销、定位楔或球

图 3-1-22　常用分度定位装置示意图

2. 铣床夹具定位原理、方式和定位误差分析

(1) 常用工件铣削加工所需限制的自由度

1) 工件的六个自由度

位于任意空间的工件,相对于三个相互垂直的坐标平面共有六个自由度,即工件沿 Ox、

Oy、Oz 三个坐标轴移动的自由度和绕三个坐标轴转动的自由度，如图 3－1－23 所示。

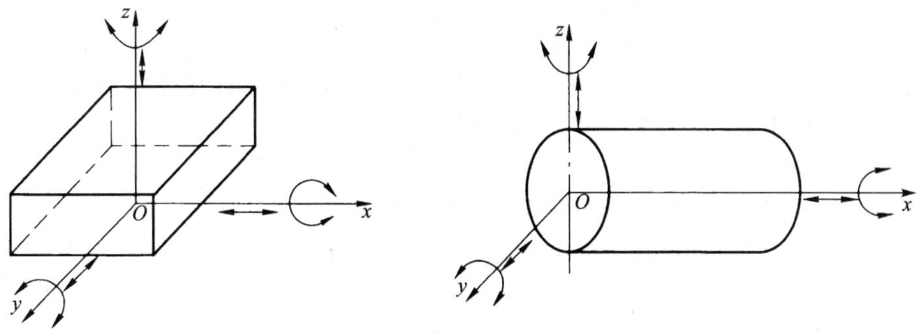

(a) 矩形工件　　(b) 圆柱形工件

图 3－1－23　工件的六个自由度

2）工件自由度的限制

要使工件在工件的位置完全确定下来，必须消除六个自由度。通常用一个固定的支承点限制一个自由度，用合理分布的六个支承点限制六个自由度，使工件在夹具中的位置完全确定，这就是六点定位原则。

对于一般工件，均可参考矩形工件和圆柱形工件的六点定位方式拟订六个支承点的合理分布方法。

矩形工件和圆柱形工件的六点定位方法如图 3－1－24 所示。

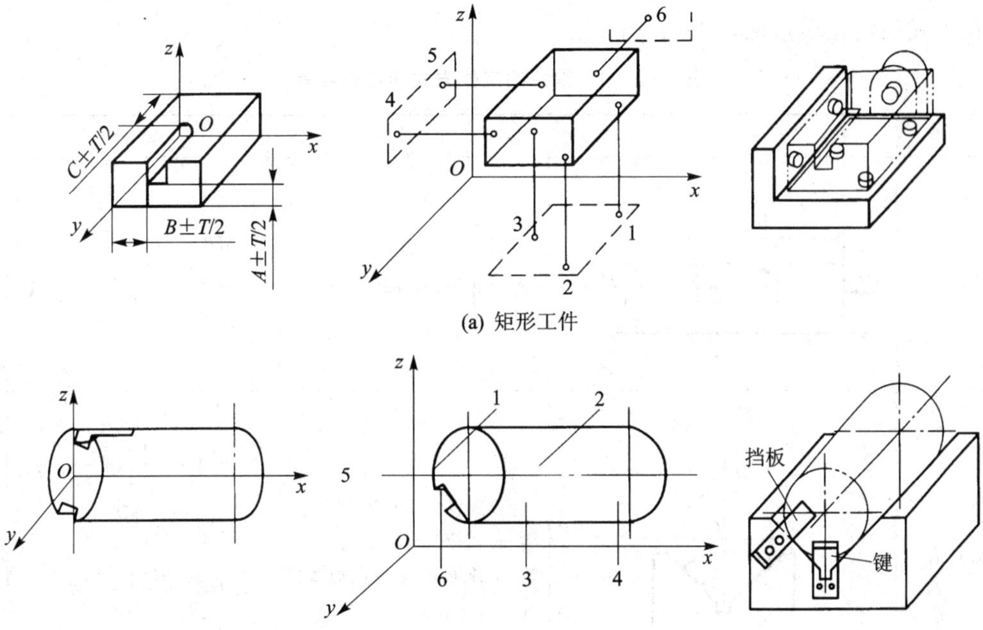

(a) 矩形工件

(b) 圆柱形工件

图 3－1－24　工件的六点定位

3）定位与夹紧

工件在夹具中准确定位后，若工件脱离定位取下后再放到原来的定位位置，使各定位面与支承点接触,工件前后两次的位置是完全一样的。因此,定位是使工件在夹紧前确定位置,而夹紧是使工件固定在已定的位置上,这是两个不同的概念。

4) 常见工件铣削加工所需限制的自由度

实际上,工件加工时不一定要求完全限制六个自由度才能满足铣削加工所需的准确位置,而应根据不同的具体要求,限制工件的几个或全部自由度。

(2) 常用的定位元件

常用定位元件可按工件典型定位基准分为以下几种:

① 用于平面定位的定位元件,包括固定支承(钉支承和板支承)、自位支承、可调支承和辅助支承。

② 用于外圆柱面的定位元件,包括 V 形块、定位套和半圆定位座等。

③ 用于孔定位的定位元件,包括定位销(圆柱定位销和圆锥定位销)、圆柱心轴和小锥度心轴。

(3) 常用定位方式的定位误差

为了保证一批工件在加工后都能符合技术要求,即同一批工件的被加工尺寸偏差均落在其公差 ΔL 范围内,必须使加工总误差不超过 ΔL,通常加工总误差为定位误差 ΔD、夹具装配和安装误差 ΔP 以及工序加工方法误差 Δm 之和,故应符合下面不等式:

$$\Delta D + \Delta P + \Delta m \leqslant \Delta L$$

式中:ΔP 为夹具的装配和安装误差;Δm 为工序加工方法误差,一般是由机床误差、调整误差、工艺系统受力变形和热变形的影响而引起的。

通常在计算时,使 ΔD、ΔP、Δm 各占 1/3,在经过分析后,可根据具体情况加以调整。常用定位方式的定位误差见表 3-1-4。

表 3-1-4 常用的定位方式的定位误差

定位基准	定位简图	加工要求	定位误差
平面	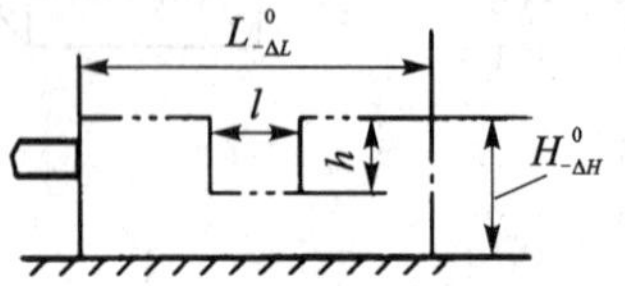	① 尺寸; ② 尺寸 l 与 L 的对称度	① $\Delta Dh = \Delta H$; ② $\Delta D = \pm \frac{1}{2}\Delta L$
外圆柱面	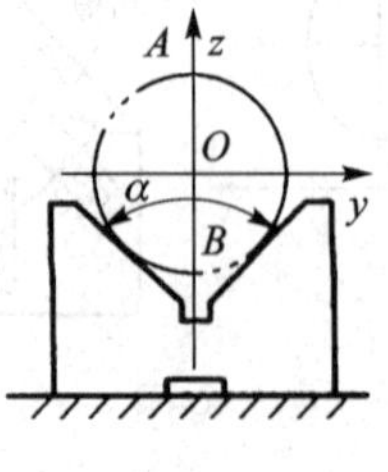	① 分别以 A、O、B 为工序基准,工序尺寸在 z 向; ② 工序基准在对称面内,工序尺寸在 y 向	① $\Delta DA = \frac{\Delta D}{2}\left[1 + \frac{1}{\sin(\alpha/2)}\right]$, $\Delta DO = \frac{\Delta D}{2\sin(\alpha/2)}$, $\Delta DB = \frac{\Delta D}{2}\left[\frac{1}{\sin(\alpha/2)} - 1\right]$; ② $\Delta D = 0$ ΔD 为工件外圆直径公差

续表 3-1-4

定位基准	定位简图	加工要求	定位误差
外圆柱面与平面	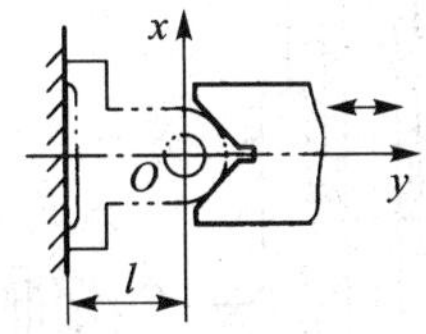	尺寸 l	$\Delta Dl=0$
	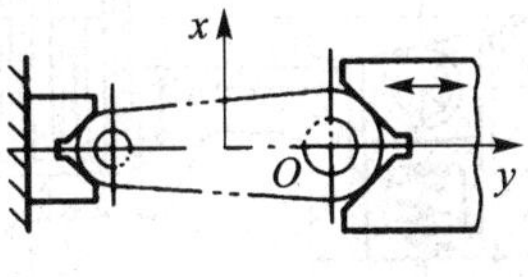	两加工孔中心线在工件的对称线	$\Delta Dl=0$
内圆柱面与平面	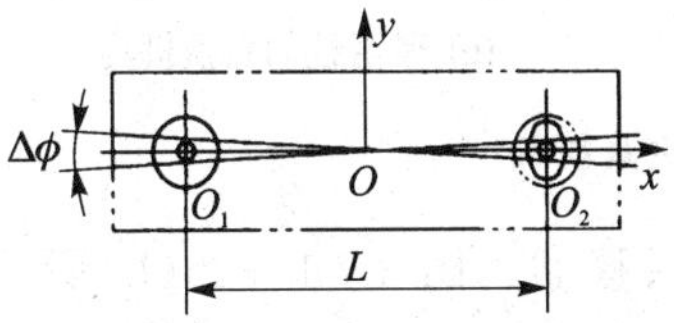	① 加工尺寸沿 x 向； ② 工件在 xOy 平面内的转角误差	① $\Delta D=\Delta d_1$； ② $\Delta\phi=\arctan\left(\frac{\Delta d_1+\Delta d_2}{L}\right)$ Δd_1、Δd_2 为定位孔直径公差
圆锥面	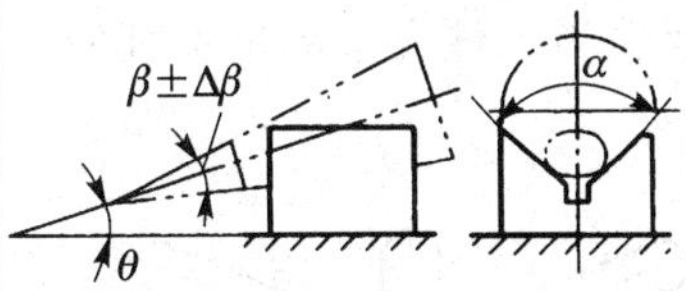	锥体轴线倾斜角 θ	$\Delta\theta=\frac{\Delta\beta\cos(\beta/2)}{2\sqrt{\sin^2(\alpha/2)-\sin^2(\beta/2)}}$ $\Delta\theta$ 为 θ 角的误差

3. 铣床夹具常用夹紧方式与夹紧力分析

(1) 铣床夹具常用夹紧机构的基本要求

根据铣削加工的特点，铣床夹具的夹紧机构应满足下列基本要求：

① 夹紧力应不改变工件定位时所处的正确位置，主要夹紧力方向应垂直于主要定位基准，并作用在铣夹具的固定支承上。

② 夹紧机构应能调节夹紧力的大小。夹紧力的大小要适当，夹紧力的大小应能保证铣削加工过程中工件位置不发生位移。

③ 夹紧力使工件产生的变形和表面损伤应不超过所允许的范围。夹紧力的方向、大小、作用点都应使工件变形最小。

④ 夹紧机构应具有足够的夹紧行程，还应具有动作快、操作方便、体积小和安全等优点，并且有足够的强度和刚度。

(2) 铣床夹具常用夹紧机构

1) 斜楔夹紧机构

斜楔是夹紧机构中最重要的增力和锁紧元件。在铣床夹具中，绝大多数夹紧机构是利用楔块上的斜面楔紧的原理来夹紧工件的。斜楔夹紧机构是利用楔块上的斜面直接或间接(如用杠杆)将工件夹紧的机构。斜楔夹紧机构可分为无移动滑柱的斜楔机构(见图 3-1-25(a))和带滑柱的斜楔机构(见图 3-1-25(b))。

2) 螺旋夹紧机构

采用螺旋直接夹紧或与其他元件组合实现夹紧工件的机构，统称为螺旋夹紧机构。

① 简单螺旋夹紧机构如图 3-1-26 所示，这种机构有两种形式。图 3-1-26(a)所示螺

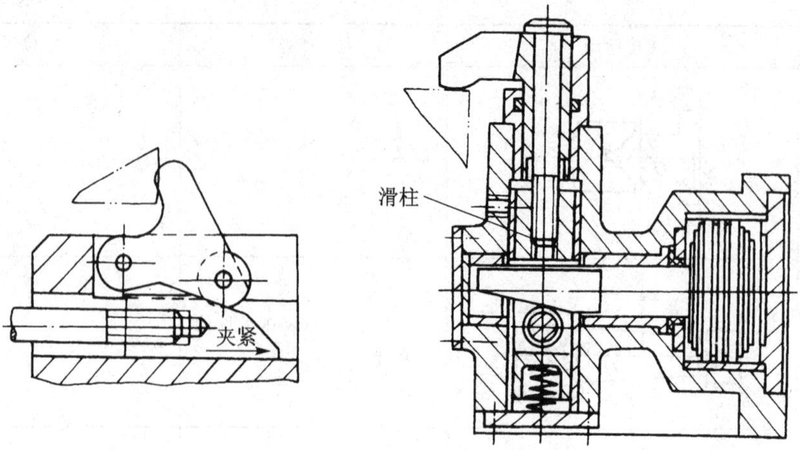

(a) 无移动滑柱的斜楔机构　　(b) 带滑柱的斜楔机构

图 3-1-25　斜楔夹紧机构

旋机构的螺杆与工件直接接触,容易使工件受损害或移动。图 3-1-26(b)所示为常用的螺旋夹紧机构,其螺钉头部装有摆动压块,可防止螺杆夹紧时带动工件转动和损坏工件表面,螺杆上部装有手柄,夹紧时不需要扳手,操作方便、快捷。当工件夹紧部位不宜使用扳手,且夹紧力要求不大时,可选用这种机构。

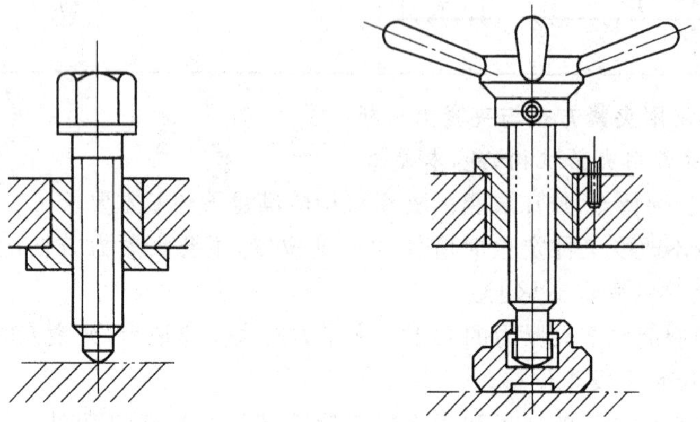

(a) 螺杆与工件直接接触　　(b) 螺钉头部装有摆动压块

图 3-1-26　简单螺旋夹紧机构

② 螺旋压板夹紧机构在铣床夹具中应用最普遍。常用的螺旋压板夹紧机构如图 3-1-27 所示。根据夹紧力的要求、工件高度尺寸的变化范围,以及夹紧机构允许占有的部位的特点和面积,可选用不同形式的螺旋压板机构。

3）偏心夹紧机构

偏心夹紧机构是由偏心元件直接夹紧或与其他元件组合而实现对工件夹紧的机构。偏心压板机构是最常见的快速夹紧机构。当工件夹紧表面尺寸比较准确,且加工时切削力和切削振动较小时,常采用如图 3-1-28 所示的偏心压板夹紧机构。

4）气动、液压夹紧机构

为减轻劳动强度,提高劳动生产率,在大批生产中,如条件允许(如有压缩空气水源、液压

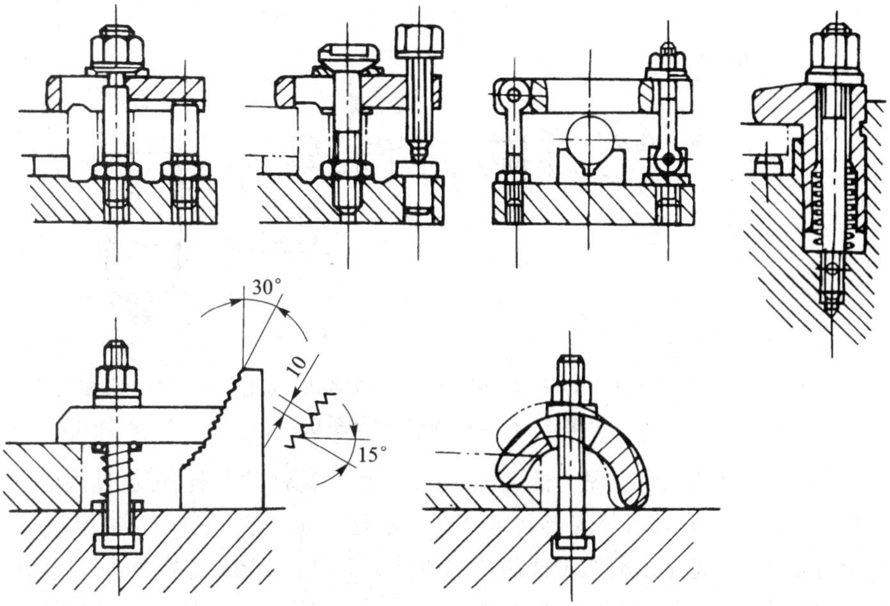

图 3-1-27 常用的螺旋压板夹紧机构

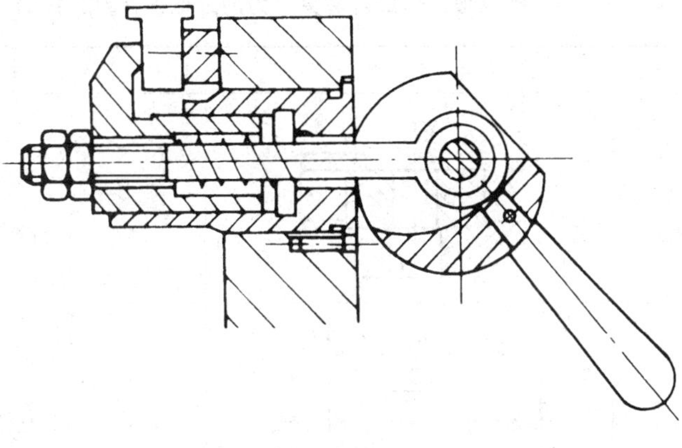

图 3-1-28 偏心夹紧机构

泵站等设施),可选用气动或液动夹紧机构。

① 气动夹紧机构的能量来源是压缩空气。气动夹紧装置的供气管路系统如图 3-1-29 所示。其中,调压阀 4 的作用是控制进入夹具的空气压力,并保持其稳定,夹紧力由调压阀 4 控制。单向阀 3 的作用是为了保证在管路突然停止供气时,夹具不会立即松开而造成事故。配气阀 2 的作用是控制进气方向,操纵气缸 1 的动作。气缸 1 中活塞的作用是带动夹紧机构实现对工件的夹紧和放松。

② 液压夹紧机构。与气动夹紧机构相比,液压夹紧机构具有夹紧力稳定、吸收振动能力强等优点。但其结构比较复杂、制造成本较高。因此,仅用于大量生产。液压夹紧机构的传动系统与普通液压系统类似。但系统中常设有蓄能器,用以储蓄压力油,以提高液压泵电动机的使用效率。在工件夹紧后,液压泵电动机可以停止工作,靠蓄能器补偿漏油,保持夹紧状态。

(3) 夹紧力大小的估算

计算铣床夹具夹紧力的主要依据是铣削力,在实际应用中,常根据同类夹具按类比法进行

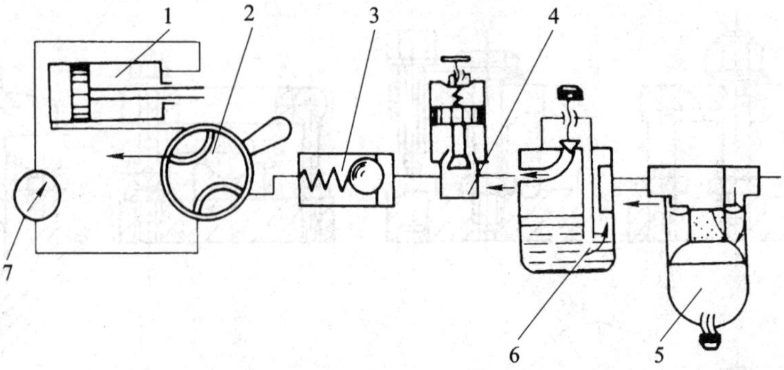

1—气缸;2—配气阀;3—单向阀;4—调压阀;5—油雾器;6—分水滤气器;7—压力表

图 3-1-29　供气管路系统

经验估算。也可按计算法确定夹紧力的大小,对于一些关键性的夹具,可通过试验来确定所需的夹紧力。为估算夹紧力,通常将夹具和工件视为刚性系统,然后根据工件受切削力、夹紧力(大工件还应考虑重力、高速运动的工件还考虑惯性力等)后处于平衡的力学条件,计算出理论夹紧力,再乘以安全系数 K。粗加工时,K 取 2.5～3;精加工时,K 取 1.5～2。常见加工形式所需夹紧力的近似计算公式见表 3-1-5。

表 3-1-5　常见加工形式所需夹紧力的近似值计算公式

夹紧形式	加工简图	计算公式
压板夹紧工件端面	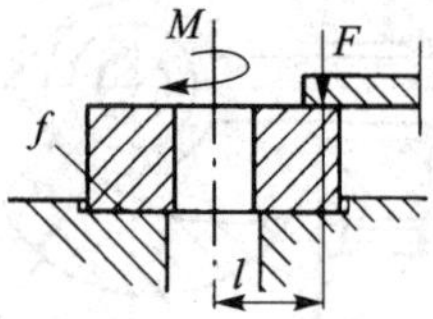	$F=\dfrac{MK}{l\mu}$ (μ 为摩擦因数)
钳口夹紧工件端面	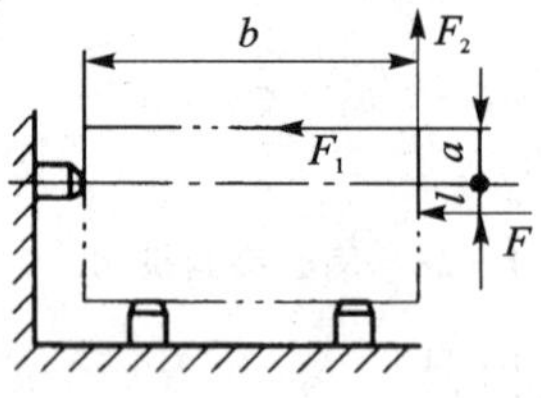	$F=\dfrac{K(F_1a+F_2b)}{l}$

4. 组合夹具的组装和调整方法

(1) 组合夹具的组装

组合夹具的组装,是夹具设计和夹具装配的统一过程,基本要求是以有限的元件组装出较高精度,并能满足多种加工要求的各种夹具。组装的夹具要求结构紧凑、刚性好。组合夹具通常由专门人员进行组装,组装的一般步骤如下。

1) 拟定组装方案

① 熟悉加工零件的图样,了解工艺规程,以及所使用的机床、刀具和加工方法。

② 确定工件的定位和夹紧部位,合理选择有关元件,注意保证夹具的尺寸精度和刚性,便于工件的装卸、切屑的排除以及夹具在机床上的安装。

③ 拟定初步的组装方案，包括元件的选择、组装的位置和简图等。

2）试 装

通过试装（元件之间暂不紧固）。审查组装方案的合理性，可重新挑选、更换元件，对组装方案进行修改和补充。

3）组装和调整

① 清洗各元件，检查各元件的精度。

② 根据组装方案，按由下向上，由内向外的顺序连接，同时对有关尺寸进行测量。

③ 调整各主要位置的精度，夹具上有关尺寸公差一般取零件图样上相应尺寸的公差的1/5～1/3。

④ 组装精度检验。夹具元件全部紧固后，要进行全面的检验，检验的主要部位是定位基准的尺寸位置精度、对定装置的尺寸位置精度、夹紧机构的可靠性等。在试用过程中进行组装的检验和调整也是十分重要的一种方法。

（2）提高组合夹具组装精度的措施和方法

1）合理选配元件

组装前，应仔细检查各元件的表面质量、定位槽、螺孔、定位孔的精度和完好程度，以免组装后产生误差或使用时产生位移，影响铣削加工质量。键与键槽，孔与轴等配合件，应根据具体要求进行选配。成对使用的元件，高度和宽度要进行选配，以保证组装的精度要求。

2）缩短尺寸链

应尽可能减少组装元件的数量，缩小累积误差。

3）合理结构形式

由于各接合面都比较平整、光滑，因此，各元件间尽可能应用定位元件，螺栓紧固要有足够的夹紧力，以使各元件紧密、牢固连接，以提高组合夹具的刚性和可靠性。通常应注意以下要点：

① 夹紧或紧固元件时，尽量采用“自身压紧结构”，即从某元件伸出的螺栓，夹紧力和支承力应作用在该元件上，尽量避免从外面用力顶、夹元件的结构形式。

② 用大分度盘加工小工件提高分度精度。

③ 合理设置对刀装置，缩短工件加工的对刀时间。

④ 合理设置对定装置，缩短工件分度转位和夹具安装的时间。

4）提高检测精度

① 采用合理的检测和调整方法。

② 选择合适的量具。

③ 测量时要尽量在加工位置上进行直接测量。

④ 分度夹具应以旋转轴为测量基准。

⑤ 组装带角度的夹具时，除了用角度量具检测找正角度外，还应在工件位置检查偏转情况。

5）妥善保管元件

组合夹具用毕拆卸后，应清洗各元件表面、凹槽、内孔等部位，必要时可用煤油进行清洗，然后涂上防锈油，妥善保存，以保证再次组装的元件精度和夹具精度。

3.1.4 柄式成形铣刀的结构与使用

1. 柄式成形铣刀的特点

柄式铣刀是立式铣削加工的主要工具,立铣刀、键槽铣刀等都是典型的柄式铣刀。柄式铣刀由夹持部分(圆锥柄或圆柱柄)、空刀、切削部分组成。

① 按刀具的夹持部分结构分类,柄式铣刀有圆柱柄(直柄)铣刀和圆锥柄(锥柄)铣刀,圆柱柄铣刀中有削平型直柄铣刀和普通直柄铣刀。

② 按刀具切削部分的结构分类,柄式铣刀有整体式立铣刀、焊接式立铣刀和可转位立铣刀,如图 3-1-30 所示。

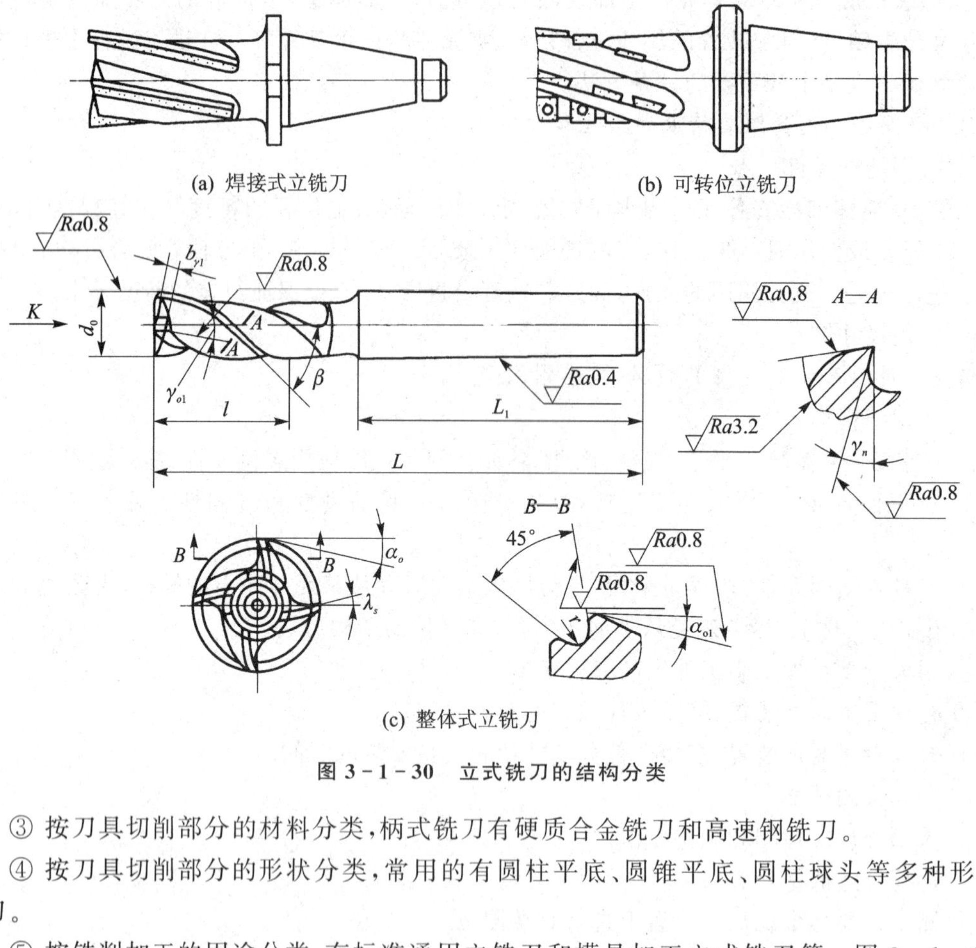

(a) 焊接式立铣刀　　(b) 可转位立铣刀

(c) 整体式立铣刀

图 3-1-30　立式铣刀的结构分类

③ 按刀具切削部分的材料分类,柄式铣刀有硬质合金铣刀和高速钢铣刀。

④ 按刀具切削部分的形状分类,常用的有圆柱平底、圆锥平底、圆柱球头等多种形状的铣刀。

⑤ 按铣削加工的用途分类,有标准通用立铣刀和模具加工立式铣刀等。图 3-1-31 所示为高速钢模具立铣刀和硬质合金模具立铣刀的示例。

⑥ 按铣刀切削刃数量分类,有单刃、双刃和多刃铣刀。模具加工单刃立铣刀的结构示例如图 3-1-32 所示:图(a)中为主切削刃,后角为 $a_0=25°$;图(b)中为副切削刃,副后角为 $a_0=15°$。刀具材料为高速钢时 $\gamma_0=5°$,刀具材料为硬质合金时 $\gamma_0=10°\sim12°$的负前角,铣刀的直径一般小于 12 mm。

模具加工双刃立铣刀如图 3-1-33 所示。

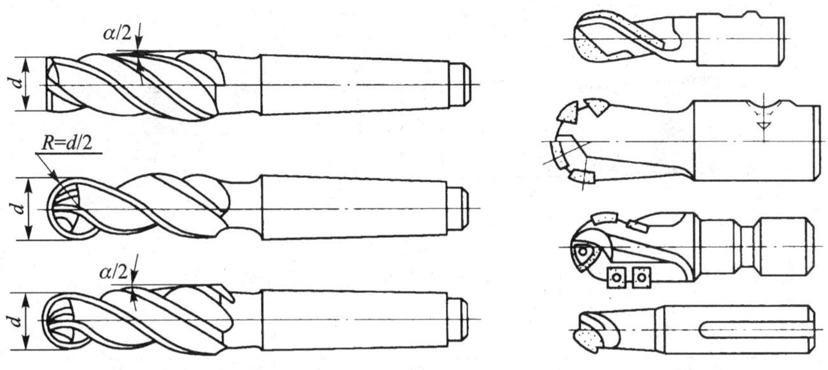

(a) 高速钢模具立铣刀　　(b) 硬质合金模具立铣刀

图 3-1-31 模具铣刀

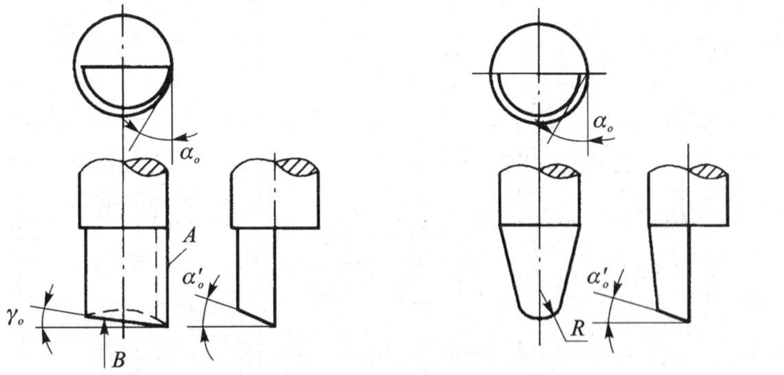

(a) 用于水平底、侧面垂直铣削　　(b) 用于斜侧面、底面有圆弧沟槽铣削

图 3-1-32 模具加工单刃立铣刀

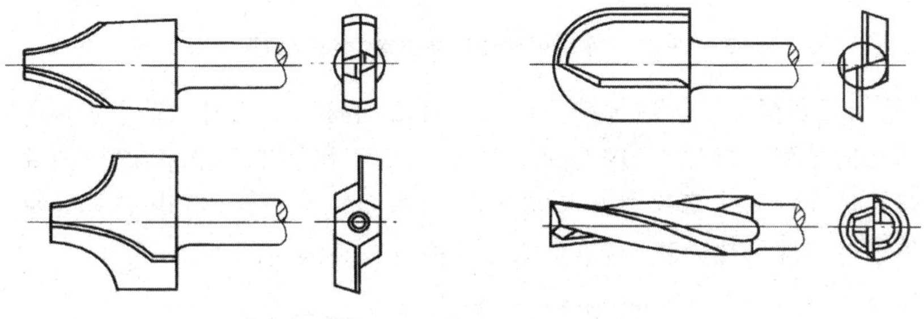

图 3-1-33 模具加工双刃立铣刀

2. 可转位柄式铣刀的结构与刀片规格

(1) 可转位硬质合金立铣刀

可转位硬质合金立铣刀的基本结构如图 3-1-34 所示，由刀片、紧固螺钉和刀体组成。夹紧方式一般常采用上压式，刀片定位方式为面定位。刀片的基本形式分为三角形和平行四边形。

标准可转位硬质合金立铣刀的型号标记如图 3-1-35 所示。

(2) 硬质合金可转位球头立铣刀

如图 3-1-36 所示，硬质合金可转位球头立铣刀适用于模具内腔及有过渡圆弧的外形面

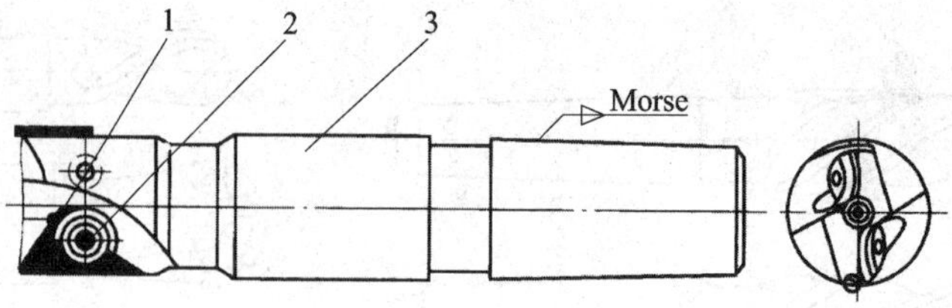

1—刀片;2—紧固螺钉;3—刀体

图 3-1-34　可转位硬质合金立铣刀的基本结构

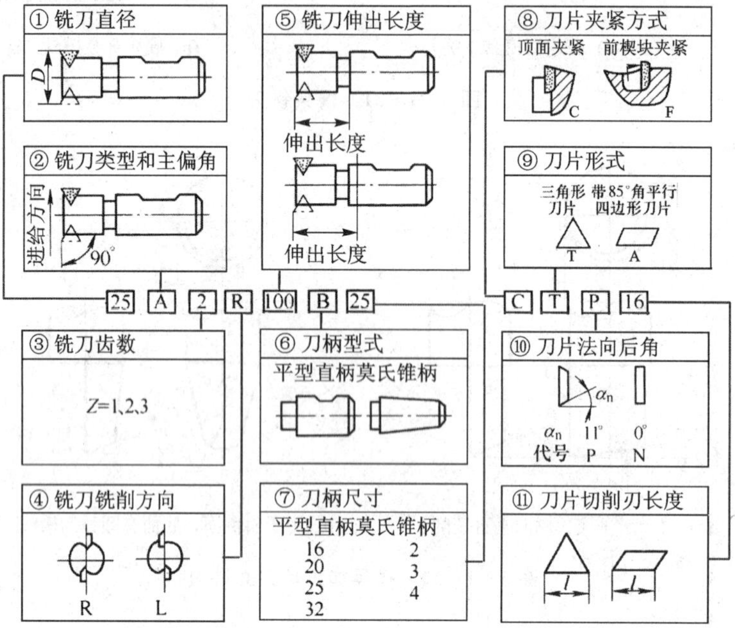

图 3-1-35　标准可转位硬质合金立铣刀的型号标记

的粗加工、半精加工和精加工。这种铣刀可以安装不同材质的刀片,以适应不同的加工材料。铣刀的刀片沿切向排列,可以承受较大的切削力,适用于粗加工和半精加工;刀片沿径向排列,被加工的圆弧或球面由精化刀片圆弧直接形成,故形状精度较高,适用于半精加工和精加工。该铣刀的刀体经过特殊的热处理,高精度的刀片槽有较高的使用寿命。

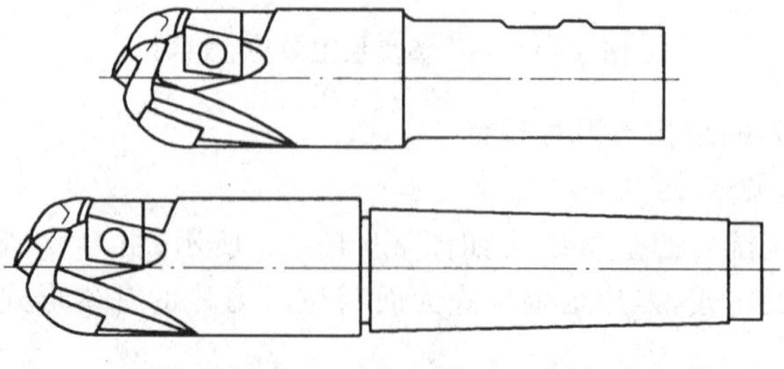

图 3-1-36　硬质合金可转位球头立铣刀

(3) 硬质合金可转位螺旋齿可换头立铣刀

图 3-1-37 所示的硬质合金可转位螺旋齿可换头立铣刀，采用模块式结构，可使一个立铣刀更换 4 个不同的可换头，成为 4 种不同的立铣刀：前端 2 个有效齿的立铣刀、前端 4 个有效齿的立铣刀、有端齿的孔槽立铣刀和球头立铣刀。可换头损坏后，更换方便，缩短了停机时间，提高了生产效率，降低了刀具成本，增加了使用的灵活性，使铣刀具有很宽的应用范围。

3. 模具型面加工成形刀具的刃磨方法

(1) 锥度立铣刀的修磨

锻模和其他各种模具型面常具有定斜度，因此，在模具铣削中，锥度立铣刀是常用的一种刀具。

锥度立铣刀通常是由标准立铣刀、键槽铣刀和麻花钻修磨而成的。当工件材料硬度很高时，也可将硬质合金立铣刀修磨成锥度立铣刀。由于标准立铣刀的前面均已由工具磨床刃磨，因此修磨锥度立铣刀时，主要是棱带和后面的刃磨。

修磨多刃螺旋齿立铣刀时，其锥度一般在外圆磨床上修磨而成，外圆修磨后的刀具没有后角，可由操作人员在较细的砂轮上修磨后面。修磨时，可顺着残留的后面，并沿其螺旋槽一边旋转一边移动，保证外圆留有 0.10 mm 左右的棱带，磨出与原立铣刀圆周齿后角近似的锥面齿后角，如图 3-1-38 所示。双刃的刀具可以手工刃磨锥度和后面，但须检验两刃的对称度(如图 3-1-39 所示)，以免修磨后刀尖、刃口单一切削或错向切削，影响加工精度。

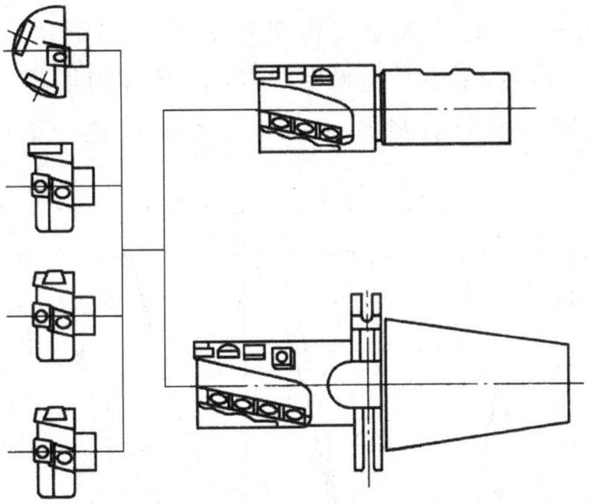

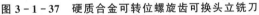

图 3-1-37 硬质合金可转位螺旋齿可换头立铣刀

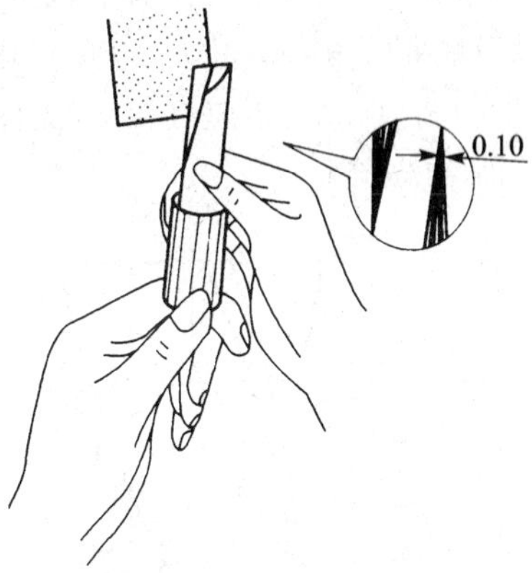

图 3-1-38 修磨锥形立铣刀示意

(2) 球面立铣刀的修磨

球面立铣刀通常用键槽铣刀改制修磨。由于球面立铣刀的切削刃一直延伸到铣刀端面的轴心位置，如图 3-1-40 所示，因此，修磨时不仅需要修磨刃带和后面，还需修磨前面，以使刀具在接近轴心处仍具有切削能力。为了增加刀齿的强度，球面铣刀的后面应沿切削刃修磨成类似铲齿后面的曲面形状，然后将曲面顶部修磨成平面。

对于球面修磨的形状精度，除了可用样板进行检验外，还可以用试切法确定。具体操作时，可先试切出一条球面槽，在机床上转动主轴，检验刀具两刃的对称性，然后用圆柱棒检验槽形，同时观察球面槽表面是否有啃切，刀具后面是否有接触，以此来确定刀具前角和后角的修磨情况，以便再次进行修整。

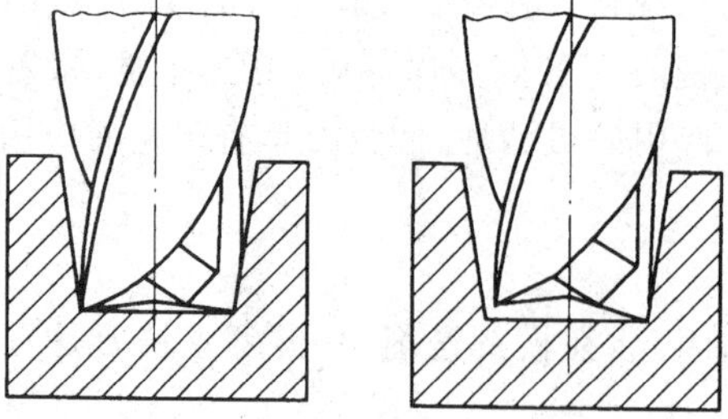

(a) 对　称　　　　(b) 不对称

图 3-1-39　双刃刀具修磨后的对称度检验

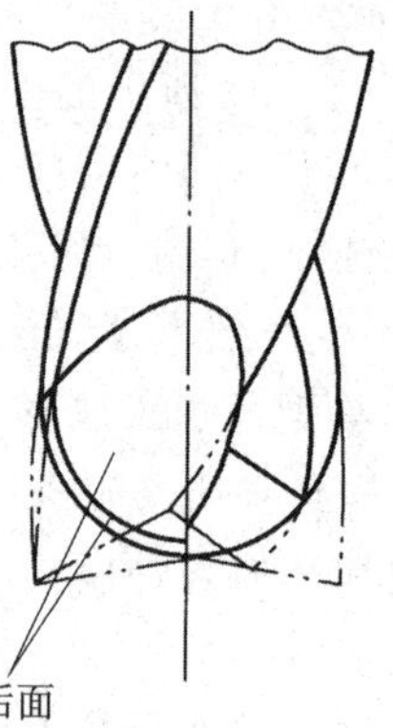

图 3-1-40　球面立铣刀的后面形状

(3) 刀尖圆弧的修磨

在铣削模具型腔时,常要求平面与平面之间以圆弧连接,因此并没有合适的铣刀可选用,而只能选用标准铣刀,并要对刀尖圆弧进行修磨。

修磨刀尖圆弧比较简便的方法是在砂轮上用金刚钻先磨出一条凹圆弧槽,用一块铁板在砂轮凹槽处磨出圆弧面,并用圆弧样板检验后,对砂轮凹槽做精细修正。修磨刀尖圆弧时,应使刀尖圆弧部位的面沿砂轮径向平面,刀具柄部与砂轮外圆成一定角度,以使圆弧与切削刃相切。修磨时,可将刀尖圆弧后面和切削刃一次磨出,后角大小可沿其原有的刀尖倒角后面确定,不宜将后角磨得过大,以免影响刀尖强度。修磨后的刀尖圆弧应与圆周刃相切连接(见图 3-1-41(a)),不应有相交(见图 3-1-41(b))和凹陷(见图 3-1-41(c))。必要时,也可试切后再做修正。

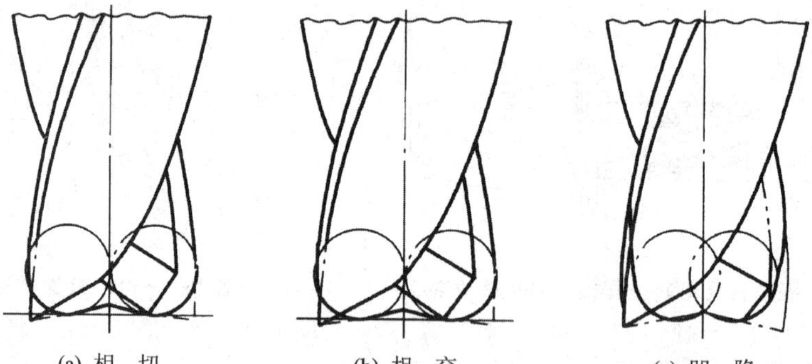

(a) 相　切　　　　(b) 相　交　　　　(c) 凹　陷

图 3-1-41　修磨后的刀尖圆弧

4. 柄式成形铣刀的使用方法

(1) 选用柄式成形铣刀的基本方法

模具加工常用柄式铣刀的分类见表 3-1-6。

可转位柄式铣刀的分类见图 3-1-42。

选用时根据加工部位的几何形状进行选择。

表 3-1-6 模具加工常用刀柄式铣刀的分类

名 称	简 图	用 途
圆柱形立铣刀	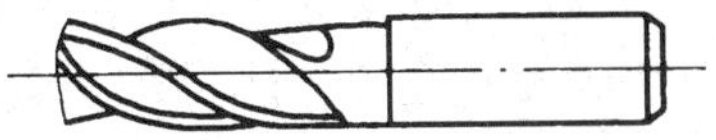	① 各种凹凸型面的去余量粗加工； ② 要求型腔底面清角的加工； ③ 铣凸轮类工件
圆柱球头铣刀	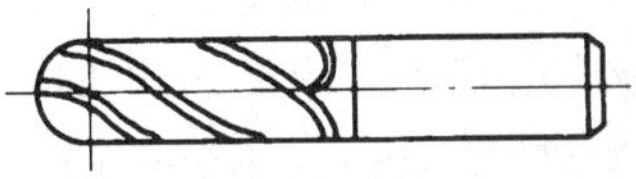	① 各种凹凸型面的半精和精加工； ② 在型腔底面与侧壁间有圆弧过渡时，进行侧壁加工
锥形球头铣刀	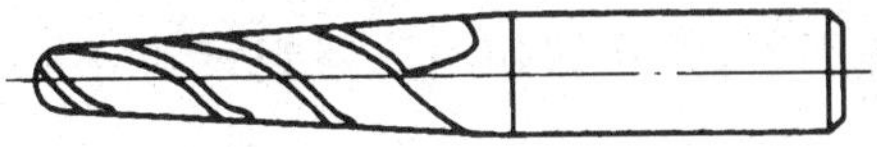	形状较复杂的凹凸型面，具有一定深度和较小凹圆弧的工件
小型锥指铣刀	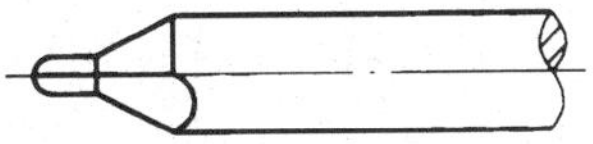	加工特别细小的花纹
双刃硬质合金铣刀	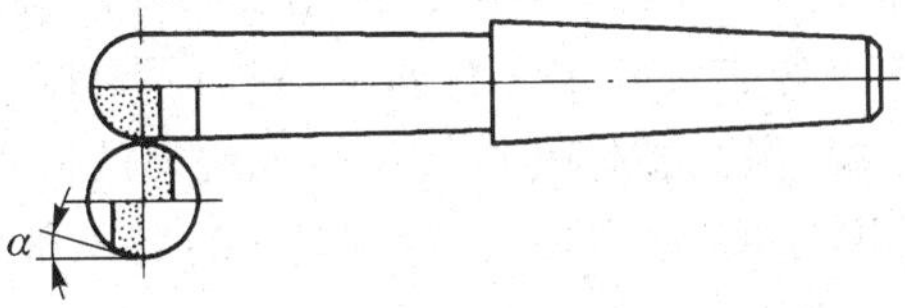	铸铁工件的粗、精加工

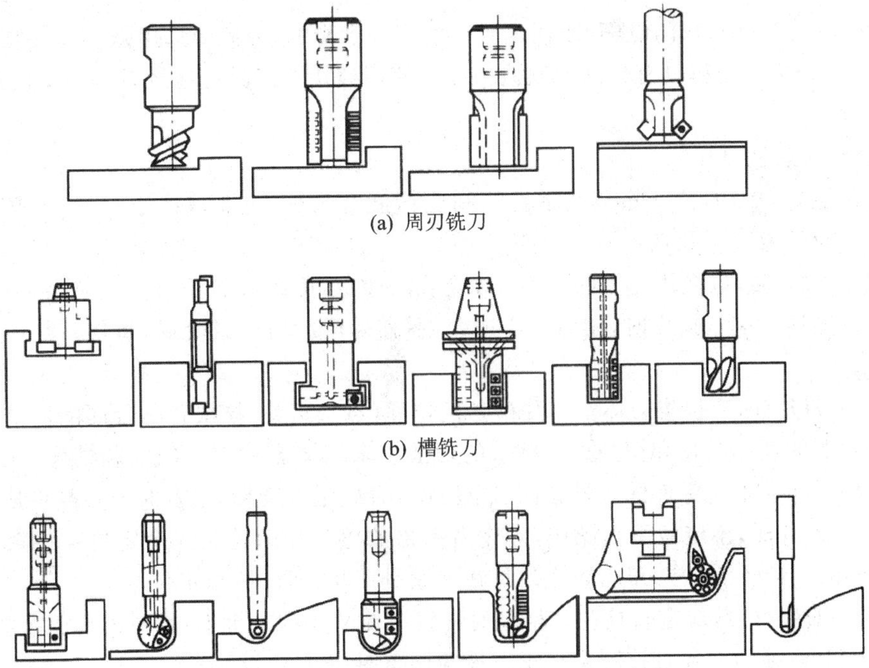

(a) 周刃铣刀

(b) 槽铣刀

(c) 球头铣刀

图 3-1-42 可转位柄式铣刀的分类

(2) 柄式成形铣刀的使用与注意事项

1) 选用合适的铣刀

柄式成形铣刀是用于加工特殊型面和模具型腔的主要刀具,使用前应根据工件型面的几何特征,选择合适的柄式铣刀,包括铣刀的廓形、规格和主要几何参数。如前所述,铣削加工比较平坦的表面或粗加工时,一般可选用圆柱柄式铣刀;铣削加工具有起模斜度的侧面和连接圆弧时,应选用圆锥球头铣刀;铣削加工起伏不大的立体曲面时,可选用圆柱球头铣刀;加工起伏较大的立体曲面时,应选用圆锥球头铣刀;加工比一般圆弧小得多的曲面部位时,可选用篆刻型的球头铣刀;铣削特殊形状的沟槽时,应选用相应截形的柄式铣刀。总之在铣削特殊型面和模具型腔时,应根据加工的材料选用刀具的材料;根据加工部位的几何特征和加工方式,选用适宜的柄式铣刀形式。对于可转位铣刀,应根据不同的切削条件,综合考虑铣刀的结构形式、刀片的材料和形式、容屑槽的结构等因素,并在试切中注意观察和分析,以便选择最合适的铣刀。

2) 选用刚性较好的工艺系统

柄式成形铣刀是一种比较特殊的刀具,要求工艺系统有较好的刚性,否则铣刀很容易损坏或崩刃。

① 使用成形柄式铣刀、可转位柄式铣刀应选用刚性好、精度较高的铣床或专用机床,而在普通旧铣床上使用这类刀具时,应调整好主轴和工作台间隙,并加固机床的床身。对无飞轮的铣床主轴可以安装飞轮,以使铣削平稳,提高整体和可转位柄式铣刀的使用寿命。

② 工件的夹紧机构要有较好的刚性,夹紧力要大,特别是进行特殊部位铣削时,所选用的夹具应保证能承受铣削时的切削力。否则,会使工件松动,铣刀崩刃,严重时会损坏刀体、工件和铣床。

③ 安装铣刀用的刀杆强度和刚性都对铣削有很大影响,因此应选用强度高的材料制造刀杆,装夹刀具的部位均应具有较高的制造精度。使用模块式刀具应注意刀具的连接强度,以免切削时松动。

3) 合理安装铣刀片

可转位柄式铣刀的精度除与其本身的制造精度有关外,主要取决于铣刀片的安装精度。安装铣刀片应注意以下几点:

① 拆装刀片时,应使用专用的扳手。夹紧用的内六角螺钉的施力部位应经常检查,已损坏时要及时更换。夹紧操作时,用力不要过大,不宜采用助力杆或套筒,每块刀片的压紧力要均匀一致。

② 安装刀片前,应检查刀体上刀片槽各定位面(点)、刀垫、楔块各贴合面的清洁度和完好程度。刀垫上的微小杂物和切削刃上粘带的切削粉末均会影响刀片的安装精度,在安装刀片前必须清理干净。上述零件的各贴合面、定位面若有碰毛或变形,应及时修整或更换。

③ 安装刀片时,不应戴手套操作,应凭借手指的感觉使刀片与三个定位点接触。在夹紧过程中,应用一定的力稳住刀片,防止刀片在夹紧是产生位移,脱离定位。

④ 刀片安装好后,应进行检验。检验时可将刀体从铣床上拆下,用对刀检验装置校核,也可在铣床上对调换的刀片直接测量校正。检验调整时应注意:

- 已使用过的切削刃若损坏较大或磨损较严重,不宜再做定位刀边,否则会影响刀片安装精度。
- 校验时,不宜以磨损的刀片切削刃做基准校核新安装的刀片。

➢ 若反复安装校验仍有偏差,应注意检查刀杆、刀垫定位部位是否有损伤或磨损,尤其是当刀片敲坏或发生闷刀现象后,应注意轴向支承块或整体式刀垫是否发生位移。发现有损坏、磨损和位移时,应首先调整和校验定位面(点),然后再重新安装刀片。

4) 合理选择铣削用量

为了合理使用整体柄式铣刀,充分发挥可转位柄式铣刀的切削性能,提高生产效率,保证加工精度,应选择合适的铣削用量。

① 铣削速度——可转位铣刀的硬质合金刀片耐磨性好,因此可以选用较大的铣削速度。加工钢件时,选用 $V_c=2.08\sim4$ m/s;加工铸铁时,选用 $V_c=1.67\sim2.5$ m/s。

② 吃刀量——采用可转位面铣刀铣削软性钢材和灰铸铁时,吃刀量最大可达到刀片长度的 3/4;加工硬质钢材时,选择吃刀量 $a=4\sim6$ mm。

③ 每齿进给量——使用可转位面铣刀铣削钢材时,选择 $f_z=0.15\sim0.3$ mm/r(即铣刀每转中每一刀齿在进给运动方向上相对工件的位移量);铣削灰铸铁时,选择 $f_z=0.2\sim0.4$ mm/r:当机床刚性好,工件表面粗糙度要求不高时,可适当增大每齿进给量,以提高切削效率。具体操作时,应根据机床的刚性和功率,全面考虑并经试切后确定合适的铣削用量。

5) 合理设定铣刀的使用寿命

柄式成形铣刀的容屑槽排屑性能、切削刃强度等相对较差,因此对于刀具的使用寿命,尤其是刀具的使用寿命,需要合理设定和控制,否则会影响加工精度,严重时会导致产生废品。

对于一些直径较小、强度差、廓形复杂的刀具,使用的寿命要严格控制,应经常检查磨损情况,这是成形柄式铣刀使用中必须注意的事项。由于柄式铣刀的磨损部位和磨损规律与加工的过程有密切关系,因此在使用中要注意各部位的磨损程度,对切削负荷较大的部位、使用频率较高的部位应重点关注,以便及时进行刀具的更换。

3.1.5 光学分度头的应用

1. 光学分度头的结构

光学分度头是铣工常用的精密测量和分度的一种光学量仪。根据仪器所带的附件,可有各种不同的用途。例如带有尾座和底座的光学分度头可以测量花键轴、拉刀、铣刀、凸轮、齿轮等工件,以及带有阿贝测量体则可测量凸轮轴等工件。近年来,采用光栅数字显示等新技术,提高了仪器的精度,使光学分度头读数更为方便。光学分度头按读数方式分为目视式、影屏式和数字式,按分度值分类,有 1′、30″、20″、10″、5″、3″、2″、1″等规格。其中,10″分度头的使用较广泛。

(1) 光学分度头的基本结构

光学分度头有不同的种类,但其结构、光学系统和分度方法基本相同,只是光学系统的放大倍数有所区别。由于光学系统不同,因此分度头的读数和精度也相应有所差别。最常见的光学分度头的基本结构如图 3-1-43 所示。

光路图如图 3-1-44(a)所示。圆刻度盘和主轴是一起转动的,圆刻度盘 5 上的刻线在游标刻度盘 8 上所成的像和其上的“秒”值游标刻度尺一起再经过中间透镜组 9 成像在可动分划板 10 上,然后经目镜 13 放大后观测。

视场图如图 3-1-44(b)所示。图中左侧长刻线是度盘刻线像,刻度值为 1°,中间是“分”值刻度尺,刻度值为 2′,分值刻度尺刻在可动分划板 10 上,在可动分划板 10 上还刻有两根短线组成的双刻线(见图 3-1-44(b)中 41°刻线两侧)。可动分划板 10 由微动手轮 11 通过蜗杆

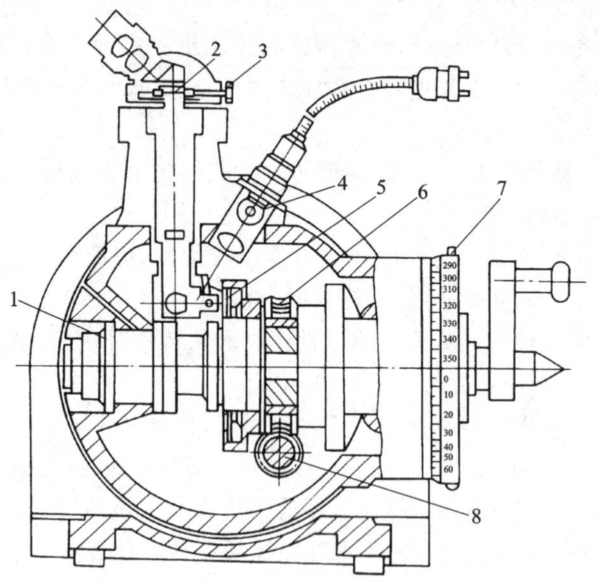

1—主轴;2—可动分滑板;3—微动手轮;4—光源;5—圆刻度盘;6—蜗轮;7—外刻度盘;8—蜗杆

图 3-1-43　光学分度头的基本结构

副传动。图 3-1-44(b)中右面刻度是"秒"值游标刻度尺(此刻度尺是游标刻度盘 8 上刻线的成像,是固定不动的),刻度共 12 格,分度值为 10"。

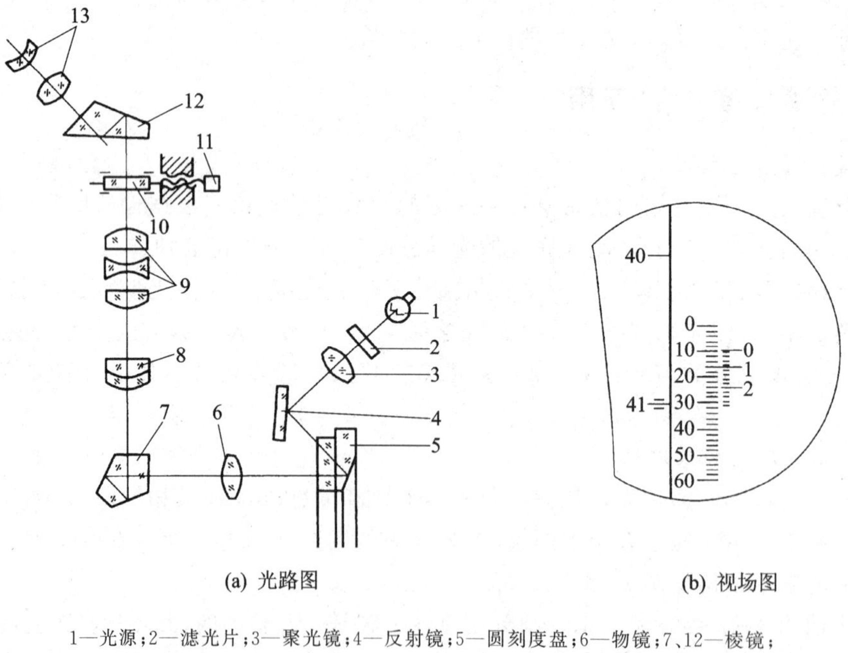

(a) 光路图　　(b) 视场图

1—光源;2—滤光片;3—聚光镜;4—反射镜;5—圆刻度盘;6—物镜;7、12—棱镜;
8—游标刻度盘;9—中间透镜组;10—可动分划板;11—微动手轮;13—目镜

图 3-1-44　光学分度头

读数时,应按以下步骤进行:

① 将可动分划板 10 上的双刻线套准在"度"刻线上,读出"度"数值。

② 根据右面"秒"值刻度尺的0°线指向中间的分值刻度尺的对应位置，读出"分"数值。

③ 根据右侧"秒"值刻度尺上某一"秒"值刻线与中间"分"值刻度尺上某一刻线对准某一直线的位置，读出"秒"数值。

按照以上步骤读数，视场图显示的位置读数应为41°8′40″，如图3-1-44(b)所示。

(2) 光学分度头的主要结构简介

光学分度头的主要零件是圆刻度盘和主轴，圆刻度盘一般安装在圆盘框内，与主轴连接后一起转动。主轴支承在前后两个轴承内，前端为圆锥轴承，能保证主轴的同轴度，后轴承一般与补偿环一起，起支承和推力轴承作用，以保证、调节主轴的轴向间隙和顶隙，尾端有用于主轴固定和调节的螺母。主轴是空心轴，前部是莫氏4号的内锥孔，用以安装锥形顶尖和心轴，并可使用拉紧螺杆，将心轴与主轴连接成一体。前端装有外刻度盘，外刻度盘起粗略读数的作用。主轴上设有回形锁紧盘，壳体上设有锥形锁紧手柄，转动锁紧手柄可使螺杆和钩形套件相对移动，顶动铜制小轴和钩形套同时将锁紧盘外侧壁夹紧，使主轴固定在任意位置上。

传动机构主要由蜗杆副组成，用螺母将蜗杆固定在主轴上。蜗杆安装在偏心套内，并通过与之键连接的拨杆和弹性连接的拨杆套的转动，实现微量改变蜗杆副的中心距来调节蜗轮蜗杆的啮合间隙，也可使蜗轮蜗杆脱开，以使主轴自由转动。蜗杆与手轮通过离合器连接，微动手轮与手轮之间用锥齿轮传动。当主轴锁紧时，离合器自动脱开；主轴未锁紧时，转动手轮和微动手轮可带动蜗杆副使主轴转动和微动。在调整蜗杆副啮合间隙时，可由目镜观察手柄正反转动时的度盘刻度像的移动进行检查。注意避免蜗杆副啮合间隙过小，间隙过小会使主轴转动不灵活，蜗杆副磨损加快，同时还将产生附加误差。

读数显微镜一般安装在镜管座内，并用螺钉固定在壳体上，目镜座可绕显微镜中心轴线做360°回转，以便于观察和读数。

1′光学分度头读数装置的结构如图3-1-45所示。物镜6是5×，目镜7是12×，显微镜的总倍数是60×，度盘刻线像的放大倍数不正确时，可调节物镜6到分刻线尺2的距离，松开顶丝5，用螺母4来调整物镜6的位置，通过螺母11、12、13调整镜管10的相对位置，即改变物镜6和分划板2的距离，或松开螺钉3微小转动和调整分划板2的位置，以消除视差，同时应保证靠近度盘的物镜6对准度盘刻线；当视场内度盘刻线像与分划板刻线尺不平行时，应转动镜管10，使物镜6的轴线与度盘垂直；当视场内半边明半边暗、光亮度不均匀时，可松开顶丝8，转动偏心环9，使反射镜位置做微小改变。

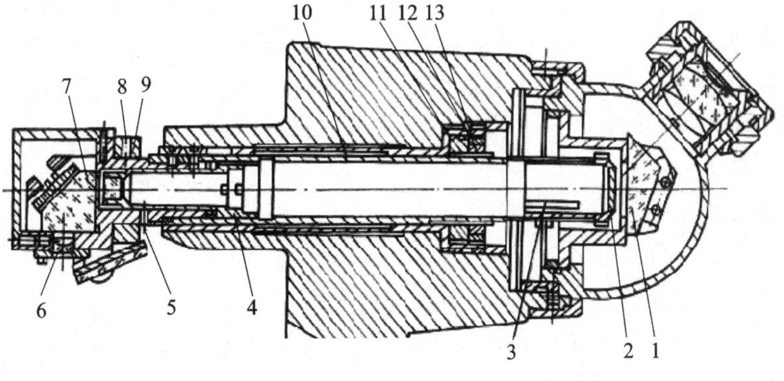

1—棱镜；2—分刻线尺；3—螺钉；4—螺母；5、8—顶丝；6—物镜；7—目镜；9—偏心环；10—镜管；11、12、13—调整螺母

图3-1-45 1′光学分度头读数显微镜的结构

图 3-1-46 所示为 2″光学分度头的度盘及其读数装置的光学系统图。它的标准度盘分度值为 20′,采用的是双刻线式分度,有利于提高读数对准精度。其读数装置采用了双臂点对称式符合成像系统,可以消除度盘偏心给测量带来的误差。由图中可知,光源 1 经滤光片 2,转向棱镜 3 分为两路,然后各自通过聚光镜组 4 和棱镜 5,照亮度盘 6 对径上的两组刻线。这两束光线通过棱镜 7、物镜组 8、棱镜 9 及可摆动的平板玻璃 10,将对径两组刻线成像在棱镜 11 的复合面上。复合像又经物镜组 12 再次成像在秒分划板 13 和读数窗上。秒分划板为圆周刻度,分度值为 2°,测量范围是 0′～20′。

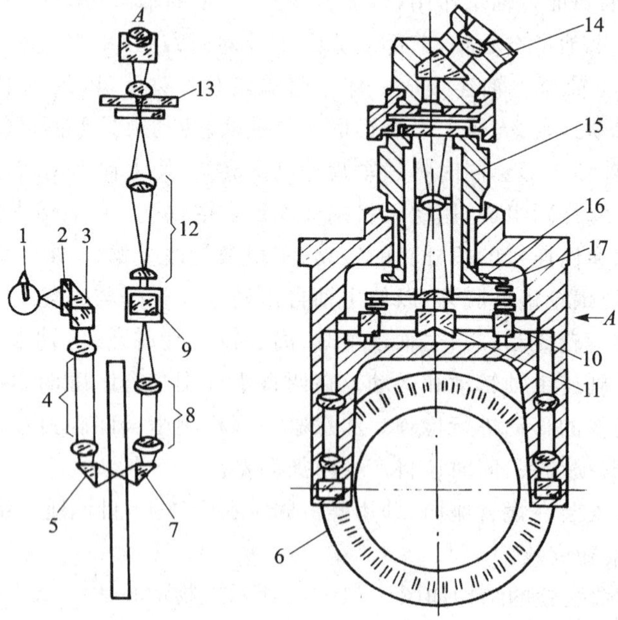

1—光源;2—滤光片;3—转向棱镜;4—聚光镜组;5、7、9、11—棱镜;6—度盘;8—物镜组;10—平板玻璃;12—物镜组;13—秒分划板;14—目镜;15—套环;16—凸轮;17—杠杆机构

图 3-1-46　2″光学分度盘及读灵敏装置光学系统

(3) 光学分度头的主要技术参数

10′光学分度头的主要技术参数如下:

角度测量范围	0°～360°
"度"分度值	1°
"分"分划板分度值	2′
"秒"度盘分度值	10"
金属度盘分度值	1°
壳体旋转度盘分度值	6′
分度头距基面的中心高	130 mm
放大倍数	40×
主轴倾斜范围	0°～90°
主轴锥孔	莫氏 4 号

示值精度	20″
可测零件最大承重	80 kg

(4) 数显光栅分度头

数显光栅分度头属于数字式光学分度头。

比较典型的数显光栅分度头的分数值为 0.1″,最大示值误差为 1″。

分度基准元件是光栅盘,盘上刻有 21 600 条径向辐射的刻线(即相邻刻线间的夹角为 1′),在主光栅盘后面放置三块与光栅盘栅距相同的固定光栅及三块硅光电池 A、B、C。其中 A、B 用于分度和计数,C 用于辨别主轴转动方向。此外还设有两块硅光电池 D、E,用以消除 A、B、C 的直流分量。

当主光栅盘相对固定光栅转动时,莫尔条纹就按径向移动,通过定点的条纹光强变化由硅光电池转换为近似正弦的电信号,在经过差动放大器、整器和门电路,并根据主轴转动方向不同输出"+"或"−"脉冲,最后送入可逆计数器并由数字显示出来。这种电子计数的脉冲当量为 1′,即当机械转角为 1′光栅盘也转过 1′,数字显示器依次逐"分"显示出来,到 60′进位至度。

角度的秒值由装有一套精度很高,结构简单可靠的弹性测微装置带动固定光栅绕主轴中心线作微量转动,以对光栅刻线间隔进行细分,并通过数码盘"秒"的显示器显示出来,每次读数必须把显示光栅信号的对 0 表对 0 后方可读数。这种仪器通常用于高精度零件的圆周角度及精密机床上加工中的分度装置。

2. 光学分度头的使用方法

(1) 用光学分度头测量铣床机械分度头的误差

测量方法如图 3-1-47 所示,具体操作步骤如下:

① 用连接轴 2 把铣床分度头 3 和光学分度头 1 连接在一起,连接轴 2 两端的外锥体应与两分度头主轴锥孔紧密配合。若两分度头中心高不一致,可通过平行垫块进行调整,也可把铣床分度头 3 支承在圆柱 4 上,使之处于自由调位的状态。

② 脱开光学分度头 1 的蜗杆和蜗轮,使其主轴可以自由转动,并调整好显微目镜中的视场。

③ 摇动铣床分度头的分度手柄,分度手柄每转一转,通过光学分度头 1 可读出铣床分度头 3 的主轴实际回转角,并求出这些实际回转角与名义回转角的差值。

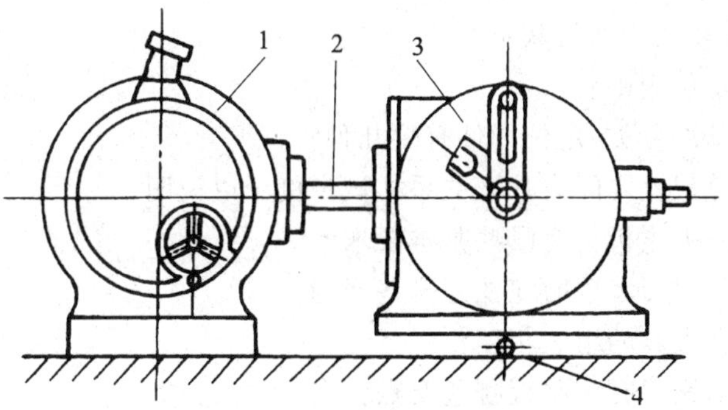

1—光学分度头;2—连接轴;3—铣床分度头;4—圆柱

图 3-1-47　测量铣床分度头的分度差

④ 在铣床分度头3主轴回转一周后,找出实际回转角和回转角40个差值中的最大值与最小值之差,即为铣床分度头蜗轮转一转的分度误差。

⑤ 改变分度手柄的转向,在主轴顺时针旋转和逆时针旋转时各测量一次。

⑥ 调整分度插销位置,使手柄转过 α 角,蜗杆转动 $1/z$ 转,其中 z 在8～12范围内按分度盘和蜗杆特性选择。

⑦ 摇动分度手柄,分度手柄每转过 α 角,测量一次主轴的实际回转角与名义回转角的差值。

⑧ 在蜗杆转过一整转后,找出实际回转角与名义回转角 z 个差值中的最大值和最小值之差,即为分度头蜗杆转一转内系统的分度误差。

⑨ 改变蜗杆在蜗轮圆周上的位置,选择三个以上不同的检测啮合位置,并在同一位置上检测顺、逆时针两个方向旋转时的分度误差。

(2) 用光学分度头测量工件的中心夹角和等分精度

现以外花键的测量为例,介绍具体操作步骤如下:

① 把外花键装夹在分度头和尾座两顶尖间,工件与主轴通过鸡心卡头与拨盘连接。

② 转动光学分度头手柄和微动手轮,使视场图中度、分、秒值均处于零位。

③ 调整鸡心卡头、拨盘螺钉,并用指示表测出工件上某一键侧的相对位置。

④ 用指示表逐一测量各键的同一侧,保持原表针读数不变,记录相应的光学分度头实际回转角,计算出与图样要求的名义回转角的差值。

⑤ 在各个差值中,最大差值即为等分误差,各差值为相邻键之间的中心角误差。

思考与练习

1. 简述新铣床验收的步骤和方法。
2. 铣床大修后的验收应注意哪些事项?
3. 立式和卧式升降台铣床的精度检验项目各有哪些?
4. 如何进行铣床的工作精度检验?
5. 铣床的精度对铣削精度有哪些影响? 试举两例予以说明。
6. 怎样进行铣床故障的诊断和分析?
7. 铣床的常见故障有哪些?
8. 试举例说明X5040铣床常见故障两至三项,分析其原因,并提出排除故障的方法。
9. 定位与夹紧有什么区别与联系?
10. 什么是六点定位规则?
11. 按典型定位基准分类,定位元件有哪几种?
12. 公差与加工总误差之间有什么关系? 试举例予以说明。
13. 铣床夹具常用夹紧机构有哪些基本要求?
14. 使用铣床夹具对刀装置时应注意哪些问题?
15. 怎样提高组合夹具的组装精度?
16. 使用柄式成形铣刀时应掌握哪些要点?
17. 刃磨模具铣刀应注意哪些事项?
18. 光学分度头的光学系统由哪些部件构成?

课题二　难切削材料和复杂连接面工件加工

教学要求

◆ 掌握难切削材料的种类和特点，熟练运用常见难切削材料工件的铣削方法。

◆ 掌握提高难切削材料铣削加工的改善措施。

◆ 掌握薄形、大型工件、复杂连接面和复合斜面的铣削加工方法。

3.2.1　难切削材料工件加工

1. 难切削材料的分类

（1）难切削材料的基本知识

随着现代工业的飞速发展，应用于机械零件和各类模具的金属材料有了许多新品种，还有许多国外的新品种金属材料。这些材料往往具有强度高、耐高温等特点。通常这些材料中含有各种合金元素，因而使切削加工十分困难，被称为难切削材料。

与一般材料相比较，难切削材料的切削加工性能差，主要反映在以下几方面：

➢ 刀具的使用寿命降低，刀具在较短的时间内进入急剧磨损期，失去原有的切削能力。

➢ 切屑形成和排除比较困难，切屑的形状、大小不规则，颜色与一般金属材料不同，排屑的方向不稳定。

➢ 切削力与单位切削功率大，与一般材料余量相等的切削层，材料的变形抗力增大，切削时刀具与机床的振动大，切削速度受到较大限制。

➢ 加工表面的质量差，表面粗糙度值增大，即使在较小的切削余量情况下，也较难达到所要求的表面粗糙度要求。

工件材料的加工性能还可以与45钢切削加工性能相比较，以相对切削加工性系数表示。在实际生产中，衡量切削性能难易程度时，可与一般的金属材料切削性能相比较，只要上述几方面中有一项较明显，便应在切削时按难切削材料进行分析，并采取相应的措施。

常见的难切削材料有高锰钢、淬火钢、高强度钢、不锈钢、钛合金以及纯金属（如纯铜）等。

（2）影响难切削材料切削加工性能的主要因素

影响难切削材料的切削加工性能的主要因素包括强度和硬度高、塑性和韧性大、传热系数低、加工硬化现象严重等物理力学性能。

1）硬度和加工硬化现象

材料的切削加工性能随着材料的硬度提高而变差。高强度钢、淬火钢等难切削材料硬度比较高，而不锈钢、高温合金钢和某些高锰钢的切削加工硬化严重。由于材料硬度高、加工硬化现象严重，会导致切应力增大，而使切应力增大，切削温度升高，刀具磨损加快，从而影响难切削材料的切削加工性能。

2）强度和热强度

难切削材料的强度一般都很高，有些合金材料（如镍基合金）在一定温度下，抗拉强度会达到最大值。由于材料强度高，导致切削时切入阻力增大，因而所需的切削力和切削功率增大，切削的温度也很高，刀具磨损加快，从而影响难切削材料的切削加工性能。

3）塑性和韧性

塑性大的材料，其塑性变形抗力增大，故切削力也增大，切削时产生的温度很高，刀具容易产生黏结磨损和扩散磨损，致使工件表面粗糙值增大，刀具寿命降低。塑性较小的难加工材料(如钛合金)，由于塑性变形小，切削与刀具前面接触长度短、切削负荷集中在刀具切削刃上，使刀尖、切削刃附近温度升高，从而加剧了工件的磨损。由此可见，塑性较大和较小的难切削材料均会使其切削加工性能变差。材料的韧性，主要影响切削的断屑，由于铣削是断续切削，因此影响也比较小。

4）热导率低

难切削材料的热导率较低，因此切削热的传递比较困难，不容易通过工件散热，也很难被切削带走，切削过程中所产生的热量集中在切削刃附近从而加快了刀具磨损，影响材料的切削加工性能。

(3）难切削材料分级与分类

1）难切削材料的分级

难切削材料可按其相对切削加工性能进行分级，切削加工性能是指切削加工材料的难易程度，通常将材料的切削加工性分为 8 级。材料的切削加工性通过相对切削加工性系数 K_v 判定。相对切削加工性系数 K_v 按下式计算确定：

$$K_v = \frac{v_L}{v_J}$$

式中：K_v——相对切削加工性系数；

v_L——与切削基准材料相同条件下切削其他材料所能达到的切削速度；

v_J——基准材料(45 钢)在一定刀具寿命条件下所能达到的切削速度。

当 $K_v > 1$ 时，表明该种材料比 45 钢易切削；当 $K_v < 1$ 时，表明该种材料比 45 钢难切削。

① 稍难切削材料：其相对切削加工性系数在 0.65～1.00 之间，代表性材料有调质 2Cr13、85 钢。

② 较难切削材料：其相对切削加工性系数在 0.50～0.65 之间，代表性材料有调质 40Cr、调质 65Mn。

③ 难切削材料：其相对切削加工性系数在 0.15～0.50 之间，代表性材料有调质 50CrV、1Cr18Ni9Ti 以及某些钛合金。

④ 很难切削材料：其相对切削加工性系数小于 0.15，代表性材料有某些钛合金、铸造镍基合金。

2）典型难切削材料的分类

不锈钢的相对加工性系数见表 3-2-1。

表 3-2-1 不锈钢的相对加工性系数

类别	奥氏体不锈钢	马氏体不锈钢			铁素体不锈钢		奥氏体+铁素体不锈钢
		硬度/HRC			Cr 的质量分数/%		
		<28	28～35	>35	16～18	25～30	
相对加工性系数 K_v	0.5～0.7	0.9～1.1	0.8～0.9	0.5～0.6	0.8～0.9	0.6～0.8	0.4～0.6

注：45 钢的 K_v=0.1。

不锈钢的分类见表3-2-2。

表3-2-2 不锈钢的分类

类 别	特 点
马氏体不锈钢	其基本组织是马氏体。这类不锈钢可经热处理强化，强度较高，适用于制造在弱腐蚀介质中工作并且要求高强度及耐磨的零件。 马氏体不锈钢在退火状态下，塑性高，韧性大，切削很困难；而在淬火后，切削加工性主要取决于硬度，硬度在38HRC以上者，加工起来很困难。 典型的马氏体不锈钢有1Cr13、2Cr13、3Cr13、4Cr13C、9Cr18
铁素体不锈钢	其基本组织是铁素体。这是一类常温耐蚀不锈钢，其特点是强度、硬度低，塑性好，耐热性差。不能用热处理方法来改变其力学性能。 铁素体不锈钢是比较容易加工的一类不锈钢。当其Cr的质量分数为16%～18%时，切削加工性较好，与中等硬度的马氏体不锈钢相类似；但Cr的质量分数增至25%～30%时，则加工起来就比较困难。 典型的铁素体不锈钢有0Cr13、1Cr17Ti、1Cr28、1Cr17Mo2Ti等
奥氏体不锈钢	其基本组织是奥氏体，这时不锈钢除了具有较高的Cr的质量分数（质量分数18%）外，还含有大量的Ni(8%～25%)，是一种非磁性的铬镍钢。奥氏体不锈钢不能经热处理强化，但冷作硬化倾向大。其特点是高温耐蚀性、高温强度、塑性及韧性好，因此用途较广。这类不锈钢的切削加工性要比以前两类不锈钢差很多。 典型钢种有0Cr8Ni9、1Cr8Ni9、2Cr8Ni9、1Cr18Ni9Ti等
奥氏体+铁素体不锈钢	这类不锈钢与奥氏体不锈钢类似，但在组织中含有一定量的铁素体。奥氏体+铁素体不锈钢难以变形，但有对晶间腐蚀不敏感的特点，且有弥散强化的倾向（经过一定的热处理后，会从晶粒内析出颗粒较小的碳化物、氮化物等硬质点），从而提高其力学性能。这类不锈钢比奥氏体不锈钢更难切削。 典型钢种有1Cr21Nr5Tr、1Cr18Mn10Ni5Mo3N、0Cr17Mn13Mo2N等

高温合金钢的分类见表3-2-3。

表3-2-3 高温合金的分类

类 别	特 点
镍基高温合金	它是以金属镍为基准的合金，为目前抗氧化性能最稳定的一类材料，典型的牌号有GH4033 、K403等。镍基高温合金的切削加工性很差
铁基高温合金	它是以金属铁或铁-镍为基准的合金，后者也称为铁-镍基高温合金，它们的抗性氧化性不如镍基高温合金，而高温强度又远不如钴基高温合金。但由于镍含量低，价格较低，故使用较广。典型牌号有GH2036、GH2135等。铁基高温合金的切削加工性要比镍基或钴基高温合金好些，与奥氏体不锈钢相似
钴基高温合金	它是以金属钴为基体的合金，其特点是高温强度高，可耐1000℃以上的温度，典型牌号有K640等。钴基高温合金的切削加工性比镍基高温合金略好

注：高温合金除按化学成分分类外，还可按其生产工艺分为变形高温合金及铸造高温合金两大类，前者高温塑性好，能接受锻造等压力加工成型，后者含有较多的W、Mo、Ti、Al等强化元素及较高的含碳量，塑性差，只能在铸态下使用。铸造高温合金比变形高温合金更难以切削加工。

钛合金的分类见表3-2-4。

表3-2-4 钛合金的分类

类 别	特 点
α钛合金	其组织为单一的密排六方晶格的α相组织。α钛合金的特点是高温性能好(可在500℃高温下长期工作),抗氧化能力强,但不能热处理强化,常温强度低。典型的牌号有TA7、TA8等。α钛合金是钛合金中较容易加工的一类
β钛合金	其组织为单一的体心立方晶格的β相组织,β钛合金的特点是冷变形塑性好,可通过热处理强化,常温强度高,但热稳定性较差,不宜在高温条件下工作。典型的牌号有TB1、TB2等。β钛合金的切削加工性较差
(α+β)钛合金	其具有α及β双相组织,其特点是具有较高的常温及高温强度,塑性及韧性良好,可进行热处理强化,因而用途较广。典型的牌号有TC1、TC4等。(α+β)钛合金的切削加工性介于前两类之间

2. 难切削材料的铣削特点与改善措施

(1) 难切削材料的加工特点

由于铣削不同于其他切削加工,如多切削刃铣刀的结构和材料,顺铣和逆铣方式,铣削过程中切削的形式与排出方式等因素,因此铣削加工难切削材料时具有以下特点:

1) 铣削温度

在铣削难切削材料时,铣削温度一般都比较高,主要原因如下:

➢ 当加工难切削材料的工件需要采用成形铣刀时,因成形铣刀前角很小,故切入困难,切削阻力大,切削温度高。以铣削涡轮叶片和转子为例,为了保证叶根形状,须用成形铣刀(见图3-2-1)铣削耐热不锈钢,铣削阻力大,从而使铣削温度增高。

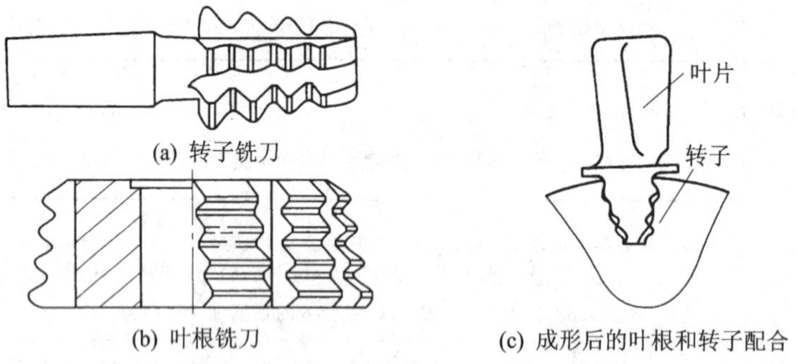

图3-2-1 铣削涡轮转子和叶片的成形铣刀

➢ 材料的传热系数低,铣削时的切削热不宜通过工件和切削散热。

➢ 材料热强度高,如镍基合金等高温合金,当温度达到500~800℃时,抗拉强度达到最大值。由于抗拉强度增大,铣刀切入工件的切削阻力增大,从而产生更多的切削热。

➢ 逆铣时,铣刀前面、后面与工件接触,摩擦变形因材料强度高而增大,导致切削温度升高,如图3-2-2所示。

➢ 采用强力铣削和高速铣削时,因刀具材料需要较高的铣削速度,因此切削温度较一般加工高得多。

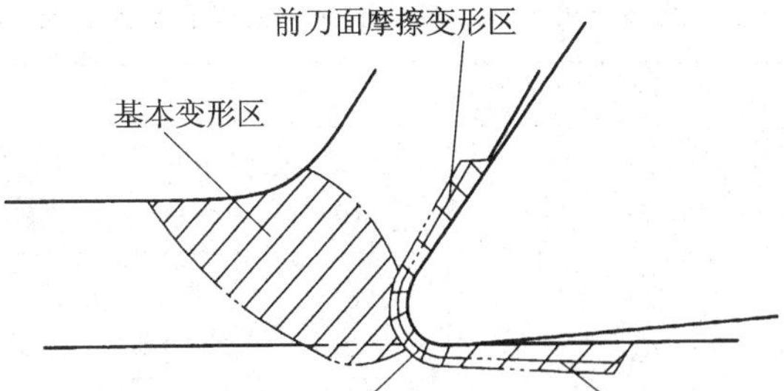

图 3-2-2 逆铣时铣刀前面、后面与工件接触摩擦变形示意图

2）铣削力与单位铣削功率

由于材料塑性变形大，铣削温度高，因此难切削材料的强度和高温强度都比一般钢材大得多。因此，铣削难度切削材料时切削阻力大，所需的铣削力和单位铣削功率比铣削普通碳素钢等一般材料大得多。

3）铣削中的塑性变形和加工硬化

难切削材料中的高温合金和不锈钢等变形系数都比较大。变形系数随着铣削速度由0.5 m/min开始增加，当铣削速度达到 6 m/min 左右时，变形系数则达到最大值。由于铣削过程中，铣削速度较高，采用高速铣削则铣削速度更高，因此形成切削时的塑性变形以及加工表面与切削表面的塑性变形都比较大，从而使金属产生硬化和强化，切削阻力也相应增大。例如铣削高温合金、高锰钢和奥氏体不锈钢等难切削材料时，其硬化的程度和深度与 45 钢相比要高好几倍。

4）铣刀磨损限度与使用寿命

由于难切削材料铣削中硬化程度严重，切削强韧，同时铣削温度高，致使铣刀磨损加快，使用寿命缩短。此外，在铣削中，如果强韧的切削流经前面，产生黏结和熔焊现象，会堵塞容屑槽，影响切削排出，容易造成打刀崩刃，从而影响铣刀的使用寿命。

难切削材料的切削加工性能差，给铣削工作带来很大的困难，因而不能采用与普通材料相同的加工方法，应根据难加工材料的特点采取必要的改善措施。

(2) 铣削难切削材料的改善措施

根据难切削材料的特点，铣削时通常可从以下几方面采取措施予以改善。

1）选择适用的刀具材料

铣削难切削材料时，应根据材料特点合理选择铣刀切削部分的材料，如选择硬度和高温硬度均较好的含钴含铝的 W12Cr4V5CO5 和 501 等新型高速钢。

常见的 W6Mo5Cr4V2Al 是一种含铝无钴的超硬型高速钢，不仅具有较高的硬度和高温硬度，而且韧性优于含钴高速钢，适用于制作各种高速切削刀具，适用于加工合金钢、高速钢，不锈钢和高温合金等。此种材料的铣刀使用寿命比 W18Cr4V 高 1～2 倍或更多。

在使用可转位铣刀或分体式硬质合金刀具时，应合理选用硬质合金，常用的如 M10 (YWI)、M20(YW2)、K20(YA6)等。通用硬质合金主要用作耐热钢、高锰钢及高合金钢等难切削材料的切削刀具。加工难切削材料时，还可选用其他硬质合金。

用于加工难切削材料的硬质合金牌号见表 3-2-5。

表 3-2-5 用于加工难切削材料的硬质合金牌号

难加工材料名称	推荐使用的硬质合金牌号	硬质合金性能			硬质合金特点
		密度/(g·cm^{-3})	硬度/HRC	抗弯硬度/MPa	
淬火钢	600	14.6～14.9	≥93.5	≥1000	在较高的温度下,具有高硬度、高耐磨和高热强性
高温合金淬火钢	610	14.4～14.9	≥93	≥1200	具有良好的热强性和高耐磨性
高温合金不锈钢	643	13.6～13.75	≥93	≥1500	有较高的耐磨性、抗氧化性和抗黏结能力
高硬度合金钢	707	11.8～12.5	≥92	≥1450	耐磨性高,有较好的综合能力
>60HRC淬火钢	726	13.6～14.5	≥92	≥1400	红硬性高,耐磨性好
>60HRC超高硬度钢	758	13.0～13.5	≥91.5	≥1450	高温硬度高,耐磨性好
高锰钢不锈钢	767	13.0～14.0	≥91.5	≥1500	耐磨性好,抗塑性变形能力好
	798	11.8～12.5	≥91.5	≥1500	韧性好,具有很高的抗热震裂性和抗塑性变形能力
高温合金奥氏体不锈钢高锰钢	813	14.05～14.10	≥91.0	≥1600	耐磨性好,有较高的抗弯强度和抗黏结能力

2）选择合理的铣刀几何参数

采用整体铣刀和镶齿铣刀时,因几何参数已经确定,这时应根据材料的物理力学特性和铣刀的几何参数,通过试切等方式合理选用铣刀。为了适应难切削材料的铣削要求,还可以根据铣削振动、刀具磨损、排屑和表面粗糙度等情况,对铣刀进行改制和修磨,改变铣刀的几何参数,改善切削加工性能。采用可转位刀具和分体式硬质合金铣刀盘铣削时,对于硬度低、塑性好的材料,在保证刀具强度的前提下,应采用较大的前角和后角。铣削高温合金材料时,应采用较大的螺旋角和刃倾角,对于塑性和韧性较好的材料,可修磨断屑槽,以改善切屑的形成与排出。

3）选择合理的铣削用量

铣削的选择应考虑刀具的使用寿命,而刀具的使用寿命取决于刀具的磨损情况。根据实验数据,若采用高速钢铣刀铣削高温合金则在 750～1000 ℃时磨损较慢。因此,选择合理的铣削速度可有效提高切削材料加工时铣刀的使用寿命。具体操作时,可先分析难切削材料的类别,按对应的相对切削加工系数降低铣削速度,根据铣削振动等情况适当降低进给量等铣削用量,然后通过试切,根据刀具磨损等情况进行调整,最后确定比较合理的铣削用量。

4)选择合适的铣削方式

对一些塑性变形大/热硬度高和冷硬程度严重的材料,宜采用顺铣。采用端铣时,也应尽可能采用不对称顺铣。由于采用顺铣时切屑黏结接触面积小,故切屑在脱离工件时对刀具前面压力比较小，可避免逆铣时切削刃在冷硬层中的挤压，减少铣刀的磨损。因此，顺铣可有效提高铣刀的使用寿命并可使加工表面获得较小的表面粗糙度值。

5）选择合适的切削液

采用高速钢铣刀铣削，一般采用水溶性切削液；采用硬质合金铣刀铣削，宜采用油类极压切削液。另外，还可以通过试切，选择极压乳化液、硫化乳化液、氯化煤油等作为铣削难切削材料的切削液。

6）合理确定铣刀磨损限度和使用寿命

铣削硬化现象严重的材料，铣刀的磨损限度值不宜过大。硬质合金面铣刀，粗铣磨损限度为0.9～1.0 mm，精铣为0.6～0.8 mm；高速钢铣刀，粗铣为0.4～0.7 mm，精铣为0.15～0.50 mm。加工难切削材料的铣刀使用寿命：对不锈钢为90～150 min；对高温合金和钛合金等材料，铣刀使用寿命还要短。具体确定时，还需根据铣削用量、铣刀类型和系统刚性等因素综合考虑。

7）改善和提高工艺系统的刚性

铣削难切削材料时，由于切削阻力比较大，因此切削振动和冲击都相应增大。为了减小铣削时的冲击和振动，提高铣刀的使用寿命，有设备条件的，应选择刚性较好的铣床，还应注意改善和提高现有设备的工艺系统刚性。例如铣削时紧固暂不移动的工作台，调整做进给运动的工作台传动系统间隙（如丝杠螺母间隙、工作台导轨间隙），调整铣床主轴间隙，合理选用和安装刚性较好的刀杆和夹具等。

3.2.2　复杂连接面工件加工

1. 薄形工件的加工方法

（1）薄形工件与影响其加工精度的因素

1）薄形工件的种类与特征

对板状工件而言，薄形工件是指宽厚比值 $B/H \geqslant 10$ 的工件。类似于薄形板状工件，薄形盘状工件是指其外形直径与工件厚度比值比较大的工件；薄形环状工件是指工件圆柱外径与其厚度比值比较大的工件；薄形套类工件是指工件外圆直径与套壁厚度比值比较大的工件，薄壁箱体类工件是指箱体的外形尺寸与其壁厚的比值比较大的工件。

2）影响薄形工件加工精度的原因

除了与普通零件相似的影响因素外，薄形工件影响加工精度的因素还有以下几点：

① 薄形工件的厚度小，铣削加工中受切削力的作用后，容易产生振动，因此加工精度难以控制。

② 薄形工件的厚度小，定位装夹比较困难，容易产生装夹变形，从而影响加工精度。

③ 薄形工件厚度小，在铣削加工过程中因受切削力作用而发生塑性变形和弹性变形，不仅影响加工精度，严重时还会产生废品。

④ 由于壁厚尺寸较小，铣削加工中心因铣刀的多切削刃断续铣削产生的冲击力，使装夹后夹紧力不大的工件发生位移，从而影响加工精度。

⑤ 一些材质切削加工性能较差的薄形工件、铣削加工的刀具容易崩刃、崩尖、磨损、损坏，影响铣刀的使用寿命，影响铣削过程的正常进行，从而影响工件的加工精度。

⑥ 由于薄形工件的特殊性，加之材料切削加工性能的因素，刀具几何角度和切削用量的选择会相应有所改变，这使得加工时的选择和确定比较困难。若选用不当，则将引起加工精度

误差,造成刀具损坏、工件变形甚至报废。

(2) 薄形工件的基本加工方法和提高加工精度的措施

薄形工件提高加工精度的重点是控制变形对加工的影响。

1) 选择合理的装夹方式

薄形工件装夹时应注意以下几点:

① 按定位的原因,应尽量在加工部位附近设置定位和辅助定位,并在定位元件上预留出铣刀让刀位置,使不加工的部位都得到定位支承,以防止薄形衬套上加工键槽,定位心轴上可预留键槽铣削时铣刀的让刀位置,使不加工的部位都得到定位支承,以防止薄形衬套在铣削中变形,如图 3-2-3 所示。在薄壳箱体的端面铣削平面,框形平面的工艺定位应设置三个固定支承 1、2、3,一个辅助支承 4,以提高工件框形平面加工的毛坯定位的稳定性,如图 3-2-4 所示。

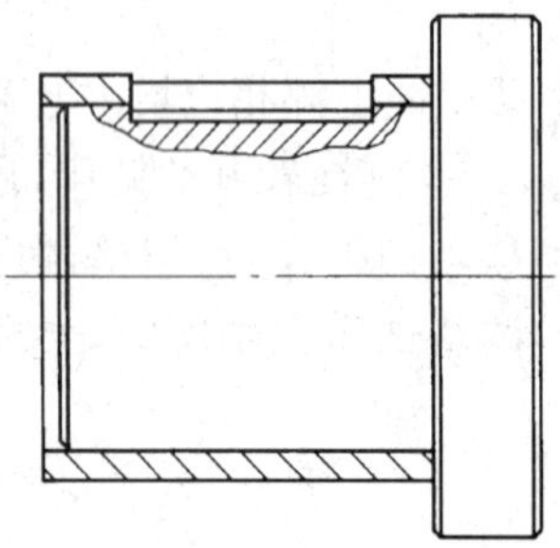

图 3-2-3 铣削加工薄形衬套上键槽用的心轴

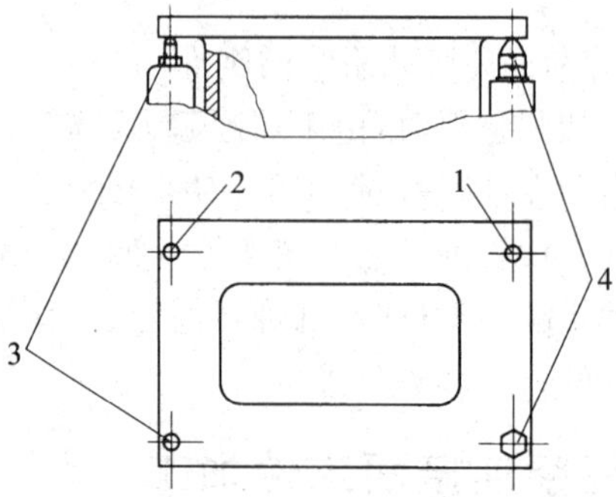

1、2、3—固定支承;4—辅助支承

图 3-2-4 铣削加工薄壳箱体工件框形平面的定位与辅助定位

② 在选择夹紧力的作用点位置和作用方式时,须考虑材料的力学性能,采用较大的面积传递夹紧力,以避免夹紧力集中在某一点上,使工件产生变形。夹紧力的作用位置应尽可能沿加工轮廓设置,以免未夹紧的部位在铣削过程中受切削力作用产生变形。在铝合金薄板上镗孔时,选择带孔的平行垫块作为衬垫定位,而压紧工件的压板应将夹紧力作用在环状平垫圈上,通过环状垫圈压紧工件,以防止在镗孔过程中工件上孔的边缘发生变形,如图 3-2-5 所示。

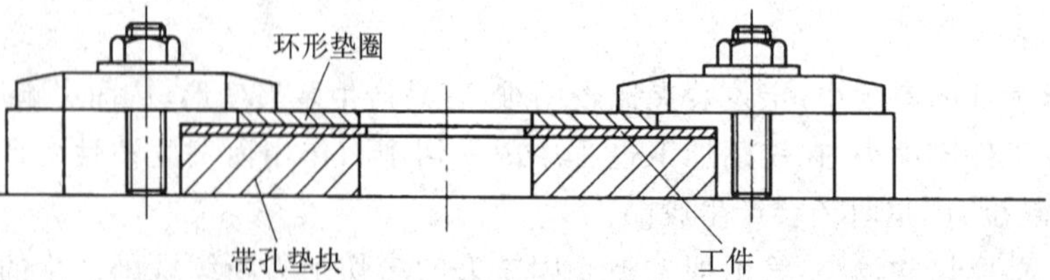

图 3-2-5 铝合金薄板镗孔加工时的工件装夹

③ 在确定夹紧力方向和大小时,必须考虑定位的坚实可靠性。在薄板的一侧铣削多条窄槽时,若只采用机用平口钳装夹,则会使工件弯曲变形,如图 3-2-6(a)所示;若采用图 3-2-6(b)所示的夹板式装夹方法,则可防止薄形工件槽加工部位的变形。采用这种夹板

式的装夹方式，一方面可以使薄形工件获得坚固的定位，另一方面可以施加较大的夹紧力而不至于引起加工的塑性变形，而且加工力的作用点位置可达到尽可能靠近加工部位的要求。

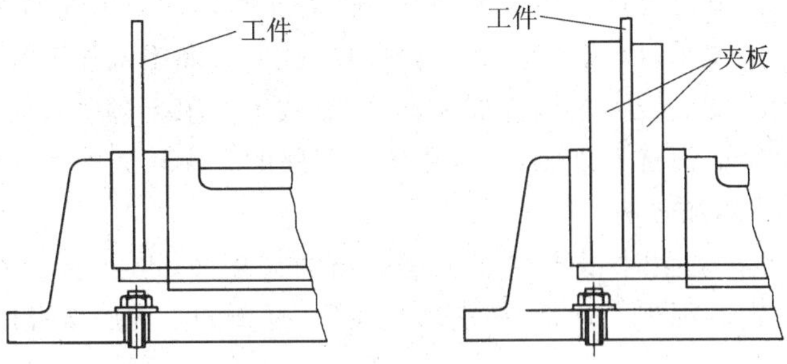

(a) 平口钳装夹　　(b) 夹板式装夹

图 3-2-6　铣削加工薄板上多条窄槽的工件装夹方式

④ 采用三爪自定心卡盘等夹具装夹薄形套、环类工件时，除了采用心轴外，还须采用软卡或带弹性窄槽的夹紧套，以使工件周边均匀受力夹紧，同时可防止硬度较高的卡爪夹紧工件时留下夹紧痕迹，降低工件表面精度。选用机用平口钳采用两端面装夹套、环类工作时，须注意定位心轴的长度略小于工件长度，通常在 0.20～0.50 mm 之间。若相差较大，则夹紧后，工作两端会产生翻边状的变形。

⑤ 采用辅助夹紧方式是薄形工件常用的装夹方法。薄形铝合金动叶片，在加工圆弧叶身时，为了达到厚度仅 2 mm 叶身的加工精度，防止加工时变形，须在叶片顶端增加辅助夹紧。考虑到工件顶端的表面质量，以及铣削过程中刀具同时铣削压板和工作时的切削力均衡性，制作辅助夹紧用的压板的材料应选用与工件同类的材料，如图 3-2-7 所示。

2) 选择合理的铣削方式

铣削方式的选择应尽量减小工件在铣削力作用下变形的可能性。典型零件铣削加工方式应用于薄形工件时，应掌握以下要点：

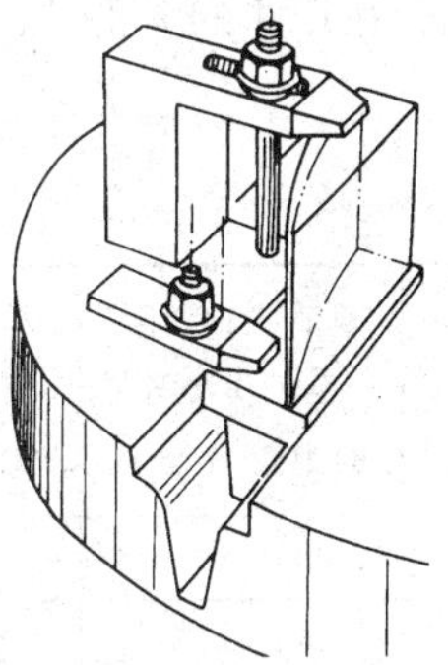

图 3-2-7　铣削加工薄形圆弧叶身时的工件装夹与辅助夹紧

① 加工板类零件平面时，一般的零件可根据工件形状和加工精度选择端铣或周铣，通常采用逆铣方式。加工薄形板类工件时，大平面大多选用端铣方式，狭长的侧平面可采用周铣方式，但常采用顺铣方式，以防止工件在向上的切削分力作用下发生变形，甚至产生工件被拉起后脱离定位和夹紧，造成废品。采用端铣加工薄形板类工件大平面，铣削分力作用于工件长度和宽度方向，指向侧面导向定位和端面止推定位，工件变形的可能性小。采用周铣铣削狭长的侧平面时，铣削分力也是作用于薄板的宽度和长度方向，而且工件向下压，变形的可能性小。值得注意的是：铣刀的螺旋角不宜过大，以避免产生较大的轴向切削力作用于工件厚度方向，引起工件变形。加工板类薄形零件槽时，通常采用端铣加工；若采用夹板式装夹方法，也可采用周铣加工。

② 套类零件加工时，若加工直角沟槽，应尽可能采用指形铣工加工，使铣削分力作用于工件周向和长度方向，指向端面止推定位工件变形的可能性较小。而采用盘形铣刀铣削，铣削分力作用于长度和厚度方向，向上的拉力容易使薄壁工件变形。若采用心轴定位带窄槽的弹性

套夹紧方式装夹工件,可使用盘形铣刀加工,工作台变形可能性也较小。

③ 箱体类零件加工时,若孔壁较薄,则在加工孔端平面时可在孔内填入软合金或配做较小过盈的"闷头"使铣削分力指向主定位面,减少铣削振动,以保证工件的平面度。镗孔加工时可在内壁之间作一定的支承,以承受镗孔时的轴向切削力。在粗铣加工框体形薄壁平面时,宜采用立铣刀或直径较小的面铣刀沿框边加工,尽可能减小作用于薄壁方向的切削分力,减少工件变形。若采用大直径的面铣刀加工,会因作用于壁厚的方向较大的切削分力而使工件变形。

2. 大型、复杂工件的加方法

当工件外形大、形状复杂时,即使加工的是一般的连接面,也会在工件装夹、铣削方式、刀具选择等方面出现一定的困难。通常,铣削加工大型、复杂的工件应掌握以下要点。

(1) 合理选用铣床

1) 按工件的质量和外形选择

在加工大型工件前,应根据工件的尺寸和质量,选择具有足够大的载重量、联系尺寸和行程的铣床。机床的联系尺寸、最大载重量和最大行程可查阅机床技术参数。

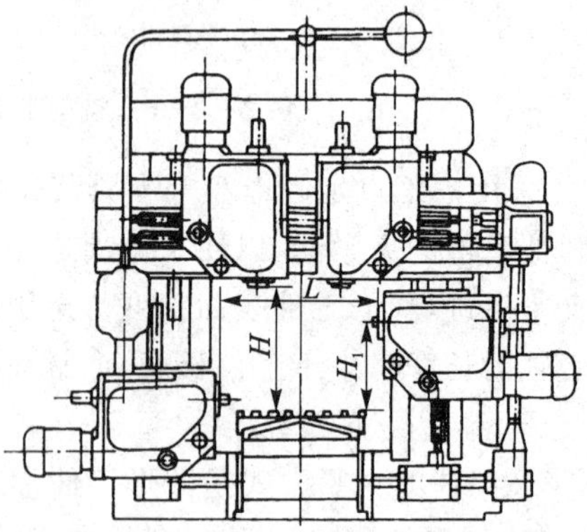

图 3-2-8　龙门铣床

图 3-2-8 所示的龙门铣床的联系尺寸见表 3-2-6。常用龙门铣床的型号与参数见表 3-2-7、表 3-2-8。例如,工件的质量为 1 200 kg,外形尺寸为 2 500 mm×1 000 mm×800 mm,加工面的尺寸为 2 500 mm×200 mm。

根据表 3-2-6、表 3-2-7、表 3-2-8 中的数据,虽然工件的外形加工尺寸并不大,但因工件质量较大,因此应选用 X2016 型龙门铣床。

表 3-2-6　龙门铣床的联系尺寸

型　号	垂直主轴端面至工作台面的距离 H/mm	水平主轴轴线至工作台面的距离 H_1/mm	水平主轴端面的距离 L/mm	工作台		
				台面尺寸/mm (长×宽)	T 形槽尺寸/mm (槽数×槽宽×槽距)	最大行程/mm
XA2012	205～1 105	125～835	830～1230	3 000×1 000	5×28×200	3 600
XA2012	205～1 355	125～1 085	1 080～1 480	4 000×1 250	7×28×200	4 600
X2016	200～1 700	150～1 380	1 340～1 940	5 000×1 600	7×36×210	5 750
X2020	200～2 100	150～1 780	1 740～2 340	6 000×2 000	9×36×230	6 750
XQ209/2M	200～750	50～540	820～1 120	2 000×900	5×28×170	2 000

表 3-2-7　龙门铣床的型号与技术参数(XA2010、XA2012、XA2016)

技术参数	机床型号		
	XA2010	XA2012	XA2016
最大加工尺寸(长×宽×高)/mm	3 000×1 000×1 000	4 000×1 250×1 250	5 000×1 600×1 600
工件最大质量/kg	8 000	10 000	20 000
主轴箱数/个	3(4)	3(4)	4

续表 3-2-7

技术参数		机床型号		
		XA2010	XA2012	XA2016
主轴箱回转角度/(°)	垂直头	±30	±30	
	水平头	+30～−15	+30～−15	
主轴转速/(r·min⁻¹)	级数	12	12	12
	范围	50～630	50～630	31.5～630
工作台进给量/mm	级数	无级	无级	无级
	范围	10～1 000,快速 4 000	10～1 000,快速 4 000	10～1 000
推荐刀盘最大直径/mm		350	350	400
工作精度	平面度	0.02/300	0.02/300	0.02/300
	表面粗糙度 *Ra*	2.5	2.5	2.5
电动机功率	主电动机/kW	15	15	22
	总功率/W	60(73)	62(73)	107
外形尺寸	长/mm	9 640	11 710	13 500
	宽/mm	4 740	4 865	6 240
	高/mm	3 915	4 515	5 440

表 3-2-8 龙门铣床的型号与技术参数(X2020、XQ209/2M、XQ209/3M)

技术参数		机床型号		
		X2020	XQ209/2M	XQ209/3M
最大加工尺寸(长×宽×高)/mm		6 000×2 000×2 000	1 700×900×650	2 700×900×650
工件最大质量/kg		30 000	3 000	4 500
主轴箱数/个		4	3	3
主轴转速/(r·min⁻¹)	级数	12	6	6
	范围	31.5～630	70～398	70～398
工作台进给量/ mm	级数	无级	无级	无级
	范围	10～1 000	80～1 300	80～1 300
推荐刀盘最大直径/mm		400	200	200
工作精度	平面度	0.02/300	0.03/300	0.03/300
	表面粗糙度 *Ra*	2.5	2.5	2.5
电动机功率	主电动机/kW	22	5.5	5.5
	总功率/W	107	27.8	27.8
外形尺寸	长/mm	15 500	7 100	9 100
	宽/mm	6 640	3 700	3 700
	高/mm	5 840	2 800	2 800

2）按工件加工部位的尺寸选择

某些工件外形比较大,但质量和加工部位的尺寸却不大,此时可根据工件质量和加工部位的尺寸选择机床。例如图 3-2-9 所示的万匹增压器喷嘴环,工件的外形大,但质量小,铣削加工部位(流道和叶片)处于边缘,加工尺寸也比较小,此时,可选择一般的立式铣床,如 X5040 铣床进行加工。

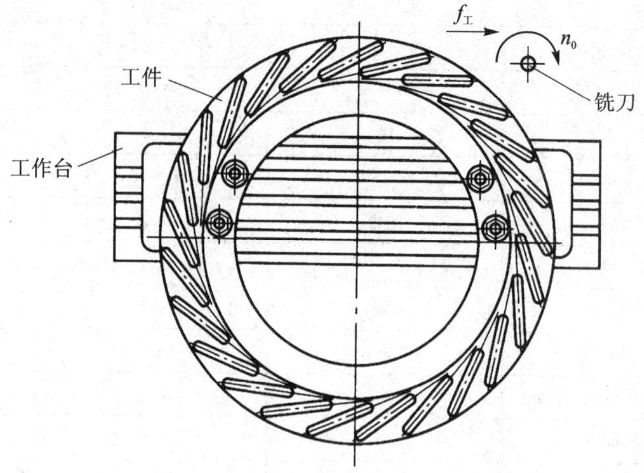

图 3-2-9 万匹增压器喷嘴环

3) 按工件的加工内容选择

大型工件的安装比较麻烦,通常一次安装后尽可能多加工一些内容,因此应根据工件的加工内容选择功能较多和带较多附件的大铣床。例如机床床身和工作台导轨铣削加工,通常可选择带较多附件的普通龙门铣床加工。对于有平面和孔系的箱体零件,如图 3-2-10 所示,可选择铣镗床加工。一些大型模具的平面和型空面,应选择大型的立体仿形铣床加工。对一些超大型、质量大的工件,无法在机床铣削加工,此时,可按照工件加工部位的内容和尺寸,选用具有足够行程的移动动力头机床,安装适用的铣刀进行加工。这种方法一般工件固定在机床附近,或将机床安装在工件的附近,通过调整机床导轨、动力头主轴轴线与工作的相对位置,然后由动力头带头铣削旋转,铣刀随动力头沿导轨相对工作做进给运动进行铣削,从而达到铣削加工的精度要求。此种方法俗称"蚂蚁啃骨头"。选择铣削用的动力和机床传动机构时,应

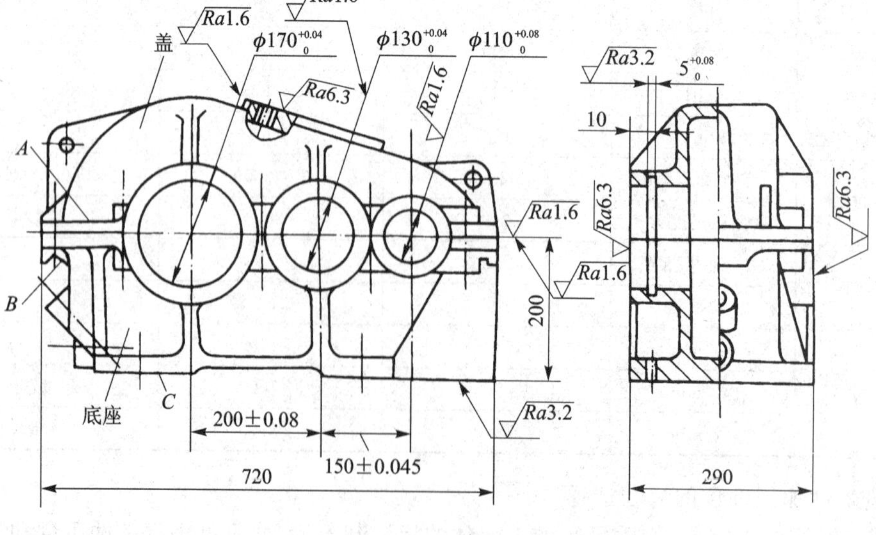

图 3-2-10 分离式减速箱体

满足加工内容所需的最大功率,并具有足够的刚性。图 3-2-11 所示为用动力头机床铣削加工大型齿轮轮齿示意图。

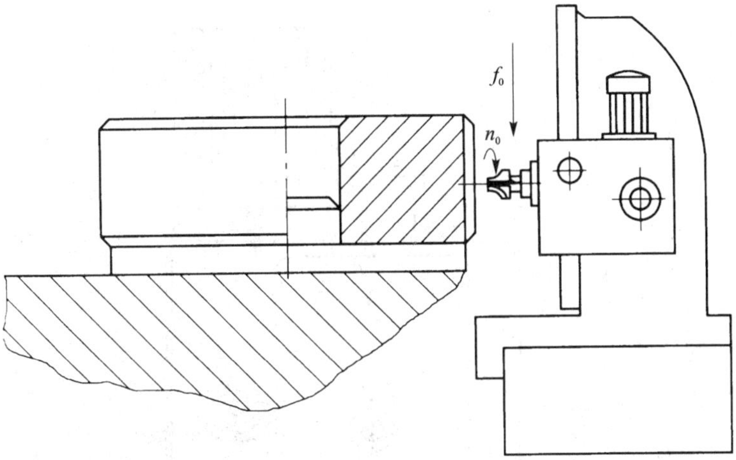

图 3-2-11 用动力头机床铣削加工大型齿轮轮齿示意图

(2) 合理扩大铣床使用范围

在铣削加工大型工件时,常会遇到一些较难加工的部位,使工件难以装夹和铣削。此时通常需要通过灵活地使用机床附件等方法,合理扩大机床的使用范围,用以解决铣削加工中的难题。

1) 使用附件扩大铣床使用范围

以在普通龙门铣床上加工大型机床床身的"V-平"导轨为例,因龙门铣床的垂直铣头很重,扳转角度非常不方便,此时,可安装专用垂直铣头及其附件,可以方便地加工"V-平"导轨。专用垂直铣头及铣削 V 形导轨、附件如图 3-2-12 所示,铣削工作台 V 形导轨如图 3-2-13(a)所示,铣削床身 V 形导轨如图 3-2-13(b)所示。又如在龙门铣床上加工大型工件的背凹部的平面十分困难,此时,若合理使用直角反铣头附件,则可解决大型共铣削背凹部平面的难题,如图 3-2-14 所示。

2) 合理改装扩大铣床使用范围

铣削如图 3-2-15 所示的万匹柴油机增压器转子转动叶片叶根槽,此工件的外形大,加工部位在轴的中间凸缘,槽的等分、形状和尺寸精度要求都很高。工件重 600 kg,若选用工件卧式安装加工,分度和装夹非常困难。若立式安装加工,工件安装在回转工作台上可解决分度难题,但一般卧式万能铣床的主轴至工作台的联系尺寸较小,仍无法加工。此时,若对万能铣床进行合理改装,拆下工作台和转盘,将回转工作台安装在床鞍上,则可有效解决铣床联系尺寸的限制。只需找正工件与回转工作台同轴,回转台轴线与铣床主轴轴线相交,便可通过垂向进给,回转工作台依次分度铣削转子凸缘处的叶根槽。

(3) 合理选用组合铣刀

1) 组合铣刀的分类与使用

铣削加工大型工件,如机床床身、工作台、悬梁、升降台等,常遇到一些组合的连接面,在成批和大量生产中广泛使用组合铣刀。在龙门铣床上使用的组合铣刀种类繁多,可分为两大类:一类是卧式组合铣刀,另一类是立式组合铣刀。卧式组合铣刀主要用于龙门铣床的水平铣头,

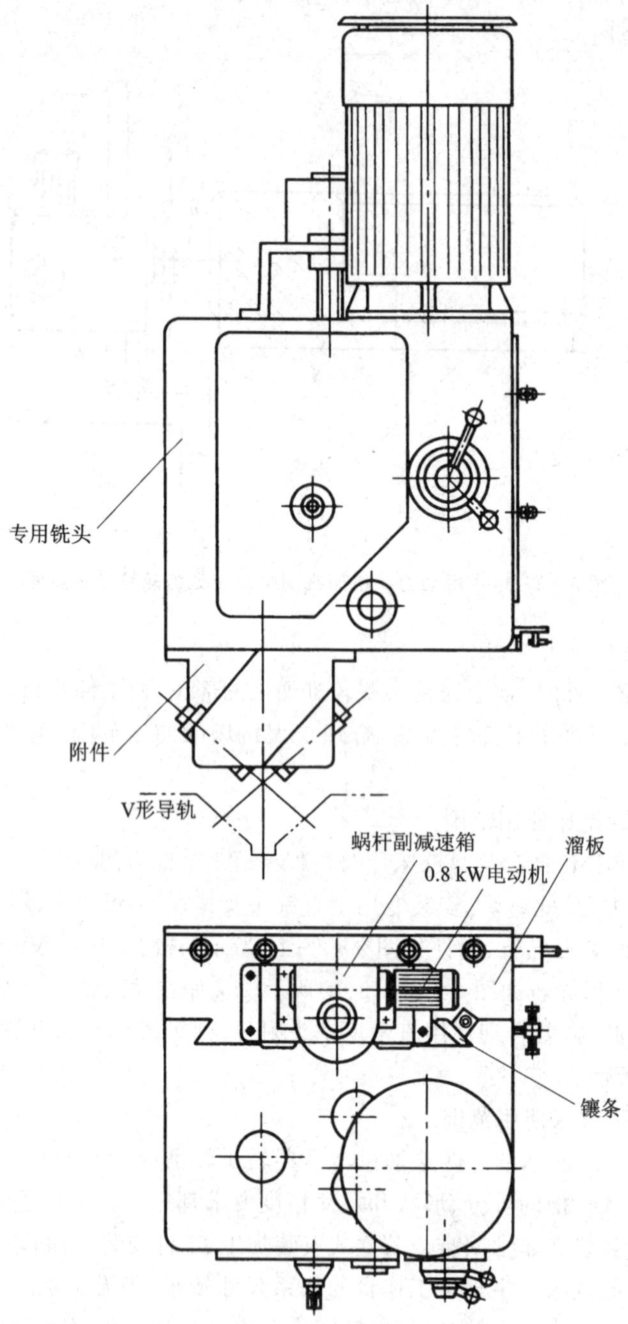

图 3-2-12　龙门铣床专用垂直铣头及铣削 V 形导轨、附件

大部分需用支架支承刀杆,图 3-2-16 所示为用组合铣刀铣削床身沟槽、台阶。个别情况也可采用悬臂式刀杆,图 3-2-17 所示为用组合铣刀铣削万能铣床悬梁侧、顶面。立式组合铣刀主要应用于龙门铣床的垂直铣头。

图 3-2-18 所示为在同一主轴安装组合铣刀加工大型工件连接面。

图 3-2-19 所示为在同一台龙门铣床上用组合铣机床床身燕尾导轨。

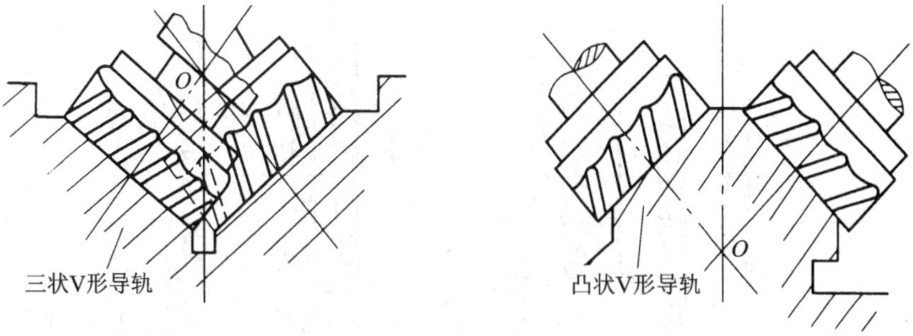

(a) 工作台V形导轨铣削　　(b) 床身V形导轨铣削

图 3－2－13 V 形导轨铣削法

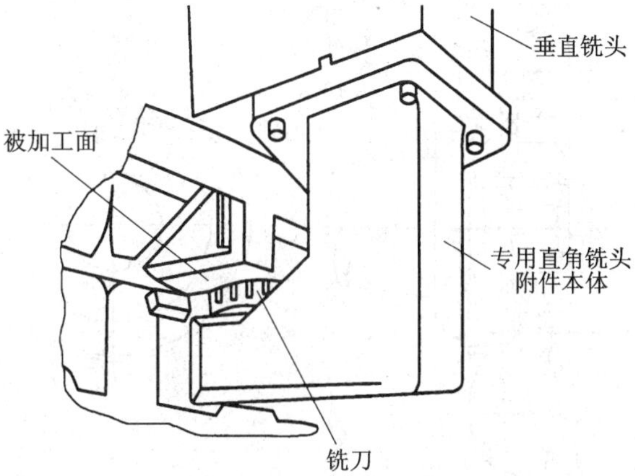

图 3－2－14 用直角反铣头铣削背凹部平面示意图

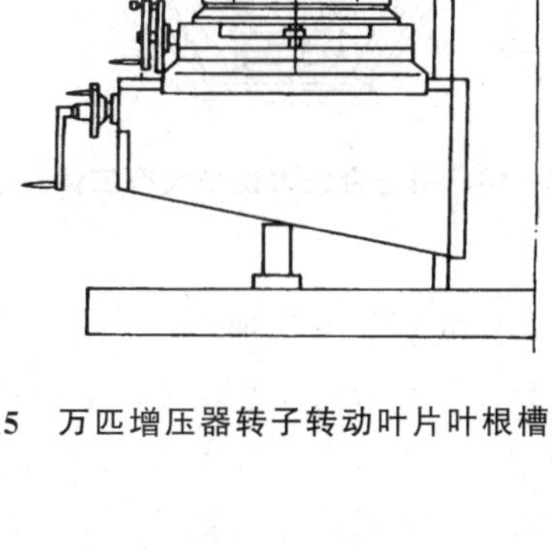

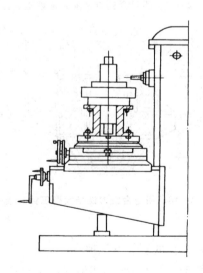

图 3－2－15 万匹增压器转子转动叶片叶根槽铣削示意图

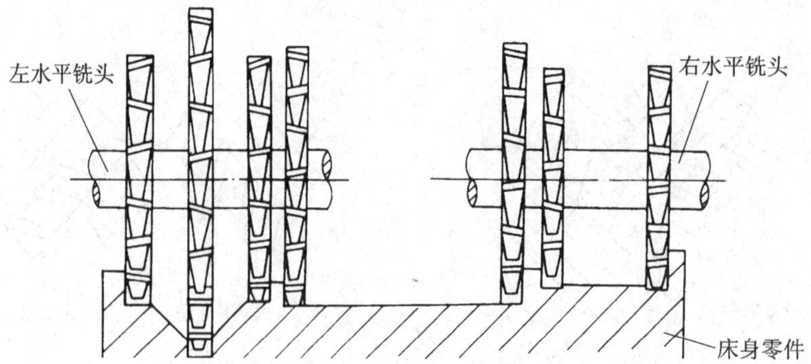

图 3-2-16　用组合铣刀铣削机床床身沟槽、台阶

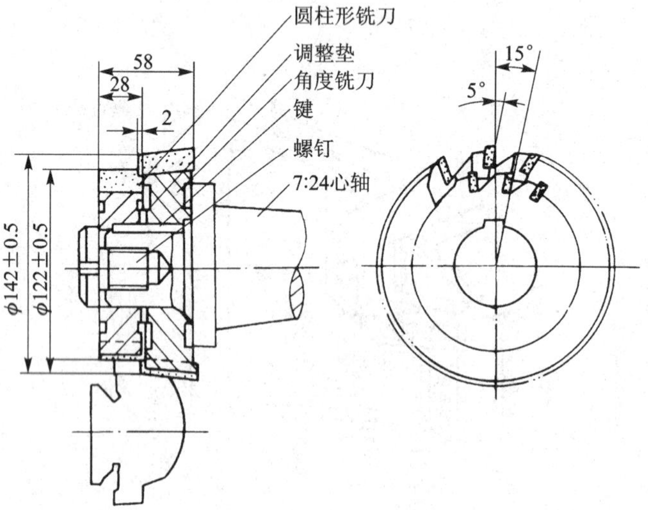

图 3-2-17　用组合铣刀铣削铣床悬梁侧、顶面

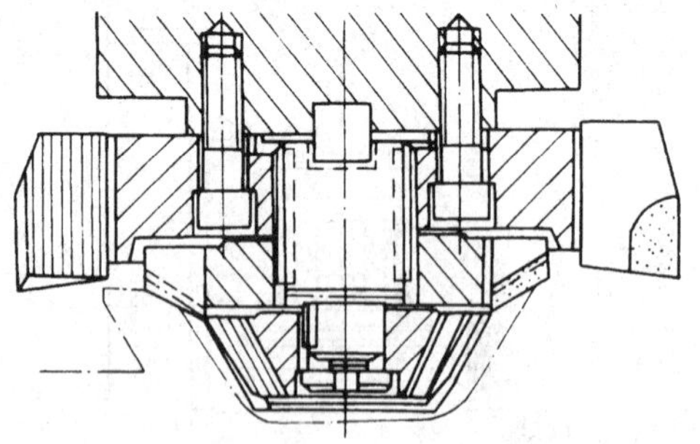

图 3-2-18　用组合铣刀铣削大型工件连接侧面

2）组合铣刀的连接方式

组合铣刀的连接方式很多，常见的有如下几种：

① 刀杆定位连接方式如图 3-2-20 所示，组装时将组合铣刀安装在刀杆上，然后用螺钉紧固。使用时将刀杆插入铣头主轴孔，用拉杆螺栓紧固在铣头主轴上，组合铣刀与机床间采用键块传递转矩，铣刀与铣刀之间也通过键块传递转矩。图 3-2-21 所示为当铣削较深的加工

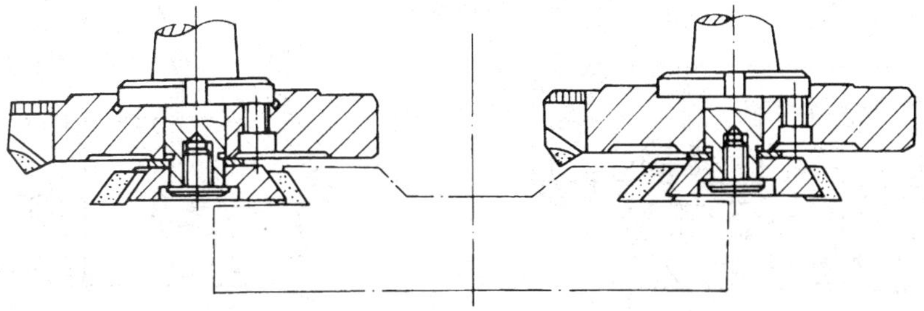

图 3-2-19 用组合铣刀铣削机床床身燕尾导轨

面，且伸出主轴套筒又不方便时，所采用的连接方式，其主要特点是增加了连接套，连接套与铣头主轴通过螺钉连接紧固，连接套与铣刀用键块传递扭矩。

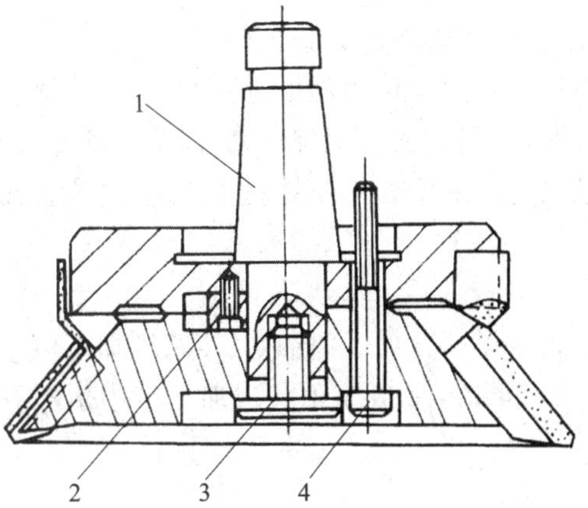

1—心轴；2—键块；3—专用螺钉；4—加长螺钉

图 3-2-20 利用刀杆定位连接的组合铣刀

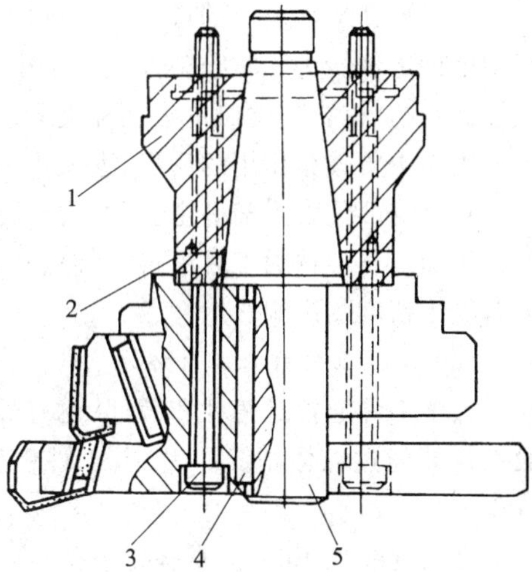

1—连接套；2—键块；3—螺钉；4—键；5—心轴

图 3-2-21 带连接套的组合铣刀

② 中间轴定位的连接方式如图 3-2-22 所示。中间轴定位不能像心轴定位连接方式那样，可预先组装好再安装在铣床主轴上，而是靠近铣床主轴的组合铣刀先装上，并用螺钉 1 紧固，然后依次安装第二把或第三把组合铣刀，并用中间轴 4 定位及键 2 传递转矩，用螺钉 3 紧固。

③ 台阶定位的连接方式如图 3-2-23 所示。第一把与第二把组合铣刀用台阶孔与台阶圆柱定位连接，然后用四个长螺钉 1 将组合铣刀安装在铣床主轴上。铣刀传递转矩靠主轴上键块和组合铣刀上的两个圆柱销 2，组合铣刀的内孔作为刃磨定位基准。

(4) 合理选用工件夹紧方法

大型工件大多采用在工作台面上直接用螺栓压板装夹的方式进行装夹，具体操作时应注意以下要点：

① 通常主定位面为机床工作台面。

② 对于侧面导向定位和端面定位，通常由嵌入工作台 T 形槽定位直槽里的两个或两个以上的定位块或定位台阶圆柱构成。

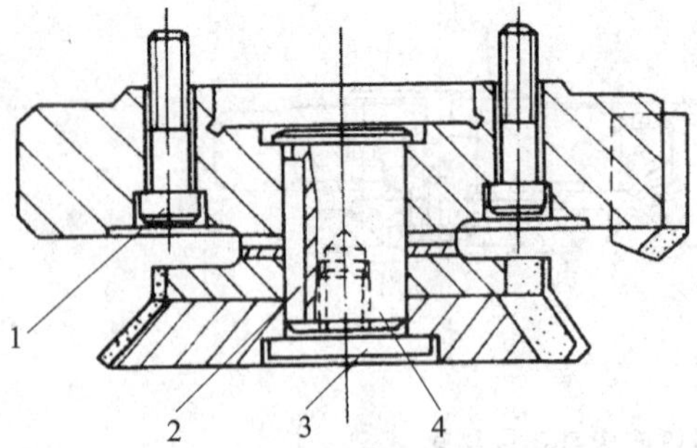

1、3—螺钉;2—键;4—中间轴

图 3-2-22　中间轴定位的组合铣刀

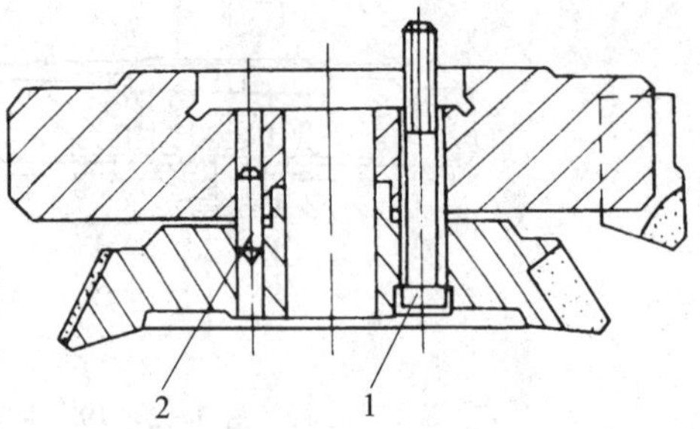

1—螺钉;2—圆柱销

图 3-2-23　台阶定位的组合铣刀

为了提高工件定位的可靠性和刚性,还常采用带螺栓头的辅助支承,在较大跨度的定位之间做辅助定位。为了防止工件在加工中脱离侧面和端面定位,通常在定位的另一侧对应点安装带螺钉的“桩头”,类似单头螺栓夹紧装置的作用,在侧面和端面起夹紧工件的作用。

用作主要夹紧作用的压板,夹紧力的作用位置应设置在主定位面的上方。

对悬空部位设置辅助定位的上方,可设置辅助夹紧点,但夹紧力不宜过大,以免工件变形。

粗加工和半精加工后应将工件松夹,然后重新装夹,并采用较小的夹紧力,以减少装夹变形对加工精度的影响。

(5) 合理选用找正工件方法

大型工件通常是铸件和锻件,也有焊接而成的。为了保证各加工面的余量,铣削加工前一般都需要经过立体划线。因此,工件粗加工是按划线找正的,半精加工和精加工采用指示表找正。

在按划线找正时,应掌握以下要点:

① 用垂直铣头加工单一平面时,应找正加工面平行的两交叉直线,使划线与工作台面平行。用水平铣头铣削时则应使划线与纵向和垂直进给方向平行。加工大型箱体基准面时,应按与被加工的基准面平行的两交叉划线 A、B 找正,使 A、B 均平行于工作台面,如图 3-2-24(a)所示。加工大型壳体的垂直面,此时应找正划线 A 与纵向平行,划线 B 与垂向平行,这样才能保证其余面的加工余量,如图 3-2-24(b)所示。

② 加工相互垂直或成一定夹角的连接面时,应按三维面上的划线找正;加工大型工件相互垂直的连接面前,对水平面加工应按划线 A、B 找正;对垂直面加工,应按划线 B'、C 找正。因此,同时铣削相互垂直的连接面时,必选找正三维面上的划线 A、B 与工作台面平行,划线 C 与纵向平行,如图 3-2-25 所示。

③ 找正过程中工件的位置调整是通过千斤顶和侧面的顶桩进行的。找正水平面时,先在工件与工作台面接触的部位垫入平垫片,以防止工件毛坯面上的氧化层降低工作台面的精度,然后在工件四角适当位置设置调整用的千斤顶,千斤顶的螺杆头部通常带有六角头,以便调整时使用扳手。调整时,可逐步调整顶点连线与划线平行的两个千斤顶,分别找正工件端面和侧面的划线与工作台面平行。找正垂直面时,若已找正水平面划线,则只需要调整侧面顶桩的螺栓,找正工件顶面的划线与纵向平行即可。

④ 找正后的工件,因千斤顶调整的作用,原垫入的垫片可能厚度不够,此时应向垫片与工

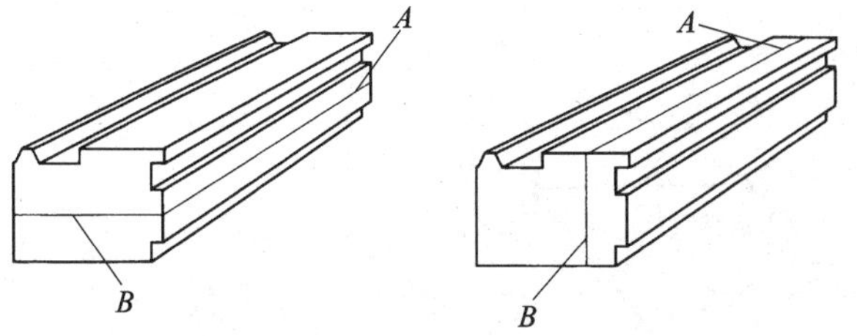

(a) 情形(一)　　(b) 情形(二)

图 3-2-24 大型工件找正方法

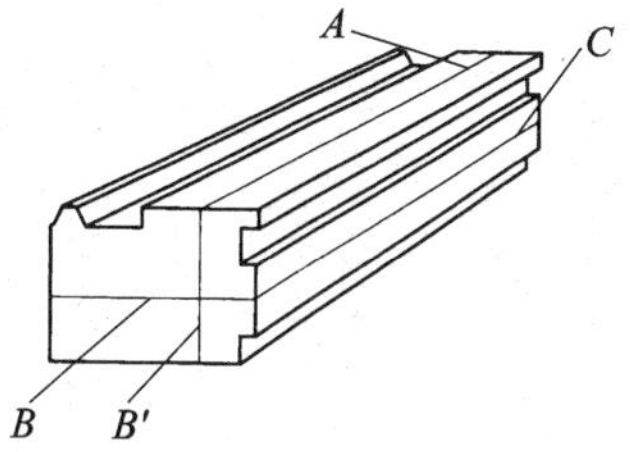

图 3-2-25 工件三维找正

件之间的空隙垫入适当厚度的垫片(此操作俗称“垫硬”),也可以用多个垫片组合后垫入。考虑到压板压紧后工件位置可能略有变动,因此可在垫入补充垫片后,略松动千斤顶,并用压板试压一下,根据复核后划线的位置,再对垫片的厚度做微量调整。

⑤ 为了使工件侧面顶桩的螺栓头与工件之间有较大的接触面,避免螺栓头部损坏工件表面,通常在螺栓头与工件之间垫入平垫块。垫块可用黄铜等材料制成,以使垫块与工作表面良好接触,并具有一定的保护作用。

⑥ 在找正中移动工件时,不可使用铁锤等敲击工件。较大的移动量可使用撬棒,使用时须注意保护工作台面及撬棒与工件接触部位的表面。微量调整可使用铜锤(或铁锤)通过铜棒(块)轻击工件,使工件做微量移动。

3. 复合斜面及其计算方法

(1) 单斜面和复合斜面

斜面是指与基准面之间既不平行又不垂直的面,带斜面的零件如图 3-2-26 所示。当工件处于一个坐标系中时,如果只是沿一个坐标方向与基准面发生倾斜的斜面,则称为单斜面(见图 3-2-26(a));如果沿两个坐标方向都与基准面发生倾斜的斜面,则称为复合斜面(见图 3-2-26(b))。

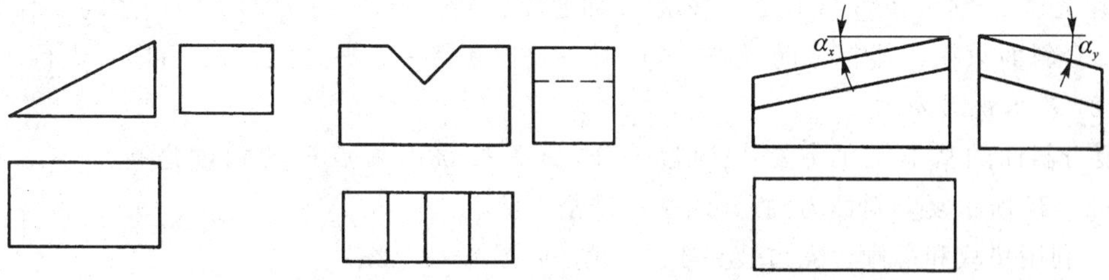

(a) 单斜面　　(b) 复合斜面

图 3-2-26 带斜面的零件

(2) 复合斜面的角度关系

图 3-2-27 所示为复合斜面工作,斜面沿 x 轴方向与基准面的夹角为 α;与 y 轴方向的夹角为 β。在图形上标注复合斜面夹角,可在侧平面内标注出 α;在端平面内标注出 β;也可在垂直于斜面轮廓线的平面内标出 α_n 和 β_n 等。

它们之间的换算关系如下:

$$\tan \alpha_n = \tan \alpha \cos \beta$$

$$\tan \beta_n = \tan \beta \cos \alpha$$

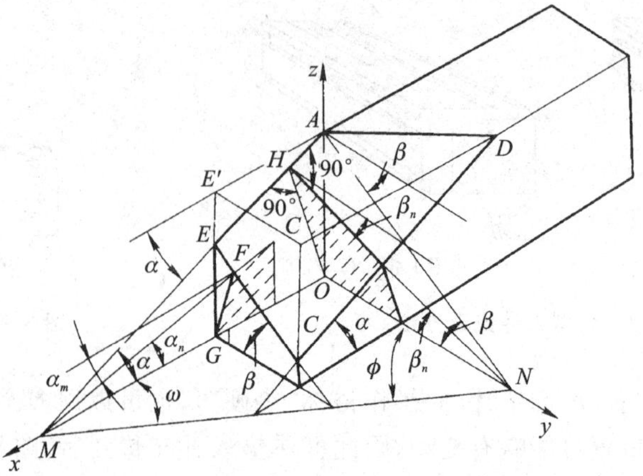

图 3-2-27　复合斜面的角度关系

实际上,两个平面之间的相对位置只有平行和相交成某一角度两种情况。图 3-2-27 所示的复合斜面实质上是与基准面交于 $M\overline{N}$ 的单斜面。由于 $M\overline{N}$ 与工件侧面和端面成一定的角度关系,也即 $M\overline{N}$ 与坐标轴之间有一定的角度关系,因此,只要换算出斜面与基准面的夹角,以及斜面和基准面的交线与坐标轴的夹角,便可使加工方法简化。

4. 复合斜面的加工方法

(1) 铣削要点

铣削复合斜面时,一般先将工件绕某一坐标轴旋转一个倾斜角 α(或 β),再把夹具或铣刀转动一个角度 α_n 和 β_n,然后进行铣削。现以图 3-2-27 所示复合斜面为例说明铣削要点。

① 先绕 y 轴旋转后加工,工件绕 y 轴顺时针转过 α 角,工件上的 AE 和 DC 两条棱边均与底面或工作台面平行。此时,工件上的复合斜面只在 y 坐标方向倾斜 βn,这样便可以转动立铣头或夹具像铣削单斜面一样进行加工了。

② 先绕 x 轴旋转后加工。工件绕 x 轴逆时针转 β 角,工件上的 EC 棱边与工作台面平行。复合斜面只在 x 坐标方向倾斜 α_n,此时只要把立铣头或夹具倾斜 α_n 后即可进行加工。

(2) 基本铣削方法

复合斜面的基本铣削方法是通过工作、铣刀按铣削要点扳转角度进行加工。现仍以图 3-2-27 所示复合斜面为例,介绍基本铣削方法。

1) 利用垫块和可倾台虎钳装夹工件铣削(见图 3-2-28)

先把工作装夹在可倾台虎钳的钳口内,使工件底面贴紧一角度为 α 的垫块,垫块底面贴紧可倾台虎钳的两导轨面。转动可倾台虎钳的水平轴,把工件和钳口倾斜 β_n 角,这样便可在立式铣床上利用面铣刀进行加工。

2) 利用斜垫铁和带回转盘的机用平口钳装夹工件铣削(见图 3-2-29)

若复合斜面在工件端面,可先把工件装夹在钳口内斜垫铁上,使工作的底面(或顶面)与机用平口钳的两导轨面沿钳口方向倾斜一个角度,然后利用回转盘转过另一个角度,这样便可在卧式铣床上用面铣刀进行加工。

3) 利用转动立铣头和机用平口钳装夹工件加工

① 在立式铣床上用面铣刀加工时,可用斜垫铁把工件沿钳口方向倾斜 α 角,使钳口与横向进给方向平行,然后将立铣头倾斜 β_n 角,这样便可沿横向铣削复合斜面(见图 3-2-30(a))。

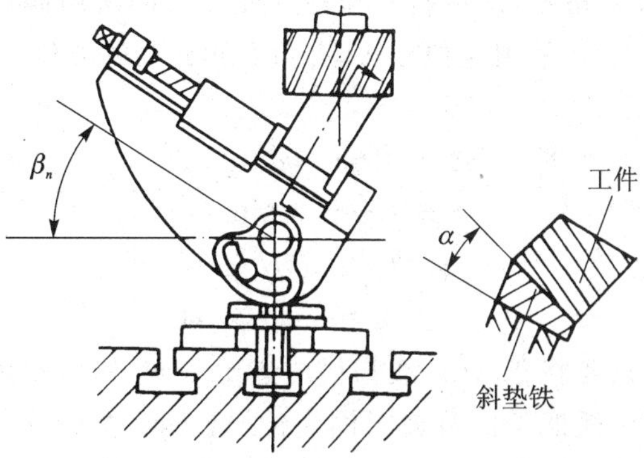

图 3－2－28　利用斜垫铁和可倾台虎钳配合铣削复合斜面

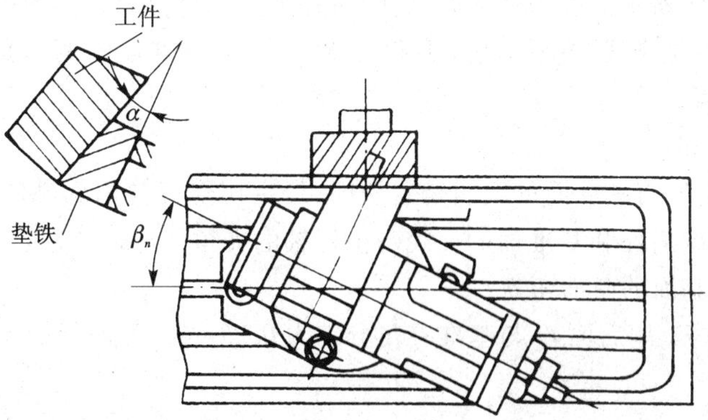

图 3－2－29　利用斜垫铁和机用平口钳配合铣削复合斜面

② 在立式铣床上用立铣刀圆周加工时，若复合斜面在工件端面，可用回转盘使工件与横向倾斜一个角度，然后用立铣头扳转另一个角度，这样便可用立铣头圆周齿沿横向加工工件端部的复合斜面(见图 3－2－30(b))。

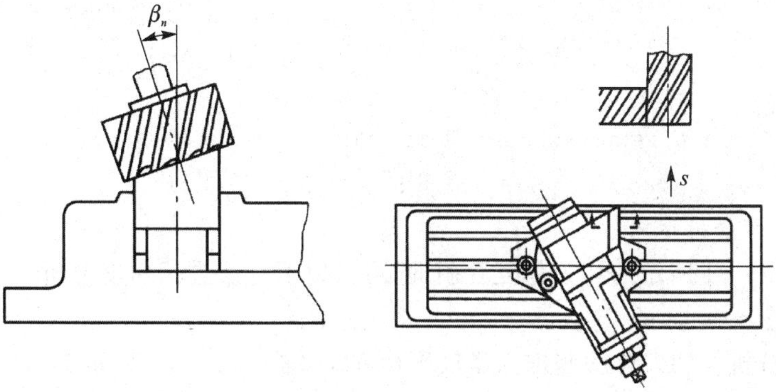

(a) 面铣刀加工　　(b) 立铣刀加工

图 3－2－30　转动立铣头和机用平口钳装夹工件加工

4）把复合斜面转换成单斜面铣削加工

对于以上几种铣削方法，由于工件受到装夹位置和方向的限制，因此，一般需将工件或工件立铣头转两个方向的角度，或各转一个角度。若工件的装夹方向不受限制，则只需按斜面与某基准面之间的夹角 θ 倾斜角度,即沿斜面与基准面交线的法向倾斜一个角度来铣削。这种方法相当于铣削加工单斜面。采用这种方法,夹角 θ 和交线的方位可由以下公式计算获得(见图 3-2-31):

$$\tan\omega=\tan\alpha/\tan\beta$$
$$\tan\phi=\tan\beta/\tan\alpha$$
$$\tan\theta=\tan\beta/\sin\phi$$
$$\tan\theta=\tan\alpha/\sin\omega$$

在立式铣床上加工,只要找正 MN 线与横向进给方向平行,也即把工件侧面调整到与横向进给方向成 ω 角,并用压板把工件装夹牢固,将立铣头转过 θ 角,用面铣刀沿横向铣削,就能铣削加工出符合要求的斜面。

(3) 加工计算示例

加工图 3-2-31 所示的切刀体复合斜面,可按上述复合斜面转换为单斜面的方法进行加工。加工必备的数据是交线与坐标轴的夹角 ω 和 ϕ,斜面与基面的两面角 θ。铣削加工时可按以下方法进行计算。

1) 计算夹角 ω 和 ϕ

前面 A、主后面 B 与基准面的交线是主切削刃,主切削刃与坐标轴的夹角 ω_1、ϕ_1 均等于主偏角 $K_r=45°$,而副后面和基准面的交线与坐标轴的夹角 ω_2、ϕ_2 均等于 45°。

2) 计算斜面与基面的两面角 θ

设前面 A、后面 B、副后面 C 与基准夹角分别为 θ_1、θ_2、θ_3,可进行如下计算:

① 因为 $\theta_1=\gamma_n$

所以 $\tan\theta_1=\tan\gamma_n=\tan\gamma_{ny}/\sin 45°$

$$\tan\gamma_{Oy}=\tan\gamma_n/\sin 45°=\tan 15°\times\sin 45°\approx 0.189\,46$$

得 $\gamma_{Oy}=10°43'43''$

② 因为 $\theta_2=90°-\alpha_{1n}$

所以 $\tan\theta_2=\tan(90°-\alpha_{1n})=\tan(90°-\alpha_{1y})/\sin 45°$

$$\tan(90°-\alpha_{1y})=\tan(90°-\alpha_{1n})\times\sin 45°=\tan(90°-10°)\times\sin 45°=4.010\,2$$

得 $90°-\alpha_{1y}=75.998°,\quad \alpha_{1y}=14°$

③ 因为 $\theta_3=90°-\alpha_{2n}$

所以 $\tan\theta_3=\tan(90°-\alpha_{2n})=\tan(90°-\alpha_{2y})/\sin 45°\approx 3.326\,7$

得 $90°-\alpha_{2y}=73°16'9'',\quad \alpha_{2y}=16°53'51''$

(4) 复合斜面分析示例

加工图 3-2-31 所示的切刀体复合斜面,可按以下方法进行角度分析。

【工艺分析】

① 基准面分析。切刀体的基准面是底平面 M,如图 3-2-31 所示。

② 前面分析。前面 A 相对平面 M 沿 $y-y$ 方向的倾斜角为 γ_{Ox},沿 $x-x$ 方向的倾斜角为 γ_{Oy},而沿主切削刃法向,其倾斜角为 γ_n。

③ 后面分析。主后面 B 相对平面 M 沿 $y-y$ 方向的倾斜角为 $90-\alpha_{1x}$,沿 $x-x$ 方向的倾斜角为 $90°-\alpha_{1y}$,而沿主切削刃法向,其倾斜角为 $90°-\alpha_{1n}$;副后面 C 相对平面 M 沿 $y-y$ 方向倾斜角为 $90°-\alpha_{2x}$,沿 $x-x$ 方向倾斜角为 $90°-\alpha_{2y}$,沿副切削刃法向倾斜角为 $90°-\alpha_{2n}$。

④ 其他几何角度分析。主偏角 $K_r=45°$,刀尖角 $\varepsilon_r=90°$,刃倾角 $\lambda_r=0°$。

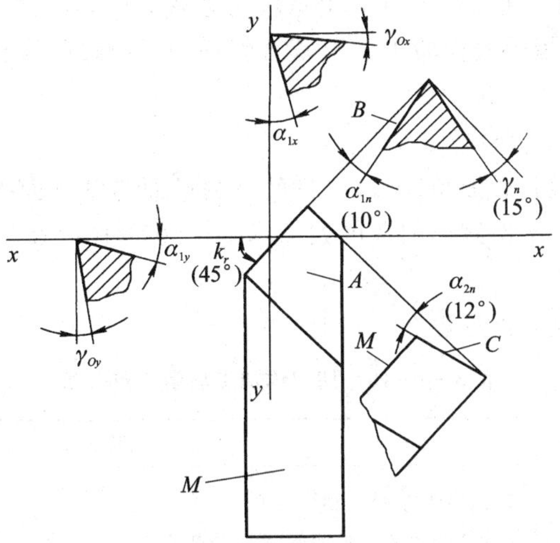

图 3-2-31　切刀体复合斜面加工

【加工步骤】

切刀体加工步骤见表 3-2-9。

表 3-2-9　切刀体加工步骤

操作步骤	加工内容
1. 铣削 A 面	铣削 A 面采用工件转动两个角度的方法加工。现将工件装夹在可倾台虎钳内，按夹角 ω 和 ϕ 在水平平面内使钳口方向与工作台进给方向成 45°夹角，然后在垂直平面内使工件倾斜 $\tan\gamma_{Oy}=10°43'43''$，即可用立铣刀端面齿加工出 A 面
2. 铣削 B 面	铣削 B 面与铣削 A 面的方向类同，将工件装夹在可倾台虎钳内，按夹角 ω 和 ϕ 在水平平面内使钳口方向与进给方向成 45°，然后在垂直平面内转过角 $\alpha_{1y}=14°$，即可用立铣刀圆周齿加工出 B 面
3. 铣削 C 面	铣削 C 面时，根据刀尖角关系，也可按夹角 ω 和 ϕ 利用可倾台虎钳在水平平面内使工件转过 45°，然后在垂直平面内转过角 $\alpha_{2y}=16°53'51''$，即可用立铣刀圆周齿加工出 C 面

【质量检验】

1）常用检验工具

复合斜面的检验工具与单一斜面的检验有类似之处，通常采用正弦规、量块组和指示表进行检验，也可以采用游标角度量具进行检验。

2）检验测量要点

复合斜面用正弦规进行检验时，较小的工件可以放在正弦规上通过指示表检验；较大的工件可以把正弦规放在工件复合斜面上进行检验。复合斜面与基准面有直接交线的，也可采用游标万能角度尺进行检验。检验如图 3-2-31 所示的切刀体时，刀体复合斜面较小，可采用以下方法检验测量。

① 用正弦规检验。

切刀体复合斜面 A 可在正弦规上检验。检验时，先用游标万能角度尺找正工件侧面基准，使其与正弦规端面基准成 45°夹角，使主切削刃与正弦规量柱平行，然后用小压板把工件固定在正弦规测量表面上。根据 sin 计算出量块尺寸为 $100\times\sin 15°=25.88$ mm,将量块垫放在正弦规量柱下,此时用指示表检验工件上复合斜面 A 与测量平板的平行度,就能根据测出的数据计算出实际值。

② 用游标万能角度尺检验。

用游标万能角度尺检验后面角度时,应将尺座测量面与基准面 M 贴合,测量平面应与后面与基准面的交线垂直。本例测出的角度如下:$\alpha_{1n}+90°=10°+90°=100°$;$\alpha_{2n}+90°=102°$。

【质量分析】

切刀体加工质量要点分析见表 3-2-10。

表 3-2-10　切刀体加工质量要点分析

质量问题	产生原因
复合斜面夹角误差大	① 预制件的形状误差大; ② 可倾台虎钳的精度差、找正精度差等; ③ 工件装夹精度差、铣削过程中工件发生微量位移; ④ 在水平平面和垂直平面内转动角度计算错误、操作错误; ⑤ 识图错误,造成工件加工方法错误
刃倾角误差大	① 前面、主后面的铣削位置不正确; ② 铣削操作失误造成连接线位置误差; ③ 铣削数据计算错误等
主偏角、刀尖角误差大	工件铣削时,在水平平面内转过的角度错误或误差大

思考与练习

1. 难切削材料加工性能主要反映在哪些方面?
2. 常见的难加工材料有哪几类?
3. 试述影响难加工材料切削加工性能的主要因素。
4. 什么是难切削材料的切削加工性?如何计算和确定难切削材料的相对切削加工性?
5. 材料的传热系数与切削加工性有何关系?
6. 铣削加工难切削材料应从哪些方面采取措施?其中最主要的措施是什么?
7. 影响薄形工件铣削加工精度的因素有哪些?
8. 简述提高薄形工件铣削加工精度的基本措施。
9. 薄形工件铣削加工时应注意哪些问题?
10. 试分析铣削方式对薄形工件铣削加工的影响。
11. 铣削大型工件时应掌握哪些要点?
12. 铣削大型工件时如何正确使用组合铣刀?
13. 装夹和找正大型工件时应掌握哪些要点?
14. 何为复合斜面?复合斜面与单斜面有何联系和区别?
15. 简述铣削复合斜面的基本方法。
16. 如何把复合斜面转换为单斜面进行加工?

课题三　复杂沟槽工件加工

教学要求

◆ 了解复杂沟槽工件的铣削加工特点。

◆ 掌握其工艺过程、操作方法和检验测量方法。

◆ 能运用工件定位夹紧的基本知识来提高复杂沟槽工件的装夹技巧。

3.3.1　复杂直角沟槽工件的基本特征

1. 复杂直角沟槽工件的基本特征与铣削工艺特点

(1) 复杂直角沟槽工件的基本特征

➢ 沟槽工件的外形比较复杂或较难装夹；

➢ 沟槽的位置使得铣削加工比较复杂；

➢ 沟槽截面形状比较复杂；

➢ 工件上沟槽与其配合件的配合精度比较高(如斜双凹凸配合件)；

➢ 沟槽及其配合件的形状比较特殊(如 X 键与槽的配合件)。

(2) 复杂直角沟槽工件的铣削工艺特点

① 工件装夹常需要使用通用夹具组合的方法，或组装组合夹具。例如，铣削加工如图 3－3－1 所示的等分圆弧槽工件，由于圆弧槽的加工需要圆周进给进行铣削，而工件圆弧槽的等分又需要分度机构进行分度，因此，需采用双回转台组合后装夹工件进行加工。

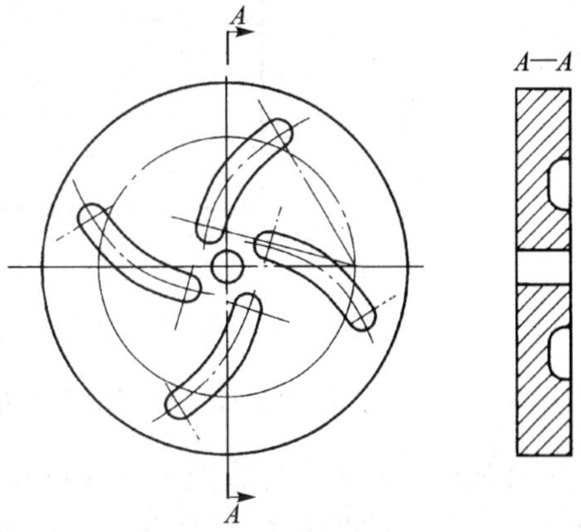

图 3－3－1　等分圆弧槽工件

② 工件装夹常需要比较常见的操作技巧。例如细长轴的装夹，虽然方法比较简单，可以利用工作台面上 T 形槽直槽的倒角部分作为定位，采用螺栓压板夹紧工作，但由于轴上贯通的直角槽在一次装夹中是无法加工完毕的，因此，需要操作者两次装夹，并采用接刀的方法进行加工。这样，必然需要通过较高的装夹找正技巧解决两次装夹保证槽向精度的难题。又如，在薄形套上加工两条槽底平行且对称的窄槽(见图 3－3－2)，槽的宽度为 0.8 mm，工件装夹和保证对称都比较困难，也需要一定的装夹技巧解决难题。

③ 铣削加工常采用预先自行制作辅具的加工工艺。例如铣削加工大半径弧形槽工件(见图 3－3－3)，由于圆弧的半径比较大，超出了一般回转工作台的加工范围，而且工件有一定的数量，因此，可拟定采用手动仿形铣削方法加工工件，预先须自行制作与工件圆弧面半径相同的模型板(靠模)。制作靠模时，需要采用扩展会转台使用范围的方法进行加工，如图 3－3－4 所示。用接长板装夹靠模板工件，采用立铣刀和锥星形指状铣刀铣削，然后再用自制的靠模板：第一步选用立铣刀靠模铣削圆弧面；第二步选用三面刃铣刀，靠模铣削圆弧槽。

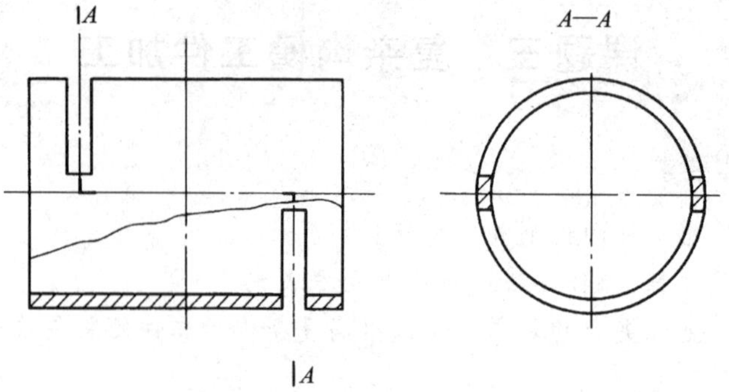

图 3-3-2 薄形套对称窄槽工件

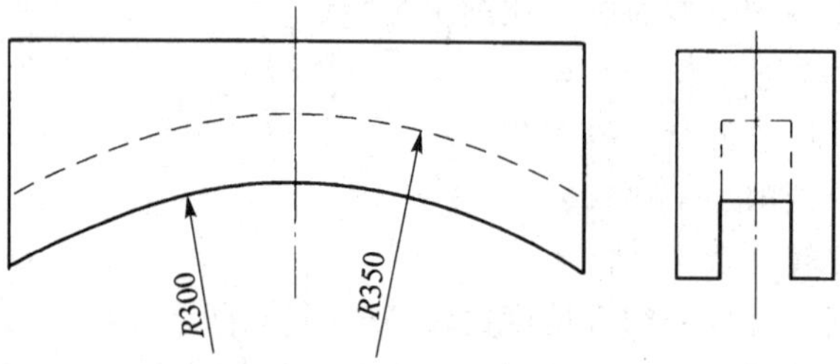

图 3-3-3 大半径弧形槽工件

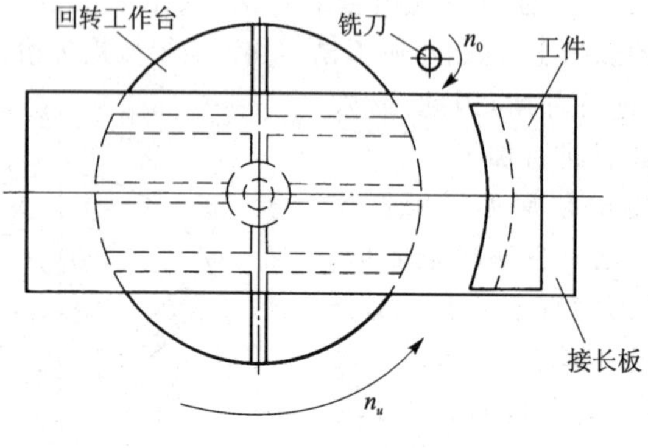

图 3-3-4 用回转台扩展铣削大半径圆弧面和圆弧槽

④ 铣削加工常需要比较熟练的找正和调整操作技巧。例如铣削加工斜双凹凸配合组件(见图 3-3-5),根据图样,组件配合后的外形有偏移量精度要求和配合间隙要求。因此,在加工中需要具备熟练的工件找正技术和铣削位置调整技术,否则,虽然要控制的尺寸和角度并不多,但要达到配合精度要求是比较困难的。

⑤ 铣削加工需要熟练的计算和测量操作技能。在找正工件位置,控制加工精度和过程检测时,由于沟槽的形状、位置和尺寸精度要求比较高,需要灵活地使用各种工具(如各种直角尺、正弦规、量块组,指示表和分度值为 0.001 的高精度杠杆指示表,以及各种常用的量具等)。例如,使用正弦规测量角度时,由于基准面的变化,对于角度的公差控制常需要进行尺寸链换算、机床主轴位置等尺寸和角度换算,因此需要操作者有熟练的计算能力,以保证计算的准确性和一定的计算速度。又如,在测量斜双凹凸面的凸键时,由于受到测量位置的限制,需要使用公法线千分尺测量凸键宽度。再如,在铣削 X 槽键配合组件(见图 3-3-6)时,由于工件的

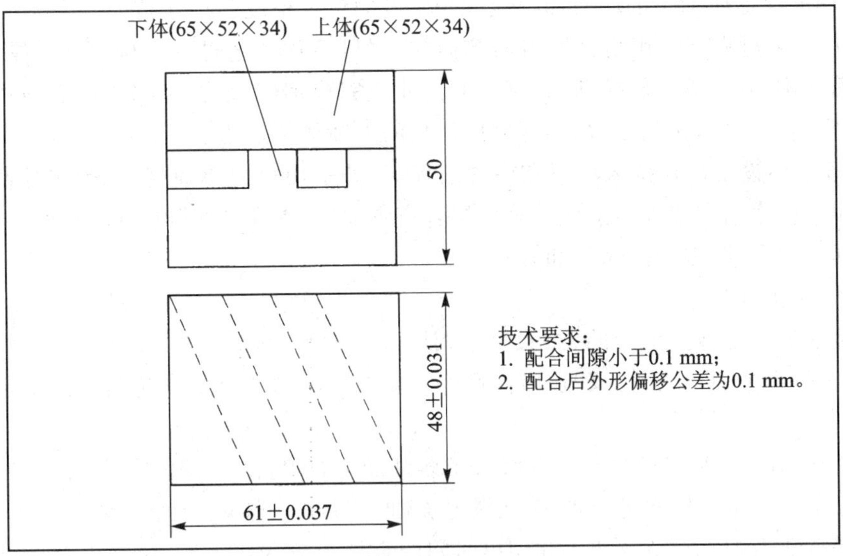

图 3-3-5　铣削加工斜双凹凸配合组件

角度比较多，需要灵活熟练地使用游标万能角度尺，才能保证加工精度。

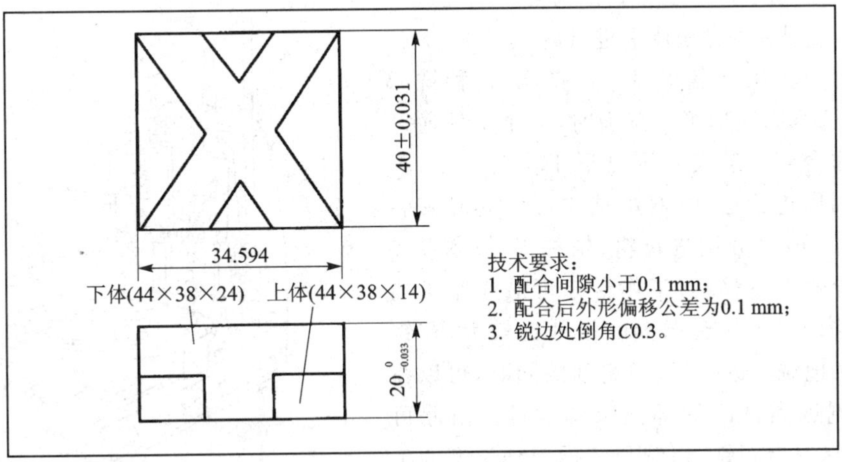

图 3-3-6　X 键槽配合组件

⑥ 铣削加工常需要使用多种形状、规格的铣刀进行铣削，铣削加工的过程比较长。

⑦ 由于加工工艺比较复杂，因此常需要使用多种型号的机床完成一个工件的加工。

2. 组合铣刀多件多面的铣削方法

(1) 组合铣刀的多件多面的铣削方法

1) 多面铣削的加工特点

在铣削加工中，常采用铣刀组合进行一个零件的多面加工，尤其是在批量生产中可通过铣刀的组合，提高生产效率和加工精度。多面铣削加工有以下特点：

① 提高生产效率。多面铣削加工可成倍地提高生产效率，提高的倍率与同时加工面的数量和行程的一致性有关。当工件的多个面加工的行程相同时，生存率的提高倍率仅与面的数量有关；当行程长度不一时，长度相差越大，生产效率提高的程度相差越大。

② 提高加工精度。铣刀组合后，加工的相对位置由铣刀的组合精度保证，准确装夹工件

和对刀后,即能保证所加工的所有面都能处于角度的位置精度和尺寸精度。

③ 简化工艺过程。采用组合铣刀面多面加工,可简化工艺过程。例如加工螺栓的六角,若采用单面铣削加工,需要转位 5 次,加工 6 次才能完成加工过程;若采用组合铣刀加工六角的对边,只需转位 2 次,铣削 3 次,即可完成六角的铣削加工过程。

④ 合理使用设备。在铣床功率允许的前提下,若采用单刀单面切削,则实际使用的功率与机床的额定功率仍有较大的余地。采用组合道具加工,提高了实际的生产效率,对合理使用机床设备提供了合理、有效的途径和方法。

2) 多件铣削加工的特点

多件铣削加工是批量生产的常用加工方法,主要目的是节省辅助时间,如工件的装夹时间、工件加工行程中的切入行程和切出行程等。多件铣削加工有直线进给和圆周进给两种进给方式。

① 直线进给多件加工的特点。直线进给多件加工有串行加工和并行加工两种方式,串行加工的特点是多个工件依次进行加工,可使整个加工过程节省 $n-1$ 个切入和切出时间,如串行加工的零件数为 10 个,节省切入和切出时间的零件个数为 $10-1=9$ 个。并行加工的特点是工件的行程时间 T 没有增加,但加工的零件个数成倍增加,即每个零件的实际加工时间缩短为 t/n。

② 圆周进给多件加工方式的特点。圆周进给多件加工一般是在圆盘铣床上进行的。图 3-3-7 所示为一台双主轴转盘式多工位铣床,这种铣床无升降台,适合高速加工。铣削时,数个工件通过夹具沿工作台圆周装夹在圆盘形工作台 5 上,工作台 5 做圆周进给运动;双主轴 4 可以同时安装两把铣刀,一般可分别进行粗、精加工;立铣头 3 可沿床身导轨上下移动,工作台 5 可沿底座 1 的导轨前后移动。工作台圆盘的尺寸比较大,在铣头双主轴两把铣刀进行粗、精铣削的同时,可以在工作台外侧远离铣削的部位装卸工件。由此可见,此类机床具有粗铣、精铣和装拆三种类型的工位,由于其操作简便、生产效率高,因此特别适用于大批量生产。

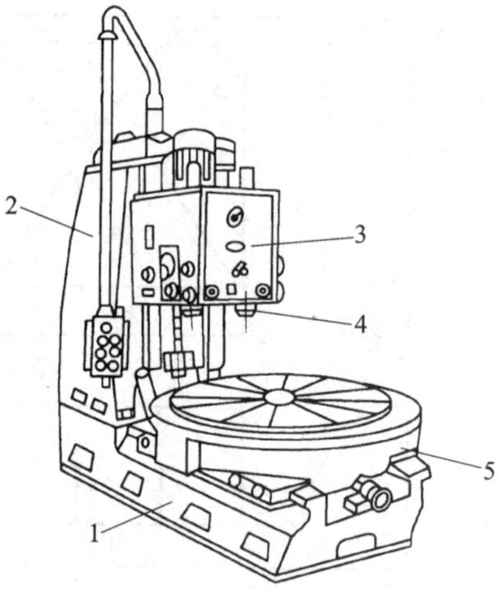

1—底座;2—床身;3—立铣头;4—双主轴;5—工作台

图 3-3-7 双主轴转盘式多工位铣床

(2) 组合刀具多件多面

铣削加工中心最常见的是用组合刀具对台阶和沟槽进行多面多件加工,通常使用片状或盘形铣刀,如槽铣刀、两面刃或三面刃铣刀等进行组合。

1) 立式铣床多面多件加工方法

使用立式铣床进行组合刀具多件多面加工,应掌握以下要点:

- ➢ 立式铣床进行多件多面加工一般使用短刀轴组合安装铣刀进行加工。
- ➢ 工件的安装位置应保证被加工面与工作台面平行。
- ➢ 在立式铣床上的多件加工一般都是串行直线进给加工。
- ➢ 工件数量比较多,进给方向与纵向平行;工件数量比较少的,进给方向也可与横向平行。具体安排时可根据便于操作、有利于加工质量等进行综合考虑。

➢ 在调整操作中，主要掌握以下调整方法：
- 通过工作台垂向调整加工面与工作基准面的位置，如圆柱体上铣削加工方榫（四方棱柱），方榫对圆柱轴线的对称度由工作台进行垂向调整。
- 通过横向或纵向调整台阶或直角槽的深度尺寸。
- 台阶对边的宽度由组合铣刀的组合精度保证，通常通过中间的垫圈厚度尺寸进行调整，调整中注意采用预检和试切的方法。
- 为保证加工表面与工作台面平行，即加工后台阶或直角槽的侧面与工作台平面平行，注意找正铣床立铣头主轴与工作台面的垂直度。

2）卧式机床多面多件加工方法

使用卧式机床进行组合刀具多件多面加工，应掌握以下要点：

➢ 卧式铣床进行多面多件加工使用长刀杆组合安装铣刀进行加工。挂架采用大规格的铜轴承支承刀杆远端。

➢ 工件的安装位置使被加工面与工作台面垂直。

➢ 在卧式铣床上的多件加工可串行直线进给加工，也可并行直线进给加工，还可采用串并行直线进给加工。

➢ 加工的进给方向与纵向平行。工件数量比较少的，可直接采用并行加工方法。

➢ 在调整操作中，主要掌握以下调整方法：
- 通过工作台横向调整加工面与工件基准面的位置，如圆柱体上铣削加工方榫，方榫对圆柱轴线的对称度由工作台进行横向调整。
- 通过工作台垂向调整台阶或直角槽的深度尺寸。
- 台阶对边的宽度由组合铣刀的组合精度保证，通常通过中间的垫圈厚度尺寸进行调整，调整中注意采用预检和试切的方法。
- 并行加工工件之间的间距由刀具组合单元之间的垫圈进行调整。例如加工工件扁榫，刀具组合单元为两把三面刃铣刀，并行加工时，两把三面刃铣刀为一个单元，工件之间的间距通过调整相邻单元之间的垫圈厚度实现。
- 为保证加工后台阶或直角槽的侧面与工作台面垂直，注意找正铣床主轴与工作台进给方向的垂直度。

3. 减少直角沟槽和键槽测量误差的方法

为了达到较高的沟槽铣削加工精度，减少测量误差是关键。

产生测量误差有多种原因，有针对性地采取必要的措施，可以尽量减少测量误差，以提高铣削加工调整数据的准确性。

（1）沟槽测量误差产生的原因

1）量具、测量方法和操作引起的误差

① 量具选用不当引起的测量误差。例如测量直角沟槽时，采用塞规测量尺寸的方法，如果槽测得平面度有误差，或槽侧面与槽底面的垂直度有误差，都可能使尺寸测量产生误差，如图 3－3－8 所示。因此，采用塞规测量尺寸的方法，测量结果只是表面与塞规圆柱测量表面接触部位的尺寸。

② 工件测量位置不准确引起的测量误差（见图 3－3－9）。例如测量一根轴上键槽的对称，由于工件是在分度头上铣削完成后拆下检验的，若采用对称的 V 形架装夹工件，尽管 V 形架的对称精度很高，用指示表测量也具有足够的分度值精度，但由于键槽铣削的原始位置已经

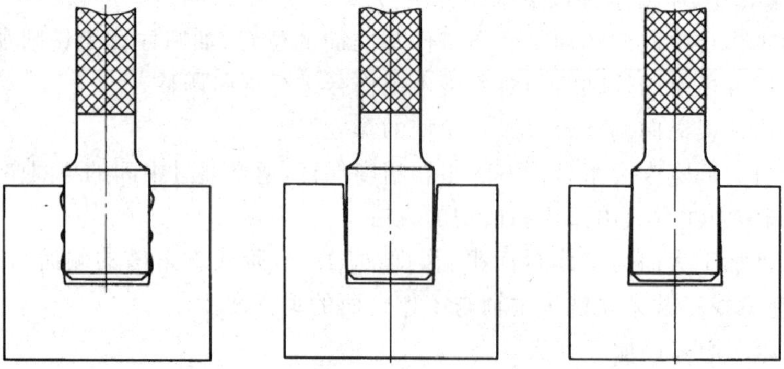

(a) 槽侧不平的测量误差　(b) 槽侧外倾的测量误差　(c) 槽侧内倾的测量误差

图 3-3-8　用塞规测量直角沟槽的尺寸时的测量误差

变动,见图 3-3-9(c),若以测量值作为进一步调整铣削位置的依据,将直接影响产品的质量。

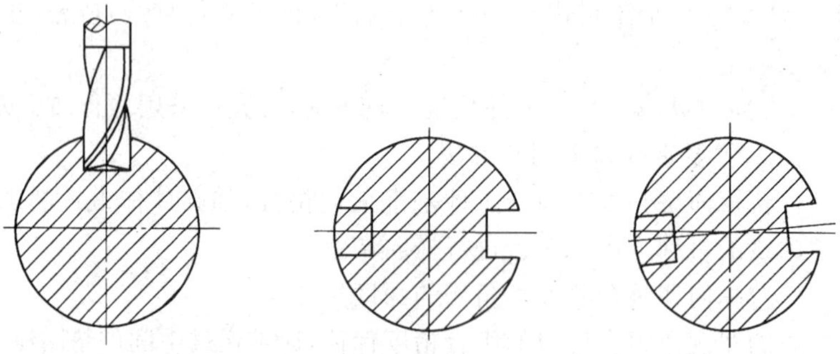

(a) 键槽铣削位置　(b) 准确的测量位置　(c) 不准确的测量位置

图 3-3-9　工件测量位置不准确引起的测量误差

③ 测量操作不准确引起的测量误差。例如在平板上测量一轴上键槽的对称度,使用与外形对称的 V 形架装夹工件,采用翻转法用杠杆指示表测量键槽的两侧面进行比较测量。如测量操作不准确往往会引起测量误差。如图 3-3-10(a)所示,若采用一般的测量球杆,因球头比较大,而槽侧可测量距离比较小,很容易在操作中使测量头接触槽底,影响测量精度。如图 3-3-10(b)所示的小直径球头测杆,虽然能增大可测距离,但也会产生同样的测量操作误差。采用如图 3-3-10(c)所示的倒锥体测杆,可使槽侧的测量距离与槽深基本相等,但测量操作时,测杆的端面应处于垂直槽侧面的位置,测量操作应使测头由里往外拖动,可以提高测

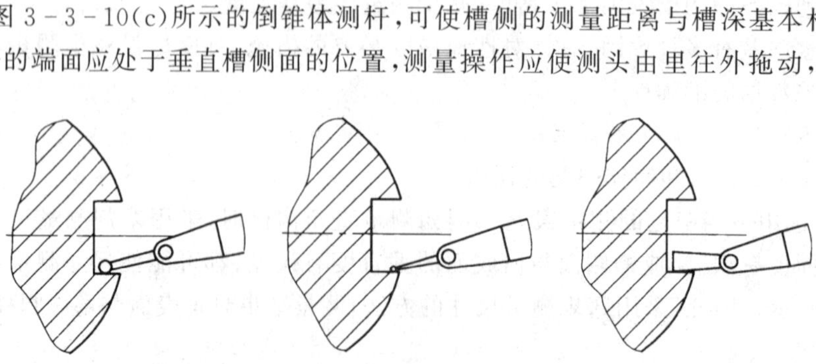

(a) 用一般测杆测量　(b) 用小球头测杆测量　(c) 用倒锥体测杆测量

图 3-3-10　测量操作不正确引起的测量误差

量的精度，避免测量操作引起的误差。

又如，在使用内径千分尺测量槽宽尺寸时，若量爪与槽侧接触的位置不正确，或测量力不采用棘轮装置控制，则均可能因操作不当引起测量误差。

2）量具精度引起的测量误差

① 量具初始调整精度引起的测量误差。在使用千分尺测量直角沟槽或凸键的宽度尺寸时，若千分尺的初始示值校核不准确，将直接影响测量的精度。若采用杆式内径千分尺测量，则需要用外径千分尺预先校正初始刻度位置；若校正不准确，则会产生测量误差。

② 量具测量力控制装置引起的测量误差。在使用有测量力控制装置的量具（如千分尺的棘轮测力装置）时，因测量力调整得过大或过小引起的测量误差。

③ 在使用较大规格的量具时，如较大规格的内径千分尺，量具在测量时因使用不当（如测量力过大）等，可能引起量具的变形，影响测量精度。

④ 一些量具有使用的温度限定范围，如果在范围之外使用，量具的测量精度也会受到一定的影响。

⑤ 一些量具（如塞规、塞尺）因使用后变形或测量表面损坏，会影响测量精度。

(2) 提高沟槽测量精度的方法

① 合理选用量具的结构形式。如测量双凹凸配合件的凸件宽度尺寸，选用一般的外径千分尺有可能使微分筒与台阶地面接触（见图 3－3－11(a)）；而选用公法线千分尺，就可以比较方便地测量凸件的件宽尺寸（见图 3－3－11(b)）。

② 合理选用量具的精度等级。一些定尺寸的量具是具有精度等级的，如塞规、对刀量块等，选用时应注意相应的精度等级。

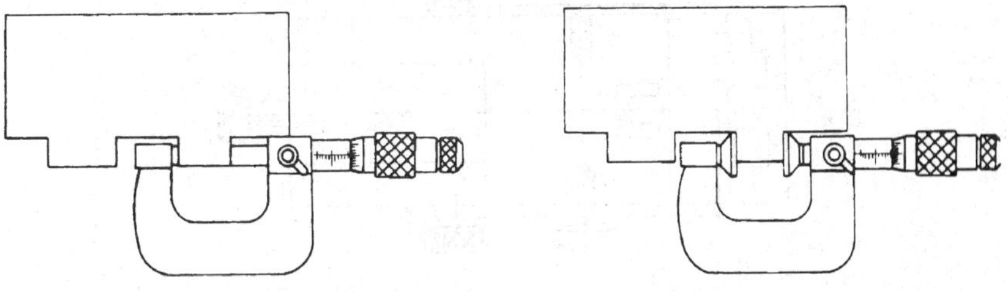

(a) 用外径千分尺测量　　(b) 用公法线长度千分尺测量

图 3－3－11　双凹凸配合件的凸件测量

③ 合理选用测量辅具。为了提高测量精度，常需要使用测量辅助量具。如测量键槽的对称度常使用 V 形架，标准的 V 形架有多种形式，测量轴类零件上键槽对称度应选用带压板和带 U 形紧固装置的 V 形架，如图 3－3－12 所示。又如，使用正弦规测量槽的斜度，为避免测量时量具位移影响测量精度时，应选用正弦规支承板，如图 3－3－13 所示。

④ 对于用角度尺难以测量的沟槽内角，应选用角度量块进行比较测量。角度量块的形式有Ⅰ型和Ⅱ型，见图 3－3－14。Ⅰ型角度量块具有 1 个工作角度 α，Ⅱ型角度量块具有 4 个工作角度 α、γ、β、δ。角度量块的精度等级和极限偏差请查阅相应的手册。角度量块分为 4 组，第 1 组（7 块）的精度为 1 级和 2 级，第 2 组（36 块）和第 3 组（94 块）为 0 级和 1 级，第 4 组（7 块）为 0 级。

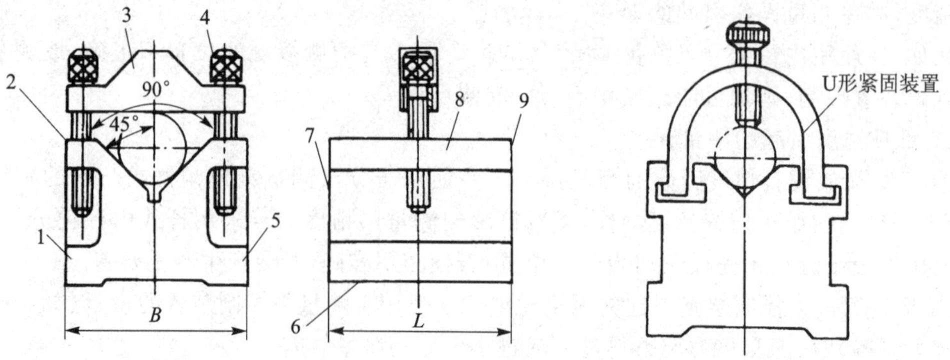

(a) 带压板的V形架　　(b) 带U形紧固装置的V形架

1、5—侧面;2—V形架主体;3—压板;4—紧固螺钉;6—底面;7、9—端面;8—上面

图3-3-12　测量轴上键槽的V形架的形式

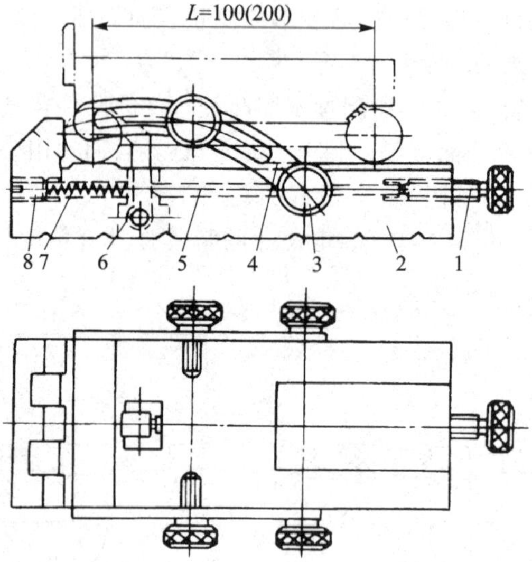

1—锁紧螺钉;2—底座;3—支承螺钉;4—支承板;5—压紧杆;6—压紧杠杆;7—弹簧;8—止推螺钉

图3-3-13　正弦规支承板

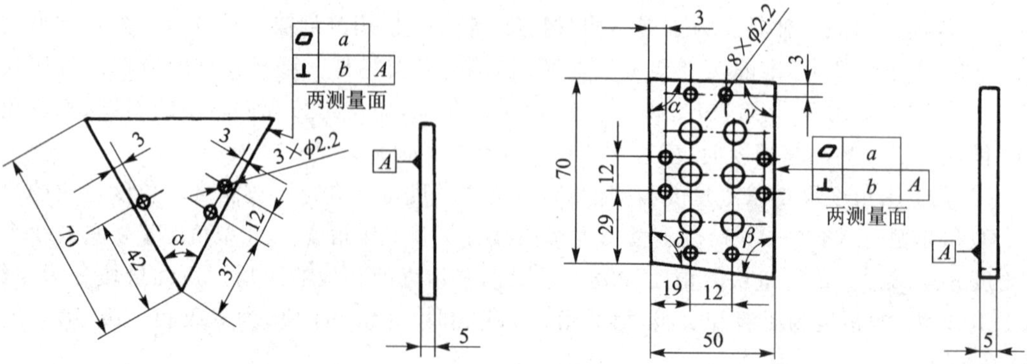

(a) Ⅰ 型　　(b) Ⅱ 型

图3-3-14　角度量块

3.3.2 复杂成形沟槽加工

1. 复杂V形槽工件的加工方法

(1) 复杂V形槽的特点

单一的V形槽属于比较简单的成形沟槽，实质上是两个斜面的对称组合。当V形槽的尺寸精度、位置精度和形状精度要求比较高时，V形槽的加工复杂程度就相应提高；当V形槽在工件上所处的部位比较特殊，使得加工、测量和工件装夹找正比较困难时，V形槽的复杂程度也相应提高。

1) 测量工具上的V形槽

在检测时使用的测量工具V形架上的V形槽，一般需要有对称工件的外形，并与基准地面和侧面有较高的平行度要求。如侧面V形槽一般要有等高、平行的要求，以便工件换位装夹进行检测。若工件需要使用两块V形架进行长轴的测量，则还需要满足V形槽对地面的等高精度要求。由于V形槽用于工件的测量，精度误差的控制一般在工件加工误差的1/5范围内，因此，V形架的V形槽加工具有一定的复杂性。

2) 机床夹具上的V形槽

用于机床夹具定位元件的V形槽，通常需要有类似于测量工具的加工要求。V形槽的加工精度一般在工件加工精度的1/5～1/3之间，因此也属于精度要求和复杂系数较高的工件。对于一些特殊工件的定位V形槽，加工和测量比较困难，也属于复杂V形槽加工。

3) 大型工件上的V形槽

例如机床工作台、滑板、床鞍等，工件的外形比较大，装夹和找正比较困难，加工部位的测量也比较困难，因此也属于比较复杂的V形槽加工。

4) 轴、套类上的V形槽

一些特殊用途的轴、套类零件，在圆周面或端面上需要加工V形槽。有时还需要数条轴向的V形槽之间具有一定的夹角要求，或沿圆周一定夹角范围内加工V形槽，或在圆周上加工螺旋V形槽，此时的V形槽加工也是比较复杂的。

5) 对于尖齿离合器和尖齿花键的圆周等分分布的V形槽

对于尖齿离合器和尖齿花键的圆周等分分布的V形槽是属于V形槽加工的特殊零件。

(2) 复杂V形槽的加工要点

① 选择适用的刀具。V形槽的基本加工方法比较多，槽的开口尺寸和斜面角度也各不相同，因此需要在加工时按加工部位的特殊性选择适用的刀具。例如加工机床部件上的V形槽，一般需要在龙门铣床上进行，通常是将铣头扳转一定的角度后加工V形槽，一般采用对称双角度铣刀进行加工。再如在加工圆弧和环形V形槽时，需要使用指形角度铣刀，如图3-3-15所示。

② 选择合理的加工方式。V形槽有多种加工方式，当工件上的V形槽比较复杂时，注意选择合理的加工方式。

- 铣削加工工件外形大的V形槽，一般通过刀具扳转角度进行斜面铣削加工。如机床工作台的V形槽，大多采用改变铣床主轴位置扳转角度进行铣削加工。
- 加工较小的V形槽，一般采用成型加工方法，如采用双角度铣刀一次成型加工，圆弧V形槽加工需要在回转工作台上装夹工件进行加工。
- 圆周环形V形槽需要使用分度头进行进给加工。

➢ 螺旋V形槽需要在回转台上或分度头与工作台丝杠之间配置交换齿轮进行螺旋进给进行加工,采用盘式角度铣刀加工时需要按螺旋角改变刀具与工件轴线的夹角,采用指形铣刀加工时不需要改变角度。

③ 选择适应的精度检测方法。V形槽的加工需要进行过程检测和加工质量检测,过程检测的作用是获得进一步加工的调整数据。在检测中需要选择适宜的检测方法,如使用标准圆棒贴附在V形槽的两侧面上,借用圆柱面的素面检测V形槽的平行度、对称度和位置度,并通过一定的计算来间接测得V形槽与基准面的位置尺寸精度、V形槽的开口尺寸等。在过程测量中,可通过计算获得单侧斜面或两侧斜面需要加工的调整数据。在质量检测中,可通过检测获得开口尺寸、位置尺寸,位以及置度、等高度等是否符合图样标注的精度要求,定位用V形块开口尺寸(见图3-3-16)的计算见表3-3-1。

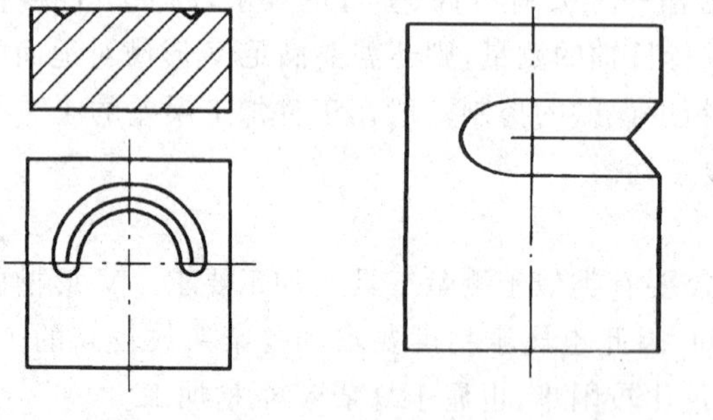

(a) 平面圆弧V形槽　　(b) 圆柱面环形V形槽

图3-3-15　特殊V形槽

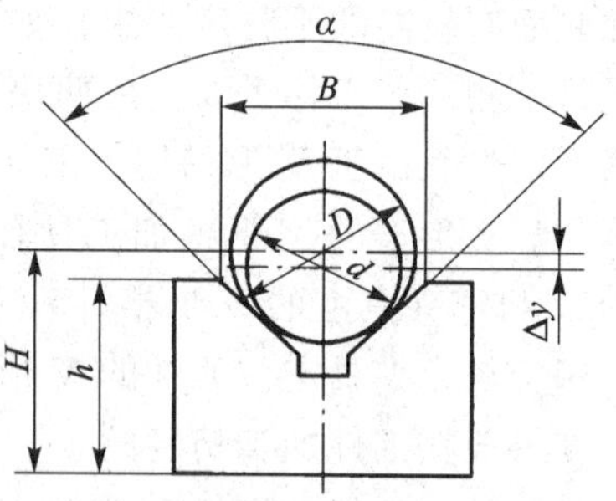

D—定位圆直径的最大值;
d—定位圆直径的最小值

图3-3-16　定位用V形块开口尺寸

表3-3-1　定位用V形块开口尺寸的计算

计算项目	V形块的工作角度	V形块基面到定位圆中心的距离	V形块的开口尺寸
符　号	α	H	B
计算公式	α	$H=h+\dfrac{D}{2\sin(\alpha/2)}-\dfrac{B}{2\tan(\alpha/2)}$	$B=2\tan(\alpha/2)\times\left[h+\dfrac{D}{2\sin(\alpha/2)}-H\right]$
	60°	$H=h+D-0.866B$	$B=1.155(h+D-H)$
	90°	$H=h+0.707D-0.5B$	$B=2(h+0.707D-H)$
	120°	$H=h+0.577D-0.289B$	$B=3.464(h+0.577D-H)$

2. 复杂燕尾槽工件的加工方法

(1) 复杂燕尾槽(键)的特点

1) 传动导轨燕尾配合的特点

传动导轨燕尾配合是常见的复杂燕尾槽加工实例。机床导轨的燕尾配合具有磨损可补偿的特点,因此在机床导轨结构中得到广泛的应用。例如升降机铣床的工作台纵向和垂向导轨,卧式升降机铣床的横梁导轨等都采用燕尾导轨。燕尾导轨有采用楔形镶条进行间隙调整和人工直接进行配合的两种结构形式,因此加工的要求是不同的。机床零部件的燕尾导轨,因部件外形各异,装夹、找正和加工所用的机床和刀具都比较特殊,因此属于复杂燕尾配合加工。

2) 特殊零件的燕尾槽或键块的特点

特殊零件上的燕尾配合大多属于镶嵌类型的配合,即可能用于大型零件的修补、小型零件的组合、工模具零件的配合和修复等，因此一般加工精度要求比较高，甚至有密合、零间隙配合的要求。因此在这些零件加工燕尾槽或键块具有位置、形状、尺寸精度要求比较高的特点。

(2) 复杂燕尾配合件的加工要点

大型零件燕尾配合部位的铣削可选用组合刀具进行加工。在龙门铣床上加工机床部位的燕尾导轨配合件，常采用组合刀具进行加工。由于机床结构部件一般都是铸铁件，因此采用硬质合金组合铣刀进行加工。刀具的组合精度需要预先进行检测，以保证加工精度。

大型工件的找正也是加工中的操作难题，通常需要进行三维找正。在燕尾配合的加工中，往往需要按基准面进行找正，以便在加工后与机床部件的基准面具有精确的相对位置，或保证导轨配合部位与某些相关部位的位置精度。在找正的过程中，需要注意与夹紧的配合，大型工件的找正常会因支承、夹紧不合理引起工件基准的变形，给工件的找正带来困难。

对于有镶条的燕尾配合部位，通常与基准面有一个等于镶条斜度的倾斜角度，此时工件基准的找正需要使用正弦规，以便精确控制燕尾槽一侧与基准面的倾斜度。

燕尾的槽形角是由铣刀精度保证的，因此加工中需要有检测样板。燕尾导轨是由平行面和对称斜面组合而成的，因此两侧的平行面等高、斜面对称倾斜等都是加工的基本要求。对于配合件，需要槽形角一致，因此加工中的刀具通常是采用同一组合刀具，以使槽形角相同。

燕尾宽度的检测十分重要，应熟练掌握使用标准圆棒间接检测燕尾配合件的基本方法。对于有镶条的燕尾配合件，应保证三件配合后，镶条处于合理的调节范围之内。

对于燕尾与基准的位置尺寸精度控制，可以经过一定的计算，也可将标准圆棒贴合在燕尾槽角内，借助标准圆棒的素线进行检测，如与基准面的平行度检测，与基准面的斜度检测，与基准面的高度检测等。

加工镶嵌形配合的燕尾部位，需要掌握准确检测的技能，必须采用同一把刀具进行加工，才可能在宽度和台阶高度已准确控制的情况下，达到密合镶嵌的要求。

3. 减少直角沟槽和键槽测量误差的方法

(1) 选用高精度的测量仪器

大型工件和精密工件的加工，一般选用高精度的测量工具和仪器进行位置、形状的检测。例如机床导轨的燕尾槽或 V 形槽，首先检测的是形状精度，其次槽向的直线度、槽侧和斜面的平面度，都是十分重要的检测项目。因此，可采用自准直仪或光学平直仪进行检测，使用时应掌握以下要点：

- 将被测工件的全长分成若干段，利用测量小角度的自准直仪将各段的倾角测出，并求得其对应的累计值，然后处理可得其直线度误差，如图 3－3－17(a)所示。
- 检验时，把自准直仪 1 固定在被测件(如导轨)的一端，或固定在靠近被测件一端的架子上，并使其反射镜在同一高度上。先把反射镜放在靠近自准直仪 1 的一端 *A* 处，并调整到像与十字线对准；再把反射镜 2 移至另一端 *K* 处，调整到像与十字线对准。反复如此调整，必要时反射镜 2 在 *K* 处可垫正，直至前后位置都对准为止。
- 反射镜 2 在 *A* 处和 *K* 处两个位置时，其侧面用直尺定位。然后把反镜面 2 放到各段位置(首尾应靠近)，测出各段的倾斜度，即能推出直线度误差。
- 用光学平直仪 1 检验时，如图 3－3－17(b)所示，在反射镜 2 的下面一般加一块支承板(俗称桥板)3。支承板 3 的长度通常有两种，即 $L=100$ mm 和 $L=200$ mm。对于哈尔滨量具刃具厂生产的光学平直仪，当反射镜支承板长度 L 为 200 mm 时，微动鼓轮的分度值为 1 μm，相当于反射镜的倾角变化为 1″；若支承板长度 L 为 100 mm，则微动

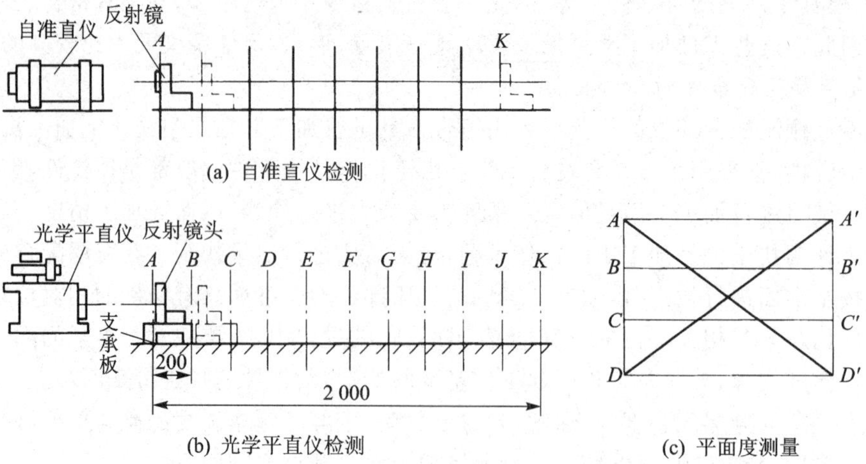

图 3-3-17 自准直仪和光学平直仪检验加工表面的直线度和平面度

鼓轮的分度值为 0.5 μm。

- 反射镜的移动有两个要求：一要保证精确地沿直线移动；二要保证其严格按支承板长度的首尾衔接移动，否则就会引起附加的角度误差。为了保证这两项要求，侧面也应由定位直尺作定位，并且在分段上做出标记。每次移动都应沿直尺定位面和分段标记衔接移动，并记下各个位置的倾斜度。
- 测量工作(如平板)面的平面度，是在测量直线度的基础上进行的，如图 3-3-17(c)所示。测量时把被测表面顶出几条测量线，分别测出 AD'、DA'、AD、$A'D'$、AA'、BB'和 DD'的直线度。测量各条线的直线度，支承板也应首尾衔接移动，先记下各点的倾斜度，然后画出各条线的直线度误差曲线，最后可推算出平面度误差。

(2) 使用专用的检测样板

V 形槽和燕尾槽配合部位的加工涉及槽形角的精度。因此，对于精度要求高的部位，可制作专用样板进行槽形的精度检测。检测时使用塞尺配合，可判读槽形精度误差。配合件的检测应使用同一样板。样板的精度可采用投影仪等高精度仪器进行检测。使用样板进行检测时，需要熟悉样板的检测方法和规范，以及精度检测结果的确认方法。

(3) 选用高精度的检测工具

检测 V 形槽和燕尾槽，常需要使用一些检测工具，如标准圆棒、六面角铁等。因检测工具的精度会直接影响检测结果的准确性，所以在使用检测工具检测高精度成形沟槽时，需要预先对检测工具进行精度检测，以保证成形沟槽测结果的准确性。标准圆棒的直线度和圆柱度，以及直径尺寸的精度都会直接影响 V 形槽和燕尾槽配合的检测精度和结果计算，因此需要特别予以关注。

(4) 合理设置检测部位

检测部位的设置是提高检测精度和准确度不容忽视的环节，在一些大型的零部件上，合理设定检测部位，可避免漏检问题。通常在槽的总长范围内，可根据长度设置多个检测位置，以获得检测结果的一系列数据，然后进行数据处理。对于一些特殊的部位，如容易变形的部件、结构比较特殊的部位、加工中衔接的部位等一般都需要进行检测，对表面出现异常加工纹理的部位，也需要对特殊点进行检测。

思考与练习

1. 铣削加工的复杂直角沟槽工件有哪些基本特征？
2. 铣削加工的复杂成形沟槽工件有哪些基本特点？
3. 沟槽测量误差的产生有哪些基本原因？
4. 由测量方法和操作引起的测量误差包括哪些内容？
5. 简述提高沟槽测量精度的方法。
6. 台阶和沟槽铣削加工中如何应用组合刀具？
7. 怎样应用光学平直仪检测导轨燕尾配合加工的质量？
8. 燕尾配合件的加工为什么需要使用同一把刀具？

课题四 复杂角度面与刻线加工

教学要求

- ◆ 掌握复杂角度面与刻线加工工件的几何特征和加工特点。
- ◆ 熟练掌握复杂角度面和锥面刻线的基本方法。
- ◆ 熟悉提高角度分度精度和刻线加工精度的方法。
- ◆ 掌握复杂角度面检验和质量分析的方法。

3.4.1 复杂角度面的加工

1. 提高角度分度精度的基本方法

有些角度的加工不能用简单的角度分度法，用查表法又不能满足精度要求（因为查表法只能得到近似值）。此时可采用角度差动分度法，但此法有一定的局限性，不像等分差动分度法，能解决所有的等分分度。

（1）角度差动分度原理

与等分差动分度法类似，角度差动分度法也是通过主轴和侧轴安装的交换齿轮（如图 3-4-1(a)所示）在分度手柄做分度转动时，与随之转动的分度形成相对运动，使分度手柄的实际转数等于假定角度分度转数与分度转盘本身转数之和的一种分度方法，如图 3-4-1(b)所示。

（2）角度差动分度计算

角度差动分度计算步骤如下：

① 选取一个能用简单分度实现的假定角度 θ'，θ' 应与角度 θ 相接近，尽量选 $\theta<\theta'$，这样可以使分度盘和分度手柄转向相反，避免转动系统中的转动间隙影响分度精度。

② 按假定角度计算分度手柄应转的圈数，并确定所用的孔圈：

$$n'=\frac{\theta'}{9^\circ}$$

③ 交换齿轮计算。由差动分度传动关系，交换齿轮按下式计算：

$$\frac{Z_1Z_3}{Z_2Z_4}=\frac{40(\theta-\theta')}{\theta}$$

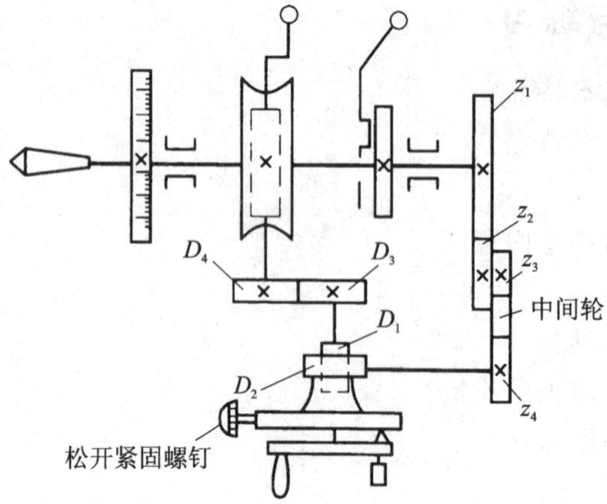

(a) 传动系统与交换齿轮安装

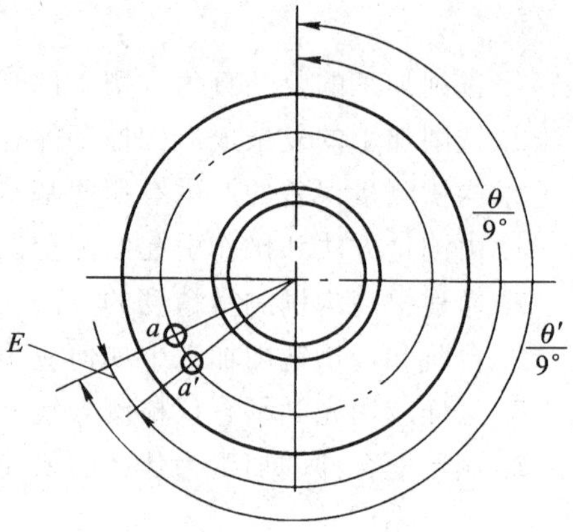

(b) 角度差动分度原理

图 3-4-1 角度差动分度法

交换齿轮尽可能从备用齿轮中选取,并规定$\frac{Z_1Z_3}{Z_2Z_4}=\frac{1}{6}\sim6$,以保证交换齿轮相啮合。

④ 确定中间齿轮数目。当$\theta<\theta'$时(交换齿轮速比为负值),中间齿轮的数目应保证分度手柄和分度盘转向相反;当$\theta>\theta'$时(交换齿轮速比为正值),应保证分度手柄和分度盘转向相同。

(3) 采用自制孔盘方法

若角度面加工需要分度头仰起一个角度,或工作必须安装在回转工作台上加工,就无法采用差动分度法。此时,也可先按简单分度法计算角度分度时的分度手柄转速n,当n中的分数值无法通过现有标准孔盘的圆圈进行分操作时,可按去其分母值自制一个专用的圈孔,来解决该难题。

自制专用孔盘应注意以下要点:

➢ 孔盘的外圆、厚度、定位孔、紧固螺钉安装孔等结构尺寸和位置精度应符合标准孔盘的要求。
➢ 孔圈的分布圆直径尺寸应满足分度手柄分度定位销的调节距离,圆孔的定位孔直径和导向圆锥倒角应与标准孔盘相同。
➢ 在制作孔盘的圆孔时,常会采用等分差动分度法,选择制作孔盘的分度头应具有较高的分度精度。
➢ 制作孔盘圈孔最好采用带有万能回转铣头的机床,以便于等分孔的加工、观察和分度操作。
➢ 在圈孔加工过程中,应注意分度头主轴紧固手柄和合理使用,以确保差动分度的等分精度。

2. 复杂角度面的铣削方法

(1) 复杂角度面的基本特征

所谓复杂角度面,通常具有以下基本特征:

➢ 角度面在工作圆圈上不均匀分布,相对基准的夹角角度值不是整数。
➢ 角度面与基准面(线),或相对其他角度面位置比较特殊,加工和测量会比较困难。

➢ 角度面的夹角精度要求比较高。

➢ 角度面与工件轴线的位置精度要求高。

➢ 角度面可能在工件上沿轴线处于不同位置，且与轴向基准的相对位置精度要求高。

(2) 复杂角度面铣削加工特点

➢ 与一般角度面工件图样相比，复杂角度面的图样比较复杂，如角度面在工作轴向处于不同位置，图样上需要采用多个剖面来表达，如图 3-4-2 所示。

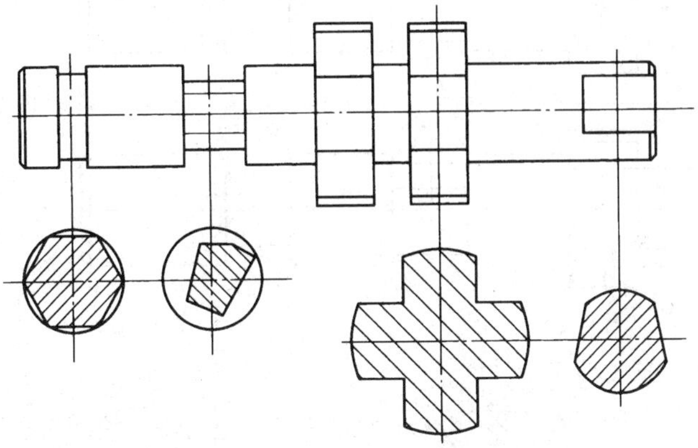

图 3-4-2　复杂角度面工件示例图

➢ 角度分度精度要求比较高，不仅需挑选精度高的分度装置，还需采用提高角度分度精度的有关措施。

➢ 铣削过程中的检测比较复杂，需要选用多种量具进行检测，对调整操作和测量的技能要求比较高。

➢ 由于加工部位限制条件比较多，所以在铣刀的尺寸、形状选择，以及铣削方法的运用要求上比较高。

(3) 复杂角度面的基本加工方法

以图 3-4-3 所示工件为例，图样分析具体方法如下。

【图样分析】

图样分析方法包括基准分析、角度面的形状和尺寸分析等。

① 基准分析。如图 3-4-3 所示，轴的基准是轴线和左侧端面。

② 角度面形状和尺寸分析。本例角度面沿轴线分为三段，即左段、中段和右段。

左段角度面由对边尺寸 27 mm 的正六角形柱、带斜面的十字凸缘(图 3-4-3 中 B 向视图)和对边 24 mm 的正四边形棱柱(图 3-4-3 中 A—A 断面)构成。正四边形和正六边形棱柱对边尺寸精度较高，对轴线的对称度允许误差范围为 0.05 mm。带斜面的两个十字凸缘之间有台阶，其轴向位置由尺寸 6 mm、10.5 mm、(43±0.08) mm 确定。斜面的角度精度较高，并与相对的直角槽由尺寸为 27 mm 和直径为 8 mm 的量棒测量(尺寸为(52±0.095) mm)，确定其连接位置。

中段角度面如图 3-4-3 中 C—C 断面所示，不等边五边形各面的位置夹角标注方法不同，与轴线的位置尺寸也不同。角度面的轴线宽度尺寸为 22 mm，精度要求比较高。角度面的轴线位置尺寸为 100 mm。

右段角度面构成菱形，如图 3-4-3 中 D—D 断面所示，对边尺寸不等，相邻角度面的钝

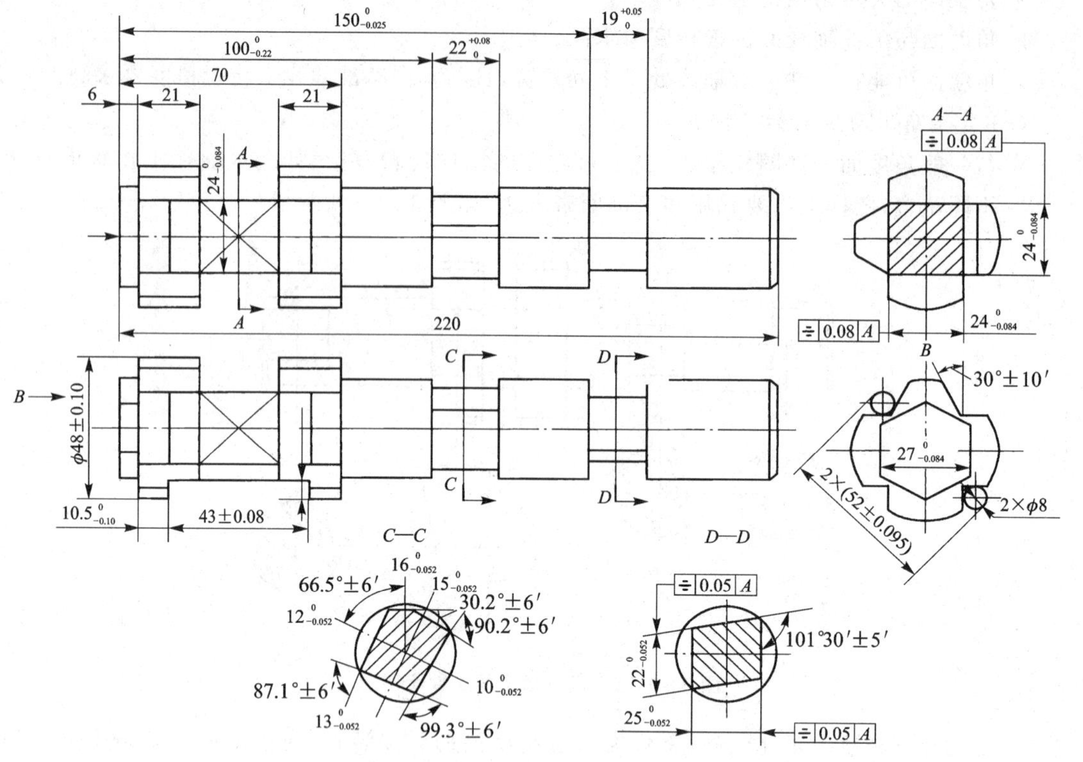

图 3-4-3　带复杂角度面轴加工图

角为 101°30′±5′。菱形的轴向宽度尺寸为 19 mm，菱形的轴向位置尺寸为 150 mm。

【工艺准备】

工艺准备要点包括采用分度头进行分度，选用立铣刀铣削加工各轴向位置的角度面，选用一顶一夹的方式装夹工件等。计算铣削加工主要数据是工艺准备的主要内容之一。根据各断面角度的几何特征，比较复杂的角度面预先应计算相邻角度面之间的中心角和分度手柄的转数等加工数据。

① 计算 B 向视图十字凸缘加工数据。铣削凸缘十字时，因十字宽度相等，因此可按四等分分度。铣削斜面时，分度头应转过，设分度手柄转数为 n_{B}，其值计算如下：

$$n_{\mathrm{B}}=\frac{30^{\circ}}{9^{\circ}}=3\,\frac{18}{54}r$$

② 计算 C—C 断面角度面的加工数据。将五个角度面（设当前水平位置为面 1，按时针顺序，依次为面 2、面 3、面 4、面 5）的夹角换算成中心转角（见图 3-4-4）。

面 1 与面 2 的中心转角：$\angle A'=\angle A=30.2^{\circ}$；

面 2 与面 3 的中心转角：$\angle B'=180^{\circ}-\angle B=89.8^{\circ}$；

面 3 与面 4 的中心转角：$\angle C'=180^{\circ}-\angle A=180^{\circ}-99.3^{\circ}=80.7^{\circ}$；

面 4 与面 5 的中心转角：$\angle D'=180^{\circ}-\angle D=180^{\circ}-87.1^{\circ}=92.9^{\circ}$；

面 5 与面 1 的中心转角：$\angle E'=66.5^{\circ}$。

根据简单角度分度公式计算分度头分度手柄转数 n_{c}：

$$n_{\mathrm{c1}}=\frac{\angle A'}{9^{\circ}}=\frac{30.2^{\circ}}{9^{\circ}}=\frac{1\,812'}{540'}\approx 3\,\frac{19}{54}r,\quad \Delta_{1}=9^{\circ}\times\frac{-2'}{540'}=-2'$$

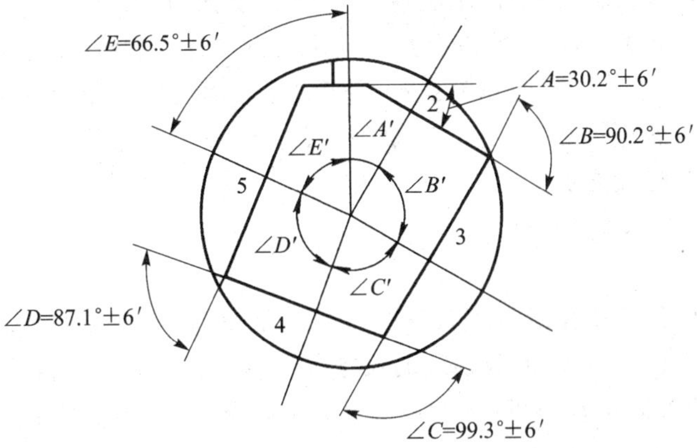

图 3-4-4 C—C 断面角度面计算示意图

$$n_{c2}=\frac{\angle B'}{9^\circ}=\frac{89.8^\circ}{9^\circ}=\frac{5\,388'}{540'}\approx 9\,\frac{53}{54}r,\quad \Delta_2=9^\circ\times\frac{+2'}{540'}=+2'$$

$$n_{c3}=\frac{\angle C}{9^\circ}=\frac{80.7^\circ}{9^\circ}=\frac{4\,842'}{540'}\approx 8\,\frac{52}{54}r,\quad \Delta_3=9^\circ\times\frac{-2'}{540'}=-2'$$

$$n_{c4}=\frac{\angle D'}{9^\circ}=\frac{92.9^\circ}{9^\circ}=\frac{5\,574'}{540'}\approx 10\,\frac{17}{54}r,\quad \Delta_4=9^\circ\times\frac{-4'}{540'}=-4'$$

$$n_{c5}=\frac{\angle E'}{9^\circ}=\frac{66.5^\circ}{9^\circ}=\frac{3\,990'}{540'}\approx 7\,\frac{21}{54}r,\quad \Delta_5=9^\circ\times\frac{0}{540'}=0'$$

③ 计算 D—D 剖面的角度面加工数据。按菱形相邻面夹角计算中心转角：

$$\theta=180^\circ-101.5^\circ=78.5^\circ$$

计算分度头分度手柄转数 n_D：

$$n_D=\frac{\theta}{9^\circ}=\frac{78.5^\circ}{9^\circ}=\frac{4\,710'}{540'}\approx 8\,\frac{39}{54}r,\quad \Delta_\theta=9^\circ\times\frac{0'}{540'}=0'$$

【加工准备】

加工准备要点包括：检测各级外圆与中心孔的同轴度，水准端面与轴线的垂直度及其平面度；安装、找正分度头主轴线与工作台面的纵向的平行度。工件采用一顶一夹的方法装夹，轴向装夹位置应保证铣削时铣刀与三爪自定义卡盘的间距。若工件较长，铣削时可用 V 形千斤顶作为辅助支承，工件装夹后应找正工件外圆与分度头主轴的同轴度，误差在 0.02 mm 以内。

注意事项

复杂角度面铣削注意事项如下：

- 铣削时，应注意各轴向位置角度面的轴向、周向的相对位置。铣削四棱柱的基准侧面位置最好是分度头主轴刻度的零位，孔盘的起始位置也应做好标记，以免铣削操作失误。
- 左端六棱柱应该在凸缘台阶面之后加工，主要是便于台阶面轴向位置的测量和控制。
- 分度头的间隙应该调整得小一些，锁紧装置应调整好，保证铣削过程中无周向微量位移，以保证角度面夹角的精度。
- 三爪自定心卡盘应有足够的夹紧力，保证工件在沿轴向进给铣削时，工件不发生轴向微量位移,否则将使工件脱离尾座顶尖,影响角度面的位置精度。

➢ 铣削 $C—C$ 断面不等边五边形时,用纵向进给铣削各角度面,注意面 1 与四棱柱基准侧面平行,并符合 $C—C$ 断面角度面的排列顺序。轴向位置用游标卡尺测量控制,宽度用内径千分尺测量控制,角度面至轴线的尺寸用升降规、量块组的指示表测量控制。

3. 复杂角度面的检测方法

(1) 复杂角度面的基本检测方法

1) 常用检验量具

常用的检验量具和辅具有指示表、正弦规、标准量块;各种标准的角度棱柱,例如六棱柱等;专用角度量具,例如各段角度面与轴线的尺寸可用移动式直线尺寸量规测量,如图 3-4-5 所示;各段角度面的轴向位置、长度和宽度尺寸,可采用直线尺寸各种形式的量具进行检验。测量辅具的结构如图 3-4-6 所示。

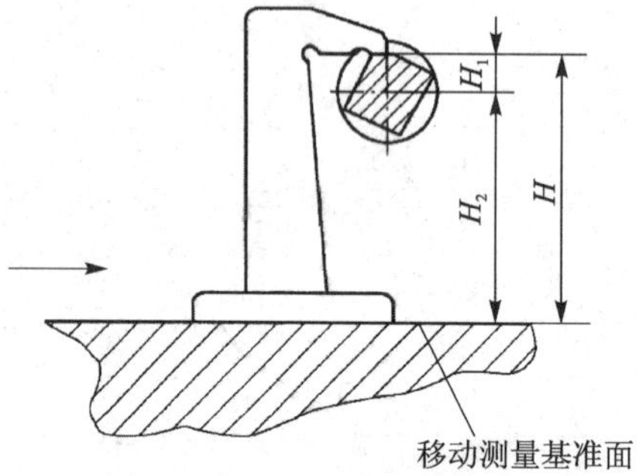

图 3-4-5 用移动式直线尺寸量规测量角度面尺

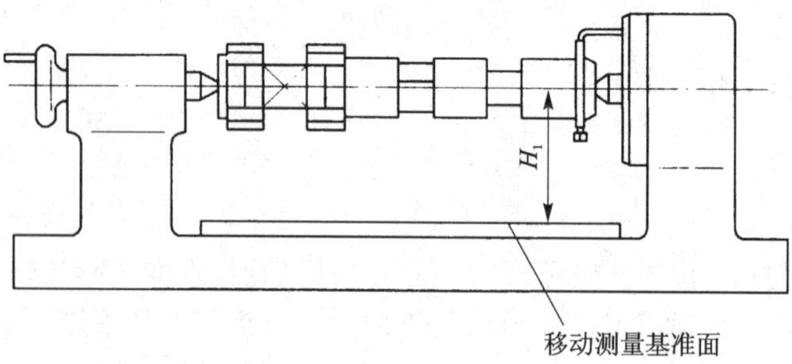

图 3-4-6 测量辅具的结构

2) 检验的基本方法

① 检测基准的精度。加工和检验高精度角度面之前,首先应对加工基准的精度进行检验。本例应在加工前对两顶尖进行形状和位置精度检验,主要是两顶尖轴向的同轴度。检测的方法是在两顶尖装夹后,通过测量各级外圆的同轴度,间接检测顶尖的同轴度。

② 使用分度装置检测圆周上的复杂监督面时,应保证角度面的轴向与轴线平行。等分装置转过计算角度后,用指示表沿角度面垂直的方向检验,应符合预定的水平位置。用指示表和标准量块比肩测量复杂角度面与轴向距离 h_1 时,测量高度 $H=$分度头中心高度 H_1+h_1,如图 3-4-7(a)所示。此时,应注意工件测量时的轴线高度位置 H_1 的准确性,以及轴线与测量基准面的平行度。

③ 使用专用检具检测圆周上的复杂角度面时,应保证角度面的轴向与轴线平行。等分装置转过计算角度后,可用量规垂直检测部位与工件被检测部位贴合,应用塞尺通过间隙检测角

度面的位置精度，如图 3－4－7(b)所示。用量规检测角度面与轴线的位置尺寸时，可用量规的水平检测部位检测处于水平位置的角度面被测部位，通端通过，止端不能通过的角度面为位置尺寸合格。测量时注意角度分度的准确性，量规的基准底面应与标准平面贴合。对于角度检测不合格的，角度面和轴线的位置尺寸是无法进行检测的。

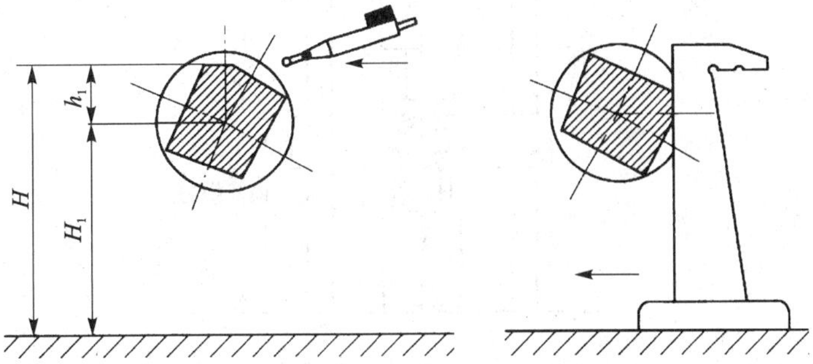

(a) 用分度头测量　　(b) 用专用量规测量

图 3－4－7　复杂角度面测量方法示意图

(2) 复杂角度面的检测和质量分析示例

圆周上的复杂角度面一般通过分度装置进行检验。本例采用专用于测量的机械分度头或光学分度头检验测量。以图 3－4－3 所示的工件为例，复杂角度面的检测和质量分析方法如下。

1) 各剖视角度面相位测量

① 用指示表找正工件和测量分度装置旋转轴线同轴(工件采用两顶尖装夹)。

② 用指示表找正 $A—A$ 剖视四棱柱基准侧面与测量平板平行。

③ 分别测量六棱柱、凸缘十字、$C—C$ 剖视角度面 1、$D—D$ 剖视菱形 22 mm 对边平面与测量平板和平行度，若有误差，可记录，然后计算出角度误差值。

④ 根据图样的各视图、剖视图，检查工件各剖视的角度面之间的相对位置，不能有错位。

2) 各截面角度面检验

检验时，应以各截面角度面中与四棱柱基准侧面平行的面为测量基准，用指示表找正其与测量平板平行，然后按各自的相对位置和图样技术要求进行检验。检验中应掌握以下要点：

① 有对称度要求的四棱柱、六棱柱、菱形，应测得其各组对边对轴线的对称度，已确定其最大误差值。

② 测量角度面时，长度方向为其角度误差，宽度方向应与轴线(测量平板)平行，若宽度方向与轴线不平行，则应测量其宽度两端的角度误差值。

③ 在测量角度面对边尺寸或角度面至轴线的位置尺寸时，也应首先找到正角度面长度方向与平板平行，并检测宽度方向与轴线的平行度，以避免检测误差。

④ 使用量块组合升降规比较测量时，若借助工件外圆作为间接基准，应注意工件外圆的实际尺寸及其与测量轴线的同轴度，避免测量误差。

⑤ 测量轴向位置和宽度尺寸时，应注意检测侧面的连接平整度，若采用精度较高的数量高度卡尺检测，应采用带夹紧装置的 V 形架，以保证工件轴线与测量平面垂直，避免工件端面与轴线垂直误差引起测量误差，如图 3－4－8 所示。

3) 质量分析要点

复杂角度面轴向质量分析要点见表 3－4－1。

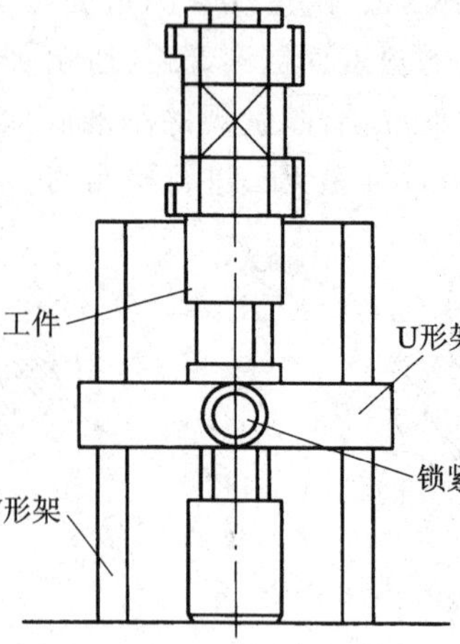

图 3-4-8 轴向位置测量示意

表 3-4-1 复杂角度面轴向质量分析要点

质量问题	产生原因
各截面角度面之间相位误差大	① 操作步骤不正确;分度操作失误。 ② 分度头锁紧装置锁紧时有周向带动。 ③ 工件夹紧力较小,铣削中工件轴向发生微量位移
角度面夹角误差大	① 中心角计算错误,分度手柄转数计算错误或误差大。 ② 分度操作误差。 ③ 工件轴向微量位移
轴向位置误差大	① 工件轴向微量位移。 ② 预制件基准端面精度差。 ③ 多个角度面铣削后侧面连接质量差。 ④ 过程检验测量误差大

3.4.2 复杂刻线工件的加工方法

1. 提高刻线加工精度的方法

(1) 刻线精度的影响因素

1) 间距尺寸的影响因素

刻线间距尺寸精度是刻线的主要技术要求,对于圆周、圆锥和平面向心刻线,涉及分度操作的,影响间距尺寸精度的主要原因是移距控制精度。

2) 刻线清晰度的影响因素

刻线清晰度的精度也是刻线的主要技术要求之一,是刻线槽的形状精度和表面粗糙度的综合反映。主要的影响因素有刀具刃磨的质量和安装精度(如对称位置、深度等),工件的位置找正精度(如工件表面与工作台进给方向的平行度、工件圆柱表面或圆锥表面与分度回转轴线的同轴度等),刻线进给速度过快或者过慢等)。

3）线向精度的影响因素

线向是刻度槽的直线度和位置精度的综合反映，主要影响因素有工作台进给移动的精度（如刻度进给是否有阻滞），刀具的安装精度和刚度，刻线位置的找正和对刀调整精度等。

（2）提高刻度精度的措施

① 提高分度或移距精度，具体如下：

➢ 加工用机械分度头的分度精度采用光学分度头进行检验，方法参见课题一有关内容。

➢ 调整机床工作台移距方向的传动间隙，包括丝杠副传动间隙、丝杠与工作台的轴承间隙、丝杠与工作台间隙、工作台导轨的配合间隙等。

➢ 使用指示表、量块装置进行直线移距的，需对装置的精度进行检测，减少装置精度对移距精度的影响。必要时，移距的指示表可用千分表。

② 提高工件表面精度，具体如下：

➢ 提高刻线表面加工精度，如车削的表面采用磨削加工粗磨的采用精度加工。

➢ 提高刻线表面的形状精度，如圆柱度原为 0.10 mm 的允差，可提高为 0.023 mm，减少形状误差对刻线精度的影响。

➢ 提高刻线表面的位置精度，如圆锥表面对轴向的跳动允差为 0.10 mm，可提高为 0.023 mm，减少工件的装夹、找正误差对刻线精度的影响。

③ 提高调整操作的要求：如圆锥表面同轴度找正的控制要求原为 0.05 mm，可提高为 0.02 mm；又如刻线平面与工作台进给方向的平行度找正控制要求原为 0.10 mm，可提高为 0.02 mm 等。

④ 提高精度检测的要求：例如检测刻线的等分精度，可采用光学分度头；检测刻线槽质量时，可采用高倍放大镜等。直线移距的量块误差可由小于 0.01 mm 提高为小于 0.005 mm。

⑤ 提高刀具刃磨精度要求：例如采用高密度的砂轮刃磨可提高刀具的表面粗糙度。

2. 锥面刻线的加工方法

（1）锥面刻线加工的难点分析

1）锥面几何体的特征造成的加工难点分析

锥面是一个直线回转面，母线和回转轴线成一定的夹角。用一定位置的截平面截圆锥面获得的曲线称为圆锥曲线。圆锥曲线是圆、椭圆、抛物线和双曲线等四种平面曲线的总称。上述曲线的几何特征见表 3－4－2。

表 3－4－2　圆锥曲线的几何特征

空间图形	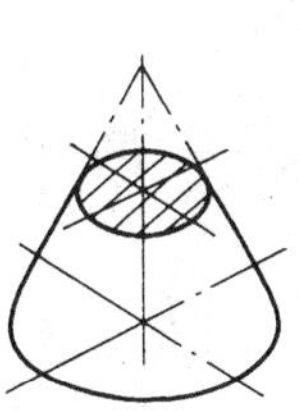	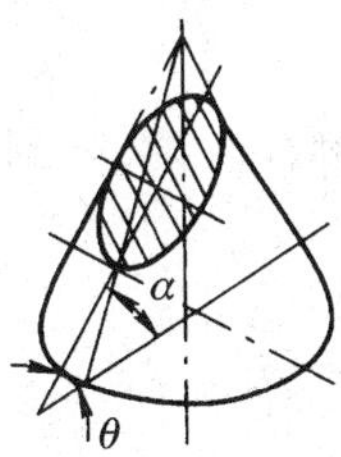	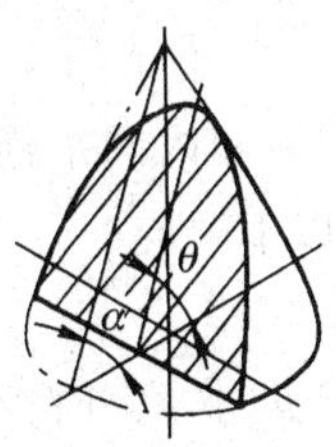	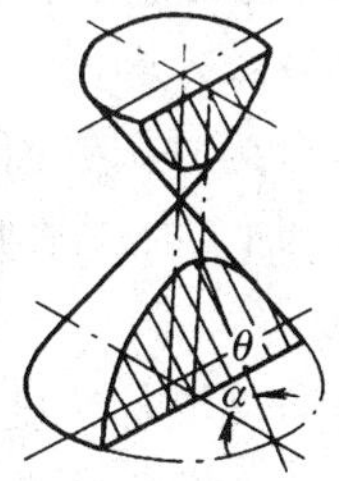	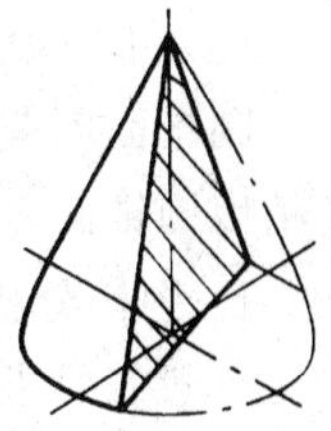
截平面位置	垂直于轴线	倾斜于轴线 $\theta<\alpha$	平行一条素线 $\theta=\alpha$	平行轴线、两条素线 $\theta>\alpha$	过锥顶
所得曲线	圆	椭圆	抛物线	双曲线	一对相交直线

根据锥面刻线时刀具和工件的相对位置和相对运动关系，如果刻线刀刀尖偏离工件的素

线位置,则刻线槽不仅产生槽形的偏斜,而且还会沿素线方向有深浅误差,从而影响刻线槽的形状精度,如图 3-4-9 所示。因此,锥面刻线的对刀调整要求比较高,而且由于锥面刻线时需将锥面素线找正至与刻线进给方向平行,使得加工操作比较困难。

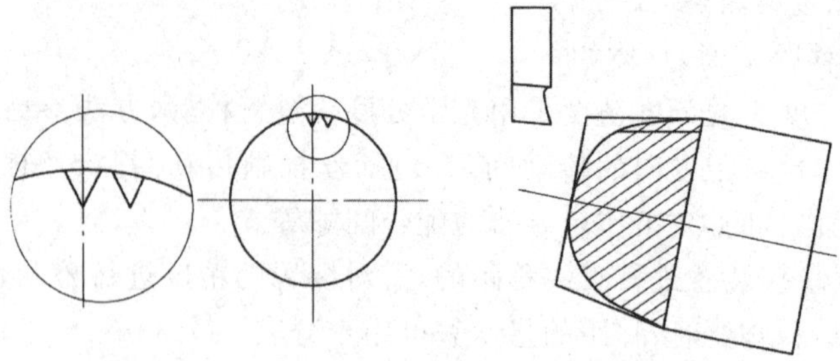

(a) 槽形偏斜误差　(b) 刻线槽有深浅误差

图 3-4-9　圆锥面刻线位置造成的误差

2）锥面刻线的工件装夹、找正难点

在一些不完整的换装(扇形)工件圆锥面上刻线,工件的装夹和找正比较困难。若扇形工件的圆弧半径比较大,没有相应规格的分度装置,还会给分度操作等带来困难。

3）锥面刻线间距精度高形成的加工难点

锥面刻线常用于分度或测量装置,如游标测量装置的主尺、副刻度尺,其刻线间距的精度要求比较高,加工时需要根据间距的要求灵活运用分度夹具和分度方法,对分度操作的技能要求也很高。

(2) 锥面刻线加工的特点

- 为避免刻线位置和槽形误差,必须设法提高刻线加工的位置精度,即必须使刀尖准确地对准工件锥面上与刻线进给方向平行的素线位置。
- 对刻线间距精度要求较高或较难分度的工件,常需要采用角度差动分度法达到分度精度要求。必要时,还需使用高精度的光学分度装置。
- 扇形工件的装夹比较困难,通常需设计简易的专用夹具进行装夹。当工件锥面半径较大时,也可在回转工作台上装夹工作,在加工刻线时。须在回转工作台底面和机床工作台面之间垫入斜垫块,以使工件锥面素线与刻度进给方向平行。
- 工作锥面的形状、位置通常需进行预检,锥面与分度装置及工作台进给方向的位置找正,常需要借助其他基准表面,因此需要灵活运用测量操作技巧。

(3) 锥面刻线加工的要点

圆锥面刻线可分为外圆锥面刻线和内圆锥面刻线。内、外圆锥面角度游标刻线是典型的高精度圆锥面刻线,加工时应掌握以下要点:

1）图样分析要点

一般需要进行角度游标刻度位置、长度分析和工件形体分析。

① 如图 3-4-10 所示,外圆锥面角度游标图样分析方法。

游标刻度分析:游标 60′为 20 格,始终端刻线与主尺 19°,刻度所占角度相等。因此,游标上每格为 19°/20=57′,按简单角度分度方法无法分度,需用角度差动分度法。

刻线位置分析:根据工件外形,刻线分布在外圆锥面上,且处于锥面素线上,其起始位置为工件圆锥面大端与端面的交线。刻度长线的尺寸为 9 mm,刻度短线尺寸为 6 mm。根据圆

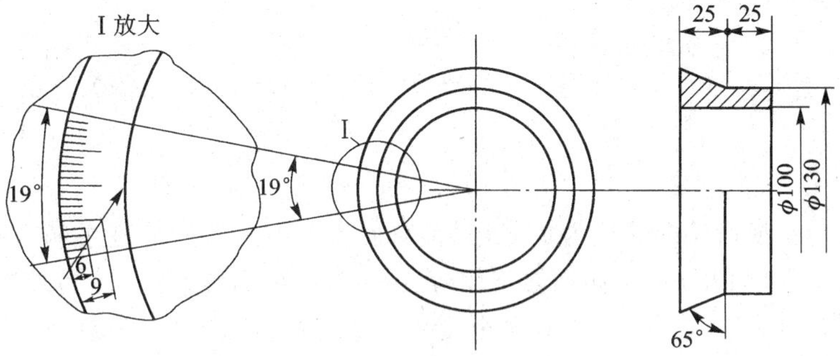

图 3-4-10 外圆锥面角度游标加工图

锥面大端直径计算，刻线起始端之间的弧长约为 1 mm。

工件形体分析：工件为套类零件，外圆锥面为倒圆锥，即端口大的圆锥。

② 如图 3-4-11 所示内圆锥面 5 角度游标，图样分析如下。

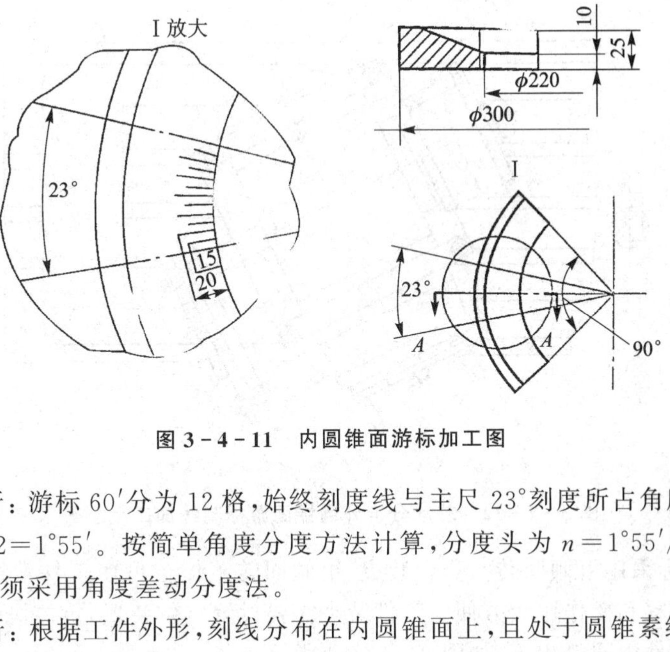

图 3-4-11 内圆锥面游标加工图

游标刻度分析：游标 60′分为 12 格，始终刻度线与主尺 23°刻度所占角度相等。因此，游标上每格位 23°/12=1°55′。按简单角度分度方法计算，分度头为 $n=1°55'/9°=115'/540'=23/103$ 无法分度，须采用角度差动分度法。

刻度位置分析：根据工件外形，刻线分布在内圆锥面上，且处于圆锥素线上，其起始位置为工件圆锥面小端与内圆柱面的交线。刻度长线的尺寸为 20 mm，刻线起始端之间的弧长约为 4.68 mm。

形体分析：工件为扇形，基准内圆柱面的直径比较大，因此宜采用可倾回转工作台装夹工作进行刻线加工。

2）加工方案和分度方法

外圆锥游标根据图样要求和角度差动分度公式，按以下步骤进行计算：

① 选取能进行简单角度分度的假定角度 $\theta'(=1°)>\theta(=57')$，这样可以使分度手柄与孔盘转向相反，避免传动系统中的间隙影响分度精度。

② 按假定角度计算分度手柄转数：

$$n'=\frac{\theta'}{9°}=\frac{6}{54}r$$

③ 计算交换齿轮：

$$\frac{z_1 z_3}{z_2 z_4}=\frac{40(\theta-\theta')}{\theta}=\frac{40\times(57'-60')}{57'}=-\frac{40}{19}=-\frac{80\times100}{95\times40}$$

即

$$z_1=80,\quad z_2=95,\quad z_3=100,\quad z_4=40$$

④ 因 $\theta<\theta'$，交换齿轮的速比为负值，配置交换齿轮中间轮使分度手柄与孔盘转向相反。内圆锥面游标选用 T14320 型可倾回转工作台装夹工件，根据传动比（1：90）计算分度手柄转数 $n=1°55'/4°=115'/540'=23/48$，换装分度头孔盘提高分度精度，须自制 48 等分圈孔。因在分度头上自制等分 48 圈孔，可以使用简单分度法（$n=48/40$），因而此法比较简便易行。

3）工件装夹要点

外圆锥面游标采用差动角度分度法后，分度头无法仰起一定的角度，因此只能考虑当分度头主轴处于水平位置时，找正工件侧面素线与刻线进给方向平行进行刻线。此时，分度头须在水平面内转过一个角度，即等于工件圆锥面的半锥角，如图 3-4-12 所示。

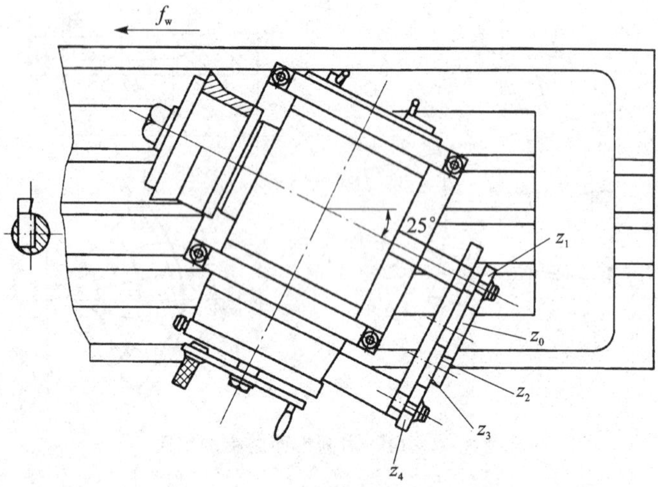

图 3-4-12　差动分度外圆锥面游标刻线加工示意图

内圆锥面游标采用可倾回转工作台装夹，可倾回转工作台可使工件素线与机床工作台平行，使刻线加工观察和操作比较方便。工件装夹需要设置定位装置，定位块的圆弧与回转台同轴，直径尺寸与工件内圆弧相等，如图 3-4-13 所示。

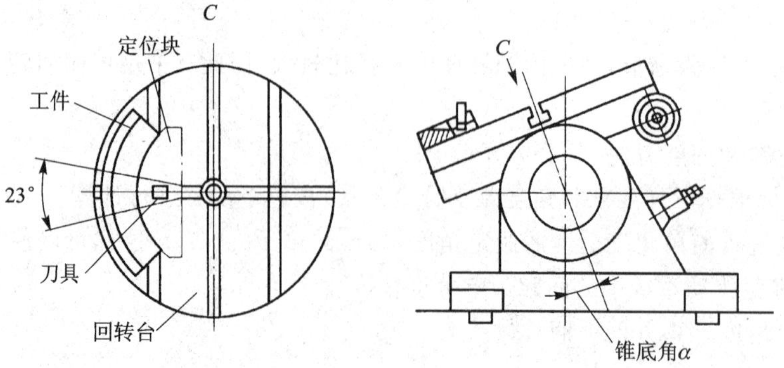

图 3-4-13　在可倾回转台上进行内圆锥面的游标刻线加工示意图

4）内、外圆锥面游标刻线检验与质量分析

游标刻线的位置应采用专用于测量的光学分度头检验。检验时，光学分度头安装在工业显微镜床身上，在显微镜视场内使用对线装置对准工件刻线，然后用光学分度头按游标进行准确分度，通过观察各条刻线与对线装置基准线与各刻线对准时，观察光学分度头实际转过的角度，以确定刻度分度误差。

内、外圆锥面游标刻线质量分析见表 3－4－3。

表 3－4－3　内、外圆锥面游标刻线质量分析

质量问题	产生原因
刻线清晰度差	除了与一般刻线加工类似原因外，采用短刀杆的可能是安装刻线刀的镗刀杆较长、直径较小
角度分度误差大	① 机械分度头、回转台精度差、间隙调整不适当。 ② 差动分度交换齿轮计算错误、配置操作失误等。 ③ 自制等分孔盘的圈孔等分精度差。 ④ 分度操作失误。 ⑤ 刻线刀刀尖微量磨损，引起刻线位置偏移等

思考与练习

1. 提高角度分度有哪些基本方法？
2. 简述复杂角度面工件的基本特征。
3. 在铣床上加工复杂角度面工件具有哪些铣削特点？
4. 复杂角度面工件的角度面位置精度误差大的原因是什么？
5. 刻线加工精度有哪些影响因素？试分析圆锥面刻线加工的难点。
6. 提高刻度线精度应采取哪些具体措施？
7. 大直径的内圆锥扇面工件刻线如何装夹工件？
8. 加工圆锥面上刻线时有哪些注意事项？
9. 怎样检测圆锥面游标刻度的分度精度？

课题五　高精度平行孔系与复杂单孔加工

教学要求

◆ 掌握在铣床上镗削加工平行孔系和复杂单孔的基本方法。

◆ 熟练掌握平行孔系坐标平面的确定方法，按坐标平面选择工作装夹的方法，按不同坐标系和孔距精度选择移距的方法。

◆ 掌握提高平行孔系和复杂单孔加工精度的方法。

3.5.1　高精度平行孔系加工

1. 铣床上加工平行孔系的基本方法

（1）平行孔系工件的种类和特点

所谓平行孔系是指由若干个轴线互相平行的孔或同轴孔系所组成的一组孔。平行孔系镗削加工中的主要问题,是如何保证孔隙的相对位置精度、孔与基准面的坐标位置精度,以及孔本身的尺寸、形状精度和表面粗糙度。各种形体零件上的平行孔系具有不同的特点,根据其特点,平行孔系可大致分类如下。

1)按孔系轴线的长度分类

① 轴线较短的平行孔系。短轴线的板状、盘状和箱体单壁平行孔系,此类孔系的孔基本分布在一个平面上,孔的轴线比较短,而孔的种类可以有通孔、不通孔和台阶孔等。例如钻模板的平行孔系,联轴器的圆周均布平行孔系和箱体零件的基准面上用于定位安装的平行孔系等。

② 轴线较长的平行孔系。长轴线的平行孔系,常见于箱体零件的两侧面的对穿通孔,较大的箱体零件还常有中间的内壁,因此,孔贯穿于几个截面,其形状、尺寸和位置精度都较难控制。

2)按孔距标注的方法分类

平行孔系涉及孔与基准的相对位置和孔与孔之间的相对位置,为了准确地移动孔距,须将位置尺寸转换为坐标值,平面孔系常用的坐标为直角坐标系和极坐标系。

① 用直角坐标标注的平行孔系。直角坐标系见图 3-5-1(a):在加工中,取一个与机床主轴垂直的平面,确定一点为坐标原点,从原点出发,沿一个进给方向的直线(数轴)作为 x 轴,沿与其垂直的另一进给方向的直线(数轴)作为 y 轴。沿主轴正视坐标平面,原点向右为 x 轴正方向,原点向上为 y 轴正方向。

在工件图样上的平行孔系中(注意按平行孔系的尺寸标注特征采用合适坐标系的方法),若孔的位置尺寸标注都与基准平行,称为采用直角坐标标注方法的平行孔系(见图 3-5-1(b)),即孔轴线集聚点的位置在平面直角坐标系内用(x,y)表示的平行孔系。这类孔系的位置尺寸标注与基准面平行,各孔的位置可较为方便地转换为直角坐标点的位置,在加工时,可找正视作坐标轴的基准面(线)与某一进给方向平行,找正主轴中心在坐标系中的准确位置,然后直接按孔中心的坐标位置移动工作台,逐个加工平行孔系的各孔。

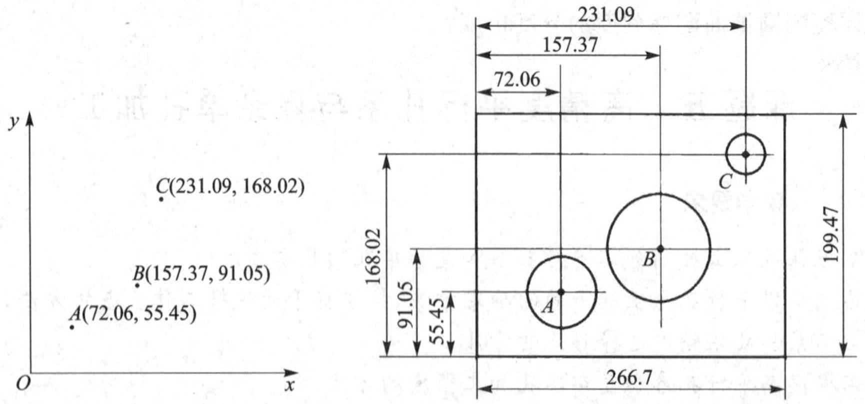

(a) 直角坐标系　　(b) 用直角坐标方法标注孔距的平行孔系工件

图 3-5-1　直角坐标系及其在平行孔系中的运用

②用极坐标标注的平行孔系。极坐标系见图 3-5-2(a):在加工中,取一个与机床主轴垂直的平面,确定平面内一点为坐标原点,取 Ox 为长度单位和角度起始线,平面上任意一点

的位置可以由 OM 的长度 ρ 和 Ox 与 OM 之间的夹角 θ 确定。在极坐标系统中，ρ 称为极径，θ 称为极角(逆时针旋转为正)，Ox 称为极轴。

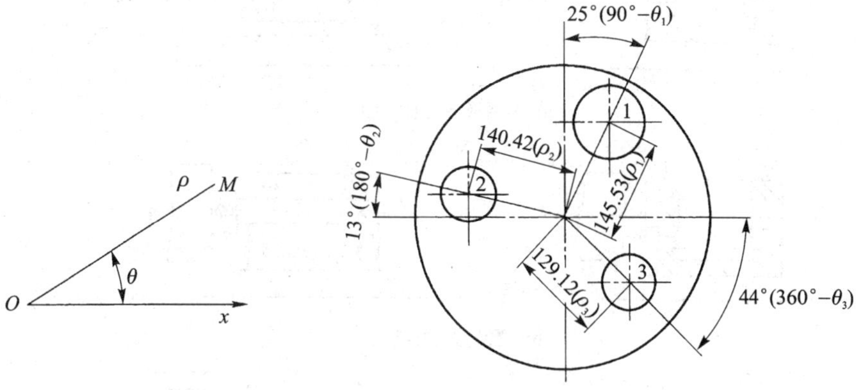

(a) 极坐标系　　(b) 用极坐标方法标注孔距的平行孔系工件

图 3-5-2　极坐标系及其在平行孔系中的运用

在工件图样上的平行孔系中，若孔轴线与基准的位置尺寸由角度和直线尺寸相结合进行标注的，称为采用极坐标标注方法的平行孔系(见图 3-5-2(b))，即孔轴线的集聚点的位置在平面极坐标内用(ρ,θ)表示的平行孔系。这类孔系若仅用机床工作台移动孔距时，须将极坐标转换成直角坐标；若直角按极坐标移距，须采用回转工作台和机床工作台配合进行。平面极坐标与平面直角坐标的转换公式如下：

$$x=\rho\cos\theta$$

$$y=\rho\sin\theta$$

$$\rho^2=x^2+y^2$$

$$\tan\theta=\frac{y}{x}\quad(x\neq 0)$$

(2) 孔系的基本镗削加工方法

1) 镗削加工基本方法

①悬伸镗削法。悬伸镗削法是使用悬伸的镗刀杆对中等孔径和不通孔同轴孔系进行镗削加工，如图 3-5-3 所示。在镗铣床上用悬伸镗削法，还可以分为主轴进给和工作台进给两种方法。与镗床上的镗削加工不同的是，铣床上的悬伸镗削法一般均由工作台进给进行镗削。

② 支承镗削法。当镗削加工箱体类工件的同轴孔系时，孔轴线较长，且又是通孔，这时若采用悬伸镗削法进行加工，则镗刀杆的悬伸量大，镗刀杆轴线生产的挠度值引起的加工误差可能超过工件的加工要求。在这种情况下，应采用将镗刀杆头部伸入卧式铣床的支架轴承孔内进行镗削加工，这种镗削加工方法称为支承镗削法。支承镗削法也有类似的三种基本方法，如图 3-5-4 所示。

2) 镗削基本加工方法的特点与选用

悬伸镗削法的特点和选用如下：

➢ 可镗削加工单孔和孔轴线不太长的同轴孔。

➢ 所使用的镗刀杆刚性好，切削速度比支承镗削高，生产效率高。

➢ 在悬伸镗刀杆上安装、调整单刃镗刀或镗刀比较方便、省时。

➢ 悬伸镗削入口宽敞，便于加工观察，可使用通用精密量具进行测量，容易保证工件的加

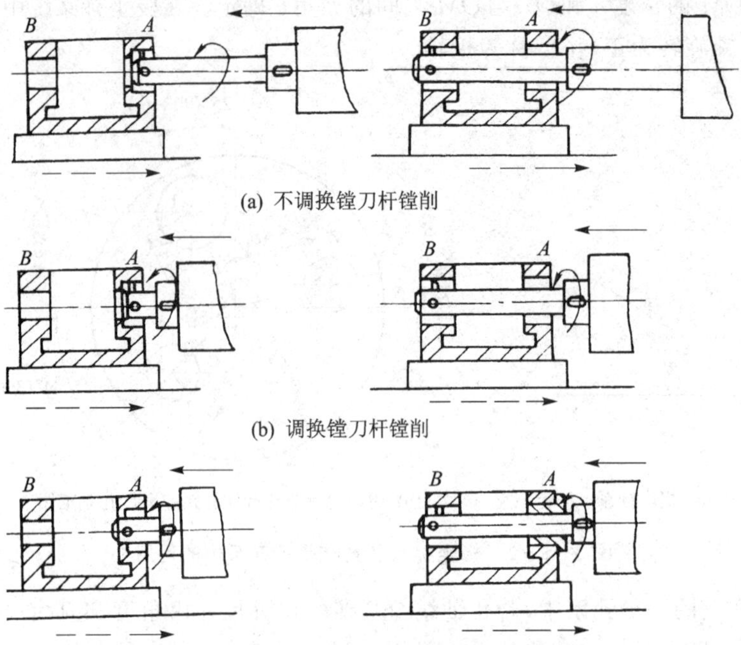

(a) 不调换镗刀杆镗削

(b) 调换镗刀杆镗削

(c) 调换镗刀杆并采用导套的镗削

图 3-5-3　悬伸镗削法的基本方式

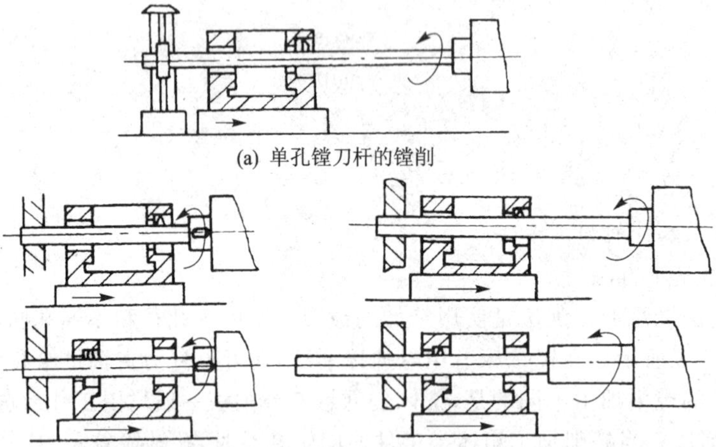

(a) 单孔镗刀杆的镗削

(b) 多孔镗刀杆的镗削　　(c) 多孔镗刀杆并采用导套的镗削

图 3-5-4　支承镗削法的基本方式

工质量,比其他镗削方式辅助时间短。

- 在立式铣床上采用悬伸镗削法,进给平稳、垂直导轨的精度比较高,孔的形状精度比较好。
- 由于镗刀杆的长度受到刚度和挠度的限制,只能加工轴线较短的孔。

支承镗削法的特点和选用方法如下:

- 与悬伸镗削法相比,支承镗削法的镗刀杆具有较好的刚性(灵活运用悬伸镗削法和支承镗削法)。

➢ 支承镗削法适用于加工穿通的同轴孔系，便于保证同一轴线上各孔的同轴度要求。

➢ 采用单刀孔镗刀杆时，刀杆的长度须超过工件孔的轴向孔长度的两倍，故降低了刀杆的刚度，增加了挠度，从而影响加工精度，同时还会使加工受到铣床横向进给行程的限制。

➢ 在铣床上采用支承镗削法，由于镗刀杆的远端须由支架支承，其远端的结构必须符合与支架轴承配合的精度要求。若支架采用滑动轴承，则镗刀杆的转速还会受到一定的限制，当镗刀杆转速较高时，须采用滚动轴承的支架。

➢ 在加工同轴孔系中，同一镗刀杆上可能要安装多把尺寸不同的镗刀，装卸和调整镗刀比较麻烦，费时。

➢ 加工过程中，加工情况较难观察，无法使用通用量具进行过程测量。特别是在加工箱体类工件内隔板上的孔时，操作更加困难。

综上所述，悬伸镗削法大多用于加工工件端面上的孔，调整刀具方便，试镗、测量、观察都比较方便，而且镗削速度不受轴承的限制，可选用较高的镗削速度，生产效率高，支承镗削法在加工孔与孔轴向距离较大的同轴孔系时可发挥较好的作用，在支承轴承配合间隙调整恰当的情况下，能加工同轴度要求较高的同轴孔系。由于支承镗削法操作比较困难，加工受到多种条件的限制，故在工艺系统刚性足够的情况下，一般采用悬伸镗削法。

(3) 平行孔系的镗削方法

在主轴箱、减速箱等箱体类零件上常用一组轴线较长的平行孔系，这类平行孔系的加工比较困难，在单件、小批生产中，常采用试切法和坐标法，在成批生产中常采用镗模法加工。

1）试切法

用试切法镗削如图 3-5-5 所示的平行孔系，可按以下步骤进行：

① 预检已加工完成的基准底面和侧面，装夹和找正工作，使基准面与机床主轴平行。即在卧式铣床上，使工件基准底面与工作台面平行，基准侧面与工作台横向进给方向平行。在立式铣床上，基准底面与侧面均与工作台面垂直，基准底面和侧面与工作台横向或纵向平行。

② 按画线找正 D 孔中心与铣床主轴同轴，试镗 D 孔，预检、微调 D 孔的位置尺寸，待位置尺寸准确后，将孔镗至符合图样规定的孔径尺寸和表面粗糙度要求。

③ 按画线找正 D 孔与机床主轴同轴，试镗孔至孔径 D ，预检孔距 $A=D/2+D/2+L$ 。

④ 按 $\Delta_A=(A-A_1)/2$ 调整工作台，经过反复调整、试切、测量，使两孔孔距达到图样要求，并使 D 达到图样规定的孔径尺寸和表面粗糙度要求。本例中两孔与底面等高。若两孔不等高，则须测出 Δ_{A1x}、Δ_{A1y} 后，按计算得出 Δ_{A1x}、Δ_{A1y} 调整工作台，逐步使两孔孔距达到图样规定要求。

用试切法镗削平行孔系，一般适用于单件、小批和精度要求不太高的工件。

2）坐标法

用坐标法镗削如图 3-5-6 所示的主轴箱体平行孔系，可按以下步骤进行：

① 分析图样。掌握平行孔系的精度要求和工件形体特点。

② 确定加工基准。本例 A 面较大，为装配基准，应作为工件装夹定位主要基准面，C、D 面可作为侧面基准。

③ 确定加工顺序。主要确定起始孔和其他各孔的加工顺序。

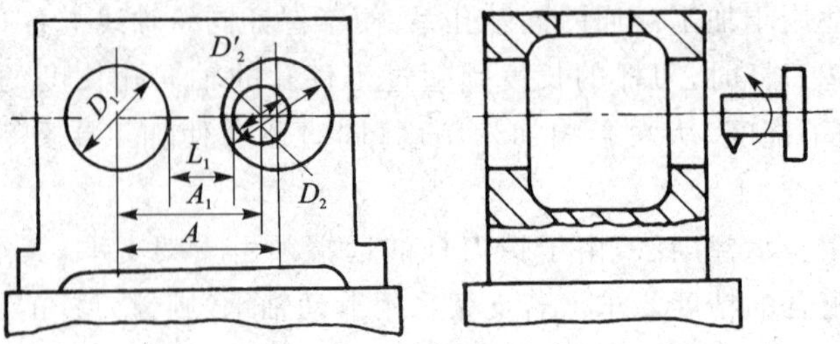

图 3-5-5 试切法镗削平行孔系

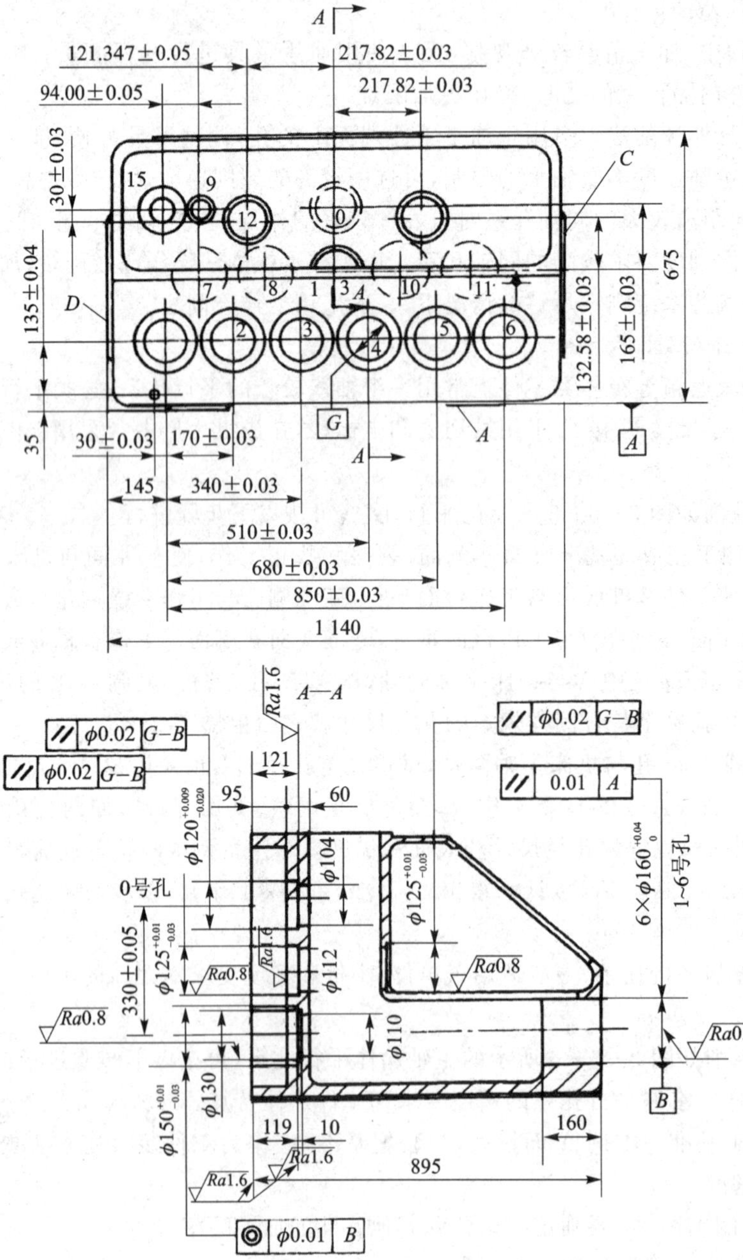

图 3-5-6 主轴箱体

④ 确定坐标平面和坐标原点或极点。本例与孔 1～6 组成的平行孔系轴线垂直的平面作为坐标平面，孔 1 为起始孔，故应以孔 1 的中心为原点建立直角坐标系，并确定平行 A 面的直线为 x 轴，平行 c 面的为 y 轴。

⑤ 按图样确定各孔中心的坐标位置，通常坐标位置用（x_1、y_1）表示孔 1 的坐标位置，依次换算出各孔的坐标值，用 n 孔的坐标值（x_n、y_n）。为了便于移距操作，孔系孔数较多时，可用表的形式列出各孔的坐标值。必要的坐标尺寸换算还应注意运用尺寸链计算方法。

⑥ 选择移距方法。按孔距精度要求选择移距方法，较高精度的孔距应选用量块、指示表移距方法。极坐标角位移采用正弦规控制角位移精度。

⑦ 镗削平行孔系。用擦边找正法、试切找正法等镗削起始孔，然后以起始点为基准原点，按坐标值逐次移距，镗削加工平行孔系的各孔。

坐标法可加工精度较高的平行孔系，在铣床上镗削平行孔系，大都采用坐标法。

3）镗模法

用镗模法加工平行孔系，见图 3-5-7，通常按以下步骤进行。

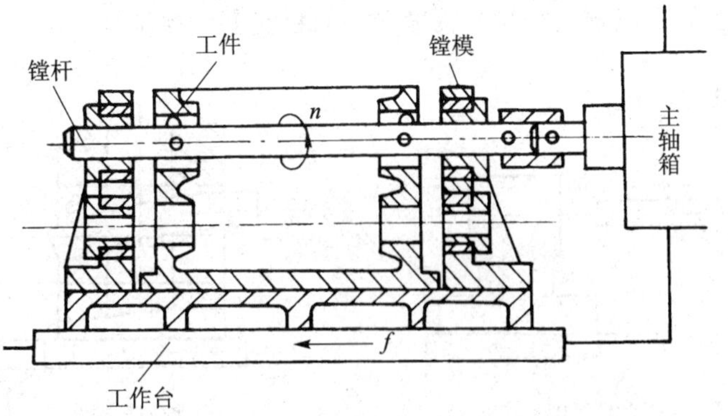

图 3-5-7 镗模法镗削平行孔系

① 安装镗夹具。根据工艺要求，将镗夹具正确安装在机床上，保证机床主轴与镗夹具各主要定位的正确位置。

② 装夹工件。装夹工件时注意清洁各定位面，并应按工艺规定，顺序夹紧工件。

③ 安装镗杆和镗刀。选用工艺规定的专用镗杆，调整镗刀可用如图 3-5-8 所示的镗刀调整样板和镗刀调整器。镗杆与机床主轴浮动连接。

④ 镗削加工。根据工艺，选择合适的转速、吃刀量和进给速度，分别镗削各孔，对精度要求较高的孔系，应分粗镗、半精镗、精镗进行加工，以提高孔系的加工精度。

⑤ 检验和质量分析。批量生产时应注意首件的检验。

镗模法加工平行孔系一般适用于大批量的生产。在铣床上加工小批平行孔系工件，为提高孔距精度和加工效率，也可制作专用镗模，用镗模法镗削平行孔系。

2. 提高平行孔系加工精度的方法

（1）提高单孔和同轴孔系加工精度的方法

1）影响单孔和同轴孔系加工精度的因素分析

① 镗削方式的影响分析。

采用悬伸镗削方式时的误差分析示意图如图 3-5-9 所示。若在卧式铣床上，镗刀杆受到自身重力和切削力的综合作用，一定长度的镗刀杆的挠度是一个定值。因此采用这种方式，

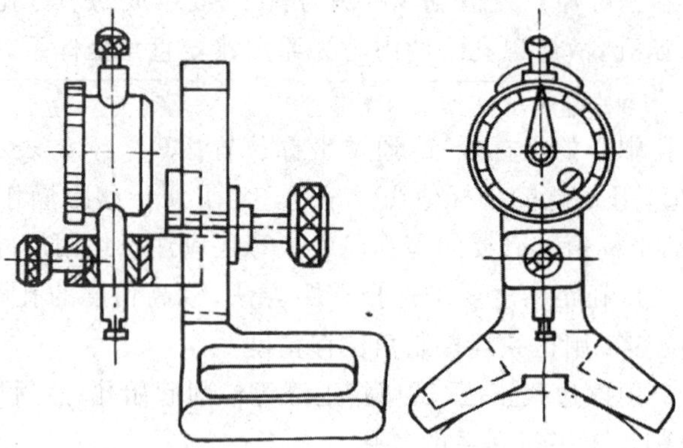

图 3-5-8　镗刀调整样板和镗刀调整器

只要刀杆具有足够的刚性,对单孔和同轴孔系的孔径尺寸精度影响不大。由于挠度的存在,故刀杆在切削过程中容易产生振动,影响表面粗糙度。对于轴线较长的深孔和同轴孔系,由于刀杆的长径比比较大,故会影响孔径尺寸精度和表面粗糙度的控制。

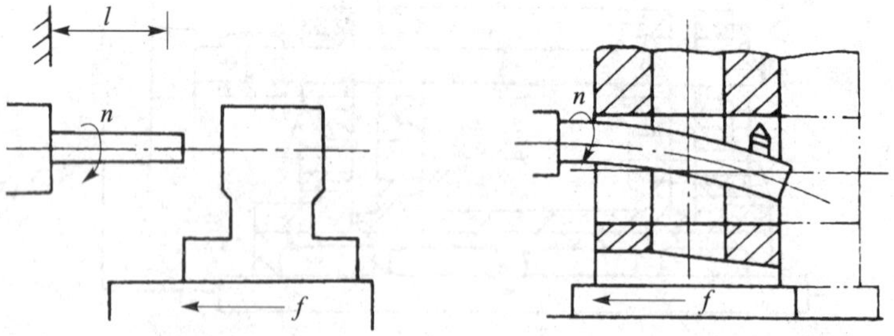

(a) 悬伸镗削示意图　　(b) 镗刀杆刚性差

图 3-5-9　悬伸镗削时的误差分析示意图

采用支承镗削方式时的误差分析示意图如图 3-5-10 所示。虽然镗刀杆比较长,但由于远端有支承,因此其挠度也有一个定值,所加工的孔精度比较高。若支承端的配合精度比较差,则会类似于采用细长刀杆悬伸镗削加工,对孔的加工精度产生影响。

② 机床精度的影响分析。

机床精度影响单孔和同轴孔系形状精度的有以下因素:

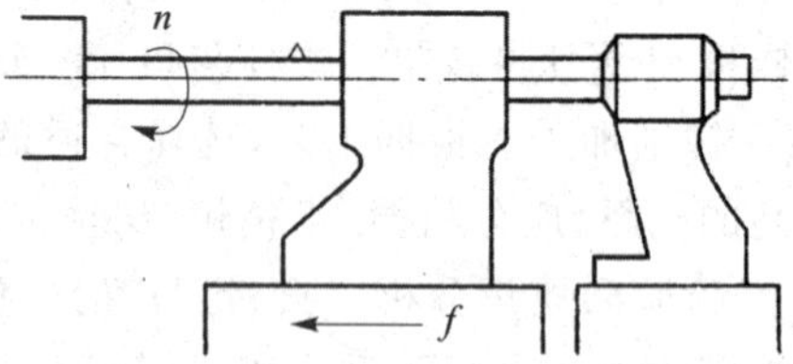

图 3-5-10　支承镗削时的误差分析示意图

- 机床主轴径向圆跳动会影响孔径尺寸精度和圆度、圆柱度。
- 机床进给运动的直线度会影响孔的圆柱度。
- 机床主轴的间隙会影响孔壁的表面粗糙度。
- 机床进给运动的爬行、窜动会影响孔壁的表面粗糙度。
- 机床主轴对工作台的垂直度(立铣)和对工作台面的品形度(卧铣)会影响孔的垂直度和平行度。
- 行进方向与主轴线的平行度会影响孔的圆度。

③ 镗刀杆结构和镗刀的影响分析。

➤ 镗刀杆的长径比要合适，否则会影响孔径尺寸控制，影响孔壁表面粗糙度。

➤ 镗刀杆的刀孔与镗刀柄部的配合不合适，如间隙过大、方榫孔安装圆柄镗刀等，会影响镗刀安装后的稳定性，从而影响孔径尺寸和圆柱度。

➤ 刀杆上刀孔的位置应适当，否则会影响镗刀的动态切削角度及孔壁的表面粗糙度。

➤ 圆柄镗刀的柄部若没有装夹平面，刀柄没有足够的长度，会影响镗刀刀尖位置的稳定性，从而影响孔径尺寸控制。

➤ 镗刀切削部分的材料应适用于工件材料切削，否则会影响孔的尺寸精度控制和表面粗糙度，甚至影响孔的圆柱度。

➤ 镗刀几何角度不适当，影响镗削和镗刀寿命，从而影响孔径控制和表面粗糙度。

2）影响平行孔系加工精度的因素分析

除了以上单孔和同轴孔系的精度影响因素外，平行孔系中孔与孔之间的位置精度影响因素分析如下：

➤ 用指示表和量块组移动孔距时，量块组的组合精度和指示表的复位精度会影响孔距的控制精度。

➤ 机床的主轴轴线和进给方向、工作台面的位置精度，会影响孔系与基准、孔与孔之间的位置精度。

➤ 悬伸镗削时的镗刀杆过长，挠度增大，会影响孔系的同轴度，影响孔与基准、孔与孔轴线之间的平行度。

➤ 工件预加工面精度误差会影响平行孔系的位置精度。

➤ 指示表移距装置安装误差会影响移距精度，从而影响孔距精度。

（2）提高平行孔系加工精度的基本要求

① 合理选择镗削方式。对于轴线和孔径的长径比不大的平行孔系，尽可能选用悬伸镗削法。对于轴线和孔径的长径比比较大的平行孔系，应采用支承镗削法。

② 选择和调整机床。选择主轴精度好、进给平稳、工作台移动精度较好的机床。采用支承镗削法时，还应选择悬梁的支架和轴承精度较好的机床。对较陈旧的机床，使用前应对有关部位进行精度检查和调整。

③ 选择镗刀杆的结构。刀杆的直径尽可能接近孔的直径，但需注意切屑的形成和排出。刀杆应尽可能短一些，以增强刚性。刀孔最好与刀杆轴线倾斜一个角度，且尾部应有调节螺钉，以便控制孔径尺寸。针对不同孔径和加工精度，选择合适的镗刀杆形式。

④ 检验移距装置的制造精度和安装精度。在按孔距的坐标值移动工作台时，需要预先安装移距的有关装置，如固定指示表的装置、放置量块组的工作台面和长度定位垫块等。为了保证移距精度，应预先对这些装置的制造精度进行检验，安装在机床上后，应按预定的位置精度进行检验。

⑤ 准确进行坐标换算和尺寸链计算。由于图样标注尺寸和坐标值的移距方法可能不一致，因此，常需要换算，准确地运用平面几何和解析几何的计算方法，是保证孔距精度的基本措施。为了达到图样规定的孔距精度要求，换算中还涉及尺寸的公差，因此，必须准确地运用尺寸链计算方法，换算出相应尺寸的控制公差和偏差值。

⑥ 预检测量用量具和辅助装置的精度。加工前，应对用于孔径测量、孔距测量以及孔的平行度、垂直度和同轴度等测量的量棒、角铁等辅助装置的制造精度进行检验。

⑦ 检验工件与孔系相关的基准部位制造精度。工件的定位精度,与工件基准部位的制造精度有密切关系,加工前应对孔系的定位基准孔、面等部位进行精度检验。

⑧ 选择和使用合理的装夹方式。带有平行孔系的工件形式各异,选择适用的装夹方式,可保证工件的镗孔精度,避免工件装夹中定位、夹紧不当对加工精度的影响。特别是箱体和薄形零件,必须精心选择装夹方式,避免工件装夹变形和切削变形对加工精度的影响。

3.5.2 复杂单孔加工

1. 台阶孔的加工方法

(1) 台阶孔的结构特征与技术要求

台阶孔是孔加工中常见的加工内容,台阶孔由孔壁圆柱面、环形端面及穿孔组成。通常要求台阶孔与穿孔同轴,台阶端面与孔的轴线垂直,环形端面应平整,符合一定的平面度要求。孔径尺寸、台阶的深度尺寸以及同轴度和垂直度、表面粗糙度是台阶孔加工的基本技术要求。此外,单孔的坐标位置也是台阶孔与一般单孔类似的技术要求。

(2) 台阶孔的种类及其加工难点

在一般平面上的台阶孔是其基本的结构形式,如图 3-5-11(a)所示;在斜面上的台阶孔如图 3-5-11(b)所示;在圆柱面上的台阶孔如图 3-5-11(c)所示;在环形端面上的台阶孔如图 3-5-11(d)所示。此外,台阶孔有单级台阶孔,还有多级台阶孔。

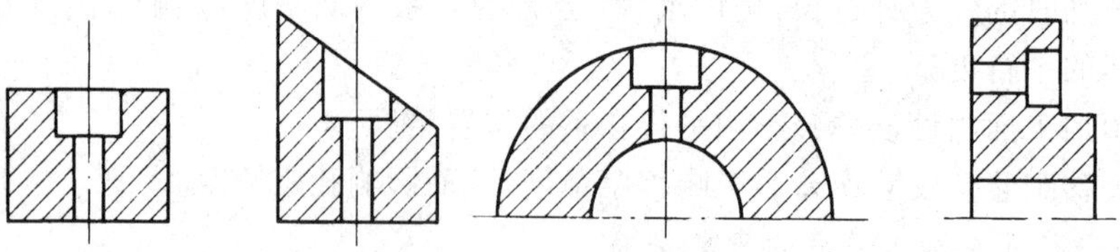

(a) 平面上　(b) 斜面上　(c) 圆柱面上　(d) 环形端面上

图 3-5-11　台阶孔的结构形式

台阶孔加工的主要难点是处于特殊部位的加工方法选择和台阶环形端面的加工精度控制方法。在一些特殊部位的台阶孔加工中,关键是孔的加工坐标位置比较难以控制;而台阶端面的精度,主要是指环形端面的平面度和环形端面与孔轴线的垂直度等。

(3) 台阶孔的加工方法

台阶孔的基本加工方法可按加工部位选择以下几种加工方法:

① 用锪钻加工单台阶孔。在铣床上使用圆柱形锪钻加工台阶孔可得到较高精度的环形端面,也是一般的埋头孔(单级台阶孔)常见的加工方法。

圆柱形锪钻的结构如图 3-5-12 所示。柱形锪钻具有主切削刃和副切削刃:端面切削刃 1 为主切削刃,起主要切削作用;外圆上切削刃 2 为副切削刃,起修光孔壁的作用。锪钻前端有导柱,导柱直径与工件原有的孔采用基本偏差为 f 的间隙配合,以保证锪孔时有良好的定心和导向作用。导柱分整体式和可拆式两种,可拆式导柱能按工件原有孔径的大小进行调换,使锪钻应用灵活。

圆柱形锪钻的螺旋角就是锪钻的前角,即 $\gamma_0=\beta=15°$,后角 $\alpha_f=8°$,副后角 $\alpha'_f=8°$。柱形锪钻也可用麻花钻改制,麻花钻也可改制成不带导柱的平底锪钻,用来锪平底不通孔。

② 用平底铣刀加工台阶孔。用平底铣刀加工台阶孔与用锪钻加工台阶孔的方法基本相

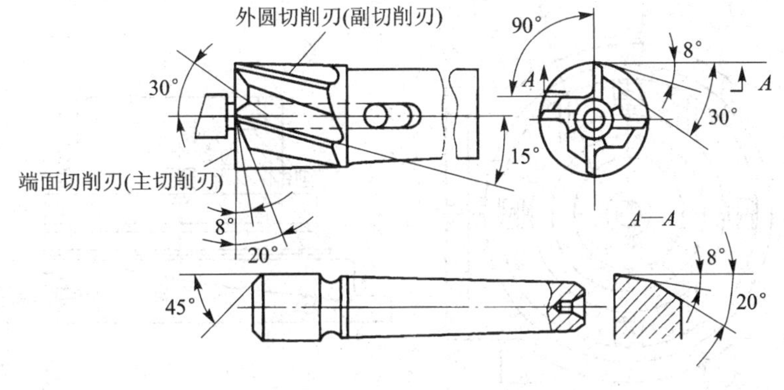

图 3-5-12 圆柱形锪钻

同,主要区别是,铣刀的圆周刃具有切削作用,因此刀具的形状精度和刃磨质量可能会影响孔的形状精度。此外铣刀的端面刃一般具有内凹的偏角,需要在使用前进行必要的修磨,以保证环形端面的加工精度。此外因端面没有导柱,因此台阶孔与穿孔的同轴度需要采用重新找正或在同一位置换刀进行加工的方法。

③ 用镗刀加工台阶孔。镗刀加工台阶孔可以使用单刃镗刀,也可以使用双刃镗刀。多个台阶的多级台阶孔可以使用组装在同一镗刀杆上的多把镗刀进行加工。如图 3-5-13 所示,加工多级台阶孔时,应注意各台阶孔的直径和深度控制应同时进行调整;各台阶的深度尺寸还有着连带关系,在调整中应特别注意。此外,使用单刃镗刀加工台阶孔,需要注意镗刀刀柄与镗刀杆刀孔的配合,以免镗端面时镗刀切削刃位置变动,产生环形端面变形为凹形圆锥面。镗刀切削刃的直线度也是影响端面平面度的主要因素,因此需要使用直尺等检测镗刀切削刃的刃磨质量。使用双刃镗刀可避免切削刃位置的变动,保证端面与轴线的垂直度。

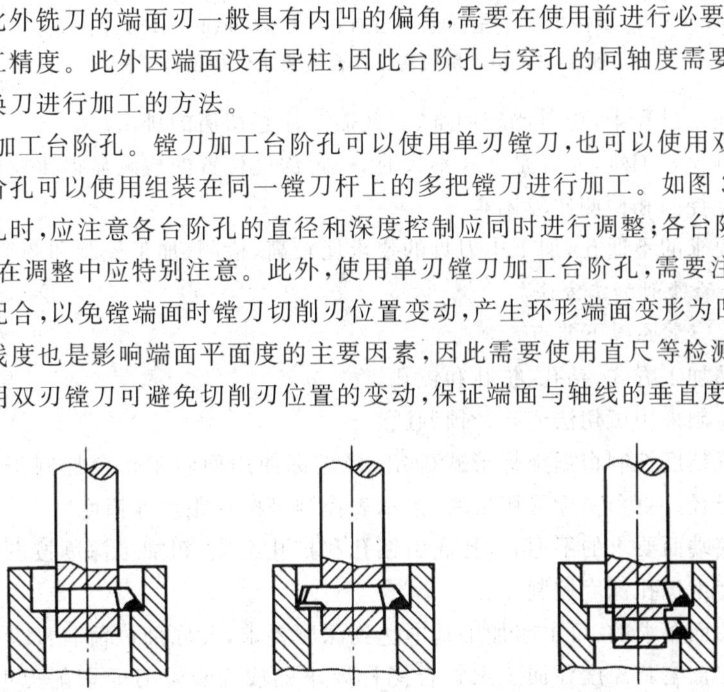

(a) 单刃镗刀加工　　(b) 双刃镗刀加工　　(c) 多级台阶孔加工

图 3-5-13 用镗刀加工台阶孔

④ 用回转台加工台阶孔。直径较大的穿孔,需要加工台阶孔的,可采用回转台装夹工件,找正工件穿孔与回转台同轴,然后使用立铣刀沿工件台阶孔的孔壁和环形端面位置进行圆周进给铣削,加工出符合要求的台阶孔。加工示意图如图 3-5-14 所示。

2. 不通孔的加工方法

(1) 不通孔的结构特征及其加工难点

不通孔的结构特点:不通孔的底部无要求时,主要的精度为孔的直径和孔的有效深度以及粗加工深度;当不通孔的孔底有形状和位置要求时,其加工和检测比较复杂。

不通孔的加工难点如下:

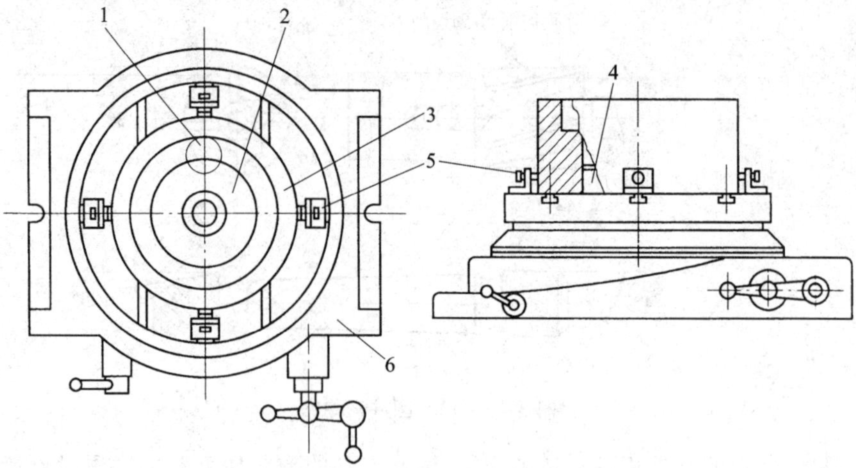

1—立铣刀;2、4—定位盘;3—工件;5—夹紧桩块;6—回转工作台

图 3-5-14 用回转工作台装夹工件加工台阶孔

- 刀具在加工过程中,排屑比较困难,因此需要注意切屑的排出。
- 孔的检测比较困难,尤其是孔径不大时,一定深度位置的检测显得比较困难。
- 孔的深度控制和检测比较困难。
- 孔底有要求的不通孔,加工中刀具的要求比较高,检测、加工控制和调整比较困难。

(2) 不通孔的镗削加工方法

镗削不通孔应掌握以下要点:

- 采用粗精加工方式,钻孔、扩孔和镗孔。
- 孔径的控制采用试切法或孔径预调法。
- 孔的位置精度控制根据坐标形式确定,极坐标使用回转工作台控制角度,量块和指示表控制极径。直角坐标采用量块、指示表控制坐标移距尺寸精度。
- 没用孔底端面要求的不通孔,孔底由钻孔和扩孔组成,粗加工深度按图样规定控制,精加工深度由镗孔深度控制。
- 有孔底端面要求的,可由粗加工基本达到深度要求,孔底部位留有极少精加工余量,然后用镗刀加工其深度并加工出符合图样要求的底面。镗刀的切削刃由工具磨床精磨而成,安装的位置和切削刃的长度应保证加工出合格的底面。

3. 提高单孔加工精度的方法

单孔的加工方法有钻孔、扩孔、绞孔、铣孔和镗刀。精度要求较高的孔因孔径尺寸、孔的形状精度、位置精度和表面粗糙度要求都比较高,因此通常采用镗孔进行单孔的精加工方式。采用镗孔方式加工单孔,提高孔的加工精度通常须掌握以下要点。

(1) 提高镗刀的精度和刃磨质量

在镗刀加工中,孔的直径尺寸控制、圆柱度的精度控制都需要与刀刃的尺寸精度一致。若在加工过程中刀尖有磨损等过程,则加工的孔会出现质量问题。因此提高单孔的镗加工精度,需要提高镗刀的精度和刃磨的质量。镗刀的精度主要包括刀面平整度和粗糙度、切削刃的直线度和微观精度、刀尖圆弧的圆弧连接精度、刀具几何角度的准确度等。使用可转位刀具的,刀片的形式和材质、表面涂层等应符合加工的要求。对于刃磨的刀具需要注意刃磨质量的检测和掌握刀具磨损的正常规律，处于正常磨损阶段的刀具精度控制比较稳定。

(2) 选用高精度的镗刀杆

镗孔孔径的控制与镗刀杆的精度直接有关系，因此需要选用符合加工精度要求的镗刀杆。使用如图 3-5-15 所示的镗刀杆，可提高镗孔孔径控制精度。

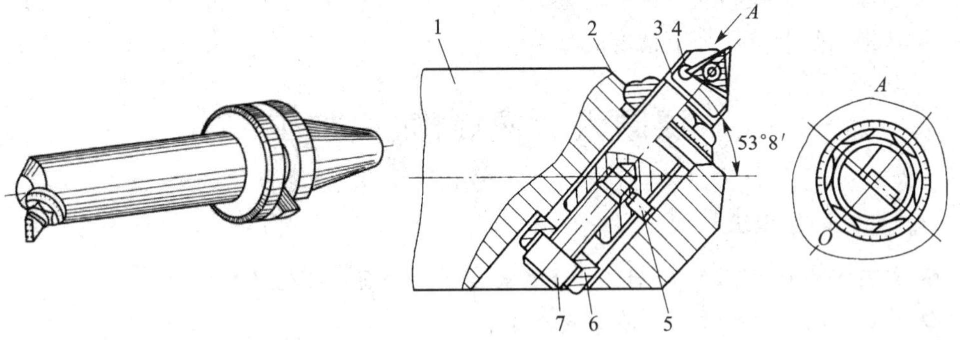

1—镗刀杆；2—调整螺母；3—刀体；4—可转位刀片；5—制动销；6—垫圈；7—紧固螺钉

图 3-5-15 微调镗刀杆

这种微调镗刀杆装有可转位刀片 4，刀体 3 上有精密的螺纹，上面旋有带刻度的特殊调整螺母 2。刀体上螺纹的外围和镗刀杆 1 上的孔相配，并在其后端用垫圈 6 和内六角紧固螺钉 7 拉紧，使刀体固定在镗刀杆的斜孔中。在刀体和孔壁之间装有制动销 5，以防止刀体在孔内转动。刀体上螺纹的螺距为 0.5 mm，调整螺母的刻度为 40 等份，调整螺母每转过一格，刀体移动 0.0125 mm。刀体与镗刀杆倾斜 53°8′，故刀尖在径向的实际调整量为 0.01 mm。调整尺寸时，需先松开紧固螺钉 7，然后按需要的调整格数转动调整螺母 2，调整完毕后，应旋紧紧固螺钉 7，紧固刀体。

注意事项

使用上述微调镗刀杆时应注意以下事项：

- 可转位刀片的安装、紧固应规范，刀片的定位和夹紧应符合精度要求。
- 紧固螺钉 7 的拧紧力矩应适当，以免损坏精密螺纹。
- 合理选用切削用量和控制加工余量。镗孔的余量控制十分重要，切斜用量也应合理选择、仔细调整。不同的工件材料在加工中和加工冷却后的尺寸精度及形状精度都会有一定的变化，需要汲取和积累一定的加工经验。只有掌握变化规律，才能加工出高精度的单孔。
- 注意工件的装夹变形。对于特殊形状和有变化趋势的工件，装夹时需要注意定位，支承位置设置、夹紧点的布局和夹紧力的控制。加设辅助定位的，要控制支承力，减少或避免工件的装夹变形对单孔加工精度的影响。

思考与练习

1. 简述直角坐标系和极坐标系的组成。怎样将直角坐标系的点坐标值转换为同一原点的极坐标系中的坐标值？

2. 平行孔系如何分类？各类的特点是什么？

3. 简述悬伸镗削法和支承镗削法的区别和各自的特点。
4. 平行孔系的基本镗削方法有哪几种?
5. 影响单孔和同轴孔系加工精度的因素有哪些?
6. 影响平行孔系加工精度的因素有哪些?
7. 简述提高平行孔系加工精度的方法。
8. 简述提高复杂单孔加工精度的方法。

课题六　螺旋槽、面加工

教学要求

◆ 掌握螺旋面、螺旋槽的加工方法及圆柱凸轮和圆盘凸轮的加工方法。
◆ 掌握凸轮的检验方法和质量分析方法。

3.6.1　圆柱螺旋槽加工

1. 圆柱螺旋槽的加工方法

(1) 圆柱螺旋槽的铣削工艺特点

圆柱螺旋槽的法面截形有各种形状,常见的有渐开线齿形、圆弧形、矩形和各种刀具齿槽的截形。圆柱等速凸轮是典型的螺旋槽工件,法面截形一般是矩形。因此应根据槽形采用合适截面形状的刀具进行加工。

由铣削螺旋槽的计算公式可知,螺旋槽有螺旋角、导程等基本参数。有螺旋角公式 $\tan\beta=\pi D/P_h$ 可见,当导程确定时,工件不同直径处的螺旋角是不相等的,因此在加工中会产生干涉,使得螺旋槽槽形的控制较困难,如图 3-6-1 所示。

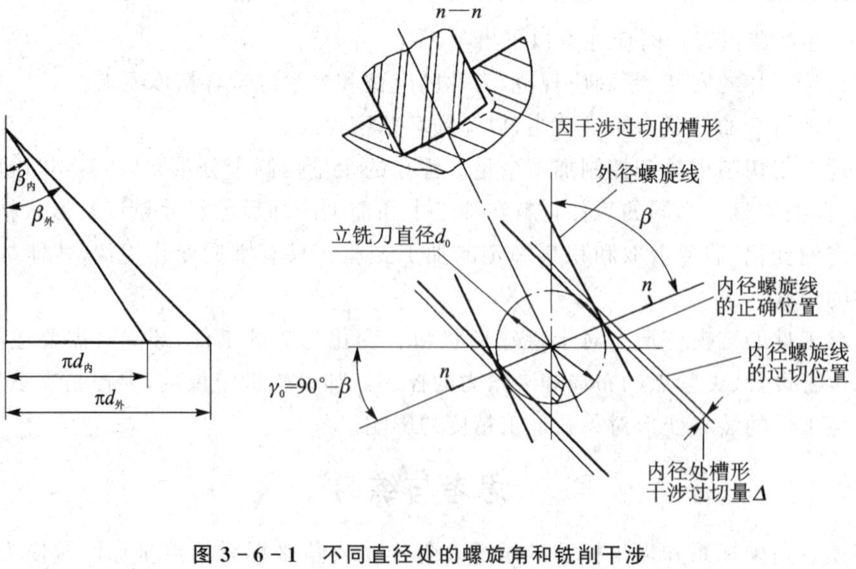

图 3-6-1　不同直径处的螺旋角和铣削干涉

圆柱凸轮的螺旋面,有法面直廓螺旋面和直线螺旋面之分,如图 3-6-2 所示。圆柱端面凸轮一般采用直线螺旋面，其型面母线与 OO' 成 90°交角，如图 3-6-2(a)所示。圆柱螺旋槽凸轮，采用法向直廓螺旋面，其型面母线始终与基圆柱相切，如图 3-6-2(b)所示。铣削加工中心应注意区别，铣削端面凸轮螺旋面时，铣刀对中后应偏移一段距离在进行铣削，计算时根据螺旋面平均升角，可减小因不同直接引起的干涉现象，提高螺旋面精度。

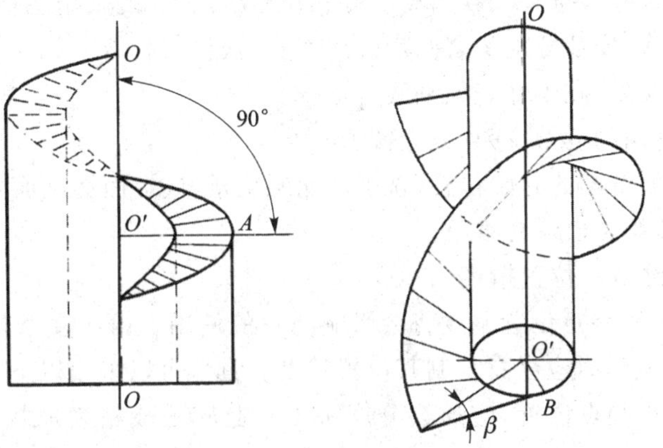

(a) 型面母线与OO'成90°交角　(b) 型面母线与基圆柱相切

图 3-6-2　直线螺旋面和法向直廓螺旋面

(2) 圆柱螺旋面、槽的基本加工方法

分度头加工法：使用分度头装夹工件，在分度头和工作台纵向丝杠之间配置交换齿轮加工圆柱螺旋面、槽，是铣削加工圆柱螺旋面、槽的基本方法。

仿形加工法：使用模型、仿形销和仿形装置进行仿形铣削的方法加工圆柱螺旋槽，也是圆柱螺旋面、槽加工的常用方法。通常使用仿形加工法的是批量零件，或是螺旋面、槽的参数比较复杂的零件。图 3-6-3 所示为圆柱端面螺旋面的仿形铣削加工方法。

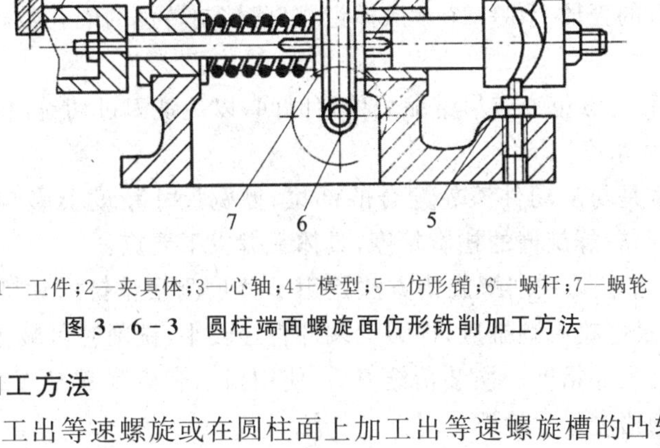

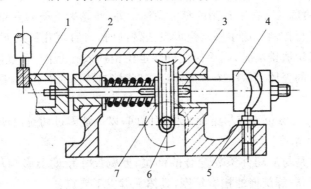

1—工件；2—夹具体；3—心轴；4—模型；5—仿形销；6—蜗杆；7—蜗轮

图 3-6-3　圆柱端面螺旋面仿形铣削加工方法

2. 圆柱凸轮的加工方法

在圆柱端面上加工出等速螺旋或在圆柱面上加工出等速螺旋槽的凸轮，称为等速圆柱凸轮。圆柱凸轮是典型的螺旋槽工件之一。如前所述，圆柱螺旋面有直线螺旋面和法向直廓螺旋面之分，加工中应采取不同的加工方法。等速圆柱凸轮的铣削方法与螺旋槽铣削基本相同，但圆柱凸轮是由多条不同导程的螺旋槽连接而成的，因此计算和加工都比较复杂。

(1) 铣削加工要点

① 分析图样,将凸轮曲线分解为若干组成部分。

② 按图样有关数据,根据各部分的参数,如曲线段所对的中心角、升程(或升高率),计算出各螺旋部分的导程。

③ 按导程计算或查表选择交换齿轮。导程小于 17 mm 的采用主轴交换齿轮法加工。

④ 选用立式铣床,安装分度头,配置交互齿轮,检验导程。

⑤ 装夹并找正文件,在工件表面划线。

⑥ 选择、装夹适用的键槽铣刀(或立铣刀)。

⑦ 调整凸轮型面铣削的起始位置,铣削凸轮螺旋槽(或端面螺旋面)。

(2) 等速圆柱凸轮铣削注意事项

1) 控制起点和终点的位置精度

圆柱凸轮的起点和终点位置精度将会影响凸轮的使用。由于多条螺旋槽首尾连接,可能会产生累计误差,故铣削时应注意控制其位置精度。具体可以采用以下方法:

① 圆柱凸轮的 0°起点位置,应通过分度头 180°翻转法较精确地找正工件中心线的水平位置。

② 铣刀切入起点位置前,应紧固分度头主轴和工作台纵向,并以中心孔定位和麻花钻切去大部分余量,以提高铣刀的切入位置精度。

③ 铣削时的刻度标记,均应在消除了传动间隙后的位置精度起算,否则第二次回复时会产生复位误差,始点和终点的间距和夹角也会因包含间隙而引起误差。

④ 起点和终点往往是连接点,即前一条槽的终点是后一条槽的起点,因此前一条槽铣完后,应根据该槽的终点要求进行检验,以免产生累计误差。此外,为了保证连接质量,在铣完一条槽后,应紧固工作台纵向和分度头主轴,然后配置下一条槽的交换齿轮,并按下一条槽铣削进给方向消除间隙后再进行铣削操作。

⑤ 分度头回转的角度除在主轴刻度盘上做标记外,凸轮螺旋槽的夹角精度应通过分度手柄转数和圈孔数来进行控制。用主轴交换齿轮法铣削时,可直接用圆孔数与主轴刻度盘配合控制。用侧轴交换齿轮法铣削时,因手柄上分度定位销插入孔盘内,孔盘随手柄一起回转,此时可在分度头孔板旁的壳体上做一个参照标记,以此控制转过的圈孔数,提高螺旋槽夹角和起点位置精度。

⑥ 铣刀在起点和终点位置应尽量缩短停留时间,以免铣刀过切铣出凹陷圆弧面。

2) 控制槽宽尺寸精度

圆柱凸轮的槽宽是与从动件滚轮配合的部位,槽宽尺寸精度会影响从动件的运动精度。铣削时,应注意控制凸轮螺旋槽的槽宽精度,具体掌握以下要点:

① 采用换装粗、精铣刀铣削螺旋槽方法是用千分尺测量精铣刀切削部分外径,并注意刃长方向是否有锥度,最好略有顺锥度,即刀尖端部直径较小,铣削时可减少干涉对槽宽的影响,提高沿深度方向的槽尺寸精度。换装精铣刀后,使用指示表检测铣刀与铣床主轴的同轴度,并应注意铣削过程中的槽宽尺寸检测。

② 用小于槽宽的铣刀精铣螺旋槽时,为提高槽宽精度,应注意调整铣刀的中心位置,如图 3-6-4 所示。铣刀应分别在偏移了 e_x、e_y 的尺寸后进行铣削,才能与用一把铣刀铣削螺旋槽时的 N_A、N_B 切削位置重合,否则会出现法向位置槽形上宽下窄,影响槽宽尺寸精度。中心偏移距 e_x、e_y 值按下列公式计算:

$$e_x = (R - \gamma_0)\cos\gamma_{cp}$$
$$e_y = (R - \gamma_0)\sin\gamma_{cp}$$

式中：R——滚子半径，mm；

γ_0——铣刀半径，mm；

γ_{cp}——螺旋槽平均直径处的螺旋角，(°)。

操作时应注意偏移量方向：e_x 需横向移动工作台确定，e_y 应在拔出分度定位销，纵向移动工作台后确定。

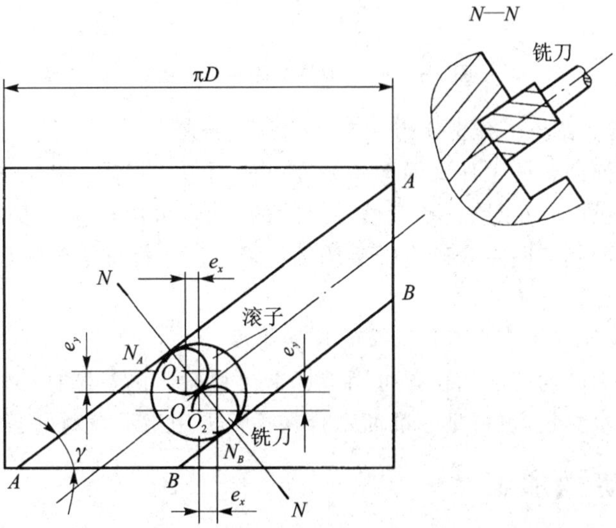

图 3-6-4　凸轮螺旋槽精铣时的偏移中心法

③ 注意调整立铣头主轴的跳动间隙、分度头主轴及纵向工作台间隙，以免在铣削过程中因铣刀的径向圆跳动以及工件随分度头主轴、工作台纵向移动引起的轴向窜动影响槽宽尺寸精度。

④ 铣削圆柱凸轮时，经常有退刀和进刀操作要求，特别是精铣单侧螺旋面时，必须准确进刀。若用只转动分度头主轴的方法进刀，则应估算转过的圈孔数与螺旋槽法向槽宽尺寸的关系，便于控制螺旋槽尺寸。

3）提高螺旋面铣削精度和表面质量

铣削圆柱凸轮时，由于直线和圆周运动复合进给，铣削时顺铣、逆铣较难辨别。此外，因铣削螺旋槽时有干涉现象，槽形和槽侧表面质量均会受到影响，因此操作时应注意提高槽形和螺旋面的表面质量。

3. 圆柱螺旋槽与圆柱凸轮的检验方法

螺旋槽与圆柱凸轮的检验包括导程（升高量、螺旋槽中心角）、槽或工作型面的形状、尺寸和位置精度检验，检验应掌握以下要点。

（1）检验螺旋槽和圆柱凸轮升高量

如图 3-6-5 所示，检测时可将圆柱凸轮放置在测量平板上，使基准端面与平板测量面贴合。然后，测量螺旋槽起点和终点的高度差，即可测得圆柱凸轮螺旋槽的（轴向）升高量，螺旋槽所占中心角通过分度头进行测量。导程的实际数值可按照检测得到的升高量和中心角通过计算间接获得。

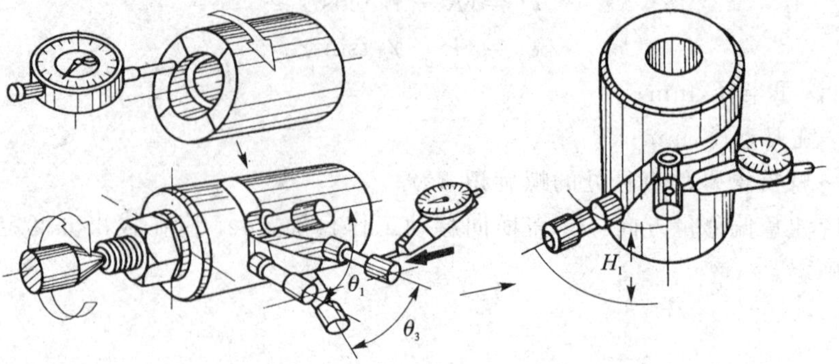

图 3-6-5 圆柱凸轮的导程检验

(2) 螺旋槽与圆柱凸轮工作型面形状和尺寸精度检验

检验时,圆柱端面凸轮的工作型面形状精度可使用刀口形直尺沿径向检验素线直线度及其与工件轴线的垂直度。对于圆柱螺旋槽宽尺寸的检验,可用相应精度的塞规进行检验。检验时,可用塞尺检查两侧的间隙来确定螺旋槽的截形。至于螺旋槽深度尺寸、基圆和空程圆弧尺寸,可用游标卡尺进行测量。

(3) 检验螺旋槽与圆柱凸轮工作型面的位置精度

检验时,圆柱端面凸轮的起始位置可用游标卡尺检验。测量圆柱凸轮螺旋面与基面的位置,可直接用游标卡尺测量,也可把基准面贴合在平板上用指示表测量。

3.6.2 平面螺旋面加工

1. 平面螺旋面的加工方法

(1) 等速平面螺旋面的加工方法

等速平面螺旋面是一种常见的典型直线成型面。图 3-6-6(a)所示的等速运动曲线的特征如下:当曲线转过相同角度时,曲线沿径向移动相等的距离。与用圆弧和直线连接而成的简单成型面相比,其加工要复杂得多。

圆盘凸轮的工作曲线常采用等速平面螺旋面,其加工方法要点如下:

- 计算平面螺旋面的三要素:升高量 H、升高率 h、导程 P_h。
- 按导程 P_h 计算分度头或机动回转台的交换齿轮。
- 安装和找正分度头或回转工作台。
- 在工件表面划线。
- 装夹和找正工件。
- 配置交换齿轮,并校核导程。
- 粗、精铣平面螺旋面。

(2) 等加速和等减速平面螺旋面的加工方法

由图 3-6-6(b)所示的等加速和等减速运动曲线可知:

当曲线转过相等的角度时,曲线沿径向或轴向的比例增大,待转过一定角度时,又按比例减小。等加速和等减速平面螺旋面常采用于圆盘凸轮的工作型面,采用这种工作型面的凸轮,工作稳定性较好,不会像等速运动曲线的凸轮在速度增大或减小时,会产生明显的冲击。与这种曲线类似的还有简谐运动曲线,如图 3-6-6(c)所示。在铣床上加工这几种曲线轮廓的直线成型面,通常采用按划线法进行粗铣,按坐标的工件,可以在仿形铣床和普通铣床上进行。

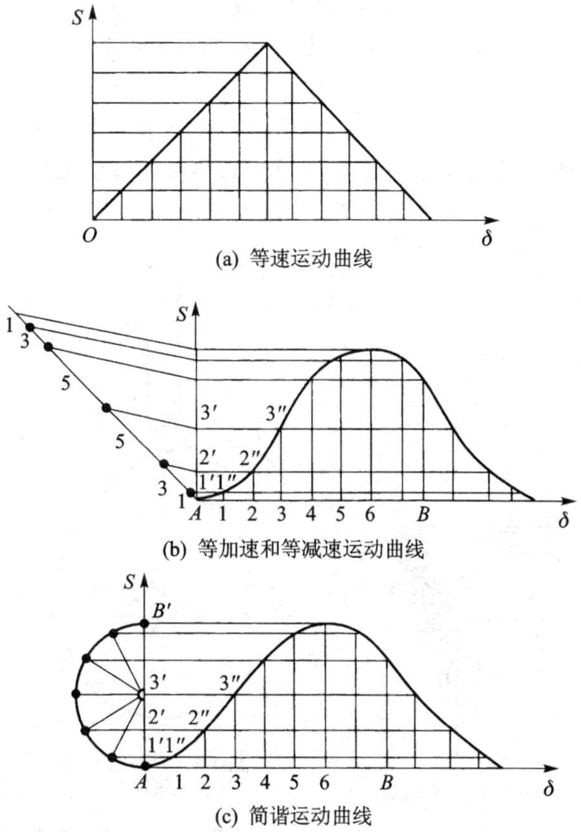

图 3-6-6 常见的凸轮运动曲线

2. 圆盘凸轮的加工方法

(1) 等速圆盘凸轮的三要素计算

等速圆盘凸轮的工作型面是由阿基米德曲线组成的平面螺旋面。阿基米德螺旋线是一种匀速升高曲线，这种曲线可用升高量 H、升高率 h、导程 P_h 表示。按照图样上给出的技术数据，可以对三要素进行计算，然后得出所需要的交换齿轮，以便配置后进行加工操作。

(2) 等速圆盘凸轮的铣削加工方法

等速圆盘凸轮的铣削加工方法很多，成批生产时大多采用模型仿形加工。对于单件或小批生产，最常用的是分度头交换齿轮法和回转工作台交换齿轮法。在分度头上安装工件铣削圆盘凸轮时，根据立铣头轴线(或工件轴线)与工作台面的位置关系，可分为垂直铣削法和倾斜铣削法。

1) 垂直铣削法

垂直铣削法是指铣削时，工件和立铣刀的轴线都与工作台面相垂直的铣削方法。这种铣削方法适用于加工只有一条的工作曲线，或者虽然有几条工作曲线，但它们的导程都相等的圆盘凸轮。

在分度头上用垂直铣削法加工等速圆盘凸轮的情形如图 3-6-7 所示。

垂直铣削法的操作要点如下：

① 分析图样、计算导程和选择交换齿轮，交换齿轮可沿用螺旋槽铣削所用的计算公式。

② 安装分度头、安装接长轴、配置交换齿轮、验证导程。

③ 装夹找正工件,在工件表面划线,注意使用铣削时保证逆铣。

按从动件的直径选择立铣刀,安装立铣刀。按从动件与凸轮的位置(见图 3-6-8),找正铣刀和分度头(工件)的相对位置。

④ 粗铣凸轮。对于余量较多的坯件,粗铣也可将工件装夹在机用平口钳上进行。

⑤ 半精铣凸轮型面,并在分度头和工作台上做好各段曲线的加工位置标记。

⑥ 精铣凸轮型面,并按技术要求在机床上进行预检。

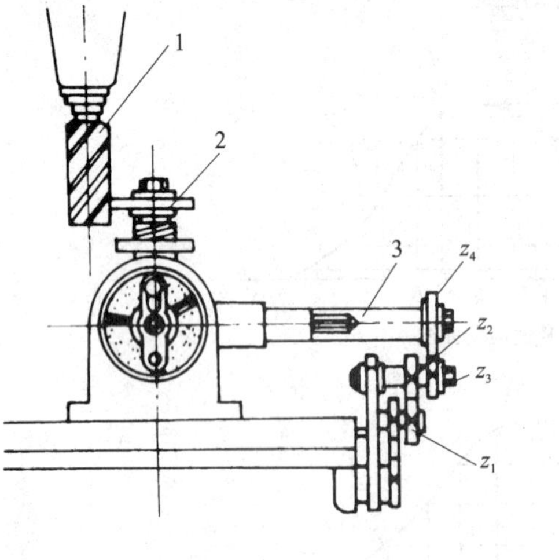

1—铣刀;2—工件;3—接长轴

图 3-6-7　垂直铣削法加工圆盘凸轮

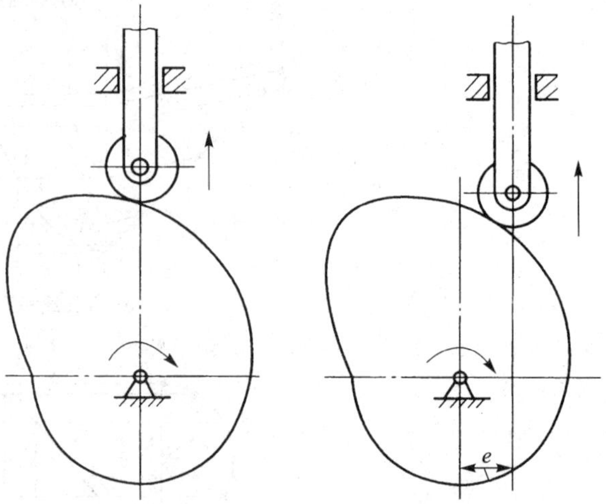

(a) 从动件与凸轮无偏移　　(b) 从动件与凸轮有偏移

图 3-6-8　等速圆盘凸轮与直动杆件机构

2) 倾斜铣削法

倾斜铣削法是指铣削时,工件与立铣头主轴线平行,并都与工作台面成一倾斜角后进行铣削的方法。倾斜铣削法的原理如图 3-6-9 所示。当水平方向移动一个假定导程 $P_交$ 距离,工件的实际导程 P_h 和工件与铣刀轴线的倾斜角度有关。根据这个原理,当工件有几个不同导程的工作曲线型面时,可选择一个适当的假定导程 $P_交$,通过调整,改变分度头和立铣刀的倾斜角,便可获得不同导程凸轮工作型面。

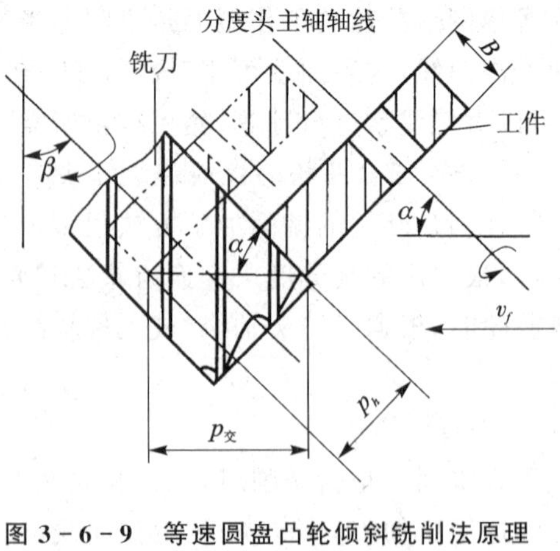

图 3-6-9　等速圆盘凸轮倾斜铣削法原理

倾斜铣削法的计算、操作要点如下:

① 根据图样找出工作型面各部分的要素,计算各自的导程及交换齿轮,按较大的、便于配置交换齿轮的导程 P_{hx} 确定交换齿轮。

② 计算分度头仰角 α 和立铣刀扳转角 β 时,根据其几何关系,分度头仰角 α 按如下公式计算:

$$\sin\alpha_x = \frac{P_{hx}}{P_交}$$

式中:α_x——某一凸轮分度头仰角,(°);

P_{hx}——某一凸轮工作型面的导程，mm；

$P_{交}$——计算交换齿轮的假定导程，mm。

为了保证分度头主轴与立铣头轴线平行，α 与 β 应符合下式关系：

$$\alpha+\beta=90°$$

③ 预算立铣刀切削部分长度。用倾斜法铣削凸轮螺旋面时，切削部分将沿铣刀切削刃移动，因此须预算立铣刀切削部分的长度 L（若主轴套筒可轴向移动，可不必计算 L）。由于较小的分度头仰角切削部分移动的距离比较长，因此计算长度 L 时应根据较小的 α 值按以下公式计算：

$$L=B+H\cot\alpha+10$$

式中：α——分度头倾斜角，(°)；

H——凸轮曲线升高量，mm；

B——凸轮厚度，mm。

④ 操作过程中的轮坯划线、分度头安装、交换齿轮配置、导程检验、立铣刀安装、工件装夹找正等均与垂直铣削法相同。

⑤ 按计算得到的 α 与 β 精度调整分度头仰角与立铣头转角，为保证型面素线与工件内孔轴线平行，分度头和立铣头扳转角度后，可以分度头为依据，如图 3-6-10 所示。

⑥ 分别调整分度头手柄，工作台垂向和纵向，使工件上型面相应的部位处于切削刃下部，然后插入分度定位销，逐步垂直升高工作台，手摇分度手柄，沿逆铣方向铣出该部分的凸轮型面。

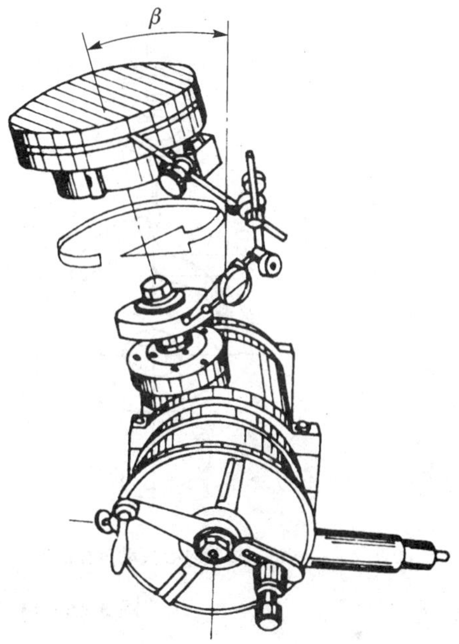

图 3-6-10　用指示表检查立铣头转角 β

注意事项

铣削圆盘凸轮的注意事项如下：

- 铣削螺旋面时禁止顺铣，顺铣会损坏铣刀，造成废品。为保证逆铣，最好使用左、右刃铣刀，分别加工回程、升程曲线。
- 铣刀应选取较大的螺旋角，以使铣削平稳、顺利。采用倾斜法铣削时，立铣刀的螺旋角应选得更大一些。
- 用倾斜法铣削凸轮时，调整工件和铣刀的相对位置与工件在刀具上方还是下方，以及曲线是升程还是回程有关。若仅使用右刃铣刀加工回程曲线，应使铣刀轴线与工件轴线由远趋近；加工升程曲线，应使铣刀曲线与工件曲线由近趋远。当工件在刀具上方时，铣削回程曲线起始位置在刀具切削刃端部，铣削升程曲线起始位置在刀具切削刃的根部；而当工件在刀具下方时，则两种曲线的起始位置恰好与上述情况相反。
- 凸轮铣削中因交换齿轮间隙等原因，退刀一般都在铣刀停止时进行，并应使切削刃避开加工面。采用倾斜法铣削时，可略垂向下降工作台，每次铣削均应注意消除传动系统的间隙。
- 倾斜法铣削凸轮用于多个不同导程及无法通过直接配置交换齿轮解决的凸轮曲线铣

削,由于操作调整比较复杂,因此对有条件采用垂直法加工的凸轮,不宜采用倾斜法。

3. 平面螺旋面与圆盘凸轮的检验方法

(1) 平面螺旋面与圆盘凸轮升高量和导程检验

平面螺旋面与圆盘凸轮升高量和导程检验应根据凸轮的运动规律和从动件的位置来进行。图 3-6-11(a)所示为对心直动圆盘凸轮的升高量检验。图 3-6-11(b)所示为偏心(偏心距为 e)直动圆盘凸轮的(径向)升高量检验。检验时借助分度头转过凸轮形面所占中心角 θ,指示表示值之差应等于凸轮形面的升高量 H。

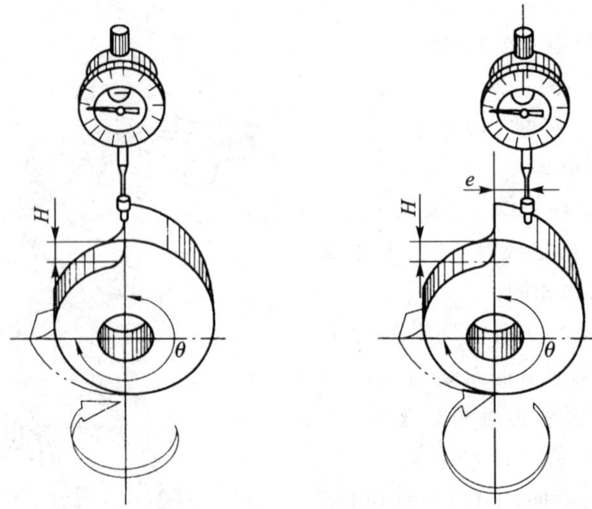

(a) 检验对心直动圆盘凸轮　　(b) 检验偏置直动圆盘凸轮

图 3-6-11　圆盘凸导轮导程检验

(2) 检验平面螺旋面与圆盘凸轮工作型面的形状和尺寸精度

测量圆盘凸轮型面素线的直线度,可用直角尺进行检验。对于盘形平面螺旋槽凸轮,可使用标准塞规进行槽形和槽宽尺寸的检验。

(3) 检验平面螺旋面与圆盘凸轮工作型面的位置精度

可测量圆盘凸轮的基圆尺寸,实际上是测量螺旋面的起始位置。测量时,可直接用游标卡尺量出曲线最低点与工件中心的尺寸,便可测出基圆半径的实际值。

思考与练习

1. 等速圆柱螺旋面有哪两种类型?各有什么特点?
2. 铣削矩形圆柱螺旋槽为什么会产生干涉?
3. 铣削加工圆柱螺旋槽凸轮时应掌握哪些要点?
4. 平面螺旋面有哪些类型?怎样加工非等速螺旋面?
5. 盘形凸轮有哪些加工方法?倾斜加工法有哪些特点?
6. 凸轮检验有哪些主要项目?怎样进行凸轮的铣削加工检验?
7. 怎样控制圆柱螺旋槽凸轮的起点和终点的位置精度?

课题七　球面加工

教学要求

◆ 熟悉球面的几何特征和性质，掌握球面铣削的基本原理和加工要点。

◆ 掌握内外球面的铣削加工计算方法和主要操作步骤。

◆ 掌握球面的检验和质量分析方法。

3.7.1　球面加工基础知识

1. 球面的特性与种类

(1) 球面的特性

球面是典型的回转面，是以母线为圆弧线绕一固定轴线回转形成的立体曲面。球面的几何特点是表面上任意一点到球心的距离是不变的，这个距离是球面半径 SR。

(2) 球面的种类

根据在工件上的位置和结构形式，球面通常可分为以下类型(如图 3－7－1 所示)：

① 内球面和外球面。内球面一般比较浅，球面的深度不超过球半径；外球面有各种形式，如带柄球面、球台、球冠、整球等。

② 带柄球面。带柄球面有单柄球面、双柄球面(直柄双柄、锥柄双柄)、三球手柄等。

③ 球台和球冠。球台和球冠都是大直径的球面。球台可以是内球台或外球台，球台的一端直径比较大，另一端的直径比较小，侧围是球面，形似圆台。球冠是大直径的单侧球面，大多是外球冠，底部是截形圆，侧围和顶部是球面，形似冠状。

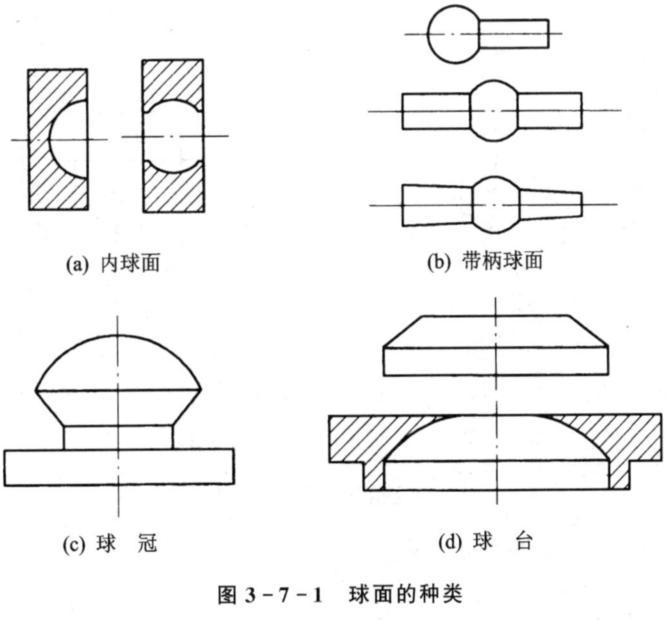

(a) 内球面　(b) 带柄球面

(c) 球　冠　(d) 球　台

图 3－7－1　球面的种类

2. 球面的加工原理与检验

(1) 球面的铣削加工原理与加工原理

球面是典型的回转立体曲面。一个水平面与球面相截,所得的截形面总是一个圆(如图 3-7-2(a)所示),截形圆的圆心 O_c 是球心 O 在截面上的投影,而截形圆的直径 d_c 则和截形面离球心的距离 e 有关(如图 3-7-2(b)所示)。由此可知,只要使铣刀旋转时刀尖运动的轨迹与球面的截形圆重合,并由工件绕其自身轴线的旋转运动相配合,即可铣出球面。

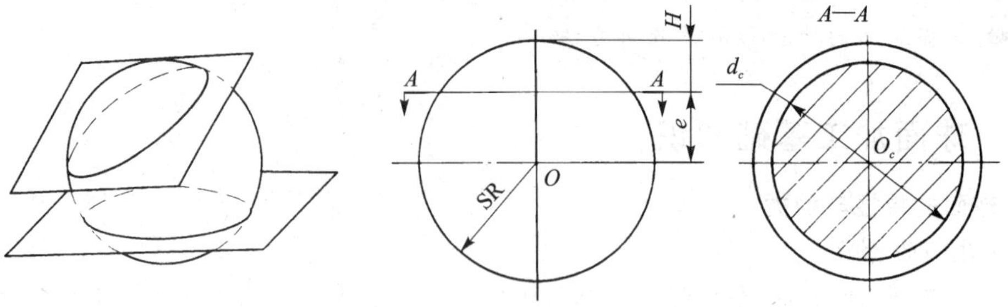

(a) 水平面与球面相截　　(b) 截形圆与球心的尺寸

图 3-7-2　球面铣削的几何特征

(2) 球面铣削的基本要点

根据球面铣削加工原理,铣削加工球面必须掌握以下要点:

① 铣刀的回转轴线必须通过工件球心,以使铣刀刀尖运动轨迹与球面的某一截形圆重合。

② 铣刀刀尖的回转直径 d_c 以及截形圆所在平面与球心的距离 e,确定球面的尺寸和形状精度。

③ 通过铣刀回转轴线与球面工件轴线的交角 β 确定球面的铣削加工位置,轴交角 β 与工件倾斜角(或铣刀倾斜角)α 之间的关系为 $\alpha+\beta=90°$,如图 3-7-3 所示。

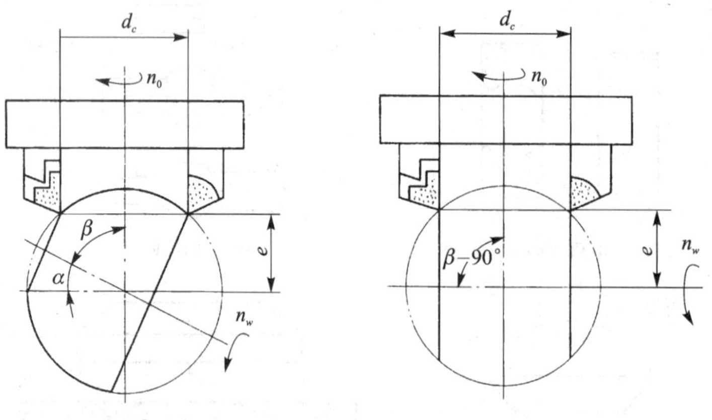

(a) $\alpha+\beta=90°$　　(b) $\beta=90°$ ($\alpha=0°$)

图 3-7-3　轴交角与外球面加工位置的关系

(3) 球面铣削加工的检验和质量分析

1) 球面铣削加工检验的项目

① 球面几何形状。

② 球面半径。

③ 球面位置精度。

2）检验方法

球面形状检验方法如下：

① 根据球面加工时留下的切削纹路判断。切削纹路为交叉时，球面形状正确；切削纹路为单向时，球面形状不确定。

② 用圆环检验球面形状是一种比较简便的方法，具体操作如图 3-7-4(a)所示。

③ 用样板可同时检验球面的形状和尺寸，检验方法如图 3-7-4(b)所示。检验时样板要放在通过球心的平面的位置上，而且应多取几个方位进行测量。

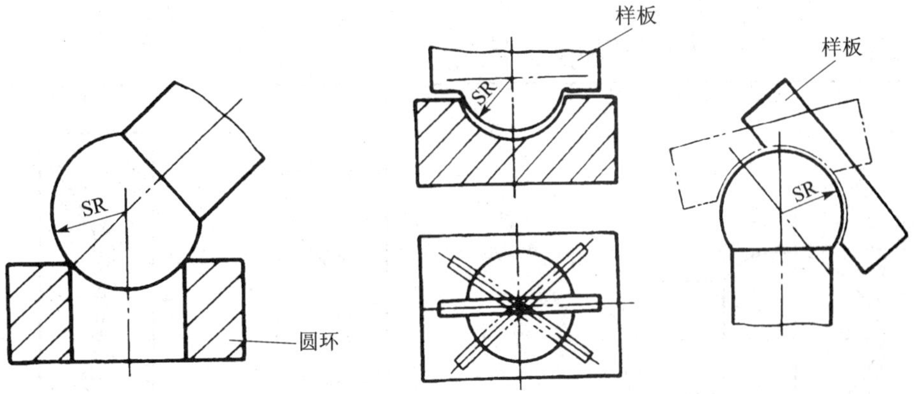

(a) 用圆环检验　　(b) 用样板检验

图 3-7-4　检验球面形状

检验内球面深度时，可把工件放在平板上，在内球面内放一个钢球，用游标卡尺划线头底部测的端面尺寸 S_1，然后用游标高度卡尺划线头底部轻轻接触钢球顶部，测的 S_2 用钢球直径减去两次测量的差值 Δ_S，即可得到内球面深度 H 的实际值，测量方法如图 3-7-5(a)所示。在千分尺的测微螺杆与球面之间放一个钢球，也可测量球面深度，测量方法如图 3-7-5(b)所示。

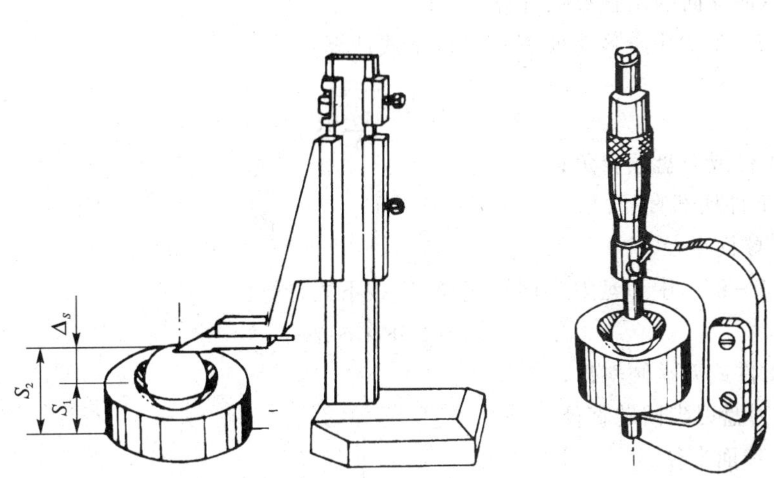

(a) 用游标高度尺检验　　(b) 用千分尺检验

图 3-7-5　内球面深度检验

3) 球面质量的分析要点

球面质量的分析要点见表 3-7-1。

表 3-7-1 球面质量的分析要点

质量问题	产生原因
球面呈橄榄状	铣刀轴线与工件轴线不在同一平面内,见图 3-7-6
球面底部有凸尖	铣刀刀尖的运动轨迹未通过端面中心,见图 3-7-7
球面半径不符合要求	铣刀刀尖回转直径 d_c 调整不当,或是铣削时至球心位置距离不准确
球面表面粗糙度值偏大	除了常见的刀具切削角度、切削用量和刀具磨损等原因外,还有分度头的传动间隙原因
球面位置不准确	通常是对刀操作失误引起的

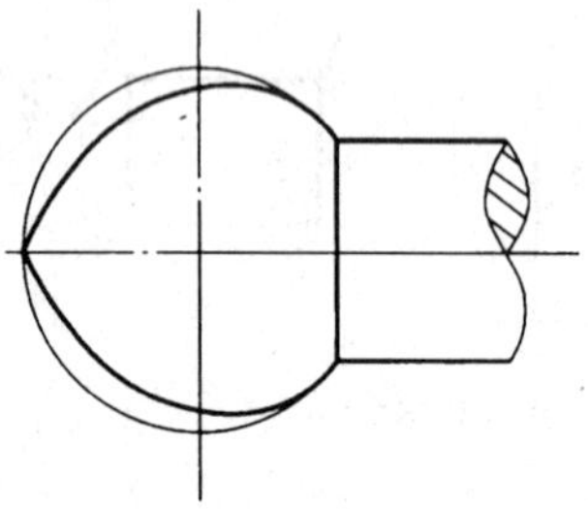

图 3-7-6 球面呈橄榄状

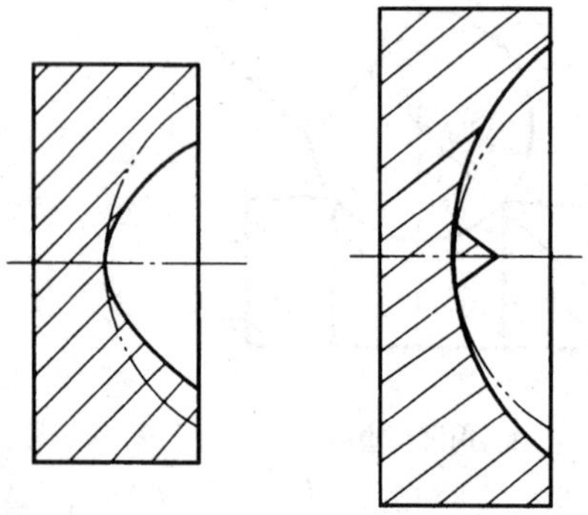

图 3-7-7 球面有凸尖

3. 球面加工的有关计算和操作要点

(1) 外球面铣削加工计算

铣削外球面,一般都在立式铣床上采用硬质合金铣刀铣削,工件夹在分度头和回转工作台上。常见的外球面有带柄球面、整球和大半径外球面。带柄球面铣削位置如图 3-7-8 所示。

1) 铣削单柄球面的调整数据计算

① 图 3-7-8(a)中分度头倾斜角 α 按下式计算:

$$\sin 2\alpha = \frac{D}{2SR}$$

式中:α——工件或刀盘倾斜角;

D——工件柄部直径;

SR——球面半径。

② 图 3-7-8(a)中刀盘刀尖回转直径 d_c 按下式计算:

$$d_c = 2SR \cdot \cos\alpha$$

式中:α——工件或刀盘倾斜角;

d_c——刀盘刀尖回转直径;

SR——球面半径。

③ 图 3-7-8(a)中坯件球头圆柱部分的长度 L 按下式计算:

$$L = 0.5D\cos\alpha$$

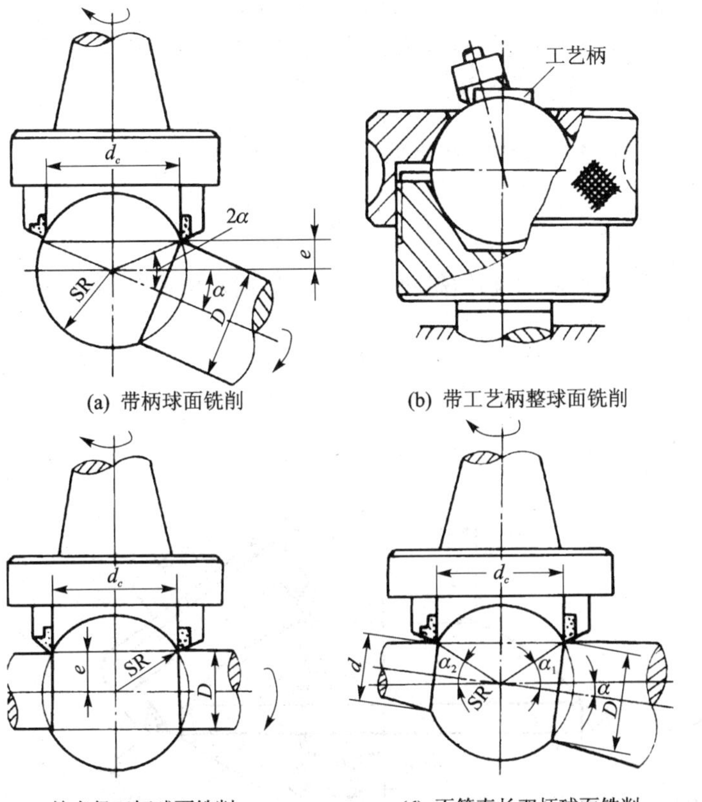

(a) 带柄球面铣削 (b) 带工艺柄整球面铣削

(c) 等直径双柄球面铣削 (d) 不等直长双柄球面铣削

图 3-7-8 带柄球面铣削位置示意图

式中：α——工件倾斜角；

L——球顶至柄部连接部的距离；

D——柄部直径。

2）铣削等直径双柄球面的调整数据计算

图 3-7-8(c)中，铣削时轴交角 $\beta=90°$，即倾斜角 $\alpha=0°$，刀盘刀尖回转直径 d_c 按下式计算：

$$d_c=\sqrt{4\mathrm{SR}^2-D^2}$$

式中：d_c——刀盘刀尖回转直径；

D——柄部直径；

SR——球面半径。

3）铣削不等直径双柄球面的调整数据计算

① 图 3-7-8(d)中，工件或铣刀轴线倾斜角 α 按下式计算：

$$\sin 2\alpha_1=\frac{D}{2\mathrm{SR}},\quad \sin 2\alpha_2=\frac{d}{2\mathrm{SR}}$$

因为 $\alpha_1+\alpha=\alpha_2-\alpha$，所以 $\alpha=(\alpha_1+\alpha_2)/2$。

② 图 3-7-8(d)中，刀盘刀尖回转直径 d_c 按下式计算：

$$d_c=2\mathrm{SR}\cos(\alpha_1-\alpha_2)$$

$$d_c=2\mathrm{SR}\cos(\alpha_1+\alpha_2)$$

4）铣削大半径球面(见图 3-7-9)的调整数据计算

① 按图 3-7-9 所示的几何关系，铣削大半径球台时，刀尖回转直径 d_c 可大于等于刀尖最小回转直径 d_{ci}。d_{ci} 可按下式计算：

因为
$$\sin 2\alpha_1 = \frac{D}{2SR},\quad \sin 2\alpha_2 = \frac{d}{2SR}$$

所以
$$d_{ci} = 2SR\,\frac{\theta_2 - \theta_1}{2}$$

② 铣削大半径外球面时，主轴倾斜角可在选定后确定取值范围($\alpha_m < \alpha < \alpha_i$)，计算如下：

$$\sin\beta = \frac{d_c}{2SR}$$

$$\alpha_m = \theta_1 + \beta$$

$$\alpha_i = \theta_2 - \beta$$

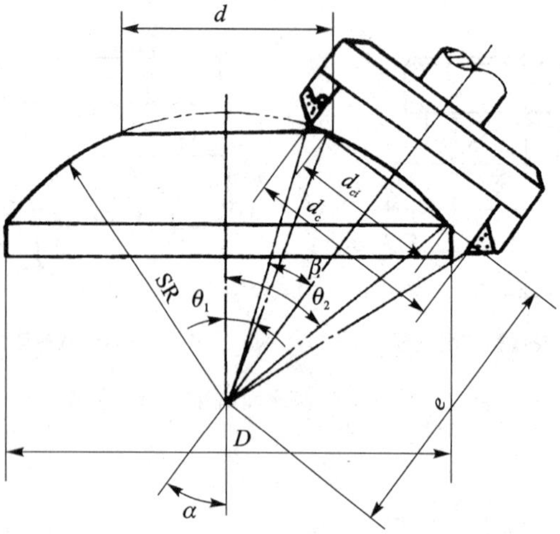

图 3-7-9　铣削大半径外球面(球台)示意图

(2) 内球面铣削加工计算

铣削内球面，一般采用立铣刀和镗刀在立式铣床上进行加工。用立铣刀铣削加工内球面的相对位置关系如图 3-7-10 所示。用镗刀加工内球面的相对位置关系，如图 3-7-11 所示。

1）用立铣刀铣削内球面的调整计算

① 立铣刀直径选择范围($d_{ci} < d_c < d_{cm}$)(见图 3-7-12)按下式计算：

$$d_{cm} = 2\sqrt{SR^2 - 0.5SR\cdot H}$$

$$d_{ci} = \sqrt{2SR\cdot H}$$

式中：d_{cm}——可选铣刀最大直径，mm；

d_{ci}——可选铣刀最小直径，mm；

SR——内球面半径；

H——内球面深度。

② 立铣刀(立铣头)倾斜角 α 按下式计算：

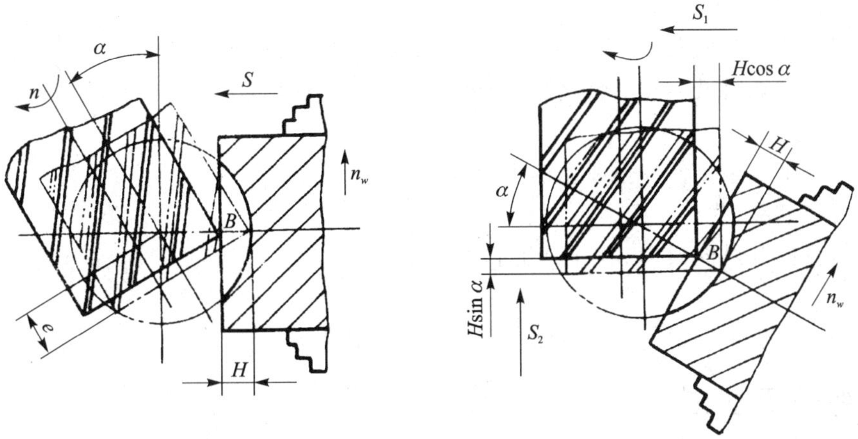

(a) 立铣刀倾斜　　　　(b) 工件倾斜

图 3-7-10　用立铣刀铣削内球面示意图

$$\cos\alpha = \frac{d_c}{2SR}$$

式中：α——立铣头倾斜角，(°)；

d_c——立铣刀直径，mm；

SR——球面半径。

2）用镗刀加工内球面的调整计算

计算立铣头倾斜角时，由于镗刀杆直径小于镗刀回转直径，因而当球面深度 H 不太大时，倾斜角 α 有可能取零度，可按下式计算：

$$\cos\alpha = \sqrt{H/(2SR)}$$

计算镗刀回转半径 R_c 时。先确定倾斜角 α 的具体数值，确定时，尽可能的取较小值。镗刀回转半径 R_c，可按下式计算：

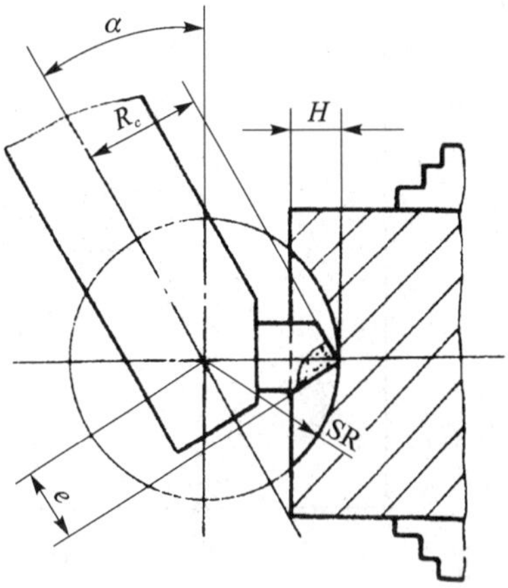

图 3-7-11　用镗刀加工内球面时的位置关系

$$R_c = SR \cdot \cos\alpha$$

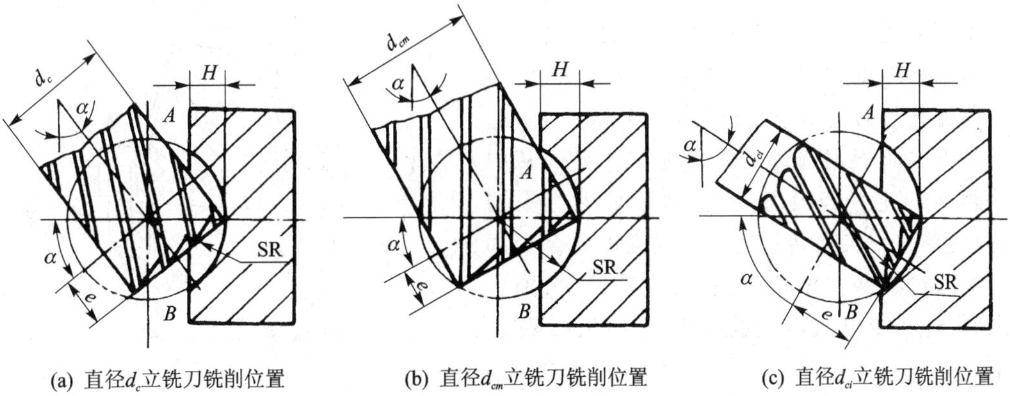

(a) 直径d_c立铣刀铣削位置　　(b) 直径d_{cm}立铣刀铣削位置　　(c) 直径d_{cl}立铣刀铣削位置

图 3-7-12　用立铣刀铣削内球面时，铣刀直径选择示意图

(3) 球面铣削的主要操作步骤

① 通过工作台横向对刀,找正立铣头与工件轴线在同一平面。

② 按计算值调整铣刀盘回转直径(外球面)、选择立铣刀直径或调整镗刀回转半径(内球面)。

③ 按计算值调整工件仰角或立铣头倾斜角。

④ 按规范装夹,找正工件。

⑤ 通过垂向和纵向对刀,找正球面铣削位置。注意:不同形式的球面其对刀位置是不同的。

⑥ 手摇分度头手柄,粗、精铣球面至图样规定的技术要求。

3.7.2 外球面加工

1. 双柄球面加工

铣削加工如图 3-7-13 所示的不等直径双柄球面,坯件已加工成型,材料为 45 钢。

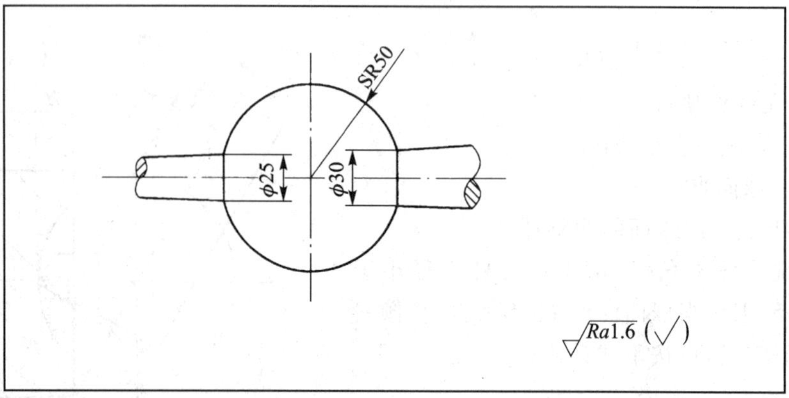

图 3-7-13 不等直径双柄球面

【工艺分析】

球面工件特征如图 3-7-13 所示,工件属于不等直径的双柄球面。柄部直径d=25 mm,D=30 mm,球面半径 SR=50 mm。

【工艺准备】

本例采用铣刀盘加工。铣刀盘的结构与切刀安装示意图见 3-7-14,选用方孔刀盘,安装切刀的方孔与刀盘中心的距离应接近 d_c 的1/2。切刀的形式应根据选定的刀盘上方孔与回转中心的距离确定。若距离较大,则可采用弯头切刀,以便调整刀尖回转直径。刀尖的硬质合金部分应能通过修磨主偏角、主后面或副偏角、副后面来调整刀尖位置,以便达到 d_c 的尺寸精度要求。

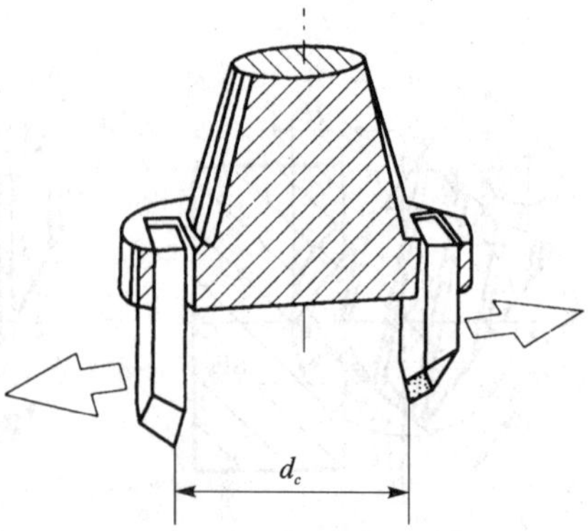

图 3-7-14 铣刀盘的结构与切刀安装示意图

加工数据计算如下:

① 计算工件或铣刀轴线倾斜角 α:

$$\sin\alpha_1=\frac{D}{2SR}=\frac{30\ \text{mm}}{2\times50\ \text{mm}}=0.30\alpha_1=17°27'$$

$$\sin\alpha_2=\frac{d}{2SR}=\frac{25\ \text{mm}}{2\times50\ \text{mm}}=0.25\alpha_2=14°28'$$

$$\alpha=\frac{\alpha_1-\alpha_2}{2}=\frac{17°27'-14°28'}{2}=1°30'$$

② 计算刀盘刀尖回转半径 d_c：

$$\begin{aligned}d_c&=2SR\cdot\cos(\alpha_1-\alpha)\\&=2\times50\times\cos(17°21'-1°30')\\&=96.16\ \text{mm}\end{aligned}$$

③ 根据几何关系计算球面预制圆柱部分长度 L：

$$L=\frac{D-d}{2}\cot\alpha=\frac{30-25}{2}\cot1°30'=95.47\ \text{mm}$$

注意事项

双柄球面铣削注意事项如下：

- 尾座安装后应找正顶尖轴线与分度头仰角相等的倾斜角，并与分度头主轴同轴。若倾斜角较大，尾座高度不够，则可在其底面垫平铁。尾座顶尖和工件中心孔之间可适当加一些润滑油。
- 铣削双柄球面前，应检验预制件的柄部直径，球面部分圆柱体的直径、长度和轴线位置，为保证连接质量，球面预制圆柱的长度应略小于计算值。
- 当铣削双柄球面刀盘刀尖回转直径 d_c 值较小时，可特制直径较小的铣刀盘，也可使用弯头切刀。由于回转直径较小，故切刀应选取较大的后角，以保证铣削顺利。

2. 冠状球面加工

铣削加工如图 3-7-15 所示的冠状球面，应掌握以下要点：

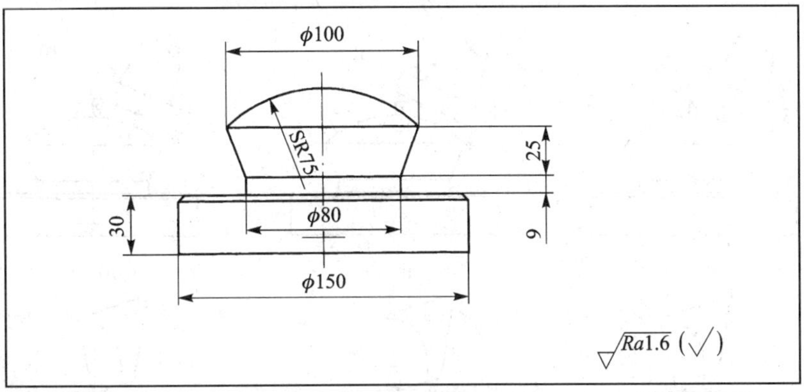

图 3-7-15　冠状球面工件图

【工艺分析】

冠状球面工件图见图 3-7-15，工件实际上类似于单柄球面。与一般的单柄面相比，区别为球心的位置不同，球冠的球面在半球之内，相对较小。单柄球面大于半球，相对较大。冠状球面的底部直径相当于单柄球面的柄部直径 $D=100$ mm，球面半径 SR=75 mm。

【工艺准备】

工件外形尺寸较大,宜选用回转工作台、三爪自定心卡盘装夹工件进行铣削加工。采用立铣头扳转倾斜角铣削球面,加工数据计算如下:

① 计算铣刀轴线倾斜角 α:

$$\sin 2\alpha = \frac{D}{2SR} = \frac{100\ \text{mm}}{2 \times 75\ \text{mm}} = 0.666\,7$$

$$\alpha = 0.5\arcsin 0.666\,7 \approx 20°54'$$

② 计算刀盘刀尖回转半径 d_c:

$$\begin{aligned} d_c &= 2SR \cdot \sin\alpha \\ &= 2 \times 75 \times \sin 20°54 \\ &= 53.51\ \text{mm} \end{aligned}$$

③ 实际选择时,根据加工特点,应重新计算:

$$\sin\alpha = \frac{d}{2SR} = \frac{55\ \text{mm}}{2 \times 75\ \text{mm}} = 0.366\,7$$

$$\alpha = \arcsin 0.3667 = 21°29'$$

【加工要点】

安装切刀与调刀盘刀尖回转直径时注意根据尺寸进行调整,按规范安装回转工作台,用三爪自定心卡盘装夹工件,找正工件与回转台主轴同轴。用指示表环表法找正立铣头主轴与回转台主轴同轴,调整立铣头倾斜角,按工件球面部分长度和直径对预制件进行检验。

【加工步骤】

铣削加工主要步骤:在工件端面划十字中心线,在交点上打样冲眼→垂向和纵向对刀→粗铣球面→精铣球面。

【球冠球面位置控制】

加工中球面的位置通过目测检验球顶部和球面底部的质量。如图 3-7-16(a)所示,球面顶部中心在刀尖回转轨迹圆内时,由切刀内刃形成凸尖;如图 3-7-16(b)所示,球面顶部中

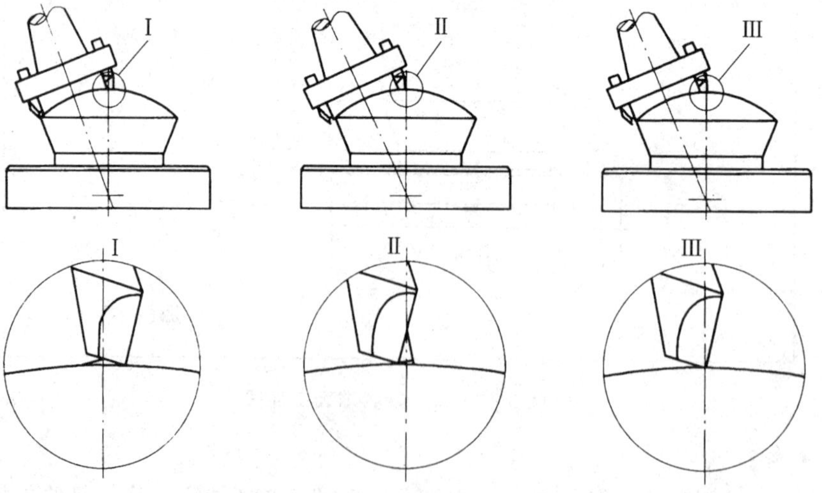

(a) 顶端中心在刀尖轨迹圆内　　(b) 在轨迹外　　(c) 在轨迹圆上

图 3-7-16　目测检验冠状球面的加工位置

心在刀尖回转轨迹圆外时，由切刀外刃形成凸尖；如图 3－7－16(c)所示，球面顶部中心在刀尖回转轨迹圆上时，切刀刀尖恰好汇交于顶端中心，而冠状球面的底部，因刀尖回转直径略大于计算值，故通常应是于锥面形成比较清晰的交线圆。

3.7.3　内球面加工

1. 用立铣刀加工

(1) 基本方法

用立铣刀加工内球面有以下两种基本方法(见图 3－7－10)：

① 立铣刀倾斜角度铣削法，见图 3－7－10(a)。采用此法时，将立铣头扳转一定的角度 α，立铣刀的轴线与工件轴线相交，刀尖位置通过工作台横向和垂向调整，工件装夹在分度头或回转工作台上做进给运动进行加工。

② 工件倾斜角度铣削法，见图 3－7－10(b)。采用此法时，工件随分度头扳转一定的角度 α，立铣刀的轴线与工件轴线相交，刀尖位置通过工作台横向和垂向调整，工件装夹在分度头或回转工作台上做进给运动进行加工。

(2) 铣削加工要点

① 注意计算刀具的直径取值范围。在用立铣刀加工内球面时，首先要根据工件的参数(如球面的直径)，立铣刀的直径选择见图 3－7－12。

② 铣床主轴的倾斜角或工件的倾斜角应按所使用刀具的实际直径进行计算，否则会产生加工调整误差。

③ 加工较大或较深的内球面可进行圆柱台阶孔粗加工，以减小球面加工的余量。

④ 粗加工中应注意观察内球面底部是否有凸尖出现，若有凸尖，则应判断凸尖是由端齿铣成的(见图 3－7－17(a))还是由周齿铣成的(见图 3－7－17(b))，以确定工作台微量调整的方向和距离，使得凸尖恰好铣去。通常需要重复几次铣削过程，内球面才能逐渐铣成。

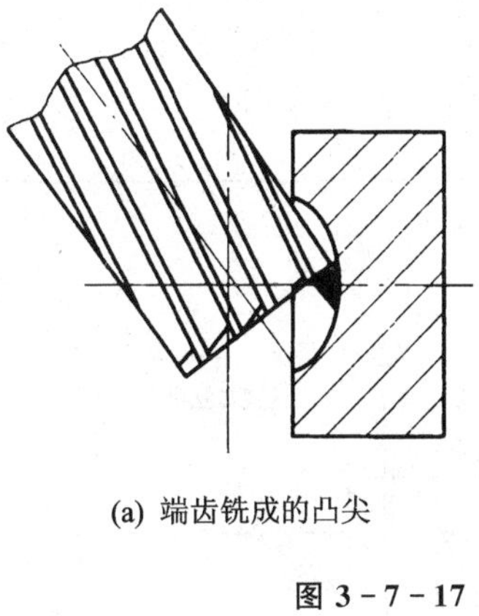

(a) 端齿铣成的凸尖

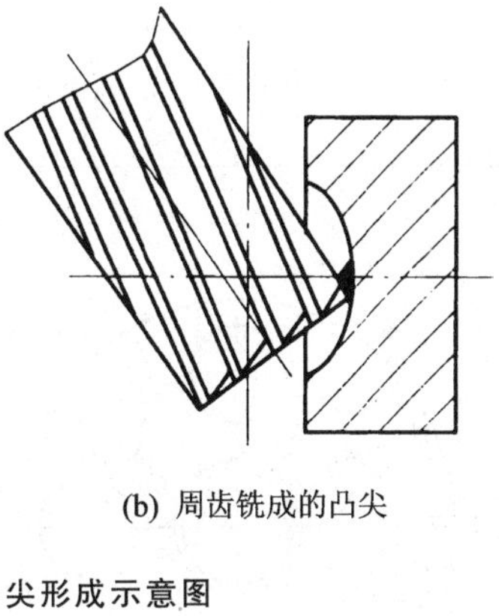

(b) 周齿铣成的凸尖

图 3－7－17　内球面底部凸尖形成示意图

2. 用镗刀加工

(1) 基本加工方法

与用立铣刀加工类似，用镗刀加工内球面也有工件倾斜角度和机床主轴倾斜角度两种加工方法。一般采用主轴倾斜方法加工，见图 3－7－11。

(2) 加工要点

① 因镗刀加工时采用单刀切削，加工中容易产生振动，应注意刀杆、刀具的刚度。

② 镗刀的切削刃长度有一定的限度,注意控制面切削余量的分配。

③ 在进行计算时,注意先确定立铣头倾斜角度的最大值,然后按选定的倾斜角度计算镗刀的回转半径。

④ 加工中注意按硬质合金刀具和工件材料的特点,可加工出较高精度的球面。

⑤ 注意刀尖的磨损,避免刀尖磨损对球面加工精度的影响。

3. 球面综合件加工

工件外形尺寸较大的球面综合件是带有多种形式球面的工件。加工图 3-7-18 所示的球面综合件,应掌握以下要点:

【工艺分析】

球面综合工件尺寸如图 3-7-18 所示,工件一端是大半径外球面(球台),工件的另一端有 4 个均布的内球面,工件预制件具有精度较高的基准孔。球台两端直径相当于双柄球面的两端柄部直径 $D=\phi145^{-0.043}_{-0.083}$,$d=\phi63\pm0.15$,球台球面半径 $SR_{外}=(100\pm0.11)$ mm。内球面半径 $SR_{内}=\phi18\pm0.09$,球面深度 $H=8^{+0.15}_{-0}$ mm,内球面分布圆的直径 $d_{分}=\phi100\pm0.11$。

【工艺准备】

1) 球台铣削用的铣刀盘结构形式和尺寸选择

切刀的形式和几何角度的选择与双柄球面的选择方法相同。工件外形尺寸较大,宜选用回转工作台、三爪自定心卡盘装夹工件进行铣削加工。采用立铣头扳转倾斜角铣削球面,铣削内球面时选用立铣刀加工。为保证内球面的均布等分精度和分布圆尺寸精度,在加工内球面之前,设置按内球面分布位置要求的 4 个不通孔的铣削加工工序,以供内球面加工时找正作为依据。根据不影响内球面加工的原则,拟定不通孔直径为 $\phi20$,深度为 4 mm。

2) 计算球台铣削加工数据

① 计算刀盘刀尖回转半径 d_{ci}:

$$\sin\theta_2=\frac{D}{2SR_{外}}=\frac{145}{2\times100}=0.725,\quad \theta_2=46.47°$$

$$\sin\theta_1=\frac{d}{2SR_{外}}=\frac{63}{2\times100}=0.315,\quad \theta_1=18.36°$$

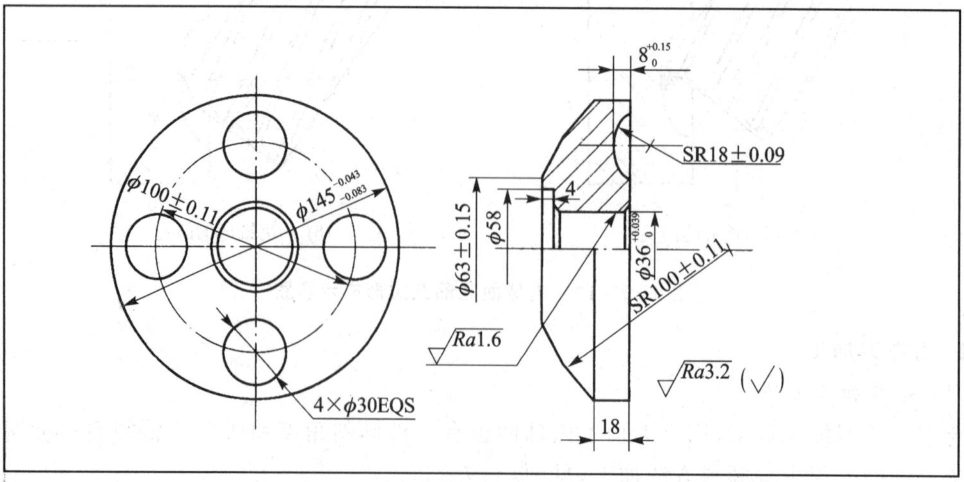

图 3-7-18　球面综合工件尺寸

$$d_{ci}=2SR_{外}\cdot\sin\frac{\theta_2-\theta_1}{2}$$

$$=2\times100\times\sin\frac{46.47^\circ-18.36^\circ}{2}$$

$$=48.57\ \text{mm}$$

现选定 $d_c=52$ mm。

② 计算主轴倾斜角 α 的取值范围：

$$\sin\beta=\frac{d_c}{2SR_{外}}=\frac{52}{2\times100}=0.26,\quad \beta=15.07^\circ$$

$$a_m=\theta_1+\beta=18.36^\circ+15.07^\circ=33.43^\circ$$

$$a_i=\theta_2-\beta=46.47^\circ-15.07^\circ=31.40^\circ$$

取 $\alpha=32^\circ$。

3）计算内球面铣削加工数据

① 计算立铣刀直径的选择范围：

$$d_{cm}=2\sqrt{SR_{内}^2-0.55\times SR\times H}=2\times\sqrt{18^2-0.55\times18\times8}=31.75\ \text{mm}$$

$$d_{ci}=\sqrt{2SR_{内}\cdot H}=\sqrt{2\times18\times8}=16.97\ \text{mm}$$

取内球面 $d_{c内}=22$ mm。

② 计算立铣头(立铣刀)倾斜角 α：

$$\cos\alpha=\frac{d_{c内}}{2SR_{内}}=\frac{22}{2\times18}=0.6111,\quad \alpha=52.33^\circ$$

根据几何关系，由于本例采用回转台加工，立铣头的实际倾斜角为

$$\alpha_{实}=90^\circ-\alpha=90^\circ-52.33^\circ=37^\circ40'$$

【加工步骤】

铣削加工主要步骤：用指示表找正不通孔与回转台同轴→垂向和纵向对刀，保证立铣头轴线与回转台轴线在同一平面内，使刀尖恰好对准孔底面中心→粗铣削内球面→精铣削内球面→逐次铣削 4 个内球面。

铣削加工球台的主要步骤：安装切刀盘、调整切刀回转直径、扳转立铣头倾斜角→装夹、找正工件与回转工作台同轴→按铣削双柄球面的类似方法，粗精铣球台球面。

【测量检验要点】

球面轮廓曲线可用专用样板或内孔(外圆)形状精度较高的圆环检验。内球面用圆环的端面外圆与球面贴合检验，球台球面用圆环的端面外圆与球面贴合检验。内球面也可按切削纹路目测检验。

球台球面的位置通过测量球顶部交线圆的尺寸和球面底部与工件外圆交接位置尺寸进行检验。

内球面的位置基本由预制不通孔精度和加工球面时的找正精度保证。加工完毕后，也可在内球面内放置同样规格的圆环，上面用平垫块压紧，然后测量对应外圆。检验内球面位置精度示意图如图 3－7－19 所示。

因内球面和球台球面都小于半球，球面的直径测量比较困难。可根据球面铣削几何特征(见图 3－7－2)，制作一个专用测量环进行间接测量。球面测量环的结构见图 3－7－20，测量环外圆和内孔精度都比较高，测量环的一端面与内孔交线圆用于测量外球面，与外圆的交线圆

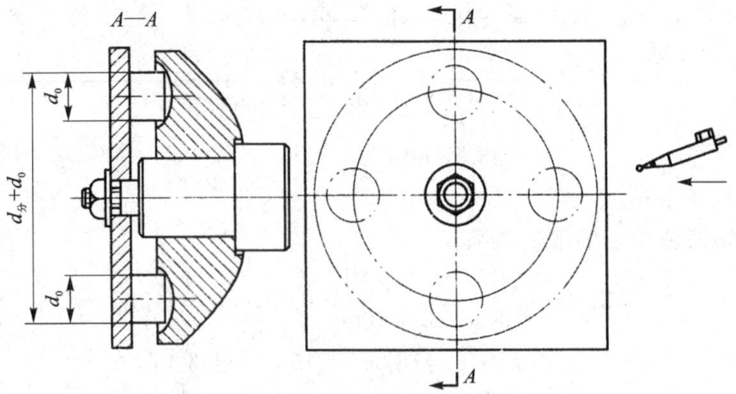

图 3-7-19 检验内球面位置精度示意图

用于测量内球面。另一端的中心有一个位置精度和尺寸形状精度较高的圆孔,圆孔的直径与深度千分尺测杆外圆属于精度较高的间隙配合,端面与深度千分尺的测量座面贴合。检验测量示意图如图 3-7-21 所示。

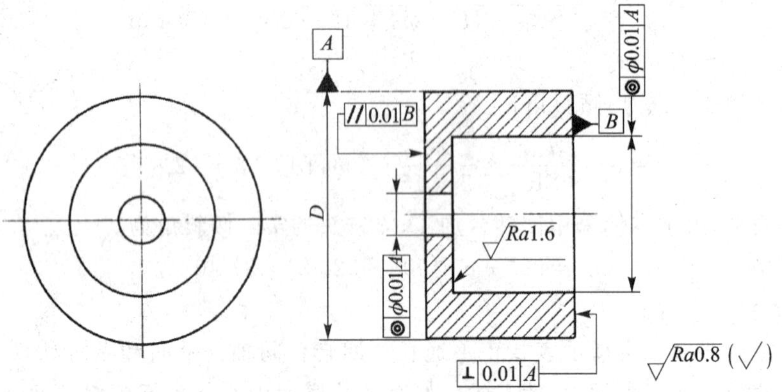

图 3-7-20 球面测量环的结构

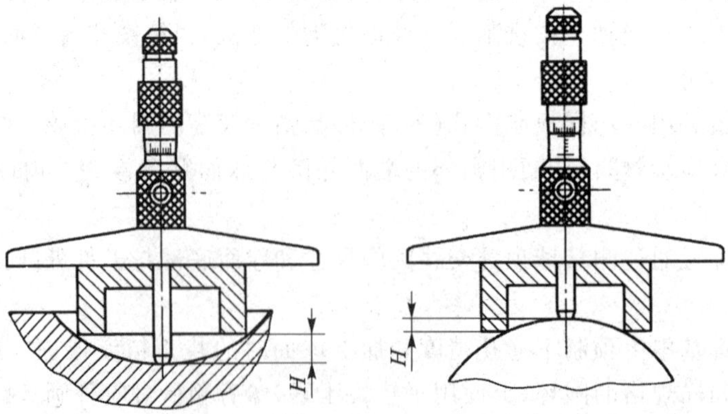

(a) 内球面检验测量 (b) 外球面检验测量

图 3-7-21 用测量环检验球面尺寸精度示意图

球面半径实际要素可通过以下计算获得：

$$H=SR-\sqrt{SR^2-\frac{d^2}{4}}$$

式中：H——球面顶点至截形圆中心的距离，mm；

SR——球面半径，mm；

d——外球面截形圆、测量环内孔直径，mm；

D——内球面截形圆、测量环外圆直径，mm。

对内球面：

$$H_{实}=H_2-H_1$$

对外球面：

$$H_{实}=H_1-H_2$$

式中：$H_{实}$——截形圆至球顶的距离，mm；

H_1——测量圆环的长度，mm；

H_2——深度千分尺测得的尺寸，mm。

工件球面的实际半径 $SR_{实}$ 可通过计算获得：

$$SR_{实}=\frac{d^2}{8H_{实}}+\frac{H_{实}}{2}$$

$$\left(或\quad SR_{实}=\frac{D^2}{8H_{实}}+\frac{H_{实}}{2}\right)$$

本例内球面若采用 $H_1=20$ mm、$D=25$ mm 的测量圆环，测得 $H_2=25.05$ mm，内球面的实际半径 $SR_{实}$ 可通过计算获得：

$$H_{实}=H_2-H_1=25.05-20=5.05\ \text{mm}$$

$$SR_{实}=\frac{D^2}{8H_{实}}+\frac{H_{实}}{2}=\frac{25^2}{8\times5.05}+\frac{5.05}{2}=17.99\ \text{mm}$$

本例内球面若采用 $H_1=20$ mm、$d=30$ mm 的测量圆环，测得 $H_2=18.87$ mm，则球台球面的实际半径 $SR_{实}$ 可通过计算获得

$$H_{实}=H_1-H_2=20-18.87=1.13\ \text{mm}$$

$$SR_{实}=\frac{d^2}{8H_{实}}+\frac{H_{实}}{2}=\frac{30^2}{8\times1.13}+\frac{1.13}{2}=100.12\ \text{mm}$$

思考与练习

1. 简述在铣床上加工球面的基本原理。
2. 在 X5032 型铣床上加工一单柄球面，已知外球面半径 SR＝40 mm，柄部直径 $d=50$ mm，试计算分度头倾斜角 α 和刀盘刀尖回转直径 d_c。
3. 简述球面铣削操作的主要步骤。
4. 检验球面时，发现内球面底部有凸尖，其产生的原因是什么？怎样防止凸尖的产生？
5. 怎样用观察切削纹路的方法检验球面的形状精度？请简述检验原理。
6. 球台的加工和双柄球面的加工有什么区别？
7. 试分析球面轮廓误差大的具体原因是什么？
8. 怎样对小于半球的球面进行球径测量？

课题八　刀具螺旋齿槽与端面、锥面齿槽加工

教学要求

- ◆ 掌握刀具螺旋齿槽、端面与锥面齿槽加工的计算方法与加工特点。
- ◆ 熟练掌握在铣床上加工齿槽的操作方法、检验方法和加工质量分析方法。

3.8.1　刀具圆柱面螺旋齿槽加工

1. 圆柱面螺旋齿槽的铣削特点与基本方法

(1) 螺旋齿槽的特点

具有螺旋齿槽的刀具有圆柱形铣刀、立铣刀、错齿三面刃铣刀、螺旋圆柱形铰刀等。螺旋齿槽除具有一般螺旋槽的特征外,还具有以下特点:

- ➢ 螺旋槽的形状由刀具齿槽的容屑,排屑功能和刀具切屑性能相关参数和要求确定。
- ➢ 螺旋槽的旋向由刀具的螺旋角(刃倾角)确定,螺旋角的标注外圆是切削刃所在的外圆柱面(齿轮滚刀除外)。
- ➢ 螺旋齿槽通常是多头螺旋,螺旋的头数与铣刀设计的齿数有关。
- ➢ 套式刀具的螺旋齿槽通常沿轴向贯穿、指装刀具的螺旋槽仅在端面齿一侧贯通,另一侧在圆柱面上收尾。
- ➢ 圆柱面螺旋齿槽一般由刀齿前面、槽底圆弧以及齿背副后面构成。
- ➢ 齿槽在圆柱面上的位置,主要由刀具的前角、齿槽形状以及齿数确定。

(2) 螺旋齿槽的加工的基本问题和要点

螺旋齿槽的铣削通常在万能卧式铣床上进行,与圆柱面直齿槽铣削加工相比,除了考虑齿槽角、前角等因素外,还必须考虑到螺旋角对于铣削加工的影响,这是圆柱面螺旋齿槽铣削加工中的基本问题。要使加工后的槽形完全与设计要求一致,必须采用专门设计的成形铣刀,并且在铣削时,铣床工作台的转动角度及铣削位置的调整必须按照成形铣刀设计时的预定数据进行。在实际生产中,一般精度的刀具螺旋齿槽常采用角度铣刀铣削加工,采用角度铣刀加工刀具圆柱面螺旋齿槽应掌握以下铣削要点。

1) 注意角度铣刀廓形对螺旋齿槽槽形的影响

在实际生产中,用双角度或单角度铣刀都可以加工出槽形符合图样要求的刀具螺旋齿槽。但在铣削过程中,两种不同廓形的铣刀各具特点:

① 用双角铣刀铣削时,由于切削表面的曲率半径 ρ_d 比较小(见图 3-8-1(a)),因此,在保证被加工刀具前角的情况下,干涉将发生在前面的下部,产生“根切”,使前面呈凸肚状,如图 3-8-1(b) 所示。这样的槽形前面与槽底圆弧过渡不圆滑,一方面影响刀具以后切削时切屑的成形与排出,另一方面会削弱刀齿根部的强度。尽管如此,由于双角度铣刀铣削时干涉比较小,被加工齿槽表面的粗糙度值较小,因此在实际生产中仍然得到广泛的应用。

② 用单角铣刀铣削时,因其端面齿切削表面的曲率半径 ρ_d 比较大,干涉就相应增大,不仅会产生根部过切,而且还会使齿槽产生刃口过切。但是,在实际生产中,若利用多扳转工作台转角的方法也可铣削出符合图样要求的螺旋齿槽,如图 3-8-1(c)所示。铣削时,工作台的转角略大于螺旋齿槽的螺旋角,单角铣刀以一个椭圆与工件前面的槽底圆弧接触,齿槽的截形

由铣刀刀尖“挑铣”而成。铣削后的前面呈凹圆弧状，如图 3－8－1(d)所示。这样的槽形不但避免了用双角铣刀铣削时所产生的两个弊端，而且减少了以后的刃磨余量。但是由于工作台转角的变化，给工件前角的数值控制带来一定困难，而且前面粗糙度值也有明显的增加。

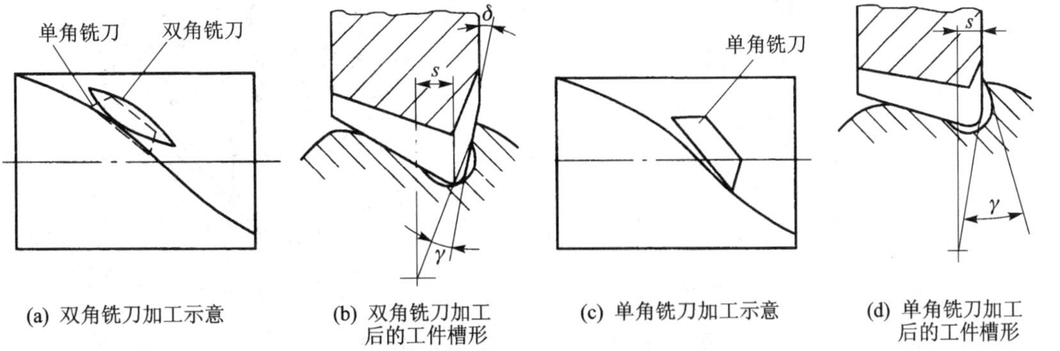

图 3－8－1 角度铣刀廓形对螺旋齿槽法向截形的影响

2）合理选择铣刀的结构尺寸和切向

① 角度铣刀的廓形角 θ 可近似等于工件的槽形角，当采用双角铣刀时，铣刀的小角度 δ 应尽可能小，一般取 $\delta=15°$。

② 角度铣刀刀尖圆弧半径不能等于工件螺旋槽的槽底圆弧半径，一般可根据工件螺旋角的大小，取 $\gamma_{\varepsilon}=(0.5\sim0.9)r$。当螺旋角较大时，$r_{\varepsilon}$ 应取较小值。

③ 角度铣刀的直径 d_0 在不影响铣削的条件下，尽可能取小一些。

④ 角度铣刀的切向(除对称角度铣刀外)有左切和右切之分，如图 3－8－2 所示。为了提高螺旋齿槽的表面质量，铣刀切削方向的选择原则如下：应使螺旋槽在加工时，工件的旋转方向靠双角铣刀的小角度锥面刃和单角铣刀的端面刃。工件运动方向和铣刀旋转方向的关系如图 3－8－3 所示，若采用逆铣方式，铣削右旋转齿槽时，选择右切铣刀，铣削左螺旋齿槽时，选择左切铣刀。若采用顺铣，则与此相反。在实际生产中，当受到各种限制，无法满足以上原则时，也可适当调整工作台的转角，以避免铣削中的拖刀现象。

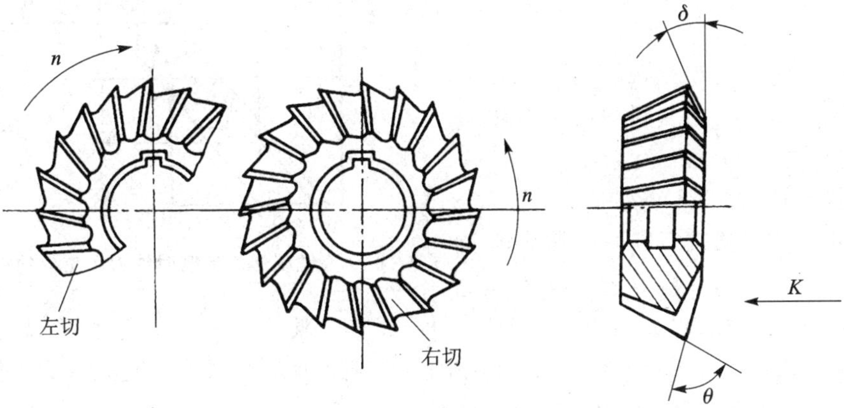

图 3－8－2 角度铣刀的切向辨别

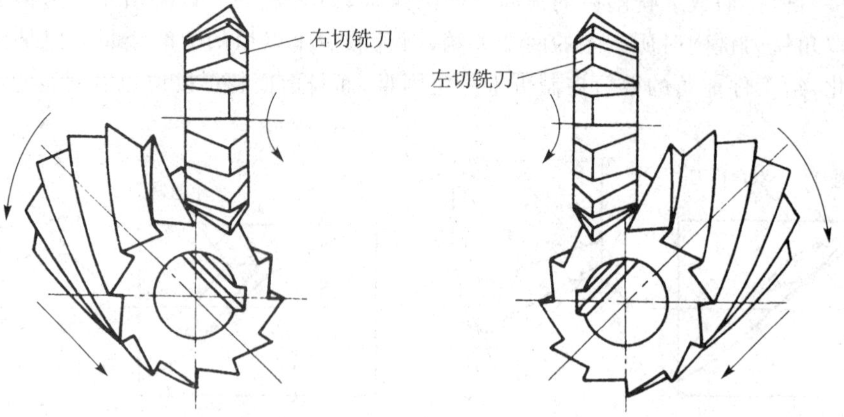

(a) 铣右旋齿槽　　(b) 铣左旋齿槽

图 3-8-3　角度铣刀切削方向的选择

3）合理确定工作台转角

① 工作台转角的方向与一般的螺旋槽相同，即铣削右螺旋齿槽时，铣床工作台应按逆时针方向转动；铣削左螺旋齿槽时，工作台按顺时针方向转动。

② 工作台的转角大小，应根据角度铣刀的种类和工件螺旋角的大小来确定，通常选取工作台转角 β_1 略大于工件螺旋角 β。用双角铣刀时 β_1 比 β 大 1°～4°。由于用单角铣刀铣削时，增大工作台的转角 β_1 会影响工件前角 γ_0，故 β_1 的具体数值可通过试切法，根据前角和前面质量综合考虑予以确定。用双角铣刀铣削 $\beta>20°$ 的螺旋齿槽时，为了减少齿槽底部的“根切”，工作台转角 β_1 应小于工件螺旋角 β，β_1 可按下式计算：

$$\tan\beta_1=\tan\beta\cos(\delta+\gamma_0)$$

式中：β_1——工作台转角，(°)；

β——被加工刀具螺旋角，(°)；

γ_0——被加工刀具前角，(°)。

实际操作中，也可根据铣削过程中的干涉情况，通过试切对计算所得的工作台转角数值进行微量调整。

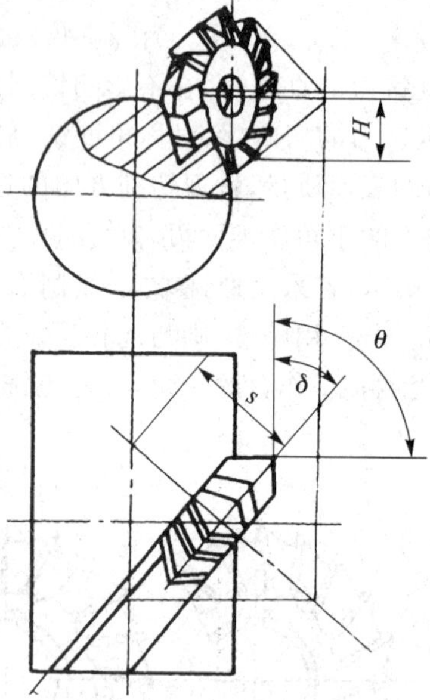

图 3-8-4　铣削螺旋齿槽时铣刀和工件的相对位置

4）计算和调整铣削位置要点

① 用不对称双角铣刀铣削圆柱面螺旋齿槽(见图 3-8-4)时，由于在齿槽的法向截面上，刀坯的截形是一个椭圆，因此在计算工作台偏移量和升高量时，可以用圆柱面直齿槽的计算公式，但须以 $D/\cos\beta$ 代替公式中的 D，使得计算公式十分复杂。为了简化计算，可从表 3-8-1 中查处简化计算公式进行计算。

表 3-8-1 用双角铣刀铣削圆柱面螺旋齿槽时 s 和 H 的简化计算式

双角铣刀小角度 δ	螺旋角 β	计算值	计算公式 被加工刀具前角 γ_0 0°	5°	10°	15°	20°	K_1	K_2
15°	10°	s	$0.133D-K_1$	$0.176D-K_1$	$0.218D-K_1$	$0.258D-K_1$	$0.296D-K_1$	$0.26h+0.71\gamma_\varepsilon$	$0.97h-0.23\gamma_\varepsilon$
		H	$0.018D+K_2$	$0.031D+K_2$	$0.048D+K_2$	$0.069D+K_2$	$0.093D+K_2$		
	15°	s	$0.139D-K_1$	$0.183D-K_1$	$0.226D-K_1$	$0.268D-K_1$	$0.307D-K_1$		
		H	$0.018D+K_2$	$0.032D+K_2$	$0.050D+K_2$	$0.072D+K_2$	$0.097D+K_2$		
	20°	s	$0.146D-K_1$	$0.194D-K_1$	$0.239D-K_1$	$0.283D-K_1$	$0.324D-K_1$		
		H	$0.019D+K_2$	$0.034D+K_2$	$0.053D+K_2$	$0.076D+K_2$	$0.102D+K_2$		
	25°	s	$0.158D-K_1$	$0.208D-K_1$	$0.257D-K_1$	$0.304D-K_1$	$0.349D-K_1$		
		H	$0.021D+K_2$	$0.037D+K_2$	$0.057D+K_2$	$0.082D+K_2$	$0.110D+K_2$		
	30°	s	$0.174D-K_1$	$0.228D-K_1$	$0.282D-K_1$	$0.333D-K_1$	$0.382D-K_1$		
		H	$0.023D+K_2$	$0.040D+K_2$	$0.062D+K_2$	$0.087D+K_2$	$0.121D+K_2$		
	35°	s	$0.194D-K_1$	$0.255D-K_1$	$0.315D-K_1$	$0.373D-K_1$	$0.427D-K_1$		
		H	$0.025D+K_2$	$0.045D+K_2$	$0.070D+K_2$	$0.100D+K_2$	$0.135D+K_2$		
	40°	s	$0.222D-K_1$	$0.291D-K_1$	$0.630D-K_1$	$0.426D-K_1$	$0.489D-K_1$		
		H	$0.029D+K_2$	$0.051D+K_2$	$0.080D+K_2$	$0.114D+K_2$	$0.154D+K_2$		
	45°	s	$0.246D-K_1$	$0.342D-K_1$	$0.423D-K_1$	$0.500D-K_1$	$0.574D-K_1$		
		H	$0.034D+K_2$	$0.060D+K_2$	$0.094D+K_2$	$0.134D+K_2$	$0.181D+K_2$		
20°	10°	s	$0.176D-K_1$	$0.218D-K_1$	$0.258D-K_1$	$0.296D-K_1$	$0.334D-K_1$	$0.34h+0.6\gamma_\varepsilon$	$0.94h-0.28\gamma_\varepsilon$
		H	$0.031D+K_2$	$0.048D+K_2$	$0.069D+K_2$	$0.093D+K_2$	$0.121D+K_2$		
	15°	s	$0.183D-K_1$	$0.226D-K_1$	$0.268D-K_1$	$0.307D-K_1$	$0.344D-K_1$		
		H	$0.032D+K_2$	$0.050D+K_2$	$0.072D+K_2$	$0.097D+K_2$	$0.1253D+K_2$		
	20°	s	$0.194D-K_1$	$0.239D-K_1$	$0.283D-K_1$	$0.324D-K_1$	$0.364D-K_1$		
		H	$0.034D+K_2$	$0.053D+K_2$	$0.076D+K_2$	$0.102D+K_2$	$0.132D+K_2$		
	25°	s	$0.208D-K_1$	$0.257D-K_1$	$0.304D-K_1$	$0.349D-K_1$	$0.391D-K_1$		
		H	$0.037D+K_2$	$0.057D+K_2$	$0.082D+K_2$	$0.110D+K_2$	$0.142D+K_2$		
	30°	s	$0.228D-K_1$	$0.282D-K_1$	$0.333D-K_1$	$0.382D-K_1$	$0.429D-K_1$	$0.34h+0.6\gamma_\varepsilon$	$0.94h-0.28\gamma_\varepsilon$
		H	$0.040D+K_2$	$0.062D+K_2$	$0.087D+K_2$	$0.121D+K_2$	$0.156D+K_2$		
	35°	s	$0.255D-K_1$	$0.315D-K_1$	$0.373D-K_1$	$0.427D-K_1$	$0.479D-K_1$		
		H	$0.045D+K_2$	$0.070D+K_2$	$0.100D+K_2$	$0.135D+K_2$	$0.174D+K_2$		
	40°	s	$0.291D-K_1$	$0.360D-K_1$	$0.426D-K_1$	$0.489D-K_1$	$0.548D-K_1$		
		H	$0.051D+K_2$	$0.080D+K_2$	$0.114D+K_2$	$0.154D+K_2$	$0.199D+K_2$		
	45°	s	$0.342D-K_1$	$0.423D-K_1$	$0.500D-K_1$	$0.574D-K_1$	$0.643D-K_1$		
		H	$0.060D+K_2$	$0.094D+K_2$	$0.134D+K_2$	$0.181D+K_2$	$0.234D+K_2$		

续表 3-8-1

双角铣刀小角度 δ	螺旋角 β	计算值	计算公式					K_1	K_2
			被加工刀具前角 γ_0						
			0°	5°	10°	15°	20°		
25°	10°		$0.218D-K_1$	$0.258D-K_1$	$0.296D-K_1$	$0.334D-K_1$	$0.365D-K_1$	$0.42h+0.48\gamma_\varepsilon$	$0.91h-0.33\gamma_\varepsilon$
			$0.048D+K_2$	$0.069D+K_2$	$0.093D+K_2$	$0.121D+K_2$	$0.151D+K_2$		
	15°		$0.226D-K_1$	$0.268D-K_1$	$0.307D-K_1$	$0.344D-K_1$	$0.379D-K_1$		
			$0.050D+K_2$	$0.072D+K_2$	$0.097D+K_2$	$0.125D+K_2$	$0.157D+K_2$		
	20°		$0.239D-K_1$	$0.283D-K_1$	$0.324D-K_1$	$0.364D-K_1$	$0.400D-K_1$		
			$0.053D+K_2$	$0.076D+K_2$	$0.102D+K_2$	$0.132D+K_2$	$0.166D+K_2$		
	25°		$0.257D-K_1$	$0.303D-K_1$	$0.349D-K_1$	$0.391D-K_1$	$0.043D-K_1$		
			$0.057D+K_2$	$0.082D+K_2$	$0.110D+K_2$	$0.142D+K_2$	$0.178D+K_2$		
	30°		$0.282D-K_1$	$0.333D-K_1$	$0.382D-K_1$	$0.429D-K_1$	$0.471D-K_1$		
			$0.062D+K_2$	$0.087D+K_2$	$0.121D+K_2$	$0.156D+K_2$	$0.195D+K_2$		
	35°		$0.315D-K_1$	$0.373D-K_1$	$0.427D-K_1$	$0.479D-K_1$	$0.527D-K_1$		
			$0.070D+K_2$	$0.100D+K_2$	$0.135D+K_2$	$0.174D+K_2$	$0.218D+K_2$		
	40°		$0.360D-K_1$	$0.426D-K_1$	$0.489D-K_1$	$0.548D-K_1$	$0.539D-K_1$		
			$0.080D+K_2$	$0.114D+K_2$	$0.154D+K_2$	$0.199D+K_2$	$0.250D+K_2$		
	45°		$0.423D-K_1$	$0.500D-K_1$	$0.574D-K_1$	$0.643D-K_1$	$0.707D-K_1$		
			$0.094D+K_2$	$0.134D+K_2$	$0.181D+K_2$	$0.234D+K_2$	$0.293D+K_2$		

② 用单角铣刀铣削圆柱面螺旋齿槽时，由于干涉现象较严重，加工后被加工刀具的前面的实际偏距一般会大于工作台的实际偏移量。因此，在实际加工中，偏移量 s 和升高量 H 可按铣削圆柱面直齿槽的公示计算，并通过试切预检进行适当的调整。

2. 错齿三面刃的铣削加工方法

(1) 错齿三面刃铣刀圆周齿结构特点与技术要求

1) 圆周齿槽与刀齿结构特点

错齿三面刃铣刀的圆周齿槽分布结构特点见图 3-8-5，其圆周上的齿槽是螺旋形的，而且具有两个旋向，间隔交错，即一半齿槽是右旋的，另一半齿槽是左旋的。由折线形齿背与容纳切屑的齿槽空间形成了具有一定角度的主切削刃、前面和后面的刀齿，其刀齿也有右旋和左旋之分，左旋刀齿和右旋刀齿间隔交错排列在圆周上。

2) 圆周齿槽

刀齿铣削技术要求。刀齿前角为 10°，刀齿后角为 5°，刀齿背后角为 25°，刀齿刃倾角为 10°，刀齿齿槽角为 45°，棱边宽度为 1 mm。

3) 导程计算和交换齿轮配置

① 导程计算：$p_z=\pi d\cot\beta=3.14\times75\times\cot10°\approx1\,336.26$ mm

② 交换齿轮计算：若 $p_{丝}=6$ mm，则

$$i=\frac{z_1z_3}{z_2z_4}=\frac{40p}{p_z}=\frac{40\times6}{1\,336.26}\approx\frac{50\times25}{70\times100}$$

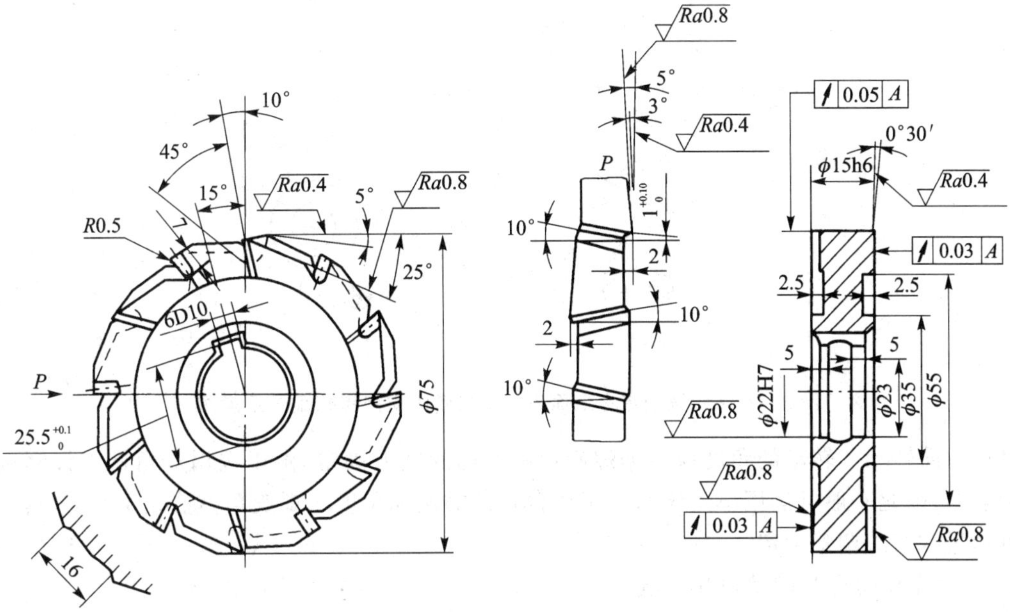

图 3-8-5 错齿三面刃铣刀的圆周齿槽分布结构特点

注意事项

配置减缓齿轮的注意事项如下：

- 应尽量减少中间齿轮的数量，简化交换齿轮轮系。
- 各传动部位要注意加注适量润滑油，以减小传动阻力。
- 由于错齿三面刃有左、右螺旋齿槽，变换螺旋方向时是通过装拆中间齿轮和相应扳转工作台方向来保证螺旋槽加工的，因此配置或转换时应仔细操作，并应在初次配置和转换配置后检查导程值，以保证螺旋角达到图样要求。

（2）铣削圆柱面螺旋齿槽重点调整操作

1）选择和安装工作铣刀

工作铣刀的选择和安装涉及齿槽的加工精度，因此应根据廓形角选择其结构尺寸，根据螺旋方向选择切削方向。

① 选择结构尺寸时，工作铣刀的廓形角 θ 值可近似地选取等于工件槽形角，参见图 3-8-5，廓形角应选取 45°。若采用双角度铣刀，其角度应尽可能小，一般取 $\delta=15°$。工作铣刀刀尖圆弧半径（γ_ε）不能等于工件槽底圆弧半径（r），一般应根据螺旋角的大小选 $r_\varepsilon=(0.5\sim0.9)r$。当螺旋角 β 越大时，r_ε 应取较小值。本例应取 $0.75r=0.375$ mm。为了减小干涉，工作铣刀的外径应尽可能小一些。

② 选择铣刀切向时，应根据螺旋方向确定，一般应使螺旋齿槽的方向靠向双角铣刀的小角度锥面切削刃或单角铣刀的端面刃。对于错齿三面刃铣刀圆周齿槽，左、右螺旋槽可分别选用左切和右切工作铣刀。

③ 铣刀在刀杆上的安装位置应考虑到左、右螺旋槽均能铣削加工。

2）扳转工作台

工作台转角应根据螺旋槽方向确定，右旋时工作台沿逆时针方向转动；左旋时工作台应沿

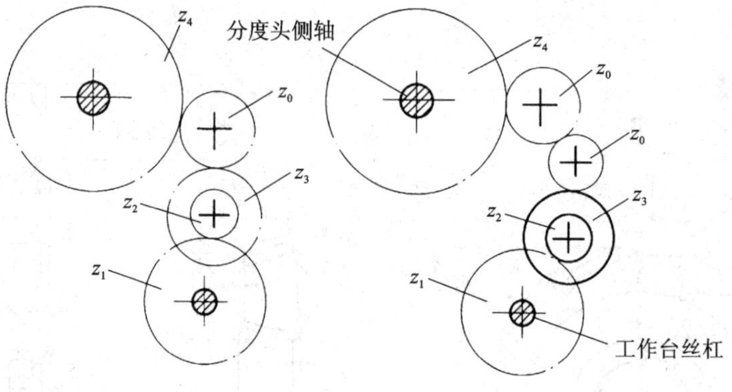

图 3-8-6　铣削错齿三面刃螺旋齿槽时交换齿轮配置示意图

顺时针方向转动。转动的角度应根据螺旋角和所选的铣刀确定,由于选用双角铣刀计算调整比较复杂,因此一般可选用单角铣刀。工作台转角的实际角度比螺旋角 β 值大 1°～4°,具体数值可通过试切法调整确定。

3）计算和调整偏移量和升高量

错齿三面刃铣刀的偏移量和升高量可沿用铣削直齿槽的公式进行计算,即

$$s=0.5d\sin\gamma_0=0.5\times75\times\sin10°\approx6.51\ \text{mm}$$

$$H=0.5D(1-\cos\gamma_0)+h=0.5\times75\times(1-\cos10°)+7\approx7.57\ \text{mm}$$

在实际调整操作过程中,考虑到干涉,可先按小于 s 值的偏移量进行调整,当升高量 H 调整到位时,对试切的齿槽前角进行测量,然后微量调整偏移量值,达到图样前角要求。

4）铣削折线齿背

铣削时可在刀杆上同时安装铣削齿背的工作铣刀,也可以使用同一把工作铣刀。使用同一把单角铣刀锥面刃铣削齿背时,在铣削完工作齿槽后,要转过角度 φ,见图 3-8-7。角度 φ 可按下式计算:

$$\varphi=90°-\theta-\alpha_1-\gamma_0$$

式中:φ——工件回转角度,(°);

θ——单角铣刀廓形角,(°);

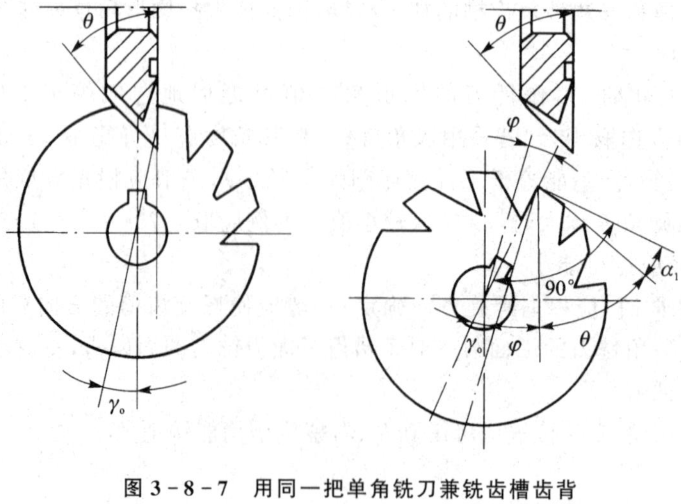

图 3-8-7　用同一把单角铣刀兼铣齿槽齿背

α_1——刀具圆周齿背角，(°)；

γ_0——刀具圆周齿法向前角，(°)。

本例若使用一把单角铣刀兼铣齿槽齿背，则工件的转角估算如下：

$$\varphi = 90° - \theta - \alpha_1 - \gamma_0 = 90° - 45° - 25° - 10° = 10°$$

注意事项

铣削圆周螺旋齿槽调整操作的注意事项如下：

- 铣削多头螺旋槽时，由于传动系统中存在间隙，应在返程前下降工作台，使铣刀脱离工件，以免铣刀擦伤螺旋槽已加工表面。
- 为了保证工件的等分精度，在铣削前应确定分度手柄的转动方向。一般可使分度手柄在分度时的转向与纵向工作台返程时分度手柄的转向一致，以防止传动系统间隙影响分度精度。由于是错齿三面刃，故分度值应为两个分齿角。
- 一个方向的齿槽铣削完毕后，应使工件转过角度 φ，兼铣齿背，或用另一把安装在同一刀轴上的单角铣刀铣削齿背，以免重复安装交换齿轮，角度 φ 应换算成孔圈数，以便调整操作。
- 左、右螺旋齿槽的前角值均由偏移量 s 保证，但因工作台转角有误差以及铣刀端面刃的刃磨质量等原因，所产生的干涉情况不一致。因此，转换螺旋方向后，实际偏移量应再做一次试切测量后确定。
- 铣削好一个方向螺旋齿槽和齿背后，将分度头主轴恢复原位，并转过一个分齿角，粗定另一个方向螺旋齿槽的对刀位置，然后进行微量调整。
- 转换螺旋齿槽方向时，应保持原有的交换齿轮，仅拆装中间齿轮，同时相应地扳装工作台转角。
- 为了使左、右螺旋齿槽相间均匀分布，在左、右旋转后，对第一齿槽应做齿间对中的操作调整，具体操作如图 3-8-8 所示。对刀位置宜选在工件宽度中间，如图 3-8-8(a)所示。转动分度手柄，先使前面一侧略大一些，然后根据试切较浅的螺旋槽在两端测量对中偏差，测量方法如图 3-8-8(b)所示，再按偏差值 Δn 通过分度手柄转动工件做周向微量调整，直至 s_1 和 s_2 准确相等。调整时，升高应逐步到位，否则会因齿槽深度未到、干涉量较小而影响齿间对中调整精度。
- 铣削螺旋齿槽时，用切痕试切对刀后的切痕应注意落在齿槽和齿背能铣去的圆周表面内。

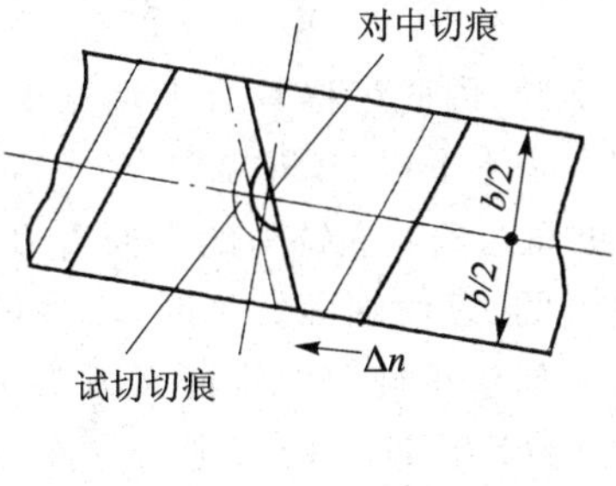

(a) 对中切痕

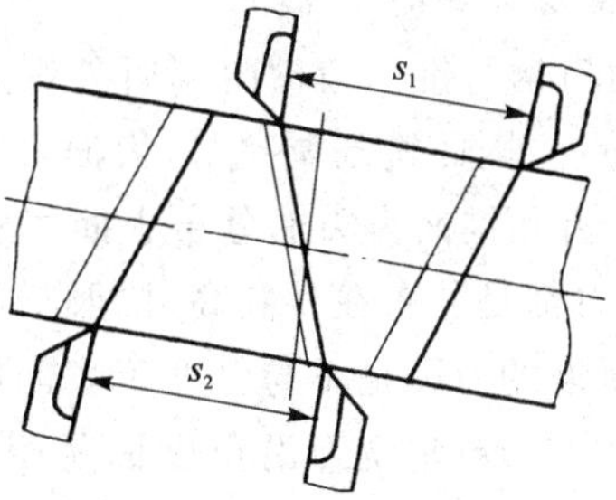

(b) 切痕测量

图 3-8-8　齿间对中调整示意图

4. 铣刀圆柱面螺旋齿槽的检验与质量分析

(1) 检验测量要点

① 铣刀圆柱面螺旋齿槽几何角度检验用刀具量角器检验前角、后角,检验时尺身与端面平行,测得端面的前角和后角值,须进行换算得出法向前、后角的实际值。齿背后角也可采用类似的方法测量。

② 齿槽角检验一般由工作刀具廓形保证,检验时,可用专用样板检测,专用样板可预先由钳工配合自行制作。

③ 齿槽深度、后面宽度检验用游标卡尺检验,齿槽等分也可用卡尺测量齿槽圆周弦长进行检验。

④ 表面粗糙度、外观用目测检验,应无微小碰伤、铣坏和残留对刀切痕。

(2) 质量分析要点

铣刀圆柱面螺旋齿槽加工质量分析要点见表 3-8-2。

表 3-8-2 铣刀圆柱面螺旋齿槽加工质量分析要点

质量问题	产生原因
螺旋齿槽槽形误差大	① 工作铣刀刃磨后实际廓形误差大或刀具数据选择错误; ② 铣削时铣刀切削方向选择不正确,干涉过切量大; ③ 工作台转角选择不当,过切量大; ④ 铣刀刀尖圆弧选择不当
前角误差大	① 横向偏移量 s 值计算错误; ② 划线对刀不准确; ③ 双角铣刀小角度刃面廓形角不准确
齿背后角误差大	① 用一把双角铣刀铣削时,分度头附加转角 ϕ 值计算错误或操作失误; ② 铣刀大角度面廓形角误差大
齿槽等分精度误差大	① 在退刀后进行等分操作时,未按同一方向消除传动系统间隙; ② 工件安装时未采用平键连接,工件在铣削过程中产生角位移; ③ 分度头精度差,孔盘定位孔损坏后,铣削过程中分度定位销有孔间转位

3.8.2 刀具端面与锥面齿槽加工

1. 端面与锥面齿槽的铣削特点与基本方法

(1) 齿槽及其铣削特点

① 端面齿槽与锥面齿槽两端所处圆周的直径不同,因此齿槽具有大端宽小端窄、大端深小端浅的特点。因此铣削调整时,齿面素线与工作台是不平行的,即需要有一个仰角。

② 端面齿和锥面齿刃的分布表面实质上都是锥面。例如立铣刀的端面齿刃、三面刃铣刀的两端面齿刃都是分布在外圆高、内圆低的内锥面上的,以使端面铣削时,由多齿的刀尖构成切削圆,端面齿的刀刃是不与已加工表面接触的。又如双角铣刀的锥面齿刃明显地分布在两侧的外圆锥面上,单角铣刀沿角度面是明显的外锥面齿刃,端面齿刃则与三面刃铣刀侧刃相同。因此,为保证齿刃的宽度一致,铣削加工时,往往需要经过仰角的微量调整。

③ 端面齿槽和锥面齿槽铣削常有连接的要求,这是因为刀齿的刀尖角、副偏角等几何参数通常是由端面齿与刀具的圆周齿槽或锥面齿槽连接后形成的。因此,铣削端面齿槽和锥面

齿槽时,铣削位置的调整还须以加工后的圆柱面齿槽和圆锥面齿槽为基准,才能保证前面和齿刃的连接技术要求。

④ 端面齿槽和锥面齿槽因小端的直径尺寸比较小,而且通常还需在加工中设置定位或夹紧装置,如三面刃铣刀的端面刃铣削,需要定位心轴和夹紧螺钉等。因此,由于铣削时工作刀具位置受到限制,故工作刀具的选择和铣削操作都比较困难。

(2) 端面齿槽铣削加工基本方法和要点

具有端面齿的刀具可分为两类:一类是被加工刀具的圆柱面齿和圆锥面齿是直齿,其端面齿前角为 0°;另一类是被加工刀具的圆柱面齿或圆锥面齿是螺旋齿,其端面齿的前角大于 0°。

1) 直齿刀具端面齿槽铣削方法要点

① 选择工作铣刀。

选择与齿槽槽形角相同廓形角的单角铣刀,由于铣削加工退刀的位置比较小,因此铣刀的直径应尽可能选小些。

② 装夹工件。

带孔铣刀的装夹采用心轴,由于退刀位置的限制,夹紧工件的螺钉可制作成锥形,顶端带内六角。带柄工具采用变径套直接安装在分度头的主轴孔内,用螺杆将刀具直接紧固在分度头主轴上。工件装夹后须找正工件端面和圆周或圆锥面的跳动量,还需找正工件已加工好的圆柱面或圆锥面齿槽前面与进给方向平行。

③ 计算分度头仰角 α。

要保证端面齿刃口棱边宽度一致,端面齿槽一定要铣成外宽内窄,外深内浅。因此,在铣削时,须将被加工刀具的端面倾斜一个角度 α(见图 3-8-9),α 值可按下式计算。在实际生产中,为了避免繁琐的计算,α 值可在表 3-8-3 中直接查得。表中所选用的仰角数值因没有将被加工刀具的端面齿副偏角考虑在内,因而还须在操作中做适当调整,才能保证端面齿棱边宽度内外一致。

$$\alpha = \tan\frac{360^\circ}{z}\cot\theta$$

式中:z——工件齿数;

θ——工件断面齿槽槽形角,(°)。

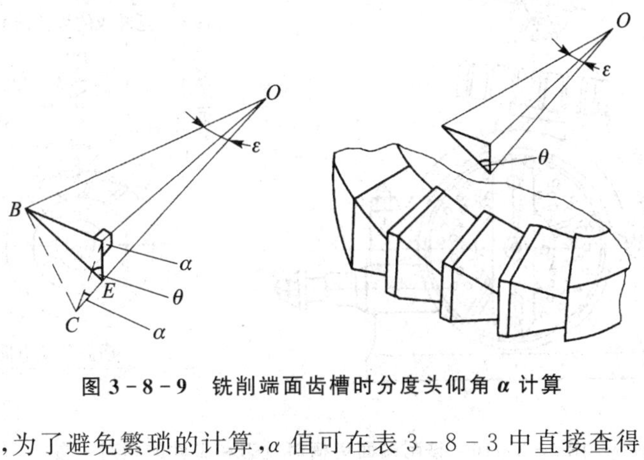

图 3-8-9 铣削端面齿槽时分度头仰角 α 计算

在实际生产中,为了避免繁琐的计算,α 值可在表 3-8-3 中直接查得。表中所选用的仰角数值因没有将被加工刀具的端面齿副偏角考虑在内,因而还须在操作中做适当的调整,才能保证端面齿棱边宽度内外一致。

表 3-8-3 铣削端面齿槽时分度头主仰角 α 值

工件齿数	工作铣刀廓形角 θ_1							
	85°	80°	75°	70°	65°	60°	55°	50°
5	74°24′	57°08′	34°24′	—	—	—	—	—
6	81°17′	72°13′	62°2′	50°55′	36°08′	—	—	—
8	84°59′	79°51′	74°27′	68°39′	62°12′	54°44′	45°33′	32°57′
10	86°06′	82°38′	78°59′	74°40′	70°12′	65°12′	59°25′	52°26′
12	87°06′	84°09′	81°06′	77°52′	74°23′	70°32′	66°09′	61°01′
14	87°55′	85°08′	82°35′	79°54′	77°01′	73°51′	70°18′	66°10′
16	87°55′	85°49′	83°38′	81°20′	78°52′	76°10′	73°08′	69°20′
18	88°10′	86°19′	84°24′	82°27′	80°14′	77°52′	75°14′	72°13′
20	88°22′	86°43′	85°00′	83°12′	81°17′	79°11′	76°51′	74°11′
22	88°32′	87°02′	85°30′	84°52′	82°08′	80°14′	78°08′	75°44′
24	88°39′	87°18′	85°53′	84°24′	82°49′	81°06′	79°11′	77°01′
26	88°46′	87°30′	86°13′	84°51′	83°24′	81°49′	80°04′	78°04′
28	88°51′	87°42′	86°30′	85°14′	83°53′	82°26′	80°48′	78°58′
30	88°56′	78°51′	86°44′	85°34′	84°19′	82°57′	81°26′	79°44′
32	89°00′	87°59′	86°56′	85°51′	84°37′	83°24′	82°00′	80°24′
34	89°07′	88°13′	87°08′	86°06′	85°00′	83°48′	82°29′	80°59′
36	89°07′	88°13′	87°18′	86°19′	85°24′	84°10′	82°54′	81°29′
38	89°10′	88°19′	87°26′	86°31′	85°32′	84°28′	83°17′	81°57′
40	89°12′	88°12′	87°34′	86°42′	85°46′	84°45′	83°38′	82°22′

④ 调整工作铣刀的切削位置。铣削端面齿槽的相对位置调整如图 3-8-10 所示。调整时须根据被加工刀具圆柱面直齿的前角确定工作铣刀的位置。

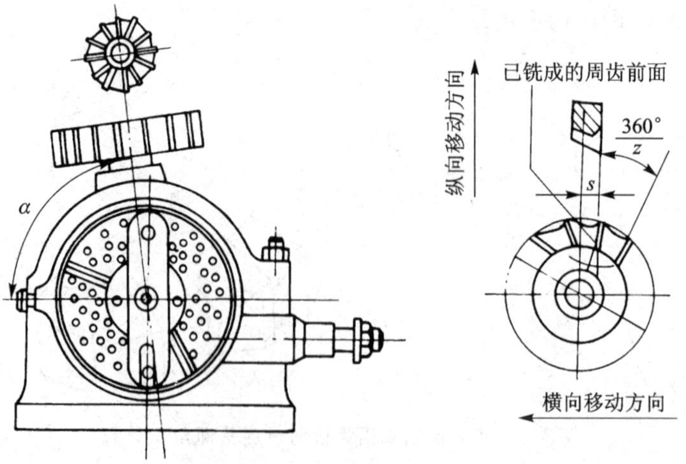

图 3-8-10 铣削端面齿槽时铣刀和工件的相对位置

⑤ 当圆柱面直齿的前角 $\gamma_0=0°$时，单角铣刀的端面刃切削平面应通过工件的轴线；

⑥ 当圆柱面直齿的前角 $\gamma_0>0°$时，单角铣刀的端面刃切削平面应偏离工件中心一个距离 s，s 的值可沿用圆柱面直齿槽偏移量 s 的计算公式。

2）螺旋齿刀具端面齿槽铣削方法要点

由于螺旋齿刀具的周齿的前面是螺旋面，与工件的轴线形成一定的夹角，因此，这类刀具的端面齿具有一定的前角。为了使端面齿前面与圆柱面齿的前面平滑连接，除了要进行工作台横向偏移量 s 和分度头仰角 α 调整外，还应使分度头主轴沿横向倾斜一个角度$(90°-\beta)$。

调整计算：铣削螺旋齿刀具端面齿槽时，参见图 3－8－11 中的有关参数。可用以下近似公式计算调整数据：

$$\cos\alpha=\tan\frac{360°}{z}\cot(\gamma_n+\theta)$$

式中：z——工件齿数；

θ——工件断面齿槽槽形角，(°)；

γ_n——端面齿法向前角，(°)；

λ——断面齿刃倾角，(°)；

D——工件直径，mm。

按上述公式计算所得的值是近似的，在实际操作中，还须根据端面齿刃棱带宽度内窄外宽或内宽外窄的情况，对仰角进行微量调整，以使棱边宽度在全长内完全一致。

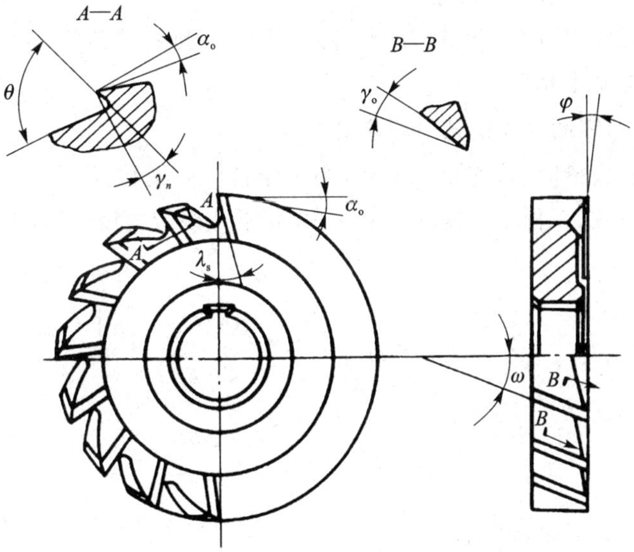

图 3－8－11 两面刃铣刀

常见的几种调整和铣削方法如下：

① 在卧式铣床上用纵向进给铣削螺旋齿刀具端面齿时，可在分度头底面和工作台面之间增设一块斜度为 β 的垫块（见图 3－8－12(a)），使分度头主轴沿横向与工作台面倾斜 $90°-\beta$ 角，分度头仰角按 α 调整，s 由移动横向工作台实现。采用这种方法所铣出的端面齿，其值是比较准确的。但这种方法适用于批量生产，而且增设垫块后，还可能受到升降台行程的限制，使加工无法进行。

② 在立式铣床上用横向进给加工螺旋齿刀具端面齿槽（见图 3－8－12(b)）时，分度头的仰角应该变为按 β 值调整，而在水平面内，分度头主轴与工作台纵向进给方向的夹角应按 α 值

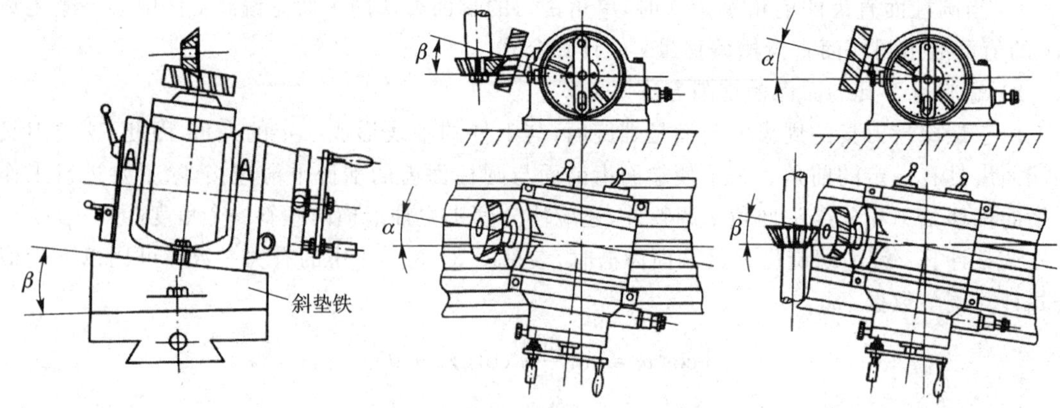

(a) 采用斜垫块　(b) 改变分度头仰角　(c) 扳转工作台

图 3-8-12　工件扳转 β 角的方法

调整，s 的调整由移动纵向工作台实现。

③ 在万能卧式铣床上用垂向进给加工螺旋齿刀具端面齿槽(见图 3-8-12(c))时，可将工作台扳转 β 角，转动的方向由工件圆柱面的螺旋齿槽的螺旋方向确定。同时分度头的仰角为 $90°-\alpha$，s 的调整由移动横向工作台实现。

(3) 锥面直齿槽铣削加工基本方法和要点

具有锥面直齿槽的刀具有角度铣刀、直齿锥度铣刀及锥孔锪钻等，这类刀具的齿槽铣削与端面齿槽的铣削方法基本相似。

1) 前角 $\gamma_0=0°$ 的锥面直齿槽铣削调整要点

铣削刀具锥面直齿槽时，若前角 $\gamma_0=0°$，则工作台横向偏移量 $s=0$。为了保证刀齿棱带宽度在全长内均匀一致，工件必须倾斜一个 α 角，若不计棱带宽度的影响，仰角 α 可按下列公式计算：

$$\Delta A=(D_1-D_2)\frac{\sin\frac{180}{z}\cos\left(\theta-\frac{180}{z}\right)}{\sin\theta}$$

$$\tan\alpha=\frac{\frac{D_1-D_2}{2}-\Delta h}{l}$$

式中：D_1——被加工刀具的大端直径，mm；

D_2——被加工刀具的小端直径，mm；

l——锥面直齿刀具刃部轴向长度，mm；

Δh——被加工刀具的大端和小端的齿槽深度之差，mm。

2) 前角 $\gamma_0>0°$ 的锥面直齿槽铣削调整要点

根据不同的精度要求，前角 $\gamma_0>0°$ 的锥面直齿刀具的切削刃有两种不同的位置。当刀具(如角度铣刀)精度要求不高时，切削刃一般不要求处于圆锥面素线位置上；当刀具(如锥度铰刀)较高时，切削刃必须准确地处于圆锥面素线位置上。

下面分别以角度铣刀和锥度铰刀锥面齿槽为例，介绍铣削的调整要点。

① 首先，介绍单角铣刀锥面齿槽铣削的调整要点(见图 3-8-13)。

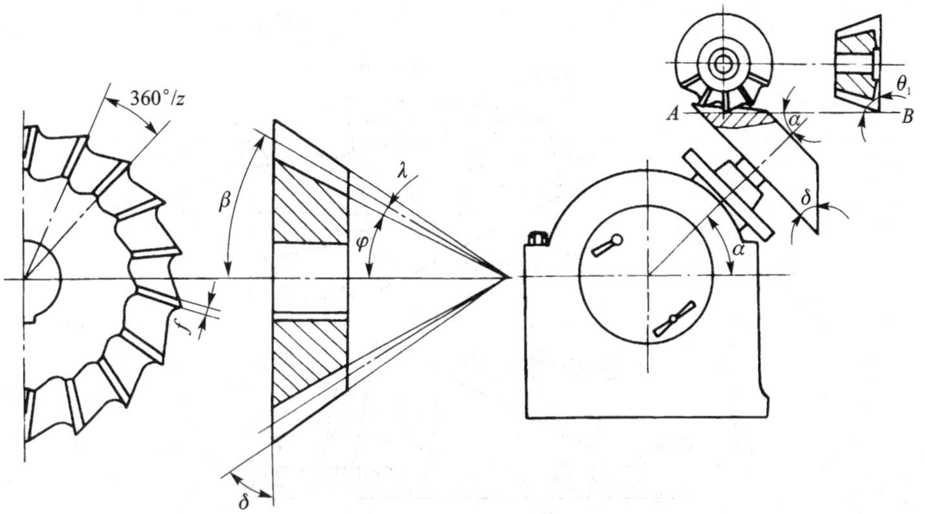

图 3-8-13　角度铣刀锥面齿调整计算示意

① 计算和调整横向偏移量 s。由于角度铣刀的前角 γ_0 一般标注在刀尖处，即 γ_0 是前面和通过刀尖的径向平面之间的夹角。因此，偏移量 s 的计算与调整和铣削圆柱面直齿刀具齿槽时相同。

② 计算和调整分度头仰角 α。为了保证角度铣刀锥面刃宽度在全长内均匀一致，分度头必须仰起一个角度 α，仰角 α 可按下式计算。

$$\tan\beta = \cos\frac{360°}{z}\cot\delta$$

$$\sin\lambda = \tan\frac{360°}{z}\cot\theta\sin\beta$$

$$\alpha = \beta - \lambda$$

式中：z——被加工角度铣刀的齿数；

δ——被加工角度铣刀的外锥面锥底角，(°)；

θ——被加工角度铣刀锥面齿槽角，(°)；

β、λ——中间计算量，(°)。

③ 计算和调整齿槽铣削深度 h，铣削深度可通过试切法确定，也可用如下公式计算：

$$h = \frac{R\cos(\alpha+\delta)}{\cos\delta}$$

式中：R——角度铣刀齿坯大端半径，mm。

② 然后，介绍锥度铰刀锥面齿槽铣削调整要点(见图 3-8-14)。

当锥度铰刀前角 $\gamma_0 > 0°$，为了保证铰出精确的锥孔，铰刀的刃口必须准确地处于圆锥面的素线上。同时，刃口上各点的前角数值还要求基本相等，为此，铣削这类刀具时，工作铣刀和工件的相对位置调整应按下列三项内容进行：

① 分度头主轴应与工作台面倾斜 ω 角。

② 分度头主轴应与工作台纵向进给方向倾斜 λ 角。

③ 工作铣刀端面刃形成的切削平面应相对铰刀大端中心横向偏移距离 s。

以上三项调整数据可按下列公式计算：

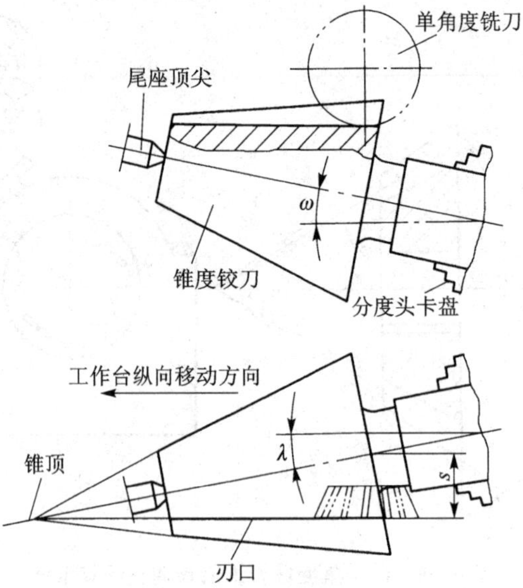

图 3-8-14　前角 $\gamma_0>0°$的直齿锥度铰刀铣削调整示意图

$$\Delta h=(D-d)\frac{\sin\frac{180}{z}\cos\left(\gamma_0+\theta-\frac{180}{z}\right)}{\sin\theta}$$

$$\tan\omega=\frac{(D-d)\cos\gamma_0-2\Delta h}{2l}$$

$$\tan\lambda=\frac{(D-d)\sin\gamma_0\cos\omega}{2l}$$

$$s=\frac{D}{2}\sin\gamma_0\cos\lambda$$

式中：D——锥度刀具的大端直径，mm；

d——锥度刀具的小端直径，mm；

z——锥度刀具齿数；

γ_0——前角，(°)；

θ——齿槽角，(°)；

l——锥度刀具切削刃轴向长度，mm。

2. 等前角、等螺旋角锥面齿槽的铣削加工方法

铣削螺旋刀具齿槽，一般是在卧式万能铣床上利用分度头和工作台丝杠之间的配置交换齿轮来进行的。根据工作导程与螺旋角和工作直径的关系($P_h=\pi D\cot\beta$)可知，当导程 P_h 为常数时，若工作直径 D 为一定值，则螺旋角 β 也是一个定值。当螺旋齿槽在圆锥面上时，由于工作直径是个变量，当导程是一个常数时，螺旋角也是一个变量，直径越大，螺旋角也就越大。要使圆锥面上的螺旋槽相等，则导程必须是一个变量，应随这工作直径的变化具有相应的导程值。

(1) 等前角锥度刀具的特点

直齿锥度的前角 γ_0 若从大端到小端为等值(即等前角)，则其刃口是圆锥面上的一条素线，并且是一条直线，其中以 $\gamma_0=0°$的刀具加工最为方便。

螺旋锥度刀具的前角，不论 $\gamma_0=0°$ 还是 $\gamma_0\neq0°$，其刃口都是一条曲线，所以这类刀具刃磨后不宜获得较高的精度。

为了获得锥度刀具从大端到小端相等的前角，根据用单角铣刀铣削刀具齿槽偏移量的计算公式 $s=D\sin(\gamma/2)$ 可知，大端和小端的偏移量是不相等的，而且要使单角铣刀侧刃切削平面通过被加工工件的锥顶。

(2) 等螺旋角锥度刀具特点

等螺旋角锥度刀具在沿轴线方向上各处的导程是不相等的，当分度头和工件做等速旋转时，工作台不是等速运动而是变速运动。因此，不能用洗削等速螺旋线的方法进行加工。等螺旋角锥度刀具(见图 3－8－15)，如果螺旋角为常量，则导程将随直径的增大而增大，其导程 P_h 计算如下：

$$P_h=\frac{\pi d\cot\beta}{1-\dfrac{\pi\theta c\cdot\cot\beta}{360°}}$$

式中：P_h——导程，mm；

d——锥度刀具的小端直径，mm；

c——工件锥度；

β——工件螺旋角，(°)；

θ——齿槽角，(°)。

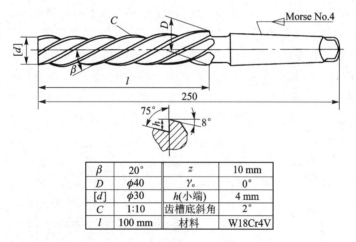

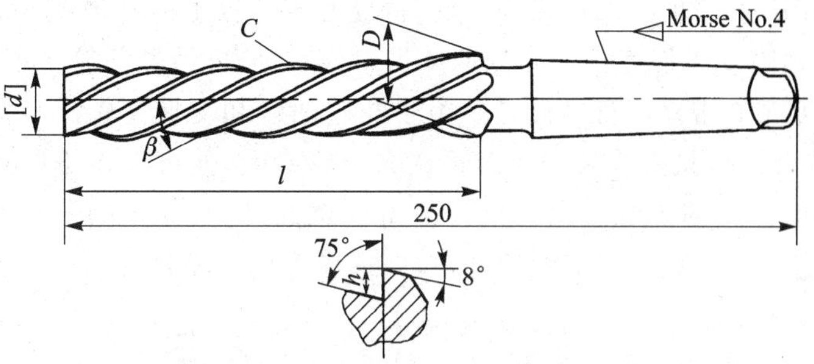

β	20°	z	10 mm
D	ϕ40	γ_o	0°
$[d]$	ϕ30	h(小端)	4 mm
C	1:10	齿槽底斜角	2°
l	100 mm	材料	W18Cr4V

图 3－8－15　等螺旋角锥度刀具

由加工等速螺旋线的情况可知，当工件转过 θ 角时，工作台相应移动的距离 $s=P_h\theta/360°$，即当工件转过 $\theta=360°$时，$s=P_h$。而对于锥度刀具，s 与导程 P_h 的关系仍可用公式 $s=P_h\theta/360°$，但 P_h 应将上式代入，即

$$s=\frac{P_h\theta}{360°}=\frac{\dfrac{\pi d\cot\beta}{1-\dfrac{\pi d\cot\beta}{360°}}\cdot\theta}{360°}$$

由上式可知，工件旋转角度 θ 与工作台移动距离 s 之间的关系不是一次函数，即不是直线性的，因此不能通过在分度头和工作台丝杠之间配置一般的交换齿轮加工锥面螺旋齿槽。

(3) 等前角锥度刀具齿槽的铣削方法

① 对前角 $\gamma_0=0°$的锥度刀具齿槽,若采用单角铣刀铣削,不论是直齿还是螺旋齿锥度刀具,均应使用工作铣刀端面齿的铣削平面通过工件中心。

② 对前角 $\gamma_0>0°$的直齿锥度刀具齿槽铣削见图 3-8-14。铣刀和工件之间相对位置应按相应公式计算所得的数据进行调整,即分度头主轴与工作台面倾斜 ω 角、分度头主轴与工作台进给方向倾斜 λ 角、工作铣刀端面齿切削平面应相对工件大端中心偏移距离 s。

③ 对前角 $\gamma_0<0°$的螺旋齿锥度刀具齿槽铣削,除像直齿刀具一样,按相应公式计算所得的数据进行调整外,还须按工件螺旋角扳转工作台角度。此外,计算 s 值时,由于螺旋角的影响,应以 $D/\cos\beta$ 代替公式中的 D,否则偏距 s 会有一定的误差。

(4) 等螺旋角锥度刀具齿槽的铣削方法

1) 坐标铣削法

单件生产时可采用坐标铣削法,即当工件转过一个小角度 θ 时,将工件和工作台纵向相应移动的位置(距离)应沿螺旋槽逐段计算出来,把所有的计算值列成表格,然后将每段移动总量分解到逐点铣削,每一段分解成若干点。取点越多,铣削精度越高。

2) 凸轮移距铣削法

当铣削具有一定批量的等螺旋角锥度刀具时,可采用凸轮移距的专用夹具,如图 3-8-16 所示。这种专用夹具是利用定制的凸轮来控制工件的移动量的。铣削时,把工件装夹在尾座 1 和分度头 3 之间,分度头侧轴与土滑板装有凸轮 5 的传动轴之间配置交换齿轮 z_1、z_2、z_3、z_4。当手摇传动轴端的手柄 4 时,凸轮 5 旋转,固定在底板 8 上的柱销 6,通过凸轮 5 螺旋槽的作用,推动上滑板 7,带动工件 2 按需要的速度做直线移动,安装在凸轮传动轴上的齿轮 z_1,通过交换齿轮,使分度头 3 带动工件 2 旋转。由于凸轮曲线和交换齿轮比是按锥度刀具螺旋槽参数计算后确定的,因此,只要改变交换齿轮比和凸轮参数,便可获得不同规律的非等速螺旋运动,从而铣出锥度刀具的等螺旋角齿槽。值得注意的是,凸轮 5 的落螺旋槽中心角可大于 360°,增大凸轮的直径可以减小螺旋槽的升角,以适应不同的刀具铣削。

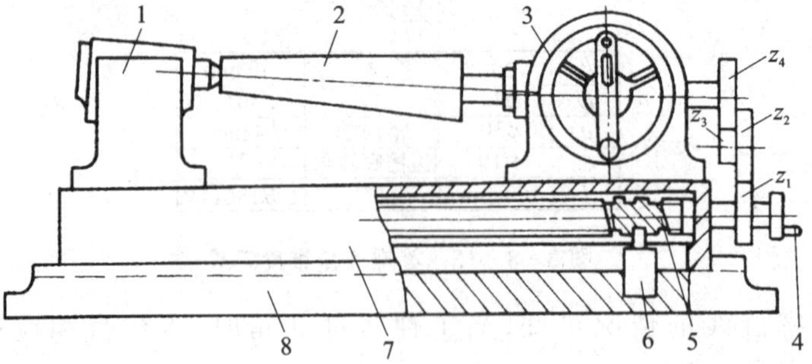

1—尾座;2—工件;3—分度头;4—手柄;5—凸轮;6—柱销;7—上滑板;8—底座

图 3-8-16 凸轮移距专用夹具

3) 非圆齿轮调速铣削法

上述采用凸轮移距的特点是分度头做匀速旋转,而工作台做变速进给运动。采用非圆齿轮调速是使分度头做变速运动,即铣削小端齿槽时转速快,铣削大端齿槽时转速慢,而工作台做匀速进给运动的一种铣削方法。

非圆齿轮用来加工等螺旋角圆锥刀具的调速非圆齿轮,如图 3-8-17 所示。它具有开式节圆曲线，所以两个对数螺旋线齿形连续旋转不到一圈。对于非圆齿轮，无论节圆曲线是开式还是闭式的，其可能啮合的关键是要保证轴间距离一定。也就是说，非圆齿轮节圆曲线半径之和始终相等。

图 3-8-17 非圆齿轮

常用的非圆齿轮有以下四对：

第一对：$i_{非max}=1.25, i_{非min}=1/1.25$

第二对：$i_{非max}=1.5, i_{非min}=1/1.5$

第三对：$i_{非max}=2, i_{非min}=1/2$

第四对：$i_{非max}=3, i_{非min}=1/3$

非圆齿轮的最大瞬时传动比：$i_{非max}=r_{主max}/r_{主min}$

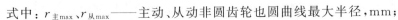

非圆齿轮的最小瞬时传动比：$i_{非min}=r_{主min}/r_{从max}$

式中：$r_{主max}$、$r_{从max}$——主动、从动非圆齿轮也圆曲线最大半径，mm；

$r_{主min}$、$r_{主min}$——主动、从动非圆齿轮也圆曲线最小半径，mm。

在加工等螺旋角圆锥刀具时，通常由小端向大端铣削。因此，主动齿轮节圆曲线半径由大到小，从动轮由小到大，使分度头转速由快变慢。随着工件直径增大，导程也逐步增大，这就是用非圆齿轮调速传动加工等螺旋角圆锥刀具的基本原理。

铣削加工时，须在分度头主轴与工作台丝杠之间配置交换齿轮，如图 3-8-18 所示。由传动系统可以看出，从工作台丝杠到分度头主轴传动链总传动比 $i_总$ 计算如下：

$$i_{总}=\frac{P_{丝}}{\pi d\cot\beta}=\frac{z_1z_3}{z_2z_4}\cdot\frac{z_{非}}{z_{非}}\cdot\frac{z_5}{z_6}$$

其中，非圆齿轮与工作台丝杠之间的一组交换齿轮称为第一套交换齿轮；非圆齿轮与分度头主轴之间的一组交换齿轮称为第二套交换齿轮。非圆齿轮在一个圆周上的工作转角 θ，决定其在一个圆周上可转过的圈数 $n'(n'=\theta/360°)$，而工件刃口长度 l 和工作台丝杠螺距 $P_丝$，决定了加工时丝杠的转动圈数 $n(n=1/P_{丝})$。由此，第一套交换齿轮的齿数比计算如下：

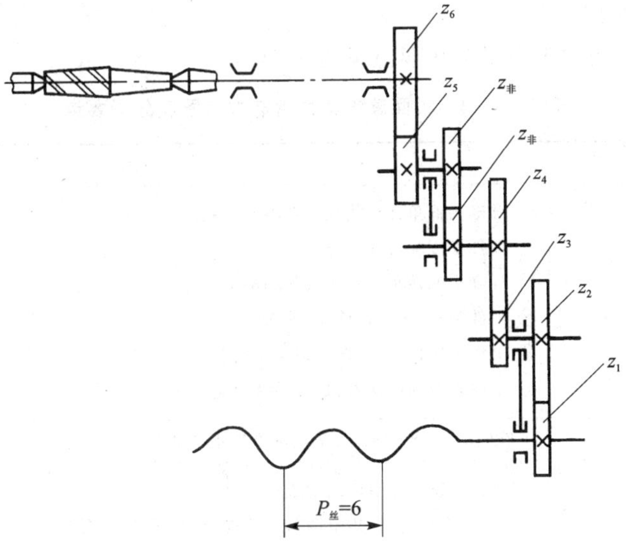

图 3-8-18 非圆齿轮调速传动系统图

$$\frac{z_1 z_3}{z_2 z_4}=\frac{n'}{n}$$

而第二套交换齿轮则起着调节总传动比的作用。

3. 锥面等螺旋角齿槽的检验与质量分析

(1) 检验测量要点

- 用刀具量角器检验前角,测量时尺身与工件端面平行,其他操作与圆柱面直齿刀具相同,大端和小端的前角应基本相等。
- 齿槽角一般由工作刀具廓形保证,检验时可用专用样板检测。
- 表面粗糙度、外观用目测检验,应无微小碰伤、铣坏。
- 工件的螺旋角可以根据螺旋角相等的几何关系(见图 3-8-19),利用传动系统在小端和大端分别进行检测。检测的方法是:若分度头主轴回转 10°,则工作台在工件小端和大端的移动距离分别为 $x_{小}$、$x_{大}$,本例 $x_{大}/x_{小}=D/d=2$,表明两段螺旋角相等。

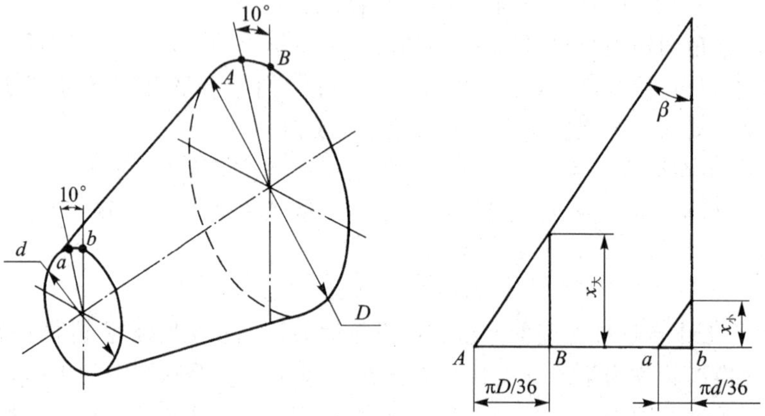

图 3-8-19 等螺旋角圆锥铣刀的几何关系

(2) 质量分析要点

锥面等螺旋角齿槽加工质量分析要点见表 3-8-4。

表 3-8-4 锥面等螺旋角齿槽加工质量分析要点

质量问题	产生原因
前角误差大或两段前角不等	① 分度头仰角计算错误或调整不准确。 ② 坯件锥度和尺寸偏差大。 ③ 分度头偏转角计算错误和调整不准确。 ④ 工件装夹、找正精确差,锥面跳动大。 ⑤ 工作台转角较小,横向偏移量偏差大。 ⑥ 工件表面划线误差、找正误差大
齿距等分不均匀	工件松动和工件与分度头同轴度找正精度差
螺旋角误差大或两端螺旋角不等	① 交换齿轮计算错误或配置错位。 ② 非圆齿轮工作转角范围与工件铣削行程位置不对应。 ③ 分度头主轴后端万向连轴器锥柄与锥孔配合松动

思考与练习

1. 刀具螺旋齿槽与一般工件的螺旋槽相比，具有哪些特点？
2. 刀具螺旋齿槽铣削的基本问题是什么？
3. 简述用双角度铣刀和单角度铣刀铣削刀具螺旋齿槽时各自的加工特点。
4. 铣削刀具螺旋齿槽如何合理选择工作铣刀？
5. 铣削刀具螺旋齿槽如何合理确定工作台转角？
6. 为什么说铣削刀具端面齿槽和锥面齿槽有很多相同点？
7. 简述刀具端面齿槽的铣削加工要点。
8. 圆柱面螺旋齿槽铣刀和圆柱面直齿槽铣刀端面齿槽铣削有何区别？
9. 简述铣削圆柱面螺旋齿槽刀具端面齿时的常用方法。
10. 锥度铰刀的齿槽铣削有何特殊要求？如何达到齿槽铣削的技术要求？
11. 简述等前角和等螺旋角锥度刀具的特点。
12. 非圆齿轮啮合的特点和调速原理是什么？
13. 采用凸轮移距法和非圆齿轮调速法加工等螺旋角锥度刀具有什么不同之处？

课题九　模具型腔、型面与组合件加工

教学要求

◆ 掌握模具型腔、型面的基本铣削加工方法和检验方法。
◆ 掌握组合件铣削的加工方法和检验方法。

3.9.1　模具型腔、型面加工

1. 模具型腔、型面加工的基本工艺要求

常见的模具有锻模、冲模、塑料模、粉末冶金压型模、精密浇注模等。模具的型腔、型面一般都比较复杂，如图 3-9-1 所示。

在模具制造中，除内腔有尖锐棱角等铣刀无法加工的部位外，一般情况下均可在铣床上进行加工。由于利用模具形成的工件精度主要取决于模具型腔、型面的精度，因此，模具型腔、型面的铣削加工应达到以下基础工艺要求：

➢ 型腔（或型芯）、型面应具有较小的表面粗糙度值。
➢ 型腔（或型芯）、型面应符合图样要求的形状和规定的尺寸，并在规定部位加工相应的圆弧和斜度。
➢ 为了保证凹、凸模错位量在规定的要求之内，型腔（或型芯）型面应与模具的某一基准（例如锻模的上、下燕尾中心线）处于规定的相对位置。

2. 模具型腔、型面铣削加工的基本方法

模具型腔、型面是由较复杂的立体曲面和许多简单型面组合而成的。当模具型面是由简单型面组合而成时，可在一般立式铣床、万能工具铣床等普通铣床上进行加工；当模具型面为较复杂的立体曲面和曲线轮廓时，通常采用仿形铣床和数控铣床进行加工。

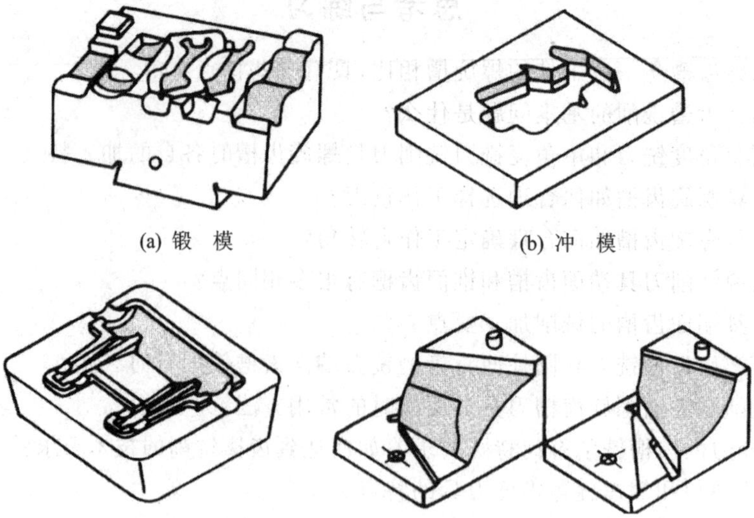

(a) 锻　模　　(b) 冲　模

(c) 塑料模　　(d) 精密浇注模

图3-9-1　几种复杂模具型腔型面

(1) 用工具铣床和立式铣床铣削加工

1) 铣削加工特点

在普通铣床上,可以铣削由简单型面组合而成的模具型面。利用机床附件(如回转工作台、分度头等)还可以加工由直线展成的具有一定规律的立体曲面(见图3-9-1(d)),若采用简易的仿形模板,也可以加工框形的模具型面(见图3-9-1(b))。在普通铣床上铣削模具型腔、型面,与一般铣削工作相比较,具有以下特点:

① 模具的形状和成形件(如冲压件、锻件、精铸件)的形状凹凸相反的缘故,以及模具型腔的组合方法、位置精度要求等原因,使得模具型腔、型面的加工图比一般工件图更复杂。因此,铣削模具型腔、型面需具备较强的识图能力,并善于根据模具加工图和成形件确定型腔、型面的几何形状,并进行形体分解。

② 模具型腔、型面的形状变化大,铣削限制条件多。因此,铣削前要预先按型腔的几何特征,确定各部位的铣削方法,合理制定铣削步骤。

③ 铣削模具型腔、型面时,除合理选用标准刀具外,由于型腔、型面的特殊要求,常常需要将标准刀具改制和另行制造专用刀具,因此,需掌握改制和修磨专用刀具的有关知识和基本技能。

④ 模具的材料比较特殊(例如常采用合金钢高铬工具钢、中合金工具钢、轴承钢等),加工中又常受到加工部位的条件限制,以及刀具的形状较复杂等多方面的原因,使得模具铣削时选择切削用量比较困难。通常在铣削中,需根据实际情况合理预选并及时调整铣削用量。

⑤ 铣削模具型腔时,机床、夹具调整次数比较多,因此,用于铣削模具的铣床,要求操作方便、结构完善、性能可靠。

⑥ 铣削模具型腔常采用按划线手动进给铣削方法,因此,操作者应熟练掌握铣削曲边直线成形面的手动进给铣削法。

2) 铣削加工方法要点

① 图样分析和模具形体分解。

在普通铣床上铣削加工模具型腔，首先应对图样进行仔细分析，比较复杂的模具还可以对照成形件模拟型腔整个形体，然后结合图样技术要求，进行形体分解。下面以实例介绍形体分解方法。

铣削如图 3－9－2 所示的塑料模具型腔，首先应根据加工简图（见图 3－9－2(a)）勾划出立体图（见图 3－9－2(b)），然后进行形体分解。模具型腔（除孔以外）由斜面Ⅰ，圆锥面Ⅱ、Ⅲ，圆弧槽Ⅴ、Ⅵ、Ⅶ，台阶面Ⅷ、Ⅸ、Ⅹ，以及直角沟槽Ⅺ、Ⅻ组成。其中，台阶面Ⅷ与Ⅸ之间以凹圆弧面Ⅳ连接；圆锥面Ⅱ、Ⅲ根部呈圆弧与平台阶面Ⅹ相连；直角沟槽Ⅻ槽角呈圆弧。

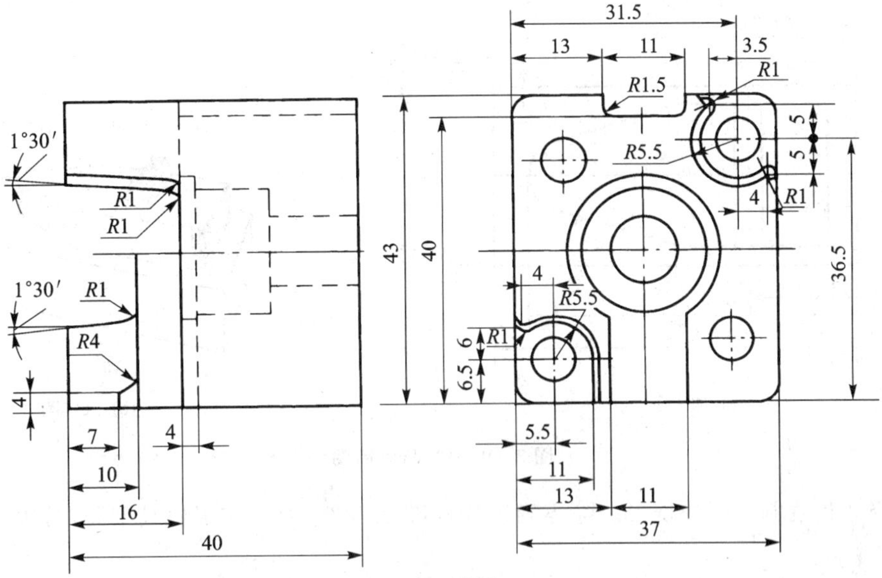

(a) 加工简图

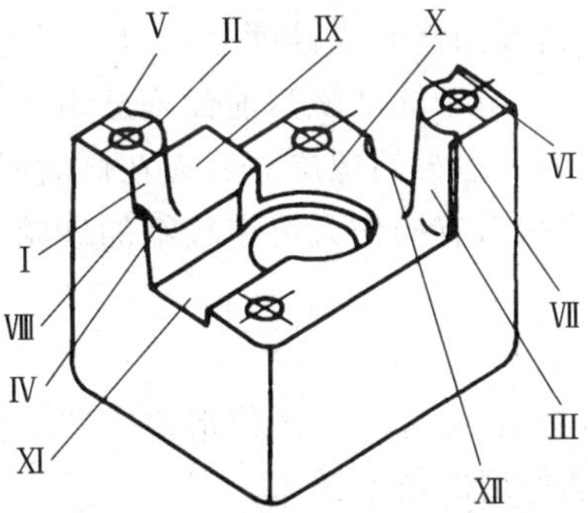

(b) 立体图

图 3－9－2　塑料模具型腔简图

铣削如图 3－9－3 所示的凸模型面，首先根据加工图（见图 3－9－3(a)）勾划出凸模立体图（见图 3－9－3(b)），然后进行形体分解。凸模型面由直线成形面构成，上平面有一个凸半圆棱条Ⅰ，周边由平行面Ⅱ、Ⅲ连接斜面Ⅳ、Ⅴ，外圆弧Ⅵ，垂直面Ⅷ及连接圆弧Ⅶ、Ⅸ构成。

② 拟定加工方法和步骤、合理选择加工基准。

铣削模具型腔前，须拟定各部分的加工方法和加工顺序，即加工步骤。同时为了达到准确的形状和尺寸，从而符合凹凸模相配的要求，每个部位加工时的定位是十分重要的，因此，合理选择每个部位加工时的定位基准是很关键的。

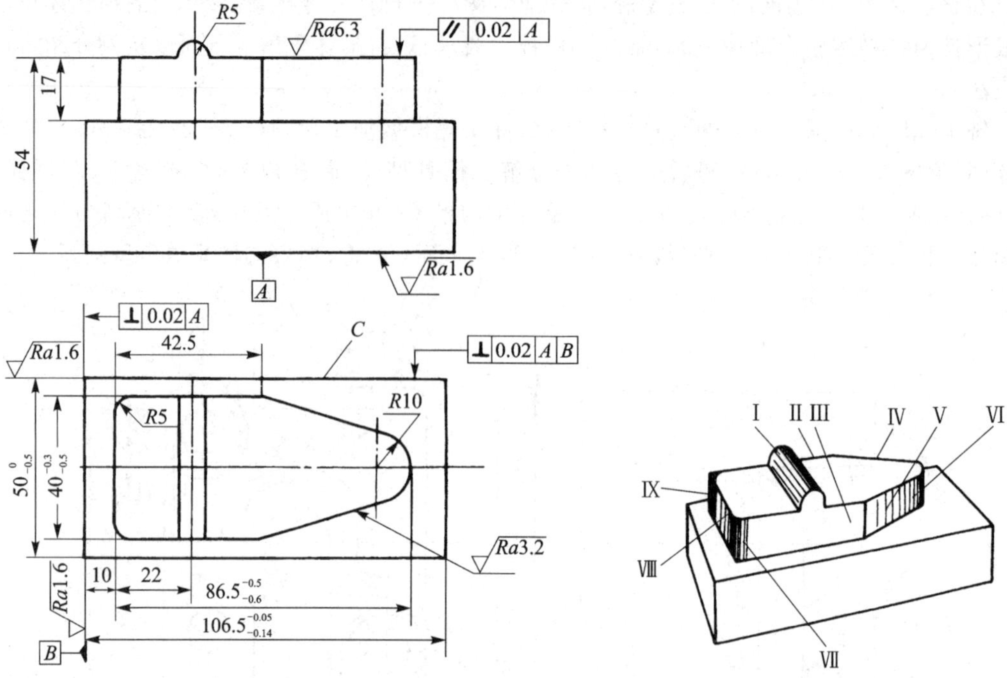

(a) 加工图　　　　(b) 立体图

图 3-9-3　凸模简图

③ 修磨和改制适用的铣刀。除正确选择标准铣刀外,为了加工模具型腔,常须对标准铣刀修磨和改制。

④ 锥度立式铣刀修磨。由于锻模和其他模具型面常具有一定的斜度,因此,铣削前常需用标准立铣刀、键槽铣刀和麻花钻改制修磨成锥度立铣刀。当工件材料硬度很高时,也可将硬质合金立铣刀修磨成锥度立铣刀。由于标准铣刀前面均已由工具磨床刃磨,因此,修磨成锥度立铣刀时,主要是刃带后面的刃磨。多刃的螺旋立铣刀在修磨时,其锥度一般在外圆磨床上修磨而成,外圆磨后的刀具没有后角,需有操作人员在较细的砂轮上修磨后面。

(2) 用仿形铣床铣削加工

1) 仿形铣床的工作原理简介

仿形铣床的种类很多,根据功用,可分为平面仿形铣床和立体仿形铣床;根据工作原理,可分为直接作用式仿形铣床和随动作用式仿形铣床。

用于模具铣削的通常是立体随动作用式仿形铣床。随动作用式仿形铣床具有随动系统,它能自动连续的控制仿形销、铣刀和模样之间的相对位置,使刀具自动跟随仿形销移动,从而进行仿形铣削。

下面以 XB4480 型立体仿形铣床为例,介绍这种铣床的工作原理。

XB4480 型立体仿形铣床如图 3-9-4 所示。铣削时,工件固定于下支柱 1 上,模样固定于上支柱 2 上,位于工件上部,上支柱 2 可沿下支柱 1 做横向移动,上、下支柱一起可沿工作台 9 做横向移动;铣刀 11 固定于主轴套筒 10 上,主轴箱 6 沿横梁 12 可做横向移动,也可以立柱 3 做垂向移动,立柱 3 固定于滑座 7 上,立柱于滑座一起可沿床身 8 做纵向移动;仿形箱 13 固定于仿形仪 4 的销轴上,仿形仪 4 则固定在主轴箱 6 上面的仿形仪座架 5 上。

XB4480 型立体仿形铣床的工作原理如图 3-9-5 所示。仿形仪 4 与主轴箱 10 是刚性连

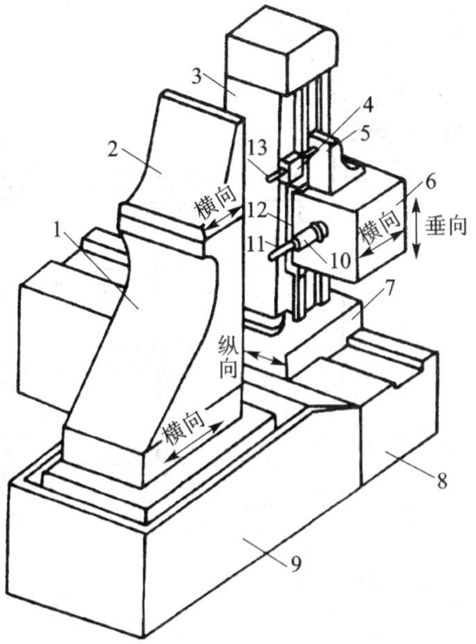

1—下支柱；2—上支柱；3—立柱；4—仿形仪；5—仿形仪座架；6—主轴箱；7—滑座
8—床身；9—工作台；10—主轴套筒；11—铣刀；12—横梁；13—仿形销

图 3-9-4　XB4480 型立体仿形铣床

接的，仿形仪 4 的轴杆 5 可以相对它的座架运动——轴向移动或绕其中间球形支承摆动。轴杆左端装有仿形销 3，右端通过钢球与仿形仪内的信号传递元件 11 相连（如电气触头、感应线圈的衔铁），当利用驱动装置 6 使仿形仪 4 和主轴箱 10 随横梁相对模样和工件做垂向主进给时，仿形销将顺序地与模样上的不同部位接触。随着接触部位的改变，仿形销 3 所受的作用力大小、方向也不断改变（见图 3-9-5(b)），从而使传递元件 11 动作，发出指挥信号，这时信号通过中间装置 7（此装置包括放大和控制设备）放大，用来控制驱动装置 8 使主轴箱 10 和仿形仪 4 沿横梁做横向随动运动，而且移动的方向总是要使模样 2 对仿形销 3 保持一定的压力（如本机床压力为 6～6.5 N）。显然，当仿形销 3 沿上升曲线主进给时，随受压力增大，仿形仪与铣头将向退离模样方向移动；当仿形销 3 沿下降曲线主进给时，所受压力减小，仿形仪与铣头将向接近模样方向移动。这样，在驱动装置 6 和 8 的配合下，仿形销便能连续自动地摸索模样表面，而刀具 9 则跟着做相应的移动，从而在工件坯料 1 上加工出与模样形状相同的型面。

2）模具型腔仿形铣削工作要点

① 模样制作和适用材料。

模样是仿形铣削模具型腔的原始依据。根据不同的模具型腔，模样通常是预先用数控铣床、电脉冲加工机床和手工修准配合制成，有时也可直接用工件作为模样进行仿形铣削。例如，汽车覆盖件冲模，常以覆盖件的内轮廓作为仿形铣削凹模的模样，而其外轮廓可作为仿形铣削凸模的模样。在采用随动作用式仿形铣床铣削模具时，模样通常可用铸铁、钢板、铝合金、木材、水泥、塑料、石墨、硬蜡或石膏等材料制造，其中以石膏的制造最为方便。

石膏模的制作工艺如下：

➢ 选用优质模样石膏与水调和，调和时不要把水倒入石膏粉内，而应把石膏粉撒入水中，与水平面齐平为宜。

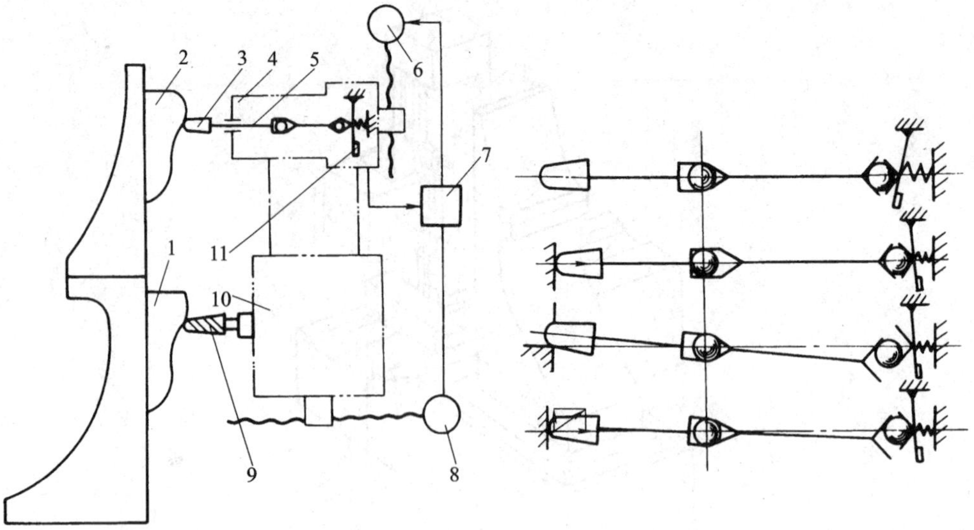

(a) 结构图　　(b) 仿形销3的受力示意

1—工件坯料;2—模样;3—仿形销;4—仿形仪 5—轴杆;6、8—驱动装置;

7—中间装置;9—刀具;10—主轴箱;11—传递原件

图 3-9-5　随动作用式仿形铣床的工作原理

- 在工件或原始模样上可涂一层软肥皂做脱模剂。
- 可以把调和的石膏浆模样内,也可以把模样埋入石膏浆内,但需注意不能产生气泡。
- 上述步骤必须在三分钟内完成,否则石膏会凝固,影响制作效果。
- 干燥一天后可以脱模,七天后石膏强度最高。
- 石膏模修补时用水砂纸打光。
- 最后可在表面喷一层清漆等保护剂,以减小表面粗糙度值,并提高石膏模的强度。

② 仿形销选用。

立体仿形铣削时仿形销的形式如图 3-9-6 所示。

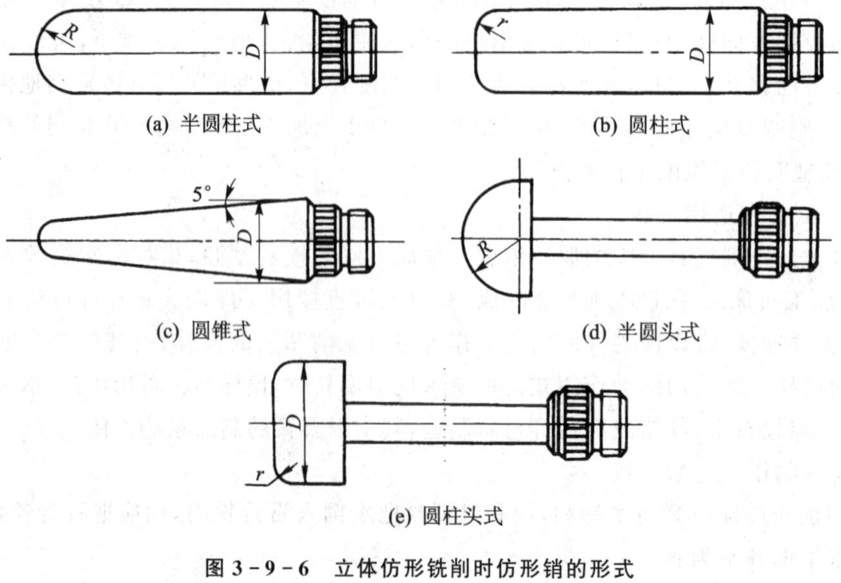

(a) 半圆柱式　　(b) 圆柱式

(c) 圆锥式　　(d) 半圆头式

(e) 圆柱头式

图 3-9-6　立体仿形铣削时仿形销的形式

具体选用方法如下：

立体仿形铣削时，仿形销头部的形状应与模样的形状相适应。为了使仿形销顶端与模样接触，其斜角应小于模样工作面的最小斜角，而仿形销头部的圆角半径则应小于模样工作面的最小圆角半径，正确选用仿形销的方法，如图 3－9－7 所示。仿形销头部球面半径在理论上应与铣刀相同，但实际上，因考虑到机构的惯性和仿形销工作中的偏差，一般在粗铣时比铣刀大 2～4 mm，精铣时，比铣刀大 0.6～1.2 mm，具体数值还需通过试铣确定。

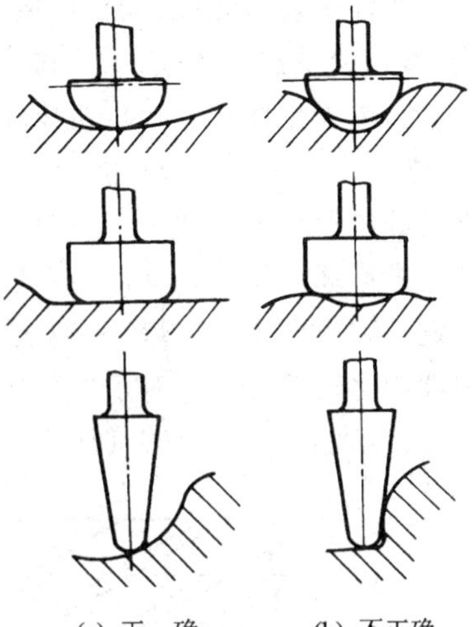

(a) 正　确　　(b) 不正确

图 3－9－7　仿形销的选择方法

平面仿形时，应选用圆柱仿形销和圆锥仿形销，如图 3－9－8 所示。圆柱仿形销的外径应与铣刀相同，并且应小于模板凹圆弧的最小半径；圆锥形仿形销的锥度一般为 1∶20 和 1∶50，锥体中部的直径相当于基本尺寸，当轴向移动锥体时，即可改变其与模板的接触半径。在实际操作中，仿形销的直径可用下式确定：

粗铣时：　$D = d_0 + 2e + 2b$

精铣时：　$D = d_0 + 2e$

式中：D——仿形销直径，mm；

d_0——铣刀直径，mm；

b——精铣余量，mm；

$2e$——仿形销偏移修正量，mm。

精铣余量通常选 0.5～1 mm，仿形销偏移修正量 $2e$ 选用值见表 3－9－1。

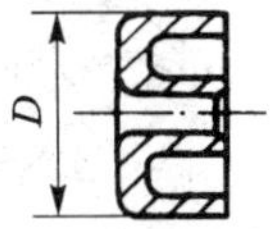

(a) 圆柱仿形销

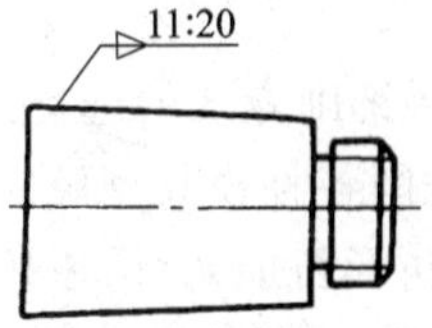

(b) 圆锥仿形销

图 3－9－8　平面仿形铣仿形销形式

表 3－9－1　仿形销偏移修正量 2e

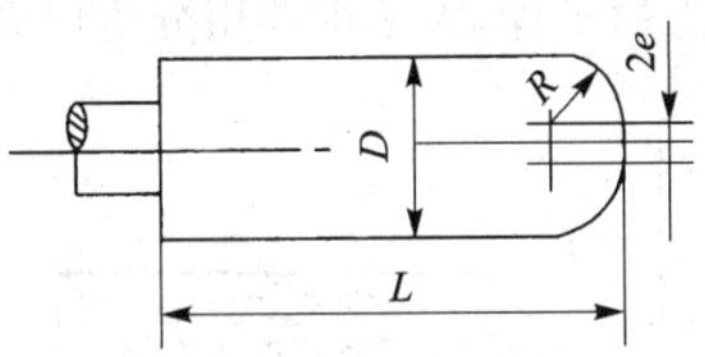	工作台进给速度/(m·min⁻¹)			
	20	30	40	50
仿形销长度 L/mm	e/mm			
60	0.5	0.55	0.6	0.8
70	0.55	0.6	0.65	0.9
85	0.6	0.65	0.75	0.95
100	0.65	0.75	0.8	1.1
115	0.75	0.8	0.9	1.2

若自制仿形销，可用钢、铝、塑料(尼龙)等材料制作，其质量一般不能超过 250～300 g，否则由于惯性会引起信号传递元件的多余偏移，从而影响机床随动系统的正常工作。仿形销工

作面最好是淬硬后抛光,表面粗糙度值 Ra 应小于 1.6 μm,或者制成会自转的,以提高仿形销的耐磨性,减少模样的磨损,确保仿形质量。目前,仿形销一般已由仿形铣床制造厂专门配套生产,因此,可根据图样要求可机床说明书选择使用。

③ 仿形铣刀的选用和修磨。

常见的仿形铣刀如图 3-9-9 所示。选用时,仿形铣刀的廓形应与仿形销相仿。其中,最常用的是锥形球面铣刀。球面仿形铣刀用钝后,可在专用磨刀机上修磨。使用专用磨刀机修磨仿形铣刀和仿形销,可以较准确地控制仿形销偏移修正量 $2e$。由于锥形球面铣刀球面部分的切削性能比较差,因此,对于齿数较多的刀具,可将其近球头顶部的齿间隔模具,减少端面刀齿数,增大容屑空间,以改善其切削性能。

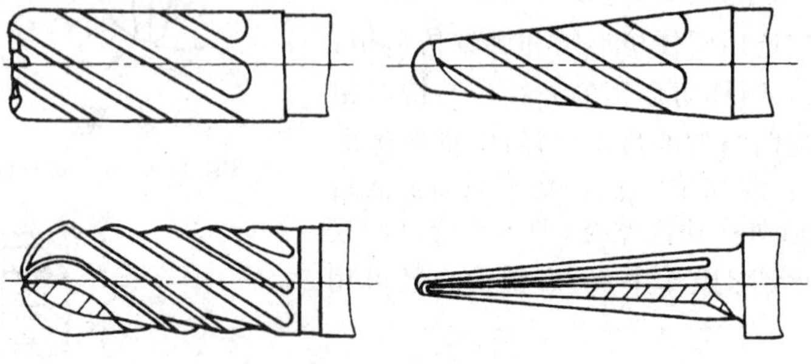

图 3-9-9 常见仿形铣刀

④ 仿形铣削方式的选择。

仿形铣削各种模具型腔时,需根据形状各异的立体曲面和平面轮廓选用合适的仿形工作方式(或称仿形机能)。由于仿形铣削进给运动是由主进给运动和周期进给运动组成的。因此选择仿形方式,实质上是选择主进给方式和周期进给方式。通常仿形工作方式有三类:轮廓仿形(见图 3-9-10)、分行仿形(见图 3-9-11)和空间曲线仿形,而各类别中又有许多种铣削方式。其中,铣削模具型腔常用轮廓仿形和分行仿形两类铣削方式。具体选择时需注意以下几点:

首先,选择分行铣削或轮廓铣削时,需遵照以下规律:扁平的型面,一般选用分行仿形铣削;接近垂直于刀杆的平面不宜选用轮廓仿形方式。有一定高度,且只有一个凹腔或一个凸峰的型面,宜选用轮廓仿形方式。通常轮廓仿形方式不能加工的工件,大多可选用分仿形方式。

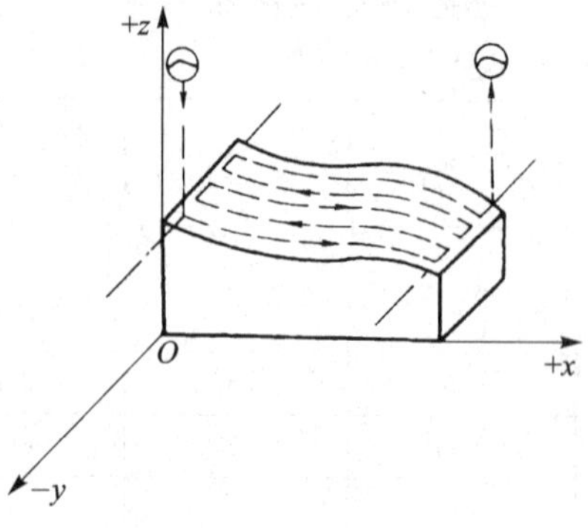

图 3-9-10 轮廓仿形方法

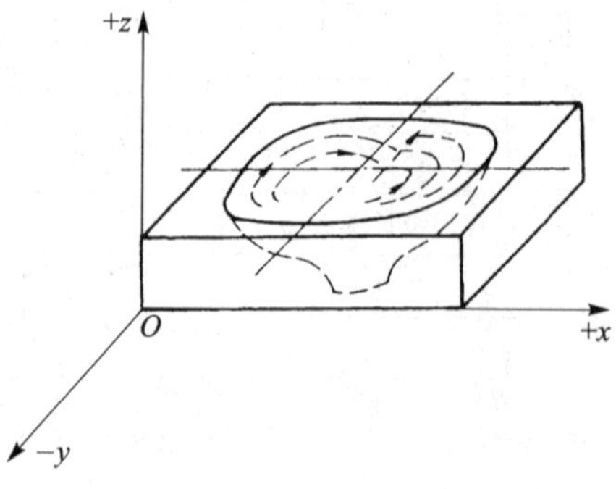

图 3-9-11 分行仿形法

其次,仿形方式一般是组合使用的,例如可以在粗、精铣中选择不同的仿形方式。又如在精铣中,用一种方式铣削后若局部表面粗糙度值较大,则可再使用另一种仿形方式再加工一次，以提高仿形质量。

再次，仿形方式选定后，一般还需根据型面的尺寸和形状确定机床挡块的使用方法，以达到预定的铣削方式要求。

最后，对于加工余量特别大的模具型腔，可通过调整仿形销和铣刀的轴向相对位置，多次重复使用一种仿形方式以达到粗、精铣的目的。

（3）用数控铣床铣削

用数控铣床铣削模具是当前应用日益广泛的一种铣削方法。采用这种方法需要经过数控加工的专门培训。数控铣床是用数字信息控制的铣床，是用输入专门或通用计算机中的数字信息来控制铣床的运动，自动对工件进行加工的。两坐标联动的数控铣床可加工曲线轮廓直线成形面的模具型腔；两个半坐标的数控铣床可加工模具空间曲面型腔；形状特别复杂的型腔，可在四坐标以上的数控机床上加工。

3. 模具型腔、型面铣削注意事项

（1）模具材料

在型腔铣削过程中，如果发现模具材料处理不好，有裂纹或组织不均匀等现象时，应及时停止加工，以免浪费工时。

由于模具材料价格较高，在仿形铣床和数控铣床上加工大型模具前，若需要对程序的可靠性进行验证，则可以先用塑料模拟铣削，待验证程序正确无误后，再对模具进行加工。

（2）检查机床性能

铣削模具型腔一般需要较长时间，因此，在铣削前应对机床进行检查和调整。对于数控机床和仿形铣床，应对所用的指令功能进行分项和分程序段检查，否则，加工中途发生故障则将会影响型腔加工，增加不必要的找正和对刀操作。对于数控铣削，若具有快速接近工件、切离工件、自动换刀等程序，均应在加工前做空运行检查，以免产生碰撞，造成机床事故和模具报废。对于仿形铣床，应防止产生仿形销脱模现象，对挡块的功能和仿形仪的完好程度进行检查。

（3）注意与其他工种的配合

模具型腔铣削是模具制造中的组成部分，但有许多部位是铣削加工无法一次加工达到或多次加工也无法达到图样要求的。这时，需要其他工种，如电脉冲加工、钳工修锉、立体划线等密切配合，特别是在普通铣床上加工第一套模具或母模时，常需要进行分层立体划线。故应与钳工密切配合，分层铣削，分层划线，最后铣出整个模具型腔。对于铣削后残留的修锉部位，应注意留有适当的余量，便于钳工修锉成形。

（4）验证数控程序

在用数控铣床铣削模具型腔前，必须对程序进行仔细的验证。因此，须注意掌握程序验证的基本方法。通常验证程序，是通过程序模拟运行和观察刀具运行轨迹进行的。因而，在模拟运行时，观察铣刀运行轨迹是一种常用的基本技能，特别是程序比较复杂的模具型腔，必须对刀具轨迹进行分析。这是用计算机自动编程的模拟轨迹图，根据刀具中心轨迹包络形状，可以判断程序的正确性，若发现异常，应请有关人员及时修改，避免产生废品。

（5）正确使用和维护仿形仪

仿形仪是仿形铣削中的关键装置，仿形仪的灵敏度会给铣削带来一定影响。一般情况下，粗铣时，仿形仪的灵敏度应调低些，以使切削平稳；精铣时，仿形仪的灵敏度应调高些，有利于提高仿形精度。在机床停止工作时，应将仿形仪退离模型，避免仿形削长时间受压。在操作过程中，应注意避免碰撞仿形仪，以维护仿形仪的精度。

(6) 模具型面铣削方法的综合应用

在运用数控铣床和仿形铣床铣削模具型腔时,铣刀的路径有许多类似的地方。因此,在分析图样确定数控加工路径时,可以参照仿形铣削方式进行选择。又如,在一些型面上有较小圆弧等特殊部位,若仅用数控铣削和仿形铣削会增添很多麻烦,诸如铣刀加工路线复杂、程序繁琐、铣刀尺寸受到特殊部位限制而影响大部分型面的加工效率等。这时,应将这些可以单独加工的细小部位留下,用普通铣削方法单独加工,从而简化加工过程,提高生产效率。

4. 模具型腔、型面的检验

(1) 检验项目

① 型腔形状检验:对于简单型面组成的型腔,主要检验其尺寸精度;对于复杂立体曲面构成的型腔,应检验其规定部位的截面形状。

② 型腔位置检验:检验上、下模(或多块模板)错位量。

③ 表面粗糙度检验:主要检验直接由铣削加工成形(只需抛光)的表面。

④ 型腔内外圆角和斜度及允许残留部位检验。

(2) 检验方法

① 检验形状时,简单型面用标准量具检验;难以测量的部位可用专用量具检验;复杂型面用样板在规定部位检验截面形状。

② 检验型腔位置时,上、下模(或多块模板)的配装错位量是用标准量具按装配尺寸进行检验的。对于难以测量的模具,也可通过划线,或在组装、调整过程中,通过试件(成形件)是否合格来进行检验,若有条件,也可用浇铅成形检验来测量错位量。

③ 表面粗糙度用比较观察法进行检验。若所留的余量不足以抛光切削纹路,则可认为该部位表面质量不合格。

④ 检验型腔的圆角和斜度一般用样板进行,残留部位应以保证形状尺寸的基础上尽量减小钳工修锉余量为原则进行检验,较难连接的圆弧允许稍有凸起,以便钳工修锉。

3.9.2 组合件加工

1. 组合件铣削加工的特点

(1) 组合件具有配合精度要求

组合件的工艺要求,除了单一工件的工艺技术要求外,还具有配合精度的要求。例如加工如图 3-9-12 所示的燕尾削孔组合件,组合件组装后的配合要求如下:

① 各配合面间隙小于 0.10 mm。

② 两销插入自如,间隙小于 0.10 mm。

③ 两销插入后,右上体 4 可移动距离为(10±0.03) mm。

(2) 零件配合部位的加工精度要求高

组合件的各个零件,配合部位的加工精度要求比较高,需要严格按图样的精度要求加工,否则难以达到配合精度要求,甚至不能进行组合。例如本例的左上体(如图 3-9-13 所示),其中宽度 $48^{+0.10}_{0}$ mm、深度(24±0.026) mm 的直槽是与底座台阶面配合的部位,铣削精度要求比较高,在保证尺寸精度的同时,还应严格保证两侧面与外形的对称度。

(3) 单一零件的形状比较复杂

组合件的单个零件形状比较复杂,工件的装夹和找正难度比较大,需要合理选择工件的装夹和找正方法,才能加工出合格的单一零件。例如本例的右上体(如图 3-9-14 所示),其外

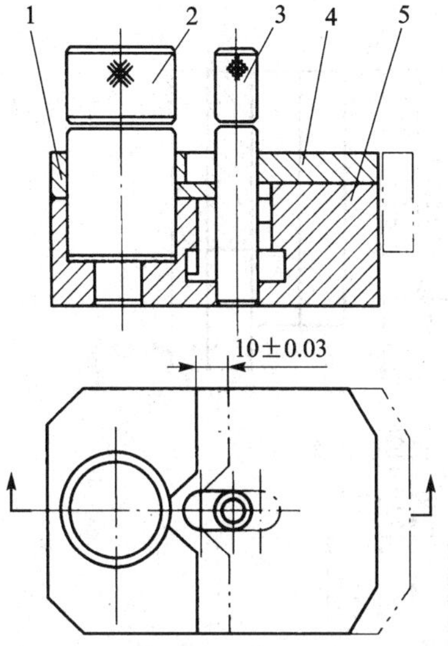

(a) 装配图

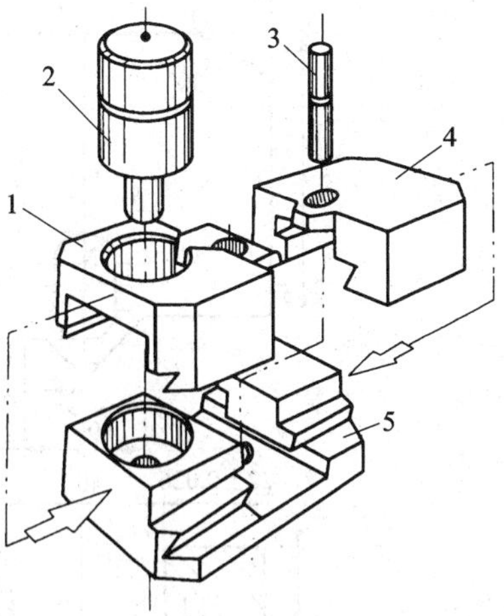

(b) 立体图

1—左上体；2—台阶销；3—直销；4—右上体；5—底座

图 3-9-12 燕尾销孔组合件

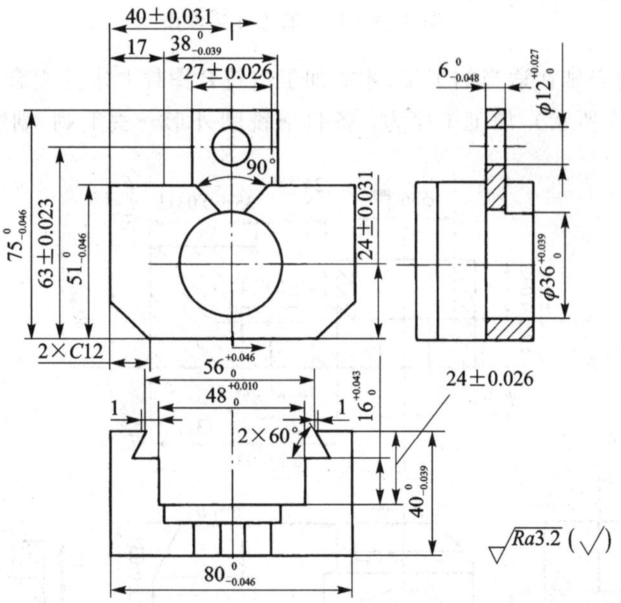

图 3-9-13 左上体零件图

形尺寸为 68 mm×80 mm×32 mm。上沿由尺寸 59 mm、68 mm、27 mm（及 90°夹角）和 22 mm组成。直销 3 和间隙配合槽长 22 mm，宽 12 mm，位置由尺寸 52 mm 和 80 mm 确定。燕尾槽由尺寸 22 mm、40 mm 和 10 mm 组成。直槽由长度方向尺寸 22 mm、5 mm 和 38 mm 与高度方向尺寸 22 mm 和 10 mm 构成。

（4）铣削加工的工艺过程较复杂

组合件的铣削加工工艺过程需要合理安排，避免加工中的变形和精度控制失误。尤其是

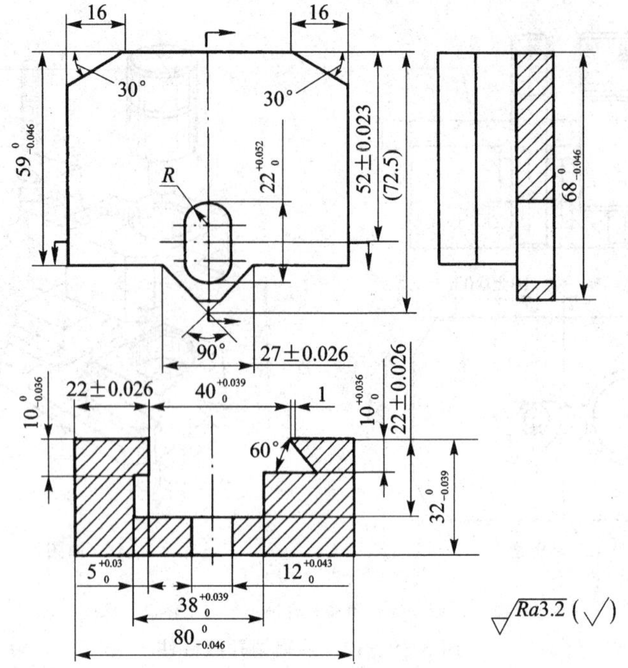

图 3-9-14 右上体零件图

配合部位的加工,要安排在适当的工步,才能加工出符合图样要求的组合件。如本例组合件的底座(如图 3-9-15 所示),加工工序为:备料→铣削外形→去毛刺、划线→铣削倒角→粗铣

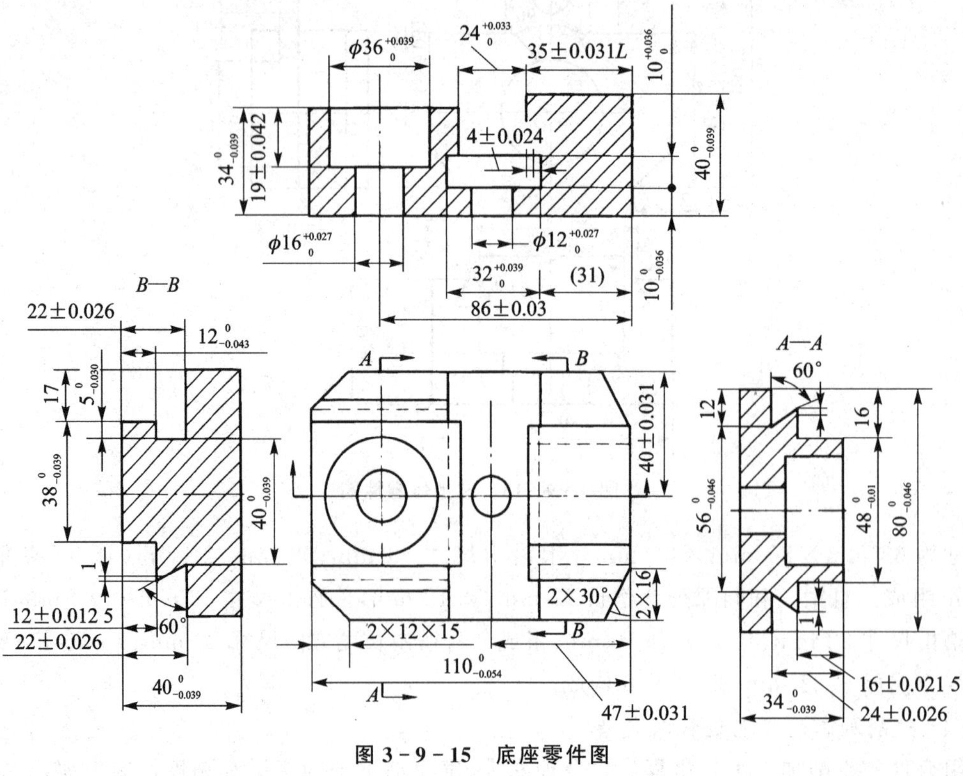

图 3-9-15 底座零件图

中间直槽和 T 形槽→铣削台阶孔顶面、台阶面→钻、膛、台阶孔→钻、扩、铰 $\phi12$ 孔→铣削燕尾键→铣削台阶凹槽→铣削半燕尾键→精铣中间直和 T 形槽→去毛刺、倒角→按零部件要求检验各项尺寸。

2. 组合件铣削加工的方法

（1）图样的分析要点

需要对装配图和零件图进行分析，零件图的分析与一般零件加工类似，注意应对各零件的配合部位进行重点分析。在进行装配图分析时，应对配合件数、配合部位和配合精度要求等注意内容进行分析。本例组合件的装配图分析可按以下方法进行：

① 组合件为五件配合，包括件 1 左上体、件台阶销、件 3 直销、件 4 右上体、件 5 底座。

② 各件的配合部位：如件 1 为坐上体，分别通过销孔 $\phi36$、$\phi12$、宽 38 mm×6 mm 的凸块和燕尾槽与台阶销 2、直销 3、右上体 4 和底座 5 配合；件 2 台阶销分别与左上体 1 和底座 4 配合。

③ 组合件组装后的配合精度要求：各配合面间隙小于 0.10 mm 等。

（2）拟定加工工序

在拟定各个零件的加工工序后，还需要注意合理安排各个零件的加工顺序，以便在加工中进行配合精度控制。

（3）编制加工工序表

由于组合件的零件数和加工工艺比较复杂，为了确定各个零件的加工工艺过程，便于操作加工，可参照工序表的编制方法，编制加工工艺。本例左上体加工工艺过程见表 3-9-2。

表 3-9-2　左上体加工工艺过程

工　序	工序名称	工序内容	设　备
1	备料	六面体 82×77×42	X5032 铣床
2	铣削	铣削外形 $80_{-0.046}^{\ 0}\times75_{-0.046}^{\ 0}\times40_{-0.039}^{\ 0}$	X5032 铣床
3	钳加工	去毛刺、划线	
4	铣削	铣削直槽宽 $48_{-0}^{+0.10}$、深 24±0.026 保证槽中心位置尺寸 40±0.031	X6132 铣床
		铣削 2×C12 倒角	X5032 铣床
		铣削凸块 $38_{-0.039}^{\ 0}\times6_{-0.048}^{\ 0}$，保证尺寸 $56_{-0.046}^{+0}$ 与 17	X5032 铣床
		钻、镗、铰 $\phi36_{-0}^{+0.039}$ 孔，保证位置尺寸 40±0.023 与 24±0.031	X5032 铣床
		钻、扩、铰 $\phi12_{-0}^{+0.027}$ 孔，保证位置尺寸 63±0.023 与 40±0.031	X5032 铣床
		铣削 90° V 形缺口，保证尺寸 27±0.026	X5032 铣床
		铣削燕尾槽保证宽度 $56_{-0}^{+0.046}$、深度 $16_{-0}^{+0.043}$	X5032 铣床
5	钳加工	去毛刺、倒角	
6	检验	按图样要求检验各项尺寸	

（4）绘制加工工序简图

由于各个零件多挡尺寸精度要求较高，操作时为防止差错，可绘制加工工序简图作为参考。本例右上体铣削加工工序简图如图 3-9-16 所示。

（5）确定各个零件的加工要点

为了在加工中注意主要部位的加工操作，需要在加工前列出各零件的加工控制要点。本例底座的加工要点如下：

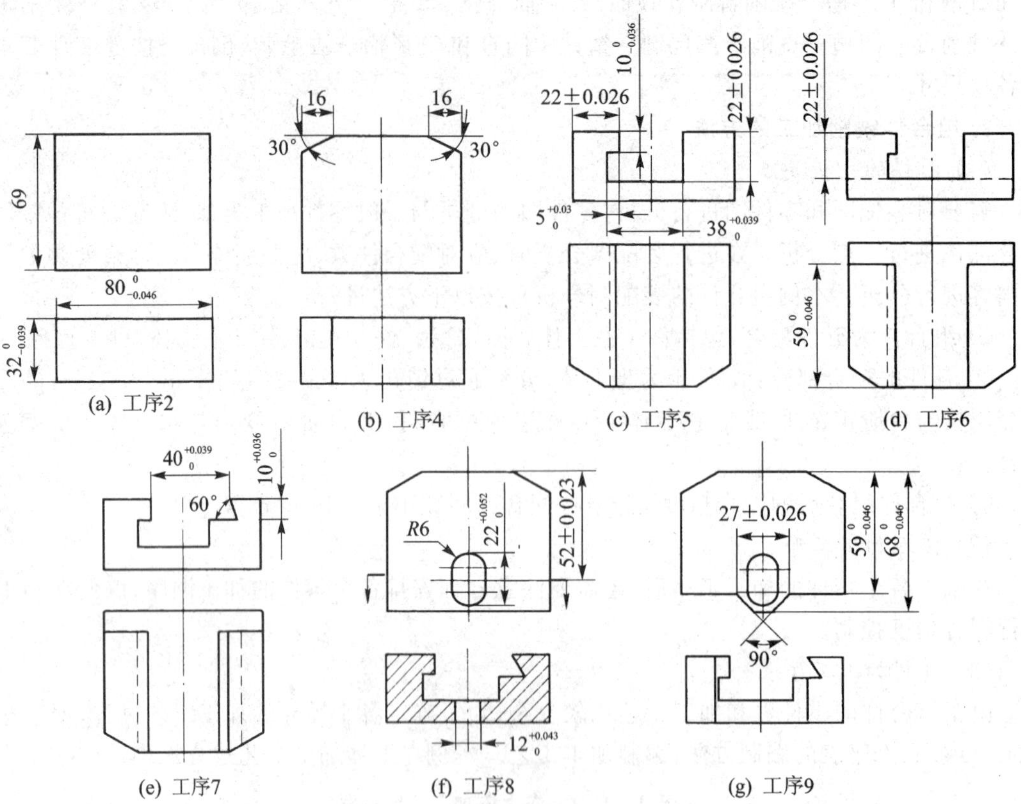

图 3-9-16　右上体铣削加工工序简图

① 销孔 ϕ12、ϕ36、ϕ16 台阶孔之间的距离，应在公差范围内按左上体 1 的两孔中心距确定，同时应对称台阶宽度48$^{+0.10}_{-0}$ mm 两侧，否则会影响直销和台阶销的插入配合。

② 中间直槽和 T 形槽分粗、精铣、是为了保证工件各部分尺寸不受形变的影响。

③ 铣削燕尾键时，应采用坐上体和右上体铣削燕尾槽用的同一把铣刀，以提高燕尾配合精度。

④ 镗台阶孔和台阶面时，镗刀切削刃应在工具磨床上修磨。安装镗刀时，应采用指示表找正切削刃与工作台面平行，以保证深度尺寸(19±0.042) mm。

⑤ *B*—*B* 断面的台阶面 17 mm 尺寸，应按右上体 4 的凹槽侧面与工件外形侧面的实际要素对应，否则会影响键槽与 ϕ12 销孔及直销的配合，同时，右上体 4 和底座 5 外形在宽度方向上也会产生偏移。

3. 组合件的检验与质量分析

(1) 组合件的检验方法

组合件的检验包括各个零件的检验和配合精度检验。本例组合件的检验方法如下：

1) 工件检验

按零件图要求和各项尺寸进行检验。

① ϕ12、ϕ16 销孔用塞规检验；ϕ36 孔用杠杆指示表或内径千分尺检验；台阶孔深度用深度千分尺检验。

② 燕尾宽度尺寸用 ϕ6 mm×40 mm 测量圆棒和千分尺配合检验。

③ 各平行面尺寸用千分尺、内径千分尺和深度千分尺测量。

④ 90° V形缺口和斜面连接面用游标万能角度尺检验。

2）配合检验

① 各配合面间隙用0.10 mm塞尺检验。

② 两销插入检验时，可先检验左上体与底座装配后两销是否能插入；拔去直销，装配右上体，检验各配合面间的间隙情况，然后再插入ϕ12直销。

③ 移动右上体，检验V形缺口和斜面配合间隙是否小于0.10 mm，然后向外拉出，用内径千分尺检验左上体和右上体之间的距离是否在(10±0.03) mm范围内。

(2) 组合件的质量分析方法

组合件的铣削加工质量分析主要是针对配合精度进行的，通常是根据配合部位精度超差或不能进行配合来具体分析单个零件的加工精度。本例组合件(销孔燕尾配合工作)加工质量的分析要点见表3-9-3。

表3-9-3 组合件铣削加工质量分析要点

质量问题	产生原因
长度方向配合精度差	① 左上体V形缺口与右上体斜面因角度，位置和宽度尺寸误差大等影响配合精度。 ② 配合间隙控制不当，使得斜面与V形缺口间隙过小或左上体凸块顶面与底座中间直槽侧面间隙过小，造成左、右上体台阶面难以结合。 ③ 底座上两孔的加工未按左上体台阶孔和直销孔加工后的实际孔距控制公差进行加工，影响配合精度
宽度方向配合精度差	① 左上体燕尾槽、右上体半燕尾槽与底座的燕尾块夹角、宽度尺寸和位置尺寸控制误差大。 ② 直槽和台阶面的侧面之间平行度、宽度和位置尺寸铣削加工误差大。 ③ 左上体和底座的削孔、台阶面和直槽、燕尾等配合部位，对称外形的精度差
高度方向配合精度差	① 上体的燕尾槽、直槽深度和底座的台阶深度、燕尾高度尺寸控制失误。 ② 右上体直槽深度与底座台阶深度尺寸控制失误。 ③ 右上体直槽和底座台阶深度尺寸控制不当，使得左上体凸块无法沿右上体台阶下平面插入。 ④ 在铣削右上体和底座台阶时，未将22 mm的公差按12 mm和10 mm两挡键、槽配合分配铣削加工控制公差

思考与练习

1. 铣削模具型腔应达到哪些工艺要求？
2. 铣削模具型腔的常用方法有哪几种？
3. 用普通铣床铣削模具型腔与一般铣削加工相比有什么特点？
4. 什么是随动作用式仿形铣床？仿形仪的作用是什么？
5. 仿形铣削方式有几种？如何选用仿形铣削方式？
6. 简述模具型腔的检验方法。
7. 组合件有哪些加工工艺特点？
8. 如何进行组合件的图样分析？
9. 制定工序过程和绘制工序简图的作用是什么？
10. 如何进行组合件的检验和质量分析？

第四部分 数控车削

课题一 宏程序加工方程曲线的应用

教学要求

- ◆ 熟练掌握FANUC-0i数控系统宏指令。
- ◆ 熟练掌握曲线方程的编程。
- ◆ 掌握方程曲线车削加工的工艺分析和走刀路线。
- ◆ 了解用户宏程序的加工特点。

应用数控机床进行加工时，一些简单的零件采用一般手工编程进行加工，但对于一些形状复杂但却有一定规律（例如：椭圆、抛物线、双曲线等）的零件，一般手工编程则无法对其加工点进行控制，此时就需要借助计算机编程软件进行编程。这使机床的使用受到硬件的制约，应用宏程序可通过一些简单的数学关系式进行计算，进而编制程序代码即可实现零件的加工。

本课题基于FANUC系统运用宏程序在数控车床上加工椭圆中的应用，讲解在实际车削加工中，当工件轮廓是某种方程曲线时如何采用宏程序完成方程曲线的加工。

4.1.1 宏程序概述

宏程序的编制方法简单来说就是利用变量编程的方法，即用户利用数控系统提供的变量、数学运算功能、逻辑判断功能、程序循环功能等，来实现一些特殊的用法。

如下程序即为宏程序：

```
N50 #100=30.0
N60 #101=20.0
N70 G01 X#100  Z#101 F500.0
```

1. 宏程序中变量的类型

局部变量：#1～#33

公共变量：#100～#149，#500～#509

系统变量：#1000～#5335

2. 算数式

加法：#i=#j + #k

减法：#i=#j - #k

乘法：#i=#j * #k

除法：#i=#j / #k

正弦：#i=SIN [#j]　　　　单位：(°)

余弦：#i=COS [#j]　　　　单位：(°)

正切：#i=TAN [#j]　　　　　　　　单位：(°)

反正切：#i=ATAN [#j] / [#k]　　　单位：(°)

平方根：#i=SQRT [#j]

绝对值：#i=ABS [#j]

取整：#i=ROUND [#j]

3. 逻辑运算

等于：	EQ	格式：#j　EQ　#k
不等于：	NE	格式：#j　NE　#k
大于：	GT	格式：#j　GT　#k
小于：	LT	格式：#j　LT　#k
大于等于：	GE	格式：#j　GE　#k
小于等于：	LE	格式：#j　LE　#k

4. 指定宏变量

当指定一个宏变量时，用"#"后跟变量号的形式，如：#1。宏变量号可用表达式指定，此时，表达式应包含在方括号内，如：#[#1+#2−12]。

5. 条件跳转语句

(1) IF 语句

IF　[条件表达式]　GOTO　n

- 当条件满足时，程序就跳转到同一程序中程序段标号为 n 的语句上继续执行。
- 当条件不满足时，程序执行下一条语句。

(2) WHILE 语句

```
WHILE  [条件表达式]  DO  m
⋮
END  m
```

- 当条件满足时，从 DO m 到 END m 之间的程序就重复执行。
- 当条件不满足时，程序就执行 END m 下一条语句。

4.1.2　方程曲线车削加工的工艺分析和走刀路线

1. 粗加工

应根据毛坯的情况选用合理的走刀路线：

- 对棒料、外圆切削，应采用类似 G71 的走刀路线。
- 对盘料，应采用类似 G72 的走刀路线。
- 对内孔加工，选用类似 G72 的走刀路线较好，此时镗刀杆可粗一些，易保证加工质量。
- 对粗加工，当采用 G71/G72 走刀方式时，用直角坐标方程比较方便。

2. 精加工

一般应采用仿形加工，即半精车、精车各一次；而精加工(仿形加工)用极坐标方程比较方便。

4.1.3 方程曲线——椭圆轮廓加工的宏程序编制步骤

1. 程序编制步骤

(1) 首先要有标准方程(或参数方程)

图 4-1-1 所示椭圆的解析方程:

$$\frac{X^2}{a^2}+\frac{Y^2}{b^2}=1$$

椭圆的参数方程:

$$X=a\cdot\cos t$$

$$Y=b\cdot\sin t$$

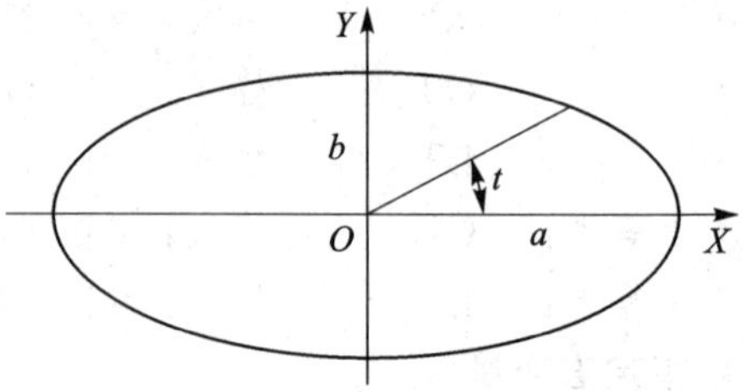

图 4-1-1 椭 圆

(2) 对标准方程进行转化,将数学坐标系转化成工件坐标系

椭圆标准方程为$\frac{X^2}{a^2}+\frac{Y^2}{b^2}=1$,标准方程中的坐标是数学坐标,要应用到数控车床上,必须要转化到工件坐标系中。将数控车床中的 X 坐标、Z 坐标分别与数学坐标系中的 Y、X 相对应,因此,数控车床上的转化方程应为

$$\frac{Z^2}{a^2}+\frac{X^2}{b^2}=1$$

(3) 求值公式推导

利用转化后的公式推导出坐标计算公式,即选取 X 或 Z 为自变量,用另一个作为变量从而建立起关系式。由于数控车床的横坐标轴为 Z 轴,纵坐标轴为 X 轴,故数控编程时对于椭圆方程中的参数要有所变动。有些零件的椭圆中心不在工件原点处,就要根据实际椭圆写出正确的方程。为编程方便,一般用 Z 作为变量。根据椭圆解析方程,将 Z 作为自变量,我们可以得到如下关系式:

$$X=\frac{b}{a}\sqrt{a^2-Z^2}$$

(4) 编 程

① 将 X 或 Z 作为自变量,对其进行赋值。

② 使用循环语句判断自变量是否满足条件。

③ 将自变量代入公式$\frac{Z^2}{a^2}+\frac{X^2}{b^2}=1$中,引入椭圆变量。

④ 走椭圆插补。

⑤ 定义步长:将椭圆曲线分成若干条线段,用直线进行拟合非圆曲线,如每段直线在 Z 轴方向的直线与直线的间距为 0.1,则可写成 #i=#i-0.1,根据曲线公式,以 Z 轴坐标作为自变量,X 轴坐标作为因变量,Z 轴坐标每次递减 0.1 mm,计算出对应的 X 坐标值。

⑥ 循环结束。

2. 椭圆加工实例

如图 4-1-2 所示,加工该图右端时,先用 G71 对右端 $R5$ 圆弧和 $\phi16$ 外圆进行粗车,将椭圆粗车至外圆 $\phi36$ 的尺寸,然后再进行如下分析(因为该图有一部分为椭圆,所以编程时应该根据该段椭圆的起始点和终止点来确定变量变化的范围,从而确定走刀路线的范围)。

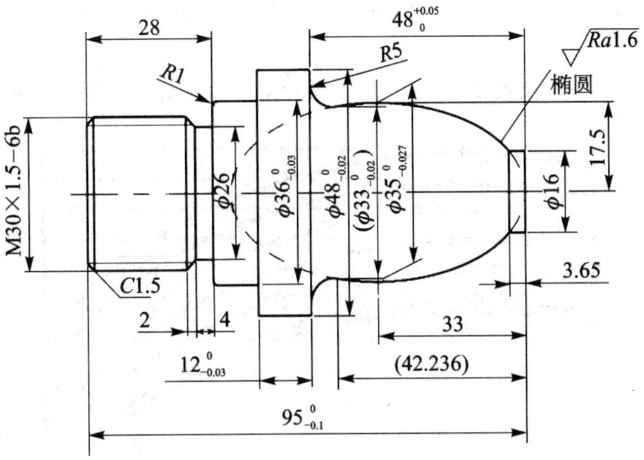

图 4－1－2　椭圆加工实例

(1) 以椭圆解析方程换算关系式精加工右端椭圆

椭圆精加工走刀路线见图 4－1－3，精加工程序见表 4－1－1。

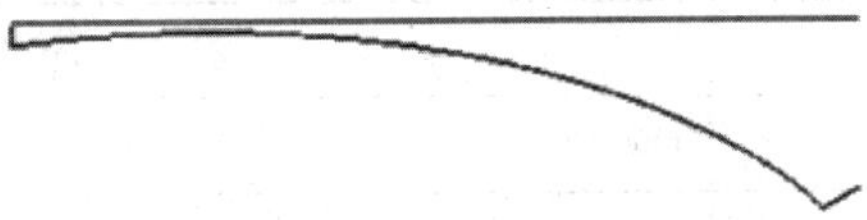

图 4－1－3　椭圆精加工走刀路线

表 4－1－1　椭圆精加工程序

FANUC0i 系统程序	程序说明
O1234	车
＃1＝33.；	长半轴 $a=33$
＃2＝17.5.；	短半轴 $b=17.5$
＃3＝29.35；	以椭圆中心计算的曲线 Z 向起点(33－3.65)
N10 IF[＃3LT－9.236]GOTO20；	终点判断，如 Z 变动到曲线终点(33－42.236)跳转到 N20
＃4＝SQRT[＃1＊＃1－＃3＊＃3]；	以 Z 坐标为自变量运算
＃5＝17.5/33.＊＃4；	运算曲线方程 X(半径值)坐标
＃6＝2＊＃5；X	(直径值)坐标
G01X＃6Z[＃3－33.]F80；	走椭圆插补
＃3＝＃3－0.1；	定义步长
GOTO10；	回到终点判断句
N20G01X36.；	椭圆完成
G0Z2.；	安全退出
M30；	结束

(2) 椭圆粗加工程序

显然，椭圆粗加工程序是椭圆程序的基础，并不能用于成型过程的加工。在编制椭圆粗加工程序的时候，我们可以设置一个变量配合子程序调用，即将椭圆精车轮廓作为子程序，用该变量控制精车椭圆轮廓的位置,变量每减小一次,精车位置就对应变化一次,达到粗车一刀的目的。

生成的椭圆粗加工走刀轨迹如图4-1-4所示。椭圆粗加工程序见表4-1-2。

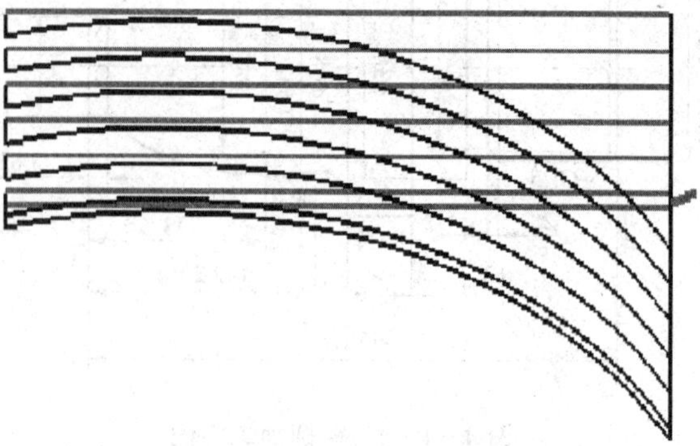

图4-1-4 椭圆粗加工走刀轨迹

表4-1-2 椭圆粗加工程序

主程序	子程序
O0001;	O0002;
G98 M3 S500;	#1=33.;
T0101;	#2=17.5.;
G0 X36.Z1.;	#3=29.35;
#10=8.;	N10IF[#3LT-9.236]GOTO20;
N30 M98 P02;	#4=SQRT[#1*#1-#3*#3];
#10=#10-1.5;	#5=17.5/33.*#4;
IF[#10GE0]GOTO30;	#6=2*#5+2*#10;
#10=0;	G01X#6Z[#3-33.]F80;
M98 P02;	#3=#3-0.1;
G00 X100.Z100.;	GOTO10;
M30;	N20G01X[#6+2.];
	G0Z-3.65;
	M99;

(3) 椭圆粗加工程序改进

椭圆粗加工程序加工为粗加工,虽然可以使用,但其空行程路线太多,加工时间只有不到一半用于零件上的车削,其余均为浪费空车,所以还是不建议采用。

如何将其空车路线去掉?这个问题的解决也比较简单,只需要在子程序加上一个条件跳转语句即可,即当 X 值超过毛坯外圆 $\phi36$ 时,程序跳出,不走剩下的椭圆路线。

其改进后的走刀轨迹见图4-1-5,加工程序见表4-1-3。

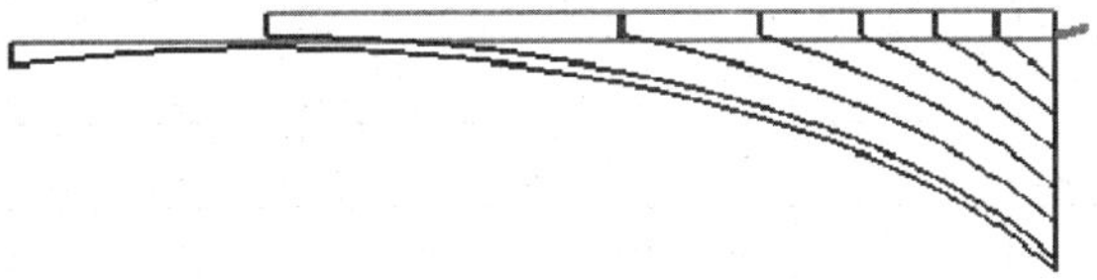

图 4-1-5 改进后的走刀轨迹

表 4-1-3 椭圆粗加工改进后的程序

主程序	子程序
O0001；	O0002；
G98M3S500；	#1=33.；
T0101；	#2=17.5.；
G0X36.Z1.；	#3=29.35；
#10=8.；	N10IF[#3LT-9.236]GOTO20；
N30M98P02；	#4=SQRT[#1*#1-#3*#3]；
#10=#10-1.5；	#5=17.5/33.*#4；
IF[#10GE0]GOTO30；	#6=2*#5+2*#10；
#10=0；	IF[#6GE36.]GOTO20；
M98P02；	G01X#6Z[#3-33.]F80；
G00X100.Z100.；	#3=#3-0.1；
M30；	GOTO10；
%	N20G01X[#6+2.]；
	G0Z-3.65；
	M99；

（4）右端完整加工程序

经过以上对椭圆加工的分析，改进后的加工程序为粗加工椭圆的最佳方式。图 4-1-2 所示椭圆右端完整加工程序见表 4-1-4。

表 4-1-4 椭圆右端完整加工程序

主程序	子程序
O0001；	O0002；
G98M3S500；	#1=33.；
T0101；	#2=17.5.；
G0X52.Z1.；	#3=29.35；
G71U1.5R1.；	N10IF[#3LT-9.236]GOTO20；
G71P10Q20U0.5W0F100；	#4=SQRT[#1*#1-#3*#3]；
N10G00X16.；	#5=17.5/33.*#4；
G01Z0；	#6=2*#5+2*#10；
Z-3.65；	IF[#6GE36.]GOTO20；
X35.；	G01X#6Z[#3-33.]F80；

续表 4-1-4

主程序	子程序
Z-42.236;	#3=#3-0.1;
X33.601;	GOTO10;
G02U10.Z-48.R5.;	N20G01X[#6+2.];
G01X48.;	G0Z-3.65;
N20W-12.;	M99;
G70P10Q20;	
#10=19.;	
N30M98P02;	
#10=#10-2.;	
IF[#10GE0]GOTO30;	
#10=0;	
M98P02;	
G00X100.Z100.;	
M30;	
%	

3. 以极坐标方式编程加工椭圆

用极坐标方式标注椭圆,在零件图纸上比较常见,一般是以角度 α 标注,标出起始角度和终点角度。这时就需要写出椭圆的极坐标方程,$X=a\cdot\sin\alpha$,$Z=b\cdot\cos\alpha$,其中变量#1=a,#2=Z,#3=X。

由图 4-1-6 可知:$a=10$,$b=20$,$\alpha=30°$。根据公式得出 $X=10\sin 30°$,$Z=20\cos 30°-20$。为了编程方便用变量 α 来表示 X、Z。

零件毛坯直径为 $\phi35$,总长为 50 mm。见表 4-1-5。

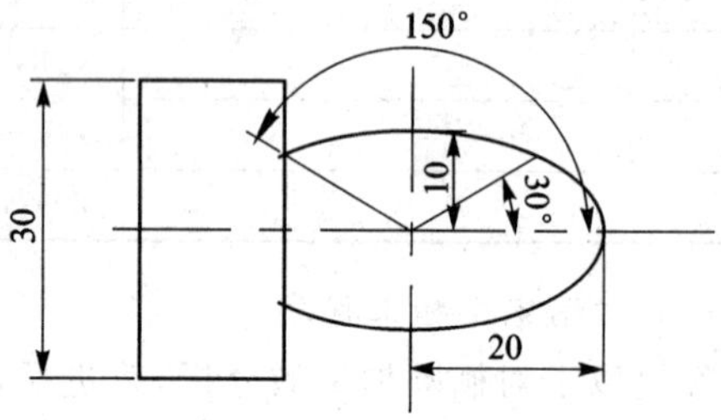

图 4-1-6　极坐标方式

表 4-1-5　以极坐标方式标注椭圆的加工程序

FANUC 0i 系统程序	程序说明
O1234	车左端
T0101M3 S800(1 号刀,仿形尖刀)M08	程序开始(主轴正转 800 r/min、冷却液开启(1 号刀,仿形尖刀))
G00 X37 Z2,	
G73 U18 R13,	
G73 P50 Q120 U0.3 F0.15,	
G42 G01 X35 F0.1, N60 G01 Z0,	
#1=30,	(#1 代表 α,#1 的值为椭圆起点角度)
N75 #2=10*SIN#1,	(#2 代表 X 变量)
#3=20*COS#1-20	(#3 代表 Z 变量)

续表 4-1-5

FANUC 0i 系统程序	程序说明
G01 X [2 * #2] Z [#1]	(用直线插补指令逼近椭圆)
#1=#1+1,	(1 是角度,越小,直线逼近的椭圆越接近)
IF [#1LE150] GOTO 75	(如#1≤终点角度 α150°,程序从 N75 行开始循环)
GO1 X31,	(车端面)
G00 X50 Z50,	(退刀)
M03 S1000,	(定位)
G00 X36 Z1,	
G7O P50 Q120,	(精车)
G00 X100 Z100,	
M05,	
M30	

4. 凸椭圆中心不在零件轴线上

加工图 4-1-7 所示的椭圆。分析:毛坯直径为 $\phi 40$,总长为 40 mm,用变量进行编程,经计算椭圆起点的 X 轴坐标值为 10.141。加工程序见表 4-1-6。

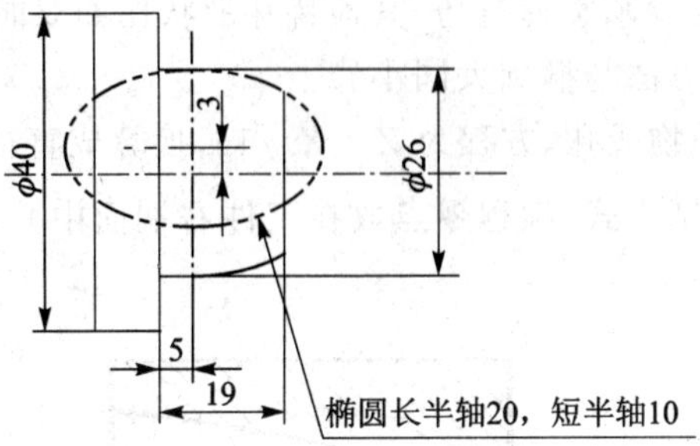

图 4-1-7 凸椭圆中心不在零件轴线上

表 4-1-6 凸椭圆中心不在零件轴线上的加工程序

FANUC 0i 系统程序	程序说明
O1234	车左端
T0101	(1 号刀,仿形尖刀)
M03 S800,	
G00 X41 Z2,	
G73 U15 R10,	
G73 P50 Q130 U0.3 F0.15,	
G42 G01 Z0 F0.1,	
#1=0	#1 代表 Z,#1 的值为椭圆起点
N75 #2=#1+14,	中间量
#3=3+10 * SQRT[1-#2 * #2/400]	#3 代表 X 利用椭圆公式的转换#3 用#1 表示
G01 X [2 * #2] Z [#1]	用直线插补指令逼近椭圆

续表 4-1-6

FANUC 0i 系统程序	程序说明
#1=#1-0.1	0.1 是步距，这个值越小，直线逼近的椭圆越接近
IF [#1GE-19] GOTO 75	如#1≥终点的 Z 向坐标-19，程序从 N75 行开始循环
GO1 X39，	车端面
G40 G01 X40 Z-20	倒角
G00 X50 Z50	退刀
M03 S1000，	
G00 X41 Z1	(定位)
G7O P50 Q130	(精车)
G00 X100 Z100，	
M05，	
M30	

4.1.4 方程曲线——抛物线轮廓加工的宏程序编程示例

前面介绍了加工椭圆类零件的实例分析，加工方式步步提高，编程难度也步步加大，这些都可以从实际编程中积累经验和掌握技巧，其他特殊形状比如双曲线、抛物线、正弦曲线等，只要根据其关系式方程，编程方法与椭圆大同小异。

如图 4-1-8 所示的抛物线孔，方程为 $Z=X^2/16$，换算成直径编程形式为 $Z=X^2/64$，则 $X=\sqrt{[Z]}/8$。采用端面切削方式，编程零点放在工件右端面中心，工件预钻有 $\phi30$ 底孔。其加工程序见表 4-1-7。

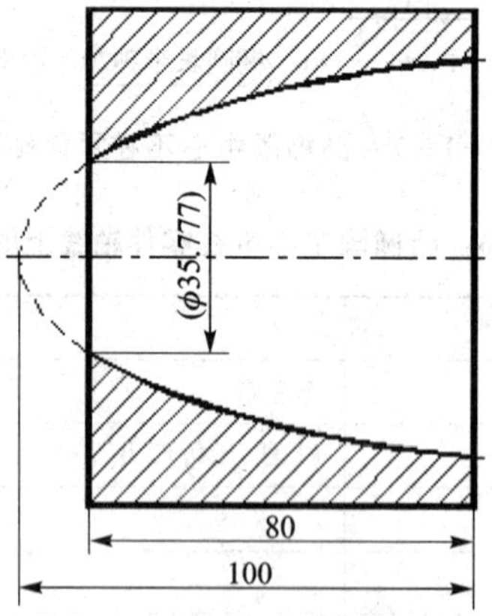

图 4-1-8 抛物线轮廓加工

表 4-1-7 抛物线轮廓加工程序

程序段号	FANUC 0i 系统程序	程序说明
	O1234	车左端
N10	G50 X100 Z200；	程序初始(主轴正转 1 200 r/min，冷却液开启，取消刀补)
N20	T0101；	(菱形车刀)

续表 4-1-7

程序段号	FANUC 0i 系统程序	程序说明
	O1234	车左端
N30	G90 G0 X28 Z2 M03 M07 S800；	
N40	＃1＝－3；	*Z*
N50	WHILE ＃1 GE －81 DO1；	粗加工控制
N60	＃2＝SQRT[100＋＃1]/8；	*X*
N70	G0 Z[＃1＋0.3]；	
N80	G1 X[＃2－0.3] F0.3；	
N90	G0 X28 W2；	
N100	＃1＝＃1－3;；	
N110	END1；	
N120	＃10＝0.2；	
N130	＃11＝0.2；	
N140	WHILE ＃10 GE 0 DO1；	半精、精加工控制
N150	＃1＝－81；	
N160	G0 Z－81 S1500；	
N170	WHILE ＃1 LT 0.5 DO2；	曲线加工控制
N180	＃2＝SQRT[100＋＃1]/8；	*X*
N190	G1 X[＃2－＃10] Z[＃1＋＃11] F0.1；	
N200	＃1＝＃1＋0.3；	
N210	END2；	
N220	G0 X28；	
N230	＃10＝＃10－0.2；	
N240	＃11＝＃11－0.2；	
N250	END1；	
N260	G0 X100 Z200 M05 M09；	
N270	T0100；	
N280	M30	

4.1.5　方程曲线宏程序编制过程中应注意的问题

1. 步距问题

车削后工件的尺寸精度不仅与加工过程中的精确对刀、正确选用刀具的磨损量和正确选用合适的加工工艺等措施有关，还与编程时所选择的步距有关。步距值越小，加工精度越高；但是减小步距不仅会造成数控系统工作量加大，运算繁忙，影响进给速度的提高，从而降低加工效率，甚至造成机床爬行；而且步距的值要大于刀尖的圆弧半径，否则刀具的半径补偿在 FANUC 0i 系统中是加不上的。因此，必须根据加工要求合理选择步距，一般在满足加工要求的前提下，尽可能选取较大的步距；也可以根据曲面的精度要求，选择等精度查补。

2. 刀尖圆弧半径补偿问题

由于实际刀具的刀尖处存在圆弧,加工中起实际切削作用的是刀尖上的圆弧切点,因此,为了保证精度,我们在编程过程中,不仅要加上刀尖圆弧半径补偿指令 G41 或 G42,否则在加工过程中可能产生过切或欠切现象,而且取消刀具半径补偿时要注意角度不能小于 90°,否则会造成已加工面的损坏。

4.1.6 综合加工训练

【例 4-1-1】 加工如图 4-1-9 所示椭圆。

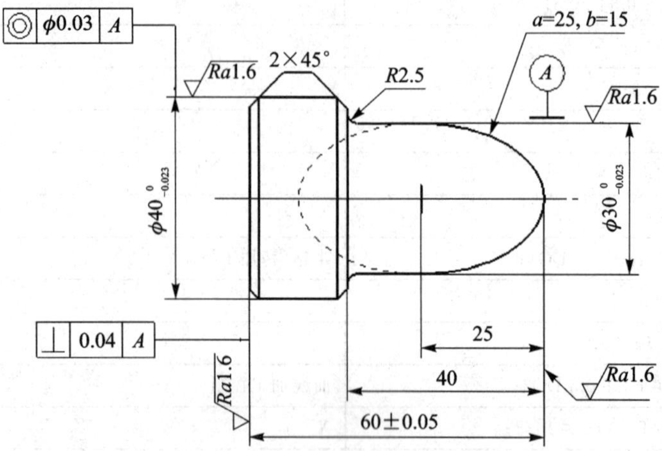

图 4-1-9 综合加工训练——工件Ⅰ

加工本例工件时,试采用B类宏程序编写,先用封闭轮廓复合循环指令进行去除余量加工。精加工时,同样用直线进行拟合,这里以 Z 坐标作为自变量,X 坐标作为因变量,其加工程序见表 4-1-8。

表 4-1-8 综合加工训练——工件Ⅰ加工程序

FANUC 0i 系统程序	程序说明
O1234	车椭圆
G99 G97 G21	
G50 S1800	
G96 S120	
S800 M03 T0101	
G00 X43 Z2 M08	
G73 U21 W0 R19	
G73 P1 Q2 U0.5 W0.1 F0.2	
N1 G00 X0 S1000	
G42 G01 Z0 F0.08	
#101=25	
N10 #102=30*SQRT[1-[#101*#101]/[25*25]]	

续表 4-1-8

FANUC 0i 系统程序	程序说明
G01 X[＃102] Z[＃101－25]	
＃101＝＃101－0.1	
IF[＃101GE0]GOTO10	
Z－37.5	
G02 X35 Z－40 R2.5	
G01 X36	
X40 Z－42	
N2 X43	
G70P1Q2	
G40G00X100Z100M09	
T0100M05	
G97	
M30	

【例 4-1-2】 加工如图 4-1-10 所示椭圆。

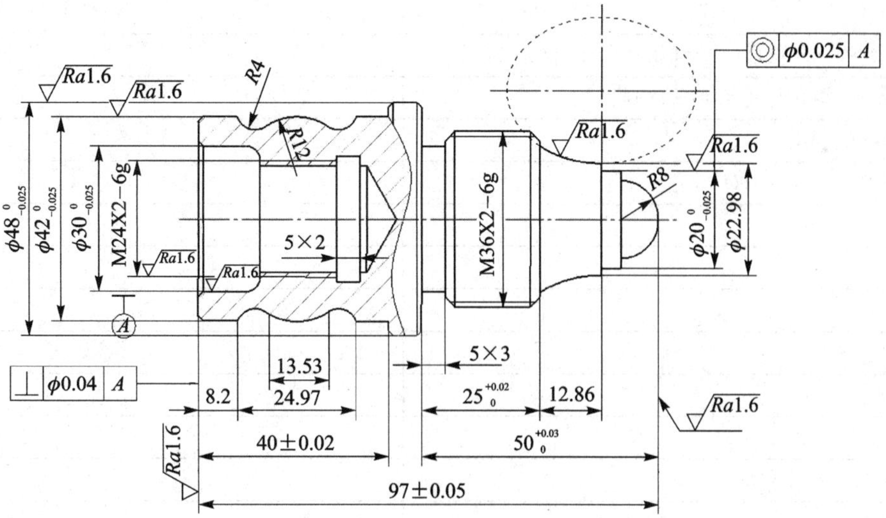

图 4-1-10 综合加工训练——工件Ⅱ

加工本例工件时，试采用 B 类宏程序编写，先用封闭轮廓复合循环指令进行去除余量加工。

精加工时，同样用直线进行拟合，这里以 Z 坐标作为自变量，以 X 坐标作为因变量，其加工程序见表 4-1-9。

表 4-1-9 综合加工训练——工件Ⅱ加工程序

FANUC 0i 系统程序	程序说明
O1234	车左端
G99 G97 G21	程序初始(主轴正转每分钟 1 200 转、冷却液开启、取消刀补)
G50 S1800	(菱形车刀)
G96 S120	
S800 M03 T0101	
G00 X53 Z2 M08	
G73 U25 W0 R23	
G73 P1 Q2 U0.5 W0.1 F0.2	
N1 G00 X0 S1000	
G42 G01 Z0 F0.08	
G03 X16 Z−8 R8	
G01 X19.4	
X20 Z−8.3	
Z−12.14	
X22.98	
＃101＝0	
N10 ＃102＝30 * SQRT[1−[＃101 * ＃101]/[20 * 20]]	
G01 X[52.98−＃102] Z[＃101−12.14]	
＃101＝＃101−0.1	
F[＃101GE−12.86]GOTO10	
G01 X32	
X35.8 Z−27	
Z−50	
X46	
N2 X48 Z−51	
G70 P1 Q2	
G40 G00 X100 Z100 M09	
T0100 M05	
G97	
M30	

【例 4-1-3】 加工如图 4-1-11 所示椭圆。

加工本例工件时,试采用 B 类宏程序编写,先用封闭轮廓复合循环指令进行去除余量加工。

精加工时,同样用直线进行拟合,这里以 Z 坐标作为自变量,以 X 坐标作为因变量,其加工程序见表 4-1-10。

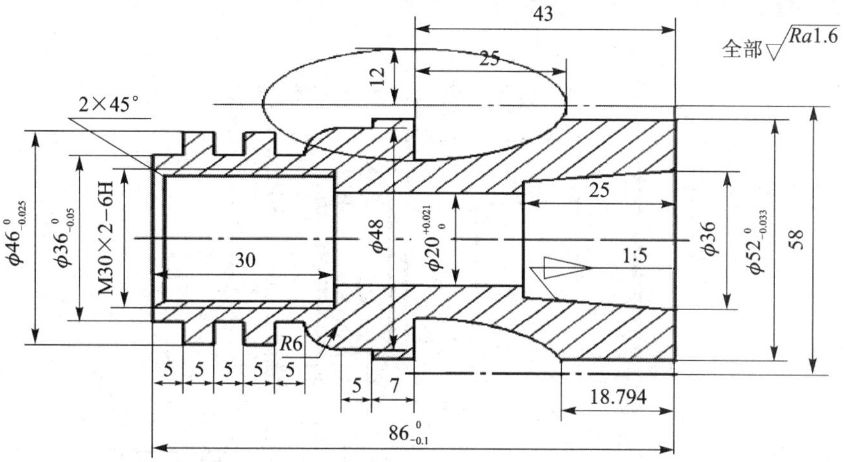

图 4-1-11　综合加工训练——工件Ⅲ

表 4-1-10　综合加工训练Ⅲ加工程序

FANUC 0i 系统程序	程序说明
O1234	车外形
G99 G97 G21	程序初始(主轴正转 1 200 r/min,冷却液开启,取消刀补)
G50 S1800	(菱形车刀)
G96 S120	
S800 M03 T0101	
G00 X58 Z2 M08	
G73 U11 W0 R9	
G73 P1 Q2 U0.5 W0.1 F0.2	
N1 G00 X51 S1000	
G42 G01 Z0 F0.08	
X52 Z−1	
Z−18.794	
#101=25	
N10 #102=24*SQRT[1−[#101*#101]/[25*25]]	
G01 X[58−#102] Z[#101−43]	
#101=#101−0.1	
IF[#101GE0]GOTO10	
X51	
X52 Z−43.5	
N2 X55	
G70 P1 Q2	
G40 G00 X100 Z100 M09	
T0100 M05	
G97	
M30	

【例 4-1-4】 如图 4-1-12 所示,加工椭圆。

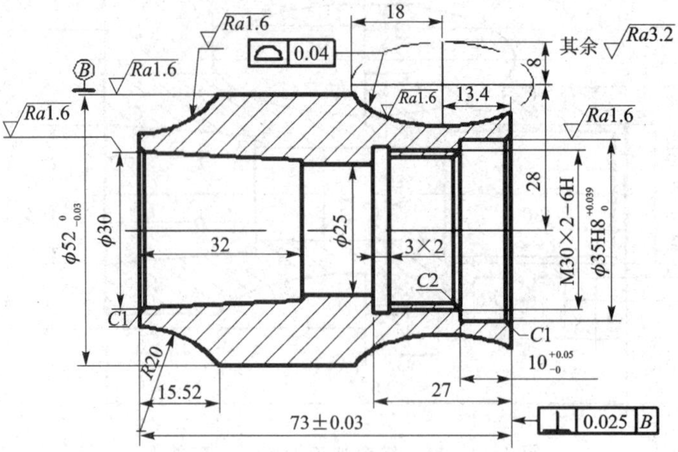

图 4-1-12 综合加工训练——工件Ⅳ

加工本例工件时,试采用B类宏程序编写,先用封闭轮廓复合循环指令进行去除余量加工。精加工时,同样用直线进行拟合,这里以 *Z* 坐标作为自变量,以 *X* 坐标作为因变量,其加工程序见表 4-1-11。

表 4-1-11 综合加工训练——工件Ⅳ加工程序

FANUC 0i 系统程序	程序说明
O1234	车椭圆
G99 G97 G21	程序初始(主轴正转 1200 r/min,冷却液开启,取消刀补)
G50 S1800	(菱形车刀)
G96 S120	
S800 M03 T0101	
G00 X58 Z2 M08	
G73 U8 W0 R7	
G73 P1 Q2 U0.5 W0.1 F0.2	
N1 G00 X45.32 S1000	
G42 G01 Z0 F0.08	
#101=13.4	
N10 #102=30*SQRT[1-[#101*#101]/[25*25]]	
G01 X[#102] Z[#101-13.4]	
#101=#101-0.1	
IF[#101GE-18]GOTO10	
G1 X 52	
Z-59	
N2 X58	
G70 P1 Q2	
G40 G00 X100 Z100 M09	
T0100 M05	
G97	
M30	

椭圆标准方程：$\frac{Z^2}{a^2}+\frac{X^2}{b^2}=1$　（a 为长半轴，b 为短半轴，$a>b>0$）

如图 4－1－12 所示（a 为 18，b 为 8），因此 $\frac{13.4^2}{18^2}+\frac{X^2}{8^2}=1$。

计算得出 5.34（半径）。

直径值为 5.34 乘以 2，得 10.68，故

$$56（椭圆\ b\ 轴中心坐标）-10.68=45.32$$

课题二　综合零件加工范例

教学要求

- ◆ 熟练掌握综合零件的工艺路线分析。
- ◆ 熟练掌握综合零件的切削用量选择。
- ◆ 熟练掌握综合零件的编程技巧。
- ◆ 熟练掌握测量技术以及刀具补偿。

4.2.1　典型零件手动编程加工

加工图 4－2－1 所示零件外形轮廓，要求手动编制程序。

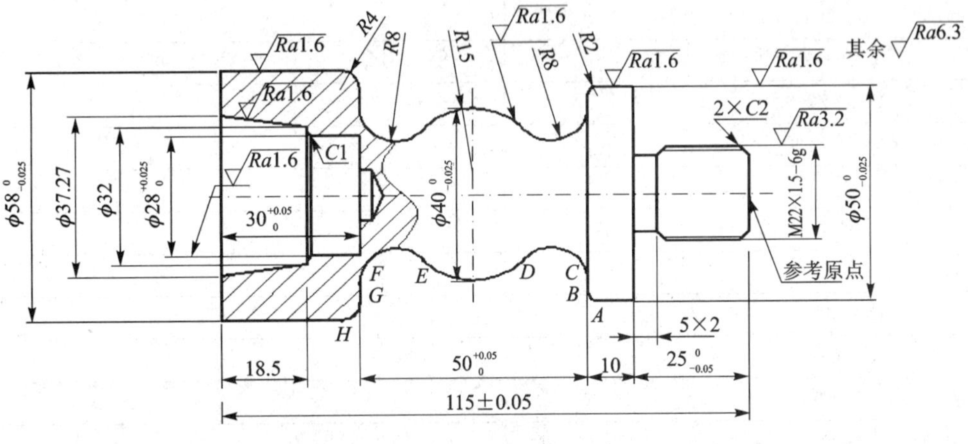

注：A、B、C、D、E、F、G、H 八点相对原点的坐标如下：
A(X50, Z−33)　B(X46, Z−35)　C(X40.98, Z−35)
D(X30.21, Z−48.91)　E(X30.21, Z−71.09)　F(X40.98, Z−85)
G(X50, Z−85)　H(X58, Z−89)

技术要求：
1. 材料：45；
2. 未注倒角0.5×45°。

图 4－2－1　典型零件手动编程

【工艺分析】

根据图纸要求按先主后次的加工原则，确定工艺路线：

① 加工 φ58 及对应内孔 φ28 及锥孔；

② 采用一夹一顶，加工螺纹端及中段圆弧槽。

【刀具选择及编号】

刀具选择及编号见表 4-2-1。

表 4-2-1　典型零件手动编程刀具选择

刀　号	型　号	种　类
T0101	85°	外圆刀
T0202	ϕ20	镗刀
T0303	35°	左偏刀
T0404	35°	右偏刀
T0505	M22×1.5	螺纹刀
T0606	3 mm	切槽刀

【编制程序】

① 加工左端,程序编制见表 4-2-2。

表 4-2-2　左端加工程序

段　号	FANUC 0i 系统程序	程序说明
	O1234	车左端
N10	G21	程序初始(主轴正转 1 200 r/min、冷却液开、取消刀补)
N20	T0101	(菱形车刀)
N30	G97 S450 M03	
N40	G0 X62. Z0. M8	
N50	G99 G1 X19.357 F.2	
N60	G0 Z2	
N70	X61.229	
N80	Z2.5	
N90	G1 Z−29.8	
N100	X62.644	
N110	X65.472 Z−28.386	
N120	G0 Z2.5	
N130	X59.815	
N140	G1 Z−29.8	
N150	X61.629	
N160	X64.458 Z−28.386	
N170	G0 Z2.5	
N180	X58.4	
N190	G1 Z−29.8	
N200	X60.215	
N210	X63.043 Z−28.386	
N220	G0 X63.543	

续表 4-2-2

段　号	FANUC 0i 系统程序	程序说明
	O1234	车左端
N230	X150.0 Z150.0	
N240	M05	
N250	M00	
N260	N20 T0202	
N270	G97 S500 M03	
N280	G0 X24.186 Z2.5 M8	
N290	G1 Z−29.8 F.2	
N300	X22.373	
N310	X19.544 Z−28.386	
N320	G0 Z2.5	
N330	X26.	
N340	G1 Z−29.8	
N350	X23.786	
N360	X20.958 Z−28.386	
N370	G0 Z2.5	
N380	X27.814	
N390	G1 Z−18.558	
N400	G2 X27.6 Z−18.9 R.6	
N410	G1 Z−29.8	
N420	X25.6	
N430	X22.772 Z−28.386	
N440	G0 Z2.5	
N450	X29.627	
N460	G1 Z−18.3	
N470	X28.8	
N480	G2 X27.6 Z−18.9 R.6	
N490	G1 Z−29.8	
N500	X27.414	
N510	X24.585 Z−28.386	
N520	G0 Z2.5	
N530	X31.441	
N540	G1 Z−18.3	
N550	X29.227	
N560	X26.399 Z−16.886	
N570	G0 Z2.5	
N580	X33.255	

续表 4-2-2

段 号	FANUC 0i 系统程序	程序说明
	O1234	车左端
N590	G1 Z−13.049	
N600	X31.759 Z−18.3	
N610	X31.041	
N620	X28.213 Z−16.886	
N630	G0 Z2.5	
N640	X35.068	
N650	G1 Z−6.682	
N660	X32.855 Z−14.453	
N670	X30.026 Z−13.039	
N680	G0 Z2.5	
N690	X36.882	
N700	G1 Z−.315	
N710	X34.668 Z−8.086	
N720	X31.84 Z−6.672	
N730	G0 X20.273	
N740	G97 S600	
N750	Z1.656	
N760	X37.278	
N770	G1 Z−.344	
N780	X32.106 Z−18.5	
N790	X28.8	
N800	G2 X28. Z−18.9 R.4	
N810	G1 Z−30	
N820	X22.373	
N830	X19.544 Z−28.586	
N840	M9	
N850	M05	
N860	M30	

② 加工右端,程序编制见表 4-2-3。

表 4-2-3 右端加工程序

段号	FANUC 0i 系统程序	程序说明
	O1234	车右端
N10	G21	
N20	T0101	
N30	G97 S500 M03	

续表 4-2-3

段号	FANUC 0i 系统程序	程序说明
	O1234	车右端
N40	G0 X60.185 Z2.5 M8	
N50	G99 G1 Z−96.3 F.2	
N60	X64	
N70	X66.828 Z−94.886	
N80	G0 Z2.5	
N90	X56.369	
N100	G1 Z−86.42	
N110	G3 X59. Z−89.8 R5	
N120	G1 Z−96.3	
N130	X60.585	
N140	X63.413 Z−94.886	
N150	G0 Z2.5	
N160	X52.554	
N170	G1 Z−85.126	
N180	G3 X56.769 Z−86.652 R5	
N190	G1 X59.597 Z−85.238	
N200	G0 Z2.5	
N210	X48.738	
N220	G1 Z−24.871	
N230	G3 X49.414 Z−25.093 R1	
N240	G1 X50.414 Z−25.593	
N250	G3 X51. Z−26.3 R1	
N260	G1 Z−33.8	
N270	Z−84.901	
N280	G3 X52.954 Z−85.207 R5	
N290	G1 X55.782 Z−83.793	
N300	G0 Z2.5	
N310	X44.923	
N320	G1 Z−24.8	
N330	X48	
N340	G3 X49.138 Z−24.978 R1	
N350	G1 X51.966 Z−23.563	
N360	G0 Z2.5	
N370	X41.107	
N380	G1 Z−24.8	
N390	X45.323	

续表 4-2-3

段号	FANUC 0i 系统程序	程序说明
	O1234	车右端
N400	X48.151 Z−23.386	
N410	G0 Z2.5	
N420	X37.292	
N430	G1 Z−24.8	
N440	X41.507	
N450	X44.336 Z−23.386	
N460	G0 Z2.5	
N470	X33.476	
N480	G1 Z−24.8	
N490	X37.692	
N500	X40.52 Z−23.386	
N510	G0 Z2.5	
N520	X29.661	
N530	G1 Z−24.8	
N540	X33.876	
N550	X36.705 Z−23.386	
N560	G0 Z2.5	
N570	X25.845	
N580	G1 Z−24.8	
N590	X30.061	
N600	X32.889 Z−23.386	
N610	G0 Z2.5	
N620	X22.03	
N630	G1 Z−2.001	
N640	X22.214 Z−2.093	
N650	G3 X22.8 Z−2.8 R1	
N660	G1 Z−19.8	
N670	Z−24.8	
N680	X26.245	
N690	X29.074 Z−23.386	
N700	G0 Z2.5	
N710	X18.214	
N720	G1 Z−.093	
N730	X22.214 Z−2.093	
N740	G3 X22.43 Z−2.22 R1	
N750	G1 X25.258 Z−.806	

续表 4-2-3

段号	FANUC 0i 系统程序	程序说明
	O1234	车右端
N760	G0 X65	
N770	G00 X150.0 Z150.0	
N780	M05	
N790	M00	
N800	N20 T0101	
N810	G97 S600 M03	
N820	G00 Z1.766	
N830	X17.331	
N840	G1 Z−.234	
N850	X21.331 Z−2.234	
N860	G3 X21.8 Z−2.8 R.8	
N870	G1 Z−19.8	
N880	Z−25	
N890	X47.4	
N900	G3 X48.531 Z−25.234 R.8	
N910	G1 X49.531 Z−25.734	
N920	G3 X50. Z−26.3 R.8	
N930	G1 Z−33.8	
N940	Z−85.067	
N950	G3 X58. Z−89.8 R4.8	
N960	G1 Z−96.5	
N970	X64	
N980	X66.828 Z−95.086	
N990	G00 X150.0 Z150	
N1000	M05	
N1010	N30 T0202	
N1020	G97 S1797 M03	
N1030	G0 X62. Z−63.496 M8	
N1040	G1 X40.348 F.1	
N1050	G0 X62.	
N1060	Z−61.504	
N1070	G1 X40.4	
N1080	X40.799 Z−61.703	
N1090	G0 X62	
N1100	Z−65.489	
N1110	G1 X39.86	

续表 4-2-3

段号	FANUC 0i 系统程序	程序说明
	O1234	车右端
N1120	G0 X62	
N1130	Z−59.511	
N1140	G1 X40.349	
N1150	X40.748 Z−59.71	
N1160	G0 X62	
N1170	Z−67.481	
N1180	G1 X38.833	
N1190	G0 X62	
N1200	Z−57.519	
N1210	G1 X39.863	
N1220	G0 X62.	
N1230	Z−69.474	
N1240	G1 X37.208	
N1250	G0 X62	
N1260	Z−55.526	
N1270	G1 X38.838	
N1280	G0 X62	
N1290	Z−71.467	
N1300	G1 X34.87	
N1310	G0 X62.	
N1320	Z−53.533	
N1330	G1 X37.215	
N1340	G0 X62	
N1350	Z−73.459	
N1360	G1 X31.6	
N1370	G0 X62.	
N1380	Z−51.541	
N1390	G1 X34.881	
N1400	G0 X62.	
N1410	Z−75.452	
N1420	G1 X27.924	
N1430	G0 X62.	
N1440	Z−49.548	
N1450	G1 X31.614	
N1460	G0 X62.	
N1470	Z−77.444	

续表 4-2-3

段号	FANUC 0i 系统程序	程序说明
	O1234	车右端
N1480	G1 X26.022	
N1490	G0 X62.	
N1500	Z−47.556	
N1510	G1 X27.934	
N1520	G0 X62.	
N1530	Z−79.437	
N1540	G1 X25.952	
N1550	X26.35 Z−79.238	
N1560	G0 X62.	
N1570	Z−45.563	
N1580	G1 X26.026	
N1590	G0 X62.	
N1600	Z−81.43	
N1610	G1 X27.767	
N1620	X28.165 Z−81.23	
N1630	G0 X62.	
N1640	Z−43.57	
N1650	G1 X25.948	
N1660	X26.346 Z−43.77	
N1670	G0 X62.	
N1680	Z−83.422	
N1690	G1 X31.579	
N1700	X31.978 Z−83.223	
N1710	G0 X62.	
N1720	Z−41.578	
N1730	G1 X27.757	
N1740	X28.156 Z−41.777	
N1750	G0 X62.	
N1760	Z−84.8	
N1770	G1 X40.18	
N1780	X40.579 Z−84.601	
N1790	G0 X62.	
N1800	Z−85.415	
N1810	G1 X53.795	
N1820	X54.193 Z−85.216	
N1830	G0 X62.	

续表 4-2-3

段号	FANUC 0i 系统程序	程序说明
	O1234	车右端
N1840	Z-39.585	
N1850	G1 X31.559	
N1860	X31.957 Z-39.784	
N1870	G0 X62.	
N1880	Z-38.2	
N1890	G1 X40.18	
N1900	X40.579 Z-38.399	
N1910	G0 X62.	
N1920	Z-87.407	
N1930	G1 X57.492	
N1940	X57.891 Z-87.208	
N1950	G0 X62.	
N1960	Z-37.593	
N1970	G1 X48.54	
N1980	X48.939 Z-37.792	
N1990	G0 X62.	
N2000	G97 S350	
N2010	Z-23.412	
N2020	X53.	
N2030	G1 X20.2	
N2040	G0 X53.	
N2050	Z-24.8	
N2060	G1 X20.2	
N2070	X20.478 Z-24.661	
N2080	G0 X53.	
N2090	Z-26.414	
N2100	X51.828	
N2110	G1 X49. Z-25.	
N2120	X19.8	
N2130	X20.3 Z-24.75	
N2140	G0 X49.5	
N2150	Z-20.469	
N2160	X24.394	
N2170	G1 X21.566 Z-21.883	
N2180	X19.8 Z-22.766	
N2190	Z-25.	

续表 4-2-3

段号	FANUC 0i 系统程序	程序说明
	O1234	车右端
N2200	X20.3 Z−24.75	
N2210	G0 X51.828	
N2220	X150.0　Z150.0	
N2230	M05	
N2240	M00	
N2250	N40 T0303	
N2260	G97 S550 M03	
N2270	G0 X29.864 Z−72.796 M8	
N2280	G1 Z−70.796 F.3	
N2290	G2 X40. Z−59.2 R15.8	
N2300	X29.864 Z−47.604 R15.8	
N2310	G1 X29.837 Z−47.592	
N2320	G3 X24.98 Z−42.2 R7.2	
N2330	X39.38 Z−35. R7.2	
N2340	G1 X44.4	
N2350	G2 X50. Z−32.2 R2.8	
N2360	G1 X52.828 Z−33.614	
N2370	G00 X150.0 Z150.0	
N2380	M05	
N2390	M00	
N2400	N50 T0404	
N2410	G97 S550 M03	
N2420	G0 Z−47.204 M8	
N2430	X29.864	
N2440	G1 Z−49.204 F.3	
N2450	G3 X40. Z−60.8 R15.8	
N2460	X29.864 Z−72.396 R15.8	
N2470	G1 X29.837 Z−72.408	
N2480	G2 X24.98 Z−77.8 R7.2	
N2490	X39.38 Z−85. R7.2	
N2500	G1 X48.4	
N2510	G3 X58. Z−89.8 R4.8	
N2520	G1 X60.828 Z−88.386	
N2530	G00 X150.0 Z150.0	
N2540	M05	
N2550	M00	

续表 4-2-3

段号	FANUC 0i 系统程序	程序说明
	O1234	车右端
N2560	N60 T0505	
N2570	G97 S410 M03	
N2580	G0 X26. Z2.147 M8	
N2590	X20.814	
N2600	G32 Z-20. E1.5	
N2610	G0 X26.	
N2620	Z1.972	
N2630	X20.185	
N2640	G32 Z-20. E1.5	
N2650	G0 X26.	
N2660	Z1.837	
N2670	X19.697	
N2680	G32 Z-20. E1.5	
N2690	G0 X26.	
N2700	Z1.722	
N2710	X19.283	
N2720	G32 Z-20. E1.5	
N2730	G0 X26.	
N2740	Z1.621	
N2750	X18.918	
N2760	G32 Z-20. E1.5	
N2770	G0 X26.	
N2780	Z1.53	
N2790	X18.588	
N2800	G32 Z-20. E1.5	
N2810	G0 X26.	
N2820	Z1.445	
N2830	X18.283	
N2840	G32 Z-20. E1.5	
N2850	G0 X26.	
N2860	Z1.367	
N2870	X18.	
N2880	G32 Z-20. E1.5	
N2890	G0 X26.	
N2900	Z1.367	
N2910	X18.	

续表 4-2-3

段号	FANUC 0i 系统程序	程序说明
	O1234	车右端
N2920	G32 Z-20. E1.5	
N2930	G0 X26.	
N2940	Z2.147	
N2950	X150.	
N2960	M05	
N2970	M30	

【评分表】

典型零件手动编程图评分表见表 4-2-4。

表 4-2-4 典型零件手动编程图评分表

考核项目	检测内容	配 分	评分标准	检测记录	得 分
工件加工 70 分	$\phi 58^{+0}_{-0.025}$	6	超差 0.01 扣 2 分		
	$\phi 28^{+0.025}_{-0}$	6	超差 0.01 扣 2 分		
	$\phi 40^{+0}_{-0.025}$	6	超差 0.01 扣 2 分		
	$30^{+0.05}_{-0}$	6	超差 0.01 扣 2 分		
	M22×1.5-6*g*	6	超差 0.01 扣 2 分		
	$50^{+0.05}_{-0}$	6	超差 0.05 扣 2 分		
	*Ra*3.2、*Ra*1.6	10	降级不得分		
	$25^{+0}_{-0.025}$	6	每错一处扣 2 分		
	115±0.05	6	超差 0.05 扣 2 分		
	$\phi 50^{+0}_{-0.025}$	6	超差 0.05 扣 2 分		
	倒角、无飞边毛刺	6	每错一处扣 2 分		
程序与工艺 30 分	切削加工工艺正确	10	不合理每处扣 2 分		
	程序格式规范	5	每错一处扣 2 分		
	程序正确、简单、完整	10	每错一处扣 2 分		
	机床操作正确	5	不正确不得分		
机床操作与文明生产	文明生产	扣分	不规范每次扣 2 分		
	安全生产	扣分	误操作每次扣 2 分		
备注：违反安全生产规定的，酌情扣 5～15 分，严重者终止考试。					

4.2.2 数控车削电脑编程

加工图 4-2-2 所示零件外形轮廓，要求手工编制程序。

【工艺分析】

根据图纸要求按先主后次的加工原则，确定工艺路线：

① 加工螺纹端及 $\phi 22$ 外圆及锥面；

② 加工圆球端及 $\phi 25$ 外圆。

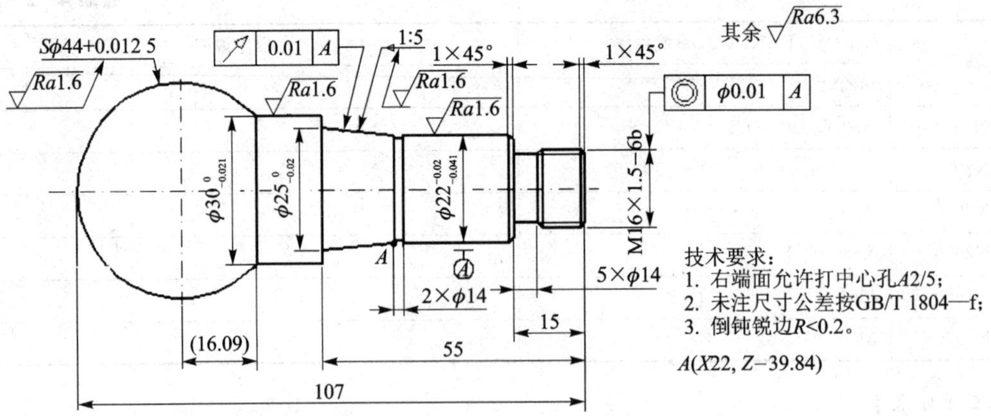

图 4-2-2　球头芯轴

【刀具选择】

刀具选择见表 4-2-5。

表 4-2-5　球头芯轴刀具选择

刀　号	规　格	种　类
T0101	2 mm	切槽刀
T0202	M16×1.5	螺纹刀
T0303	85°	外圆刀
T0404	35°	外圆刀

【编制程序】

① 左端加工程序见表 4-2-6。

表 4-2-6　左端加工程序

段　号	FANUC 0i 系统程序	程序说明
	O1234	左端的程序
N10	G21	程序初始(主轴正转 1 200 r/min,冷却液开启,取消刀补)
N20	T0101	(菱形车刀)
N30	G97 S450 M03	
N40	G0 X46.361 Z2.5 M8	
N50	G99 G1 Z－54.8 F.2	
N60	X50.	
N70	X52.828 Z－53.386	
N80	G0 Z2.5	
N90	X42.723	
N100	G1 Z－54.8	
N110	X46.761	
N120	X49.59 Z－53.386	

续表 4-2-6

段 号	FANUC 0i 系统程序	程序说明
	O1234	左端的程序
N130	G0 Z2.5	
N140	X39.084	
N150	G1 Z−54.8	
N160	X43.123	
N170	X45.951 Z−53.386	
N180	G0 Z2.5	
N190	X35.446	
N200	G1 Z−54.8	
N210	X39.484	
N220	X42.313 Z−53.386	
N230	G0 Z2.5	
N240	X31.807	
N250	G1 Z−54.8	
N260	X35.846	
N270	X38.674 Z−53.386	
N280	G0 Z2.5	
N290	X28.169	
N300	G1 Z−54.8	
N310	X32.207	
N320	X35.036 Z−53.386	
N330	G0 Z2.5	
N340	X24.53	
N350	G1 Z−53.526	
N360	X25.04 Z−54.8	
N370	X28.569	
N380	X31.397 Z−53.386	
N390	G0 Z2.5	
N400	X20.891	
N410	G1 Z−15.631	
N420	X21.814 Z−16.093	
N430	G3 X22.4 Z−16.8 R1.	
N440	G1 Z−46.3	
N450	Z−48.201	
N460	X24.93 Z−54.526	
N470	X27.758 Z−53.112	
N480	G0 Z2.5	

续表 4-2-6

段 号	FANUC 0i 系统程序	程序说明
	O1234	左端的程序
N490	X17.253	
N500	G1 Z−14.8	
N510	X18.4	
N520	G3 X19.814 Z−15.093 R1.	
N530	G1 X21.291 Z−15.831	
N540	X24.12 Z−14.417	
N550	G0 Z2.5	
N560	X13.614	
N570	G1 Z−.093	
N580	X15.614 Z−1.093	
N590	G3 X16.2 Z−1.8 R1.	
N600	G1 Z−10.8	
N610	Z−14.8	
N620	X17.653	
N630	X20.481 Z−13.386	
N640	G0 X51.	
N650	X150.0 Z150.0	
N660	M05	
N670	M00	
N680	N20 T0101	
N690	M03 G97 S550	
N700	G0 Z1.766	
N710	X13.331	
N720	G1 Z−.234	
N730	X15.331 Z−1.234	
N740	G3 X15.8 Z−1.8 R.8	
N750	G1 Z−10.8	
N760	Z−15.	
N770	X18.4	
N780	G3 X19.531 Z−15.234 R.8	
N790	G1 X21.531 Z−16.234	
N800	G3 X22. Z−16.8 R.8	
N810	G1 Z−46.3	
N820	Z−48.221	
N830	X24.712 Z−55.	
N840	X50.	

续表 4-2-6

段　号	FANUC 0i 系统程序	程序说明
	O1234	左端的程序
N850	X52.828 Z−53.586	
N860	G00 X150.0 Z150.0	
N870	M05	
N880	M00	
N890	N30 T0202	
N900	G97 S350 M03	
N910	G0 X24. Z−13.5 M8	
N920	G1 X14.2 F.1	
N930	G0 X24.	
N940	Z−14.8	
N950	G1 X14.2	
N960	X14.46 Z−14.67	
N970	G0 X24.	
N980	Z−12.2	
N990	G1 X14.2	
N1000	X14.46 Z−12.33	
N1010	G0 X24.	
N1020	Z−16.414	
N1030	X22.828	
N1040	G1 X20. Z−15.	
N1050	X13.8	
N1060	X14.3 Z−14.75	
N1070	G0 X20.5	
N1080	Z−10.586	
N1090	X18.628	
N1100	G1 X15.8 Z−12.	
N1110	X13.8	
N1120	Z−15.	
N1130	X14.3 Z−14.75	
N1140	G0 X22.828	
N1150	X26.	
N1160	Z−47.3	
N1170	G1 X18.	
N1180	G0 X26.	
N1190	Z−48.914	
N1200	X24.828	

续表 4-2-6

段　号	FANUC 0i 系统程序	程序说明
	O1234	左端的程序
N1210	G1 X22. Z−47.5	
N1220	X18.	
N1230	G0 X24.828	
N1240	Z−46.086	
N1250	G1 X22. Z−47.5	
N1260	X18.	
N1270	G0 X24.828	
N1280	M9	
N1290	X150.0 Z150.0	
N1300	M05	
N1310	M00	
N1320	N40 T0303	
N1330	G97 S410 M03	
N1340	G0 X20. Z2.1 M8	
N1350	X14.747	
N1360	G32 Z−10. E1.5	
N1370	G0 X20.	
N1380	Z1.918	
N1390	X14.088	
N1400	G32 Z−10. E1.5	
N1410	G0 X20.	
N1420	Z1.776	
N1430	X13.578	
N1440	G32 Z−10. E1.5	
N1450	G0 X20.	
N1460	Z1.656	
N1470	X13.145	
N1480	G32 Z−10. E1.5	
N1490	G0 X20.	
N1500	Z1.551	
N1510	X12.764	
N1520	G32 Z−10. E1.5	
N1530	G0 X20.	
N1540	Z1.455	
N1550	X12.418	
N1560	G32 Z−10. E1.5	

续表 4-2-6

段 号	FANUC 0i 系统程序	程序说明
	O1234	左端的程序
N1570	G0 X20.	
N1580	Z1.367	
N1590	X12.1	
N1600	G32 Z-10. E1.5	
N1610	G0 X20.	
N1620	Z1.367	
N1630	X12.1	
N1640	G32 Z-10. E1.5	
N1650	G0 X20.	
N1660	Z2.1	
N1670	X150.0 Z150.0	(刀具退到安全点)
N1680	M05	(主轴停止)
N1690	M30	

② 左端加工程序见表 4-2-7。

表 4-2-7 左端加工程序

段 号	FANUC 0i 系统程序	程序说明
	O1234	加工左端
N10	G21	程序初始(主轴正转 1 200 r/min,冷却液开启,取消刀补)
N20	N10 T0101	(菱形车刀)
N30	G97 S500 M03	
N40	G0 X46.031 Z2.5 M8	
N50	G99 G1 Z-51.8 F.3	
N60	X50.	
N70	X52.828 Z-50.386	
N80	G0 Z2.5	
N90	X42.062	
N100	G1 Z-15.56	
N110	G3 X44.4 Z-22.8 R23.	
N120	G1 Z-51.8	
N130	X46.431	
N140	X49.259 Z-50.386	
N150	G0 Z2.5	
N160	X38.092	
N170	G1 Z-11.175	
N180	G3 X42.462 Z-16.194 R23.	

续表 4-2-7

段　号	FANUC 0i 系统程序	程序说明
	O1234	加工左端
N190	G1 X45.29 Z−14.779	
N200	G0 Z2.5	
N210	X34.123	
N220	G1 Z−8.31	
N230	G3 X38.492 Z−11.524 R23.	
N240	G1 X41.321 Z−10.11	
N250	G0 Z2.5	
N260	X30.154	
N270	G1 Z−6.159	
N280	G3 X34.523 Z−8.56 R23.	
N290	G1 X37.352 Z−7.146	
N300	G0 Z2.5	
N310	X26.185	
N320	G1 Z−4.47	
N330	G3 X30.554 Z−6.352 R23.	
N340	G1 X33.382 Z−4.938	
N350	G0 Z2.5	
N360	X22.215	
N370	G1 Z−3.122	
N380	G3 X26.585 Z−4.623 R23.	
N390	G1 X29.413 Z−3.209	
N400	G0 Z2.5	
N410	X18.246	
N420	G1 Z−2.051	
N430	G3 X22.615 Z−3.245 R23.	
N440	G1 X25.444 Z−1.831	
N450	G0 Z2.5	
N460	X14.277	
N470	G1 Z−1.213	
N480	G3 X18.646 Z−2.148 R23.	
N490	G1 X21.475 Z−.733	
N500	G0 Z2.5	
N510	X10.308	
N520	G1 Z−.584	
N530	G3 X14.677 Z−1.288 R23.	
N540	G1 X17.505 Z.126	

续表 4-2-7

段 号	FANUC 0i 系统程序	程序说明
	O1234	加工左端
N550	G0 Z2.5	
N560	X6.338	
N570	G1 Z—.145	
N580	G3 X10.708 Z—.639 R23.	
N590	G1 X13.536 Z.776	
N600	G0 X45.4	
N610	Z—22.8	
N620	X44.4	
N630	G3 X40.9 Z—31.6 R23. F.1	
N640	G1 Z—51.8 F.3	
N650	X44.8	
N660	X47.628 Z—50.386	
N670	G0 Z—31.1	
N680	X41.3	
N690	G3 X37.4 Z—34.996 R23. F.1	
N700	G1 Z—51.8 F.3	
N710	X41.3	
N720	X44.128 Z—50.386	
N730	G0 Z—34.671	
N740	X37.8	
N750	G3 X33.9 Z—37.427 R23. F.1	
N760	G1 Z—51.8 F.3	
N770	X37.8	
N780	X40.628 Z—50.386	
N790	G0 Z—37.18	
N800	X34.3	
N810	G3 X30.4 Z—39.323 R23. F.1	
N820	G1 Z—51.8 F.3	
N830	X34.3	
N840	X37.128 Z—50.386	
N850	G0 X51.	
N860	X150.0 Z15. 00	
N870	M05	
N880	M00	
N890	N20T0101	
N900	G97 M03 S550	

续表 4-2-7

段 号	FANUC 0i 系统程序	程序说明
	O1234	加工左端
N910	G0 Z2.	
N920	G3 X44. Z−22.8 R22.8	
N930	G1 Z−52	
N940	X50	
N950	X5X−1.6	
N960	G1 Z0	
N970	2.828 Z−50.586	
N980	M9	
N990	G00 X150.0 Z150.0	
N1000	M05	
N1010	M30	

【评分表】

表 4-2-8　球头芯轴评分表

题　目	球头芯轴	考　号		总　分	
考核项目	检测内容	配　分	评分标准	检测记录	得　分
工件加工 70 分	$S\phi42\pm0.0125$	12	超差不得分		
	锥度 1∶5	12	接触面≥75%得 4 分，70%～75%得 2 分，<70%不得分		
	$M16\times1.5-6h$	10	超差不得分		
	$\phi\ 28^{+0}_{-0.021}$	6	超差不得分		
	$\phi\ 20^{-0.02}_{-0.041}$	6	超差不得分		
	$\phi\ 23^{+0}_{-0.2}$	6	超差不得分		
	$Ra\,1.6$(4 处)	6	降级不得分		
	未注尺寸公差(6 处)	3	超差不得分		
	1×45°(2 处)	3	超差不得分		
	圆跳动≤0.01	3	超差不得分		
	同轴度≤ϕ0.01	3	超差不得分		
程序 与工艺 30 分	切削加工工艺正确	10	不合理每处扣 2 分		
	程序格式规范	5	每错一处扣 2 分		
	程序正确、简单、完整	10	每错一处扣 2 分		
	机床操作正确	5	不正确不得分		
机床操作与 文明生产	文明生产	扣分	不规范每次扣 2 分		
	安全生产	扣分	误操作每次扣 2 分		
备注：违反安全生产规定的，酌情扣 5～15 分，严重者终止考试。					

4.2.3 典型组合零件加工

图 4-2-3 所示为组合零件配合图及实体效果图。零件 1 毛坯尺寸为 ϕ50 mm×85 mm，零件 2 毛坯尺寸为 ϕ50 mm×55 mm，毛坯材料均为 45 调质钢，25～32HRC。零件图分别如图 4-2-4、图 4-2-5 所示。

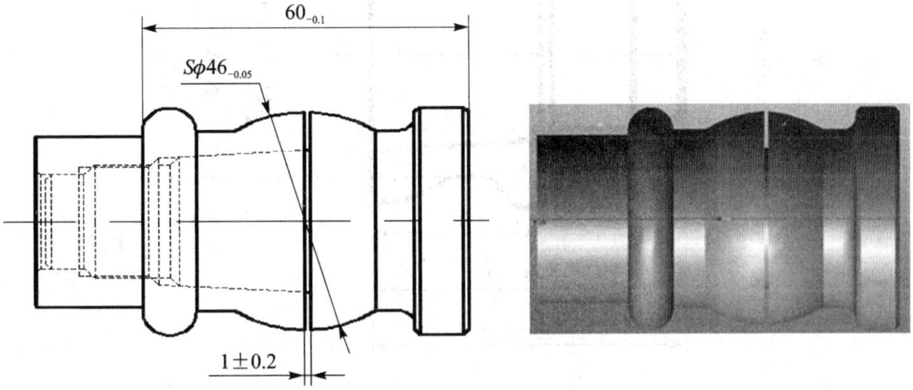

图 4-2-3 组合零件配合图及实体效果图

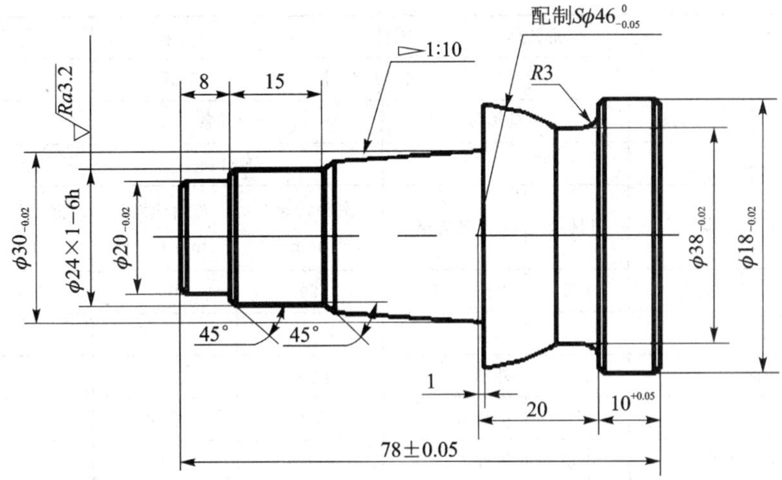

图 4-2-4 组合零件 1

【工艺分析】

由于此零件的外表面圆弧面较多，线轮廓要求较高，同轴度要求高，所以采用配合车削法进行加工。

第一步：车削孔零件工艺夹头。

第二步：车削零件 2 孔的一部分。

第三步：车削零件 1 轴的一部分。

第四步：配合车削外圆特型面。

第五步：车削轴的另一端并保证总长。

【刀具与工艺参数选择】

组合件加工所需刀具与工艺参数见表 4-2-9。

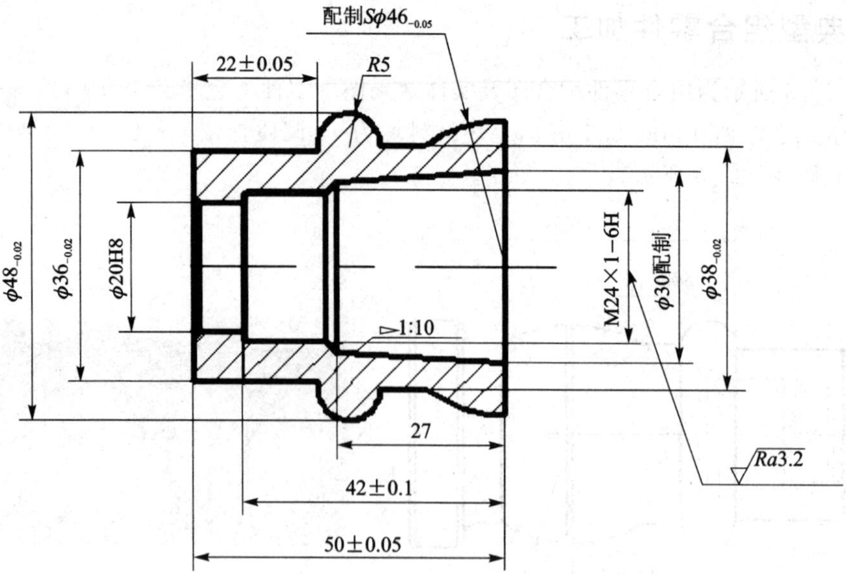

图 4-2-5 组合零件 2

表 4-2-9 典型组合件数控加工工序卡

数控加工工艺卡片			产品名称	零件名称		材　料	零件图号
				典型组合件		45 钢	
工序号	程序编号	夹具名称	夹具编号	使用设备			车　间
				CJK6140			
工步号	工步内容	刀具号	刀具规格	主轴转速/($r \cdot min^{-1}$)	进给速度/($mm \cdot r^{-1}$)	背吃刀量/mm	侧吃刀量/mm
1	粗车件 2 工艺夹头	T01	外圆车刀	1 200	0.2	1.5	
2	粗、精车件 2 内孔						
	(1) 偏端面	T01	外圆车刀	1 200	0.1	1	
	(2) 钻孔		ϕ18 钻头	600	手动		
	(3) 粗精镗内孔	T02	镗孔刀	1 000	0.15	1	
	(4) 车内螺纹	T03	内螺纹车刀	1 000		分层	
3	精车件 1 右端						
	(1) 车外圆	T01	外圆车刀	1 200	0.2	1.5	
	(2) 车外螺纹	T04	外螺纹车刀	1 000		分层	
4	配合车组合件外形	T05	外圆车刀	1 200	0.1	1	
5	车削组合件端面	T01	外圆车刀	1 200	0.2	1.5	
6	工件精度检测						

【加工步骤及程序编制】

工序 1：车削孔零件工艺夹头。

图 4-2-6 所示为工艺夹头示意图,程序见表 4-2-10。

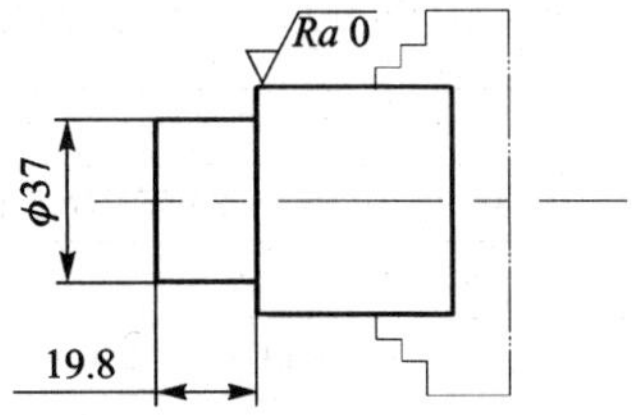

图 4-2-6　工序 1

表 4-2-10　工序 1 加工程序

段　号	FANUC 0i 系统程序	程序说明
	O0001	图 4-2-6 所示工序 1
N10	G99 M03 M08 S1200	主轴正转 1 200 r/min，冷却液打开
N20	T0101 G40	调用 1 号车刀，取消刀补
N30	G00 X54 Z1	
N40	G01 Z0 F0.1	
N50	X15	
N60	G00 X54 Z2	循环起点
N70	G90 X50 Z—19.8F0.2	循环车削外圆
N80	X47	
N90	X43	
N100	X40	
N110	X37	
N120	X36	
N130	G01 Z100 X150	刀具退到安全点
N140	M30	程序结束

工序 2：粗、精车件 2 内孔。

图 4-2-7 所示为工序 2 加工示意图，程序见表 4-2-11。

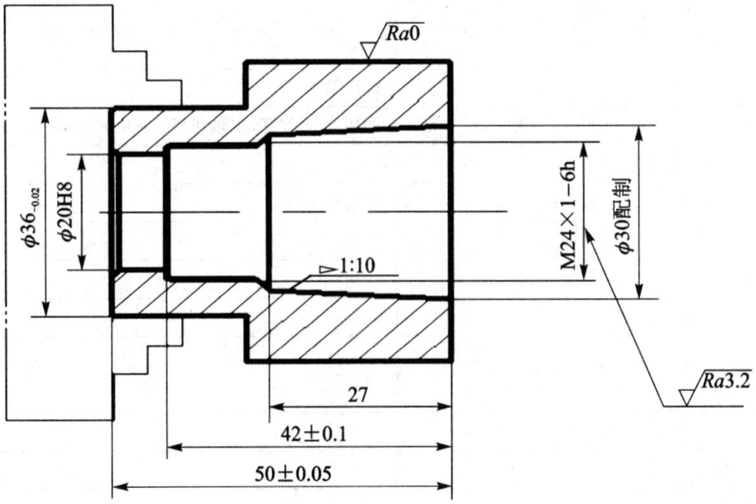

图 4-2-7　工序 2

表 4-2-11 工序 2 加工程序

段 号	FANUC0i 系统程序	程序说明
	O0002	图 4-2-7 工序 2 右端的程序
N10	G99 G40	取消刀补
N20	M03 M08 S1200	主轴正转 1200 r/min,冷却液打开
N30	T0101	调用 1 号车刀
N40	G00 X54 Z2	
N50	G01 Z1 F0.1	
N60	X11	
N70	G00 X54 Z1.5	
N80	G01 Z0 F0.1	
N90	X11	
N100	G00 X100 Z150	
N110	M05 M00	主轴停止转动,程序暂停
N120	T0202 M03 S1000	调用 2 号车刀,主轴正转 1000 r/min
N130	G00 X11 Z5	循环起点
N140	G71 U1 R1	孔内粗车循环
N150	G71 P10 Q20 U−0.3 W0.05 F0.15	
N160	N10 G00 X30 S1500	从 N10 到 N20 为精加工程序
N170	G01 Z0 F0.1	
N180	X27.3 Z−27	
N190	X23.1 Z−28	
N200	Z−42	
N210	X20	
N220	Z−50.5	
N230	N20 X10.5	
N240	G43 G70 P10 Q20	精加工孔
N250	G00 Z150	
N260	X100	
N270	M05	
N280	M00	程序暂停
N290	M03 S1000 T0303	调用 3 号车刀,主轴正转 1000 r/min
N300	G00 X23 Z1	
N310	G92 X23.3 Z−41 F1	车削内螺纹
N320	X23.5	
N330	X23.7	
N340	X23.8	
N350	X23.9	
N360	X24	
N370	G00 X100 Z150	
N380	M05 M09	
N390	M30	

先车削零件左端的外圆，留 1 mm 的余量。切断零件长度大约 52 mm 夹住外圆，车削右端、钻孔，孔内所有尺寸达到图纸要求并保证总长，车削完毕，取下零件。

工序 3：精车件 1 右端。

图 4－2－8 所示为工序 3 加工示意图，程序见表 4－2－12。

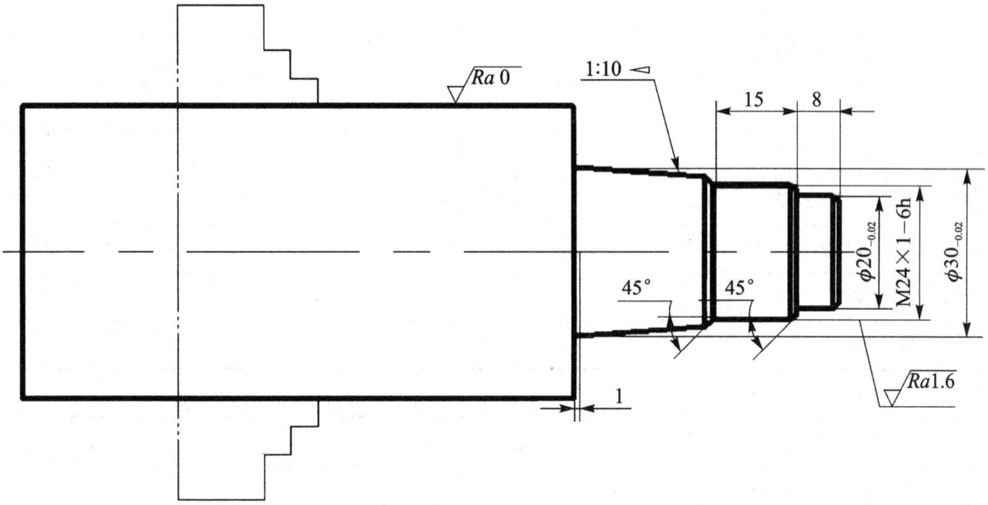

图 4－2－8　工序 3

表 4－2－12　工序 3 加工程序

段　号	FANUC 0i 系统程序	程序说明
	O0003	图 4－2－8 右端的程序
N10	G99 G40	程序初始
N20	M03 M08 S1200 T0101	调用 1 号车刀，主轴正转 1 200 r/min，冷却液打开
N30	G00 X51 Z5	循环起点
N40	G71 U1.5 R2	外径粗车循环
N50	G71 P60 Q150 U1 W0.05 F0.2	
N60	G00 X18 S1500	从 N10 到 N20 为精加工程序
N70	G01 Z0 F0.1	
N80	X20 C1	
N90	Z−8	
N100	X23.8 Z−10	
N110	Z−23	
N120	X27 Z−25	
N130	X 30 Z−47	
N140	Z−48	
N150	X50	

续表 4-2-12

段　号	FANUC 0i 系统程序	程序说明
	O0003	图 4-2-8 右端的程序
N160	G42 G70 P10 Q20	精加工外轮廓
N170	M05	
N180	M00(程序暂停)	
N190	M03 S1000　T0303	调用 2 号车刀,主轴正转 1000 r/min
N200	G00 X25 Z5	
N210	G92 X23.3 Z－23 F1	螺纹加工
N220	X23.2	
N230	X23	
N240	X22.9	
N250	X22.8	
N260	X22.7	
N270	G00 X100 Z100	
N280	M05	
N290	M30	程序结束

车削此零件的右端螺纹锥面,注意夹持零件时应留有充足的切段长度,长 82 mm 左右,车削完毕零件不取下。

工序 4:配合车削外圆特型面。

① 把已经车削好的孔零件配合在轴零件上,如图 4-2-9 所示。

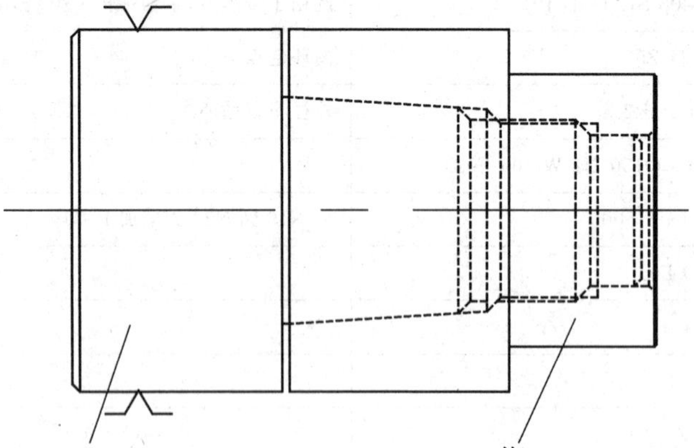

图 4-2-9　件 1 与件 2 配合

② 采用仿形车车削,用指令 G73 车削零件圆弧面及 $\phi36$ 和 $\phi48$ 的外圆至尺寸要求。工序 4 的加工示意图如图 4-2-10 所示,程序见表 4-2-13。

③ 最后切断零件再夹持 $\phi36$ 的外圆,保证轴零件的总长以及配合零件的总长。

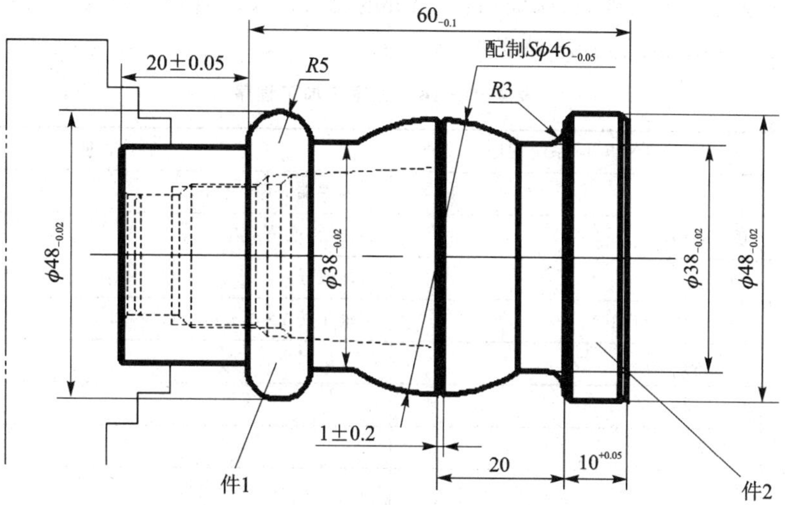

技术要求：
1. 衬套和心轴锥孔的配合接触面积不小于80%。
2. 装配时允许使用锉刀去毛刺。

图 4－2－10　工序 4

表 4－2－13　工序 4 加工程序

段　号	FANUC 0i 系统程序	程序说明
	O0004	图 4－2－23
N10	G99 G40 M03 M08 S1200	主轴正转每分钟 1 200 转，冷却液开启，取消刀补
N20	T0505	菱形车刀
N30	G00 X25 Z5	循环起点
N40	G73 U13 W1 R10	粗车外轮廓
N50	G73 P60 Q180 U0.2W0.05 F0.1	
N60	N10 G00 X35	以下程序为精加工配合圆弧外表面
N70	G01 Z0 F0.1	
N80	X36 C0.5	
N90	Z－20	
N100	G01 X38	
N110	G03 X38 Z－30 R5	
N120	G01 Z－37.04	
N130	G03 X38 Z－ 62.96R23	
N140	G01 Z－67	
N150	G02 X44 Z－70 R3	
N160	G01 X48 C1	
N170	W15	
N180	X51	
N190	G00 X100Z150	刀具退到安全点
N200	M05	主轴停止
N210	M30	程序结束

工序 5：车削轴的另一端并保证总长。

切断零件夹持 $\phi 36$ 的外圆,保证轴 78 mm 的总长以及配合尺寸总长,车完后用鸡心夹头分离轴、孔零件,加工完毕。程序见表 4-2-14。

表 4-2-14 工序 5 加工程序

段 号	FANUC 0i 系统程序	程序说明
	O0005	车零件端面保证总长
N10	G99 G40	转进给,取消刀补
N20	M08	冷却液开
N30	M03 S1200 T0101	主轴正转 1 200 r/min,85°外圆车刀
N40	G00 X49 Z1	
N50	G01 X49.1 Z−1 F0.1	
N60	X46 Z0	
N70	X−0.2	
N80	G01 Z100 X150	刀具退到安全点
N90	M05	主轴停止
N100	M30	程序结束

【评分表】

件 1 评分表见表 4-2-15。

表 4-2-15 件 1 评分表

工件编号	件 1(组合件)	考 号		总 分	
考核项目	检测内容	配 分	评分标准	检测记录	得 分
工件加工 70 分	$\phi 30^{+0}_{-0.02}$	7	超差 0.01 扣 2 分		
	$\phi 20^{+0}_{-0.02}$	7	超差 0.01 扣 2 分		
	锥度 1:10	7	超差 0.01 扣 2 分		
	$\phi 38^{+0}_{-0.02}$	7	超差 0.01 扣 2 分		
	$M24\times1-6h$	7	超差 0.01 扣 2 分		
	$\phi 48^{+0}_{-0.02}$	7	超差 0.05 扣 2 分		
	$Ra\,1.6$,$Ra\,3.2$	10	降级不得分		
	78±0.05	7	超差 0.05 扣 2 分		
	$10^{+0.05}_{-0}$	7	超差 0.05 扣 2 分		
	倒角,无飞边、毛刺	4	每错一处扣 2 分		
程序与工艺 30 分	加工工艺正确	10	不合理每处扣 2 分		
	程序格式规范	5	每错一处扣 2 分		
	程序正确、简单、完整	10	每错一处扣 2 分		
	机床操作正确	5	不正确不得分		
机床操作与文明生产	文明生产	扣分	不规范每次扣 2 分		
	安全生产	扣分	误操作每次扣 2 分		
备注:违反安全生产规定的,酌情扣 5～15 分,严重者终止考试。					

件 2 评分表见表 4-2-16。

表 4-2-16 件 2 评分表

工件编号	件 2(组合件)	考 号		总 分	
考核项目	检测内容	配 分	评分标准	检测记录	得 分
工件加工 70 分	$\phi 48^{+0}_{-0.02}$	6	超差 0.01 扣 2 分		
	$\phi 36^{+0}_{-0.02}$	6	超差 0.01 扣 2 分		
	ϕ20H8	6	超差 0.01 扣 2 分		
	$\phi 38^{+0}_{-0.02}$	6	超差 0.01 扣 2 分		
	M24×1－6H	6	超差 0.01 扣 2 分		
	Ra1.6 Ra3.2	10	降级不得分		
	20±0.05	6	超差 0.05 扣 2 分		
	42±0.1	6	超差 0.05 扣 2 分		
	50±0.05	6	超差 0.05 扣 2 分		
	倒角、无飞边毛刺	6	每错一处扣 2 分		
程序与工艺 30 分	加工工艺正确	10	不合理每处扣 2 分		
	程序格式规范	5	每错一处扣 2 分		
	程序正确、简单、完整	10	每错一处扣 2 分		
	机床操作正确	5	不正确不得分		
机床操作与文明生产	文明生产	扣分	不规范每次扣 2 分		
	安全生产	扣分	误操作每次扣 2 分		
备注：违反安全生产规定，酌情扣 5～15 分，严重者终止考试。					

配合件评分表见表 4-2-17。

表 4-2-17 配合件评分表

工件编号	配合件	考 号		总 分	
考核项目	检测内容	配 分	评分标准	检测记录	得 分
工件加工 70 分	$60^{+0}_{-0.1}$	25	超差 0.01 扣 2 分		
	$S\phi 46^{+0}_{-0.05}$	30	超差 0.01 扣 2 分		
	1±0.2	20	超差 0.01 扣 2 分		
	锥度 1∶10	25	接触面≥80%得 25 分，75%～80%得 12 分，<75%不得分		

4.2.4 航天飞机组合件

图 4-2-11 所示为航天飞机组合件，图 4-2-12～图 4-2-14 分别为组合件零件图和

实体效果图。

零件 1 毛坯尺寸为 ϕ50 mm×85 mm,零件 2 毛坯尺寸为 ϕ50 mm×55 mm,毛坯材料均为 45 调质钢,25～32HRC。

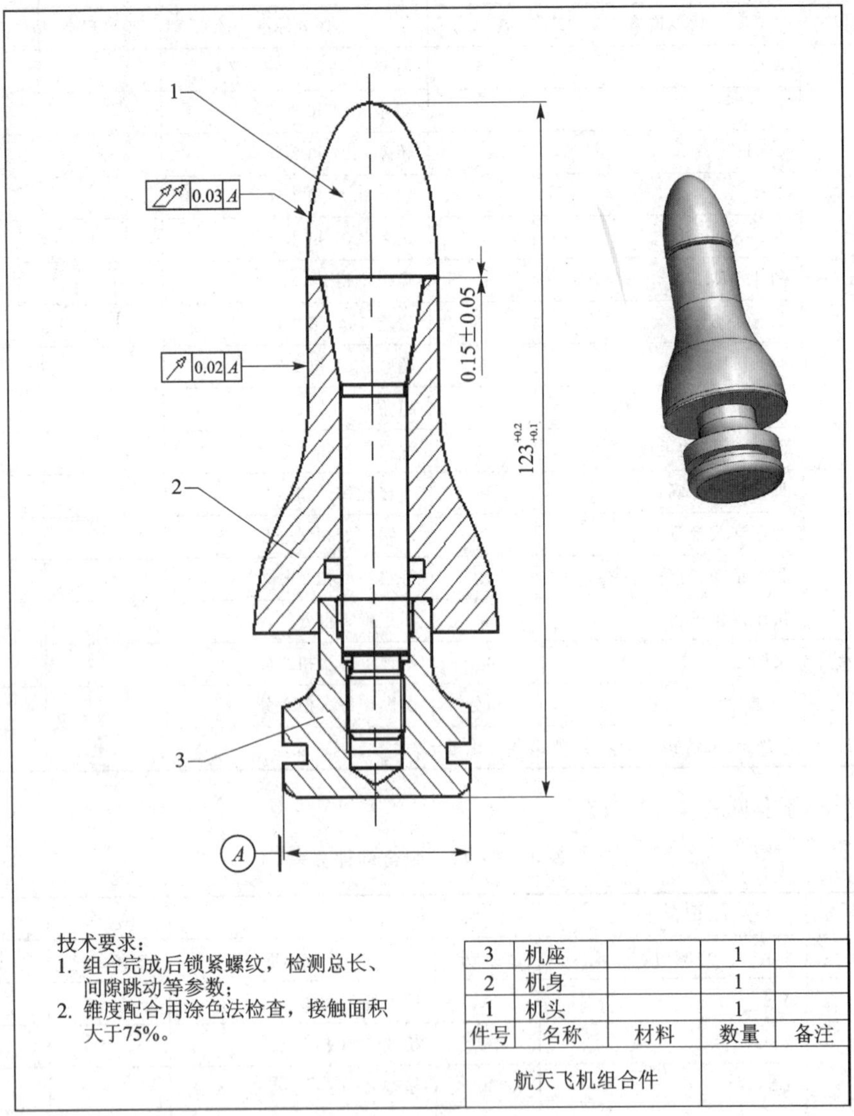

图 4-2-11 航天飞机组合件

1. 航天飞机组合件工艺分析

组合件采用螺纹连接,圆锥面、圆柱面均为小间隙配合,装配后,应保证装配间隙及总长,不得有明显晃动、松动,拆装应自由灵活。其装配方式如图 4-2-15 所示。

(1) 零件材料

考虑零件材料为不锈钢 0Cr18Ni9Ti,采用“高转速、低进给量”的加工方法,既能够获得满意的加工质量,又能节省时间,节约成本。切削用量比车普通钢件低 20%～40%,不锈钢切削时塑性大、韧性高,切削时消耗能量大,切削温度高;不锈钢导热率低,散热不好易形成刀具高温;不锈钢黏结凝焊性强,切削过程中易形成积屑瘤;加工硬化倾向强,切削表面易形成硬化

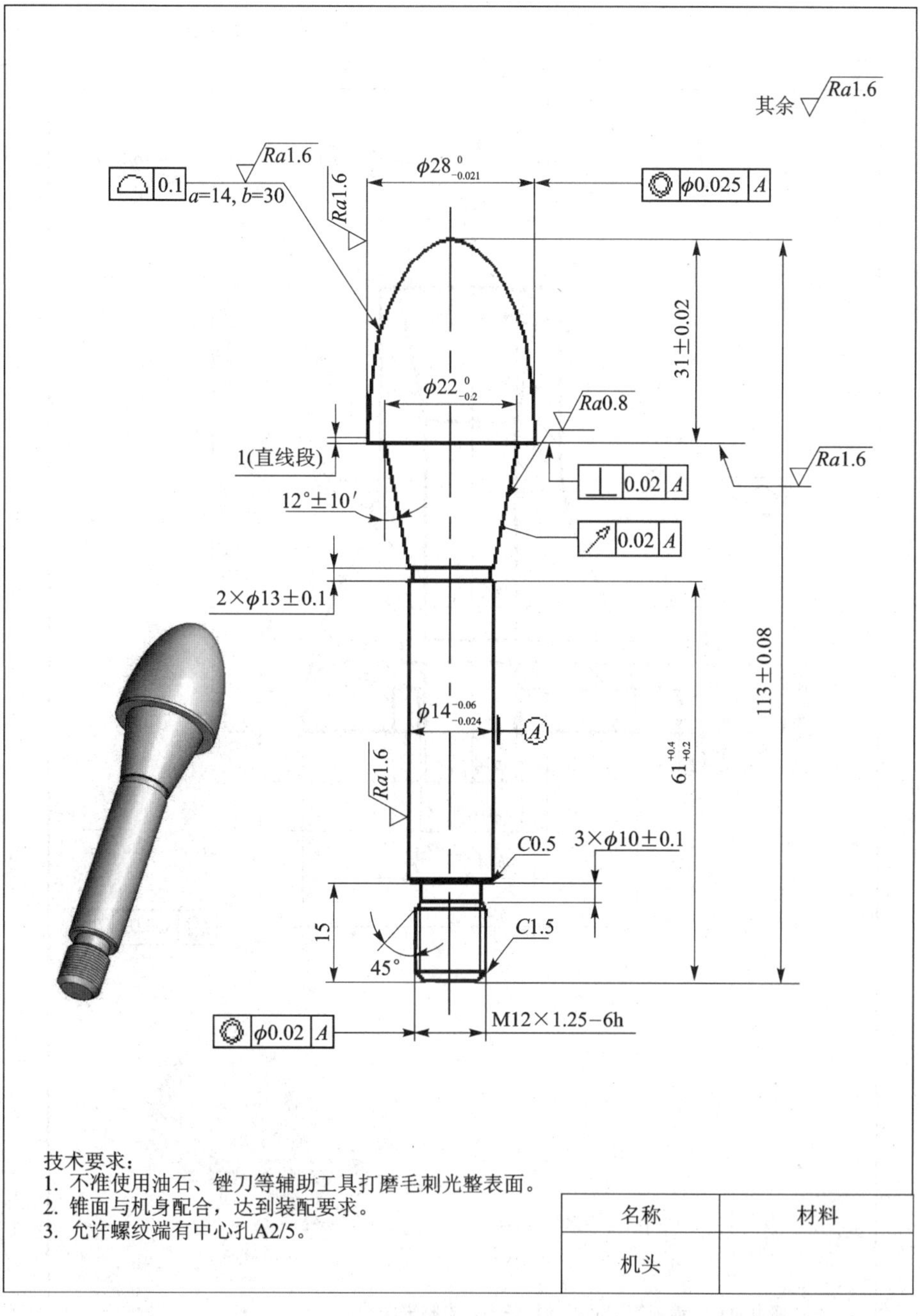

图 4-2-12　机　头

层;不易断屑,切削过程中易堵塞,影响加工表面的光洁。加工不锈钢刀具材料：一般常用 YW1、YW2 和新刀具材料 YW3。不锈钢切削刀具前角不宜太大,一般取 12°～30°;前面有月牙形导屑槽可改善切削条件;后角对硬质合金车刀,后角应为 6°～10°,对高速钢车刀,后角应为 8°～12°;主偏角为 60°～75°;副偏角,应为 8°～20°;刀尖半径,一般为 0.2～0.8 mm。不锈钢切削中的冷却润滑：采用冷却润滑性能较好的润滑液,如硫化油、乳化液、锭子油、油酸或植物油等。表 4-2-18 所列为不锈钢车削参数。

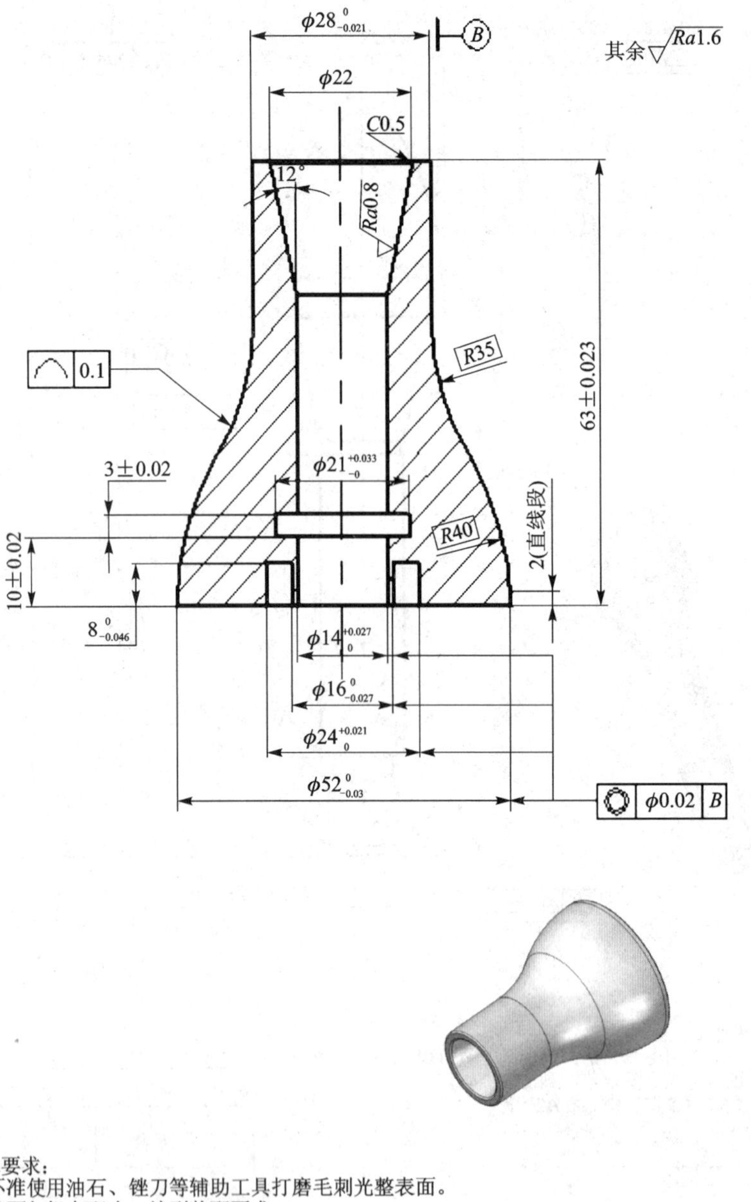

技术要求：
1. 不准使用油石、锉刀等辅助工具打磨毛刺光整表面。
2. 锥面与机身配合，达到装配要求。
3. 未注尺寸公差按IT14。

名称	材料
机身	

图 4-2-13　机　身

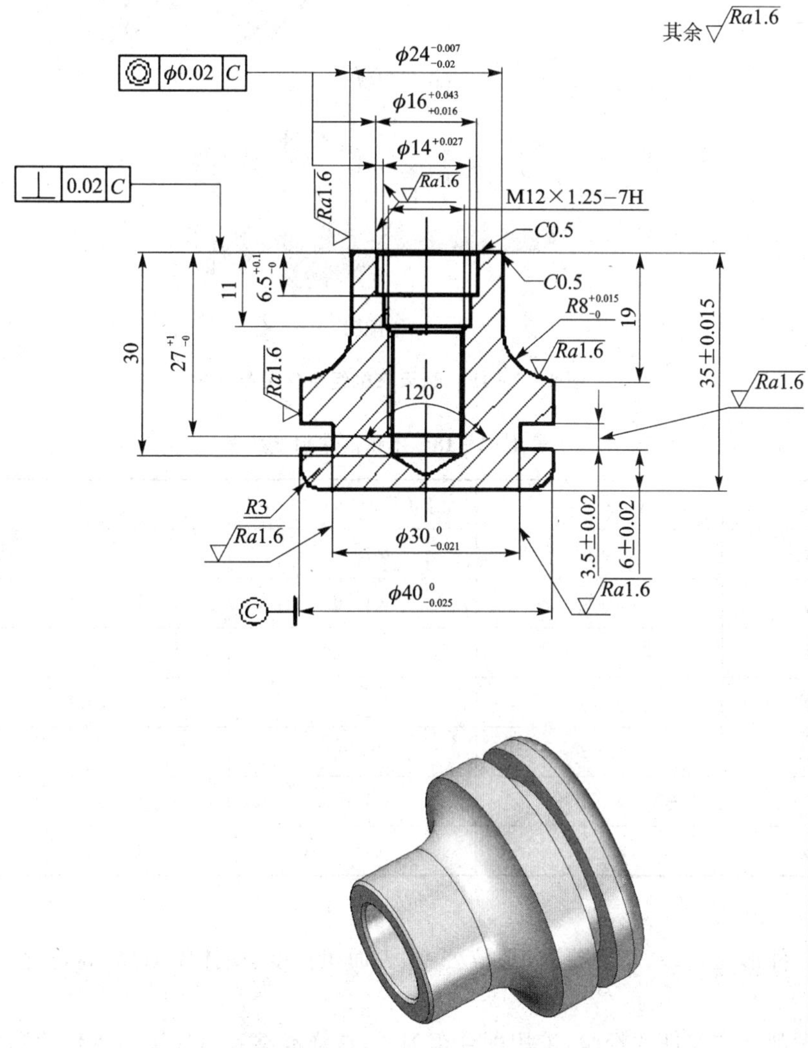

技术要求：
1. 不准使用油石、锉刀等辅助工具打磨毛刺光整表面。
2. 未注尺寸公差按IT14。

名称	材料
机座	

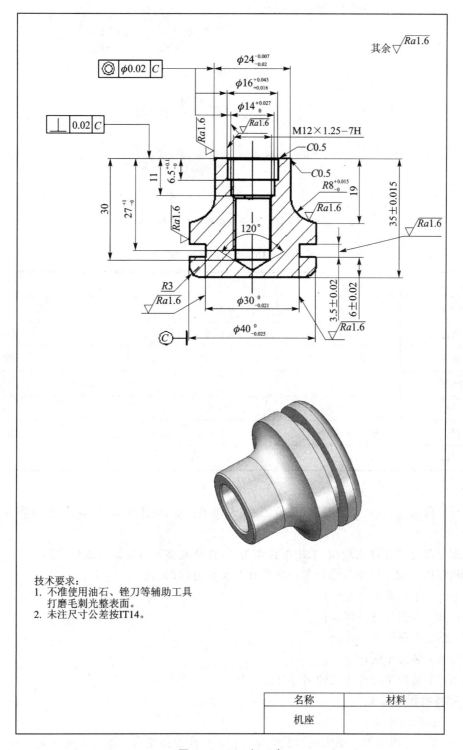

图 4-2-14 机 座

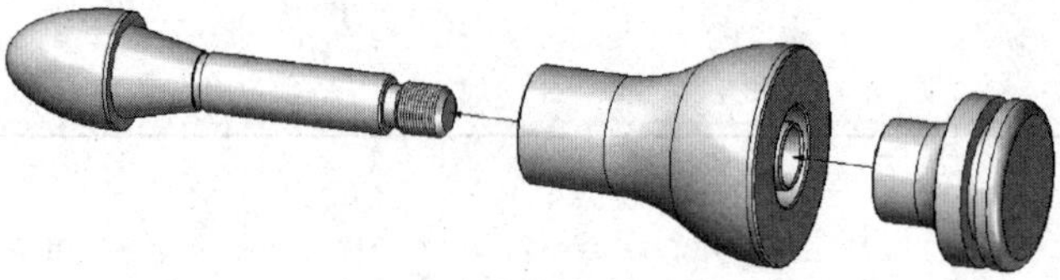

(a) 装配顺序

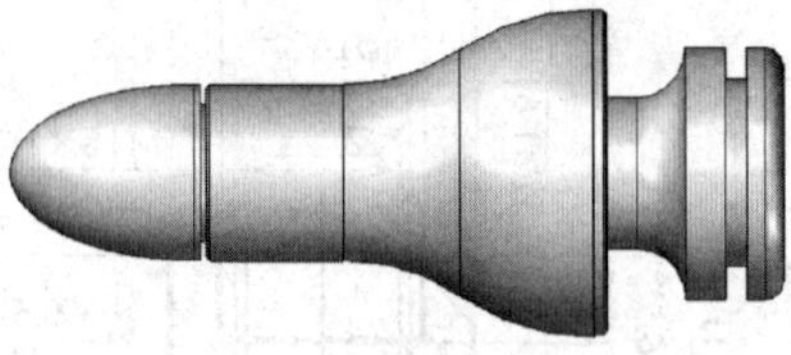

(b) 装配图

图 4-2-15 航天飞机组合件装配方式

表 4-2-18 不锈钢车削参数表

名 称	$v/(m \cdot min^{-1})$	$f/(mm \cdot r^{-1})$	α_p/mm	刀具材料
车外圆	40～120	0.1～0.5	0.2～1.0	硬质合金
镗孔	40～100	0.1～0.5	0.1～0.4	硬质合金
切断	40～100	0.1～0.25		硬质合金
车螺纹	20～50		0.1～1.0	硬质合金
钻孔	12～20	0.1～0.25		高速钢
扩孔	8～18	0.1～0.4	0.1～1.0	高速钢
铰孔	2.5～5	0.1～0.2	0.1～1.0	高速钢

(2) 加工工艺

由于零件形状复杂、精度要求(形位公差、表面粗糙度、整体跳动)较高,车削该零件的工艺有多种。

根据车削此类零件的经验,采用配合车削法,这样能够容易保证图纸尺寸和精度。从零件的复杂程度以及加工效率等综合考虑采用五个步骤进行,见表 4-2-19。

第一步:车削机座一部分;

第二步:车削机身一部分;

第三步:车削机头一部分;

第四步:装配车削;

第五步:装配车削机头的椭圆部分。

2. 零件编程与加工

工序 1:车削机座

图 4-2-16 所示为车削机座的装夹方式。由于在整体组合车削时采用一夹一顶(夹持底座未车削的椭圆处,顶住底座 $\phi40$ 的外圆),故此零件先加工零件左端 $\phi40$ 的外圆留 1 mm 的

表 4-2-19 组合件加工步骤

加工顺序	加工简图	加工内容	安装方法
机座车削	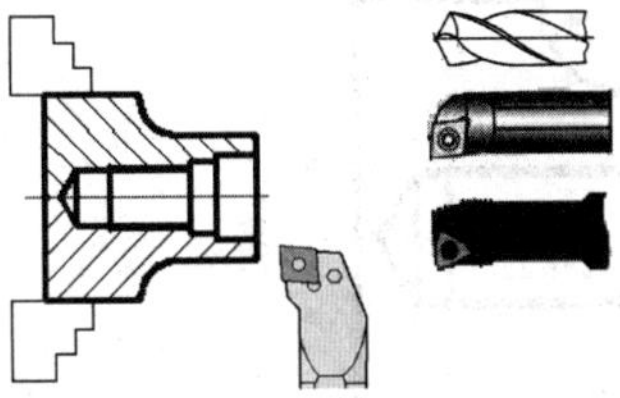	夹毛坯外圆，车左端 $\phi40$ 外圆留 1 mm 余量。调头夹 $\phi41$ 外圆，车右端面见平，钻孔，粗精车右端外圆、内孔以及内螺纹至所要求的尺寸	三爪
机身车削	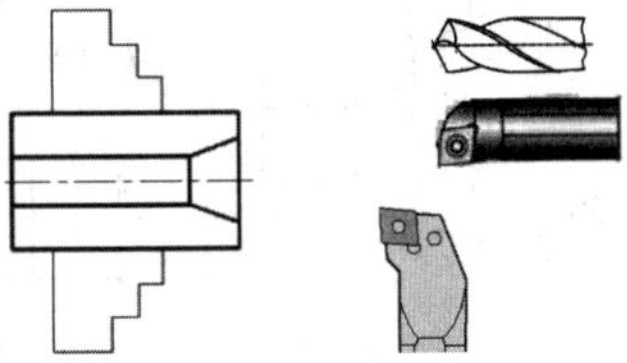	夹毛坯外圆，车削端面，钻孔，镗锥孔及内孔	三爪
	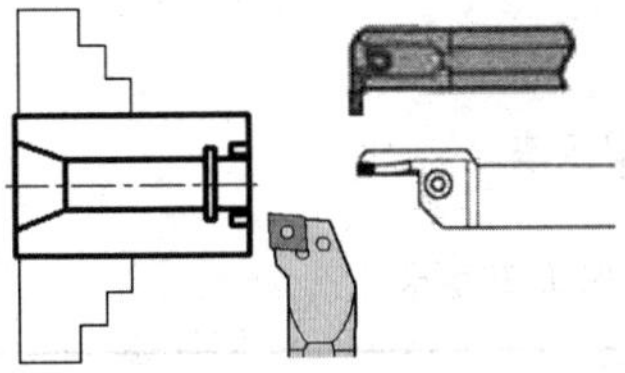	调头，打表找正内孔，粗精车削内沟槽以及端面槽	三爪
机头车削	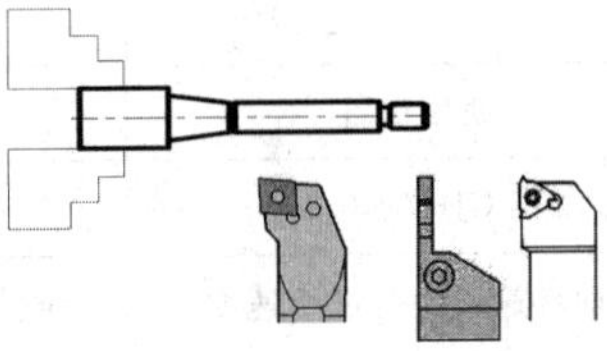	夹毛坯外圆，车削端面，粗精车外圆及锥面至尺寸，切槽，车螺纹	三爪
整体车削	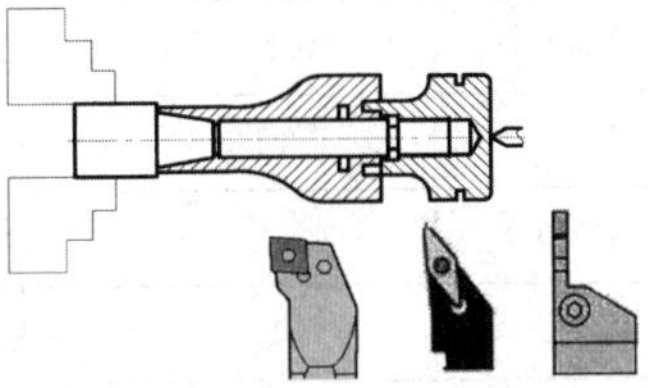	将三件零件组合，一夹一顶，夹持头部毛坯部分，在机座处打中心孔，用顶尖顶住，粗精车削中部外圆、凸凹圆弧面至尺寸，以及机座外圆和沟槽至所要求的尺寸	顶尖 三爪
机头车削	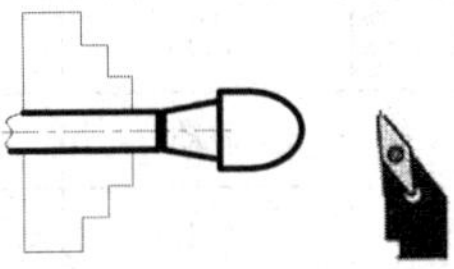	将组合件拆分，包铜皮，粗精车削机头椭圆至所要求的尺寸	三爪

余量及车削端面调头夹持 $\phi41$ 外圆，车削零件右端外圆及孔到图纸尺寸并保证零件总长，加工完毕取下零件。

机座数控加工工序卡见表 4-2-20。

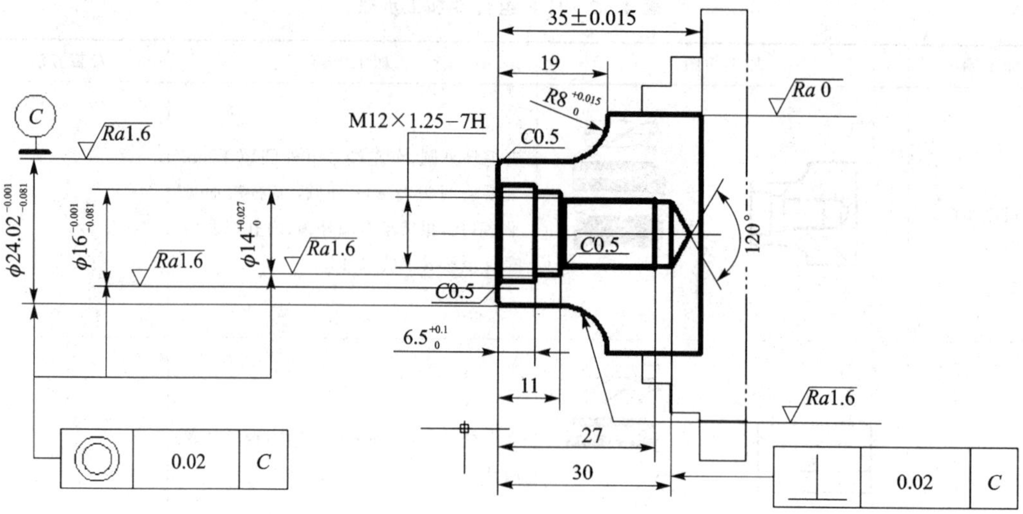

技术要求：
1. 不准使用油石、锉刀等辅助工具打磨毛刺光整表面。
2. 允许大端中心孔A2/5。
3. 未注倒角C0.5。

图 4-2-16　车削机座

表 4-2-20　机座数控加工工序卡

数控加工工艺卡片			产品名称	零件名称	材　料	零件图号	
				机座	45 钢		
工序号	程序编号	夹具名称	夹具编号	使用设备		车间	
工序 1				CJK6140			
工步号	工步内容	刀具号	刀具规格	主轴转速/(r·min^{-1})	进给速度/(mm·r^{-1})	背吃刀量/mm	侧吃刀量/mm
1	车底座右端端面	T01	外圆车刀	1 200	0.1	0.5	
	粗车底座右端外圆	T01	外圆车刀	1 200	0.15	1	
	精车底座右端外圆	T01	外圆车刀	1 200	0.15	1	
2	车底座左端端面	T01	外圆车刀	1 200	0.1	1	
	粗车底座左端外圆	T01	外圆车刀	1 200	0.15	1	
	精车底座左端外圆	T01	外圆车刀	1 500	0.1	1	
3	钻底座左端孔		钻头 ϕ9.5	600	手动		
4	粗镗底座左端孔	T03	镗刀	1 200	0.1	1	
	精镗底座左端孔	T03	镗刀	1 200	0.1	0.4	
5	车内螺纹	T04	内螺纹车刀	1 000		分层	

机座数控加工程序见表 4-2-21～表 4-2-24。

① 车削机座右端面加工程序见表 4-2-21。

表 4-2-21　车削底座右端面加工程序

段　号	FANUC 0i 系统程序	程序说明
	O0002	车削机座右端
N10	G99(转进给)	
N20	M03 S1200 T0101	主轴正转 1 200 r/min,85°外圆车刀
N30	G40	取消刀具补偿
N40	M08	冷却液开
N50	G46 Z5	循环起点
N60	G94 X−0.5 Z4 F0.2	车削端面
N70	Z3	
N80	Z2	
N90	Z0.6	
N100	Z0	
N110	G00 X46 Z2	刀具到达循环起点
N120	G71 U2 R1	
N130	G71 P140 Q170 U1 W0.05 F0.15	
N140	G00 X23	从 N140 到 N170 为精加工程序
N150	GO1 Z0S1500	
N160	G01 X24 C0.5	
N170	GO1X43	
N180	G70 G42 P10 Q20	精加工轮廓
N190	G01 X100 Z150	刀具退到安全点
N200	M09	关闭冷却液
N210	M30	程序结束

② 车削机座左端面加工程序见表 4-2-22。

表 4-2-22　车削底座左端面加工程序

段　号	FANUC 0i 系统程序	程序说明
	O0001	车削机座左端
N10	G99 M03 S1200 G40	设定主轴转速即取消刀补
N20	T0101	85°外圆车刀
N30	M08	冷却液开启
N40	G00 X46 Z3	定位循环起点
N50	G94 X−0.5 Z0.5 F0.1	车削端面
N60	Z0	
N70	G00 X100 Z150	刀具远离零件表面到安全点
N80	T0101 M03 S1200	
N90	G00 X46 Z2	

续表 4-2-22

段　号	FANUC 0i 系统程序	程序说明
	O0001	车削机座左端
N100	G71 U1 R1	粗车循环
N110	G71 P120 Q160 U0.5 W0.05 F0.15	
N120	G00 X35 S1500	从 N120 到 N160 为精加工程序
N130	G01 Z0 F0.1	
N140	G03 X41 Z－3 R8	
N150	G01 Z－20	
N160	X45	
N170	G42 G70 P10 Q20	
N180	M09	冷却液关
N190	M05	主轴停止
N200	G00 X100 Z150	刀具快速退到安全点

③ 钻孔直径为 ϕ9.5 钻孔深度 30 mm(程序略)。

④ 镗孔加工程序见表 4-2-23。

表 4-2-23　镗孔加工程序

段　号	FANUC 0i 系统程序	程序说明
	O0003	
N10	M08 G99 G40	(开启冷却液,转进给)
N20	M03 S1200	
N30	T0303	镗孔车刀
N40	G00 X8.5 Z5	循环起点
N50	G71 U1 R1	粗车循环
N60	G71 P70 Q20 U－0.4 W0.05 F0.1	
N70	G00 X17	从 N70 到 N150 为精加工程序
N80	G01 Z0	
N90	G01 X16 C0.5	
N100	Z－6.5	
N110	X14 C0.3	
N120	Z－11	
N130	X10.7 Z－12	
N140	Z－30	
N150	Z9	
N160	G00 Z150	
N170	X100	
N180	M05	主轴停止
N190	M30	程序结束

⑤ 车削螺纹加工程序见表 4 - 2 - 24。

表 4 - 2 - 24 镗孔加工程序

段 号	FANUC 0i 系统程序	程序说明
	O0004	车削螺纹
N10	M08 G99 G40	开启冷却液，转进给
N20	M03 S1000 T0404	螺纹车刀
N30	G00 X10 Z5	循环起点
N40	G92 Z—27 F1.25	
N50	X11	X11 到 X12 为车内螺纹
N60	X11.3	
N70	X11.6	
N80	X11.9	
N90	X12	
N100	G01 Z100 X150	刀具退到安全点
N110	M30	程序结束

工序 2：车削机身

图 4 - 2 - 17 所示为工序 2 加工图，即车削机身的装夹方式。

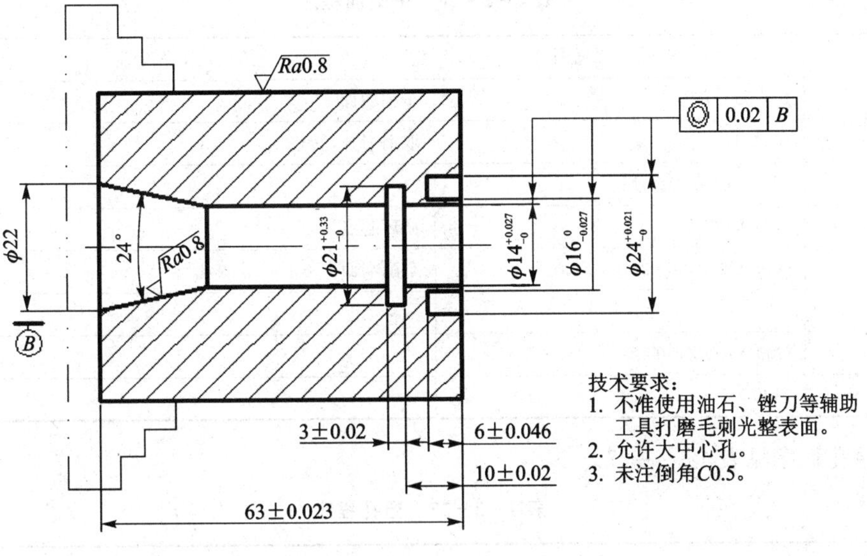

图 4 - 2 - 17 车削机身

机身的外圆表面由直线、凸圆、凹圆组成，由于夹持零件限制不便一次性车削出来。所以采用装夹在机头上与机座上车削外表面，故只车削零件端面保证总长以及内孔和端面槽，即车削机身右端及孔，调头夹持车削端面槽和内沟槽，加工完毕取下零件。机身数控加工工序卡见表 4 - 2 - 25，加工程序见表 4 - 2 - 26～表 4 - 2 - 28。

表 4-2-25　机身数控加工工序卡

<table>
<tr><td colspan="3" rowspan="2">数控加工工艺卡片</td><td>产品名称</td><td colspan="2">零件名称</td><td colspan="2">材　料</td><td colspan="2">零件图号</td></tr>
<tr><td></td><td colspan="2">机身</td><td colspan="2">45 钢</td><td colspan="2"></td></tr>
<tr><td>工序号</td><td>程序编号</td><td>夹具名称</td><td colspan="2">夹具编号</td><td colspan="3">使用设备</td><td colspan="2">车　间</td></tr>
<tr><td>工序 2</td><td></td><td></td><td colspan="2"></td><td colspan="3">CJK6140</td><td colspan="2"></td></tr>
<tr><td>工步号</td><td colspan="2">工步内容</td><td>刀具号</td><td>刀具规格</td><td>主轴转速/(r·min⁻¹)</td><td>进给速度/(mm·r⁻¹)</td><td>背吃刀量/mm</td><td colspan="2">侧吃刀量/mm</td></tr>
<tr><td>1</td><td colspan="2">车削左端面</td><td>T01</td><td>外圆车刀</td><td>1 200</td><td>0.1</td><td>0.5</td><td colspan="2"></td></tr>
<tr><td>2</td><td colspan="2">钻孔</td><td></td><td>钻头 ϕ11.5</td><td>600</td><td>手动</td><td>1</td><td colspan="2"></td></tr>
<tr><td>3</td><td colspan="2">粗镗左端面锥孔</td><td>T02</td><td>镗刀</td><td>1 200</td><td>0.1</td><td>1</td><td colspan="2"></td></tr>
<tr><td></td><td colspan="2">精镗左端面锥孔及内孔</td><td>T02</td><td>镗刀</td><td>1 200</td><td>0.1</td><td>0.4</td><td colspan="2"></td></tr>
<tr><td>4</td><td colspan="2">调头,车右端面</td><td>T01</td><td>外圆车刀</td><td>1 200</td><td>0.1</td><td>1</td><td colspan="2"></td></tr>
<tr><td></td><td colspan="2">端面槽</td><td>T03</td><td>端面槽刀</td><td>1 000</td><td>0.05</td><td>分层</td><td colspan="2"></td></tr>
<tr><td></td><td colspan="2">内沟槽</td><td>T04</td><td>内切槽刀</td><td>1 000</td><td>0.03</td><td>分层</td><td colspan="2"></td></tr>
<tr><td>5</td><td colspan="2">工件精度检测</td><td></td><td></td><td></td><td></td><td></td><td colspan="2"></td></tr>
</table>

① 车端面程序见表 4-2-26。

表 4-2-26　车端面程序

段　号	FANUC 0i 系统程序	程序说明
	O0005	车削端面
N10	G99 G40	取消刀补,转进给
N20	M03 S1200 T0101	
N30	G00 X56 Z5	循环起点
N40	G94 X13 Z1 F0.2	车削端面
N50	Z0	
N60	G00 X100 Z150	
N70	M30	

② 镗孔程序见表 4-2-27。

表 4-2-27　镗孔程序

段　号	FANUC 0i 系统程序	程序说明
	O0005	镗孔
N10	G00 G40	
N20	M03 S1200	
N30	T0202	镗孔车刀
N40	G00 X12.5 Z5	循环起点
N50	G71 U1 R1	

续表 4-2-27

段　号	FANUC 0i 系统程序	程序说明
	O0005	镗孔
N60	G71 P70 Q110 U－0.4 W0.05 F0.1	
N70	G00 X22	从 N70 到 N110 为精加工程序
N80	G01 Z0	
N90	X14 Z－15	
N100	Z－64	
N110	X13.5	
N120	M03 S1500 T0202	
N130	G41 G70 P10 Q20	精加工轮廓
N140	G00　Z150	
N150	X100	
N160	M30	

③ 车端面槽、内沟槽和端面保证总长的程序见表 4-2-28。

表 4-2-28　车端面槽、内沟槽和端面保证总长的程序

段　号	FANUC 0i 系统程序	程序说明
	O0006	车端面槽、内沟槽和端面
N10	G99 G40	
N20	M03 S1200	
N30	T0101	85°的外圆车刀
N40	G00 X56 Z5	循环起点
N50	G94 X13 Z4 F0.1	车端面
N60	Z3	
N70	Z2	
N80	Z0.6	
N90	Z0	
N100	G00 X100 Z150	刀具快速回到安全点
N110	M03 S1000	
N120	T0303	环形切槽刀，刀宽 3 mm
N130	G00 X19 Z3	
N140	G01 Z－6F0.05	车环形槽
N150	Z1 F0.2	
N160	X22	
N170	Z－6 F0.05	
N180	Z1 F0.2	
N190	X24	
N200	Z－6 F0.05	

续表 4-2-28

段　号	FANUC 0i 系统程序	程序说明
	O0006	车端面槽、内沟槽和端面
N210	X19	
N220	Z1 F0.2	
N230	G00 X100 Z150	
N240	M03 T0404	内切槽刀,刀宽 3 mm
N250	G00 X13 Z5	
N260	Z−13	
N270	G01 X21 F0.03	
N280	X15	左倒角
N290	X14 Z−13.5	
N300	Z−13	右倒角
N310	X15	
N320	X14Z−9.5	
N330	X13.5	
N340	G00 Z5	
N350	X100 Z150	
N360	M30	

工序 3：车削机头

图 4-2-18 所示为工序 3 加工图,即车削机头的装夹方式。夹持零件左端一次性加工完零件右端面的所有尺寸至图纸要求。加工完毕后零件不要取下,把已加工好的机身及机座装配合在机头上。机头数控加工工序卡见表 4-2-29,加工程序见表 4-2-30。

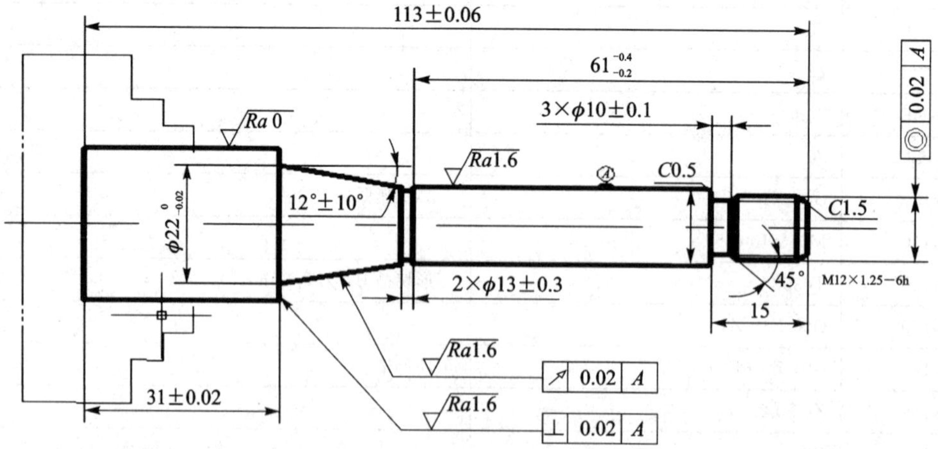

技术要求:
1. 不准使用油石、锉刀等辅助工具打磨毛刺光整表面。
2. 允许大中心孔。
3. 未注倒角C0.5

图 4-2-18　车削机头

表 4-2-29 机头数控加工工序卡

数控加工工艺卡片			产品名称		零件名称	材 料	零件图号	
					机头	45 钢		
工序号	程序编号	夹具名称	夹具编号		使用设备		车 间	
工序 3					CJK6140			
工步号	工步内容		刀具号	刀具规格	主轴转速/(r·min^{-1})	进给速度/(mm·r^{-1})	背吃刀量/mm	侧吃刀量/mm
1	车削左端面		T01	外圆车刀	1 200	0.1	0.5	
	切槽		T02	切槽刀	800	0.05	0.2	
	车螺纹		T03	60°螺纹刀	1 000		分层	
2	工件精度检测							

表 4-2-30 车削机头程序

段 号	FANUC 0i 系统程序	程序说明
	O0008	机头右端车削
N10	G99 G40	
N20	M03 S1500 T0101	
N30	G00 X33 Z5	循环起点
N40	G71 U1.5 R1	
N50	G71 P60 Q130 U1 W0.05 F0.2	
N60	G00 X9 S1500	从 N60 到 N130 为精加工程序
N70	G01 Z0	
N80	X11.8 C1.5	
N90	Z−15	
N100	X14 C0.5	
N110	Z−63	
N120	X22 Z−82	
N130	X31	
N140	G70 P60 Q130 G42)	精加工轮廓
N150	G00 X100 Z150	
N160	T0202	切槽刀,刀宽 2 mm
N170	M03 S800	
N180	G00 X13 Z−15	
N190	X10 F0.05	
N200	X13 F0.2	
N210	Z−12	
N220	X10 Z−14 F0.05	
N230	Z−15	

续表 4-2-30

段　号	FANUC 0i 系统程序	程序说明
	O0008	机头右端车削
N240	X15 F0.2	
N250	Z−63	
N260	X14 F0.05	
N270	G00 X100	
N280	Z100	
N290	M03 S1000	
N300	T0303	60°的螺纹车刀
N310	G00 X13 Z5	循环起点
N320	G92 X11.6 Z−13 F1.25	车削螺纹
N330	X11.4	
N340	X11.2	
N350	X11	
N360	X10.8	
N370	X10.6	
N380	X10.4	
N390	X10.2	
N400	X10.125	
N410	G01 X00 Z150	
N420	M30	

工序 4：整体车削

图 4-2-19 所示为工序 4 加工图，即整体车削的装夹方式。

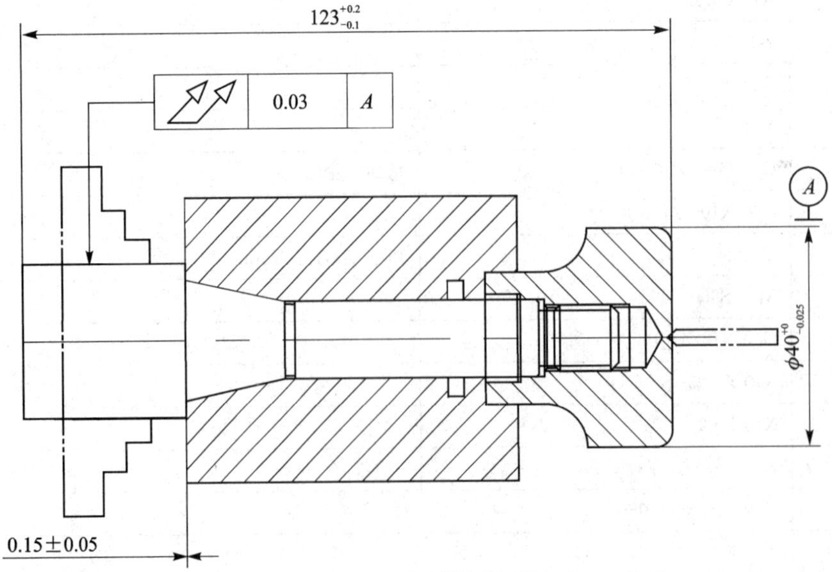

图 4-2-19　整体车削

由于要配合车削机身的凸凹圆及机座右端外圆和槽，所以把机头和机身配合在机座上，夹紧后钻中心孔，用活动顶尖顶住机座即可车削机身的凸凹圆弧面及机座的右端面，车削完毕后取下机座、机身、机头。整体车削数控加工工序卡见表 4-2-31，加工程序见表 4-2-32。

表 4-2-31 整体车削数控加工工序卡

<table>
<tr><td colspan="3" rowspan="2">数控加工工艺卡片</td><td colspan="2">产品名称</td><td>零件名称</td><td>材 料</td><td colspan="2">零件图号</td></tr>
<tr><td colspan="2"></td><td>整体车削</td><td>45 钢</td><td colspan="2"></td></tr>
<tr><td>工序号</td><td>程序编号</td><td>夹具名称</td><td colspan="2">夹具编号</td><td colspan="2">使用设备</td><td colspan="2">车 间</td></tr>
<tr><td>工序 4</td><td></td><td></td><td colspan="2"></td><td colspan="2">CJK6140</td><td colspan="2"></td></tr>
<tr><td>工步号</td><td colspan="2">工步内容</td><td>刀具号</td><td>刀具规格</td><td>主轴转速/(r·min⁻¹)</td><td>进给速度/(mm·r⁻¹)</td><td>背吃刀量/mm</td><td>侧吃刀量/mm</td></tr>
<tr><td>1</td><td colspan="2">车削机座圆角及外圆</td><td>T01</td><td>85°外圆车刀</td><td>1 000</td><td>0.1</td><td>1</td><td></td></tr>
<tr><td>2</td><td colspan="2">车削机身凸凹圆弧面</td><td>T02</td><td>35°外圆车刀</td><td>1 000</td><td>0.1</td><td>1</td><td></td></tr>
<tr><td>3</td><td colspan="2">车削机座槽</td><td>T03</td><td>切槽刀</td><td>600</td><td>0.1</td><td>分层</td><td></td></tr>
<tr><td>4</td><td colspan="2">工件精度检测</td><td></td><td></td><td></td><td></td><td></td><td></td></tr>
</table>

表 4-2-32 整体车削程序

段 号	FANUC 0i 系统程序	程序说明
	O0009	整体车削
N10	G99 G40	
N20	M03 S1000	
N30	T0101	85°的外圆车刀
N40	G00 X40 Z2	
N50	X34	
N60	G01 Z0 F0.1	
N70	G03 X40 Z−3 R3	半径为 3 mm 的倒圆角
N80	Z−16	车外圆
N90	G00 X150 Z2	
N100	T0202	35°尖刀，车削凹凸圆弧面
N110	M03 S1000 G99 G90 M08	
N120	G00 X65 Z2	循环起点
N130	G73 U24 W1 R12	
N140	G73 P140 Q210 U0.4 W0.05 F0.1	
N150	G00 X52	从 N150 到 N210 为精加工程序
N160	G01 Z1	
N170	Z−2F0.1	
N180	G03 X38.666Z−24.112R40	
N190	G02 X28 Z−41.8 R35	
N200	G01 Z−63	
N210	X150	
N220	G01 X150 Z5	
N230	M30	
		切槽程序省略

工序5：车削机头的椭圆部分

车削机头椭圆(见图4-2-12),直接用铜皮夹持住零件外圆,车削椭圆并保证总长。其数控加工工序卡见表4-2-33,加工程序见表4-2-34。

表4-2-33 车削机头椭圆数控加工工序卡

数控加工工艺卡片			产品名称		零件名称		材料	零件图号
					车削机头椭圆		45钢	
工序号	程序编号	夹具名称	夹具编号		使用设备		车间	
工序五					CJK6140			
工步号	工步内容		刀具号	刀具规格	主轴转速/($r\cdot min^{-1}$)	进给速度/($mm\cdot r^{-1}$)	背吃刀量/mm	侧吃刀量/mm
1	车削机头椭圆		T01	85°外圆车刀	1200	0.1	1	
2	工件精度检测							

表4-2-34 整体车削程序

段号	FANUC 0i系统程序	程序说明
	O0010	机头椭圆车削
N10	G99 G40	转进给,取消刀补
N20	M03 S1200 T0101	
N30	G00 X33 Z5	车端面,保证总长
N40	G94 X-0.1 Z4F0.1	
N50	Z3	
N60	Z2	
N70	Z1	
N80	Z0.6	
N90	Z0	
N100	G00 X33 Z4	循环起点
N110	G71 U1 R1	粗车椭圆
N120	G71 P130 Q220 U0.4 W0.05 F0.2	
N130	G00 X0 S1500	
N140	G01 Z1	
N150	#1=0	从N130到N210为椭圆宏程序
N160	WHILE[#1E90] D02	
N170	#2=14*sin[#1]	
N180	#3=30*cos[#1]	
N190	G01 X[2*#2] Z[#3-30] F0.1	
N200	#1=#1+0.5	
N210	END	
N220	G00 X31	
N230	G70 G40 P130 Q220	精加工椭圆
N240	G00 X150 Z150	
N250	M30	

3. 航天飞机组合件评分标准

航天飞机组合件评分表见表 4－2－35。

表 4－2－35　航天飞机组合件评分表

工件编号	航天飞机组合件	考　号		总　分	
考核项目	检测内容	配　分	评分标准	检测记录	得　分
组合件 15 分	15±0.05	2	超差不得分		
	$123^{+0.2}_{+0.1}$	4	超差 0.05 扣 1 分		
	径向跳动≤0.02	3	超差 0.01 扣 1 分		
	径向全跳动≤0.03	3	超差 0.01 扣 1 分		
	锥度 1∶10	3	每超出 10%扣 1 分		

机头评分表见表 4－2－36。

表 4－2－36　机头评分表

工件编号	机　头	考　号		总　分	
考核项目	检测内容	配　分	评分标准	检测记录	得　分
机头加工 29 分	$\phi\ 28^{+0}_{-0.021}$	2	超差 0.01 扣 1 分		
	31±0.02	2	超差 0.01 扣 1 分		
	$\phi\ 14^{-0.006}_{-0.024}$	3	超差 0.01 扣 1 分		
	$\phi\ 22^{+0}_{-0.2}$	0.5	超差不得分		
	12°±12′	1.5	超差不得分		
	2×φ13±0.1	1	超差不得分		
	2×φ10±0.1	1	超差不得分		
	*M*12×1.25－6*h*	2	超差不得分		
	113±0.06	2	超差 0.05 扣 1 分		
	$60^{+0.4}_{+0.2}$	0.5	超差不得分		
	◎ φ0.025 A	2	超差 0.01 扣 1 分		
	0.02 A	1	超差不得分		
	⌓ 0.1	3	超差 0.01 扣 1 分		
	↗ 0.02 A	2	超差 0.01 扣 1 分		
	◎ φ0.02 A	1	超差不得分		
	15	0.5	超差不得分		
	*Ra*1.6	0.5×4	超差不得分		
	*Ra*0.8	1	超差不得分		
	倒角 *C*0.5,*C*1.5	0.5×2	超差不得分		

机身评分表见表 4-2-37。

表 4-2-37 机身评分表

工件编号	机 身	考 号		总 分	
考核项目	检测内容	配 分	评分标准	检测记录	得 分
机身加工 28.5 分	$\phi\ 28^{+0}_{-0.021}$	2	超差 0.01 扣 1 分		
	$\phi\ 14^{-0.027}_{-0}$	3	超差 0.01 扣 1 分		
	$\phi\ 21^{-0.033}_{-0}$	3	超差 0.01 扣 1 分		
	$\phi\ 16^{+0}_{-0.027}$	3	超差 0.01 扣 1 分		
	$\phi\ 24^{+0.021}_{-0}$	2	超差 0.01 扣 1 分		
	$\phi\ 52^{+0}_{-0.03}$	1	超差不得分		
	$6^{+0}_{-0.048}$	1.5	超差 0.01 扣 1 分		
	63±0.023	2	超差 0.01 扣 1 分		
	3±0.02	2	超差 0.01 扣 1 分		
	10±0.02	1	超差不得分		
	⌒ 0.1	1.5×2	超差 0.01 扣 1 分		
	◎ ∅0.02 B	0.5×4	超差不得分		
	Ra 0.8	1	超差不得分		
	Ra 1.6	2	超差不得分		

机座评分表见表 4-2-38。

表 4-2-38 机座评分表

工件编号	机 座	考 号		总 分	
考核项目	检测内容	配 分	评分标准	检测记录	得 分
机座加工 27.5 分	$\phi\ 24^{-0.007}_{-0.020}$	2	超差 0.01 扣 1 分		
	$\phi\ 16^{+0.043}_{+0.016}$	2.5	超差 0.01 扣 1 分		
	$\phi\ 14^{+0.027}_{-0}$	2.5	超差 0.01 扣 1 分		
	$\phi\ 40^{+0}_{-0.025}$	2	超差 0.01 扣 1 分		
	M12×1.25-7H	2	超差不得分		
	$6.5^{+0.1}_{-0}$	1	超差不得分		
	35±0.015	1.5	超差不得分		
	◎ φ0.02 C	0.5×4	超差不得分		
	Ra 1.6	0.5×8	超差不得分		
	$R8^{+0.015}_{-0}$	2	超差不得分		
	⊥ 0.02 C	1	超差 0.01 扣 1 分		
	$\phi\ 30^{+0}_{-0.021}$	2	超差不得分		
	3.5±0.02	2	超差不得分		
	6±0.02	1	超差不得分		
备注：违反安全生产规定的，酌情扣 5～15 分，严重者终止考试。					

第五部分　数控铣削

课题一　竞赛零件加工编程实例

教学要求

- ◆ 按竞赛零件标准，精准操作与编程，通过不断练习提高一次成功率。
- ◆ 培养锻炼学生心理素质。
- ◆ 优化加工工艺与操作方法。
- ◆ 遵守操作规程，养成良好的安全、文明生产习惯。

5.1.1　竞赛零件 1

1. 零件图工艺分析

图 5-1-1 所示的零件，毛坯为 110 mm×110 mm×49 mm 正方块，材料为 45 钢。该零

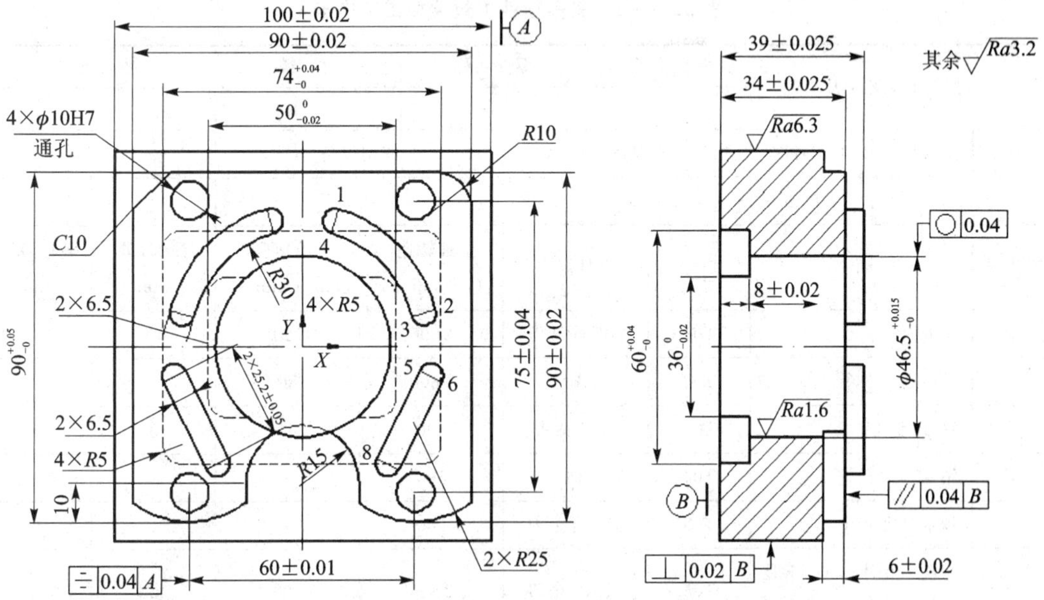

技术要求：
1. 锐角倒钝0.2–0.3×45°。
2. 未注倒角均为0.5×45°。
3. 未注尺寸允许偏差±0.01 mm。
4. 零件加工表面上不应有划痕、擦伤等损伤零件表面的缺陷。
5. 各点坐标如下：

1点坐标：X=9.447，Y=35.256；
2点坐标：X=35.256，Y=9.447；
3点坐标：X=28.978，Y=7.765；
4点坐标：X=7.765，Y=28.978；
5点坐标：X=31.209，Y=6.147；
6点坐标：X=37.033，Y=9.034；
7点坐标：X=25.552，Y=31.551；
8点坐标：X=19.761，Y=28.598。

图 5-1-1　竞赛零件 1

件包含外形、凸台、型腔槽和铰孔加工。其中孔精度要求较高,固选用先钻后铰的加工方式。加工时采取先加工正面所有尺寸,然后反面装夹,通过杠杆百分表找正内孔,然后加工凸台和槽。由于图形较为复杂,故应避免刀具过切与干涉。

2. 确定装夹方案

本例中毛坯较为规则,以毛胚下底面为基准,压紧垫铁用平口钳装夹即可,工件高出钳口 40 mm。

3. 刀具与工艺参数选择

选择表 5-1-1 所列刀具进行加工,选择时的原则遵循减少换刀次数的原则,故可以用 $\phi10$ 合金铣刀铰完孔后不用换刀,直接粗加工零件外形等尺寸。

表 5-1-1 竞赛零件 1 数控加工刀具

编　号	刀具名称	刀具号	刀具规格	刀具材料	半径补偿	长度补偿
1	面铣刀	T01	$\phi63$	硬质合金		H01
2	中心钻	T02	$\phi3$	高速钢		
3	钻头	T03	$\phi9.8$	高速钢		
4	钻头	T04	$\phi35$	高速钢		
5	棒铣刀	T05	$\phi10$	硬质合金	D05,D10,D11	H05
6	棒铣刀	T06	$\phi10$	硬质合金	D06	H06

竞赛零件 1 数控加工工序卡见表 5-1-2。

表 5-1-2 竞赛零件 1 数控加工工序卡

数控加工工艺卡片		产品名称		零件名称	材　料		零件图号
					45 钢		
工序号	程序编号	夹具名称	夹具编号		使用设备		车间
		平口钳					
工步号	工步内容	刀号	刀具规格	主轴转速/($r \cdot min^{-1}$)	进给速度/($mm \cdot min^{-1}$)	背吃刀量/mm	侧吃刀量/mm
1	铣平面	T01	$\phi63$ 面铣刀	2 000	120	0.5	
2	钻中心孔 5 个	T02	A3	1 600	80		
3	钻 $\phi9.8$ 孔	T03	$\phi9.8$ 钻头	800	60	3	
4	钻 $\phi35$ 大孔	T04	麻花钻 $\phi35$	500	40		
5	铰 $\phi10$ 孔 4 个	T05	$\phi10$ 合金刀	800	50		
6	粗铣 100 外形 90 外形 4 个凸台 $\phi46.5$ 圆槽	T05	$\phi10$ 合金刀	2 800	400	2	
7	精铣以上尺寸	T06	$\phi10$ 合金刀	2 600	200	0.04	0.04
8	翻面粗铣型芯和型腔	T05	$\phi10$ 合金刀	2 800	400	2	
9	精铣	T06	$\phi10$ 合金刀	2 600	200	0.04	0.04

4. 程序编制

本例采用手动编程(加工程序见表 5-1-3、表 5-1-4),介绍粗加工螺旋铣削、简化编程,以及斜插、螺旋进退刀。

表 5-1-3　竞赛零件 1 粗加工主程序

主程序	说　明
O0800	程序名
G40	取消刀具半径补偿,避免过切现象
G90 G54 G0 X0 Y0 M03 S2800	坐标系定位
G43 Z100 H05	
Z10	
G41 X70 Y-50 D05	空中建立刀具半径补偿方便 Z 轴下刀
G01 X50 Z0 F400	子程序 Z 向起始点
M98 P8001 L20	调用子程序螺旋铣削
G90 X-70	
G00 Z20	
G40 X0 Y0	
Z10	
G41 X45 Y70 D10	
G01 Y45 Z0 F400	子程序 Z 向起始点
M98 P8002 L5	调用子程序螺旋铣削
G90 Y-60	
G00 Z20	
G40 X0 Y0	
Z10	
G41 X0 Y-60 D11	
M98 P8003	
G51 X0 Y0	X0Y0 镜像
M98 P8003	调用被镜像子程序
G50	取消镜像
G00 Z100	
G40 X0 Y0	
M05	
M30	

表 5-1-4　竞赛零件 1 粗加工子程序

子程序	说　明
O8001　　　　(铣削 100 外形)	
G91 X－100 Z－2 F400	
Y100	
X100	
Y－100	
M99	
O8002　　　　(铣削 90 外形)	
G91 Z－2 Y－85 F400	
G90 G02 X15 Y－40 R25	
G01 Y－35	
G03 X－15 Y－35 R15	
G01 Y－40	
G02 X－45 Y－40 R15	
G01 Y45,C10	
X45,R10	
M99	
O8003　　　　(铣削 4 个凸台)	
G01 X19.761 Y－28.598 Z0 F400	点 8
X31.209 Y－6.147 Z－2.5	点 5 斜插进刀
G02 X37.033 Y－9.034 R5.25	点 6
G01 X25.552 Y－31.551	点 7
G02 X19.761 Y－28.598 R5.25	点 8
G01 X31.209 Y－6.147 Z－5	改变深度循环加工
G02 X37.033 Y－9.034 R5.25	
G01 X25.552 Y－31.551	
G02 X19.761 Y－28.598 R5.25	
G01 X31.209 Y－6.147	Z 向斜面清平
G02 X37.033 Y－9.034 R5.25 Z10	螺旋退刀
G01 X28.978 Y7.765 Z0 F400	点 3
G03 X7.765 28.978 R30 Z－2.5	点 4 螺旋进刀
G02 X9.447 Y35.256 R5.25	点 1
G02 X35.256 Y9.447 R36.5	点 2
G02 28.978 Y7.765 R5.25	点 3
G03 X7.765 28.978 R30 Z－5	改变深度循环加工
G02 X9.447 Y35.256 R5.25	
G02 X35.256 Y9.447 R36.5	

续表 5-1-4

子程序	说　明
G02 28.978 Y7.765 R5.25	
G03 X7.765 28.978 R30	Z 向斜面清平
G02 X9.447 Y35.256 R5.25 Z10	螺旋退刀
M99	

5. 工艺对比

本例采取先钻孔然后再铣削的原则，有效减少了换刀次数，减小了刀具磨损量。

铣削外形及圆槽时，采用子程序螺旋加工，并通过操作机床的后台编辑、复制粘贴的方法，大大节省了时间。

铣削 4 个凸台时，采用镜像编程加工。如果采用常规编程的方法，则整个程序段将大大增加。

6. 评分标准

评分标准见表 5-1-5。

表 5-1-5　评分标准

题　目		竞赛零件 1	考　号		开工时间	
班　级			加工时间		停工时间	
序　号	名　称	检测内容	配　分	检测结果	得　分	评分人
1	外形尺寸	100±0.02(2 处)	4			
2		90±0.02(2 处)	2			
3		$90^{+0.05}_{0}$	2			
4		$74^{+0.04}_{0}$	2			
5		$60^{+0.04}_{0}$	2			
6		$50^{0}_{+0.02}$	2			
7		$36^{0}_{-0.02}$	2			
8	孔距	60±0.01	2			
9		75±0.04	2			
12	深度尺寸	39±0.025	2			
13		6±0.02	2			
14		8±0.02	2			
15		34±0.025	2			
17	凸台宽度	6.5(8 处)	8			
18	凸台长度	25.2±0.05(2 处)	4			
19	凸台高度	5(4 处)	4			
20	通孔直径	ϕ10H7(4 处)	8			
21	圆槽(孔)	$\phi 46.0^{-0.015}_{0}$	3			
22	背面圆弧	R5(8 处)	4			
23	圆弧节点	10	1			

续表 5-1-5

题　目		竞赛零件 1	考　号		开工时间	
班　级			加工时间		停工时间	
序　号	名　称	检测内容	配　分	检测结果	得　分	评分人
24	正面圆弧	$R15$	1			
25		$R25$(2 处)	2			
26		$R30$	1			
27	倒角	$R10$	1			
28		$C10$	1			
29	对称度	0.04	1			
30	平行度	0.04	1			
31	圆度	0.04	1			
32	垂直度	0.02	1			
33	粗糙度	外观 $Ra6.3$,孔 $Ra1.6$	4			
34	外观	无毛刺,锐边倒圆	5			
		磕碰伤,严重划痕	6			
		完整性	缺一项扣 2 倍分值			
35		安全操作规范和文明生产	15			
备注:符合公差得满分;超差一倍以内按照超差比例扣分,最高得分不超过项目分值的一半;超过一倍公差以上不得分;超过两倍公差以上按缺项处理。						

注意事项

- 竞赛零件的切削参数,在学生平时练习时可适当降低,以减少撞刀概率。
- 仔细认真,克服粗心大意。

5.1.2　竞赛零件 2

1. 零件图工艺分析

图 5-1-2 所示零件,毛坯为 110 mm×110 mm×49 mm,材料为 45 钢。该零件包含外形、凸台、型腔槽、薄壁螺纹加工,其中薄壁要求较高。加工时采取先加工正面所有尺寸,然后反面装夹,通过杠杆百分表找正内孔,然后加工凸台和槽。由于图形较为复杂,故应避免刀具过切与干涉。

2. 确定装夹方案

本例中毛坯较为规则,以毛胚下底面为基准,压紧垫铁用平口钳装夹即可,工件高出钳口 40 mm。

3. 刀具与工艺参数选择

选择表 5-1-6 中的刀具进行加工,选择时遵循减少换刀次数的原则,故可以用 $\phi10$ 合金铣刀铰完孔后不用换刀,直接粗加工零件外形等尺寸。

数控加工工序卡见表 5-1-7。

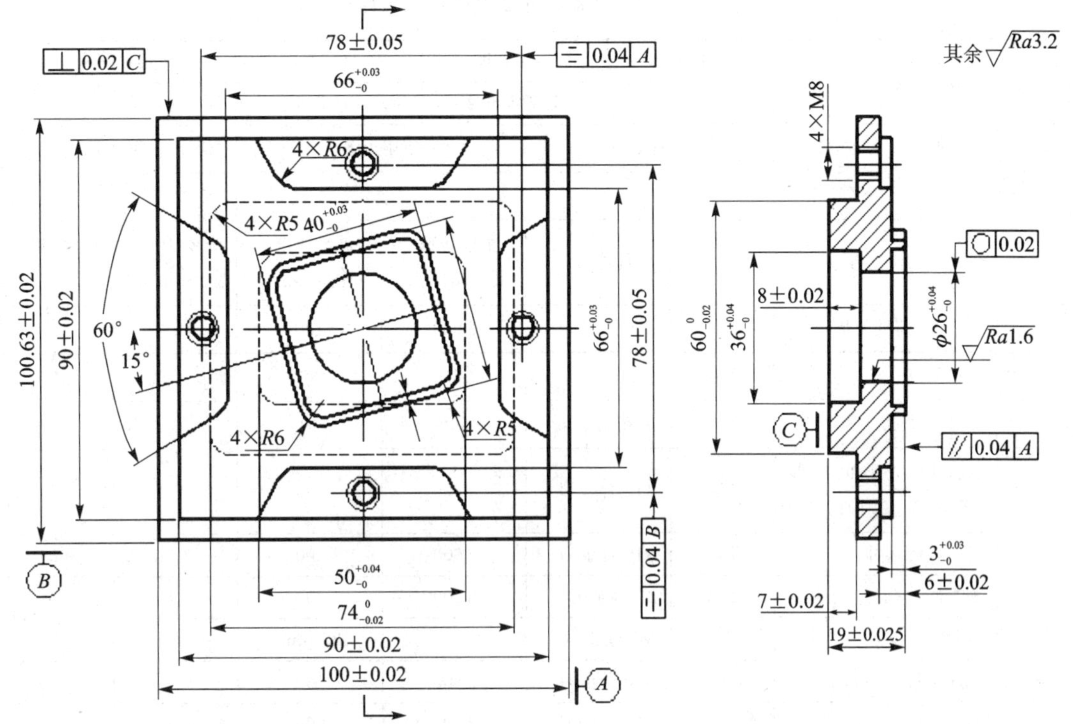

技术要求：
1. 锐角倒钝0.3×45°;
2. 未注倒角0.5×45°;
3. 未注尺寸允许公差0.1;
4. 零件加工表面上，不能有划痕、擦伤等损伤零件表面的缺陷。

图 5-1-2　竞赛零件 2

表 5-1-6　竞赛零件 2 数控加工刀具卡

编　号	刀具名称	刀具号	刀具规格	刀具材料	半径补偿	长度补偿
1	面铣刀	T01	ϕ63	硬质合金	D01	H01
2	中心钻	T02	ϕ3	高速钢		
3	钻头	T03	ϕ35	高速钢		
4	棒铣刀	T04	ϕ10	硬质合金	D05,D10,D11	H05
5	棒铣刀	T05	ϕ10	硬质合金	D06	H06
6	棒铣刀	T06	ϕ6	硬质合金		
7	丝锥	T07	M8	高速钢		

4. 程序编制

本例采用手动编程(见表 5-1-8、表 5-1-9)，主要介绍粗加工螺旋铣削、简化编程以及斜插、螺旋进退刀。

表 5-1-7　竞赛零件 2 数控加工工序卡

数控加工工艺卡片			产品名称		零件名称		材　料		零件图号	
					竞赛零件 2		45 钢			
工序号	程序编号	夹具名称	夹具编号			使用设备			车　间	
		平口钳								
工步号	工步内容		刀　号	刀具规格		主轴转速/(r·min⁻¹)	进给速度/(mm·min⁻¹)	背吃刀量/mm	侧吃刀量/mm	
1	铣平面、薄壁外形		T01	ϕ63 面铣刀		2000	120	0.5		
2	钻中心孔 1 个		T02	A3		1600	80			
3	钻 ϕ25 大孔		T03	麻花钻 ϕ35		500	40	3		
4	粗铣 100 外形 90 外形 4 个凹槽 ϕ26 圆槽		T04	ϕ10 合金刀		2800	400			
5	精铣以上尺寸		T05	ϕ10 合金刀		2600	200	0.04	0.04	
6	加工螺纹孔		T06	ϕ6 合金刀		3200	300			
7	攻丝		T07	M8 丝锥		200	1.25 mm/r			
8	翻面粗铣型芯和型腔		T04	ϕ10 合金刀		2800	400	2		
9	精铣		T05	ϕ10 合金刀		2600	200	0.04	0.04	

表 5-1-8　竞赛零件 2 粗加工主程序

主程序	说　明
O0802　　　　(铣削薄壁外形)	程序名
G90 G54 G0 X0 Y0 M03 S2000	程序初始化
G43 Z100 H01	
Z20	
G68 X0 Y0 R15	建立旋转中心为 X0,Y0 旋转角度为 15°
G41 X−20 Y−20 Z0 D01	
G01 X−20 Y−20 F400	
M98 P0812 L6	
Y20,R6	
X0 Z10	
G00 Z100	
G69	取消旋转指令
G40	
X0 Y0	
M05	

续表 5-1-8

主程序	说　明
M30	
O0803　　　　（铣削 4 个凹槽）	
G40	
G69	
G90 G54 G00 X20 Y0 M03 S2800	
G43 Z100 H04	
Z20	
M98 P813	
G68 X0 Y0 R90	建立旋转中心为 X0，Y0 旋转角度为 90°
M98 P813	
G68 X0 Y0 R90	
M98 P813	
G68 X0 Y0 R90	建立旋转中心为 X0，Y0 旋转角度为 90°
M98 P813	
G00 Z100	
G69	取消旋转指令
M05	
M30	

表 5-1-9　竞赛零件 2 粗加工子程序

子程序	说　明
O0812	子程序号
G91 G01 Y40，R6 Z－0.5 F200	斜插下刀
G90 G01 X20，R6	螺旋铣削
Y－20，R6	
X－20，R6	
M99	
O0813	子程序号
G41 X0 Y－55 D04	
G01 Y－51 Z0 F400	
X29.446 Z－1.5	分层铣削
X19.453 Y－33，R6	
X－19.453，R6	
X－29.446 Y－51	
X0	
X29.446 Z－3	分层铣削
X19.453 Y－33，R6	

续表 5-1-9

子程序	说　明
X19.453 Y−33,R6	
X−19.453,R6	
X−29.446 Y−51	
X29.446	
X19.453 Y−33,R6	
X0 Z10	
G00 Z20	
G40	
M99	

5. 工艺对比

本图采取了空中建立刀补,并通过修改刀具半径补偿的方式保证薄壁尺寸。

加工螺纹底孔时,并没有用常规钻削的方法,而是用铣刀螺旋铣。这样精度更高,时间更短。

铣削 4 个凹槽时,采用旋转编程及 R 圆弧简化编程加工。如果采用常规编程的方法,则整个程序段将大大增加。

6. 评分标准

评分标准见表 5-1-10。

表 5-1-10　评分标准

题　目		竞赛零件 2	考　号		开工时间	
班　级			加工时间		停工时间	
序　号	名　称	检测内容	配　分	检测结果	得　分	评分人
1	外形尺寸	100±0.02(2 处)	4			
2		19±0.025	3			
3	台阶	90±0.02(2 处)	2			
4		6±0.02	3			
5		$74^{+0}_{-0.02}$	2			
6		$60^{+0}_{-0.02}$	2			
7		7±0.02	3			
8	薄壁	$40^{+0.03}_{-0}$ 2 处)	2			
9		15°	2			
10		$3^{+0.03}_{-0}$	3			
11	槽	$50^{+0.04}_{-0}$	2			
12		$36^{+0.04}_{-0}$	2			
13		8±0.02	3			
14	凹槽	$66^{+0.03}_{-0}$(2 处)	2			
15		60°(4 处)	2			

续表 5-1-10

题 目		竞赛零件2	考 号		开工时间	
班 级			加工时间		停工时间	
序 号	名 称	检测内容	配 分	检测结果	得 分	评分人
16	圆槽	$\phi26^{+0.04}_{-0}$	2			
17	螺纹孔	4×M8(4 处)	4			
18		78±0.05(2 处)	2			
19	正面圆弧	*R*6(8 处)	8			
20	反面圆弧	*R*5(8 处)	8			
21	对称度	0.04 A	2			
22	对称度	0.04 B	2			
23	平行度	0.04	1			
24	垂直度	0.02	1			
25	圆度	0.02	1			
26	粗糙度	外观 *Ra*3.2 孔 *Ra*1.6	4			
27	外观	无毛刺,锐边倒圆	5			
		磕碰伤,严重划痕	6			
		完整性	缺一项扣 2 倍分值			
28		安全操作规范和文明生产	15			
备注:符合公差得满分;超差一倍以内按照超差比例扣分,最高得分不超过项目分值一半;超过一倍公差以上不得分;超过两倍公差以上按缺项处理。						

注意事项

- 使用旋转指令时,逆时针为正方向。
- 攻螺纹前,底孔要手动倒角 0.2 mm 左右。

5.1.3 椭圆薄壁零件宏程序加工

1. 零件图工艺分析

图 5-1-3 所示零件,毛坯为 165 mm×165 mm×45 mm 正方块,材料为硬铝。

该零件包含平面、外形轮廓、薄壁、椭圆和孔加工。其中孔粗糙度要求为 *Ra*1.6,故选用先钻后铰的加工方式。加工 1 mm 薄壁铣削时,选择合适刀具及切削参数,避免变形。根据零件特点,加工顺序依次为上表面采用面铣刀粗、精铣完成;其余采用棒铣刀粗、精铣完成。零件上表面中心作为 G54 工件坐标系原点。

2. 确定装夹方案

该零件为单件生产,且为规则类四方零件,可选用精密虎钳装夹。找正时采用钢板尺划对角线,中心钻对准找正方式,可大大节省时间。零件底部采用等高垫铁,夹紧后高出钳口 36 mm。

3. 刀具与工艺参数选择

表 5-1-11 和表 5-1-12 分别为椭圆薄壁零件数控加工刀具卡和工序卡。

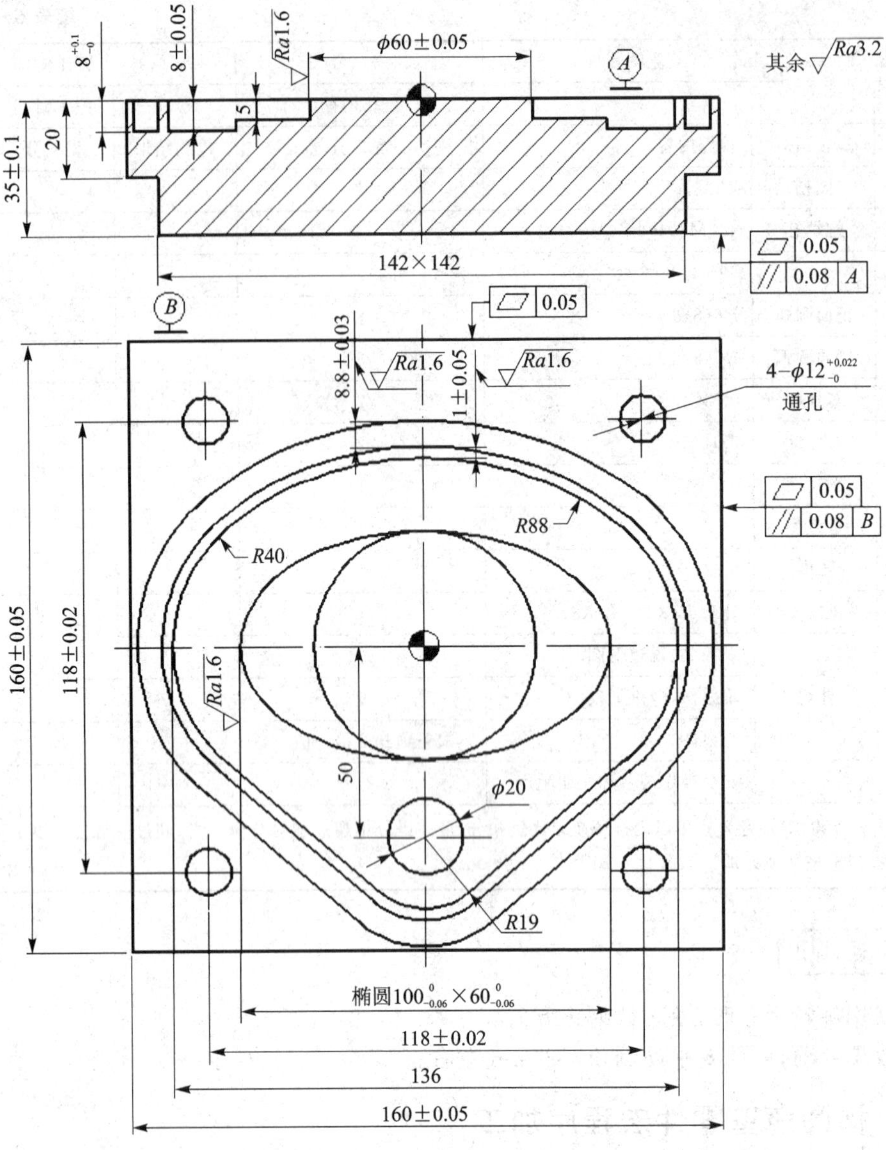

技术要求：
1. 未注公差按GB/T 1804—m执行；
2. 尖编倒钝不大于0.3，锐角倒院不大于R0.2，未注内角不大于R0.2。

图 5-1-3 椭圆薄壁台阶槽

表 5-1-11 椭圆薄壁零件数控加工刀具卡

序　号	刀具名称	刀具号	刀具规格	刀具材料	半径补偿	长度补偿
1	面铣刀	T01	ϕ63	硬质合金		H01
2	棒铣刀	T02	ϕ12	硬质合金	D02	H02
3	棒铣刀	T03	ϕ8	硬质合金	D03	H03
4	棒铣刀	T04	ϕ8	高速钢	D04	H04
5	中心钻	T05	A3			H05
6	钻头	T06	ϕ11.8	高速钢		H06
7	铰刀	T07	ϕ12	硬质合金		H07

表 5-1-12 椭圆薄壁零件数控加工工序卡

数控加工工艺卡片			产品名称		零件名称	材 料	零件图号	
					椭圆薄壁台阶槽	硬铝		
工序号	程序编号	夹具名称	夹具编号		使用设备		航都数控	
		精密虎钳						
工步号	工步内容		刀具号	刀具规格	主轴转速/(r·min⁻¹)	进给速度/(mm·min⁻¹)	背吃刀量/mm	侧吃刀量/mm
1	铣削平面		T01	ϕ63 面铣刀	2 200	700	0.5	
2	粗精铣 160×160×23 外形		T02	ϕ12 合金刀	3 400	600	2	2.5
3	粗精铣 160×60 椭圆和 ϕ60 整圆		T02	ϕ12 合金刀	3 400	600	2	12
4	粗精铣薄壁和 8.8 槽		T03	ϕ8 合金刀	3 200	400	2	8
5	钻 4×ϕ12 和 ϕ20 的中心孔		T04	中心钻 ϕ2	1 100	70	3	
6	粗钻 4×ϕ12 和 ϕ20 内孔		T05	麻花钻 ϕ11.8	700	80	3	
7	精铰 4×ϕ12、精铣 ϕ20 通孔		T06	ϕ12 合金刀	700/3 000	60/400		0.02

4. 程序编制

本例采用宏程序手动编程，着重在于 1 mm 薄壁、8.8 mm 槽以及椭圆和整圆程序的编制。分层铣削时可采用螺旋铣。薄壁、槽加工程序见表 5-1-13。

表 5-1-13 薄壁、槽加工程序

程 序	说 明
O0004	程序名
G40	取消刀具半径补偿，避免过切现象
G90 G54 G0 X0 Y0 M03 S3200	坐标系定位
G43 Z100 H03	
G41 X0 Y−74.55 D03	空中建立刀补，通过修改刀偏，反复运行程序的方式保证薄壁和槽的尺寸。点(0,74.55)为两切线的延长交点
Z5	
#1=−2	每一层铣削深度赋值
N1 G01 X−55.31 Y−30.97 F400	
G02 X−51.33 Y32.49 Z#1 R40	
G02 X51.33 Y32.49 R88	
G02 X55.31 Y−30.97 R40	
G01 X0 Y−74.54 R19	

续表 5-1-13

程　序	说　明
X-55.31 Y-30.97	
＃1=＃1-2	减法运算,深度变化
IF[＃1GE-8] GOTO1	判断深度≥-8时,跳至程序段N1
G02 X-51.33 Y32.49 R40	
G02 X51.33 Y32.49 Z100 R88	
M05	
M30	

椭圆和圆加工程序见表 5-1-14。

表 5-1-14　椭圆和圆加工程序

程　序	说　明
O4001	程序名
G40	取消刀具半径补偿,避免过切现象
G90 G54 G00 X61 Y61 M03 S3400	坐标系定位
G43 Z100 H02	
Z5	
＃1=50	长半轴赋值
＃2=30	短半轴赋值
G01 G41 D02 X＃1 Y1 F600	
＃3=-2	每一层深度铣削赋值
N2 G01 Z＃3 F400	
＃4=0	离心角起始度数
N1 ＃5=＃1*COS[＃4]	椭圆X坐标
＃6=＃2*SIN[＃4]	椭圆Y坐标
G01 X＃5 Y＃6 F600	
＃4=＃4-1	运算减法,角度递减变化
IF[＃4GE-360] GOTO1	判定角度≥-360°时,跳至程序段N1并顺时针铣削
＃3=＃3-2	运算减法,深度变化
IF[＃3GE-8] GOTO2	判定深度≥-8时,跳至程序段N2
Y-1	
G00 Z20	
G40	取消刀具半径补偿,避免过切现象
G90 G54 G00 X50 Y0 M03 S3000	坐标系定位
G43 Z12 H01	
G41Y20D12	
Z5	
G03 X30 Y0 Z0 R20	

续表 5-1-14

程　序	说　明
G02 I−30 Z−5	
G02 I−30	
G03 X50 Y−20	
G01 Z15	
G40 Y0	
M05	
M30	

5. 工艺对比

① 本例采取了空中建立刀补，并通过修改刀具半径补偿的方式保证薄壁尺寸。

② 加工椭圆，并没有选用缩放的编程方法，而是使用更为规范的宏程序进行编制。

6. 评分标准

评分标准见表 5-1-15。

表 5-1-15　评分标准

题　目		椭圆薄壁零件	考　号		开工时间	
班　级			加工时间		停工时间	
序　号	名　称	检测内容	配　分	检测结果	得　分	评分人
1	外形尺寸	160±0.05(2 处)	4			
2		35±0.1	3			
3		平面度 0.05(6 处)	2			
4		平行度 0.08A	2			
5		平行度 0.08B	2			
6		垂直度 0.08B	2			
7	槽	8.8±0.03	10			
8		深 $8^{+0.1}_{-0}$	2			
9	薄壁	宽 1±0.05	10			
10		R88	2			
11		R40(2 处)	2			
12		R19	2			
13		$4-\phi12^{+0.022}_{-0}$	6			
14		$4-\phi12^{+0.022}_{-0}$	6			
15		深 8±0.05	2			
16		Ra1.6	2			
17	椭圆	$100^{+0.05}_{-0}\times60^{+0.05}_{-0}$	10			
18		深 5	2			
19		$\phi60\pm0.05$	4			
20		$\phi20$	2			

续表 5-1-15

题　目		椭圆薄壁零件	考　号		开工时间	
班　级			加工时间		停工时间	
序　号	名　称	检测内容	配　分	检测结果	得　分	评分人
21	外观	无毛刺，锐边导圆	5			
22		磕碰伤，严重划痕	6			
23		完整性	缺一项扣 2 倍分值			
24		安全操作规范和文明生产	12			
备注：符合公差得满分；超差一倍以内按照超差比例扣分，最高得分不超过项目分值一半；超过一倍公差以上不得分；超过两倍公差以上按缺项处理。						

注意事项

- 整个零件采用手动编程，计算量较大，同学们应认真仔细，反复检查。
- 加工薄壁时，选用合适切削参数，并注意冷却液冲洗到位，避免由于粘刀导致薄壁铣废。
- 编制宏程序时，注意变量赋值、运算公式的准确合理。

5.1.4　星箭加工

1. 零件图工艺分析

图 5-1-4 所示零件，毛坯为 165 mm×165 mm×45 mm，材料为硬铝。

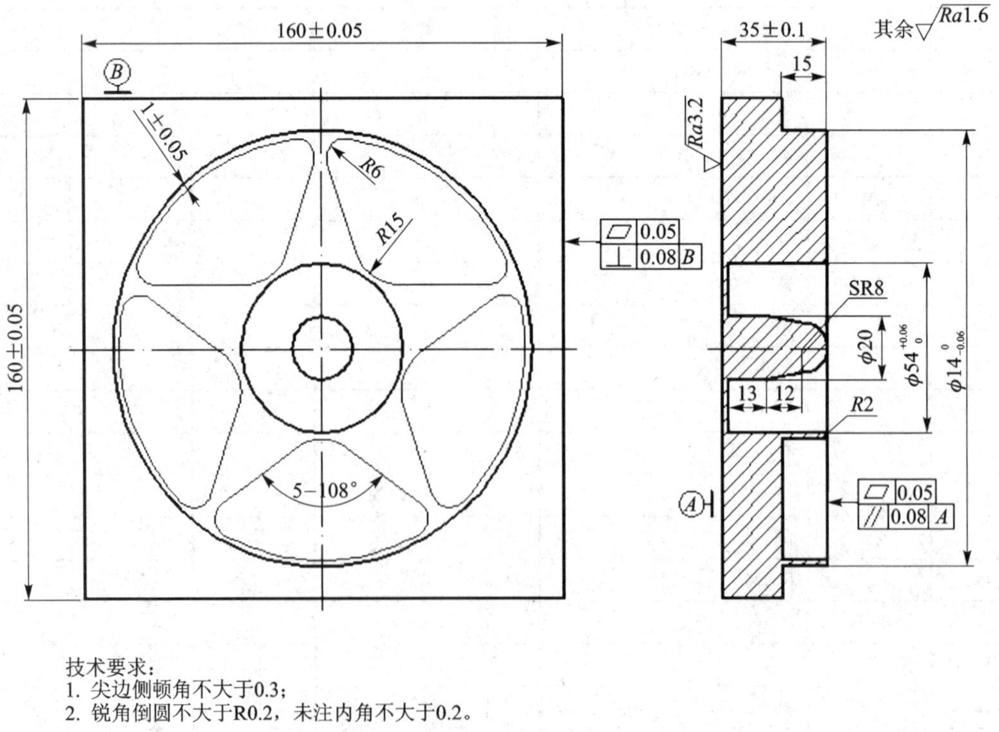

技术要求：
1. 尖边侧顿角不大于0.3；
2. 锐角倒圆不大于R0.2，未注内角不大于0.2。

图 5-1-4　星　箭

该零件包含外形轮廓、薄壁、型腔、内孔、半球和复合曲面加工。整个零件采用手动编程的方式。大量用到子程序、旋转指令与宏程序。零件上表面中心作为G54工件坐标系原点。

2. 确定装夹方案

该零件为单件生产，且为规则类四方零件，可选用精密虎钳装夹。找正时采用钢板尺划对角线，中心钻对准找正方式，可大大节省时间。零件底部采用等高垫铁，夹紧后高出钳口36 mm。

3. 刀具与工艺参数选择

表5-1-16、表5-1-17分别为椭圆薄壁零件数控加工刀具卡和工序卡。

表5-1-16 星箭数控加工刀具卡

序 号	刀具名称	刀具号	刀具规格	刀具材料	半径补偿	长度补偿
1	面铣刀	T01	ϕ63	硬质合金	D01	H01
2	棒铣刀	T02	ϕ12	硬质合金	D02	H02
3	球头铣刀	T03	ϕ10	硬质合金		H03

表5-1-17 星箭数控加工工序卡

<table>
<tr><td colspan="3" rowspan="2">数控加工工艺卡片</td><td>产品名称</td><td colspan="2">零件名称</td><td>材 料</td><td>零件图号</td></tr>
<tr><td></td><td colspan="2">星 箭</td><td>硬 铝</td><td></td></tr>
<tr><td>工序号</td><td>程序编号</td><td>夹具名称</td><td colspan="2">夹具编号</td><td colspan="2">使用设备</td><td>航都数控</td></tr>
<tr><td></td><td></td><td>精密虎钳</td><td colspan="2"></td><td colspan="2"></td><td></td></tr>
<tr><td>工步号</td><td>工步内容</td><td>刀具号</td><td>刀具规格</td><td>主轴转速/(r·min^{-1})</td><td>进给速度/(mm·min^{-1})</td><td>背吃刀量/mm</td><td>侧吃刀量/mm</td></tr>
<tr><td>1</td><td>粗铣ϕ140×15外圆</td><td>T01</td><td>ϕ63面铣刀</td><td>2 200</td><td>700</td><td>0.5</td><td></td></tr>
<tr><td>2</td><td>精铣ϕ140×15外圆</td><td>T02</td><td>ϕ12合金刀</td><td>3 400</td><td>600</td><td>2</td><td>0.02</td></tr>
<tr><td>3</td><td>粗精铣5.1−108°的扇形，槽深15 mm(五角星)</td><td>T02</td><td>ϕ12合金刀</td><td>3 400</td><td>600</td><td>2</td><td>12</td></tr>
<tr><td>4</td><td>粗精铣ϕ54整圆，槽深33 mm</td><td>T02</td><td>ϕ12合金刀</td><td>3 200</td><td>400</td><td>2</td><td>12/0.02</td></tr>
<tr><td>5</td><td>铣削ϕ20深度25 mm圆柱体</td><td>T02</td><td>ϕ12合金刀</td><td>3 400</td><td>600</td><td>2</td><td>5</td></tr>
<tr><td>6</td><td>铣削SR8圆球和相切锥面</td><td>T03</td><td>ϕ10球头铣刀</td><td>3 600</td><td>500</td><td>0.04</td><td></td></tr>
</table>

4. 程序编制

要点介绍：① 子程序、宏程序与旋转指令的综合运用(见表5-18)；② 运用宏程序编制半球与相切锥面(见表5-19)。因为选用ϕ10球头铣刀，且下面程序坐标值都是用球头铣刀的圆弧中心作为基准，所以对刀时应将半径抬高5 mm。

表 5-1-18 五角星加工程序

程 序	说 明
O4002	主程序号
G90 G54 G00 X0 Y0 M03 S3400	
G69	取消旋转指令,程序初始化
G43 Z100 H02	
M98 P4003	调用 O4003 子程序一次
G68 X0 Y0 R72	以 X0,Y0 为旋转基准,旋转子程序 72°
M98 P4003	调用 O4003 子程序一次
G68 X0 Y0 R144	旋转子程序 144°
M98 P4003	调用 O4003 子程序一次
G68 X0 Y0 R216	旋转子程序 216°
M98 P4003	调用 O4003 子程序一次
G68 X0 Y0 R288	旋转子程序 288°
M98 P4003	调用 O4003 子程序一次
G69	取消旋转指令,程序初始化
G00 Z120	
M05	
M30	
O4003	子程序号
G90 G40 G00	程序初始化
Z5	
G00 X0 Y0	
G41 Y−26.74 D02	
#1=−2	深度赋值
N1 G01 X−40.3 Y−56 Z#1 F200	斜降下刀
G03 X40.3 R69	
G01 X0 Y−26.74 R15	
#1=#1−2	每层铣削 2 mm
IF[#1GE−15] GOTO1	判断深度≥−15 时,跳至程序段 N1
G01 X40.3 Y−56	
G03 X40.3 R69 Z100	三轴联动退刀
M99	子程序结束

表 5-1-19　半球与相切锥面加工程序

程　序	说明
O0044	
G90 G54 G00 X0 Y0 M03 S3600	
#1=0.003	等高绕圈时，起始角度
#2=13	球半径+球刀半径
#3=8	球半径+球刀半径
#4=81.003	锥面对应角度
#5=-6.316	斜率
#6=74.74	
#7=15.08	
G43 Z50 H01	
Z10	
G01 Z5.1 F500	
N10 #11=#2*SIN[#1]	
#12=#2*COS[#1]-#3	
G01 #11 Z#12 F1000	
G03 I-#11	
#1=#1+1	
IF[#1LE#4] GOTO1	
#13=#11-0.3	
N20 #14=#5*#13+#6	
G01 X#13 Z#14	
G03 I-#13	半球 *X* 坐标，*Z* 坐标
#13=#13+0.04	半径方向每次增加 0.04 mm
IF[#13LE#7] GOTO20	
G00 Z200	
M05	
M30	

5. 工艺对比

本例采取了子程序旋转、宏程序等手工编程方法，如果使用电脑编程将使整个程序段变长。

6. 评分标准

评分标准见表 5-1-20。

表 5-1-20　评分标准

题　目		星　箭	考　号		开工时间	
班　级			加工时间		停工时间	
序　号	名　称	检测内容	配　分	检测结果	得　分	评分人
1	外形尺寸	160±0.05(2 处)	4			
2		35±0.1	3			
3		平面度 0.05(6 处)	2			
4		平行度 0.08A	2			
5		平行度 0.08B	2			
6		垂直度 0.08B	2			
7	大圆	$\phi 140^{+0}_{-0.063}$	5			
8		深 15	2			
9	薄壁	1±0.05	6			
10	五角星	5.1－108°	10			
11		$R6$(10 处)	10			
12		$R5$(6 处)	5			
13	圆槽	$54^{+0.06}_{-0}$	4			
14		$Ra\,3.2$	5			
15	圆柱	$\phi 20$	3			
16		13	4			
17		12	4			
18	球头	$SR8$	4			
19	外观	无毛刺,锐边倒圆	5			
20		磕碰伤,严重划痕	6			
21		完整性	缺一项扣 2 倍分值			
22		安全操作规范和文明生产	12			
备注:符合公差得满分;超差一倍以内按照超差比例扣分,最高得分不超过项目分值一半;超过一倍公差以上不得分;超过两倍公差以上按缺项处理。						

注意事项

- 加工大圆薄壁时,因为工艺刀具选择是用 $\phi 63$ 面铣刀粗铣(刀尖有 $R0.8$ 圆弧),$\phi 12$ 合金刀精铣,所以要注意余量的选择。
- 编制子程序旋转指令时,注意第一个子程序以及衔接部分有无错误。
- 编制宏程序时,注意变量赋值、运算公式的准确合理。
- 整个零件采用手动编程,计算量较大,同学们应认真仔细,反复检查。

5.1.5　两用凸轮的加工

1. 零件图工艺分析

如图 5-1-5 所示,按单件生产安排其数铣工艺,编写出加工程序。毛坯尺寸 120 mm×

135 mm×30 mm；长度方向侧面对宽度侧面及底面的垂直度公差为 0.03；零件材料为 45 钢，表面粗糙度为 Ra5.2。

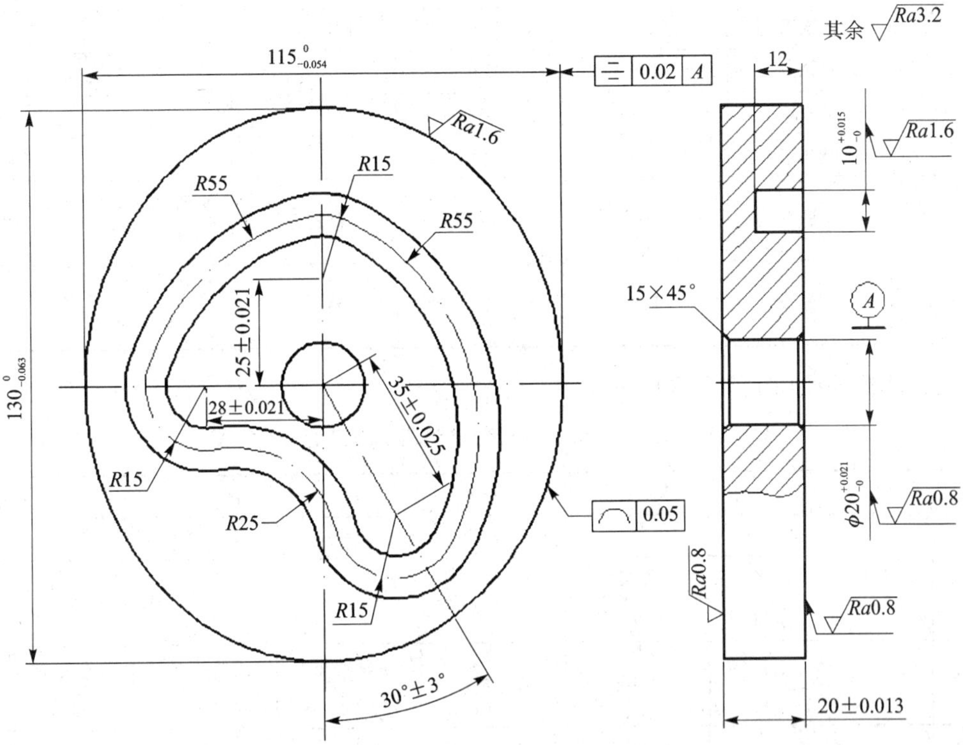

图 5-1-5 两用凸轮

该零件包含了椭圆外形轮廓、环形槽和孔的加工，有较高的尺寸精度和对称度形位精度要求。编程前必须详细分析图纸中各部分的加工方法及走刀路线，选择合理的装夹方案和加工刀具，保证零件的加工精度要求。

外形轮廓中的 115 和 130 两尺寸的上偏差都为零，可不必将其转变为对称公差，直接通过调整刀补来达到公差要求；ϕ20 孔尺寸精度和表面质量要求较高，需要粗精加工；中间环形槽宽要求较高，需要粗精加工。工件坐标系建立在工件中心，Z 轴原点设在工件上表面。加工过程如下：

① 铣削平面，由于表面精度较高，深度尺寸精度要求较高，用面铣刀进行平面铣削，整个形状加工结束后翻面进行另一面平面加工。

② 椭圆外轮廓的粗、精铣削，批量生产时，粗精加工刀具要分开，本例采用同一把刀具进行，由刀具半径补偿进行粗精加工。精加工单边留 0.2 mm 余量。

③ 加工 ϕ20 孔。

④ 环形槽粗、精铣削，采用同一把刀具进行，由刀具半径补偿进行粗、精加工。

2. 装夹方案

用平口钳装夹工件铣削正面，工件上表面高出钳口 20 mm 左右，翻面用 ϕ16 螺杆穿过中间 ϕ20 通孔锁紧在工作台上，然后铣削 20 mm 的厚度尺寸。

3. 刀具与工艺参数选择

两用凸轮数控加工刀具卡见表 5-1-21。

表 5-1-21　两用凸轮数控加工刀具卡

编　号	刀具名称	刀具号	刀具规格	刀具材料	半径补偿	长度补偿
1	面铣刀	T01	ϕ80	硬质合金		H01
2	立铣刀	T02	ϕ20			H02
2	中心钻	T03	ϕ3			H03
3	麻花钻	T04	ϕ19.2			H04
4	立铣刀	T05	ϕ16	高速钢	半精 D05＝8.2 精 D05＝7.98	H05
5	立铣刀	T06	ϕ8	高速钢	半精 D05＝4.2 精 D05＝5.98	H06

两用凸轮数控加工工序卡见表 5-1-22。

表 5-1-22　两用凸轮数控加工工序卡

数控加工工艺卡片			产品名称	零件名称		材　料		零件图号
				两用凸轮		45 钢		
工序号	程序编号	夹具名称	夹具编号	使用设备				车间
		虎钳						
工步号	工步内容		刀具号	刀具规格	主轴转速/(r·min^{-1})	进给速度/(mm·min^{-1})	背吃刀量/mm	备注
1	铣面		T01	ϕ80 盘铣刀	600	350		
2	铣削外轮廓		T02	ϕ20 立铣刀	700	100		
3	钻中心孔		T03	ϕ3 中心钻	600	30		
4	钻 ϕ19.2 孔		T04	ϕ19.2 麻花钻	600	60		
5	铣孔 ϕ20		T05	ϕ16 立铣刀	350	300		
6	铣槽外轮廓		T06	ϕ8 立铣刀	400	30		
7	铣槽内轮廓		T06	ϕ8 立铣刀	400	30		

4. 程序编制

① 铣削平面：安装 ϕ80 盘铣刀(T01)并对刀，铣面的加工程序见表 5-1-23。

表 5-1-23　铣面的加工程序

程　序	说　明
O0001	程序名
G40 G90 G54 G00 X−150 Y35	建立工件坐标系，快速进给至下刀位置
S600 M03	启动主轴，主轴转速 600 r/min
G43 H01 Z50 M08	刀具到达安全高度，同时打开冷却液
G01 Z10 F2000	刀具到达返回高度
Z−0.5 F350	铣面深度
X−150	

续表 5-1-23

程　序	说　明
Y－35	
X－150	
G00 Z50 M09	Z 向抬刀至安全高度，并关闭冷却液
G28 Y0	
M05	主轴停
M30	程序结束

② 铣削外轮廓的加工程序见表 5-1-24。

表 5-1-24　铣削外轮廓的加工程序

程　序	说　明
G90 G54 G00 X40 Y40	建立工件坐标系，快速进给至下刀位置
M03 S700	启动主轴，主轴转速 700 r/min
G43 H02 Z50 M08	刀具到达安全高度，同时打开冷却液
G01 Z2 F2000	
＃1＝115	短半轴赋值
＃2＝130	长半轴赋值
＃3＝－1	下刀深度赋值
G01 Z＃3 F100	
＃4＝0	开始角度 *t* 赋值
G01 G42 D01 X＃1	建立刀补
N10＃5＝＃1＊COS[＃4]	与角度＃4 对应的 X 坐标值）
＃6＝＃2＊SIN[＃4]	与＃4 对应的 Y 坐标值
G01X＃5 Y＃6 F100	
＃4＝＃4＋1	角度逆时针变化
IF[＃4LE360] GOTO 10	如果角度＃4 小于等于 360°执行 N10
G01 Y－40	
G00 Z100	Z 向抬刀至安全高度，并关闭冷却液
G40 X0 Y0	取消刀补
M05	主轴停
M30	程序结束

③ 加工 ϕ19.2 孔的加工程序见表 5-1-25。

表 5-1-25　两用凸轮(孔加工)加工程序

程　序	说　明
O0003	程序名
G40 G90 G54 G00 X0 Y0	建立工件坐标系，快速进给至下刀位置
S600 M03	启动主轴，主轴转速 600 r/min

续表 5-1-25

程　序	说　明
G43 H03Z50 M08	刀具到达安全高度,同时打开冷却液
G99 G81 R5 Z−5 F30	钻中心孔,深度以钻出锥面为好
G80	
G00 Z200 M09	刀具抬到手工换刀高度
M05	
M00	程序暂停,手工换 T03 刀,换转速
M03 S600	
G00 G43 H04 Z50 M08	刀具定位到安全平面
G01 Z10 F2000	
G99 G83 R2 Z−30 Q−2 F60	
G80	
G00 Z200 M09	*Z* 向抬刀至安全高度,并关闭冷却液
G28 Y0	
M05	主轴停
M30	程序结束

④ 铣削 ϕ20 孔的加工程序见表 5-1-26。

表 5-1-26　两用凸轮孔的加工程序

程　序	说　明
O0004	程序名
G40 G90 G54 G00 X0 Y0	建立工件坐标系,快速进给至下刀位置
S350 M03	启动主轴,主轴转速 350 r/min
G43 H05Z50 M08	刀具到达安全高度,同时打开冷却液
G01 Z10 F2000	
#1=−1	
#2=−1	
#3=−24	
N10 G01 Z#1 F300	
G01 G41 D20 X0 Y10	
G03 I0 J−10	
G01 G40 X0 Y0	
#1=#1+#2	
IF [#1GE#3]GOTO10	
G00 Z200 M09	*Z* 向抬刀至安全高度,并关闭冷却液
G28 Y0	
M05	主轴停
M30	程序结束

⑤ 铣削槽外轮廓的加工程序见表 5-1-27。

表 5-1-27 两用凸轮槽外轮廓的加工程序

程 序	说 明
O0006	程序名
G40 G90 G54 G00 X0 Y30	建立工件坐标系，快速进给至下刀位置
S400 M03	启动主轴，主轴转速 400 r/min
G43 H06Z50 M08	刀具到达安全高度，同时打开冷却液
G01 Z10 F2000	
＃1＝－0.5	
＃2＝－0.5	
＃3＝－12	
N10 G01 Z5 F500	
G41 D21 X0 Y40	
Z＃1 F30	
G03 X－5.572 Y39.568 R15	
X－42.072 Y5.193 R55	
X－25.54 Y－14.794 R15	
G02 X2.898 Y－35.741 R25	
G03 X30.629 Y－37.566 R15	
X6.566 Y38.486 R55	
X0 Y40 R15	
G01 Z5 F500	
G40 X0 Y30	
＃1＝＃1＋＃2	
IF[＃1GE＃3]GOTO10	
G00 Z200 M09	Z 向抬刀至安全高度，并关闭冷却液
M05	主轴停
M30	程序结束

⑥ 铣削槽内轮廓的加工程序见表 5-1-28。

表 5-1-28 两用凸轮槽内轮廓的加工程序

程 序	说 明
O0006	程序名
G40 G90 G54 G00 X0 Y50	建立工件坐标系，快速进给至下刀位置
S400 M03	启动主轴，主轴转速 400 r/min
G43 H05Z50 M08	刀具到达安全高度，同时打开冷却液
G01 Z10 F2000	
＃1＝－0.5	

续表 5-1-28

程　序	说　明
#2=-0.5	
#3=-12	
N10 G01 Z5 F500	
G41 D22 X0 Y40	
Z#1 F30	
G02 X-6.566 Y38.486 R15	
X30.629 Y-37.566 R55	
X2.898 Y-35.741 R15	
G03 X-25.54 Y-14.794 R25	
G02 X-42.072 Y5.193 R15	
X-5.572 Y39.568 R55	
X0 Y40 R15	
G01 Z5 F500	
G40 X0 Y50	
#1=#1+#2	
IF[#1GE#3]GOTO10	
G00 Z200 M09	Z 向抬刀至安全高度,并关闭冷却液
M05	主轴停
M30	程序结束

5. 工艺对比

采取虎钳与螺杆结合的装夹方式,有效地限制了工件自由度,提高了效率。

6. 评分标准

评分标准见表 5-1-29。

表 5-1-29　评分标准

题　目		两用凸轮	考　号		开工时间	
班　级			加工时间		停工时间	
序　号	名　称	评分标准	配　分	检测结果	得　分	评分人
1	程序编制	① 程序合理,编写完整得 25 分;② 程序基本合理,编写完整扣 1~10 分;③ 程序错误,造成废品扣 25 分;④ 自动编程扣 10 分	25			
2	$\phi 20^{+0.021}_{-0}$	超差不得分	4			
3	25±0.021	超差不得分	4			
4	28±0.021	超差不得分	4			
5	35±0.025	超差不得分	4			
6	30±3°	超差不得分	4			

续表 5-1-29

题　目		两用凸轮	考　号		开工时间	
班　级			加工时间		停工时间	
序　号	名　称	评分标准	配　分	检测结果	得　分	评分人
7	$R15$(三处)	超差一处扣 2 分	6			
8	$R25$	超差不得分	2			
9	$R55$(二处)	超差一处扣 2 分	4			
10	$10_{-0}^{+0.015}$(6 段)	超差一处扣 3 分	18			
11	12	超差不得分	1			
12	$130_{-0.065}^{+0}$	超差不得分	2			
13	$115_{-0.054}^{+0}$	超差不得分	2			
14	20 ± 0.013	超差不得分	2			
15	椭圆度 0.05	超差不得分	5			
16	对称度 0.02A	超差不得分	4			
17	$Ra0.8$(三处)	超差一处扣 1.5 分	4.5			
18	$Ra1.6$(三处)	超差一处扣 1.5 分	4.5			
19	未列尺寸及	超差一处扣 1 分				
20	外观	圆弧过度不自然一处扣 1 分(共 10 处);毛刺,损伤,畸形扣 1.5 分				
21		安全操作规范和文明生产				
备注:符合公差得满分;超差一倍以内按照超差比例扣分,最高得分不超过项目分值一半;超过一倍公差以上不得分;超过两倍公差以上按缺项处理。						

注意事项

- 铣削外形轮廓时,刀具应在工件外面下刀,注意避免刀具快速下刀时与工件发生碰撞。
- 精铣时应采用顺铣方式,以提高尺寸精度和表面质量。

课题二　三维建模数字化设计与制造

教学要求

技能目标

- 了解逆向工程技术。
- 掌握扫描、建模、再设计、数控加工等操作步骤。达到熟练掌握整个过程的目标。

重点

- 数控加工方法。
- 熟悉硬件设备及操作软件。

难点

- 结合实例发散思维,培养学生的创新能力。

5.2.1 逆向工程技术

1. 逆向工程技术概念

正向工程技术：根据产品的功能和用途首先进行概念设计，然后通过CAD输出产品的设计图纸，经审查无误后，编制程序代码并输入CNC设备加工或者通过快速成型机制造。

逆向工程技术(Reverse Engineering，RE)；也称逆向工程，是在没有产品原始图纸、文档的情况下，对产品实物进行测量和工程分析，经CAD/CAM/CAE软件进行数据处理、重构几何模型，并生成数控程序，由数控机床重新加工复制出产品的过程。它有别于传统的由图纸制造产品的正向思维模式，这项新技术一经问世，立即受到了各国和各职业院校的高度重视。

随着逆向工程技术的不断发展，逆向工程已经成为联系新产品开发过程中各种先进技术的纽带，被广泛应用于家用电器、汽车、摩托车、飞机、模具等产品的改型与创新设计，成为消化、吸收先进技术，实现新产品快速开发的重要技术手段。特别是随着现代计算机技术和测试技术的发展，利用CAD/CAM技术、先进制造技术来实现产品实物的逆向工程，已经不局限于产品的仿制，已拓展到医学界人体的骨头、关节等复制，艺术界、考古界艺术品、考古文物的复制，并且该技术已与计算机辅助集成技术、虚拟现实技术、神经网络、人工智能、知识工程等现代设计、制造与控制技术融于一体，形成当今的前沿科技。

2. 逆向工程技术应用范围

(1) 新零件的设计

在工业领域中，有些复杂产品或零件很难用一个确定的设计概念来表达，为产品与客户交流，以获得优化的设计，设计者常常通过创建基于功能和分析需要的一个物理模型，来进行复杂或重要零部件的设计，然后用逆向工程方法由物理模型构造出CAD模型，在该模型的基础上可以做进一步的修改，实现产品的改型或仿型设计。

(2) 已有零件的复制创新

在缺乏二维设计图样或者原始设计参数情况下，需要将实物零件转化为产品数字化模型，从而通过逆向工程方法对零件进行复制，以再现原产品或零件的设计意图，并可利用现有的计算机辅助分析(CAE)、计算机辅助制造(CAM)等先进技术，进行产品创新设计。

(3) 损坏或磨损零件的还原

当零件损坏或磨损时，可以直接采用逆向工程方法重构该零件CAD模型，对损坏的零件表面进行还原或修补，从而可以快速生产这些零部件的替代零件，提高设备的利用率并延长其使用寿命。

(4) 模型精度的提高

设计者基于功能和美学的需要对产品进行概念化设计，然后使用一些软材料，例如木材、石膏等将设计模型制作成实物模型，在这个过程中，由于对初始模型改动得非常大，没有必要花大量的时间使物理模型的精度非常高，可以采用逆向工程的方法进行模型制作、修改和精炼，提高模型的精度，直到满足各种要求。

(5) 数字化模型的检测

对加工后的零件进行扫描测量，再利用逆向工程方法构造出CAD模型，通过将该模型与原始设计的CAD模型在计算机上进行数据比较，可以检测制造误差，提高检测精度。

(6)特殊领域产品的复制

如艺术品、考古文物的复制,医学领域中人体骨骼、关节等的复制,具有个人特征的太空服、头盔、假肢的制造,需要首先建立人体的几何模型,这些情况下都必须从实物模型出发得到产品数字化模型。

3. 逆向工程是实现创新设计的重要途径

在经济全球化的压力下,国家、企业面临的竞争日趋激烈,市场竞争机制已渗透到各个领域。随着科学技术的高度发展,科技成果的应用已成为推动生产力发展和社会进步的重要手段。

如何更快、更好地发展科技和经济,世界各国都在研究对策,充分利用别国的科技成就加以消化吸收与创新,进而发展自己的技术已成为普遍的手段。由于技术保密,除非购买转让,否则想要获得某款产品的图样、技术文档、工艺等技术资料几乎是不可能实现的,而产品实物作为商品和最终的消费品,是最容易获得的一类“研究”对象。

在只有产品原型或实物模型条件下,可以基于产品实物逆向工程对产品零件进行生产制造,除实现对原型的仿制外,通过重构产品零件的CAD模型,在探询和了解原设计技术的基础上,实现对原型的修改和再设计,以达到设计创新、产品更新的目的。对于其他具有复杂曲面外形的零部件,逆向工程更成为其主要的设计方式。

事实证明,技术引进是吸收国外先进技术,促进民族经济高速增长的战略措施。战后的日本通过仿制美国及欧洲的产品,在采取各种手段获取先进的技术和引进技术消化和吸收的基础上,建立了自己的产品创新设计体系,使经济迅速崛起,成为仅次于美国的制造大国。据有关统计资料表明,各国70%以上的技术都来自其他国家,要掌握这些技术,一般的途径都是通过逆向工程。实际上任何产品的问世,不管是创新、改进还是仿制,都蕴涵着对已有科学、技术的继承、应用和借鉴。

5.2.2 逆向工程技术操作过程讲解

逆向工程技术的整个具体操作流程如图5-2-1。本课题主要讲解Win3DD单目扫描仪、Geomagic Studio等软、硬件的使用方法。

1. 三维数据采集硬件讲解

(1)Win3DD单目三维扫描仪介绍

Win3DD系列产品是北京三维天下公司自主研发的高精度三维扫描仪,在延续经典双目系列技术优势的基础上,对外观设计、结构设计、软件功能和附件配置进行大幅提升,除具有高精度的特点之外,还具有易学、易用、便携、安全、可靠等特点。

(2)硬件系统结构介绍

如图5-2-2所示,Win3DD单目三维扫描仪由扫描头、云台、三脚架组成。

扫描头部件见图5-2-3。

图5-2-4所示为云台部件。云台旋转可使扫描头进行多角度转向。

图5-2-5所示为三脚架部件。

注意事项

- 避免扫描系统发生碰撞,造成不必要的硬件系统损坏或影响扫描数据质量。
- 禁止碰触相机镜头和光栅投射器镜头。

➢ 扫描头扶手仅在云台对扫描头做上下、水平、左右调整时使用。
➢ 严禁在搬运扫描头时使用此扶手。

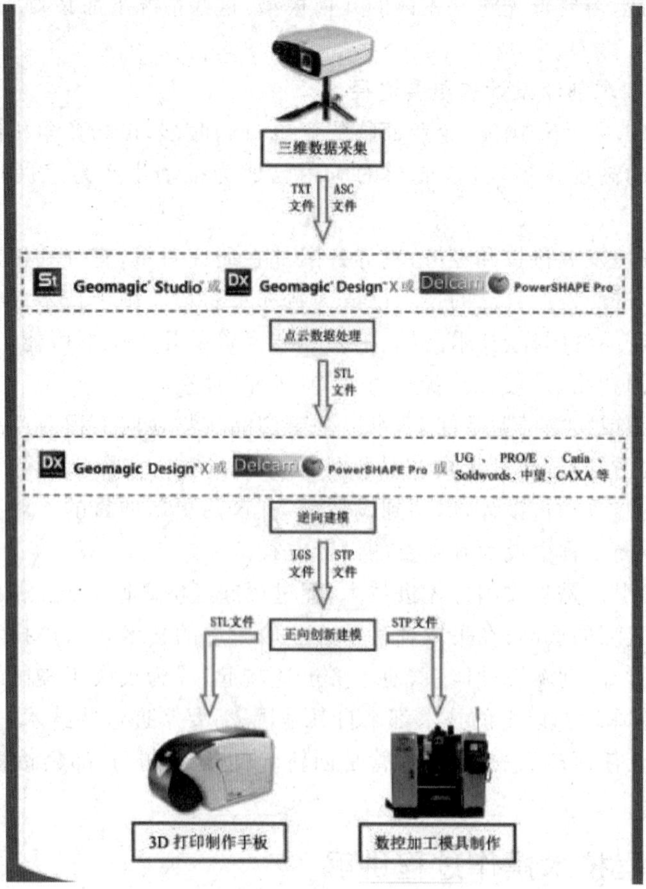

图 5-2-1 逆向工程技术操作流程

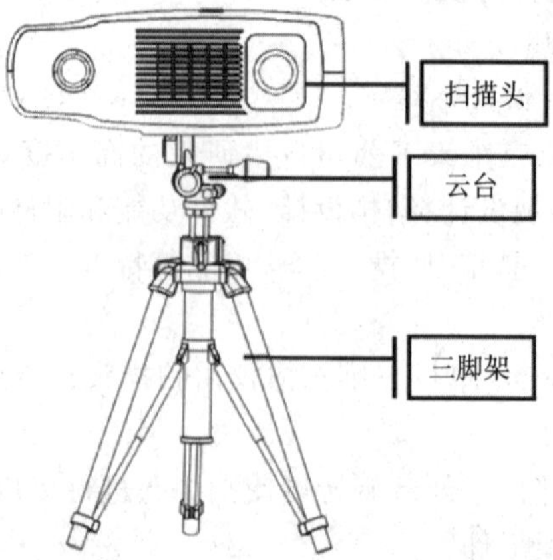

图 5-2-2 Win3DD 单目三维扫描仪

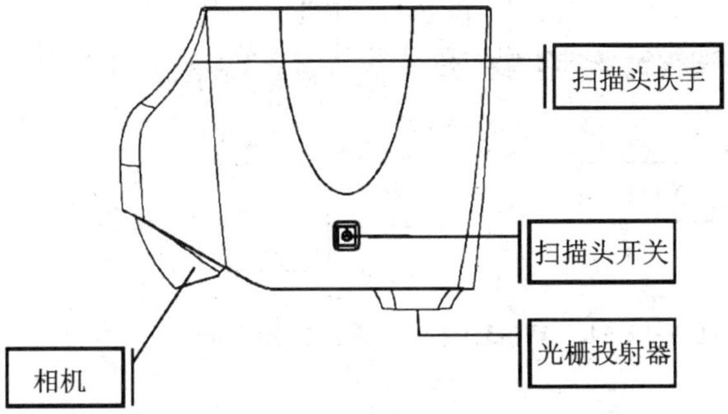

图 5-2-3　扫描头

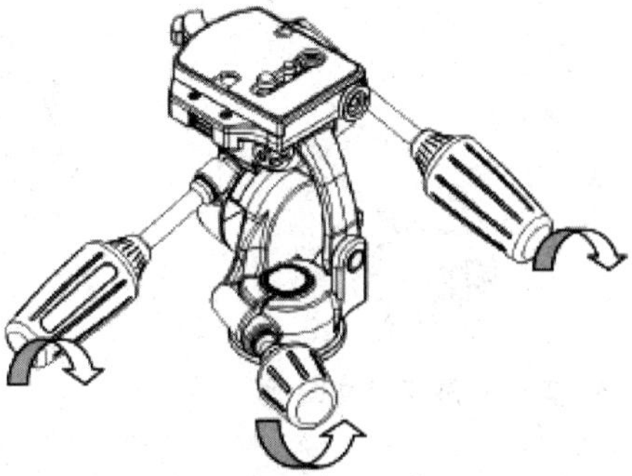

图 5-2-4　云　台

- 调整三脚架旋钮可对扫描头高低进行调整。
- 云台及三脚架在角度、高低调整结束后，一定要将各方向的螺钉锁紧，否则可能会由于固定不紧造成扫描头内部器件发生碰撞，导致硬件系统损坏；也可能在扫描过程中硬件系统晃动，对扫描结果产生影响。

(3) 硬件系统装配

如图 5-2-6 所示，首先将扫描头与快装板用螺丝相连接，然后与云台连接装卡，硬件系统装卡完毕。拆分时，按住云台快装板按钮，拔起扫描头即可。

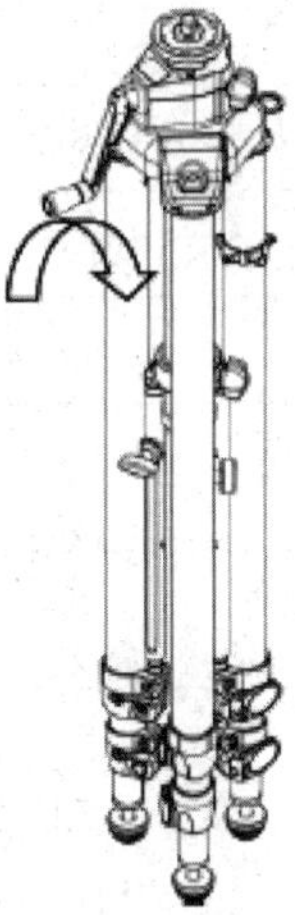

图 5-2-5　三脚架

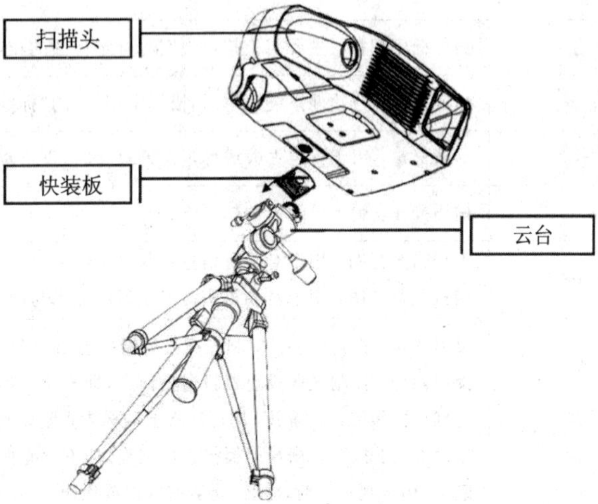

图 5-2-6　硬件系统装配

2. 三维数据采集软件系统介绍

扫描设备与电脑配对后，在电脑上安装 Win3DD 三维扫描系统软件。安装完成后，桌面增加一个如图 5-2-7 所示的快捷图标。双击该图标即可启动运行 Win3DD 三维扫描系统。

扫描系统运行后，首先显示如图 5-2-8 所示界面，它由标题栏、菜单栏、工具栏组成。

标题栏：扫描系统名称。

菜单栏：包括所有的操作选项。

工具栏：提供操作的快捷方式。

图 5-2-7　系统启动图标

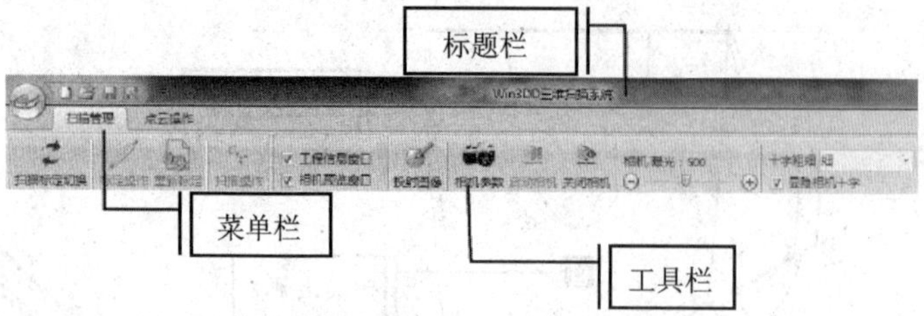

图 5-2-8　Win3DD 软件系统初始界面

(1) 工具栏功能详解

1) 扫描管理工具栏

图 5-2-9 所示为扫描管理工具栏,各图标说明见表 5-2-1。

图 5-2-9　扫描管理工具栏

表 5-2-1　扫描管理工具栏说明

图　标	说　明
	扫描标定切换：主要用于扫描视图与标定视图的相互转换
	标定操作：与软件系统菜单“扫描标定切换”的“标定”项相对应,用于单帧采集标定板图像
	重新标定：用于标定失败或标定误差过大时,进行重新标定
	扫描操作：用于单帧工件扫描
	工程信息视图：用于对工程信息树状显示区的显示与隐藏 相机预览视图：用于对相机实时显示区的显示与隐藏
	投射图像：投射十字：控制光栅投射器投射出一个十字叉,用于调整扫描距离。 投射白光：控制光栅投射器投射出白光,即不含光栅条纹或十字叉等信息的光区。主要目的是增强投射到标定板光线的亮度,使标定板上的标志点清晰可见。 投射红光：控制光栅投射器投射出红光,即不含光栅条纹或十字叉等信息的光区。主要目的是在曝光值下,用于观看实时显示区是否有闪屏或噪声。 投射绿光：同上。 投射蓝光：同上
	调整相机参数：对相机的相关参数进行调整
	启动相机：当相机处于关闭状态时启动相机
	关闭相机：当相机处于长时间不用状态时关闭相机
相机曝光	用于对相机的曝光进行调节
十字粗细	用于对实时显示区相机十字粗细的调节
显隐相机十字	用于对实时显示区相机十字的显示与隐藏

2）点云操作工具栏

图 5－2－10 所示为扫描管理工具栏界面，各图标说明见表 5－2－2。

图 5－2－10　点云操作工具栏

表 5－2－2　点云操作工具栏说明

图　标	说　明
	视角切换（包含 6 个子图标）：分别对视图进行多方位显示，即分别获得从这 6 个方位观察三维点云数据的视觉效果
	适合窗口：使放大、缩小或偏离三维点云显示区中央的三维点云数据适合窗口显示
	区域放大：对所选矩形区域的数据进行放大显示，便于观察。这一功能与矩形选择功能配合使用
	旋转：对三维场景中的三维点云进行旋转，便于从各个角度观察
	平移：对三维场景中的三维点云进行平移，在放大点云观看其某个部分的时候，这一功能常会用到
	精简：精简点云模型数据量，压缩点云文件所占内存
	封装：计算当前点云模型的曲面模型，使点云模型转变成三角面片模型
	矩形选择：在三维场景中，任意构成闭合的矩形。在该矩形区域中的三维点云数据将会全部被选择
	取消选择：与相关选择工具配合使用，撤销全部已选择数据，即全部不选
	删除：与相关选择工具配合使用，删除被选择全部三维点云数据
点云显隐	显示或隐藏工程信息树中全部或者每一次扫描所得到的点云
框架点显隐	显示或隐藏全部框架点
面模型显隐	显示或隐藏全部的曲面模型

（2）标定视图

单击软件系统工具栏中的“扫描标定切换”按钮，即打开如图 5－2－11 所示的标定视图界面，详细说明见表 5－2－3。

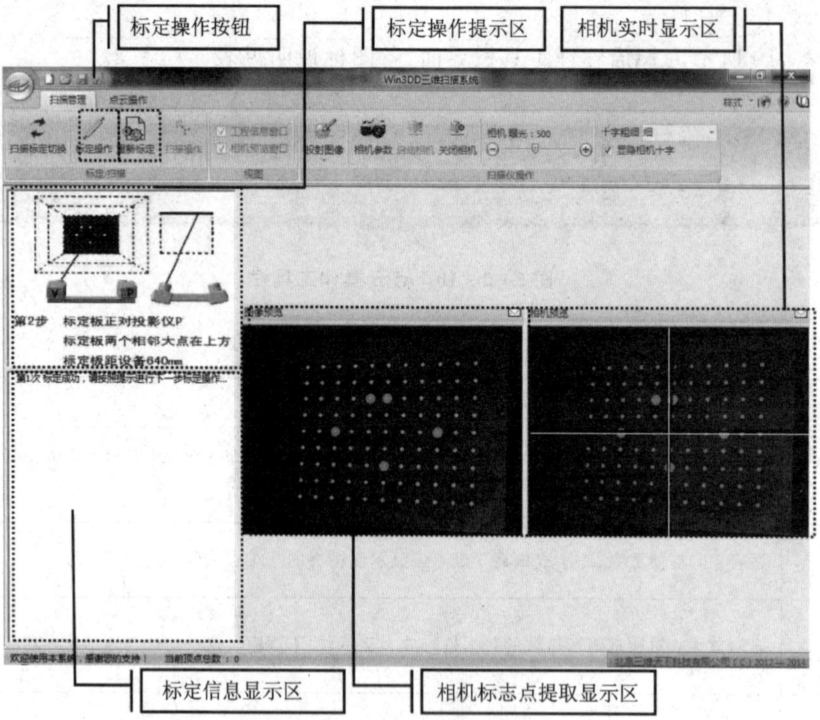

图 5-2-11 标定视图界面

表 5-2-3 标定视图界面说明

项目		说明
标定操作按钮	标定(下一步)	单帧采集标定板图像
	重新标定	若标定失败或零点误差较大,单击此按钮重新进行标定
标定操作提示区		引导用户按图所示放置标定板
标定信息显示区		显示标定步骤及进行下一步操作提示,标定成功或未成功的信息
相机标志点提取显示区		显示相机采集区域提取成功的标志点圆心位置(用绿色十字叉标识)
相机实时显示区		对相机采集区域进行实时显示,用于调整标定板位置的观测

(3) 扫描视图

单击 Win3DD 软件系统工具栏中的“扫描标定切换”按钮,即可打开如图 5-2-12 所示的扫描视图界面。表 5-2-4 所列为扫描视图界面说明。

表 5-2-4 扫描视图界面说明

项目	说明
扫描操作按钮	将扫描系统各项参数调整好后,启动单帧工件扫描,单击工具栏中的“扫描操作”按钮,执行单帧扫描或点击键盘空格键执行同样操作
工程信息树状显示区	显示扫描名称、每次扫描对应的名称
三维点云显示区	每次扫描得到的点云与标志点都将在该区显示出来,同时在该区可以对点云数据进行相关操作与处理
相机实时显示区	对相机图像进行适时显示

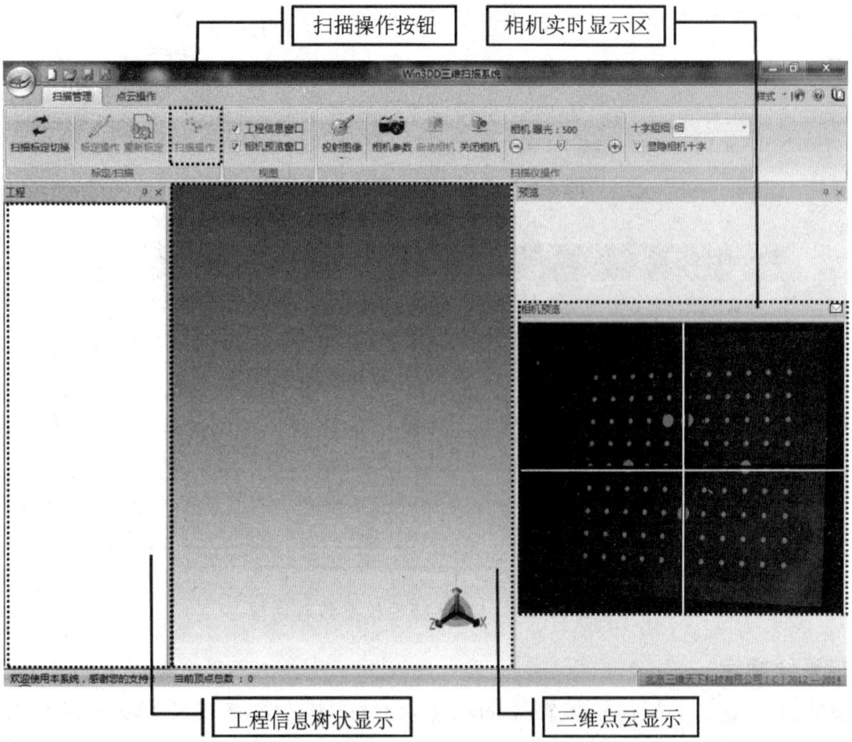

图 5-2-12 扫描视图界面

(4) 扫描模式

扫描模式分为拼合扫描、非拼合扫描、框架点扫描。不需要拼合的使用非拼合扫描，需要拼合的使用拼合扫描或框架点扫描。

表 5-2-5 扫描模式说明

模 式	说 明
拼合扫描	对一些较大的物体一次不能扫描完全部数据，可通过贴标志点，利用拼合扫描方式完成。 粘贴标志点时要注意以下几个问题： ① 标志点要贴在物体上平面区域； ② 标志点不要贴在一条直线上； ③ 每相邻两次之间的公共标志点至少为 3 个，由于图像质量、拍摄角度等多方面原因，有些标志点不能正确识别，因而建议用尽可能多的标志点
非拼合扫描	对一些物体的扫描，只要扫描一面就能得到所需的数据，此时需要使用非拼合扫描操作
框架点扫描	扫描一些大物体时，由于积累误差使最后的测量误差偏大。为了控制整体误差，扫描大物体时先进行框架点扫描再进行拼合扫描

3. 相机参数调整

单击软件系统菜单栏中的“扫描管理”选项卡，选择“相机参数”项，如图 5-2-13 所示。

这时弹出“调整相机参数”对话框(如图 5-2-14 所示)。可以通过对话框中的曝光、增益与对比度来调整相机采集亮度。

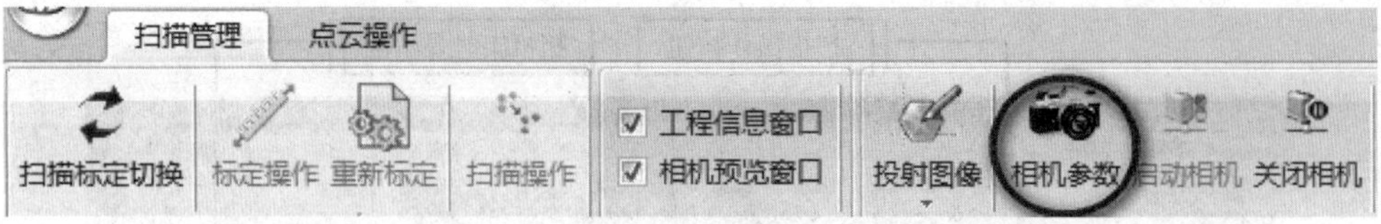

图 5-2-13　调整相机参数菜单

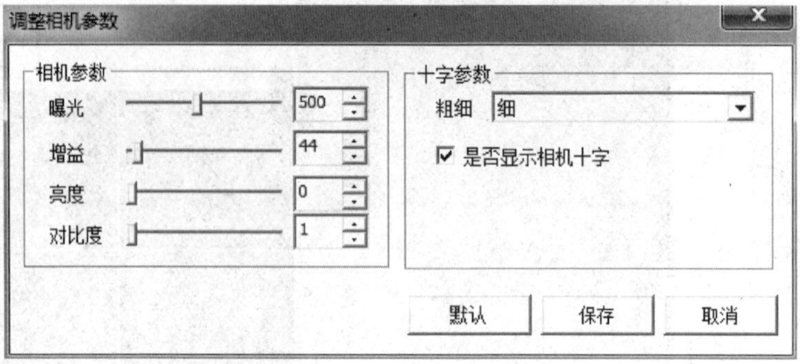

图 5-2-14　调整相机参数对话框

4. 扫描系统标定

扫描参数标定是整个扫描系统精度的基础,因此扫描系统在安装完成后,第一次扫描前必须进行标定。另外,在以下几种情况下也要进行标定:

➢ 对扫描系统进行远途运输;
➢ 对硬件进行调整;
➢ 硬件发生碰撞或者严重震动;
➢ 设备长时间不使用。

注意事项

➢ 如图 5-2-15 所示,标定的每步都要将标定板上至少 88 个标志点,被提取出来才能继续下一步标定。
➢ 如果最后计算得到的误差结果太大且标定精度不符合要求时,则需重新标定,否则会导致得到无效的扫描精度与点云质量。
➢ 标定板上的标志点要尽量充满待扫描工件每次扫描区域可能占据的空间。

5. 扫描步骤

① 调整扫描距离:将被扫描工件放置在视场中央,单击“投射图像”中“投射十字”项,通过云台调整硬件系统的高度及俯仰角,使此十字与相机实时显示区的十字叉尽量重合,并且保证十字尽量在被扫描工件上。

② 通过软件对相机亮度与对比度进行精调整。单击菜单项的“扫描管理”中的“调整相机参数”选项,在弹出的“调整相机参数”对话框中首先单击默认值,然后根据环境光等具体情况进行调节(用户培训时将会做详细讲解,需要一定的扫描经验)。

③ 单帧扫描。单击“ ”扫描操作按钮,系统将自动进行单帧扫描。扫描完毕后会在图所示的“三维点云显示区”显示三维点云数据。

④ 检查工程信息。每次单帧扫描完成后,都应该检查“工程信息树状显示区”的工程信

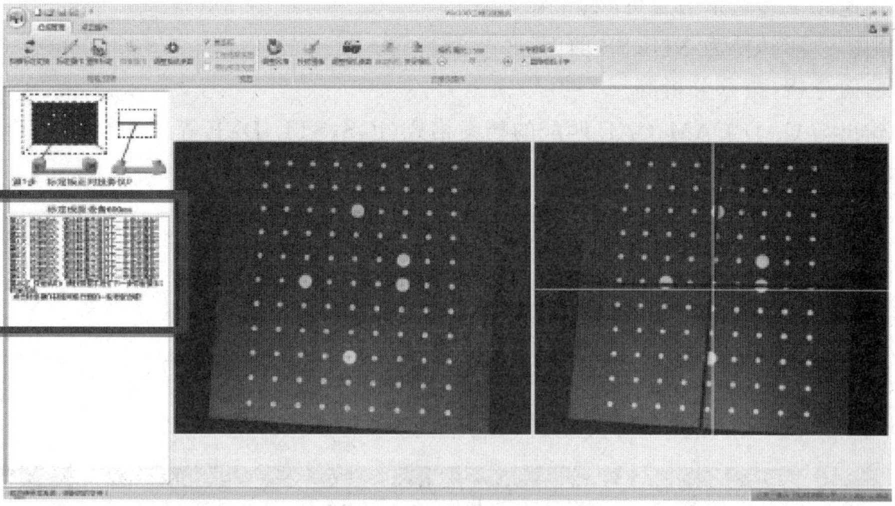

图 5-2-15　最终标定成功图

息。树状显示各节点的含义。

⑤ 重复步骤③与④继续进行下次扫描，如果本次扫描所提取出的标志点与之前提取出的标志点公共点少于 3 个，扫描软件系统则会弹出提示对话框，同时不会进行拼接处理，这时需要调整被扫描工件，然后重新进行本次扫描。

⑥ 完成全部扫描后(也可在每次单帧扫描后)，使用工具栏中的相关工具对点云数据进行处理。涉及该步骤的工具在菜单栏点云操作工具栏里。

⑦ 保存点云数据。单击文件菜单栏的“保存”按钮或“另存为”按钮选项对点云进行保存处理。这两者的区别仅在于：“保存”使用建立项目时的路径，点云文件存储在该路径下的与建立项目同名的文件夹中，文件名为“工程 sanweitianxia.pro”；“另存为”可以由用户设定路径与文件名称，格式为“.asc”和“.txt”。

⑧ 项目工作全部完成后，退出扫描软件系统，如有未保存的点云数据，软件系统会给出提示框；然后关闭扫描系统与专用计算机，待扫描系统的散热风扇停止后切断扫描系统与专用计算机电源。

提示	① 全面分析工件，尽量减少扫描次数，降低累积误差。 ② 标志点不能在具体特征上，要无规律地粘贴。 ③ 公共点最少 4 个，5～7 个最佳，分布要合理均匀。 ④ 相机曝光度 500～600 并结合环境因素适当调整。 ⑤ 扫描距离(600±100) mm 最佳。

6. Geomagic Studio 点云处理软件介绍

Geomagic Studio 是 Geomagic 公司生产的一款逆向软件，可根据任何实物零部件通过扫描点云自动生成准确的数字模型。Geomagic Studio 可以作为 CAD、CAE 和 CAM 工具提供完美补充，它可以输出行业标准格式，包括 STL、IGES、STEP 和 CAD 等众多文件格式。

(1) 主要功能

➢ 自动将点云数据转换为多边形面片。

➢ 快速减少多边形数目(Decimate)。

➢ 把多边形转换为 NURBS 曲面。

➢ 曲面分析(公差分析等)。

➢ 输出与 CAD/CAM/CAE 匹配的档案格式(IGS,STL,DXF 等)

(2) 软件界面及基本操作介绍

图 5-2-16 所示的 Geomagic Studio 点云处理软件界面中:

左键——选择三角形;

Ctrl+左键——取消选择三角形;

中键——旋转;

SHIFT+右键(鼠标滚轮)——缩放;

ALT+中键——平移。

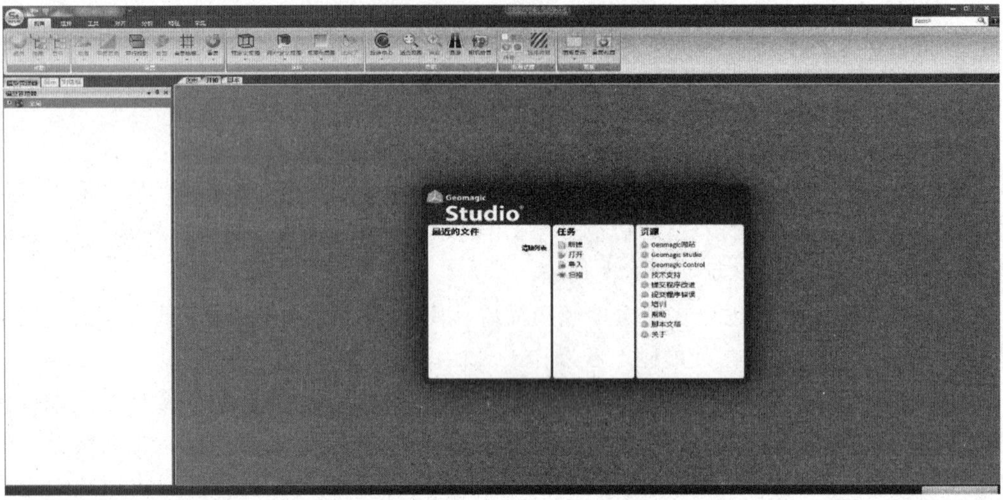

图 5-2-16　Geomagic Studio 点云处理软件界面

1) 点云阶段

点云阶段主要操作命令说明见表 5-2-6。

表 5-2-6　点云阶段主要操作命令说明

图　标	说　明
	为了更加清晰、方便地观察点云的形状,将点云进行着色
	选择断开组件连接:指同一物体上具有一定数量的点形成点群,并且彼此间分离
	选择体外弧点:选择与其他绝大多数的点云具有一定距离的点(敏感性:低数值选择远距离点,高数值选择的范围接近真实数据)
	减少噪声:因为逆向设备与扫描方法的缘故,扫描数据存在系统差和随机误差,其中有一些扫描点的误差比较大,超出允许的范围,这就是噪声点
	封装:对点云进行三角面片化

步骤①：打开文件。

运行 Geomagic Studio 软件，打开之前通过扫描后生成的点云文件。

步骤②：着色。

单击软件菜单栏上的点云着色按钮，使点云的形状更加清晰，方便观察。

步骤③：设置旋转中心。

为了更加方便地观察点云的放大、缩小或旋转，将其设置旋转中心。在操作区域单击右键，选择“设置旋转中心”，在点云合适位置单击。

步骤④：断开组件连接。

选择“点”→“选择”→“断开组件连接”按钮，在管理器面板中弹出“选择非连接项”对话框。

在“分隔”的下拉列表中选择“低”分隔方式，这样系统会选择在拐角处离主点云很近但不属于它们一部分的点。“尺寸”按默认值 5.0 设置，然后单击“确定”按钮。点云中的非连接项被选中，并呈现红色。选择菜单“点”→“删除”或按下 Delete 键。

步骤⑤：去除体外孤点。

选择“点”→“选择”→“体外孤点”按钮，在管理面板中弹出“选择体外孤点”对话框，设置“敏感性”的值为 100。此时体外孤点被选中，呈现红色。选择“点”→“删除”或按 Delete 键来删除选中的点(此命令操作 2～3 次为宜)。

步骤⑥：删除非连接云点。

选择工具栏中的“选择工具”图标，配合工具栏中的按钮一起使用，将非连接点云删除。

步骤⑦：减少噪声。

选择“点”→“减少噪声”按钮，在管理器模块中弹出“减少噪声”对话框。

选择“棱柱形(常用)”，“平滑度水平”滑标到无。“迭代”为 5(重复 5 次计算)，“偏差限制”为 0.1 mm(点云偏差)。

选中“预览”选框，定义“预览点”为 3 000，这代表被封装和预览的点数量。选中“采样”选项，在模型上选择一小块区域来预览。

左右移动“平滑级别”项中的滑标，同时观察预览区域的图像有何变化。下图分别是平滑级别最小和平滑级别最大的预览效果。将“平滑度水平”滑标设置在第二挡上，单击“应用”按钮，退出对话框。

步骤⑧：封装数据。

选择菜单“点”→“封装”按钮，系统会弹封装对话框，该命令将围绕点云进行封装计算，使点云数据转换为多边形模型。

“采样”：对点云进行采样。通过设置点间距来进行采样。目标三角形的数量可以进行人为设定，目标三角形数量设置的越大，封装之后的多边形网格则越紧密。最下方的滑杆可以调节采样质量的高低，可根据点云数据的实际特性，进行适当设置。

2) 多边形阶段

多边形阶段主要操作命令见表 5-2-7。

步骤①：删除钉状物。

选择“多边形”→“删除钉状物”按钮，在模型管理器中弹出“删除钉状物”对话框。“平滑级别”处在中间位置，单击“应用”按钮。

表 5-2-7　多边形阶段主要操作命令说明

图　标	说　明
	填充孔。修补因为点云缺失而造成漏洞,可根据曲率趋势补好漏洞
	去除特征先选择有特征的位置,应用该命令可以去除特征,并将该区域与其他部位形成光滑的连续状态
	集成了删除钉状物、补洞、去除特征、开流形等功能,对于简单数据能够快速处理完成

步骤②:全部填充。

选择"多边形"→"全部填充"命令,在模型管理器中弹出如图 5-2-17 所示的"全部填充"对话框,可以根据孔的类型搭配选择不同的方法进行填充。

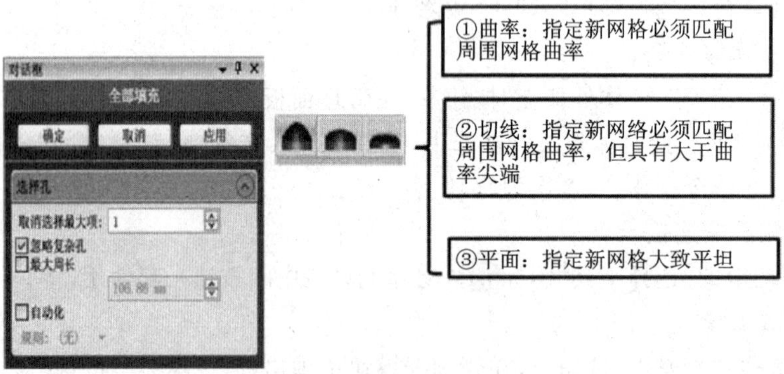

图 5-2-17　全部填充对话框

步骤③:去除特征。

该命令用于删除模型中不规则的三角形区域,并且插入一个更有秩序且与周边三角形连接更好的多边形网格。但必须先用手动的选择方式选择需要去除特征的区域,然后执行"多边形"→"去除特征"命令。

步骤④:砂纸。

选择菜单栏"多边形"→"砂纸"命令,在模型管理器中弹出"砂纸"对话框,选中"快速平滑处理"单选框。

讲"强度"值设在最大值位置,按住鼠标左键在需要打磨的地方左右移动即可。最好选中"固定边界"多选框,防止打磨强度过大,出现局部严重变形。

步骤⑤:网格医生。

选择"多边形"→"网格医生"命令,在模型管理器中弹出"网格医生"对话框,"操作类型"选择"自动修复"单选框,单击"应用"按钮,进行修复。

5.2.3　剃须刀加工实例

各院校普遍重视逆向工程技术,由此孕育出了以其为核心的三维建模数字化设计与制造的相关培训及竞赛。下面就以竞赛样题"剃须刀"为实例进行介绍。

1. 三维数据采集与再设计

如图 5-2-18 所示，首先通过三维扫描仪进行数据采集，然后通过 Geomagic Studio 软件优化处理，再导入 UG10.0 建模，最后进行零件创新设计。

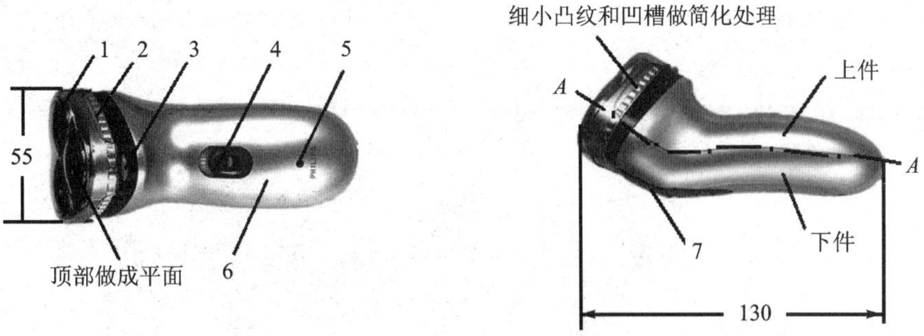

(a) 正 面 (b) 侧 面

1—保护盖；2—剃须刀头部件；3—剃须刀部件释放按钮；
4—剃须刀开/关按钮；5，2—指示灯；6—剃须刀手柄；7—修发器

图 5-2-18 电动剃须刀组件(整个组件视为一个整体)

电动剃须刀组件说明：使用时，打开保护盖，按一下剃须刀开/关按钮以启动剃须刀，手握剃须刀手柄，将剃须刀头在皮肤上移动，作迂回运动，可完成剃须工作。使用修发器，可以修剪鬓角和胡子。

电动剃须刀组件都为企业正式产品，在采集数据及设计过程中请安全文明操作。

(1) 三维数据采集优化处理

运用 Win3DD 单目三维扫描仪，并使用配套操作软件使被扫描物体生成 ASC(点云)格式文件，如图 5-2-19 所示。

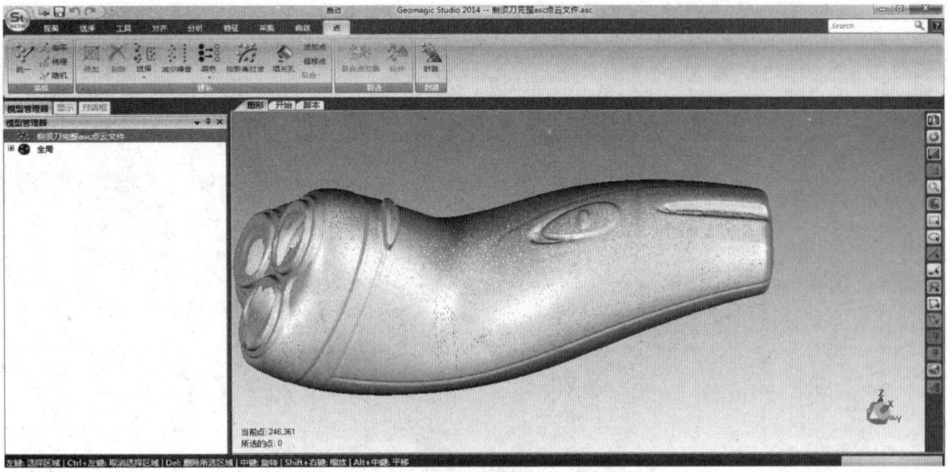

图 5-2-19 导出 ASC 格式的点云文件

① 对剃须刀均匀喷洒显像剂。

② 在剃须刀上贴 5 个标志点。

③ 使用扫描仪采集三维数据。

④ 扫描完成导出 ASC 格式的点云文件，如图 5-2-19 所示。

⑤ 把 ASC 文件导入 Geomagic Studio 软件处理点云数据,并去除剔除噪点和冗余点优化数据,使模型更加光顺完整。处理完毕后保存为 STL 格式的面片文件,如图 5-2-20 所示文件名为 saomiao。

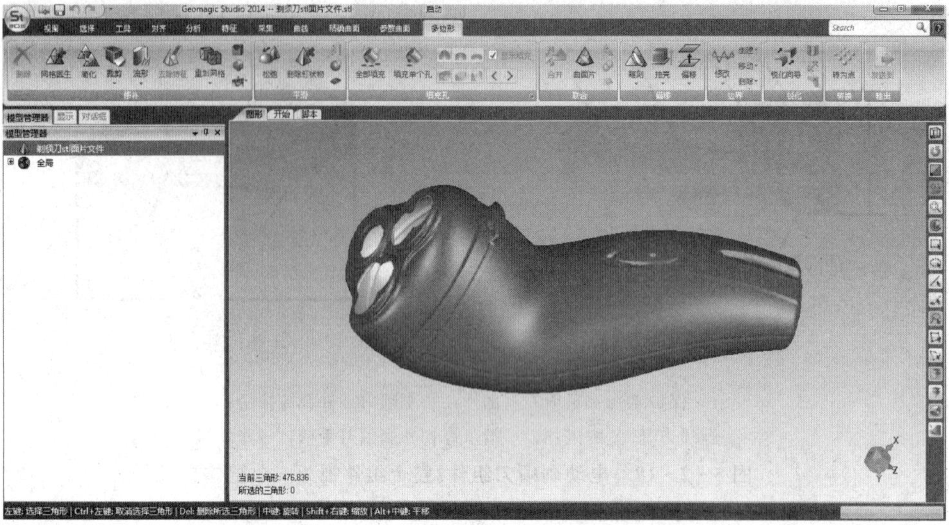

图 5-2-20　保存为 STL 格式的面片文件

(2) 三维建模

将三维数据采集生成的 STL 文件导入 UG10.0,首先将三维数字模型缩小 1/2(比例 1∶2),然后完成实体建模,不能使用整体拟合功能。

① 根据电动剃须刀侧面照片中 A—A 曲线,逆向建模后的外形分为上下两件,在上件拆分处设计出与拆分面相互吻合的底座。

图 5-2-21 所示为模型上件。

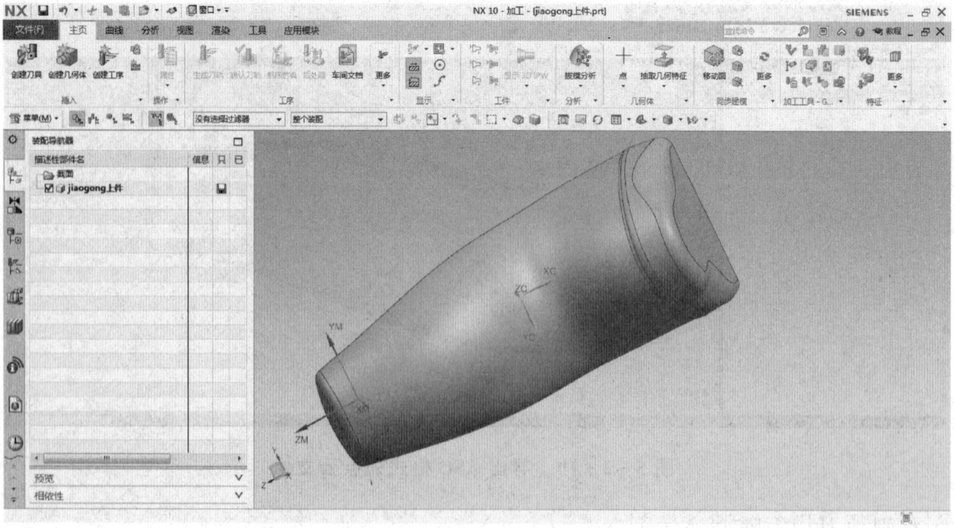

图 5-2-21　模型上件

图 5-2-22 所示为下件底座。

② 提交电动剃须刀组件、上件和底座 3 项数字模型的原文件和 STP(实体)格式文件，文件命名为 jianmo－tixudao、jianmo－shangjian、jianmo－dizuo。

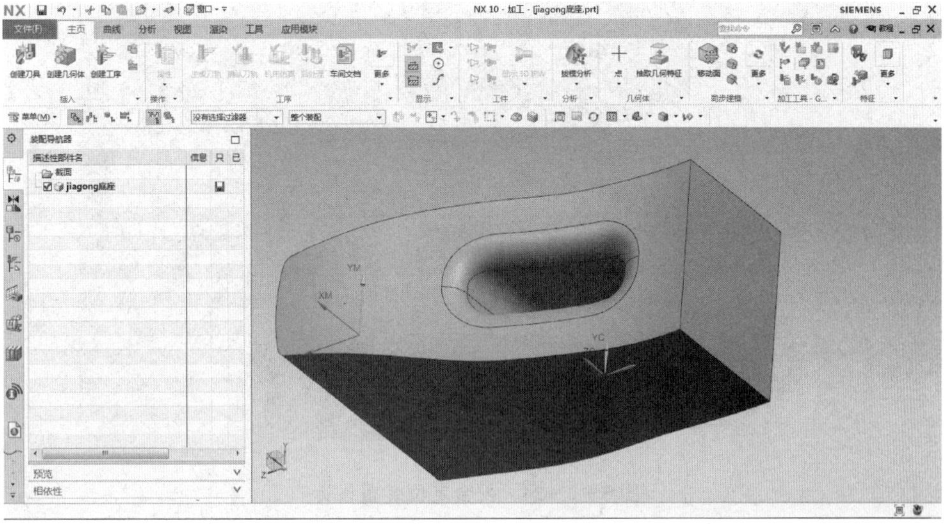

图 5－2－22　下件底座

(3) 零件创新设计

1) 配合定位装置设计

设计要求：根据三维建模后的数字模型，在装配处设计配合定位装置。要求：定位可靠，达到间隙配合精度。

设计说明：根据设计要求因为上件与底座的装配接触面为曲面，已经控制了 3 个方向的自由度，但根据定位要求需要控制 5 个方向的自由度。在此基础上，以定位销为原理，设计出如图 5－2－23 所示这样一个竖直方向的定位键，键与曲面连接处采用 R 平滑过渡，方便清晰。然后在底座上设计配合的键槽，控制其前后左右滑动及旋转的自由度，配合关系如

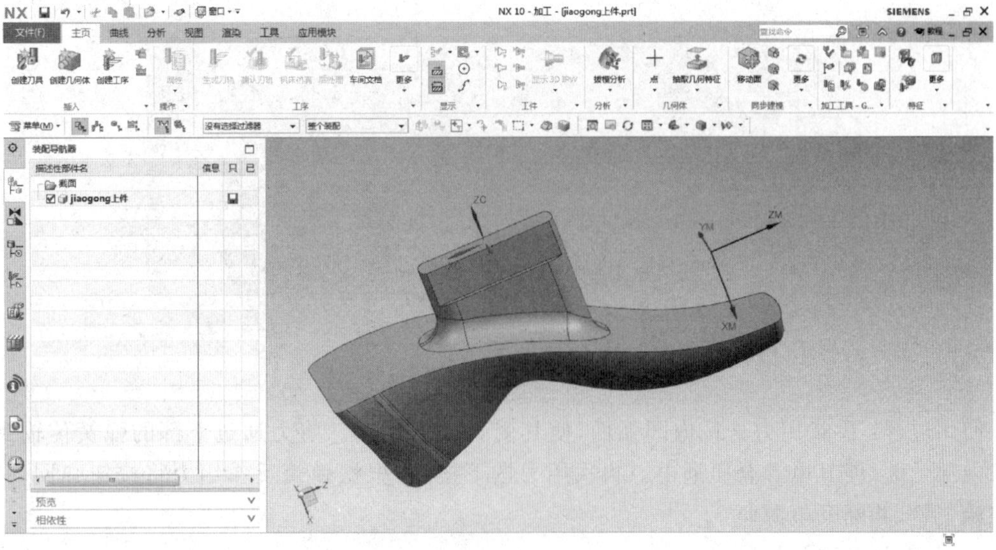

图 5－2－23　配合定位装置设计 I

图 5-2-24 所示。这样设计的好处如下：① 保证在不伤害零件外观条件下，满足设计要求；② 使整个零件方便装夹，容易加工。

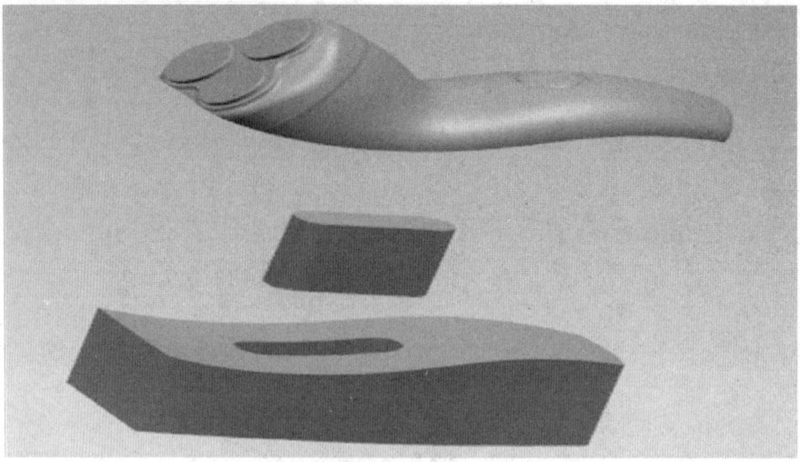

图 5-2-24 配合定位装置设计

2）开关按钮设计

设计要求：对剃须刀上件开/关按钮外形结构进行创新人性化设计(从用户体验角度出发)，外形美观，工艺合理。

设计说明：开关材料选择硬质塑料。

价格方面：塑料作为广泛的使用原材料，价格便宜市场容易购买。

安全方面：它是绝缘材料，安全性能好。

环保方面：塑料可以多次回收再利用。

用户体验方面：如图 5-2-25 所示，外观大致为一个圆形结构，且其使用受力面为内凹弧面，与人体手指结构类似，使用过程中与手指充分接触。从外形看来内凹弧面，与上件其他弧面明显区分开来。使用者可以凭借手指的感官找到其开关按钮，方便使用者快速使用。

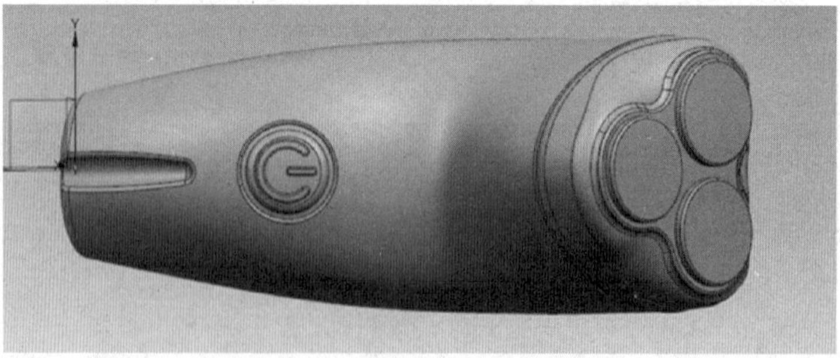

图 5-2-25 开关按钮设计

使用过程：手指用力下按内凹弧面，使其受力向下运动。将力通过下部的弹簧传输到剃须刀内部元件，使其电源合匝通电。再次用力按下按钮，根据弹簧反作用力将按钮弹回，其回到初始位置，并断开电源匝。

3）文件提交和命名

提交三维创新设计原文件和 STP 格式文件，文件命名为 sheji-shangjian 和 sheji-dizuo，以及 Word 文档一份，文件命名为 sheji－shuomingshu。

（4）评分标准和检测方式（总分 60 分）

评分标准和检测方式见表 5－2－8。

表 5－2－8　评分标准和检测方式

检测项目	指　标	分　值	评分标准	得　分
数据采集 20 分	电须刀正面	12	将学生提交的扫描数据与标准三维模型各面数据进行比对，组成面的点基本齐全（以点足以建立曲面为标准），并且平均误差小于 0.05 为得分。平均误差大于 0.10 不得分，中间状态酌情给分。 注意：标志点处不作评分，扫描不到地方不能进行补缺	
	电须刀反而	8		
三维建模 30 分	剃须刀	20	将学生创建的各曲面与标准三维模型各面数据进行比对，平均误差小于 0.08，并且面的建模质量好、面与面之间拟合度高为得分。平均误差大于 0.20 不得分，中间状态酌情给分。 注意：整体拟合不给分	
	拆分件	2		
	底座	8		
产品 创新设计 10 分	配合定位方案	4		
	按钮方案	4		
	配合精度方案	1		
	整体合理性	1		
备注：数据采集和三维建模是运用软件使学生所交电子档作业与标准件进行对比，然后通过软件分析计算出每一个指标得分百分比，最后乘以单项总分。				

2. 数控程序编制与加工

三维数据采集与再设计完成后，根据 UG10.0 中画出的实体模型，进行后处理加工程序的编制，然后选用立式加工中心进行实际加工。

（1）零件工艺分析

零件已通过 UG10.0 将零件模型拆分成上、下两件。加工毛坯已完成 2 块，上件为 75 mm×35 mm×40 mm，下件底座为 75 mm×35 mm×50 mm，材料为硬铝。整个加工分为粗加工、半精加工、精加工以保证表面粗糙度 5.2 μm 的要求。加工上件时，首先加工定位键及链接曲面，然后翻面加工剃须刀上表面。加工下件时要与上件进行配做，保证键与键槽间隙配合。

（2）刀具与工艺参数选择

剃须刀数控加工刀具卡见表 5－2－9，加工工序卡见表 5－2－10、表 5－2－11。

表 5－2－9　剃须刀数控加工刀具卡

编　号	刀具名称	刀具号	刀具规格	刀具材料	半径补偿	长度补偿
1	面铣刀	T01	$\phi 63$	硬质合金		H01
2	棒铣刀（粗铣）	T02	$\phi 10$	硬质合金		H02
3	棒铣刀（精铣）	T03	$\phi 10$	硬质合金		H03
4	球头铣刀（精铣）	T04	$\phi 6$	硬质合金		H04
5	棒铣刀（粗铣）	T05	$\phi 6$	硬质合金		H05
6	棒铣刀（精铣）	T06	$\phi 6$	硬质合金		H06

表 5-2-10　剃须刀上件数控加工工序卡

<table>
<tr><td colspan="2" rowspan="2">数控加工工艺卡片</td><td>产品名称</td><td colspan="2">零件名称</td><td colspan="2">材　料</td><td colspan="2">零件图号</td></tr>
<tr><td></td><td colspan="2">剃须刀上件</td><td colspan="2">硬　铝</td><td colspan="2"></td></tr>
<tr><td>工序号</td><td>程序编号</td><td>夹具名称</td><td colspan="2">夹具编号</td><td colspan="2">使用设备</td><td colspan="2">车　间</td></tr>
<tr><td></td><td></td><td>精密平口虎钳</td><td colspan="2"></td><td colspan="2">加工中心</td><td colspan="2"></td></tr>
<tr><td>工步号</td><td colspan="2">工步内容</td><td>刀号</td><td>刀具规格</td><td>主轴转速/(r・min^{-1})</td><td>进给速度/(mm・min^{-1})</td><td>背吃刀量/mm</td><td>侧吃刀量/mm</td></tr>
<tr><td>1</td><td colspan="2">铣平面</td><td>T01</td><td>ϕ63 面铣刀</td><td>2 200</td><td>400</td><td>0.5</td><td></td></tr>
<tr><td>2</td><td colspan="2">型腔铣(CAVITY_MILL),粗铣定位键外形并去除余量</td><td>T02</td><td>ϕ10 合金刀</td><td>3 500</td><td>600</td><td>1</td><td>5</td></tr>
<tr><td>3</td><td colspan="2">实体轮廓 3D,精铣定位键</td><td>T03</td><td>ϕ10 合金刀</td><td>3 000</td><td>200</td><td></td><td></td></tr>
<tr><td>4</td><td colspan="2">固定轮廓铣(FIXED_CONTOUR),半精铣定位键连接曲面和配合面</td><td>T03</td><td>ϕ10 合金刀</td><td>3 200</td><td>600</td><td>1</td><td></td></tr>
<tr><td>5</td><td colspan="2">固定轮廓铣(FIXED_CONTOUR),精铣定位键连接曲面和配合面</td><td>T04</td><td>ϕ6 球头刀</td><td>4 000</td><td>450</td><td>0.08</td><td></td></tr>
</table>

表 5-2-11　剃须刀下件底座数控加工工序卡

<table>
<tr><td colspan="2" rowspan="2">数控加工工艺卡片</td><td>产品名称</td><td colspan="2">零件名称</td><td colspan="2">材　料</td><td colspan="2">零件图号</td></tr>
<tr><td></td><td colspan="2">剃须刀下件底座</td><td colspan="2">硬　铝</td><td colspan="2"></td></tr>
<tr><td>工序号</td><td>程序编号</td><td>夹具名称</td><td colspan="2">夹具编号</td><td colspan="2">使用设备</td><td colspan="2">车　间</td></tr>
<tr><td></td><td></td><td>精密平口虎钳</td><td colspan="2"></td><td colspan="2">加工中心</td><td colspan="2"></td></tr>
<tr><td>工步号</td><td colspan="2">工步内容</td><td>刀号</td><td>刀具规格</td><td>主轴转速/(r・min^{-1})</td><td>进给速度/(mm・min^{-1})</td><td>背吃刀量/mm</td><td>侧吃刀量/mm</td></tr>
<tr><td>6</td><td colspan="2">铣平面</td><td>T01</td><td>ϕ63 面铣刀</td><td>2 200</td><td>400</td><td>0.5</td><td></td></tr>
<tr><td>7</td><td colspan="2">型腔铣,粗铣下件底座外形</td><td>T02</td><td>ϕ10 合金刀</td><td>3 500</td><td>600</td><td>1</td><td>5</td></tr>
<tr><td>8</td><td colspan="2">实体轮廓 3D,精铣下件底座外形</td><td>T03</td><td>ϕ10 合金刀</td><td>3 000</td><td>200</td><td></td><td></td></tr>
<tr><td>9</td><td colspan="2">固定轮廓铣,半精配合面和键槽连接曲面</td><td>T03</td><td>ϕ10 合金刀</td><td>3 200</td><td>600</td><td>1</td><td></td></tr>
<tr><td>10</td><td colspan="2">型腔铣,粗铣键槽</td><td>T05</td><td>ϕ6 合金刀</td><td>4 000</td><td>600</td><td>1</td><td></td></tr>
<tr><td>11</td><td colspan="2">实体轮廓 3D,精铣键槽</td><td>T06</td><td>ϕ6 合金刀</td><td>3 600</td><td>400</td><td></td><td></td></tr>
<tr><td>12</td><td colspan="2">固定轮廓铣,精铣配合面和键槽连接曲面</td><td>T04</td><td>ϕ6 球头刀</td><td>4 000</td><td>450</td><td>0.08</td><td></td></tr>
</table>

(3) 确定装夹方案

上、下件均选用精密平口虎钳装夹。以零件下底面为基准,压紧垫铁夹紧即可。对刀时为避免零件表面受损,可选用光电寻边器(见图 5-2-26)进行对刀分中。

图 5-2-26　光电寻边器

(4) 程序编制

因为使用电脑编程,所以加工曲面时整个程序段很长,固采用截图刀具路径的方式对程序进行说明。

铣削上件的工步 2～工步 5 加工示意图见图 5-2-27～图 5-2-30。

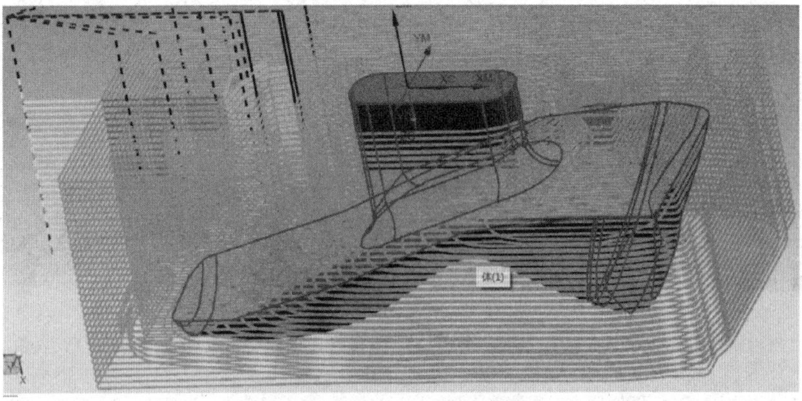

图 5-2-27　工步 2 型腔铣

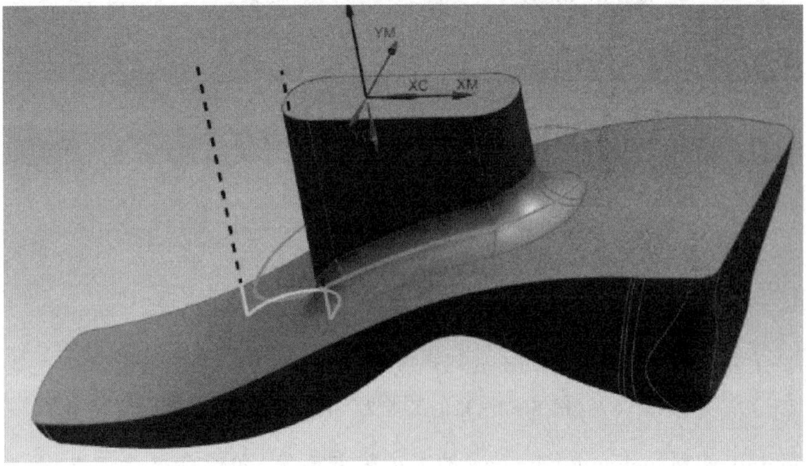

图 5-2-28　工步 3 实体轮廓 3D

铣削下件底座的工步 7～工步 12 加工示意图见图 5-2-31～图 5-2-36。

根据上述刀具路径生成后处理加工程序,分上、下件提交 2 个文件夹,文件命名为

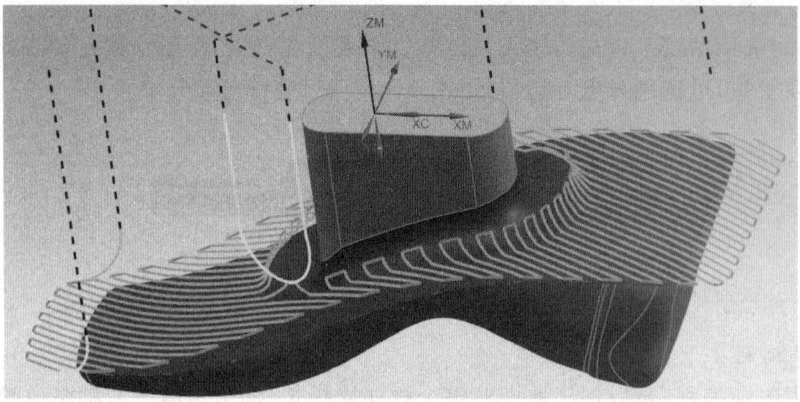

图 5-2-29　工步 4 固定轮廓铣(半精铣)

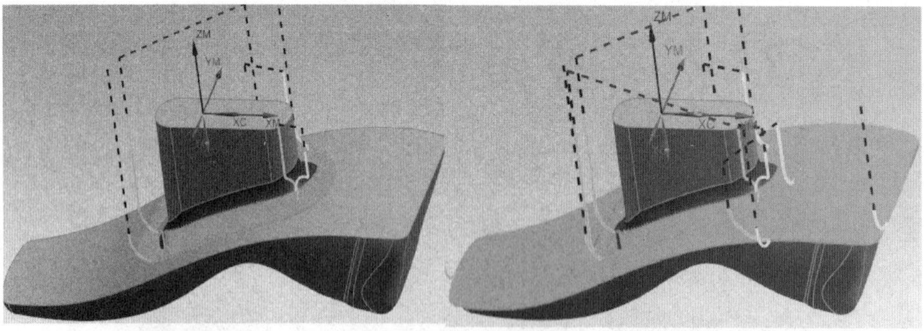

图 5-2-30　工步 5 固定轮廓铣(精铣定位键连接曲面和配合面)

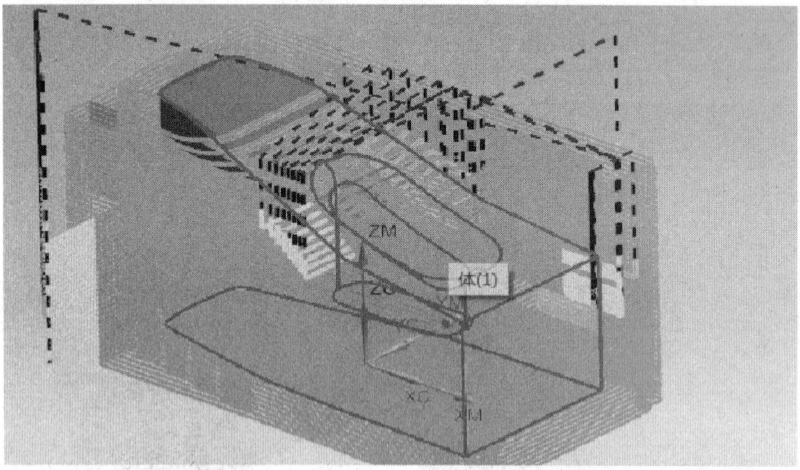

图 5-2-31　工步 7 下件型腔铣

biancheng -shangjian、biancheng - dizuo。加工工艺卡一份,文件命名为工艺卡,保存为 Word 文档格式。

(5) 程序优化

因为零件整个工序铣削曲面较多,零件表面容易出现振纹等不光滑的现象,为解决表面质量问题而使用三轴联动的加工方式,运用软件生成 G 代码程序后,要适当优化处理。

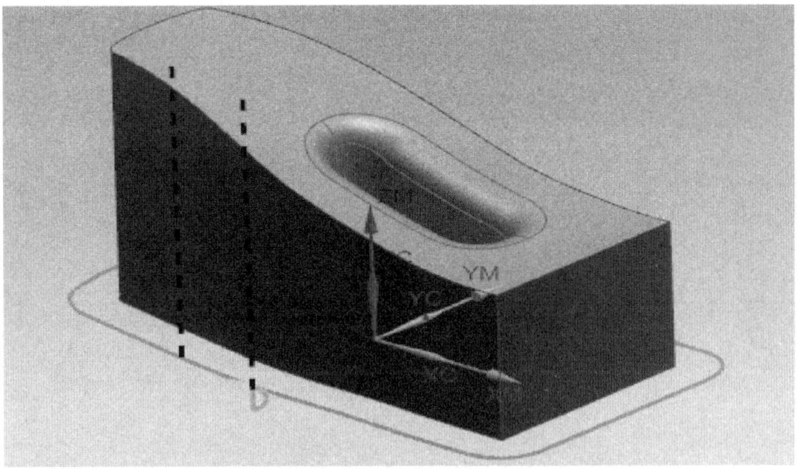

图 5-2-32　工步 8 下件实体轮廓 3D

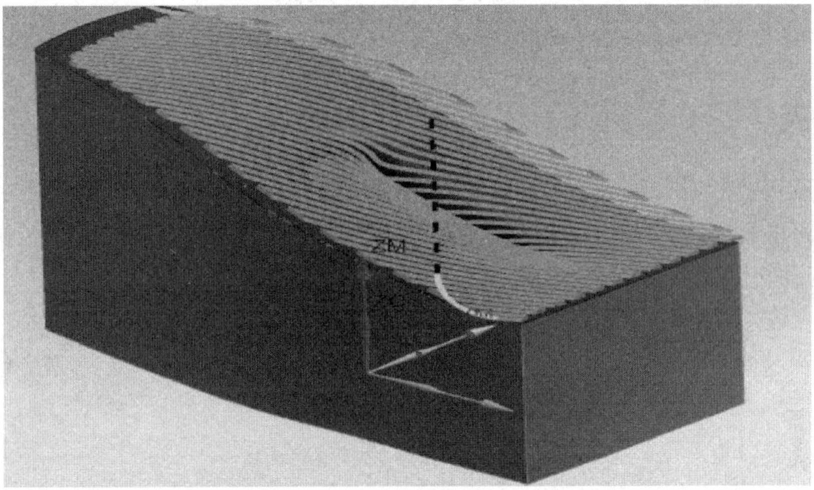

图 5-2-33　工步 9 下件固定轮廓铣

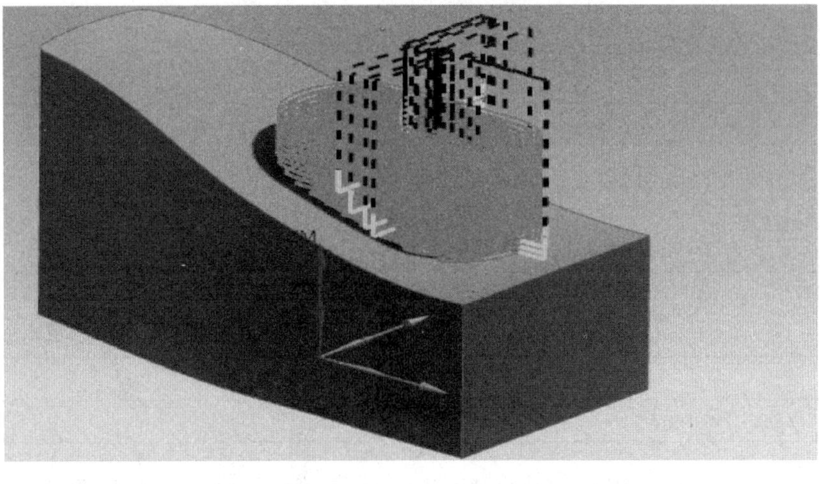

图 5-2-34　工步 10 型腔铣

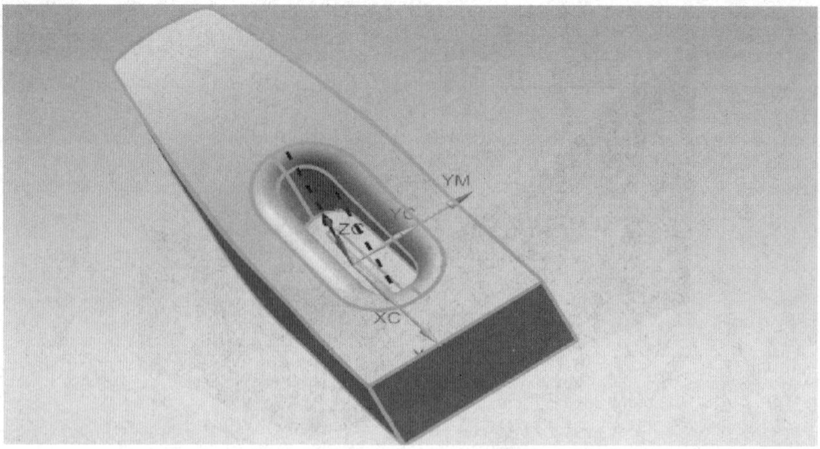

图 5-2-35　工步 11 实体轮廓 3D

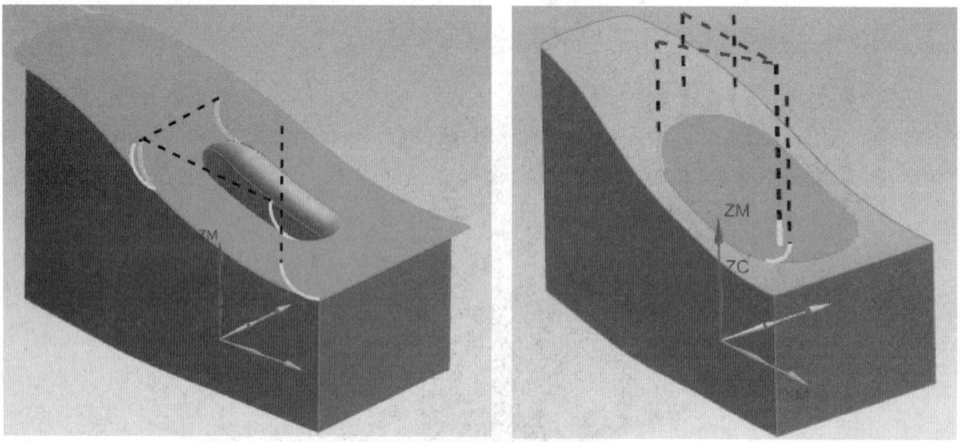

图 5-2-36　工步 12 固定轮廓铣

FANUC 数控系统在程序开始处加上指令 G5.1Q1(高速高精加工)。程序结束时加上指令 G5.1Q0(取消)。

程序优化的具体格式见表 5-2-12。

表 5-2-12　程序优化的具体格式

建　立	说　明
G5.1 Q1	在换刀前建立高速高精加工
T2 M6	
G00 G90 G54 X−29.674 Y4.146 S3500 M03	
G43 Z45.629 H02	
M08	
Z38.653	
G01 X−29.628 Y4.227 Z37.876 F600	

续表 5-2-12

建　立	说　明
取消	
X29.812 Y−11.15 Z22.198	
X29.954 Y−10.904 Z22.928	
X29.997 Y−10.83 Z25.706	
G00 Z45.629	
G00 Z300	
M05 M09	
G5.1 Q0	在主轴停止后，程序停止前取消
M30	

通过以上方法优化程序，使机床在加工时避免了停顿的现象，抖动小且更为连续。加工完毕后的实物如图 5-2-37 所示。

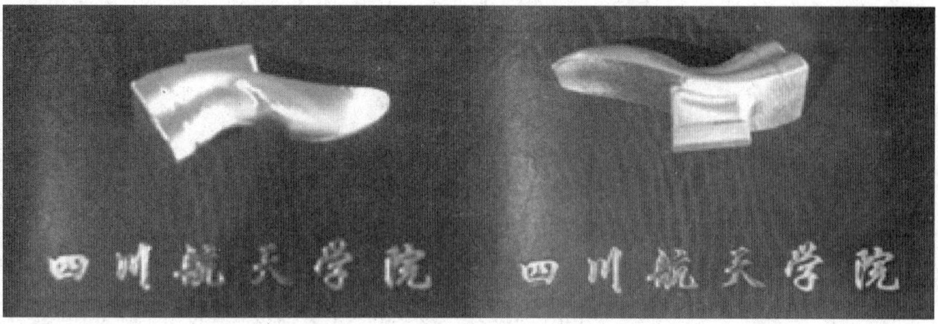

图 5-2-37　剃须刀加工实物

注意事项

部分数控系统由于系统版本较低，在优化后可能影响自动换刀，导致撞刀的现象发生。可加入 M05、M00 指令改为手动换刀的方式。

(6) 评分标准(总分 40 分)

评分标准见表 5-2-13。

表 5-2-13　评分标准

检测项目	指　标	分　值	评分标准	得　分
数控编程 10 分	工艺头设计	2		
	加工工艺	3		
	数控编程	3		
	整体合理性	2		

续表 5-2-13

<table>
<tr><th>检测项目</th><th>指　标</th><th>分　值</th><th>评分标准</th><th>得　分</th></tr>
<tr><td rowspan="4">数控加工
25 分</td><td>正面各自由曲面</td><td>10</td><td rowspan="4">将选手加工完成的剃须刀上件和底座板组合装配，剃须刀上件与提供电动剃须刀组件的外观相关三维数据进行比对，在加工粗糙度不低于 Ra5.2 的前提下，平均误差小于 0.05 的面得分，平均误差大于 0.10 的面不得分，中间状态酌情给分。
对于按平均误差认为可以得分的面，粗糙度为 Ra6.3 或品相较差的面减半得分，粗糙度为 Ra12.5 或品相差的面得 1/4 分，粗糙度低于 Ra12.5 的面不得分</td><td></td></tr>
<tr><td>背面各自由曲面</td><td>2</td><td></td></tr>
<tr><td>侧曲面及过渡圆弧面</td><td>2</td><td></td></tr>
<tr><td>配合尺寸</td><td>5</td><td></td></tr>
<tr><td rowspan="4">职业素养
5 分</td><td>设备操作规范</td><td>2</td><td></td><td></td></tr>
<tr><td>工、量具正确使用</td><td>1</td><td></td><td></td></tr>
<tr><td>安全、文明生产</td><td>1</td><td></td><td></td></tr>
<tr><td>其他</td><td>1</td><td>完成任务的计划性、条理性，以及遇到问题时的应对状况等</td><td></td></tr>
<tr><td colspan="5">备注：数控加工——按加工要求，将毛坯装夹、找正。把已经完成的数控编程程序通过 CF 卡向机床输入，完成特定工作任务。</td></tr>
</table>

参考文献

[1] 古英，顾启涛.钳工实训实用教程[M].北京：北京航空航天大学出版社，2014.

[2] 薛铎.车工实训实用教程[M].北京：北京航空航天大学出版社，2013.

[3] 胡家富.铣工：初级[M].北京：机械工业出版社，2006.

[4] 胡家富.铣工：中级[M].北京：机械工业出版社，2010.

[5] 胡家富.铣工：高级[M].北京：机械工业出版社，2011.

[6] 彭渡川，王建琼.数控车床操作与编程实训[M].北京：北京航空航天大学出版社，2013.

[7] 袁锋.数控车床培训教程[M].2 版.北京：机械工业出版社，2008.

[8] 顾晔，楼章华.数控加工编程与操作[M].北京：人民邮电出版社，2009.

[9] 孙伟伟.数控车工实习与考级[M].北京：高等教育出版社，2004.

[10] 古英.数控铣床铣削实用教程[M].北京：北京航空航天大学出版社，2013.